**Statik im Bauwesen • Band 4**

Alfred Michael
Tabellenkalkulation zur Lösung
ingenieurtechnischer Aufgaben

# Statik im Bauwesen

Band 4

Alfred Michael

## Tabellenkalkulation zur Lösung ingenieurtechnischer Aufgaben

**EXCEL-WORKSHOP**
**FÜR ARCHITEKTEN UND BAUINGENIEURE**

**HUSS-MEDIEN GmbH**
**Verlag Bauwesen**
**10400 Berlin**

**Bibliografische Information Der Deutschen Bibliothek:**

Die Deutsche Bibliothek verzeichnet diese Publikation
in der Deutschen Nationalbibliografie; detaillierte bibliografische Daten
sind im Internet über http://dnb.ddb.de abrufbar.

ISBN 3-345-00816-5 (Band 1 bis 4 im Koffer)
ISBN 3-345-00814-9 (nur Band 4 mit CD-ROM)

1. Auflage 2003


Verlag Bauwesen
Am Friedrichshain 22
10400 Berlin

www.bau-fachbuch.de

Lektorat: Dipl.-Ing. *Barbara Roesler*
Einbandgestaltung: *Bernd Bartholomes*
Printed in Germany
Druck und Buchbinderei: Druckhaus »Thomas Müntzer« Bad Langensalza (Thüringen)

# Vorwort

Tabellenkalkulationen, wie zum Beispiel EXCEL, bieten einen umfangreichen Fonds von Rechenoperationen, Funktionen der Mathematik, der Logik, von Operationen mit Matrizen und Datenbanken, der besonderen Textgestaltung an. Die Erfahrung zeigt, dass nur ein sehr bescheidener Teil dieser Möglichkeiten in der täglichen Arbeit benutzt wird, obwohl bei der Mehrzahl der Computer das Kalkulationsprogramm als Basissoftware installiert ist.

Vorliegendes Buch will aufzeigen, wie man einfache bis komplexe Aufgabenstellungen eines Grundlagengebietes der Ingenieurwissenschaften, der Technischen Mechanik und insbesondere der Statik der Baukonstruktionen, mit Hilfe der Tabellenkalkulation lösen kann. Praktische Tragsicherheitsnachweise der täglichen Ingenieurarbeit basieren in der Regel auf reiner Zahlenrechnung. Was liegt näher, als zu versuchen, diese Aufgaben mit Hilfe der Tabellenkalkulation zu lösen. Dies soll nicht in Konkurrenz zu den vielen handelsüblichen, leistungsfähigen Statik-Programmen geschehen. Zum anderen sollte man aber dem Trend entgegentreten, dass für jede zu lösende Aufgabe zunächst ein Programm herangeschafft werden soll. In dieser Beziehung sind insbesondere kleinere Ingenieurbüros überfordert. Wer die „Handrechnung" beherrscht, ist in der Lage, in kurzer Frist ein EXCEL-Programm zu erstellen, um mit diesem Varianten zu untersuchen.

Das Buch ist kein Lehrbuch der Technischen Mechanik / Baustatik; es ist auch kein Lehrbuch der Tabellenkalkulation. Vielmehr wird vorausgesetzt, dass der Leser Grundkenntnisse im einen wie im anderen Fachgebiet hat oder sich diese gerade aneignet. Es wendet sich insofern an Studierende der Ingenieurwissenschaften der unteren Semester. Ein großer Teil der anzufertigenden Übungsaufgaben ist bearbeitbar. Nach kurzer Einarbeitungszeit wird der Student in der Lage sein, Aufgaben selbständig zu lösen. Er wird dann an den vielen Möglichkeiten, die sich ihm erschließen, Spaß finden.

In zahlreichen Vorträgen im Rahmen von Weiterbildungsveranstaltungen für Ingenieure hat der Verfasser auf die hier dargestellten Zusammenhänge verwiesen. Auf Grund der Resonanz kann festgestellt werden, dass das Buch auch für diesen Kreis der Fachkollegen von Bedeutung sein wird. Insbesondere die Darlegungen zum Gestalten von Skizzen, wie sie im Rahmen von Tragsicherheitsnachweisen erforderlich sind, wird die Aufmerksamkeit erwecken. Sie passen sich automatisch den Eingabe- beziehungsweise Ergebniswerten an. Eine sofortige anschauliche Kontrolle ist somit gegeben.

Als Band 4 der Reihe Bochmann / Kirsch „Statik im Bauwesen" lehnt sich das Buch inhaltlich eng an die praxisorientierten Darstellungen dieses Werkes an, ohne die dort gewählte Breite der stofflichen Inhalte zu erfassen. In einigen Positionen wird eine größere Stofftiefe angestrebt, um insbesondere die mit EXCEL gegebenen Möglichkeiten aufzuzeigen.

Alle im Buch vorgestellten Lösungen werden auf einer CD mit übergeben. Ursache – Folge – Beziehungen können sofort untersucht werden und, so die Erwartung des Verfassers, zur eigenen schöpferischen Arbeit motivieren.

Kritische Hinweise, die der Verbesserung und Weiterentwicklung des Buches dienen, werden dankend entgegen genommen.
Ich bedanke mich ganz herzlich bei Herrn Dipl.-Ing. Werner Kirsch, Bearbeiter des „Bochmann", für die gute Kooperation. Dem Verlag für Bauwesen und der Lektorin Frau Dipl.-Ing. Barbara Roesler gebühren die besondere Anerkennung des Verfassers für die freundliche Zusammenarbeit.

Cottbus, Januar 2003 | Alfred Michael

# INHALTSVERZEICHNIS

# 1 Ausgewählte Excel-Operationen

## 1.1 Zelle

### Zellen-Inhalte

| Zellen können enthalten | Beispiele |
|---|---|
| - numerische Werte | 5 |
| - Formeln, eingeleitet mit „=“ | =A1<br>=PI()<br>=A1+A2 |
| - Text | Buchstaben: a; am<br><br>Soll „=“ als Text erkannt werden, so ist ein Apostroph ( ' ) davor zu stellen: '= . |

### Bezüge

Relative Bezüge

| | |
|---|---|
| Notation: | **S**palte**Z**eile; SZ; zum Beispiel B3 |
| Charakteristikum: | automatisches Anpassen des Zellbezuges beim Verschieben / Kopieren der Zellen |

Absolute Bezüge

| | |
|---|---|
| Notation: | \$S\$Z;<br>Varianten: \$B\$3; \$B3; B\$3;<br>Umschalten über F4 |
| Charakteristikum: | Zellbezug bleibt beim Verschieben / Kopieren erhalten |

### Beachte:

Die Übernahme des Zellbezuges bzw. –bereiches kann über die Tastatur erfolgen.
Schneller und ohne eventuell mögliche Tippfehler übernimmt man

- den Bezug zur Einzelzelle durch deren Anklicken mit der linken Maustaste („Zeigen“),
- den Bezug zu einem Zellbereich durch dessen Aufziehen bei gehaltener linker Maustaste.

## 1.2 Rechenoperationen

Die Grundrechenarten und das Potenzieren werden über die Operatoren nach Tabelle 1-1) realisiert.

| Operation | **Operator** |
|---|---|
| Addition | + |
| Subtraktion | - |
| Multiplikation | * |
| Division | / |
| Potenzieren | ^ |

TABELLE 1-1) Operatoren

| | *A* | |
|---|---|---|
| *1* | | Die Zellen enthalten folgende Operationen: |
| *2* | 9 | =6+3 |
| *3* | 3 | =6-3 |
| *4* | 18 | =6*3 |
| *5* | 2 | =6/3 |
| *6* | 216 | =6^3 |

TABELLE 1-2) Beispiele zu Tabelle 1-1)

## 1.3 Konstante

Bei Ingenieurberechnungen treten häufig die Konstanten $\pi$ (3,1415...) und e (2,7182...) auf.

EXCEL-Notation

$\pi$ =PI() Beachte: Nach der Zeichenfolge „PI" muss das leere Argument „()" folgen!

e =EXP(1) „EXP(1)" entspricht dem Ausdruck $e^1$.

## 1.4 Funktionen

### 1.4.1. Summen

Die Summenbildung wird nach Tabelle 1-3) durch Beispiele erklärt.

| | A | B | C | D |
|---|---|---|---|---|
| 1 | 5 | 5 | 5 | |
| 2 | 4 | 4 | 4 | 12 |
| 3 | 3 | 3 | 3 | |
| 4 | 8 | 8 | 8 | 60 |
| 5 | 20 | 12 | 13 | |

D2: =SUMME(A2:C2)
D4: =SUMME(A1:C4)
A5: =SUMME(A1:A4)
B5: =SUMME(B1:B3)
C5: =SUMME(C1;C4)

TABELLE 1-3) Beispiele für die Summenbildung

Beachte:

Doppelpunkt kennzeichnet Bereiche
Semikolon verbindet Einzelzellen

### 1.4.2. Potenzen

$z = y^x$

EXCEL-Notation: =POTENZ(BASIS;EXPONENT)

Für kleinzahlige Exponenten ist es effektiver, die Potenz in Form eines Produktes zu schreiben:

$z = y^2 \quad = y \cdot y$

Beispiel:

Berechne $5^2$
$3^6$

| | A | B | C | D |
|---|---|---|---|---|
| 1 | 5 | 25 | | |
| 2 | 5 | 25 | | |
| 3 | | | | |
| 4 | 3 | 6 | 729 | |
| 5 | | | | |

B1: =A1*A1
B2: =POTENZ(A2;2)
C4: =POTENZ(A4;B4)

TABELLE 1-4) Beispiele für den Aufruf von Potenzen

### 1.4.3. Wurzel

$y = \sqrt{x}$ EXCEL-Notation: =WURZEL(RADIANT)

$y = \sqrt[n]{x} = x^{\frac{1}{n}}$ EXCEL-Notation: =POTENZ(BASIS;EXPONENT)

Beispiele:

Berechne

$\sqrt{5}$ ; $\sqrt[3]{5}$

| | A | B | C | D |
|---|---|---|---|---|
| 1 | | | 2,236067977 | |
| 2 | 5 | | 2,236067977 | |
| 3 | 5 | | 2,236067977 | |
| 4 | 5 | 0,5 | 2,236067977 | |
| 5 | | | | |
| 6 | 5 | | 1,709975947 | |

=WURZEL(5) (C1)

=WURZEL(A2) (C2)

=POTENZ(A3;0,5) (C3)

=POTENZ(A4;B4) (C4)

=POTENZ(A6;1/3) (C6)

TABELLE 1-5) Beispiele für die Wurzelfunktion

### 1.4.4. Quadratesumme

$y = a^2 + b^2 + \dots$ EXCEL-Notation: =QUADRATESUMME(WERT1;WERT2;...)

Tabelle 1-6) zeigt Varianten für die Berechnung der Hypothenuse im rechtwinkligen Dreieck.

$c = \sqrt{a^2 + b^2}$

| | A | B | C | D |
|---|---|---|---|---|
| 1 | a = | 2,000 | m | |
| 2 | b = | 3,000 | m | |
| 3 | Varianten: | | | |
| 4 | c = | 3,606 | m | |
| 5 | c = | 3,606 | m | |
| 6 | c = | 3,606 | m | |

Text (A1:A6)

Eingabezellen (B1:B2)

Text (C1:C6)

=WURZEL(B1*B1+B2*B2) (B4)

=WURZEL(POTENZ(B1;2)+POTENZ(B2;2)) (B5)

=WURZEL(QUADRATESUMME(B1;B2)) (B6)

TABELLE 1-6) Beispiele für die Berechnung der Länge der Hypothenuse

### 1.4.5. Runden

Die Funktion RUNDEN erzeugt die gewünschte Anzahl von Nachkommastellen.
Bei Anwendung der Funktion RUNDEN wird mit dem gerundeten Wert gerechnet.

Beachte: RUNDEN darf nicht mit Formatieren von Dezimalstellen verwechselt werden.

Über die Menü-Kette ANSICHT
>>SYMBOLLEISTEN
>>FORMAT

wird die Symbolleiste FORMAT aufgerufen.

Mit den Buttons ← 0,00 | → 0,00

werden die Nachkommastellen formatiert. Es wird jedoch mit der vollen Rechengenauigkeit gearbeitet.

Beispiel:

Eingabe-Zelle

| | A | B | C | D |
|---|---|---|---|---|
| 1 | a = | 2,000 | m | |
| 2 | b = | 3,000 | m | |
| 3 | Varianten: | | | |
| 4 | c = | 3,6055513 | m | |
| 5 | c = | 3,6060000 | m | |
| 6 | | | | |

Formatiert auf 7 Stellen
=WURZEL(B1*B1+B2*B2)

Formatiert auf 7 Stellen
=RUNDEN(WURZEL(B1*B1+B2*B2);3)

TABELLE 1-7) Funktion RUNDEN

### 1.4.6. Trigonometrische Funktionen

Es stehen die trigonometrischen Funktionen

| | |
|---|---|
| sin x | arcsin x |
| cos x | arccos x |
| tan x | arctan x |

zur Verfügung.
Der Kotangens ist gemäß cot x = 1 / tan x zu bestimmen.

Beachte: Winkelargumente sind im Bogenmaß zu verwenden!

Funktion: **sin x**

Zelle: Winkel in Grad (°) gegeben

EXCEL-Notation: =SIN(Zelle*PI()/180)
Variante =SIN(BOGENMASS(Zelle))

Zelle: Winkel in gon ($^g$) gegeben

EXCEL-Notation: =SIN(Zelle*PI()/200)

Umkehrfunktion: **arcsin x**

Zelle: Wert der trigonometrischen Funktion

EXCEL-Notation: =ARCSIN(Zelle)*180/PI() gesucht Winkel in Grad
Variante =GRAD(ARCSIN(Zelle))

EXCEL-Notation: =ARCSIN(Zelle)*200/PI() gesucht Winkel in gon

Beachten und überdenken Sie unbedingt die Klammersetzung!

Zugehörige Beispiele enthält Tabelle 1-8).

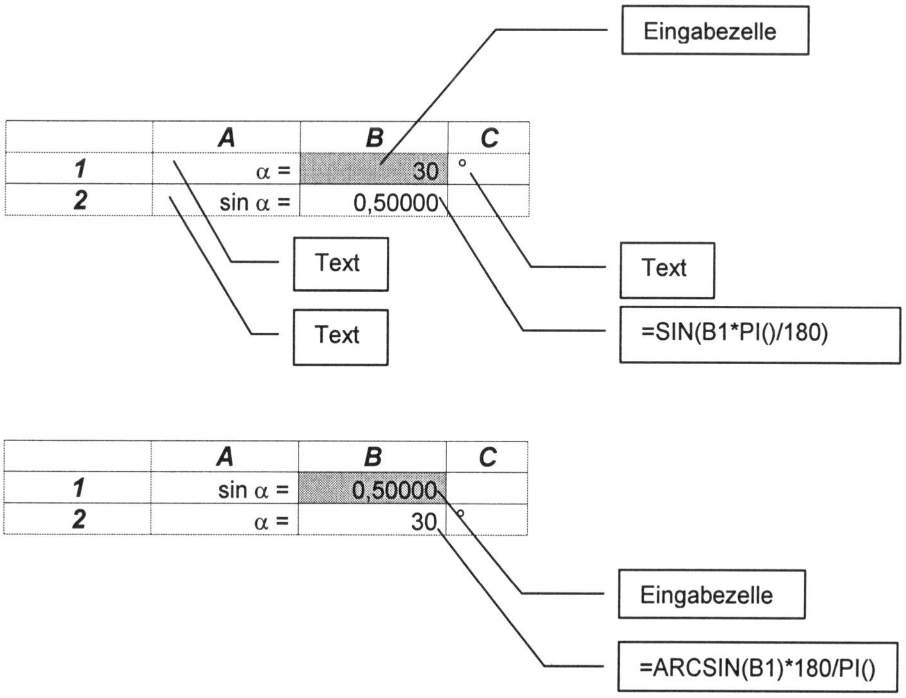


TABELLE 1-8) Beispiele für Winkelfunktionen

Die oben genannten trigonometrischen Funktionen werden analog behandelt.

In Bezug auf den Arcustangens stellt EXCEL noch eine zweite Funktion bereit, nämlich die Ermittlung des zu X- und Y-Koordinaten gehörigen Anstiegwinkels einer Geraden.

EXCEL-Notation: =ARCTAN2(X-Koordinate;Y-Koordinate)

Beispiel:

Eine Gerade sei gegeben durch die beiden Punkte $P_1$ (4;5) und $P_2$ (6;8).
Gesucht ist ihr Anstieg in °.

$\Delta x = 6 - 4 = 2$
$\Delta y = 8 - 5 = 3$

$$\alpha = \arctan\frac{\Delta y}{\Delta x} = \arctan\frac{3}{2}$$

| | A | B | C | D | E | F |
|---|---|---|---|---|---|---|
| 1 | Punkt 1 | X = | 4 | | | |
| 2 | | Y = | 5 | Δx = | 2 | |
| 3 | Punkt 2 | X = | 6 | | | |
| 4 | | Y = | 8 | Δy = | 3 | 56,3099... |
| 5 | | | | | | |

=ARCTAN2(E2;E4)*180/PI()

TABELLE 1-9) Ermittlung des Anstieges einer Geraden über ARCTAN2

Hinweis zum Aufruf der griechischen Buchstaben, zum Beispiel in sin $\alpha$ :
Schreibe in der Eingabezeile sin a.
Markiere a durch Überstreichen mit dem Schreibcursor.
Rufe im Schriftfonds zum Beispiel die Schriftart „Symbol“ auf.

### 1.4.7. Matrizen

Von der gegebenen Matrix

$$[M] = \begin{bmatrix} a_{11} & a_{12} & a_{13} \\ a_{21} & a_{22} & a_{23} \\ a_{31} & a_{32} & a_{33} \end{bmatrix}$$

werden die Inverse, die Transponierte und der Wert der Determinante bestimmt. Außerdem wird die Multiplikation zweier Matrizen gezeigt.

Beachte:

Die Anwendung von EXCEL-Funktionen auf Matrizen-Operationen erfordert, dass keine Leerzellen in der Matrix enthalten sind. Leerzellen werden nicht als Wert Null interpretiert. Auch der Wert Null muss also eingetragen sein, ansonsten erscheint die Fehlermeldung #WERT.

## Bildung der Inversen $[M]^{-1}$

EXCEL-Notation: =MINV(Bereich)

Handlungsablauf:

[M]

| | A | B | C |
|---|---|---|---|
| 1 | $a_{11}$ | $a_{12}$ | $a_{13}$ |
| 2 | $a_{21}$ | $a_{22}$ | $a_{23}$ |
| 3 | $a_{31}$ | $a_{32}$ | $a_{33}$ |

$[M]^{-1}$

| | F | G | H |
|---|---|---|---|
| 1 | | | |
| 2 | | | |
| 3 | | | |

1.
Den erforderlichen Bereich markieren:
F1:H3

2.
Funktion nur in die erste Zelle des markierten Bereiches (hier F1) eintragen:
=MINV(A1:C3)

3.
Rechenoperation auslösen durch:
STRG + SHIFT + ET

TABELLE 1-10) Handlungsablauf zur Bildung der Inversen einer Matrix

### Bemerkung:

Die Markierung wird durch Aufziehen (gehaltene linke Maustaste) erzeugt. Die Startzelle bleibt dabei für die Funktionseingabe aktiv. Ohne die Markierung aufzuheben, wird in diese Zelle oben genannte EXCEL-Funktion eingetragen. Danach erfolgt die Auslösung der Rechenoperation.

### Beispiel:

| | A | B | C | D | E | F | G |
|---|---|---|---|---|---|---|---|
| 1 | 8 | 3 | 2 | | 0,1375000 | -0,0375000 | -0,0125000 |
| 2 | 1 | 9 | 4 | | 0,0208333 | 0,1458333 | -0,0625000 |
| 3 | 5 | 6 | 10 | | -0,0812500 | -0,0687500 | 0,1437500 |

Eingabe (A1:C3)

=MINV(A1:C3)
STGR + SHIFT + ET

Beachte:
Vor der Eingabe der Funktion ist der Bereich E1:G3 zu markieren.

TABELLE 1-11) Beispiel zur Bildung der Inversen einer Matrix

## Bildung der Transponierten $[M]^T$

Der Handlungsablauf erfolgt analog, wie auf Seite 17 beschrieben.

EXCEL-Notation: =MTRANS(Bereich)

Beispiel:

| | A | B | C | D | E | F | G |
|---|---|---|---|---|---|---|---|
| 1 | 8 | 3 | 2 | | 8 | 1 | 5 |
| 2 | 1 | 9 | 4 | | 3 | 9 | 6 |
| 3 | 5 | 6 | 10 | | 2 | 4 | 10 |

Eingabe (A1:C3)

=MTRANS(A1:C3)
STGR + SHIFT + ET

Beachte:
Vor der Eingabe der Funktion ist der Bereich E1:G3 zu markieren.

TABELLE 1-12) Beispiel zur Bildung der Transponierten einer Matrix

## Multiplikation zweier Matrizen

Der Handlungsablauf ist analog der Beschreibung auf Seite 17.

EXCEL-Notation: =MMULT(Bereich1;Bereich2)

$[M_1]$ (A–C), $[M_2]$ (E–H), $[M_1] \cdot [M_2]$ (J–M)

| | A | B | C | D | E | F | G | H | I | J | K | L | M |
|---|---|---|---|---|---|---|---|---|---|---|---|---|---|
| 1 | | | | | | | | | | | | | |
| 2 | | | | | | | | | | | | | |
| 3 | | | | | | | | | | | | | |
| 4 | | | | | | | | | | | | | |

1.
Den erforderlichen Bereich markieren;

2.
=MMULT(A1:C4;E1:H3)

3.
Rechenoperation auslösen durch
STRG + SHIFT + ET

TABELLE 1-13) Handlungsablauf zur Matrizen-Multiplikation

Beispiel:

$[M_1]$ (A–C), $[M_2]$ (E–H), $[M_1] \cdot [M_2]$ (J–M)

| | A | B | C | D | E | F | G | H | I | J | K | L | M |
|---|---|---|---|---|---|---|---|---|---|---|---|---|---|
| 1 | 5 | 2 | 1 | | 9 | 4 | 1 | 9 | | 52 | 47 | 24 | 59 |
| 2 | 3 | 9 | 2 | | 2 | 11 | 6 | 5 | | 51 | 121 | 71 | 80 |
| 3 | 4 | 2 | 7 | | 3 | 5 | 7 | 4 | | 61 | 73 | 65 | 74 |
| 4 | 6 | 3 | 10 | | | | | | | 90 | 107 | 94 | 109 |

TABELLE 1-14) Beispiel zur Vorschrift nach TABELLE 1-13)

## Determinanten

Die Determinante einer quadratischen Matrix wird bestimmt über die

EXCEL-Notation: =MDET(Matrix)

Beispiel:

| | A | B | C | D |
|---|---|---|---|---|
| 1 | 5 | 3 | 1 | |
| 2 | 8 | 7 | 9 | |
| 3 | 6 | 2 | 5 | 101 |

Eingabebereich (A1:C3)

=MDET(A1:C3) (D3)

det([M]) = 101

TABELLE 1-15) Bildung der Determinante einer Matrix

## 1.5 Logische Operationen

### 1.5.1. UND-Funktion

| Wahrheitswert 1 | Wahrheitswert 2 | Resultat |
|---|---|---|
| wahr | wahr | wahr |
| wahr | falsch | falsch |
| falsch | wahr | falsch |
| falsch | falsch | falsch |

TABELLE 1-16) UND-Funktion

EXCEL-Notation: =UND(Wahrheitswert1;Wahrheitswert2;Wahrheitswert3;...)

Ein Beispiel wird unter der WENN-Funktion aufgeführt.

### 1.5.2. ODER-Funktion

| Wahrheitswert 1 | Wahrheitswert 2 | Resultat |
|---|---|---|
| wahr | wahr | wahr |
| wahr | falsch | wahr |
| falsch | wahr | wahr |
| falsch | falsch | falsch |

TABELLE 1-17) ODER-Funktion

EXCEL-Notation: =ODER(Wahrheitswert1;Wahrheitswert2;Wahrheitswert3;…)

Ein Beispiel wird unter der WENN-Funktion aufgeführt.

### 1.5.3. WENN-Funktion

EXCEL-Notierung: =WENN(Prüfbedingung;dann;sonst)

Die WENN-Funktion ist mehrfach verschachtelbar.

EXCEL-Notierung: =WENN(Prüfbedingung1;dann;(WENN(Prüfbedingung2;dann;sonst))

Beispiel für die WENN-Funktion:
Das Erzeugen von tan $\alpha$ ($0 \leq \alpha < 90°$) liefert für $\alpha = 90°$ wegen tan $\alpha \rightarrow \infty$ eine Fehlermeldung. Dieser Sonderfall soll mit berücksichtigt werden. Zweckmäßigerweise wendet man die WENN-Funktion an.

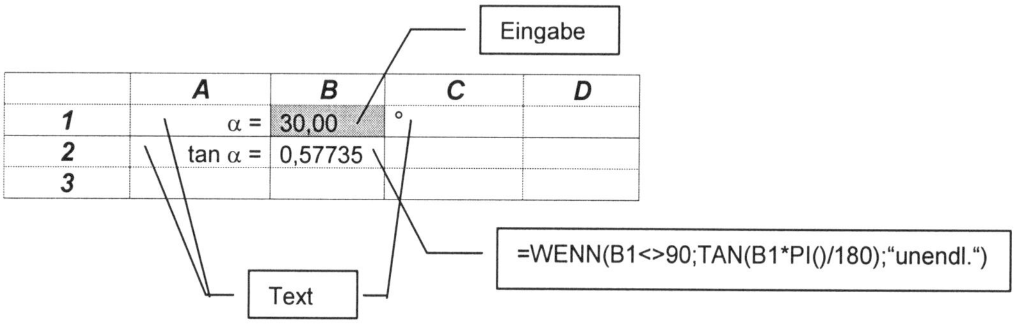


TABELLE 1-18) Beispiel für den Einsatz der WENN-Funktion

Beachte: Innerhalb einer Funktion-Formulierung ist unter EXCEL das Zeichen $\infty$ nicht abgreifbar!

Beispiel für WENN / UND / ODER

In Abhängigkeit der

Bedingung 1 „Das Wetter ist schön." „Das Wetter ist nicht schön."
Bedingung 2 „Ich habe Geld." „Ich habe kein Geld."

treffe ich die Entscheidung

„Ich fahre in den Urlaub." „Ich bleibe zu Hause.".

Die Funktionen in den Ergebniszellen der Tabelle 1-20) lauten (Tabelle 1-19)):

| Zelle | FUNKTION |
|---|---|
| C4 | =**WENN**(**UND**(B4="Das Wetter ist schön.";B5="Ich habe Geld.");"Ich fahre in den Urlaub.";"Ich bleibe zu Hause.") |
| D4 | =**WENN**(**ODER**(B4="Das Wetter ist schön.";B5="Ich habe Geld.");"Ich fahre in den Urlaub.";"Ich bleibe zu Hause.") |

TABELLE 1-19) EXCEL-Notation zur Aussagenstruktur nach Tabelle 1-19)

| | A | B | C | D |
|---|---|---|---|---|
| 1 | | | Aussage 1 | Aussage 1 |
| 2 | | Aussage | **UND** | **ODER** |
| 3 | | | Aussage 2 | Aussage 2 |
| 4 | 1 | Das Wetter ist schön. | Ich fahre in den Urlaub. | Ich fahre in den Urlaub. |
| 5 | 2 | Ich habe Geld. | | |
| 6 | 1 | Das Wetter ist nicht schön. | Ich bleibe zu Hause. | Ich fahre in den Urlaub. |
| 7 | 2 | Ich habe Geld. | | |
| 8 | 1 | Das Wetter ist schön. | Ich bleibe zu Hause. | Ich fahre in den Urlaub. |
| 9 | 2 | Ich habe kein Geld. | | |
| 10 | 1 | Das Wetter ist nicht schön. | Ich bleibe zu Hause. | Ich bleibe zu Hause. |
| 11 | 2 | Ich habe kein Geld. | | |

TABELLE 1-20) WENN-; UND-; ODER-Funktion

Beispiel: Ermittlung des Arctan

Im nächsten Beispiel soll in einem rechtwinkligen Dreieck der Arctan aus den gegebenen Katheten berechnet werden. Sonderfälle (Division durch Null) sind einzuarbeiten.

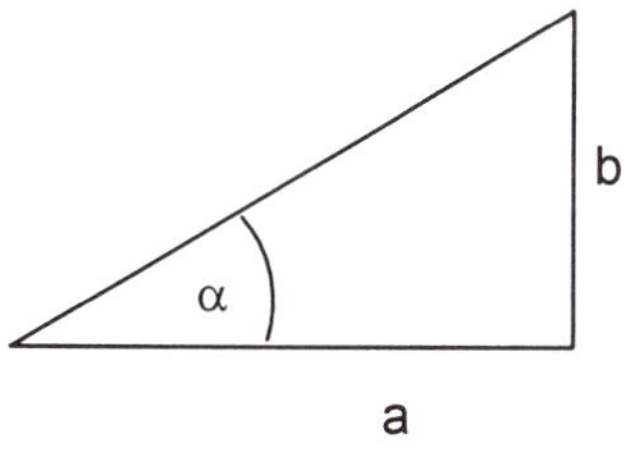


$\alpha = \arctan(b/a)$; $a \neq 0$

Sonderfälle:

| | | |
|---|---|---|
| | $a = 0$ | $\alpha = 90$ ° |
| | $a = 0;\ b = 0$ | $\alpha$ sinnlos |

EINGABE ERGEBNIS

| | A | B | C | D | E | F | G | H | I |
|---|---|---|---|---|---|---|---|---|---|
| 1 | a = | 1 | m | 1 | m | 0 | m | 0 | m |
| 2 | b = | 1 | m | 0 | m | 1 | m | 0 | m |
| 3 | | 45 | ° | 0 | ° | 90 | ° | ----- | ° |

analog zu vor

analog zu vor

=WENN(UND(D1=0;D2=0);"-----";WENN(D1=0;90;GRAD(ARCTAN(D2/D1))))

=WENN(UND(B1=0;B2=0);"-----";WENN(B1=0;90;GRAD(ARCTAN(B2/B1))))

TABELLE 1-21) Einarbeitung von Sonderfällen in die Berechnung

Dieser Sachverhalt tritt in der Statik immer dann auf, wenn die Resultierende aus zwei Kraftkomponenten errechnet wird. In Erweiterung vorstehender Aufgabe wird später gezeigt, wie die Funktion $\alpha = \arctan(b/a)$ für $0 \leq \alpha \leq 360°$ aufzubauen ist.

Hinweis:

Testen Sie, dass die Reihenfolge der Verschachtelung der WENN-Funktionen bedeutsam ist.

### 1.5.4. SUMMEWENN-Funktion

Es handelt sich um die Kopplung einer logischen mit einer mathematischen EXCEL-Funktion.
Es wird eine Summe von Werten in Abhängigkeit einer vorgegebenen Bedingung erzeugt.

Gegeben ist zum Beispiel eine zweispaltige Matrix. Werte der Spalte 2 seien eindeutig den Werten der Spalte 1 zugeordnet.

| *2* | *A* | *B* |
|---|---|---|
| *3* | Suchkriterium | zugeordnete Werte |
| *4* | a | 5 |
| *5* | b | 8 |
| *6* | c | 3 |
| *7* | d | 1 |
| *8* | a | 7 |
| *9* | b | 9 |
| *10* | c | 6 |
| *11* | d | 4 |
| *12* | a | 3 |
| *13* | b | 8 |
| *14* | c | 7 |
| *15* | d | 2 |
| *16* | | |
| *17* | c | 16 |

EINGABE

=SUMMEWENN(A4:B15;A17;B4:B15)

| | |
|---|---|
| A4:B15 | zu bearbeitender Bereich |
| A17 | Suchkriterium |
| B4:B15 | Bereich, in dem gemäß Suchkriterium Werte addiert werden |

TABELLE 1-22) Beispiel für die Funktion SUMMEWENN

## 1.6 Iterationen

Iterationen gehören zu den Rechenverfahren, mit deren Hilfe Gleichungen näherungsweise, praktisch mit beliebiger Genauigkeit gelöst werden. Programmtechnisch handelt es sich um Algorithmen, bei denen durch Anwendung von Schleifen ein erzieltes Ergebnis zur weiteren Verbesserung der Lösung verwendet wird. Als Abbruchbedingung wird eine vorgegebene Genauigkeit gewählt.
Gleichungen, die explizit nicht gelöst werden können, treten bei statischen Aufgabenstellungen auf, zum Beispiel sei an bestimmte Typen der Seilgleichungen oder an Standsicherheitsnachweise von Spundwänden erinnert.

Iterationen lassen sich auch mit Hilfe von EXCEL organisieren, wobei zu beachten ist, dass die Fehlermeldung „Zirkelbezug" ausgeschlossen wird. Für Iterationen ist charakeristisch, dass auf eine Zelle, deren Wert gleich dem Wert der aktiven Zelle ist, zurückgegriffen werden muss.

Wir werden zwei Methoden vorstellen.

Als Einführungsbeispiel wählen wir den Algorithmus zur Bestimmung von Wurzelwerten nach 1-(3), der in Rechenprogrammen wegen seiner Leistungsfähigkeit gern verwendet wird.

$$x = \sqrt{a}$$

wird näherungsweise gelöst über den Iterationsansatz (NEWTON)

$$x_{n+1} = 0{,}5 \cdot \left( \frac{a}{x_n} + x_n \right) \qquad 1\text{-}(1)$$

Die Folge konvergiert rasch nach einer vorgegebenen Genauigkeit.
Der Startwert kann beliebig, zweckmäßigerweise zu $x_1 = 1$ gewählt werden.

Für einen beliebigen Wurzelexponenten r , also

$$x = \sqrt[r]{a} \,, \qquad 1\text{-}(2)$$

heißt der Ansatz

$$x_{n+1} = \frac{1}{r} \cdot \left( \frac{a}{x_n^{(r-1)}} + (r-1) \cdot x_n \right) . \qquad 1\text{-}(3)$$

Beispielhaft führen wir den zur Gleichung 1-(2) gehörenden Lösungsansatz 1-(3) vor.
Tabelle 1-23) zeigt die Bestimmung einer beliebigen Wurzel, vorgeführt $x = \sqrt[7]{29}$ .

Es sei ausdrücklich darauf verwiesen, dass das angegebene Verfahren hier dargestellt wird, um die Funktionsweise der Iteration zu besprechen. In der praktischen Arbeit bestimmen Sie $\sqrt[7]{29}$ über die EXCEL-Notation =POTENZ(29;1/7).

## Variante 1

Startzelle (EINGABE)

Wurzel-Exponent (EINGABE)

Radikand (EINGABE)

| | A | B | |
|---|---|---|---|
| **1** | | 7 | |
| **2** | | 29 | |
| **3** | 1 | 1,6177597 | |
| **4** | | 1,6177597 | |

=WENN(A3=0;0;1/B1*(B2/POTENZ(B4;B1-1)+(B1-1)*B4))

=WENN(A3=0;1;B3)

TABELLE 1-23) Ermittlung eines Wurzelwertes durch Iteration nach Variante 1

ZELLE B1 Eingabe des Wurzelexponenten

ZELLE B2 Eingabe des Radikanden

ZELLE A3 ist auch eine Eingabezelle. Sie dient dazu, bei auftretenden Fehlermeldungen den Urzustand in den Zellen B3 und B4 wieder herzustellen.

Einzugeben sind die Werte
"0" für den Urzustand
"1" für die Auslösung der Iteration (beziehungsweise jeder Wert $\neq 0$)

Urzustand:

| | **A** | **B** |
|---|---|---|
| **1** | | 7 |
| **2** | | 29 |
| **3** | 0 | 0 |
| **4** | | 1 |

Dabei wird in diesem Zustand B4 auf den Iterations-Startwert $x_1 = 1$ gesetzt.

ZELLE B3 enthält den Iterationsansatz 1-(3) und greift während der Iteration auf die Zelle B4 zu.

ZELLE B4 übernimmt das Ergebnis aus Zelle B3.

Damit die Iteration abläuft, ist folgende Einstellung vorzunehmen.
In der Menüfolge

EXTRAS
>> OPTIONEN
>>BERECHNUNG

ist das Kontrollfeld „Iteration" zu aktivieren.

Voreingestellt sind

- als maximale Iterationszahl der Wert 100,
- als maximal mögliche Änderung der Wert 0,001 .

Für technische Belange stellen wir die Iterationszahl möglichst groß (maximal 10000), die Schrittweite klein (zum Beispiel 0,00001) ein.
Drücken Sie die Taste F9 („Neu berechnen"), um sich davon zu überzeugen, ob weitere Iterationszyklen ablaufen und somit das Rechenergebnis verbessert wird.

Das Dialogfeld hat dann folgendes Aussehen, Bild 1-1, wobei hier die Voreinstellungen für die „Maximale Iterationszahl" und „Maximale Änderung" belassen wurden.

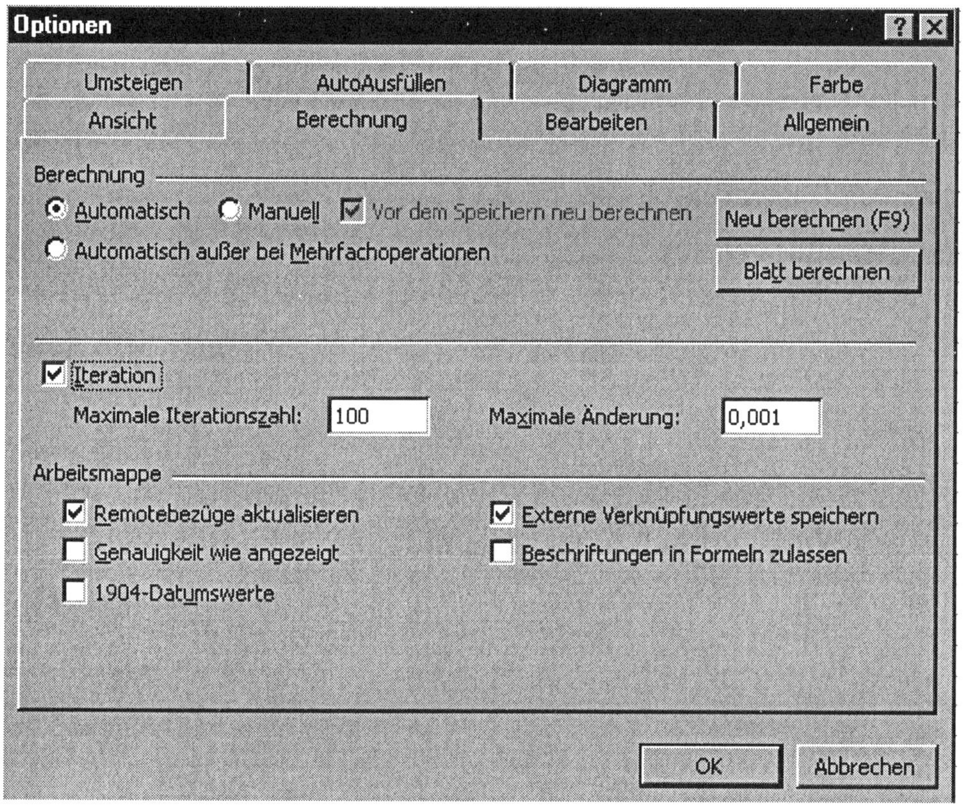


BILD 1-1 Einstellungen zur Durchführung von Iterationen

## Variante 2

Weniger elegant, insbesondere deshalb, weil ein größerer Platzbedarf erforderlich ist, kann die Iteration unter EXCEL auch ohne Schleife durchgeführt werden, indem für jeden Iterationsschritt eine Zelle zur Verfügung gestellt wird.
Als Anwendungsbeispiel sei wiederum der funktionale Zusammenhang nach Gleichung 1-(2) verwendet.

| | A | B | INHALT DER ZELLEN DER SPALTE B |
|---|---|---|---|
| 1 | WURZELEXPONENT: | 7 | Eingabe |
| 2 | RADIKAND: | 29 | Eingabe |
| 3 | STARTWERT: | | |
| 4 | 1 | 5,0000000 | =1/$B$1*($B$2/POTENZ(A4;$B$1-1)+($B$1-1)*A4) |
| 5 | | 4,2859794 | =1/$B$1*($B$2/POTENZ(B4;$B$1-1)+($B$1-1)*B4) |
| 6 | | 3,6743650 | =1/$B$1*($B$2/POTENZ(B5;$B$1-1)+($B$1-1)*B5) |
| 7 | | 3,1511392 | =1/$B$1*($B$2/POTENZ(B6;$B$1-1)+($B$1-1)*B6) |
| 8 | | 2,7052079 | |
| 9 | | 2,3293202 | |
| 10 | | 2,0224975 | |
| 11 | | 1,7940994 | Ausfüllen nach unten |
| 12 | | 1,6620279 | |
| 13 | | 1,6211440 | |
| 14 | | 1,6177808 | |
| 15 | | 1,6177597 | |
| 16 | | 1,6177597 | Ergebnis mit angestrebter Genauigkeit |
| 17 | | | |

TABELLE 1-24) Ermittlung eines Wurzelwertes durch Iteration nach Variante 2

## 1.7 Zugriff auf Elemente einer Matrix

Gegeben sei eine (m,n)-Matrix. Nach einer Anweisung soll auf ein bestimmtes Element dieser Matrix zugegriffen werden. Insofern lassen sich Matrizen als Datenbanken verwenden.

Man findet die zugehörigen Funktionen unter der Menüfolge
EINFÜGEN
>>FUNKTION ...
>>MATRIX

### 1.7.1. INDEX

INDEX sucht ein Matrixelement aus gegebener Zeilennummer und Spaltennummer.

EXCEL-Notation: =INDEX(Matrixbereich;i.Zeile;j.Spalte)

EINGABE

| | A | B | C | D | E | F | G |
|---|---|---|---|---|---|---|---|
| 1 | 5 | 10 | 21 | 32 | | 2 | |
| 2 | 3 | 15 | 25 | 35 | | 3 | |
| 3 | 6 | 13 | 23 | 39 | | 25 | |
| 4 | 8 | 18 | 27 | 34 | | | |
| 5 | 9 | 17 | 24 | 37 | | | |

=INDEX(A1:D5;F1;F2)

Gegebene Matrix

TABELLE 1-25) Zugriff auf ein Element einer Matrix über die i. Zeile und j. Spalte

### 1.7.2. VERWEIS

Über die Eingabe eines Elementes der ersten Spalte einer Matrix wird der zugehörige Wert der zweiten Spalte der Matrix zurückgegeben.
Ist der eingegebene Wert in der ersten Spalte nicht enthalten, erfolgt die Fehlermeldung #NV.
Im Betrachtungszusammenhang ist die Funktion für zweispaltige Matrizen wertvoll.

EXCEL-Notation: =VERWEIS(Suchwert der ersten Spalte; zweispaltige Matrix)

Beispiel:

Rechenwerte $\beta_R$ der Betondruckfestigkeit nach DIN 1045, Tabelle 12

| | A | B | C | D | E | F | G | H | I |
|---|---|---|---|---|---|---|---|---|---|
| 1 | | | $\beta_R$ | | | | | | |
| 2 | | B5 | 3,5 | N/mm² | | | | | |
| 3 | | B10 | 7,0 | N/mm² | | | | | |
| 4 | | B15 | 10,5 | N/mm² | | | | | |
| 5 | | B25 | 17,5 | N/mm² | | | | | |
| 6 | | B35 | 23,0 | N/mm² | | | | | |
| 7 | | B45 | 27,0 | N/mm² | | | | | |
| 8 | | B55 | 30,0 | N/mm² | | | | | |
| 9 | | | | | | B55 | $\beta_R$ = | 30,0 | N/mm² |

=VERWEIS(F9;B2:C8)

gegebene Spaltenvektoren

EINGABE

TABELLE 1-26) Aufsuchen eines Wertes, der dem Element eines Spaltenvektors zugeordnet ist

Beachte: Im Zugriffsvektor (hier B2:B8) müssen die Elemente in aufsteigender Reihenfolge stehen!

### 1.7.3. SVERWEIS

Die Funktion wird bei mehrspaltigen Matrizen eingesetzt.

EXCEL-Notation: =SVERWEIS(Suchwert der ersten Spalte; Matrix; Spaltenindex des zurückzugebenden Wertes; Steuervariable)

Steuervariable = 0 greift auf den exakten Wert zurück.

Beispiel:

Rechenwerte für den E-Modul und die Betondruckfestigkeit in N/mm² nach DIN 1045, Tabellen 11 und 12

| | A | B | C | D | E | F |
|---|---|---|---|---|---|---|
| 1–2 | | E-Modul N/mm² | $\beta_R$ N/mm² | | | |
| 3 | 1 | 2 | 3 | | | |
| 4 | B05 | ----- | 3,5 | | | |
| 5 | B10 | 22000 | 7,0 | | | |
| 6 | B15 | 26000 | 10,5 | | | |
| 7 | B25 | 30000 | 17,5 | | | |
| 8 | B35 | 34000 | 23,0 | | 2 | |
| 9 | B45 | 37000 | 27,0 | | B35 | |
| 10 | B55 | 39000 | 30,0 | | **34000** | **N/mm²** |

EINGABE:
E8 → Spalten-**Nummer**
E9 → Zeilen-**Wert**

=SVERWEIS(E9;A4:C10;E8;WAHR)

gegebene Matrix

TABELLE 1-27) Zugriff analog Tabelle 1-26), jedoch unter zusätzlicher Verwendung der Spaltennummer

Beachte zu Tabelle 1-27): Die Suchwerte der ersten Spalte müssen in aufsteigender Reihenfolge angeordnet sein, wenn die Steuervariable = WAHR ist.

Wird für die Steuervariable der logische Wert FALSCH eingesetzt, brauchen die Werte der Spalte für das Suchkriterium nicht in aufsteigender Reihenfolge sortiert zu sein, Tabelle 1-28).

| | A | B | C | D | E |
|---|---|---|---|---|---|
| 1 | 5 | a | aa | aaa | |
| 2 | 3 | b | bb | bbb | |
| 3 | 1 | c | cc | ccc | |
| 4 | 4 | d | dd | ddd | |
| 5 | 2 | e | ee | eee | 4 |
| 6 | | | | | 3 |
| 7 | | | | | dd |

EINGABE: Suchkriterium (in Spalte 1)

EINGABE: Spaltenindex (3. Spalte)

=SVERWEIS(E5;A1:D5;E6;FALSCH)

TABELLE 1-28) Zugriff auf ein Matrizen-Element ohne Sortieren der Suchkriterien (Spalte A)

Ist das Suchkriterium in der Tabelle nicht vorhanden, wird die Fehlermeldung #NV ausgegeben.

### 1.7.4. WVERWEIS

Die Funktion wird ebenfalls bei mehrspaltigen Matrizen eingesetzt.

EXCEL-Notation: =WVERWEIS(Suchwert der ersten Zeile; Matrix; Zeilenindex des zurückzugebenden Wertes; Steuervariable)

Steuervariable = 0 greift auf den exakten Wert zurück.

<u>Beispiel</u>

Grenzen der Grundwerte der Schubspannung $\tau_0$ in N/mm² unter Gebrauchslast
DIN 1045, Tabelle 13; Auszug

| | A | B | C | D | E | F | G | H | I | J |
|---|---|---|---|---|---|---|---|---|---|---|
| 1 | Bauteil | Schubbereich | B15 | B25 | B35 | B45 | B55 | | | |
| 2 | Balken | 1 | 0,50 | 0,75 | 1,00 | 1,10 | 1,25 | | B15 | Betongüte |
| 3 | | 2 | 1,20 | 1,80 | 2,40 | 2,70 | 3,00 | | 2 | Schubbereich |
| 4 | | 3 | 2,00 | 3,00 | 4,00 | 4,50 | 5,00 | $\tau_0$ = | 1,20 | N/mm² |

gegebene Matrix

EINGABE:
I2 → Spalten- **Wert**
I3 → Zeilen- **Nummer**

=WVERWEIS(I2;C1:G4;I3+1;0)

TABELLE 1-29) Zugriff analog Tabelle 1-25), jedoch unter zusätzlicher Verwendung der Zeilennummer

<u>Beachte:</u>

- Die Suchwerte in der ersten Zeile müssen in aufsteigender Reihenfolge angeordnet sein. Die Steuervariable 0 entspricht dem Wert WAHR.
- Anstelle der Zeilennummer I3 wurde als Index I3+1 eingegeben, damit der Schubbereich als Eingabe dient.

## 1.7.5. VERGLEICH

VERGLEICH liefert die zu einem Element eines Spaltenvektors zugehörige Zeilennummer.

EXCEL-Notation: =VERGLEICH(Element des Spaltenvektors;Spaltenvektor;Steuervariable)
(analog bezüglich einer Zeile)

| | A | B | C | D | E |
|---|---|---|---|---|---|
| 1 | | | | | |
| 2 | 1 | B5 | | | |
| 3 | 2 | B10 | | | |
| 4 | 3 | B15 | | | |
| 5 | 4 | B25 | | | |
| 6 | 5 | B35 | | | |
| 7 | 6 | B45 | | B25 | |
| 8 | 7 | B55 | | 4 | |

EINGABE

=VERGLEICH(D7;B2:B8;0)

TABELLE 1-30) ➔ B25 steht in der Zeile 4 des Spaltenvektors

## 1.7.6. WAHL

WAHL liefert mit der gegebenen Position ein Element einer Wertekette.

EXCEL-Notation: =WAHL(Position;Wert des Vektorelementes;Wert des Vektorelementes; Wert des Vektorelementes; ...)

<u>Beispiel:</u>

=WAHL(3;"B15";"B25";"B35";"B45";"B55")

liefert B35;
beziehungsweise

| | A | B | C | D | E |
|---|---|---|---|---|---|
| 1 | B15 | B25 | B35 | B45 | B55 |
| 2 | | | | | |
| 3 | | | | | 4 |
| 4 | | | | | B45 |

EINGABE

=WAHL(E3;A1;B1;C1;D1;E1)

TABELLE 1-31) ➔ An der Position 4 des Zeilenvektors A1:E1 steht der Wert B45

## Zusammenfassendes Beispiel:

| | A | B | C | D | E | F | G |
|---|---|---|---|---|---|---|---|
| 1 | | HEB; Statische Kennwerte | | | | | |
| 2 | Zeilen-index | H | A | $I_y$ | $W_y$ | | |
| 3 | | mm | $cm^2$ | $cm^4$ | $cm^3$ | | |
| 4 | | 1 | 2 | 3 | 4 | ← Spaltenindex | |
| 5 | 1 | 100 | 26,0 | 450 | 89,9 | | |
| 6 | 2 | 120 | 34,0 | 864 | 144 | | |
| 7 | 3 | 140 | 43,0 | 1510 | 216 | | |
| 8 | 4 | 160 | 54,3 | 2490 | 311 | | |
| 9 | 5 | 180 | 65,3 | 3830 | 426 | | |
| 10 | 6 | 200 | 78,1 | 5700 | 570 | | |
| 11 | 7 | 220 | 91,0 | 8090 | 736 | | |
| 12 | 8 | 240 | 106,0 | 11260 | 938 | | |
| 13 | | | | | | | FUNKTIONEN |
| 14 | INDEX | Eingabewerte: | | Zeilenindex | 3 | | |
| 15 | | | | Spaltenindex | 4 | | |
| 16 | | Ausgabewert: | | | 216 | | =INDEX(B5:E12;E14;E15) |
| 17 | | | | | | | |
| 18 | VERWEIS | Eingabewert: | | Spaltenwert | 200 | | |
| 19 | | Ausgabewerte: | | | 78,1 | | =VERWEIS(E18;B5:C12) |
| 20 | | | | | 5700 | | =VERWEIS(E18;B5:D12) |
| 21 | | | | | 570 | | =VERWEIS(E18;B5:E12) |
| 22 | | | | | | | |
| 23 | SVERWEIS | Eingabewerte: | | Zeilenwert | 120 | | |
| 24 | | | | Spaltenindex | 4 | | |
| 25 | | Ausgabewert: | | | 144 | | =SVERWEIS(E23;B5:E12;E24) |
| 26 | | | | | | | |
| 27 | WVERWEIS | Eingabewerte: | | Spaltenwert | 3 | | |
| 28 | | | | Zeilenindex | 5 | | |
| 29 | | Ausgabewert: | | | 3830 | | =WVERWEIS(E27;A4:E12;E28+1;0) |
| 30 | | | | | | | |
| 31 | VERGLEICH | Eingabewerte: | | Spaltenwert | 91 | | |
| 32 | | Ausgabewert: | | Zeilenindex | 7 | | =VERGLEICH(E31;C5:C12;0) |
| 33 | | | | | | | |
| 34 | WAHL | Eingabewerte: | | Position | 5 | | |
| 35 | | Ausgabewert: | | | 65,3 | | =WAHL(I35;C5;C6;C7;C8;C9;C10;C11;C12) |
| 36 | | | | | | | |

TABELLE 1-32) Statische Kennwerte der Stahlprofile HEB nach DIN 1025 Teil2 (10.63) und Euronorm 53-62; Auszug

## 1.8 Information

In weiteren Kapiteln, in denen zum Aufbau von Matrizen die Funktion SVERWEIS verwendet wird, tritt gesetzmäßig die Fehlermeldung #NV auf. Damit wird die Fortführung der Berechnung blockiert. Um die Fehlermeldung aufzuheben, können die Funktionen ISTFEHLER oder auch ISTNV zum Einsatz kommen. Mit Bezug auf Tabelle 1-33) nutzen wir eine dieser Funktionen. Die Eingabe des Wertes 7 führt zur Information #NV (Fehler: Nicht Vorhanden). Die Blockade des Berechnungsablaufes kann durch die angegebene Funktion aufgehoben werden.

| | *A* | *B* | *C* | *D* | *E* |
|---|---|---|---|---|---|
| ***1*** | 5 | a | aa | aaa | |
| ***2*** | 3 | b | bb | bbb | |
| ***3*** | 1 | c | cc | ccc | |
| ***4*** | 4 | d | dd | ddd | |
| ***5*** | 2 | e | ee | eee | 7 |
| ***6*** | | | | | 3 |
| ***7*** | | | | | #NV |

EINGABE: Suchkriterium (in Spalte 1)

EINGABE: Spaltenindex (3. Spalte)

=SVERWEIS(E5;A1:D5;E6;FALSCH)

| | *A* | *B* | *C* | *D* | *E* |
|---|---|---|---|---|---|
| ***1*** | 5 | a | aa | aaa | |
| ***2*** | 3 | b | bb | bbb | |
| ***3*** | 1 | c | cc | ccc | |
| ***4*** | 4 | d | dd | ddd | |
| ***5*** | 2 | e | ee | eee | 7 |
| ***6*** | | | | | 3 |
| ***7*** | | | | | Nicht vorhanden! |

EINGABE: Suchkriterium (in Spalte 1)

EINGABE: Spaltenindex (3. Spalte)

=WENN(ISTNV(SVERWEIS(E5;A1:D5;E6;FALSCH));"Nicht vorhanden!";SVERWEIS(E5;A1:D5;E6;FALSCH))

TABELLE 1-33) Beispiel für die Verwendung einer Information

## 1.9 Kopplung von Texten

In dem hier vorzustellenden Zusammenhang sei auf die Möglichkeit der Kopplung (Verkettung) von Texten hingewiesen. Texte, die in verschiedenen Zellen stehen, werden zusammengefasst

- durch die Funktion VERKETTEN
- durch den Operator „&" (Kaufmanns-Und)

Die Funktion wird unter anderem im Kapitel 6.3 gebraucht.

Beachte:

Texte, die im Argument von Funktionen stehen, müssen durch Ausführungszeichen ("...") eingeschlossen werden. EXCEL liefert gerade Anführungszeichen.

## Variante 1:

EXCEL-Notation: =VERKETTEN (Zelle_i;Zelle_j;...)

| | *A* | *B* | *C* | Funktionen in den Zellen der Spalte C: |
|---|---|---|---|---|
| *1* | Maßeinheit in | m | Länge in m | =VERKETTEN("Länge in ";B1) |
| *2* | | | Fläche in $m^2$ | =VERKETTEN("Fläche in ";B1;"$^2$") |
| *3* | | | Volumen in $m^3$ | =VERKETTEN("Volumen in ";B1;"$^3$") |
| *4* | | | | |

EINGABE (Zelle B1) — Ergebnisse (Spalte C) — Leerzeichen!

TABELLE 1-34) Wirkungsweise der Funktion VERKETTEN

Testen Sie die Wirkungsweise der Funktion VERKETTEN in Tabelle 1-34) durch die Eingabe anderer Maßeinheiten (mm, cm, ...) in die Zelle B1!

## Variante 2:

Anwendung des Operators „&":

| | *A* | *B* | *C* |
|---|---|---|---|
| *1* | Bernd | Freitag | Bernd kommt am Freitag! |
| *2* | | | |

EINGABE (Zellen A1, B1) — =A1&" kommt am "&B1&"!" (Zelle C1)

TABELLE 1-35) Wirkungsweise des Operators „&"

## 1.10 Anwendung von Steuerelementen

### 1.10.1. Einführung

Der Aufruf der Steuerelemente erfolgt über die Symbolleiste FORMULAR:

ANSICHT
>> SYMBOLLEISTEN
>> FORMULAR

Für die in dieser Abhandlung vorgestellten Übungen sind insbesondere wichtig:

- OPTIONSFELD,
- KONTROLLFELD,
- LISTENFELD,
- KOMBINATIONSFELD.

Durch Anklicken des jeweiligen Steuerelementes können diese mit dem Zeichnen-Cursor aufgezogen werden. Sie sind zunächst markiert. Mit der rechten Maustaste oder SHIFT+F10 wird das Kontext-Menü aufgeschlagen. Dieses ist selbsterklärend. Farbe, Berandung und - ganz wichtig - die Steuerung können bearbeitet werden.

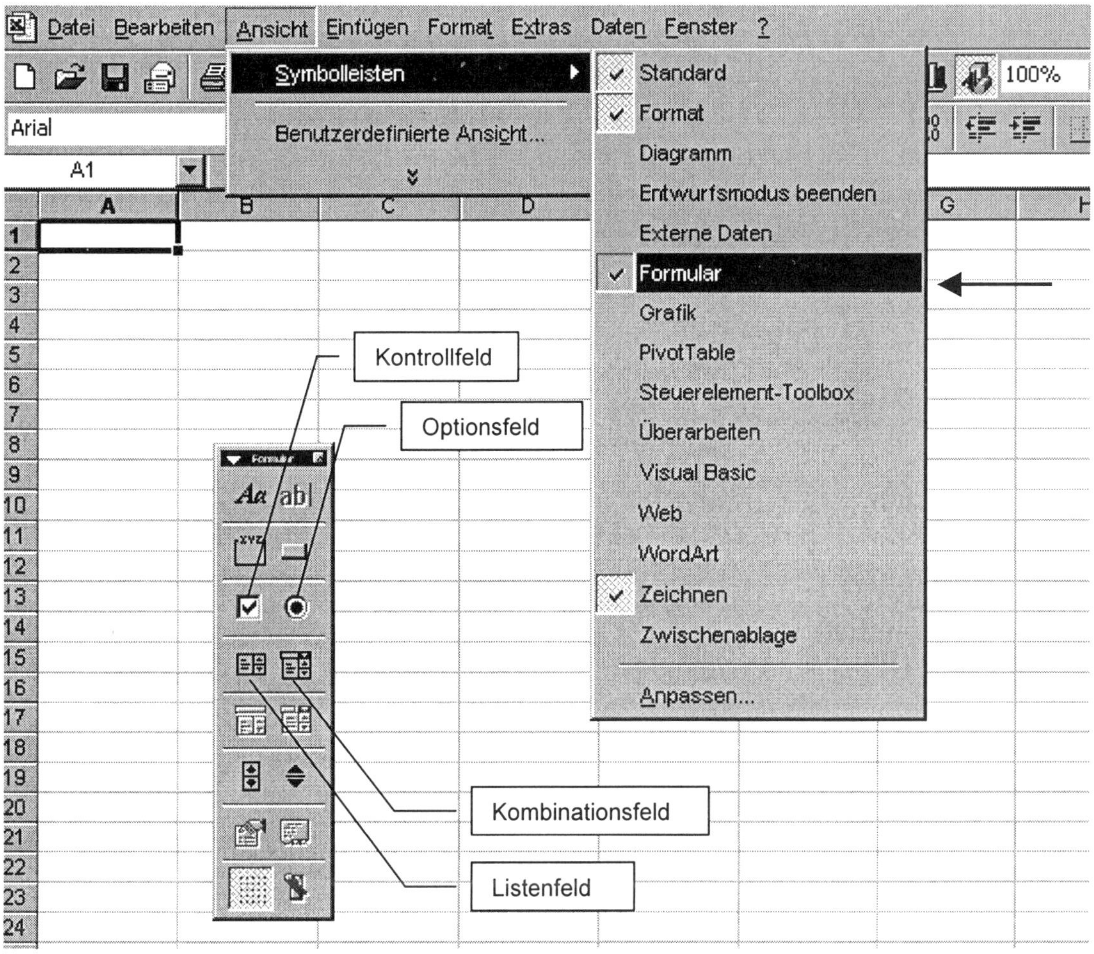


BILD 1-2 Aufruf der Steuerelemente

## 1.10.2.Optionsfeld

Es liegen mindestens zwei Auswahlmöglichkeiten von bestimmten Sachverhalten (Aussagen, Bedingungen, Informationen ...) vor. Die Möglichkeiten der Auswahl schließen sich gegenseitig aus; es ist nur **eine** Option zutreffend. Es kann also nur ein Schalter aktiviert werden.

Beim Aufziehen der Schalter erhöht sich der Index um jeweils eins.

Die sich einstellende Beschriftung „Optionsfeld i" sollte überschrieben und damit den konkreten Bedingungen angepasst werden.

Der Aufruf „Steuerelement formatieren" erfolgt über das Kontextmenü durch das Markieren des Steuerelementes mit der rechten Maustaste.

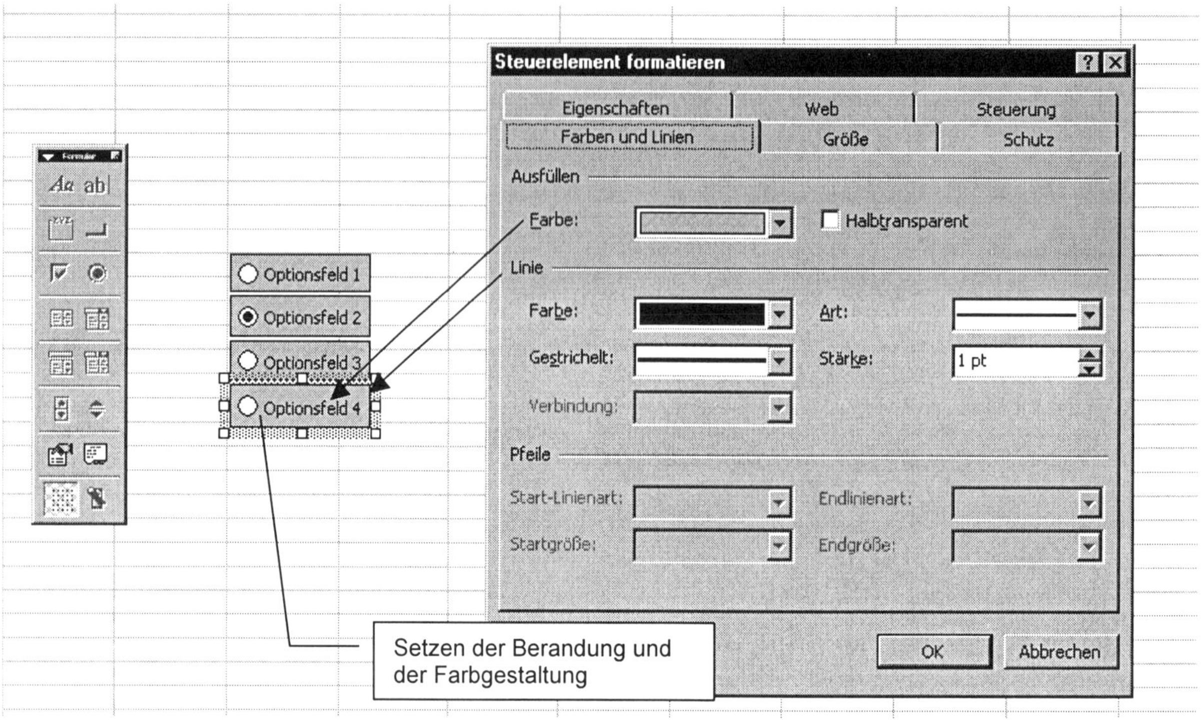


BILD 1-3 Grafische Gestaltung des Schalters

Im Dialogfeld „Steuerelement formatieren", Bild 1-3 wird der Reiter „Steuerung" aufgerufen., siehe Bild 1-4.
Es erfolgt eine Zellverknüpfung, über die dann die mit dem Schalter verbundenen Operationen ausgelöst werden.

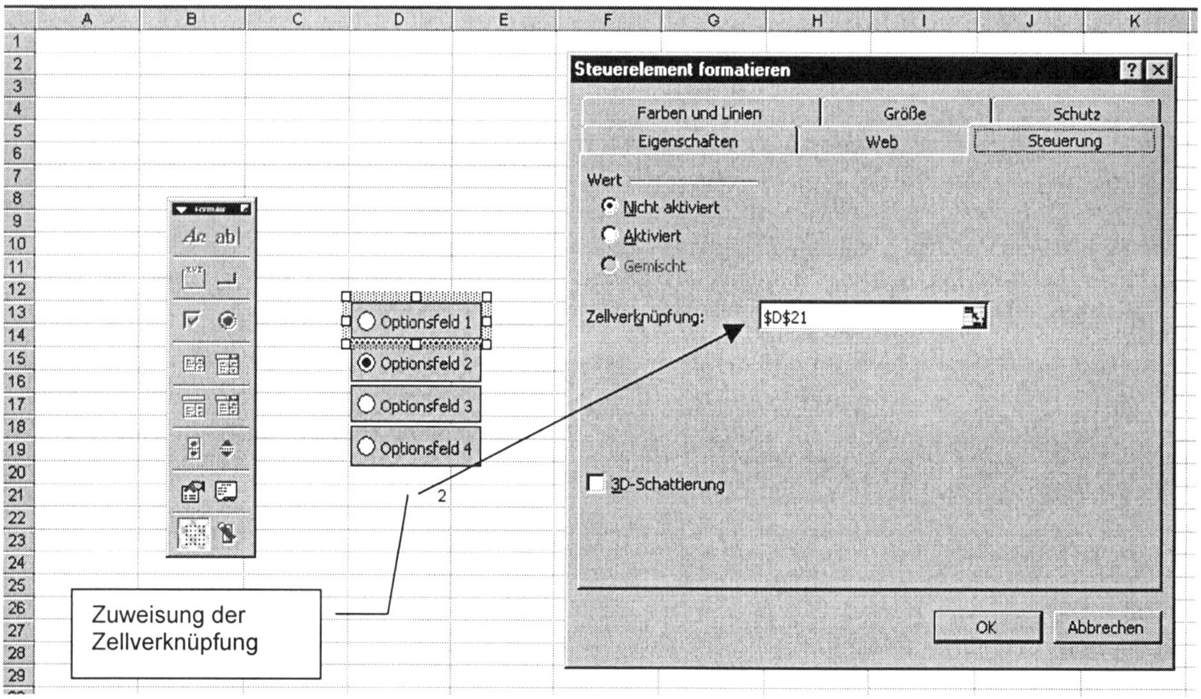


BILD 1-4 Zuweisung der Zellverknüpfung durch Linksklick mit dem Cursor

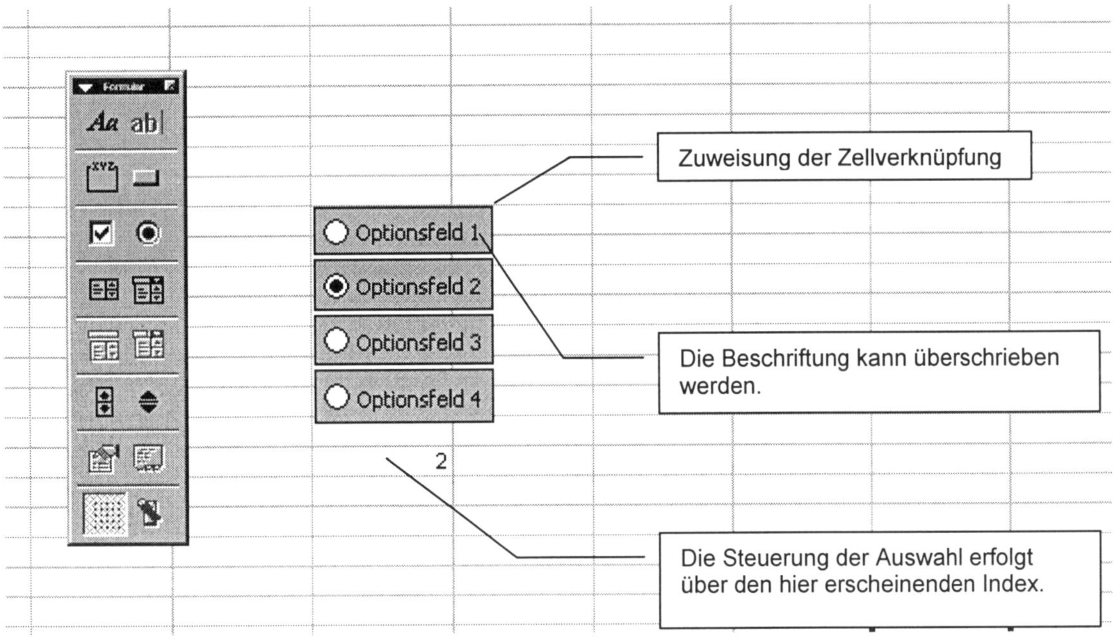


BILD 1-5 Weitere Hinweise zur Bearbeitung der Optionsfelder

Beachte:
Dem Block der Optionsfelder – hier Optionsfeld 1 ... 4 – ist eine Verknüpfungszelle zugeordnet.

Im Rahmen von EXCEL-Programmen möchte man zum Beispiel die Normwerte zu bestimmten Sachverhalten nicht erst aus dem bereit liegenden Tabellenbuch heraussuchen, sondern diese im Tabellenblatt des Programms sofort zur Verfügung haben.

Beispiel: Eindimensionaler Zugriff

Auswahl der Rechenfestigkeit $\beta_R$ und des Elastizitätsmoduls E, die den Betongüteklassen nach DIN 1045 zugeordnet sind.

| | A | B | C | D | E | F | G | H |
|---|---|---|---|---|---|---|---|---|
| 1 | | | | $\beta_R$ | E | | | |
| 2 | ○ B5 | | B5 | 3,5 | ----- | | | |
| 3 | | | B10 | 7,0 | 22.000 | | | |
| 4 | ○ B10 | | B15 | 10,5 | 26.000 | | | |
| 5 | ○ B15 | | B25 | 17,5 | 30.000 | | | |
| 6 | | | B35 | 23,0 | 34.000 | | | |
| 7 | ◉ B25 | | B45 | 27,0 | 37.000 | | | |
| 8 | ○ B35 | | B55 | 30,0 | 39.000 | | | |
| 9 | | | | | | | | |
| 10 | ○ B45 | | | | | | | |
| 11 | ○ B55 | | | | **B25** | **mit $\beta_R$ =** | **17,5N/mm²** | |
| 12 | | | | | | **E =** | **30.000N/mm²** | |
| 13 | 4 | | | | | | | |
| 14 | | | | | | | | |

gegebene Wertetabelle (Zeilen 2–8)

Optionsfeld

Verknüpfungszelle (A13)

=INDEX(D2:D8;A13;1)

=INDEX(E2:E8;A13;1)

=INDEX(C2:C8;A13;1)

TABELLE 1-36) Beispiel für den Zugriff auf eine Wertetabelle über Optionsfelder

Beachte:

Aus Platz- und optischen Gründen ist es zweckmäßig, die Wertetabelle in der Tabelle 1-36) (Bereich C2:E8) zu verstecken, wovon wir später regen Gebrauch machen:

- Abdecken mit grafischen Darstellungen,
- Ausblenden von Zeilen und/oder Spalten,
- Verschieben in ein anderes Tabellenblatt der Arbeitsmappe.

Erläuterung der Funktionsargumente:

zum Beispiel Zuweisung der Betongüte mit der

EXCEL-Notation: =INDEX(C2:C8;A13;1)

- C2:C8: ausgewählter Spaltenvektor
- A13: Verknüpfungszelle
- 1: Spalte 1 der ausgewählten Matrix

### 1.10.3. Kontrollfeld

Die Kontrollfelder werden analog wie die Optionsfelder erzeugt und formatiert.

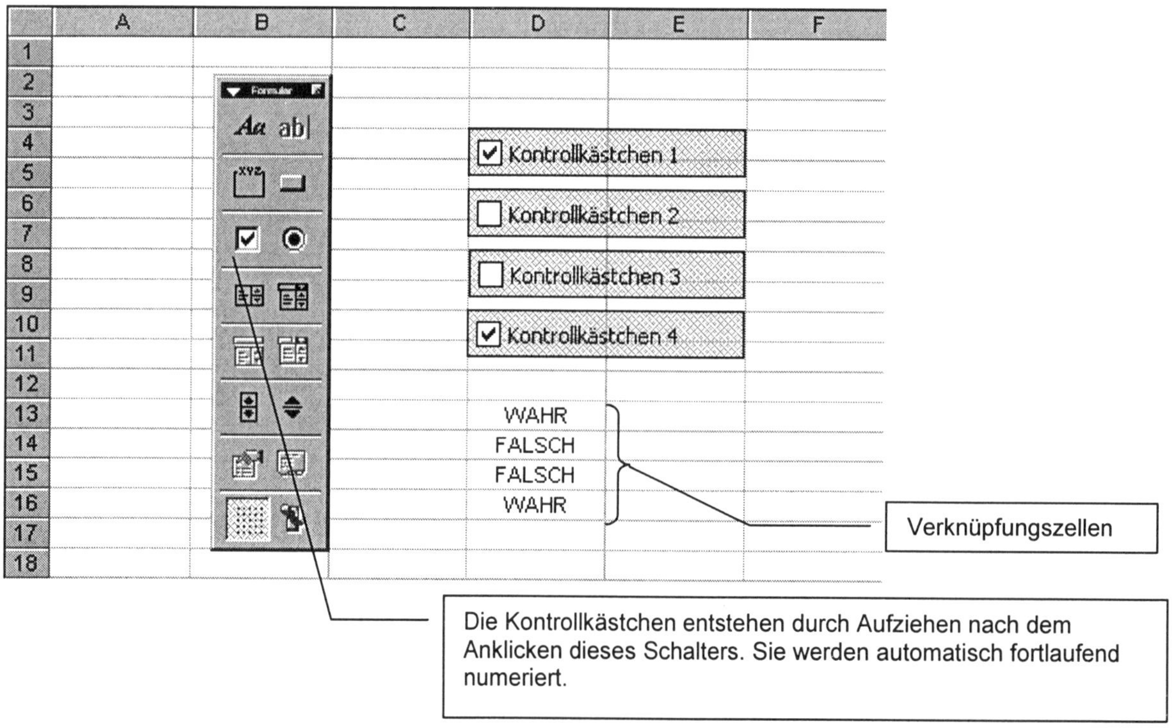


BILD 1-6 Erstellen von Kontrollkästchen

Beachte:
Im Gegensatz zu Optionsfeldern schließen Kontrollfelder sich nicht gegenseitig aus.

Das bedeutet, dass jedes Kontrollfeld eine eigene Verknüpfungszelle benötigt.

Die Verknüpfungszellen erzeugen die Zustände WAHR oder FALSCH.
Der durch einen Haken aktivierte Kasten führt in der Verknüpfungszelle zum Zustand WAHR.

Beispiel:

Das logische UND liefert nur dann den Wert WAHR, wenn alle Einzelbedingungen WAHR sind.

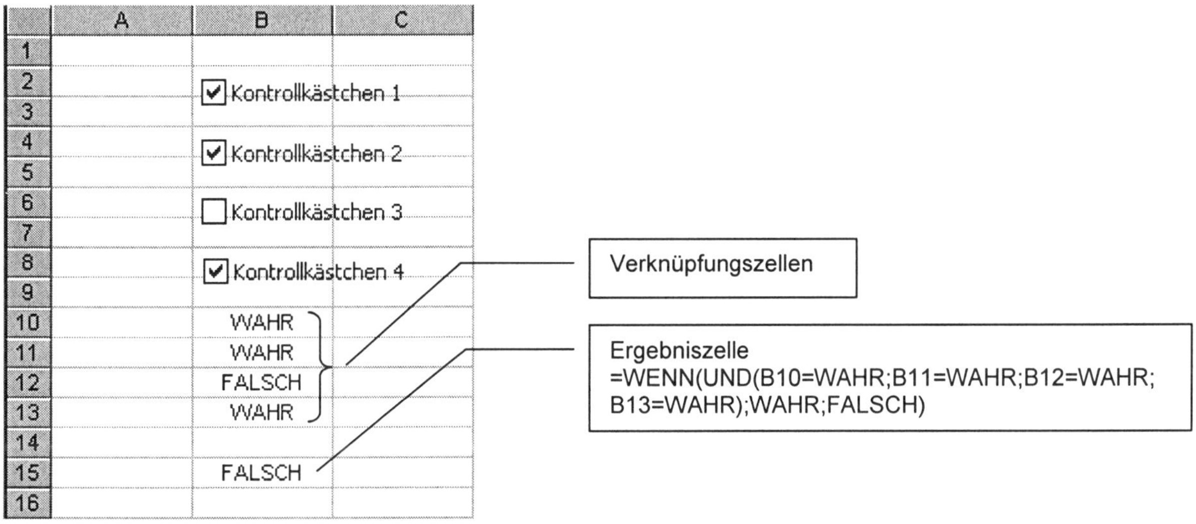


BILD 1-7 Anwendung der Kontrollfelder zur Darstellung des logischen UND

### 1.10.4. Listenfeld

Das Erzeugen des Listenfeldes zeigt Bild 1-8.

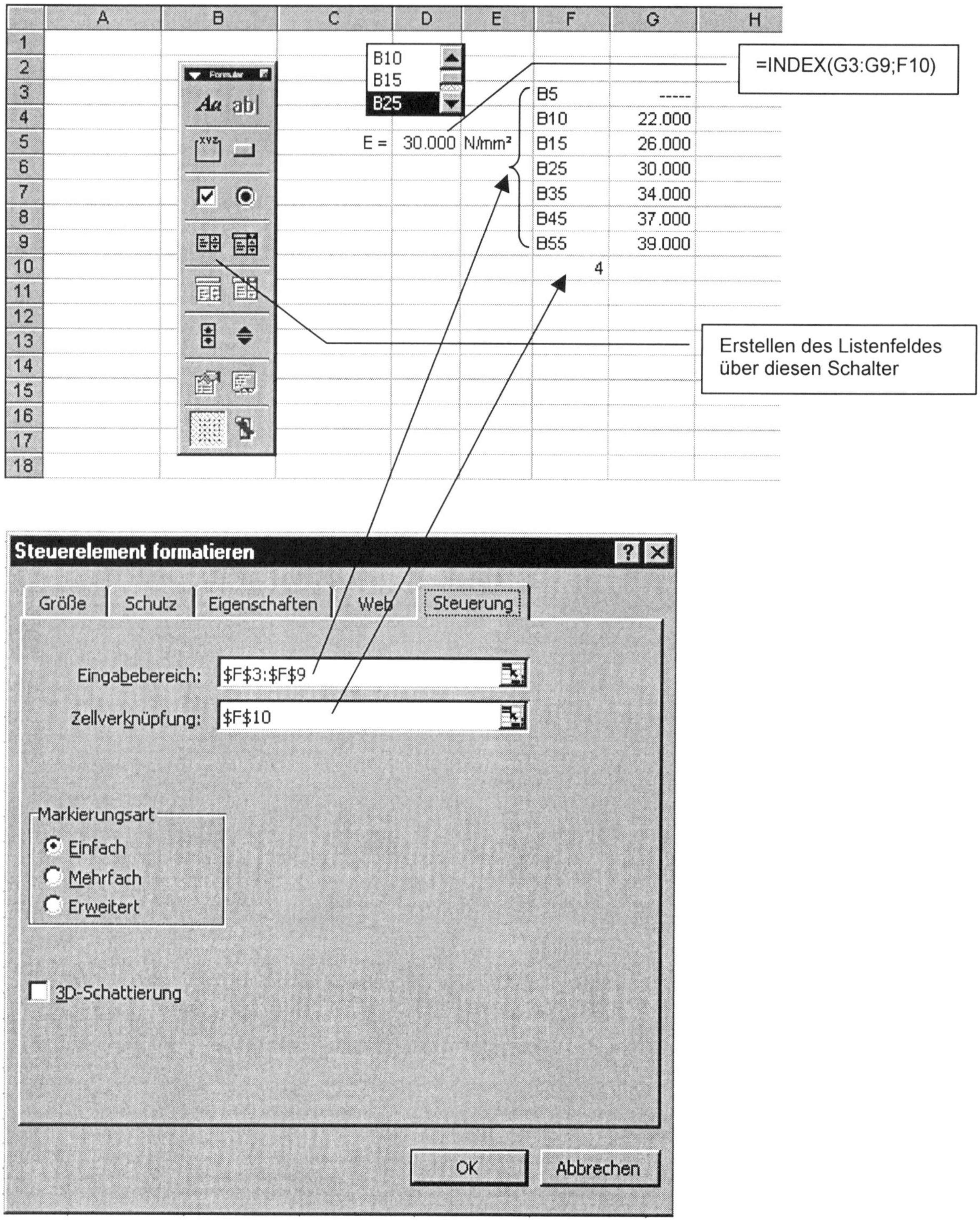


BILD 1-8 Zugriff auf Elemente einer Datenbank über das Listenfeld

Beispiel: Zweidimensionaler Zugriff

Grenzen der Grundwerte lim $\tau_0$ in MN/m² unter Gebrauchslast für Balken (DIN 1045, Tab. 13)

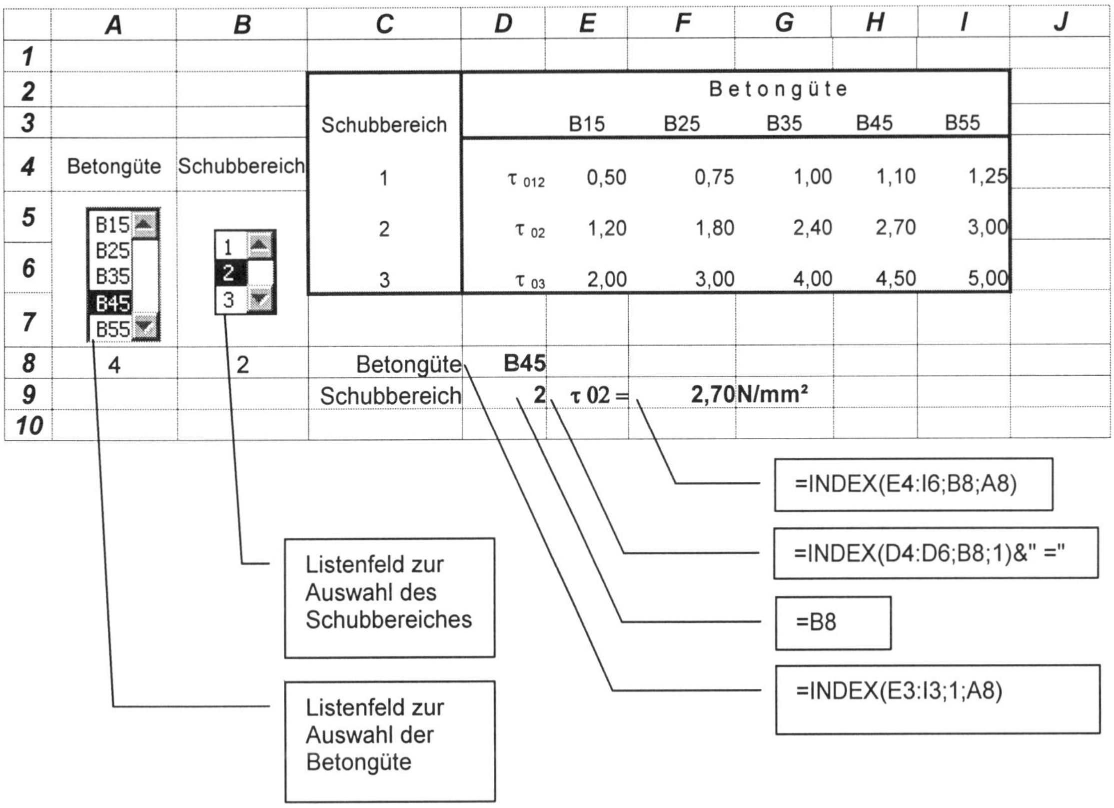


Verknüpfungszellen: A8; B8

Beachte die Textverknüpfung durch die Anwendung des Operators „&“ in der Zelle E9.

TABELLE 1-37) Zugriff auf eine Wertetabelle über Listenfelder

### 1.10.5. Kombinationsfeld

Das Erzeugen des Kombinationsfeldes zeigt Bild 1-9.

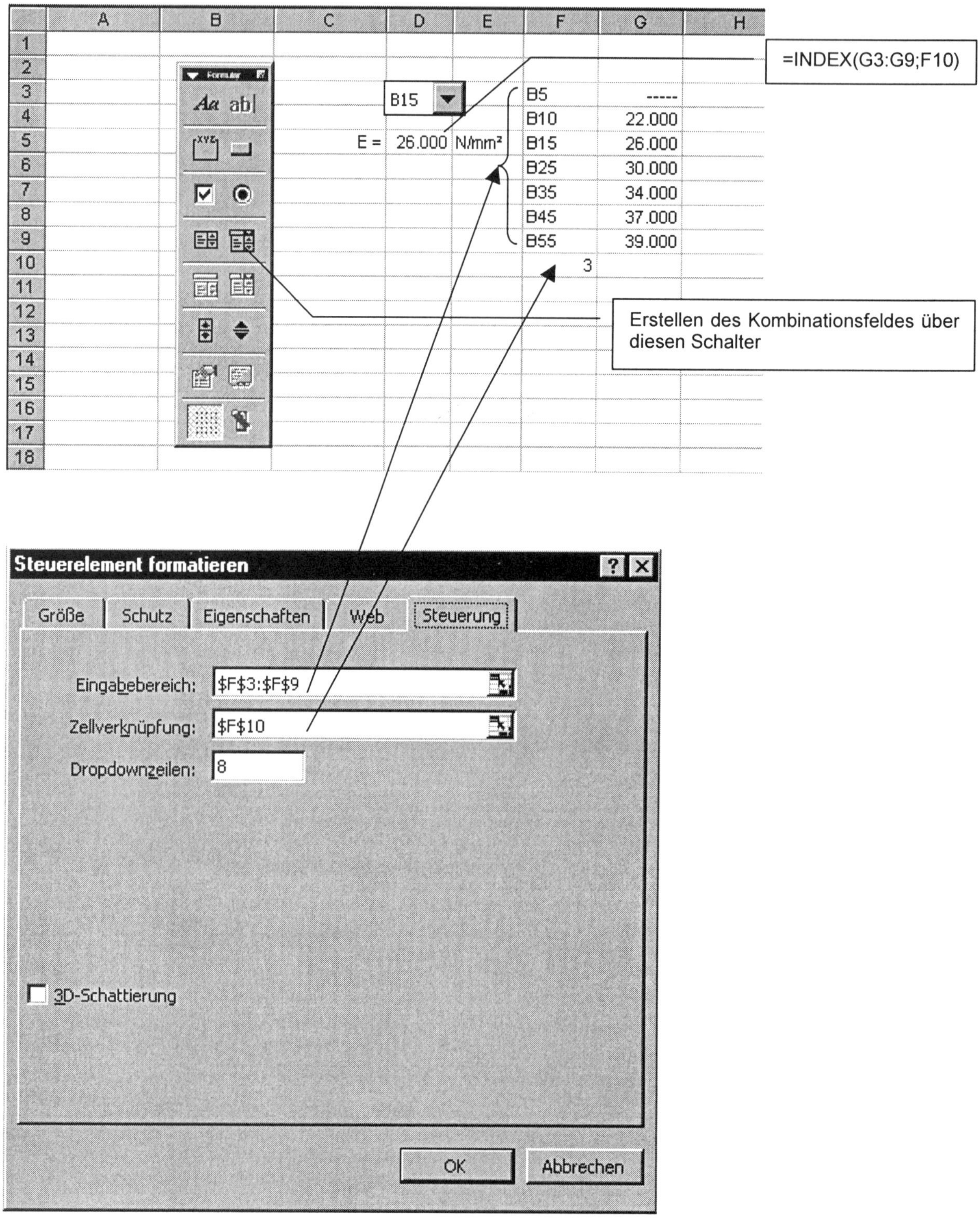


BILD 1-9 Zugriff auf Elemente einer Datenbank über das Kombinationsfeld

## 1.11 Einfügen von Kommentaren

Insbesondere zur Darstellung technischer Probleme erweist es sich als vorteilhaft, den Nutzer des EXCEL-Programms auf technische Vorschriften, Spezifik von Eingabewerten, Überlegungen zur Auswertung von Ergebnisen oder ähnliches hinzuweisen. Diese Feststellungen gehören nicht zum eigentlichen Programmablauf, sondern sollen nur die Nutzung unterstützen.

Dazu werden Kommentare eingefügt.

Über die Menü-Folge

ANSICHT
>>SYMBOLLEISTEN
>>ÜBERARBEITEN

wird die zugehörige Symbolleiste aufgerufen, BILD 1-10

Ein analoger Effekt entsteht über

EINFÜGEN
>>KOMMENTAR

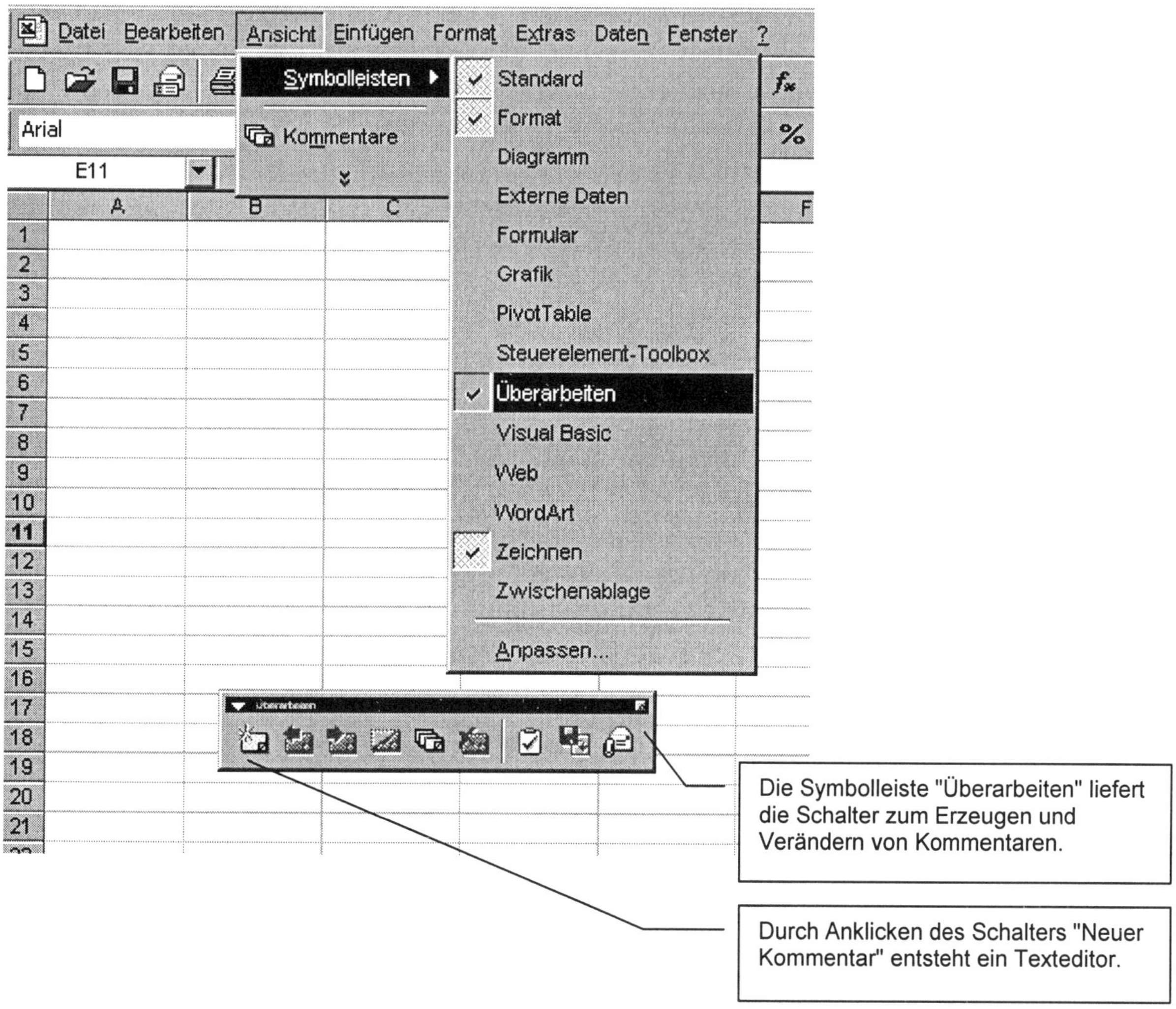


BILD 1-10 Einfügen und Bearbeiten von Kommentaren

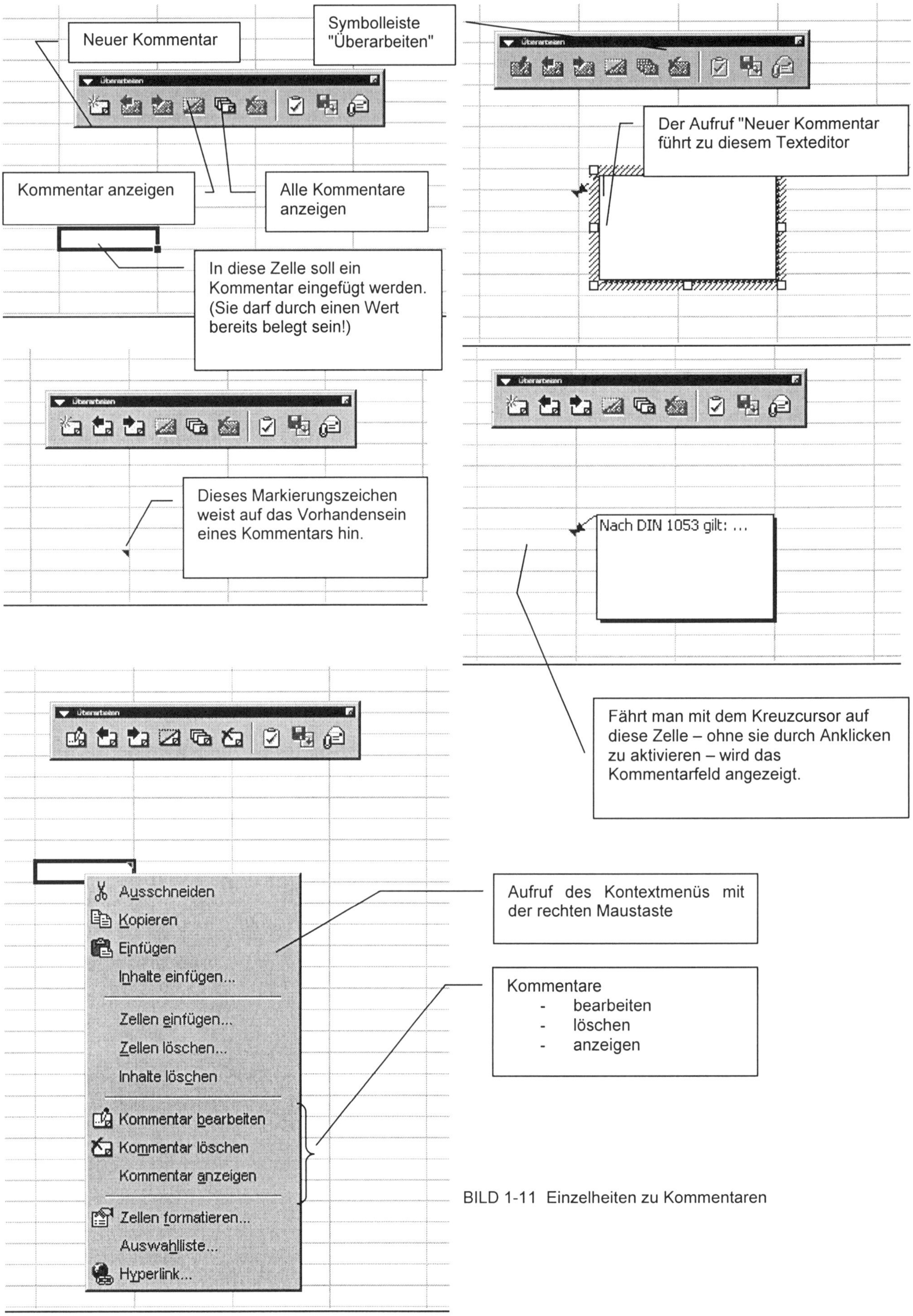


BILD 1-11 Einzelheiten zu Kommentaren

## 1.12 Warnung bei Falscheingabe

Generell besteht das Bedürfnis, eine unzulässige Eingabe durch eine Warnmeldung oder einen Berechnungsstopp zu quittieren. Dies könnte Folge eines Tippfehlers sein oder aber auch aus Unkenntnis eines in einer Vorschrift vorgegebenen Sachverhaltes geschehen.
Beispielsweise wäre es falsch, im Rahmen einer statischen Berechnung einen Sicherheitsbeiwert $\eta < 1{,}0$ einzugeben.
Um auf solch eine eventuell auftretende Unzulänglichkeit sofort hinzuweisen, kann wie folgt verfahren werden.

Aus der Menükette

DATEN
>>GÜLTIGKEIT ...

wird die Dialogfenster „Gültigkeitsprüfung" aufgeschlagen, Bild 1-12. Diese ist wiederum selbst erklärend.
Es soll $\eta \geq 1$ zugelassen sein. Daraus folgt nachstehender Eintrag.

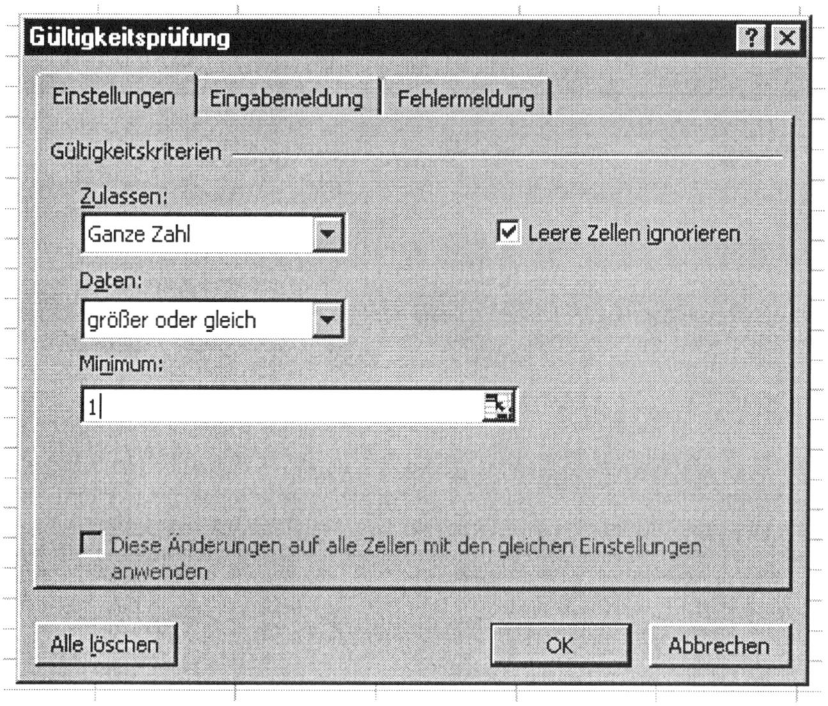


BILD 1-12 Im Register „Einstellungen" werden die zugelassenen Werte eingegrenzt.

Die Berechnung wird bei einer Eingabe < 1 gestoppt. Um einen Hinweis auf den Grund der Unterbrechung zu erzeugen, wird der Reiter „Fehlermeldung" aufgerufen. Tragen Sie eine entsprechende Bemerkung ein, Bild 1-13.

Die Reaktion bei einer Falscheingabe zeigt Bild 1-14.

Selbstverständlich kann eine Falscheingabe auch durch die WENN-Funktion kommentiert werden.
Für die Eingabe seien beispielsweise nur die nach der DIN 1045 maßgebenden Güteklassen für Stahlbeton B15, B25, B35, B45, B55 zugelassen.
Um einen Zirkelbezug zu vermeiden, wird die Warnung in die Nachbarzelle geschrieben, Tabelle 1-38).

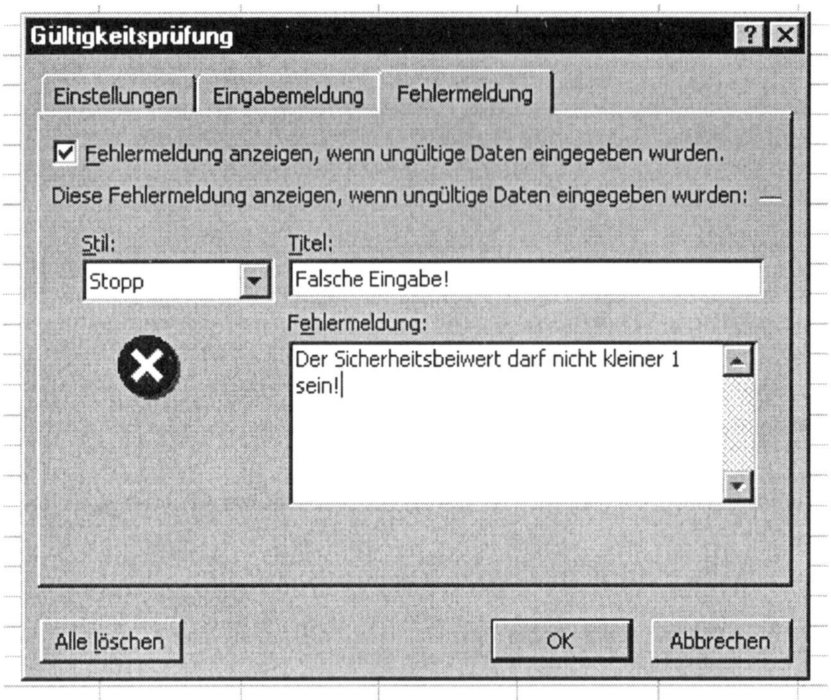


BILD 1-13 Im Register „Fehlermeldung“ tragen Sie die gewünschten Hinweise ein.

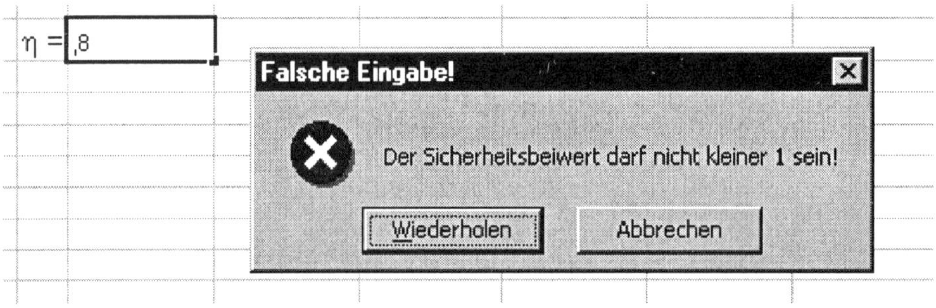


BILD 1-14 Unterbrechung der Eingabefolge

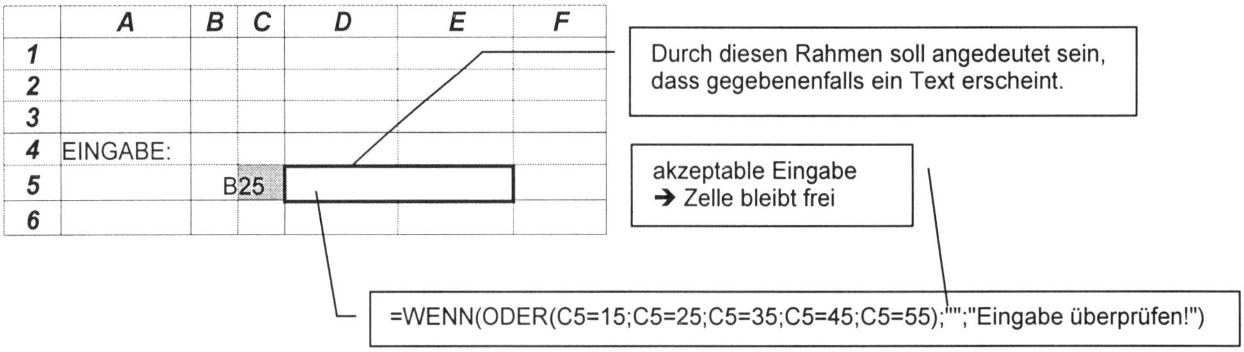


TABELLE 1-38) Hinweis auf eine Falscheingabe über eine WENN-Funktion

| | A | B | C | D | E | F |
|---|---|---|---|---|---|---|
| 1 | | | | | | |
| 2 | | | | | | |
| 3 | | | | | | |
| 4 | EINGABE: | | | | | |
| 5 | | B | 10 | Eingabe überprüfen! | | |
| 6 | | | | | | |

nicht akzeptable Eingabe
→ Warnung erscheint

TABELLE 1-39) Wirkung einer Falscheingabe

Beachte:

Die Bedeutung der Warnmeldung kann durch eine bedingte Formatierung zusätzlich hervorgehoben werden.

Da bei akzeptabler Eingabe die Zelle mit Warnfunktion optisch frei bleibt, obwohl sie durch eine Funktion belegt ist, könnte sie leicht überschrieben werden. Um dies zu vermeiden, kann durch einen Rahmen darauf hingewiesen werden, dass hier eventuell eine Fehlermeldung erscheint, Tabelle 1-38). Eine weitere Möglichkeiten besteht darin, dass durch eine Gültigkeitsprüfung das Überschreiben ausgeschlossen wird, Bild 1-15 ... Bild 1-17.

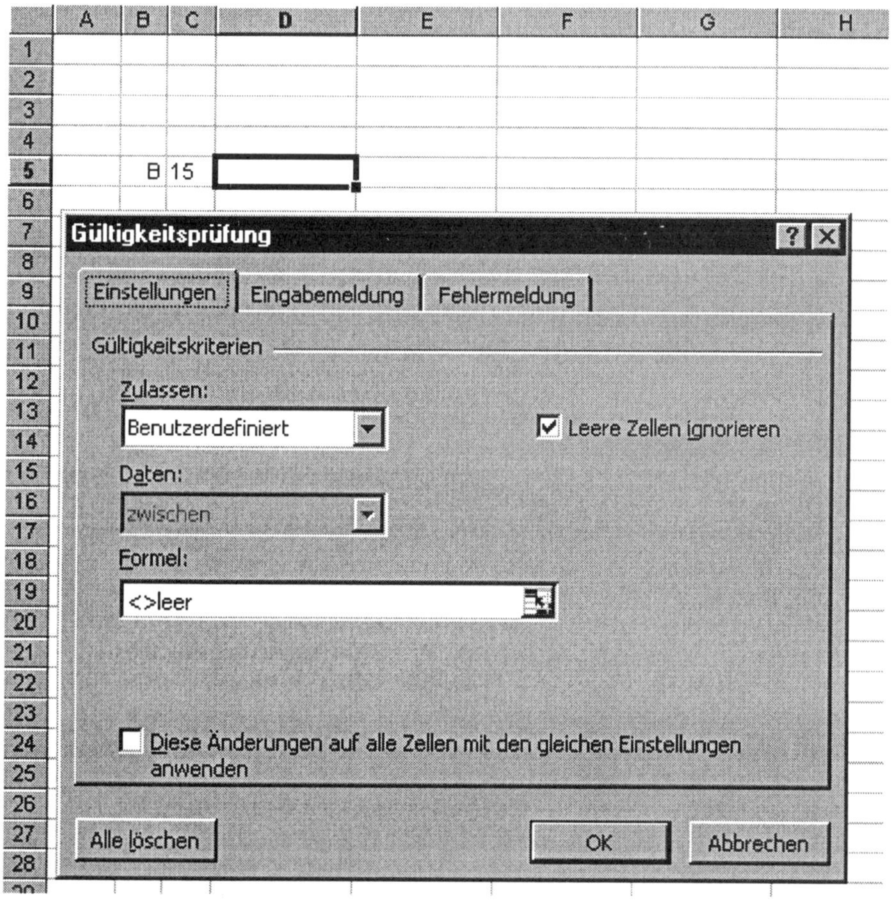


BILD 1-15 Schutz einer belegten Zelle vor zufälligem Überschreiben

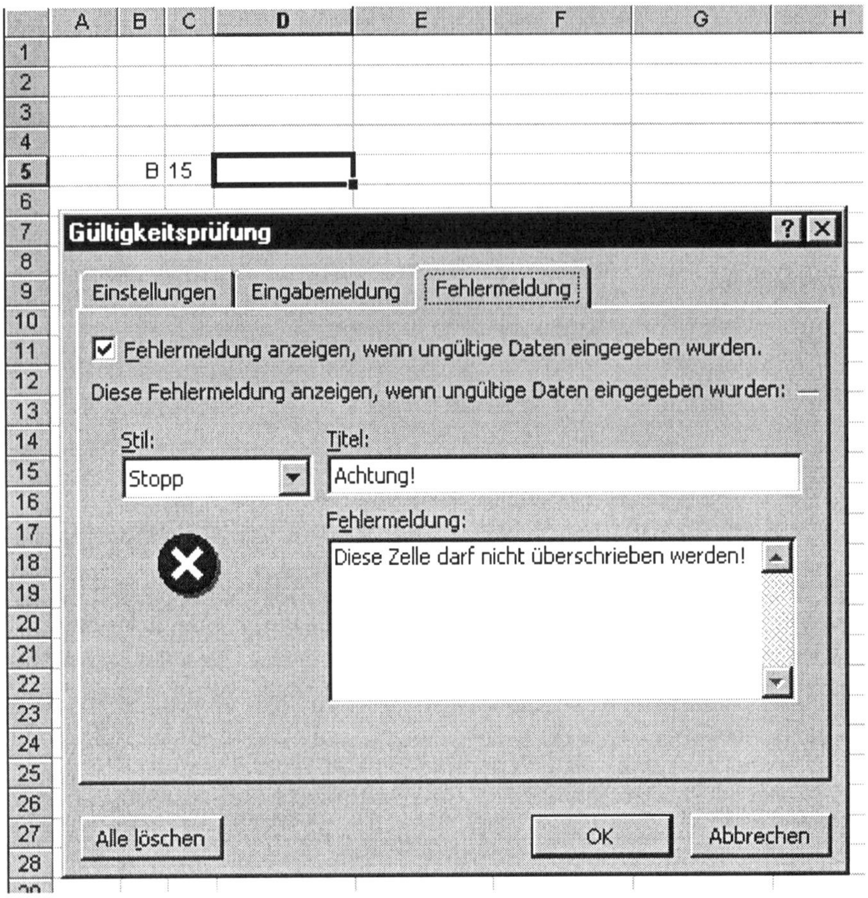


BILD 1-16
Schutz einer Zelle vor zufälligem Überschreiben einer belegten Zelle; Unterbindung der Eingabe

Und so zeigt sich die Fehlermeldung, Bild 1-17.

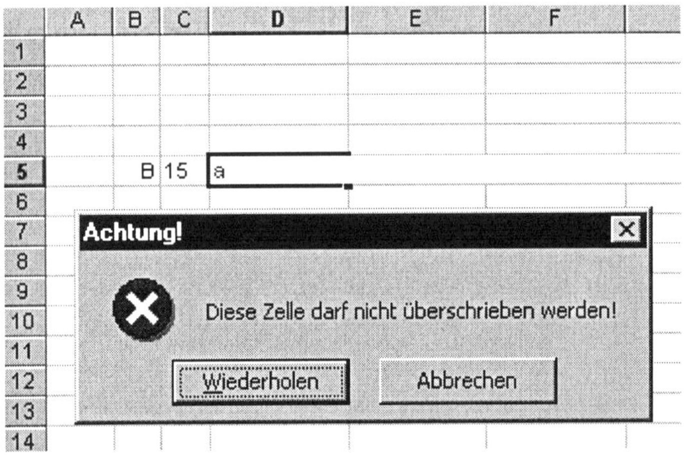


BILD 1-17
Reaktion auf eine Eingabe

Beim zufälligen Überschreiben der Zelle ist ein Weiterarbeiten also nicht möglich.

Ein analoger Sachverhalt tritt nach der Fertigstellung eines Programmes ein.
Es sollen nur die Eingabezellen beschreibbar, alle anderen jedoch gesperrt sein, damit ein zufälliges Überschreiben von Zellen, die Funktionen enthalten, nicht möglich ist.

Außerdem werden wir Eingabezellen besonders hervorheben, zum Beispiel durch eine graue Hinterlegung. Dies wurde in vorstehenden Beispielen ohne besondere Erwähnung zum großen Teil schon realisiert.

Sperren aller Zellen, die nicht Eingabezellen sind:

Die Zellen, die nicht gesperrt werden sollen, werden markiert. Unter der Menükette

FORMAT
>>ZELLEN ...

öffnet sich die Registerkarte „Zellen formatieren“, Bild 1-18.
Dort wird das Register „Schutz“ aufgeschlagen und das Kontrollkästchen „Gesperrt“ deaktiviert.

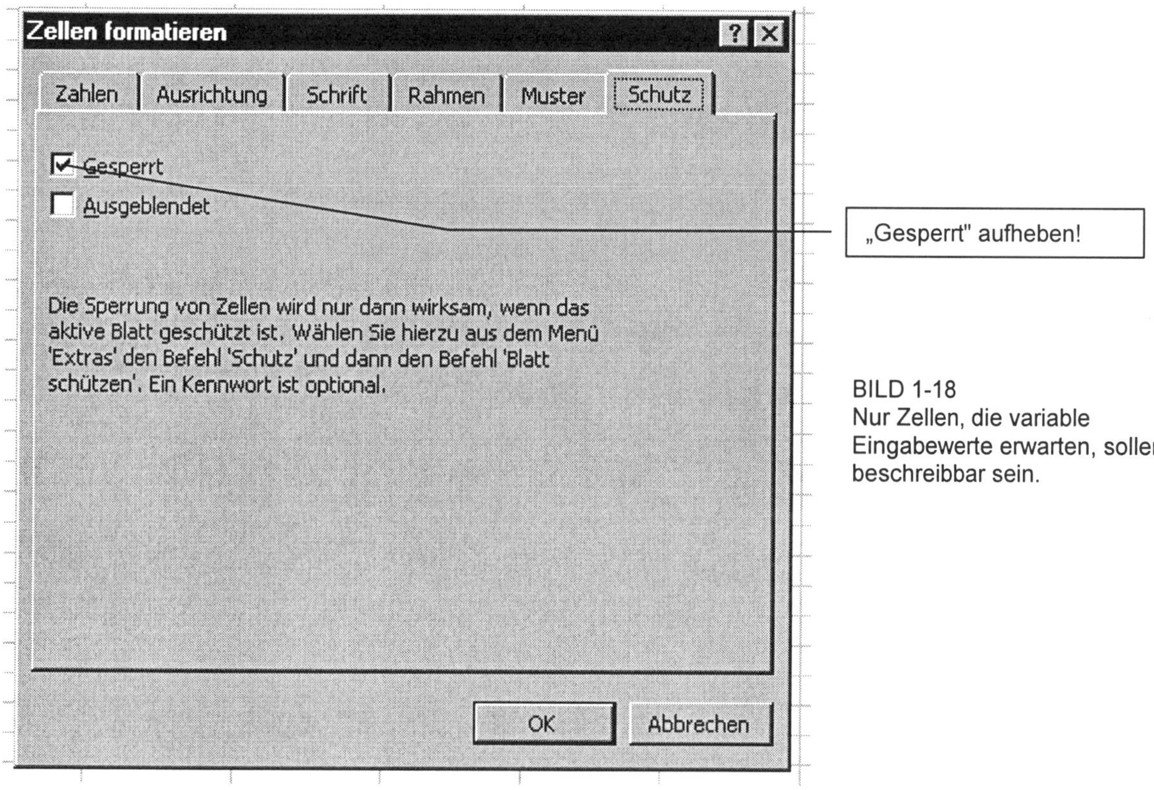


BILD 1-18
Nur Zellen, die variable Eingabewerte erwarten, sollen beschreibbar sein.

Danach wird das Tabellenblatt mit einem Kennwort gesperrt:

EXTRAS
>>SCHUTZ
>>BLATT SCHÜTZEN ...

## 1.13 Diagramme / Grafische Darstellungen

Zu technischen Abhandlungen gehören in der Regel veranschaulichende Skizzen. EXCEL enthält bekanntermaßen ein sehr einfaches Zeichenprogramm, das hier nicht betrachtet werden soll. Interessanter ist es zu untersuchen, ob es gelingt, über Eingabedaten Skizzen automatisch entstehen zu lassen, die sich dann auch an die jeweiligen Eingabewerte oder Rechenergebnisse anpassen.

Dies ist möglich über die Menüfolge

EINFÜGEN
>>DIAGRAMM ..

Hier interessiert der Diagramm-Standardtyp „Punkt (XY)“, Bild 1-19.

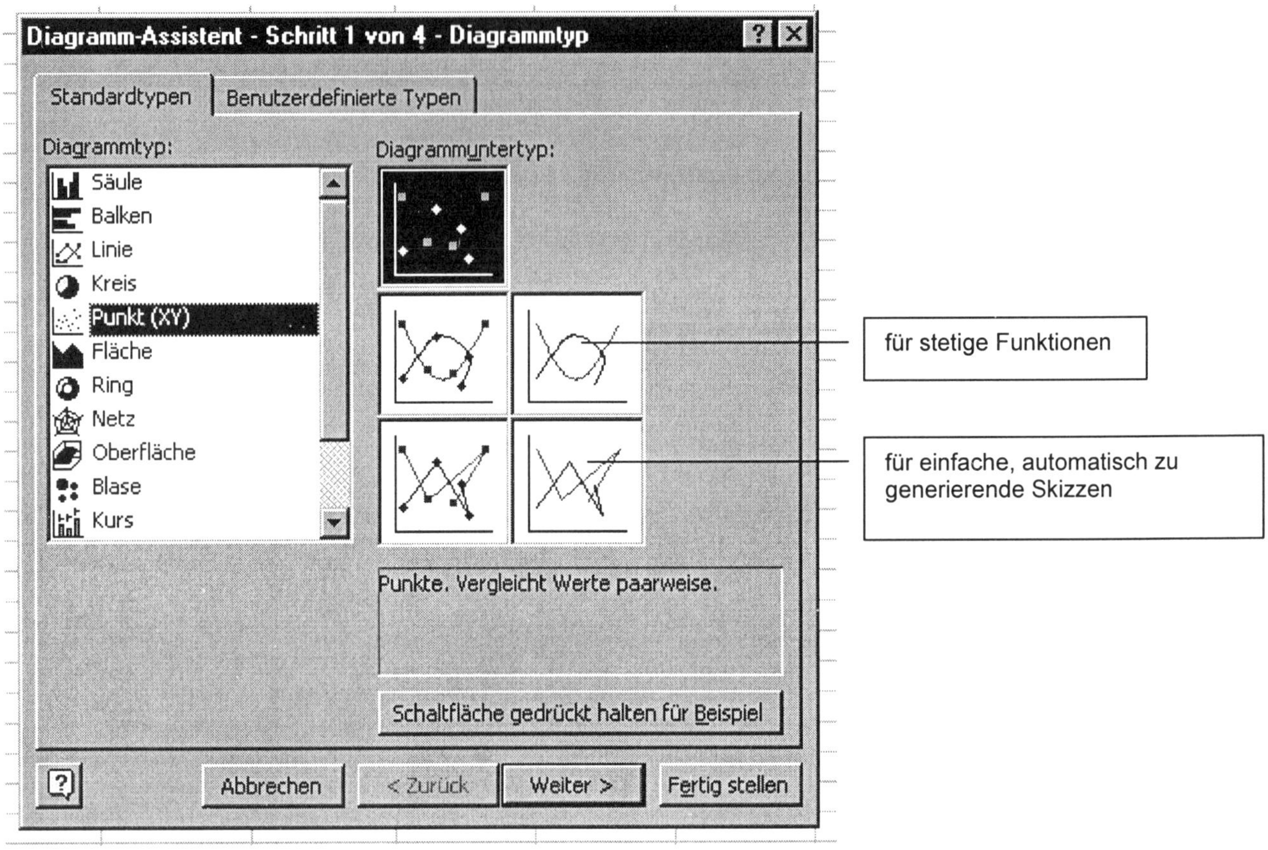


BILD 1-19 Auswahl der Diagrammtypen

In jedem Falle sind Wertetabellen X – Y erforderlich.

Zunächst stellen wir die Bearbeitungsschritte für die Erstellung des Grafen einer stetigen Funktion dar.

Als Trainingsbeispiel soll die Funktion $y(x) = \sin(x)$ dienen, Bild 1-20.

Die Wertetabelle wird erzeugt.
Für die Argumente x wählen wir zum Beispiel die äquidistanten Schritte $\Delta x = 15°$.
Wir markieren beide Spalten, die die x- und y-Werte enthalten.

Danach wird der Diagramm-Assistent aufgeschlagen, zum Beispiel über

EINFÜGEN
>>DIAGRAMM..., Bild 1-19.

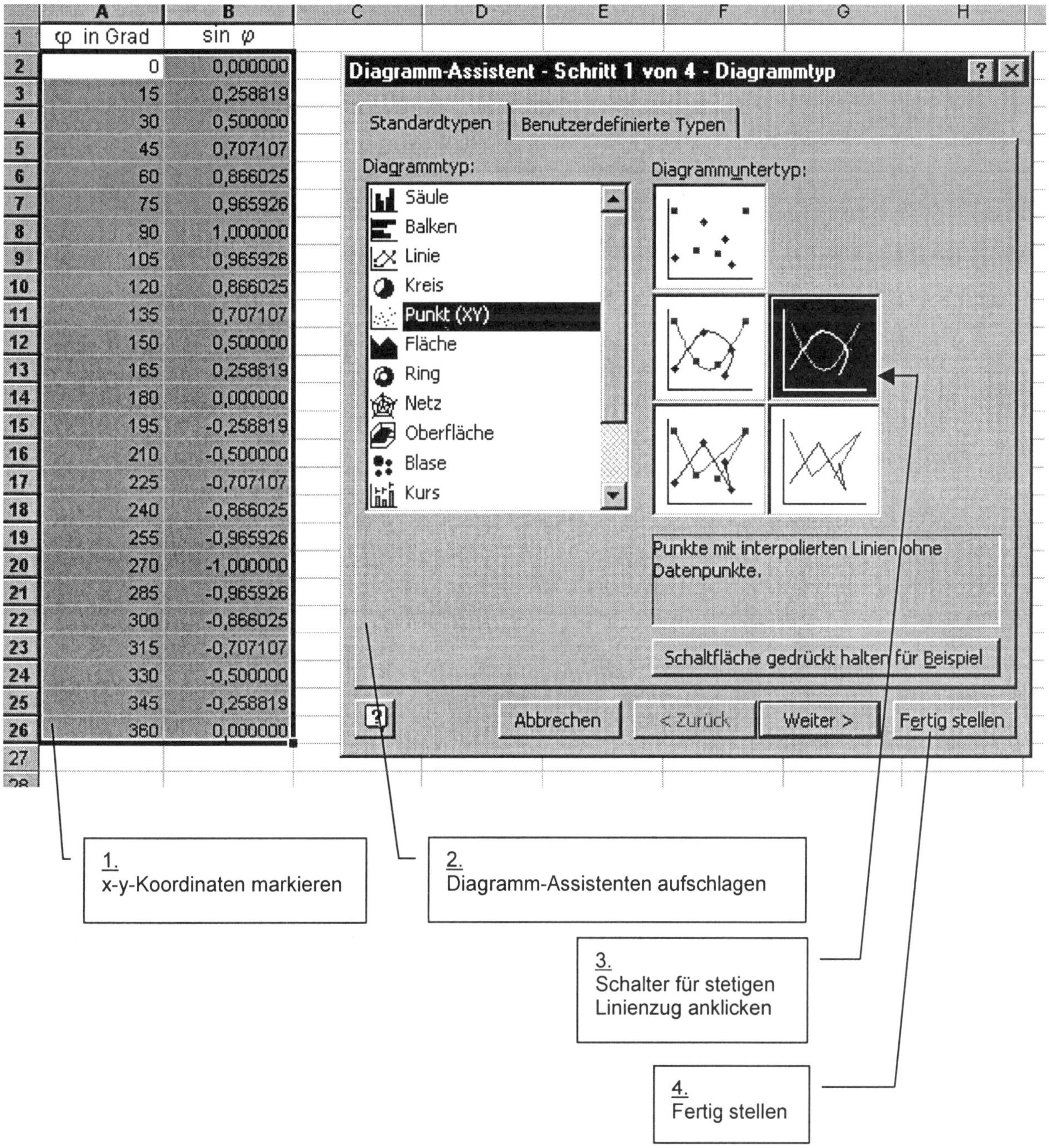


BILD 1-20 Zuweisung der X-Y-Koordinaten zum Diagrammtyp

Der Schalter „Weiter“ kann ohne weiteres übersprungen werden.
Nach der Bedienung des Schalters „Fertig stellen“ entsteht folgendes Resultat, Bild 1-21.

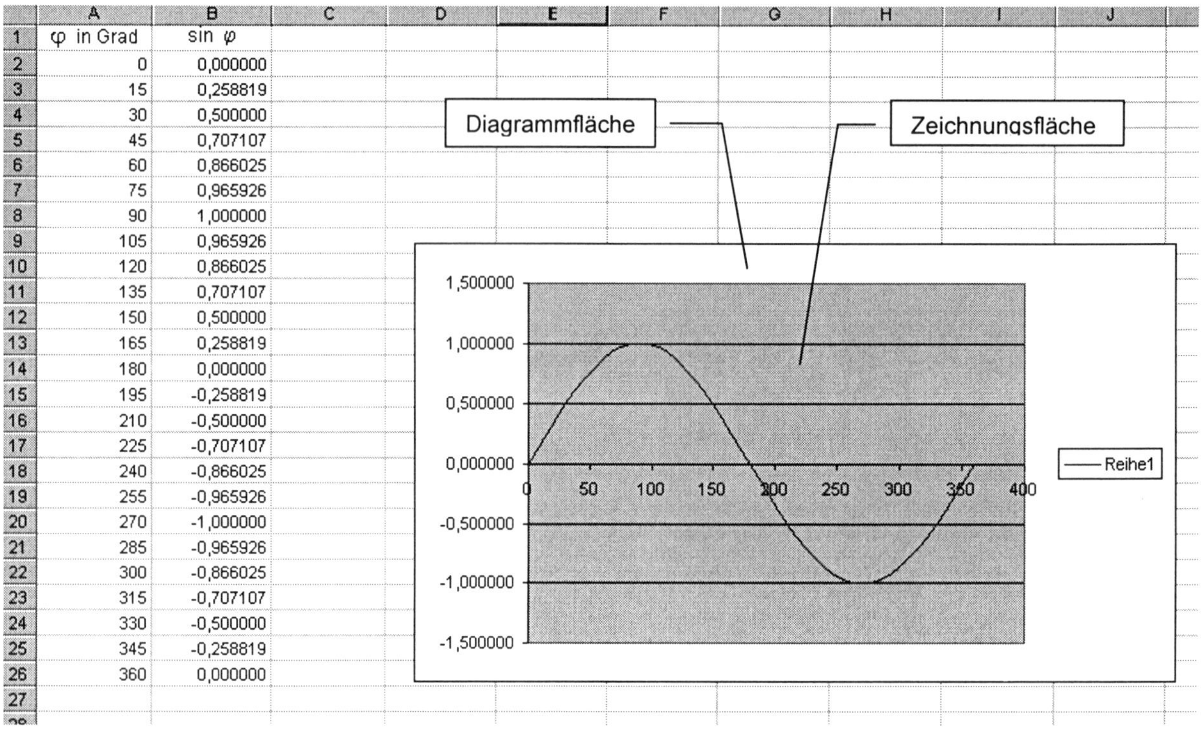


BILD 1-21 Die gezeichnete stetige Kurve

Durch Anklicken der Diagrammfläche wird diese markiert.
Dann rufen wir über

DIAGRAMM
>>DIAGRAMMOPTIONEN...

oder über das Kontextmenü (rechte Maustaste!) die Karte „Diagrammoptionen" auf, um von den dort angegebenen Formatierungen Gebrauch zu machen, Bilder 1-22 ...1-30.

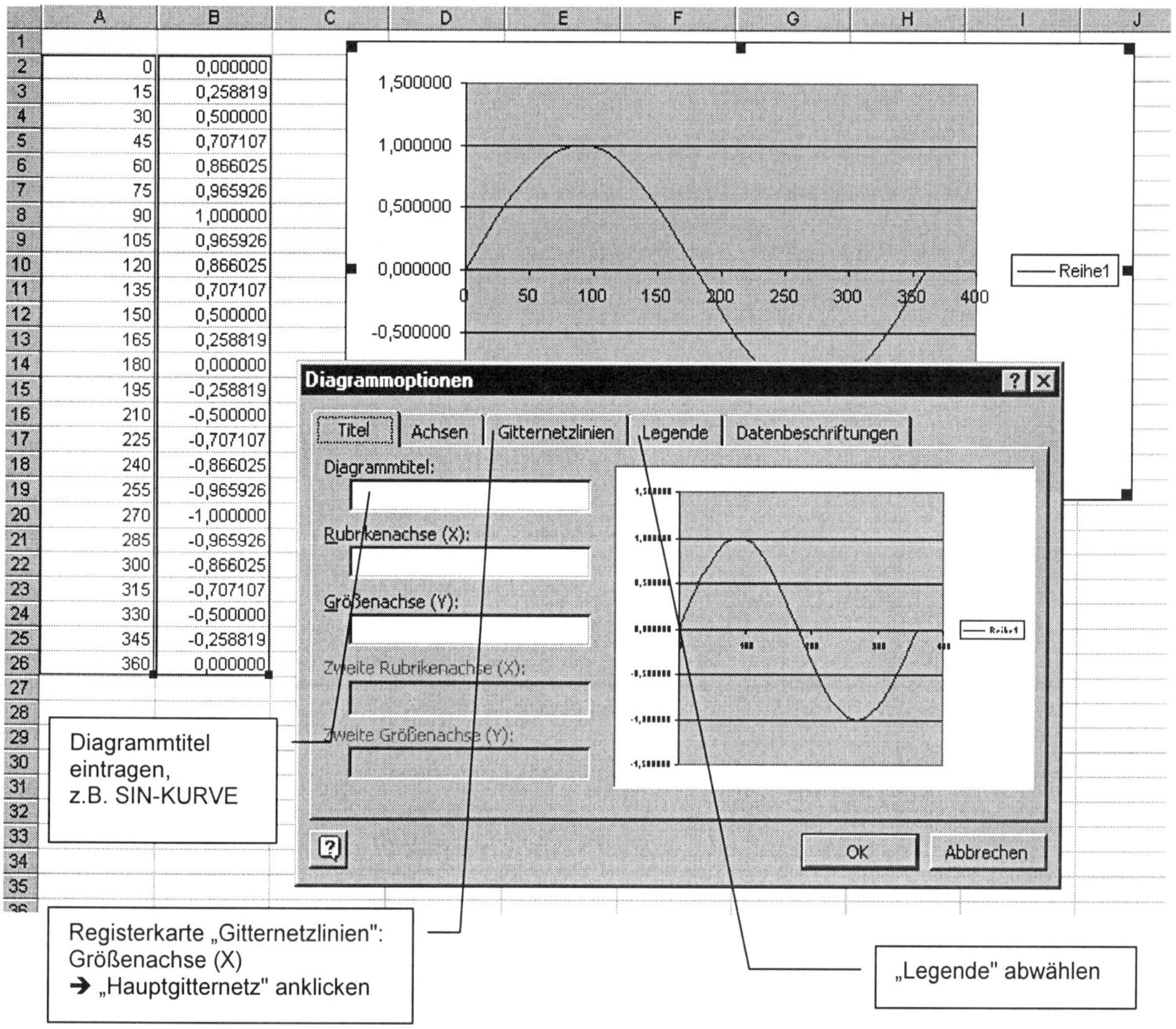


BILD 1-22 Diagrammoptionen

Wiederum über das Kontextmenü wird „Diagrammfläche formatieren“ ausgewählt, ohne dass wir diese Option beim Beispiel anwenden wollen.

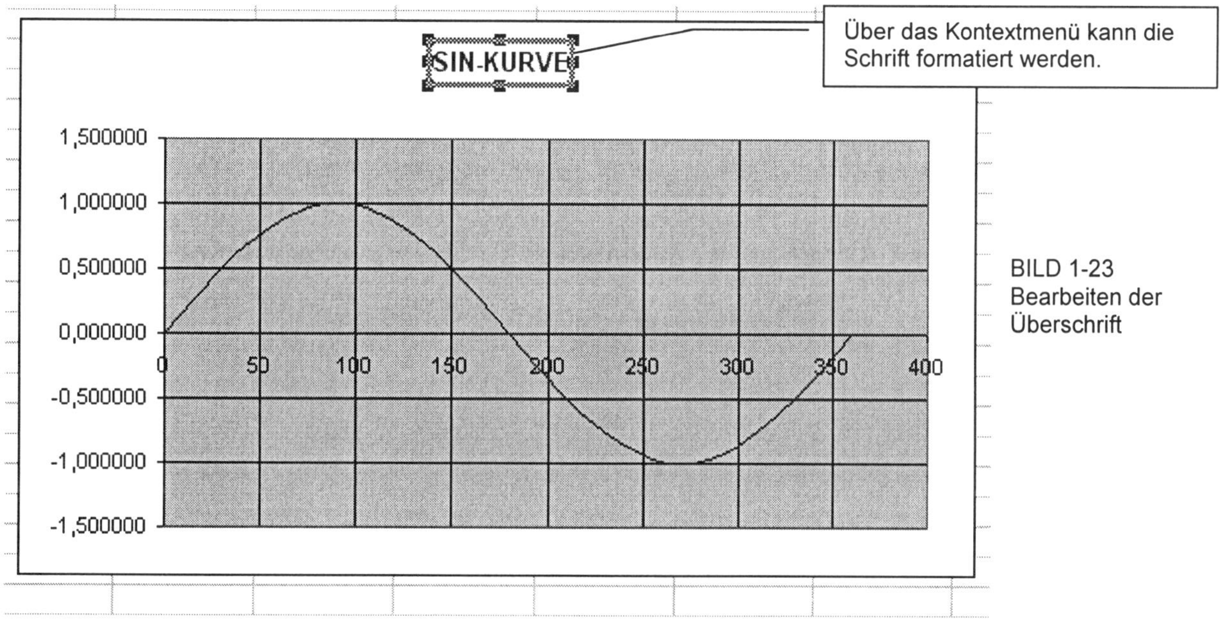


BILD 1-23 Bearbeiten der Überschrift

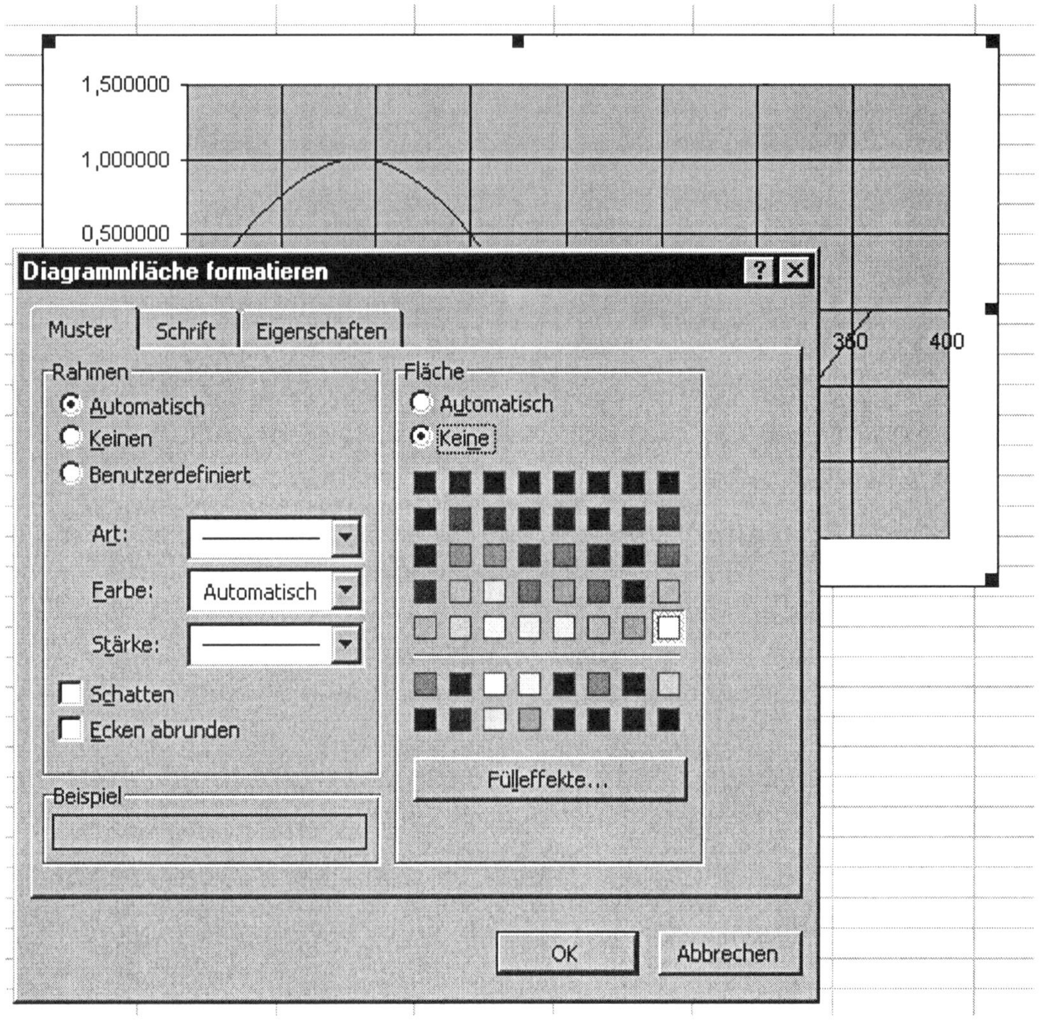


BILD 1-24 Beseitigung der Hintergrundfarbe

Markieren der Zeichnungsfläche durch Anklicken; Aufruf des zugehörigen Kontextmenüs:

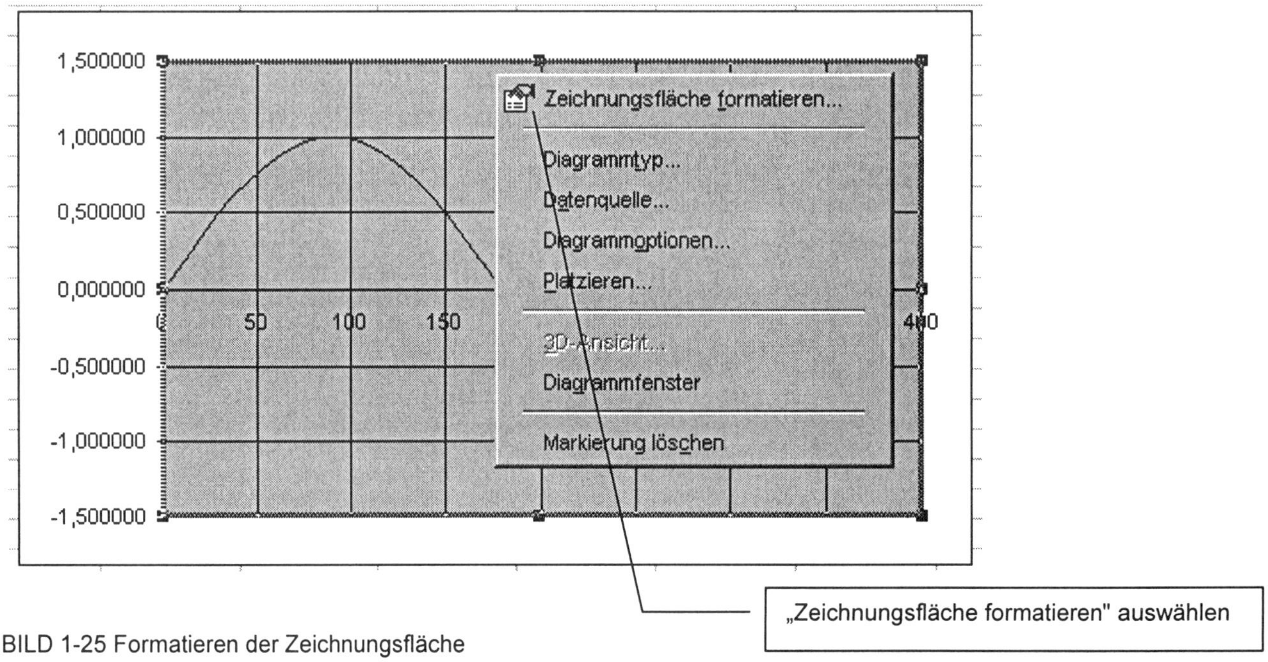


BILD 1-25 Formatieren der Zeichnungsfläche

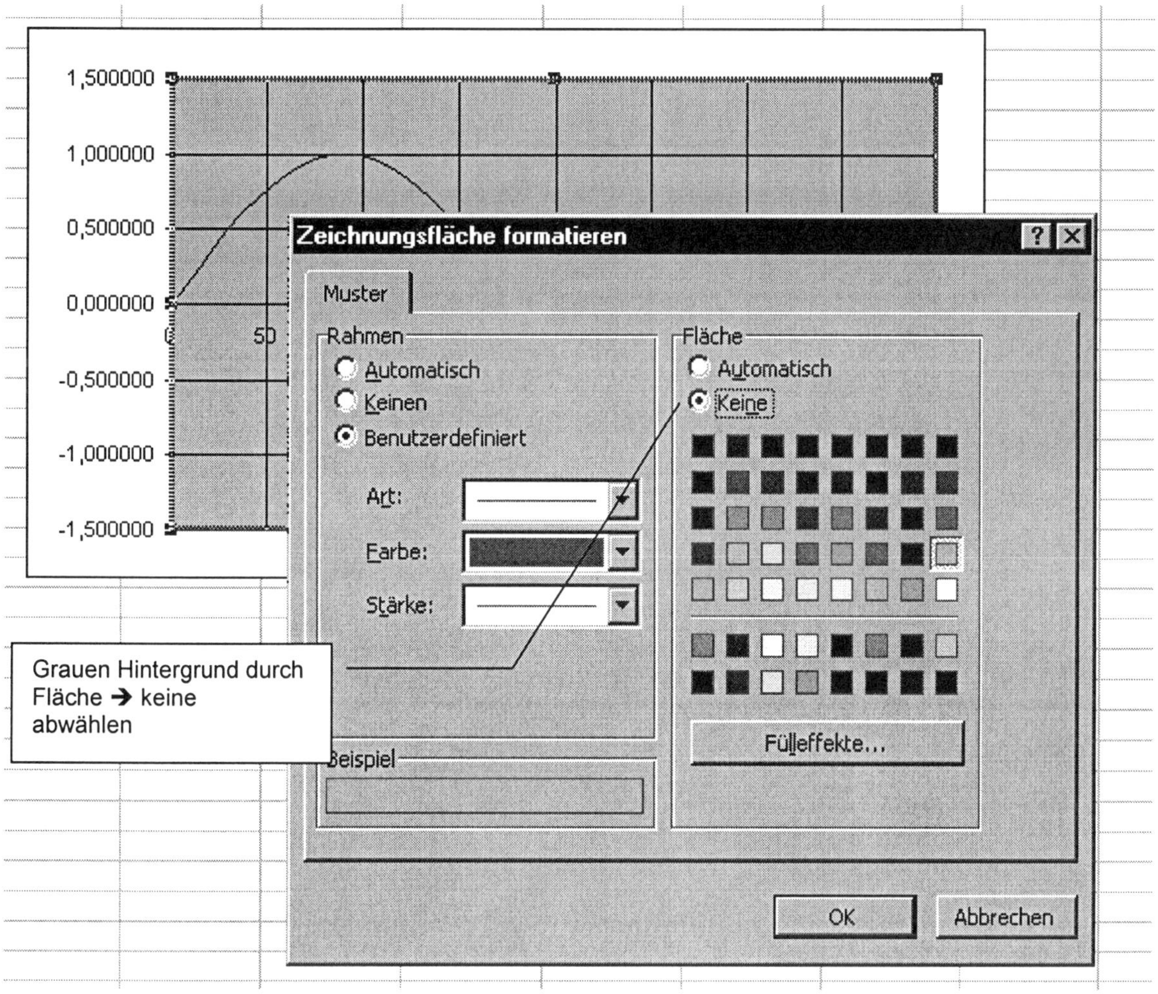


BILD 1-26 Weitere Möglichkeit der Formatierung der Hintergrundfläche

Fahre mit dem Cursorzeiger in die Nähe der Kurve, so dass „Datenreihe..." erscheint.
Rufe das Kontextmenü auf.
Wähle „Datenreihen formatieren...".

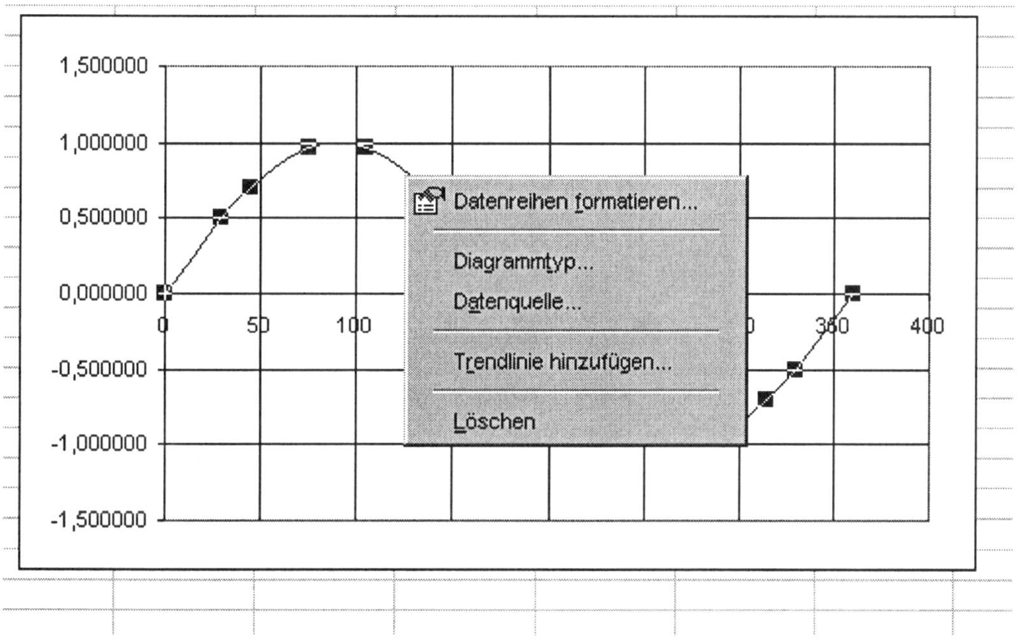


BILD 1-27 Aufruf der Formatierung der Kurve

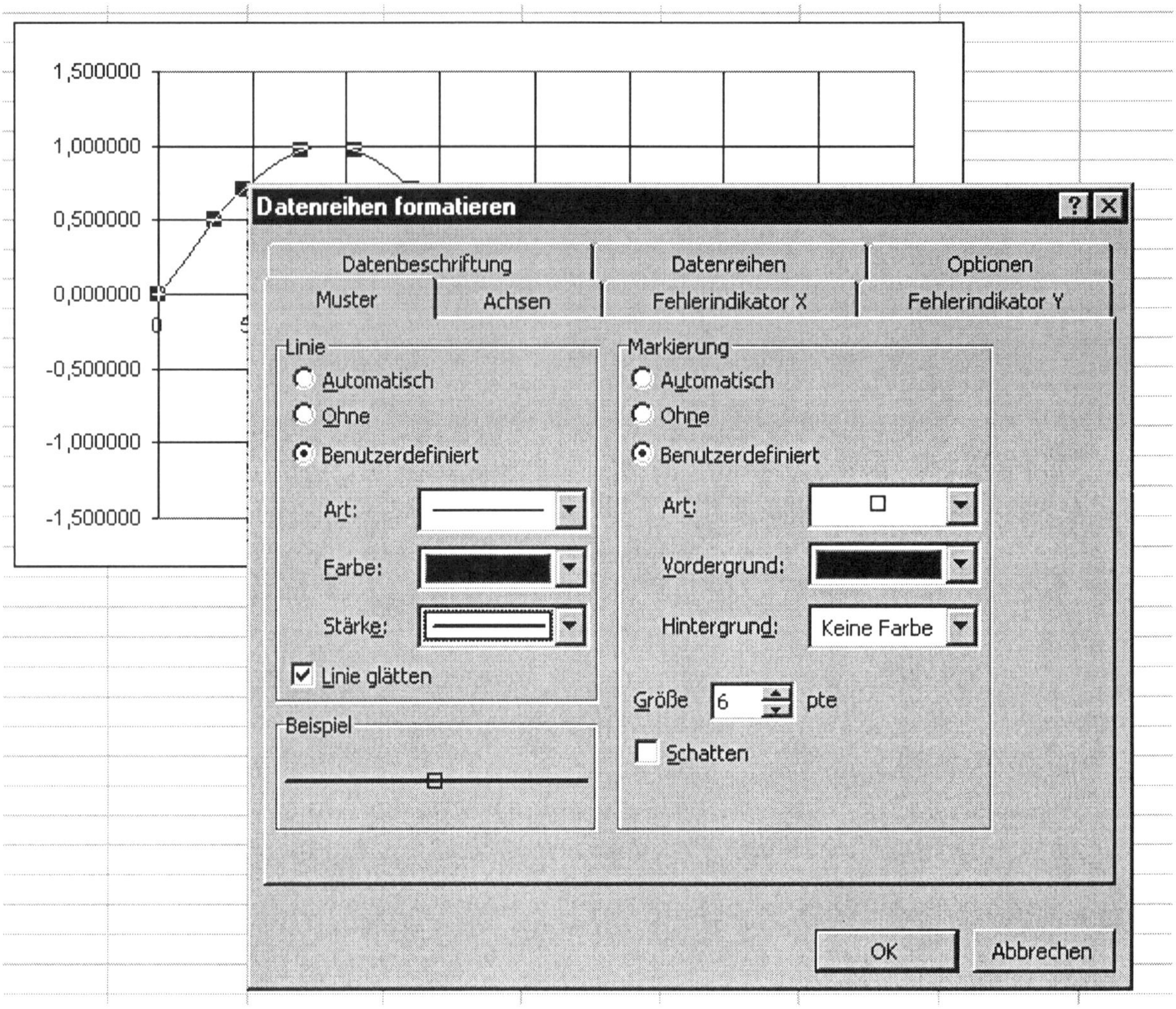


BILD 1-28 Formatierung der Kurve

Unter der Registerkarte „Muster“ werden die Linie und die Markierungspunkte bearbeitet.

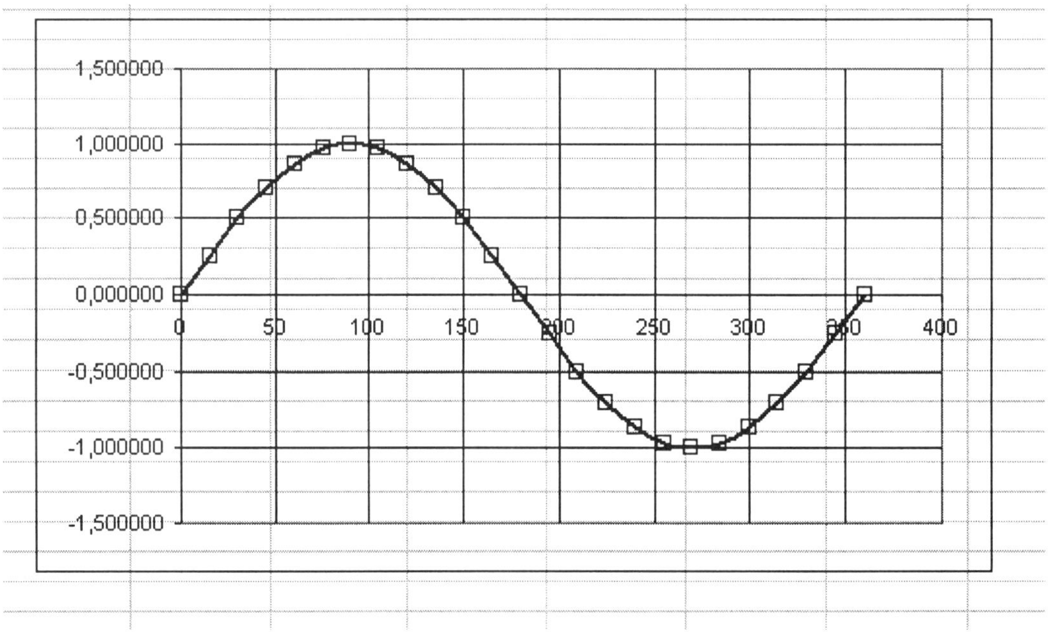


BILD 1-29 Formatierte Kurve

Durch Anfahren der Gitternetzlinien beziehungsweise der Achsen mit dem Cursorzeiger werden die jeweiligen Kontextmenüs zur Formatierung der Gitternetzlinien und der Achsen aufgerufen, so dass schließlich dieses Ergebnis erscheint.

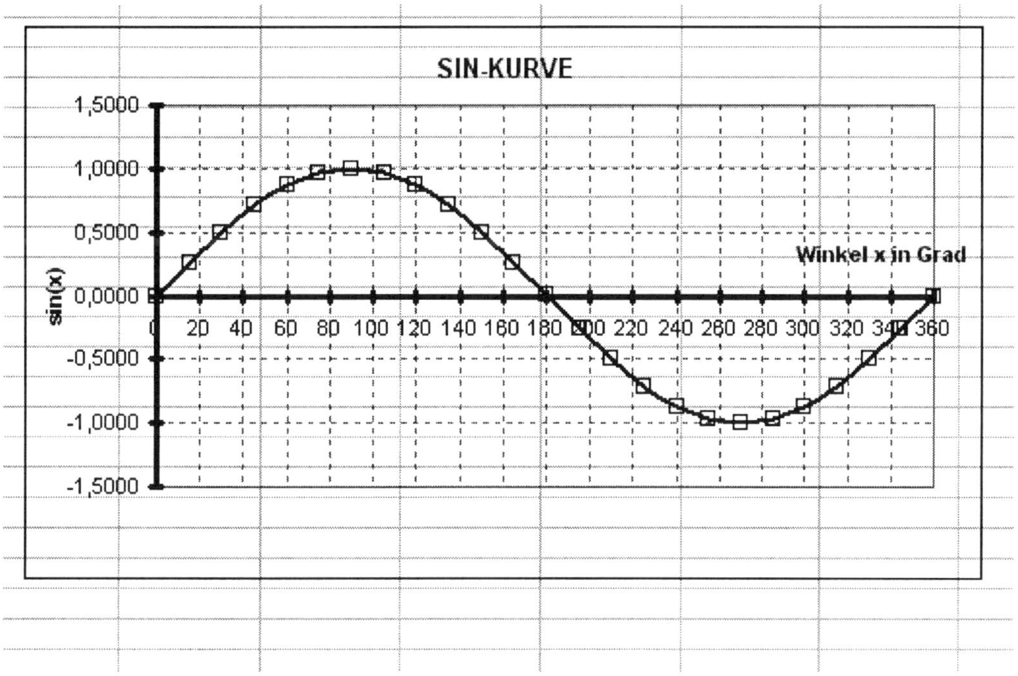


BILD 1-30 Endgültiges Resultat der Formatierung

## Ergänzendes Beispiel:

Um die Wirkungsweise der automatischen Erstellung von Skizzen zu demonstrieren, zeichnen wir ein Fünfeck aus seinen Koordinaten, Bild 1-31.
Testen Sie, wie durch die Veränderung der Koordinaten im Bereich A3:B7 das Fünfeck seine Form ändert.

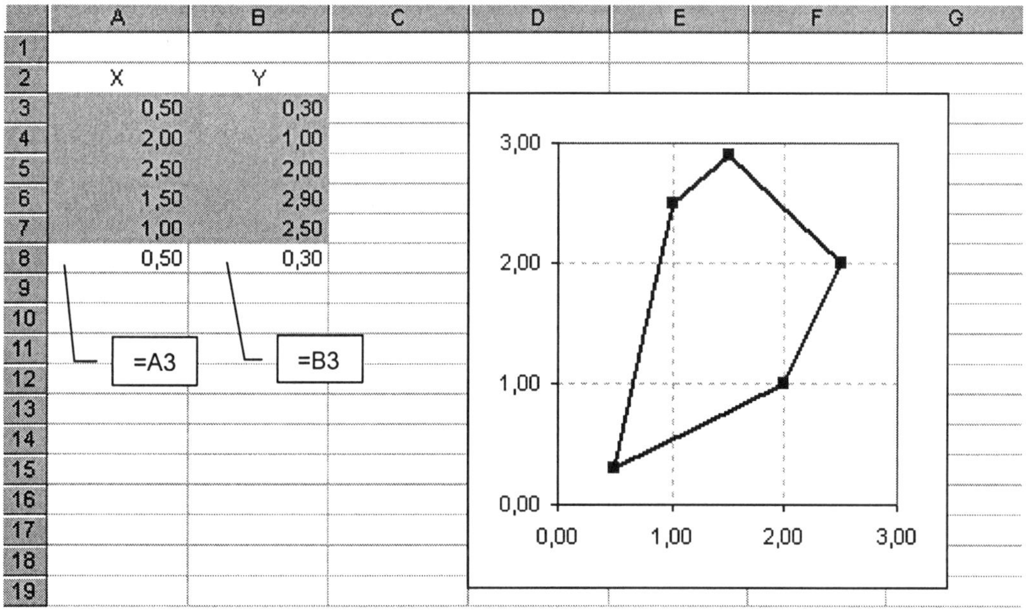


BILD 1-31 Erzeugen variabler Skizzen

Durch Verschieben der Ränder erzeugt man in X- und Y-Richtung optisch gleiche Abstände der Gitternetzlinien. Dadurch weist die entstandene Skizze grobmaßstäbliche Proportionen auf.
Mit diesem Verfahren werden wir einfache flexible Skizzen erstellen, so wie sie zum Beispiel bei statischen Berechnungen üblicherweise eingesetzt werden.

## 1.14 Bedingte Formatierung

Über das Menü
FORMAT
>> BEDINGTE FORMATIERUNG ...
erscheint das Dialogfenster.

In Abhängigkeit von einem

- Zellwert, Bilder 1-32 und 1-33
- funktionalen Zusammenhang, Bild 1-34

können in der Zelle

- Schrift
- Hintergrund
- Rahmen

nach Bild 1-35 formatiert werden.

BILD 1-32 Formatierung einer Zelle nach einem Zellwert

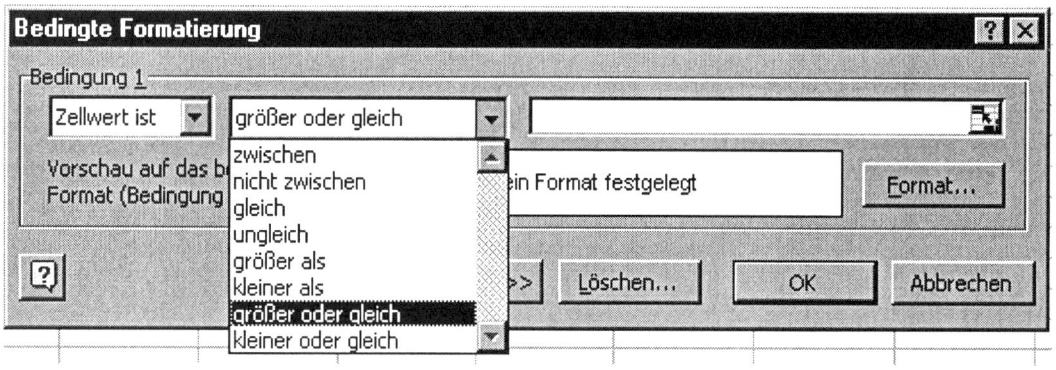


BILD 1-33 Zuordnung eines numerischen Wertes zu einem Zellwert

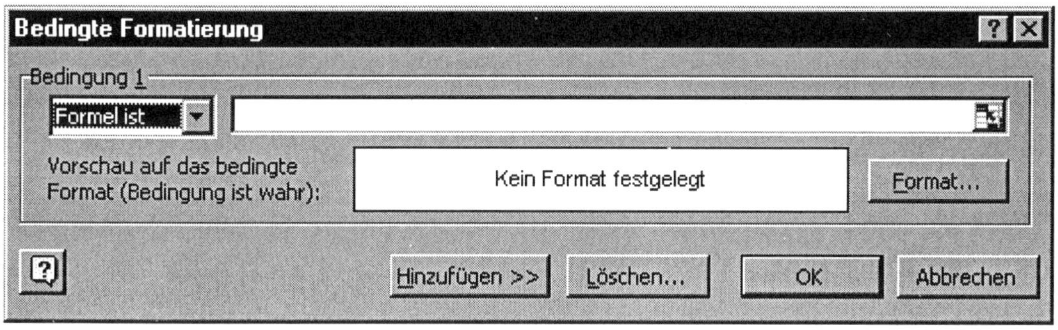


BILD 1-34 Formatierung der Zelle nach einem funktionalen Zusammenhang

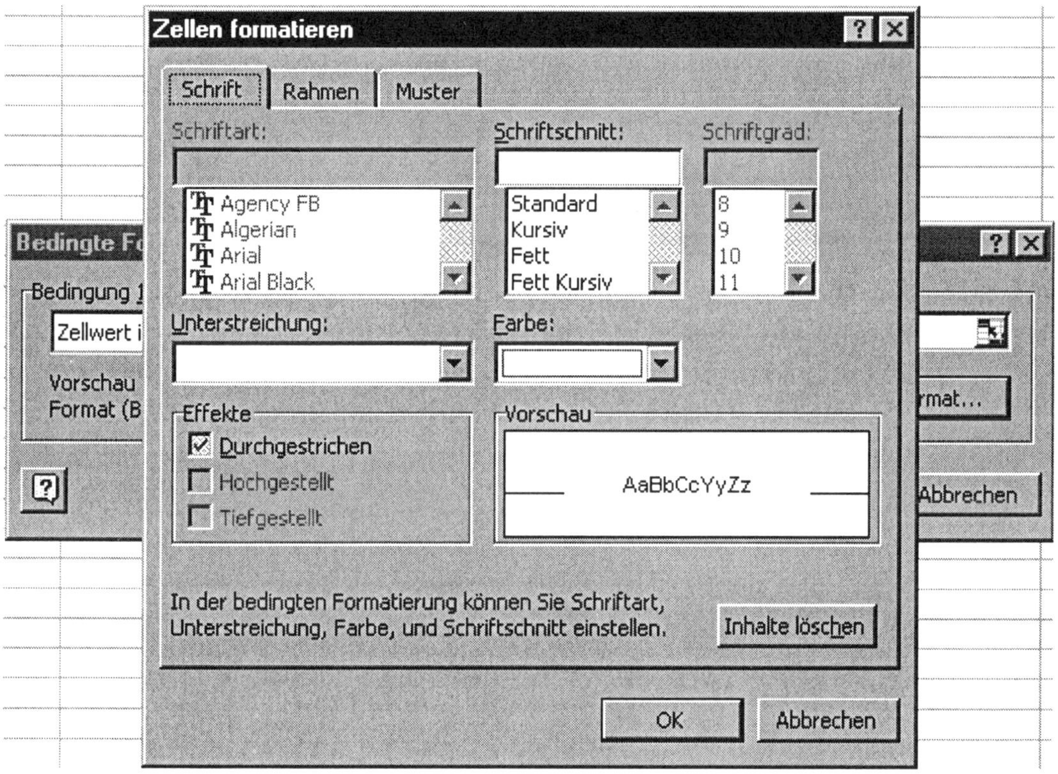


BILD 1-35 Varianten der Formatierung

Bestimmte Warnungen, wie zum Beispiel „Sicherheitsbeiwert unterschritten!" können somit farbig hervorgehoben werden.

# 2 Lösung linearer Gleichungssysteme

## 2.1 Lösung mittels Determinanten

Beispielhaft wird ein Gleichungssystem mit drei Unbekannten gelöst (CRAMER).

Aus dem Gleichnungssystem

$$\begin{aligned} a_{11} X_1 + a_{12} X_2 + a_{13} X_3 &= c_1 \\ a_{21} X_1 + a_{22} X_2 + a_{23} X_3 &= c_3 \\ a_{31} X_1 + a_{32} X_2 + a_{33} X_3 &= c_3 \end{aligned} \qquad 2\text{-}(1)$$

in Matrizen-Schreibweise

$$\begin{bmatrix} a_{11} & a_{12} & a_{13} \\ a_{21} & a_{22} & a_{23} \\ a_{31} & a_{32} & a_{33} \end{bmatrix} \cdot \begin{bmatrix} X_1 \\ X_2 \\ X_3 \end{bmatrix} = \begin{bmatrix} c_1 \\ c_2 \\ c_3 \end{bmatrix} \qquad 2\text{-}(2)$$

ergeben sich die für die Lösung erforderlichen Determinanten:

$$D_0 = \begin{vmatrix} a_{11} & a_{12} & a_{13} \\ a_{21} & a_{22} & a_{23} \\ a_{31} & a_{32} & a_{33} \end{vmatrix}; \quad D_1 = \begin{vmatrix} c_1 & a_{12} & a_{13} \\ c_2 & a_{22} & a_{23} \\ c_3 & a_{32} & a_{33} \end{vmatrix}; \quad D_2 = \begin{vmatrix} a_{11} & c_1 & a_{13} \\ a_{21} & c_2 & a_{23} \\ a_{31} & c_3 & a_{33} \end{vmatrix}; \quad D_3 = \begin{vmatrix} a_{11} & a_{12} & c_1 \\ a_{21} & a_{22} & c_2 \\ a_{31} & a_{32} & c_3 \end{vmatrix}$$

2-(3)

$X_1 = D_1 / D_0$
$X_2 = D_2 / D_0$ 2-(4)
$X_3 = D_3 / D_0$

EXCEL-Tabelle

| | $D_0$ | | | | | $D_1$ | | | | $D_2$ | | | | $D_3$ | | |
|---|---|---|---|---|---|---|---|---|---|---|---|---|---|---|---|---|
| | ***A*** | ***B*** | ***C*** | ***D*** | ***E*** | ***F*** | ***G*** | ***H*** | ***I*** | ***J*** | ***K*** | ***L*** | ***M*** | ***N*** | ***O*** | ***P*** |
| ***1*** | $a_{11}$ | $a_{12}$ | $a_{13}$ | $c_1$ | | =D1 | =B1 | =C1 | | =A1 | =D1 | =C1 | | =A1 | =B1 | =D1 |
| ***2*** | $a_{21}$ | $a_{22}$ | $b_{23}$ | $c_2$ | | =D2 | =B2 | =C2 | | =A2 | =D2 | =C2 | | =A2 | =B2 | =D2 |
| ***3*** | $a_{31}$ | $a_{32}$ | $a_{33}$ | $c_3$ | | =D3 | =B3 | =C3 | | =A3 | =D3 | =C3 | | =A3 | =B3 | =D3 |

Eingabewerte

TABELLE 2-1) EXCEL-Aufbereitung zu 2-(3)

Aus 2-(4) folgt als EXCEL-Notation

$X_1$ ➔ =MDET(F1:H3)/MDET(A1:C3) 2-(5)

$X_2$ ➔ =MDET(J1:L3)/MDET(A1:C3)

$X_3$ ➔ =MDET(N1:P3)/MDET(A1:C3)

Beachte:

Für $D_0 = 0$ kommt erwartungsgemäß eine Fehlermeldung, da die Division durch Null nicht zulässig ist. Im Sinne der Statik kann es zum Beispiel bedeuten, dass das gewählte statische System kinematisch labil ist.
Durch eine WENN-Funktion wird die Fehlermeldung ausgeschlossen und eine Ursachenmeldung erzeugt, zum Beispiel:

Wenn $D_0 \neq 0$ , dann rechne $X_1 = D_1 / D_0$ , sonst schreibe „System labil!".

Diese Bedingung wird später erläutert. Deshalb verzichten wir im folgenden Beispiel auf die Einarbeitung der Ausnahmebedingung.

Mit Hilfe des angegebenen Verfahrens soll das lineare Gleichungssystem gelöst werden:

$$\begin{bmatrix} 12{,}1 & 7{,}3 & 4{,}5 \\ 7{,}3 & 15{,}4 & 3{,}4 \\ 4{,}5 & 3{,}4 & 10{,}8 \end{bmatrix} \cdot \begin{bmatrix} X_1 \\ X_2 \\ X_3 \end{bmatrix} = \begin{bmatrix} 19{,}0 \\ 14{,}0 \\ 15{,}0 \end{bmatrix} \qquad \text{2-(6)}$$

EXCEL-Notation:

Eingabewerte (A–D)

| | A | B | C | D | E | F | G | H | I | J | K | L | M | N | O | P | Q |
|---|---|---|---|---|---|---|---|---|---|---|---|---|---|---|---|---|---|
| 1 | 12,1 | 7,3 | 4,5 | 19,0 | | 19,0 | 7,3 | 4,5 | | 12,1 | 19,0 | 4,5 | | 12,1 | 7,3 | 19,0 | |
| 2 | 7,3 | 15,4 | 3,4 | 14,0 | | 14,0 | 15,4 | 3,4 | | 7,3 | 14,0 | 3,4 | | 7,3 | 15,4 | 14,0 | |
| 3 | 4,5 | 3,4 | 10,8 | 15,0 | | 15,0 | 3,4 | 10,8 | | 4,5 | 15,0 | 10,8 | | 4,5 | 3,4 | 15,0 | |
| 4 | | | | | | | | | | | | | | | | | |
| 5 | | $X_1$ = | **1,145** | | | | | | | | | | | | | | |
| 6 | | $X_2$ = | **0,177** | | | | | | | | | | | | | | |
| 7 | | $X_3$ = | **0,856** | | | | | | | | | | | | | | |

Ergebnis

- $X_1$: =MDET(F1:H3)/MDET(A1:C3)
- $X_2$: =MDET(J1:L3)/MDET(A1:C3)
- $X_3$: =MDET(N1:P3)/MDET(A1:C3)

Beachte die Tabelle 2-1)

TABELLE 2-2) Aufbereitung des Gleichungssystems 2-(6)

## 2.2 Lösung mittels Matrizen

Das Gleichungssystem 2-(2)

$$\begin{bmatrix} a_{11} & a_{12} & a_{13} \\ a_{21} & a_{22} & a_{23} \\ a_{31} & a_{32} & a_{33} \end{bmatrix} \cdot \begin{bmatrix} X_1 \\ X_2 \\ X_3 \end{bmatrix} = \begin{bmatrix} c_1 \\ c_2 \\ c_3 \end{bmatrix}$$

$$\lfloor K_{ij} \rfloor \cdot [X_i] = [C_i] \qquad 2\text{-}(7)$$

hat den Lösungsvektor

$$[X_i] = \lfloor K_{ij} \rfloor^{-1} \cdot [C_i] \qquad 2\text{-}(8)$$

EXCEL-Tabelle:

Markieren des Feldes für den Lösungsvektor $[X_i]$

| | A | B | C | D | E | F | G | H | I | J |
|---|---|---|---|---|---|---|---|---|---|---|
| 1 | $a_{11}$ | $a_{12}$ | $a_{13}$ | | $c_1$ | | | | | |
| 2 | $a_{21}$ | $a_{22}$ | $a_{23}$ | | $c_2$ | | | | | |
| 3 | $a_{31}$ | $a_{32}$ | $a_{33}$ | | $c_3$ | | | | | |

Eingabe

=MMULT(MINV(A1:C3);E1:E3)
STRG + SHIFT + ET

TABELLE 2-3) Anwendung der Matrizen-Multiplikation

Beispiel:

$$\begin{bmatrix} 12{,}1 & 7{,}3 & 4{,}5 \\ 7{,}3 & 15{,}4 & 3{,}4 \\ 4{,}5 & 3{,}4 & 10{,}8 \end{bmatrix} \cdot \begin{bmatrix} X_1 \\ X_2 \\ X_3 \end{bmatrix} = \begin{bmatrix} 19{,}0 \\ 14{,}0 \\ 15{,}0 \end{bmatrix}$$

Markiere I1:I3

| | A | B | C | D | E | F | G | H | I | J |
|---|---|---|---|---|---|---|---|---|---|---|
| 1 | 12,1 | 7,3 | 4,5 | | 19,0 | | | $X_1$ = | 1,144868 | |
| 2 | 7,3 | 15,4 | 3,4 | | 14,0 | | | $X_2$ = | 0,177404 | |
| 3 | 4,5 | 3,4 | 10,8 | | 15,0 | | | $X_3$ = | 0,856011 | |

=MMULT(MINV(A1:C3);E1:E3)
STRG + SHIFT + ET

TABELLE 2-4) Lösung eines Gleichungssystems

## 2.3 CHOLESKY-Verfahren

Das CHOLESKY-Verfahren löst ein lineares symmetrisches Gleichungssystem.
Es wird hier vorgestellt, um die Rechenanweisung zu demonstrieren. Insbesondere wird gezeigt, wie Funktionen sinnvoll geschachtelt werden können.
Die Darstellung erfogt am Beispiel der Lösung eines symmetrischen Gleichungssystems mit vier Unbekannten, Gleichungssystem 2-(9).

$$\begin{bmatrix} a_{11} & a_{12} & a_{13} & a_{14} \\ a_{21} & a_{22} & a_{23} & a_{24} \\ a_{31} & a_{32} & a_{33} & a_{34} \\ a_{41} & a_{42} & a_{43} & a_{44} \end{bmatrix} \cdot \begin{bmatrix} X_1 \\ X_2 \\ X_3 \\ X_4 \end{bmatrix} = \begin{bmatrix} c_1 \\ c_2 \\ c_3 \\ c_4 \end{bmatrix} \qquad 2\text{-}(9)$$

EINGABE

Da es sich um ein symmetrisches Gleichungssystem handelt, werden zum Aufbau der Koeffizientenmatrix lediglich die Werte oberhalb und innerhalb der Hauptdiagonalen eingegeben.

Die Werte unterhalb der Hauptdiagonalen werden unter Ausnutzung der Symmetrieeigenschaften der Matrix übernommen gemäß der Anweisung

$$a_{ij} = a_{ji}.$$

In Bezug auf Tabelle 2-5) folgt also in EXCEL-Notation

Zelle A2 =B1
Zelle A3 =C1
Zelle A4 =D1
..... .....

Beachte:

Um versehentliches Überschreiben der mit diesen Funktionen belegten Zellen zu vermeiden, wird das Tabellenblatt gesperrt, nachdem die Sperre der grau hinterlegten Zellen aufgehoben wurde.

Das lineare Gleichungssystem

$$[K]\,[X] = [C] \qquad 2\text{-}(10)$$

mit der symmetrischen Koeffizientenmatrix

$$[K] = \begin{bmatrix} a_{11} & a_{12} & a_{13} & a_{14} \\ a_{21} & a_{22} & a_{23} & a_{24} \\ a_{31} & a_{32} & a_{33} & a_{34} \\ a_{41} & a_{42} & a_{43} & a_{44} \end{bmatrix} \qquad 2\text{-}(11)$$

wird gelöst, indem [K], Gleichung 2-(11), in ein Produkt von zwei Dreiecksmatrizen zerlegt wird, wobei die eine die Transponierte der anderen ist:

$$[K] = [R]^T\,[R]\,, \qquad 2\text{-}(12)$$

also

$$[R]^T\,[R]\,[X] = C\,. \qquad 2\text{-}(13)$$

Setze

$$[R]\,[X] = [Z]\,, \qquad 2\text{-}(14)$$

folgt

$$[R]^T\,[Z] = [C]\,. \qquad 2\text{-}(15)$$

Daraus

$$[Z] = ([R]^T)^{-1}\,[C]\,; \qquad 2\text{-}(16)$$

und schließlich X aus 2-(14)

$$[X] = [R]^{-1}\,[Z]\,. \qquad 2\text{-}(17)$$

Der Lösungsvektor folgt also aus

$$[X] = [R]^{-1}\,(\,([R]^T)^{-1}\,[C]\,)\,. \qquad 2\text{-}(18)$$

Die EXCEL-Notation zu 2-(18) lautet:

=MMULT(MINV(BereichR);MMULT(MINV(MTRANS(BereichR));BereichC))

<u>Vorschrift</u> zur Errechnung von R aus K :

$$\underset{[K]}{\begin{bmatrix} a_{11} & a_{12} & a_{13} & a_{14} \\ a_{21} & a_{22} & a_{23} & a_{24} \\ a_{31} & a_{32} & a_{33} & a_{34} \\ a_{41} & a_{42} & a_{43} & a_{44} \end{bmatrix}} = \underset{[R]^T}{\begin{bmatrix} r_{11} & 0 & 0 & 0 \\ r_{21} & r_{22} & 0 & 0 \\ r_{31} & r_{32} & r_{33} & 0 \\ r_{41} & r_{42} & r_{43} & r_{44} \end{bmatrix}} \cdot \underset{[R]}{\begin{bmatrix} r_{11} & r_{12} & r_{13} & r_{14} \\ 0 & r_{22} & r_{23} & r_{24} \\ 0 & 0 & r_{33} & r_{34} \\ 0 & 0 & 0 & r_{44} \end{bmatrix}}$$

wobei $a_{ij} = a_{ji}$ .

Mit der Vorschrift für [R] 2-(19)

$r_{11} = \sqrt{a_{11}}$ $\quad r_{12} = a_{12} / r_{11}$ $\quad r_{13} = a_{13} / r_{11}$ $\quad r_{14} = a_{14} / r_{11}$

$r_{22} = \sqrt{a_{22} - r_{12}^2}$ $\quad r_{23} = (a_{23} - r_{12}\, r_{13}) / r_{22}$ $\quad r_{24} = (a_{24} - r_{12}\, r_{14}) / r_{22}$

$r_{33} = \sqrt{a_{33} - r_{13}^2 - r_{23}^2}$ $\quad r_{34} = (a_{34} - r_{13}\, r_{14} - r_{23}\, r_{24}) / r_{33}$

$r_{44} = \sqrt{a_{44} - r_{14}^2 - r_{24}^2 - r_{34}^2}$

<u>Beachte:</u> Für die Glieder auf der Hauptdiagonalen gilt:

$$r_{ii} = \sqrt{a_{ii} - \text{Quadratsumme der Zellenwerte über der Hauptdiagonalen}}$$

Um die EXCEL-Tabelle aufzubauen, gehen wir von dem Gleichungssystem 2-(20) aus.

$$\begin{bmatrix} 22 & 11 & 5 & 9 \\ 11 & 29 & 7 & 6 \\ 5 & 7 & 19 & 4 \\ 9 & 6 & 4 & 25 \end{bmatrix} \cdot \begin{bmatrix} X_1 \\ X_2 \\ X_3 \\ X_4 \end{bmatrix} = \begin{bmatrix} 3 \\ 5 \\ 9 \\ 1 \end{bmatrix} \qquad 2\text{-}(20)$$

Die EXCEL-Aufbereitung enthält die Tabelle 2-5)

=B1 =C1 EINGABE

| | A | B | C | D | E | F | G | H | I | J | K | L | M | N |
|---|---|---|---|---|---|---|---|---|---|---|---|---|---|---|
| **1** | 22 | 11 | 5 | 9 | | 3 | | 4,690 | 2,345 | 1,066 | 1,919 | | 0,0235 | |
| **2** | 11 | 29 | 7 | 6 | | 5 | | 0,000 | 4,848 | 0,928 | 0,309 | | 0,0654 | |
| **3** | 5 | 7 | 19 | 4 | | 9 | | 0,000 | 0,000 | 4,123 | 0,404 | | 0,4554 | |
| **4** | 9 | 6 | 4 | 25 | | 1 | | 0,000 | 0,000 | 0,000 | 4,589 | | -0,0570 | |

[R] Lösungsvektor

TABELLE 2-5) EXCEL-Tabelle zum Gleichungssystem 2-(20)

Der Bereich H1:K4 ( [R] ) in der Tabelle 2-5) enthält die EXCEL-Notationen der Funktionen 2-(19). Sie sind in der Tabelle 2-6) aufgeführt.

[R]

| | H | I | J | K |
|---|---|---|---|---|
| **1** | =WURZEL(A1) | =B1/H1 | =C1/H1 | =D1/H1 |
| **2** | | =WURZEL(B2-QUADRATESUMME(I1)) | =(C2-I1*J1)/I2 | =(D2-I1*K1)/I2 |
| **3** | | | =WURZEL(C3-QUADRATESUMME(J1:J2)) | =(D3-J1*K1-J2*K2)/J3 |
| **4** | | | | =WURZEL(D4-QUADRATESUMME(K1:K3)) |

TABELLE 2-6) EXCEL-Notationen zur Bestimmung der Dreiecksmatrix [R]

Der Lösungsvektor [X], Bereich M1:M4 der Tabelle 2-5), bestimmt sich in den Schritten

- Markierung des erforderlichen Bereiches M1:M4
- Eintrag der EXCEL-Notierung in die ZelleM1
  =MMULT(MINV(H1:K4);MMULT(MINV(MTRANS(H1:K4));F1:F4))
- Auslösen der Berechnung über STRG + SHIFT + ET

Es sei betont, dass die Vorstellung des CHOLESKY-Verfahren hier aus dem Grunde erfolgte, die Möglichkeiten der Verschachtelung von EXCEL-Funktionen zu demonstrieren. Die Lösung linearer Gleichungssysteme mittels EXCEL-Tabellenkalkulation gestaltet sich über andere Wege in vielen Fällen wesentlich günstiger.

<u>Übung:</u>

Ein symmetrisches Gleichungssystem mit n = 10 Unbekannten ist zu lösen.

[M] (Koeffizientenmatrix) — [C] („rechte Seite") — [X] (Lösungsvektor)

| | A | B | C | D | E | F | G | H | I | J | | [C] | [X] |
|---|---|---|---|---|---|---|---|---|---|---|---|---|---|
| **3** | 8,50 | 2,00 | 0,00 | 1,00 | 2,50 | 2,30 | 7,20 | 4,90 | 7,20 | 1,11 | | 23 | 14,3504 |
| **4** | 2,00 | 7,33 | 1,66 | 5,00 | 3,80 | 1,90 | 3,40 | 5,40 | 6,40 | 2,22 | | 145 | 31,2923 |
| **5** | 0,00 | 1,66 | 8,66 | 4,00 | 9,45 | 4,50 | 6,10 | 3,20 | 5,00 | 3,33 | | 0 | -29,6122 |
| **6** | 1,00 | 5,00 | 4,00 | 33,00 | 7,88 | 6,70 | 8,10 | 6,50 | 5,00 | 4,44 | | 453 | 12,0627 |
| **7** | 2,50 | 3,80 | 9,45 | 7,88 | 15,30 | 8,90 | 9,30 | 9,70 | 6,00 | 5,55 | | 128 | 36,2529 |
| **8** | 2,30 | 1,90 | 4,50 | 6,70 | 8,90 | 22,20 | 5,10 | 5,00 | 6,00 | 6,66 | | 0 | -6,8177 |
| **9** | 7,20 | 3,40 | 6,10 | 8,10 | 9,30 | 5,10 | 31,50 | 4,00 | 9,70 | 7,77 | | 222 | 1,5356 |
| **10** | 4,90 | 5,40 | 3,20 | 6,50 | 9,70 | 5,00 | 4,00 | 17,60 | 5,50 | 8,88 | | 5 | -26,9946 |
| **11** | 7,20 | 6,40 | 5,00 | 5,00 | 6,00 | 6,00 | 9,70 | 5,50 | 16,20 | 9,99 | | 1 | -18,2790 |
| **12** | 1,11 | 2,22 | 3,33 | 4,44 | 5,55 | 6,66 | 7,77 | 8,88 | 9,99 | 56,00 | | 0,1 | 3,8275 |

TABELLE 2-7) Lineares symmetrisches Gleichungssystem mit n = 10 Unbekannten

# 3 Reduktion von Kräftescharen

## 3.1 Reduktion im ebenen, zentralen Kräftesystem

Der Ursprung des kartesischen Koordinatensystems liegt im Kraft-Angriffspunkt.
$\alpha_i$ sei mathematisch positiv definiert.

Gegeben:

n Kräfte, die in einem Punkte angreifen:
$F_i$; i = 1...n
$\alpha_i$

Gesucht:

Die Resultierende mit allen Bestimmungsstücken:
- Betrag
- Richtung
- Richtungssinn

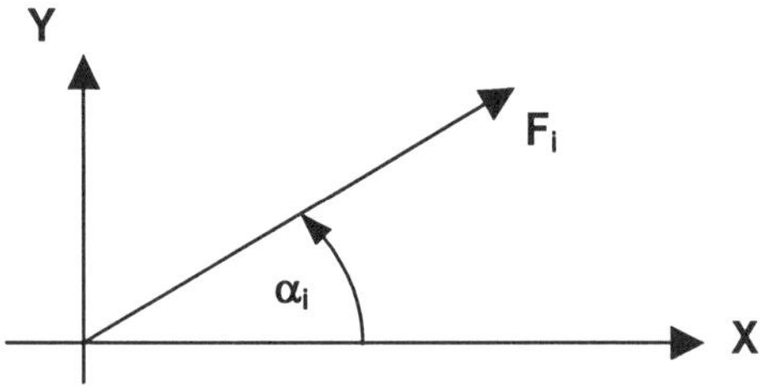


BILD 3-1 Verallgemeinerte Darstellung der Kräfteschar

Lösung:

Komponenten

$$F_{ix} = F_i \cos\alpha_i \tag{3-(1)}$$

$$F_{iy} = F_i \sin\alpha_i \tag{3-(2)}$$

Resultierende

Komponenten

$$F_{Rx} = \sum_{i=1}^{n} F_{ix} \tag{3-(3)}$$

$$F_{Ry} = \sum_{i=1}^{n} F_{iy} \tag{3-(4)}$$

Betrag

$$F_R = \sqrt{F_{Rx}^{\ 2} + F_{Ry}^{\ 2}} \tag{3-(5)}$$

Winkel zur positiven x-Achse

$$\alpha_R^* = \arctan\left(\frac{F_{Ry}}{F_{Rx}}\right) \tag{3-(6)}$$

Richtung und Richtungssinn der Resultierenden

Um die genaue Orientierung der Resultierenden anzugeben, müssen folgende Fälle beachtet werden:

1. Lage der Resultierenden auf den Achsen

| $F_{Rx}$ | $F_{Ry}$ | $\alpha_R$ | Bemerkung |
|---|---|---|---|
| > 0 | = 0 | 0° | |
| = 0 | > 0 | 90° | Division durch Null ausschließen |
| < 0 | = 0 | 180° | |
| = 0 | < 0 | 270° | Division durch Null ausschließen |
| = 0 | = 0 | nicht sinnvoll | |

TABELLE 3-1) Nullwerte der Komponenten

2. Lage der Resultierenden in den Quadranten

| Quadrant | $F_{Rx}$ | $F_{Ry}$ | | Bemerkung |
|---|---|---|---|---|
| I | + | + | $\alpha_R = \alpha_R^*$ | $\alpha_R^* \geq 0$ |
| II | - | + | $\alpha_R = 180° + \alpha_R^*$ | $\alpha_R^* < 0$ |
| III | - | - | $\alpha_R = 180° + \alpha_R^*$ | $\alpha_R^* > 0$ |
| IV | + | - | $\alpha_R = 360° + \alpha_R^*$ | $\alpha_R^* < 0$ |

TABELLE 3-2) Vorzeichen der Komponenten

EXCEL-Arbeitsblatt:

Um die Funktionsausdrücke nicht zu lang werden zu lassen, nehmen wir die Null-Operationen mit in die Berechnung von $\alpha_R^*$. Die Zuordnung zu den Quadranten erfolgt dann bei der Ermittlung von $\alpha_R$.

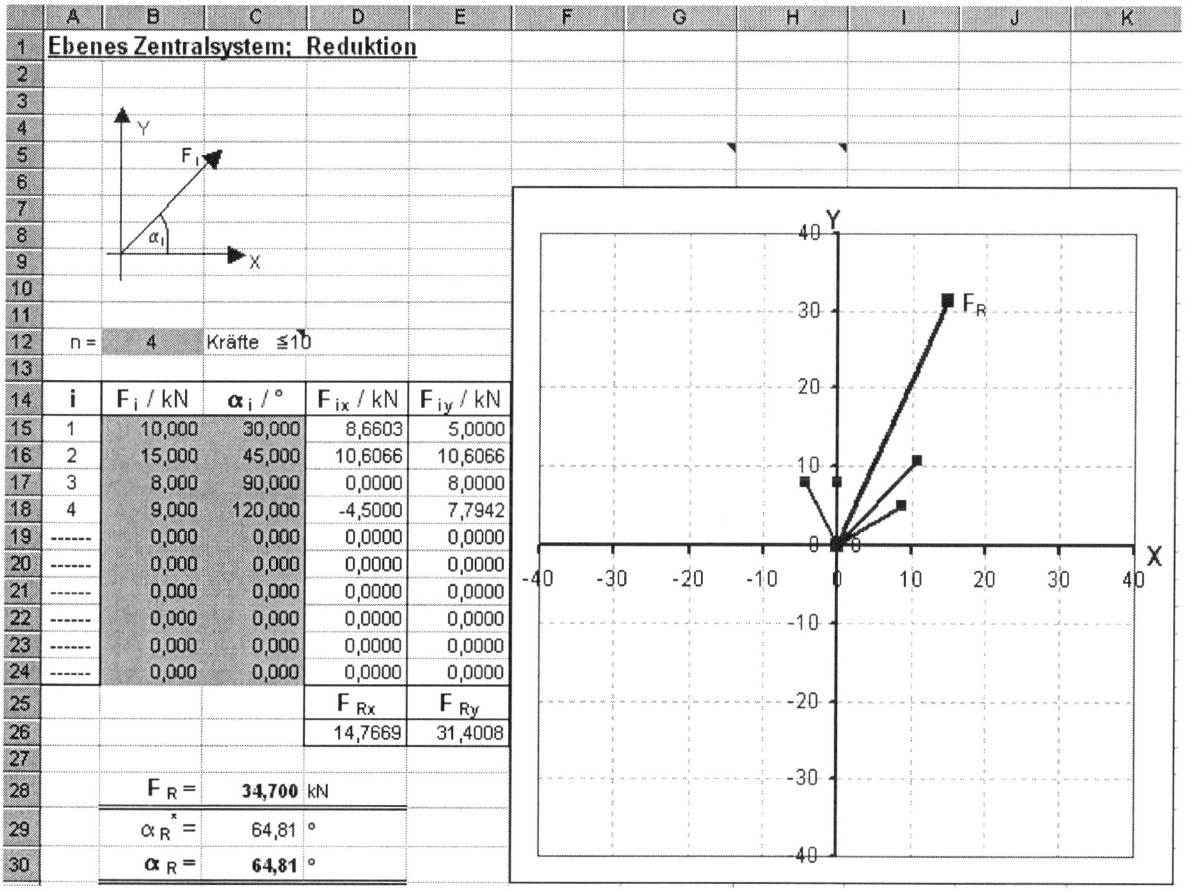


BILD 3-2 Arbeitsblatt: Reduktion der Kräfteschar im ebenen Zentralsystem

| Zelle | Funktion | Bemerkung |
|---|---|---|
| D15 | =B15*COS(C15*PI()/180) | nach unten ausfüllen |
| E15 | =B15*SIN(C15*PI()/180) | nach unten ausfüllen |
| D26 | =RUNDEN(SUMME(D15:D24);10) | RUNDEN erforderlich, da sonst i.d.R. $\alpha_R = 0$ nicht entsteht. |
| E26 | =RUNDEN(SUMME(E15:E24);10) | |
| C28 | =WURZEL(QUADRATESUMME(D26:E26)) | |
| C29 | =WENN(UND(D26=0;E26=0);"------";<br>WENN(UND(D26=0;E26>0);90;<br>WENN(UND(D26=0;E26<0);270;<br>WENN(D26<>0;GRAD(ARCTAN(E26/D26)))))) | |
| C30 | =WENN(D26<0;180+C29;WENN(UND(D26>0;E26<0);360+C29;C29)) | |

TABELLE 3-3) Die in Bild 3-2 eingesetzten EXCEL-Notationen

Mit der Eingabe der Anzahl der Kräfte in die Zelle B12 wird der Kraftindex in A15:A24 automatisch generiert:

| Zelle | Funktion | Bemerkung |
|---|---|---|
| A15 | 1 | Startwert |
| A16 | =WENN($B$12>A15;A15+1;"------") | ausfüllen nach unten |

TABELLE 3-4) Generierung der Indices für die Anzahl der Kräfte

Dies ist gedacht als besonderer Hinweis darauf, dass in den benachbarten Eingabezellen Nullwerte einzutragen sind, sobald in der Spalte i "------" auftritt.
Durch eine Skizze, die sich automatisch aufbaut, sollen die Eingabewerte und die Resultate veranschaulicht werden. Dazu wird der Befehlskomplex „Diagramme" verwendet. Das Ergebnis ist im Bild 3-2 enthalten.

Die Zellen G5, H5 und C12 enthalten Kommentare.

Um zu zeigen, welche Daten zum Aufbau des Diagrammbildes erforderlich sind, wird das Diagrammfeld verschoben; denn nur aus gestalterischen Gründen sind die notwendigen Hilfswerte verdeckt.

| | A | B | C | D | E | F | G | H | I | J |
|---|---|---|---|---|---|---|---|---|---|---|
| 13 | | | | | | | Hilfswerte für die Grafik: | | | |
| 14 | i | $F_i$ / kN | $\alpha_i$ / ° | $F_{ix}$ / kN | $F_{iy}$ / kN | Linie | X | | Y | |
| 15 | 1 | 10,000 | 30,000 | 8,6603 | 5,0000 | 1 | 0 | 8,6603 | 0 | 5,0000 |
| 16 | 2 | 15,000 | 45,000 | 10,6066 | 10,6066 | 2 | 0 | 10,6066 | 0 | 10,6066 |
| 17 | 3 | 8,000 | 90,000 | 0,0000 | 8,0000 | 3 | 0 | 0,0000 | 0 | 8,0000 |
| 18 | 4 | 9,000 | 120,000 | -4,5000 | 7,7942 | 4 | 0 | -4,5000 | 0 | 7,7942 |
| 19 | ------ | 0,000 | 0,000 | 0,0000 | 0,0000 | 5 | 0 | 0,0000 | 0 | 0,0000 |
| 20 | ------ | 0,000 | 0,000 | 0,0000 | 0,0000 | 6 | 0 | 0,0000 | 0 | 0,0000 |
| 21 | ------ | 0,000 | 0,000 | 0,0000 | 0,0000 | 7 | 0 | 0,0000 | 0 | 0,0000 |
| 22 | ------ | 0,000 | 0,000 | 0,0000 | 0,0000 | 8 | 0 | 0,0000 | 0 | 0,0000 |
| 23 | ------ | 0,000 | 0,000 | 0,0000 | 0,0000 | 9 | 0 | 0,0000 | 0 | 0,0000 |
| 24 | ------ | 0,000 | 0,000 | 0,0000 | 0,0000 | 10 | 0 | 0,0000 | 0 | 0,0000 |
| 25 | | | | $F_{Rx}$ | $F_{Ry}$ | | | | | |
| 26 | | | | 14,7669 | 31,4008 | | 0 | 14,7669 | 0 | 31,4008 |

BILD 3-3 Hilfswerte zur Erstellung der im EXCEL-Blatt enthaltenen Skizze der Kräftesituation

Die Hilfswerte, Bild 3-3, sind so aufgebaut, dass gerade Linien vom Koordinatenursprung ausgehen, wodurch die Kräfte symbolisiert sind.
Für den Kraftvektor $F_1$ sind die Werte nach Tabelle 3-5 maßgebend.

| Zelle | Funktion | Bemerkung |
|---|---|---|
| G15 | 0 | x-Koordinate des Anfangspunktes |
| H15 | =D15 | x-Koordinate des Endpunktes |
| I15 | 0 | y-Koordinate des Anfangspunktes |
| J15 | =E15 | y-Koordinate des Endpunktes |
| | | Spalten nach unten ausfüllen |

TABELLE 3-5) EXCEL-Notation der Hilfswerte

Der Handlungsablauf für den Aufbau der Grafik ist im Kapitel 1.13 erläutert.
Das Bild 3-4 zeigt einen wesentlichen Schritt zur Darstellung der Kräfte.
Nachdem „Datenquelle" aufgeschlagen worden ist, wird jeweils eine neue Datenreihe hinzugefügt.
Die erforderlichen Einträge unter X-Werte und Y-Werte entstehen durch Aufziehen der Zellbereiche.

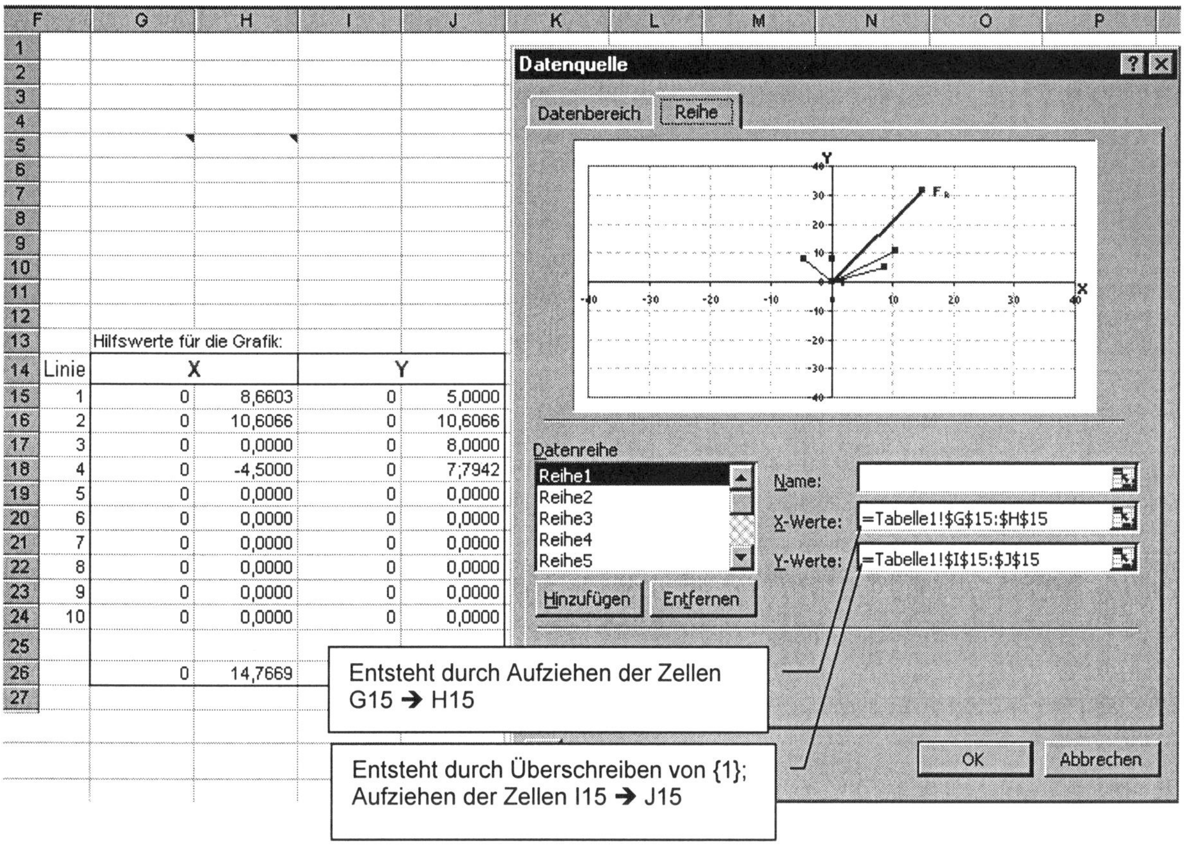


BILD 3-4 Entwicklung des Lageplanes der Kräfte

## 3.2 Reduktion im ebenen, allgemeinen Kräftesystem

Gegeben sind n Kräfte, die **nicht** in einem Punkte angreifen.
Die Kraftangriffspunkte sollen als Koordinaten eines kartesischen Koordinatensystems vorliegen.
$\alpha_i$ beziehe sich auf die Parallele zur X-Achse und sei mathematisch positiv definiert.

Gegeben:
$F_i$; $i = 1\ldots n$
$(x_i\,;\,y_i)$
$\alpha_i$

Gesucht:
Die Resultierende mit allen Bestimmungsstücken:
- Betrag
- Richtung
- Richtungssinn
- Lage

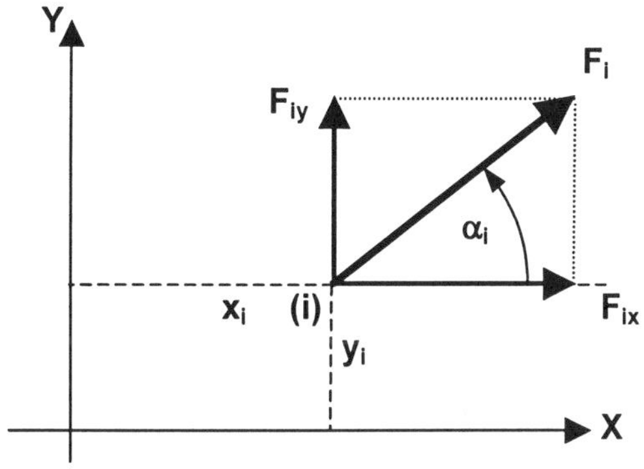


BILD 3-5 Verallgemeinerte Darstellung der Kräfteschar

<u>Lösung:</u>

Komponenten $F_{ix} = F_i \cos\alpha_i$ 3-(7)

$F_{iy} = F_i \sin\alpha_i$ 3-(8)

Resultierende Kraft

Komponenten $F_{Rx} = \sum_{i=1}^{n} F_{ix}$ 3-(9)

$F_{Ry} = \sum_{i=1}^{n} F_{iy}$ 3-(10)

Betrag $F_R = \sqrt{F_{Rx}^2 + F_{Ry}^2}$ 3-(11)

Winkel zur positiven x-Achse $\alpha_R^* = \arctan\left(\frac{F_{Ry}}{F_{Rx}}\right)$ 3-(12)

Resultierendes Moment, $M_{zR0} = -F_{Rx}\, y_i + F_{Ry}\, x_i$ 3-(13)

bezogen auf den Reduktionspunkt (0;0)

Zentrallinie,
angegeben durch den Schnittpunkt der Wirkungslinie der Resultierenden mit den Koordinatenachsen

$$x_{R0} = \frac{M_R}{F_{Ry}} \qquad 3\text{-}(14)$$

$$y_{R0} = -\frac{M_R}{F_{Rx}} \qquad 3\text{-}(15)$$

Richtung und Richtungssinn der Resultierenden
(Algorithmus analog zum Zentralsystem)

Um die genaue Orientierung der Resultierenden anzugeben, müssen folgende Fälle beachtet werden:

1. Lage der Resultierenden auf den Achsen

| $F_{Rx}$ | $F_{Ry}$ | $\alpha_R$ |
|---|---|---|
| > 0 | = 0 | 0° |
| = 0 | > 0 | 90° |
| < 0 | = 0 | 180° |
| = 0 | < 0 | 270° |
| = 0 | = 0 | nicht sinnvoll |

TABELLE 3-6) Nullwerte der Komponenten

2. Lage der Resultierenden in den Quadranten

| Quadrant | $F_{Rx}$ | $F_{Ry}$ | |
|---|---|---|---|
| I | + | + | $\alpha_R = \alpha_R^*$ |
| II | - | + | $\alpha_R = 180° + \alpha_R^*$ |
| III | - | - | $\alpha_R = 180° + \alpha_R^*$ |
| IV | + | - | $\alpha_R = 360° + \alpha_R^*$ |

TABELLE 3-7) Vorzeichen der Komponenten

Im Vergleich zum Zentralsystem wird die dort angegebene Tabelle um die Berechnungsabläufe zur Bestimmung des resultierenden Momentes erweitert, Bild 3.6.
Die Anzahl der Kräfte kann beliebig vergrößert werden.

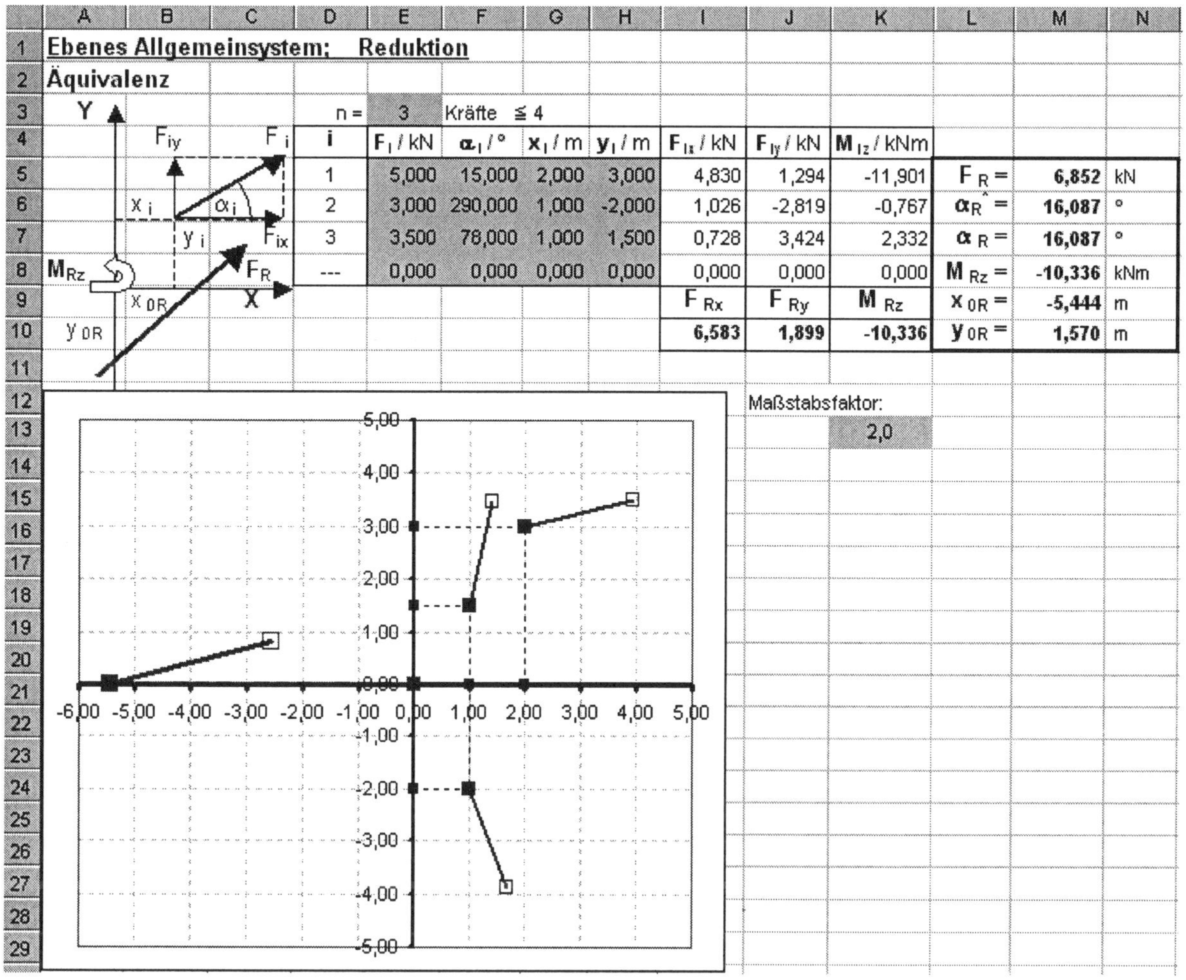

**Ebenes Allgemeinsystem: Reduktion**

**Äquivalenz**

n = 3 Kräfte ≤ 4

| i | $F_i$ / kN | $\alpha_i$ / ° | $x_i$ / m | $y_i$ / m | $F_{ix}$ / kN | $F_{iy}$ / kN | $M_{iz}$ / kNm | | | |
|---|---|---|---|---|---|---|---|---|---|---|
| 1 | 5,000 | 15,000 | 2,000 | 3,000 | 4,830 | 1,294 | -11,901 | $F_R$ = | 6,852 | kN |
| 2 | 3,000 | 290,000 | 1,000 | -2,000 | 1,026 | -2,819 | -0,767 | $\hat{\alpha}_R$ = | 16,087 | ° |
| 3 | 3,500 | 78,000 | 1,000 | 1,500 | 0,728 | 3,424 | 2,332 | $\alpha_R$ = | 16,087 | ° |
| --- | 0,000 | 0,000 | 0,000 | 0,000 | 0,000 | 0,000 | 0,000 | $M_{Rz}$ = | -10,336 | kNm |
| | | | | | $F_{Rx}$ | $F_{Ry}$ | $M_{Rz}$ | $x_{0R}$ = | -5,444 | m |
| | | | | | 6,583 | 1,899 | -10,336 | $y_{0R}$ = | 1,570 | m |

Maßstabsfaktor: 2,0



BILD 3-6 EXCEL-Tabellenblatt: Reduktion einer ebenen, allgemeinen Kräfteschar

| Zelle | Funktion | Bemerkung |
|---|---|---|
| I5 | =E5*COS(F5*PI()/180) | nach unten ausfüllen |
| J5 | =E5*SIN(F5*PI()/180) | nach unten ausfüllen |
| K5 | =-I5*H5+J5*G5 | nach unten ausfüllen |
| I10 | =RUNDEN(SUMME(I5:I8);10) | RUNDEN erforderlich, da sonst i.d.R. $\alpha_R$ = 0 nicht entsteht. |
| J10 | =RUNDEN(SUMME(J5:J8);10) | |
| K10 | =RUNDEN (SUMME(K5:K8);10) | |
| M5 | =WURZEL(QUADRATESUMME(I10:J10)) | |
| M6 | =WENN(UND(I10=0;J10=0);"------";WENN(UND(I10=0;J10>0);90; WENN(UND(I10=0;J10<0);270;WENN(I10<>0;GRAD(ARCTAN(J10/I10)))))) | Berücksichtigung der Null-Bedingungen |
| M7 | =WENN(I10<0;180+M6;WENN(UND(I10>0;J10<0);360+M6;M6)) | Zuweisung zu Quadranten |
| M8 | =K10 | $M_{RZ}$ : ↺ positiv |
| M9 | =WENN(J10<>0;M8/J10;"unendl.") | |
| M10 | =WENN(I10<>0;-M8/I10;"unendl.") | |

TABELLE 3-8) Die in Tabelle 3-9) enthaltenen EXCEL-Notationen

Mit der Eingabe der Anzahl der Kräfte in die Zelle E3 wird der Kraftindex in D5:D8 notiert, Tabelle 3-9).

| Zelle | Funktion | Bemerkung |
|---|---|---|
| D5 | 1 | Startwert |
| D6 | =WENN($E$3>=2;2;"---") | und so weiter |

TABELLE 3-9) EXCEL-Notation zur Bestimmung der Indices der Kräfte

Um eine Skizze automatisch zu generieren, werden zunächst die erforderlichen Hilfswerte erzeugt, Tabelle 3-10).

| | *A* | *B* | *C* | *D* | *E* | *F* | *G* | *H* |
|---|---|---|---|---|---|---|---|---|
| ***13*** | | | | | | $\alpha_i$ / ° | x | y |
| ***14*** | 1 | 0,000 | 3,000 | 2,000 | 0,000 | 15,0 | 2,000 | 3,000 |
| ***15*** | | 2,000 | 3,000 | 2,000 | 3,000 | | 3,932 | 3,518 |
| ***16*** | 2 | 0,000 | -2,000 | 1,000 | 0,000 | 290,0 | 1,000 | -2,000 |
| ***17*** | | 1,000 | -2,000 | 1,000 | -2,000 | | 1,684 | -3,879 |
| ***18*** | 3 | 0,000 | 1,500 | 1,000 | 0,000 | 78,0 | 1,000 | 1,500 |
| ***19*** | | 1,000 | 1,500 | 1,000 | 1,500 | | 1,416 | 3,456 |
| ***20*** | --- | 0,000 | 0,000 | 0,000 | 0,000 | 0,0 | 0,000 | 0,000 |
| ***21*** | | 0,000 | 0,000 | 0,000 | 0,000 | | 0,000 | 0,000 |
| ***22*** | | | | | | | | |
| ***23*** | | | | 0,000 | 0,000 | 16,1 | -5,444 | 0,000 |
| ***24*** | | | | -5,444 | 0,000 | | -2,561 | 0,831 |

TABELLE 3-10) Hilfswerte zur Erstellung der Skizze des Lageplanes

Die Werte zum Kraftindex i = 1 entstehen wie folgt, Tabelle 3-11).

| Zelle | Funktion | Bemerkung |
|---|---|---|
| A14 | =D5 | Index |
| B14 | 0 | |
| B15 | =G5 | horizontale Koordinatenlinie nach Punkt (1) ➔ REIHE 1 |
| C14 | =H5 | |
| C15 | =C14 | |
| D14 | =B15 | |
| D15 | =D14 | vertikale Koordinatenlinie nach Punkt (1) ➔ REIHE 2 |
| E14 | 0 | |
| E15 | =C15 | |
| F14 | =F5 | |
| G14 | =WENN(E5<>0;D14;0 | Kraftvektor mit dem Angriffspunkt (1) |
| G15 | =WENN(E5<>0;K13*COS(F14*PI()/180)+G14;0) | und der Richtung $\alpha_1$ |
| H14 | =WENN(E5<>0;C15;0) | ➔ REIHE 3 |
| H15 | =WENN(E5<>0;K13*SIN(F14*PI()/180)+H14;0) | |

TABELLE 3-11) EXCEL-Notation zu den Hilfswerten nach Tabelle 3-12), Beispiel i = 1

Die Zellen D23 : H24 betreffen die Resultierende.
Mit dem Maßstabsfaktor K13 können die Vektorlängen in der Grafik beeinflusst werden.
Aus gestalterischen Gründen wird die fertige Grafik auf die belegten Zellen der Hilfswerte verschoben, so dass diese nicht mehr zu sehen sind.
Das Bild ist annähernd maßstäblich, wenn mit den Randgriffen der Grafik die Proportionen so eingestellt werden, dass die vertikalen und horizontalen Hilfslinien bei gleicher Skalierung für die X-Achse und die Y-Achse optisch Quadrate bilden.

## 3.3 Reduktion im räumlichen Zentralsystem

Gegeben:
n Kräfte und die Richtungswinkel gegen die x-Achse und die y-Achse.

Gesucht:
sind der Betrag und die drei Richtungswinkel der Resultierenden.

Die Lösung ergibt sich als Erweiterung zur Lösung beim ebenen Zentralsystem.

Beachte:
Die Richtung der Kraft ist durch die Angabe von zwei Richtungswinkeln eindeutig bestimmt.
Der dritte Richtungswinkel ergibt sich aus

$$\cos^2 \alpha_x + \cos^2 \alpha_y + \cos^2 \alpha_z = 1 \qquad 3\text{-}(16)$$

also

$$\alpha_z = \arccos\sqrt{1 - \cos^2 \alpha_x - \cos^2 \alpha_y} \qquad 3\text{-}(17)$$

Damit der Kraftvektor räumlich orientiert ist, muss gelten

$$\alpha_x + \alpha_y > 90°.$$

Für

$$\alpha_x + \alpha_y = 90°$$

liegt der Vektor in der X-Y-Ebene und damit ist

$$\alpha_z = 90°,$$

wodurch

$F_{iz} = 0$ entsteht.

Die Berechnung der Kraftkomponenten muss also die Bedingung enthalten:
$\alpha_x + \alpha_y < 90°$ ==> Berechnung wegen geometrischer Unverträglichkeit nicht sinnvoll, siehe Tabelle 3-12).

Kraftkomponenten:

$$F_{ix} = F_i \cos \alpha_{ix} \qquad 3\text{-}(18)$$

$$F_{iy} = F_i \cos \alpha_{iy} \qquad 3\text{-}(19)$$

$$F_{iz} = F_i \cos \alpha_{iz} \qquad 3\text{-}(20)$$

Komponenten der Resultierenden:

$$F_{Rx} = \sum_{i=1}^{n} F_{ix} \qquad 3\text{-}(21)$$

$$F_{Ry} = \sum_{i=1}^{n} F_{iy} \qquad 3\text{-}(22)$$

$$F_{Rz} = \sum_{i=1}^{n} F_{iz} \qquad 3\text{-}(23)$$

Betrag der Resultierenden:

$$F_R = \sqrt{F_{Rx}^2 + F_{Ry}^2 + F_{Rz}^2} \qquad 3\text{-}(24)$$

Richtungswinkel:

$$\alpha_{Rx} = \arccos\left(\frac{F_{Rx}}{F_R}\right) \qquad 3\text{-}(25)$$

$$\alpha_{Ry} = \arccos\left(\frac{F_{Ry}}{F_R}\right) \qquad 3\text{-}(26)$$

$$\alpha_{Rz} = \arccos\left(\frac{F_{Rz}}{F_R}\right) \qquad 3\text{-}(27)$$

Nachfolgende Tabelle 3-12) ist nur für maximal fünf Kräfte ausgelegt. Sie kann natürlich um beliebig viele Kräfte erweitert werden.
Sie kann ohne weiteres auch für das ebene Zentralsystem verwendet werden; Bedingung: $\alpha_x + \alpha_y = 90°$.

| | C | D | E | F | G | H | I | J | K | L | M |
|---|---|---|---|---|---|---|---|---|---|---|---|
| 6 | n = | 5 | Kräfte ≦ 5 | | | | | | | | |
| 7 | | | | | | | | | | | |
| 8 | i | $F_i$ / kN | $\alpha_{ix}$ / ° | $\alpha_{iy}$ / ° | $\alpha_{iz}$ / ° | $F_{ix}$ / kN | $F_{iy}$ / kN | $F_{iz}$ / kN | | | |
| 9 | 1 | 10,000 | 54,736 | 54,736 | 54,735 | 5,7735 | 5,7734 | 5,7736 | | | |
| 10 | 2 | 15,000 | 50,000 | 40,000 | 90,000 | 9,6418 | 11,4907 | 0,0000 | | | |
| 11 | 3 | 20,000 | 90,000 | 90,000 | 0,000 | 0,0000 | 0,0000 | 20,0000 | | | |
| 12 | 4 | 25,000 | 75,000 | 30,000 | 64,672 | 6,4705 | 21,6506 | 10,6950 | | | |
| 13 | 5 | 18,000 | 50,000 | 55,000 | 59,484 | 11,5702 | 10,3244 | 9,1399 | | | |
| 14 | | | | | | $F_{Rx}$ | $F_{Ry}$ | $F_{Rz}$ | | | |
| 15 | | | | | | 33,456 | 49,239 | 45,608 | | | |
| 16 | | | | | | | | | | | |
| 17 | | | | | | | | $F_R$ = | 74,993 | kN | |
| 18 | | | | | | | | $\alpha_{Rx}$ = | 63,505 | ° | |
| 19 | | | | | | | | $\alpha_{Ry}$ = | 48,960 | ° | |
| 20 | | | | | | | | $\alpha_{Rz}$ = | 52,543 | ° | |

Eingabewerte

=WENN(ODER(G9="*)";G10="*)";G11="*)";G12="*)";G13="*)");" *) Achtung: Geometrisch unverträglich!";"")

TABELLE 3-12) Aufbau des EXCEL-Tabellenblattes

Die Index-Spalte wurde bereits erläutert. Es erübrigt sich, darauf einzugehen.
Die Funktionen für die Rechenwerte ergeben sich wie folgt:

ZEILE 9 (Index 1)

| Spalte | FUNKTION | Bemerkungen |
|---|---|---|
| G | =WENN((E9+F9)>=90;ARCCOS(WURZEL(1-RUNDEN((COS(E9*PI()/180)*COS(E9*PI()/180)+COS(F9*PI()/180)*COS(F9*PI()/180));10)))*180/PI();"*)") | siehe Gleichung 3-(17) |
| H | =WENN(G9<>"*)";D9*COS(E9*PI()/180);"----") | X-Komponente |
| I | =WENN(G9<>"*)";D9*COS(F9*PI()/180);"----") | Y-Komponente |
| J | =WENN(G9<>"*)";D9*COS(G9*PI()/180);"----") | Z-Komponente |

TABELLE 3-13) EXCEL-Notation zu Tabelle 3-12)

ZEILE 15

| Spalte | FUNKTION | Bemerkungen |
|---|---|---|
| H | =WENN($D$17="";SUMME(H9:H13);"----") | Komponenten der Resultierenden |
| I | =WENN($D$17="";SUMME(I9:I13);"----") | |
| J | =WENN($D$17="";SUMME(J9:J13);"----") | |

TABELLE 3-14) EXCEL-Notation zu Tabelle 3-12)

SPALTE K

| Zeile | FUNKTION | Bemerkungen |
|---|---|---|
| 17 | =WENN(D17="";WURZEL(QUADRATESUMME(H15:J15));"----") | Betrag der Resultierenden |
| 18 | =WENN(D17="";ARCCOS(H15/K17)*180/PI();"----") | Richtungswinkel der Resultierenden |
| 19 | =WENN(D17="";ARCCOS(I15/K17)*180/PI();"----") | |
| 20 | =WENN(D17="";ARCCOS(J15/K17)*180/PI();"----") | |

TABELLE 3-15) EXCEL-Notation zu Tabelle 3-12)

Das Resultat:

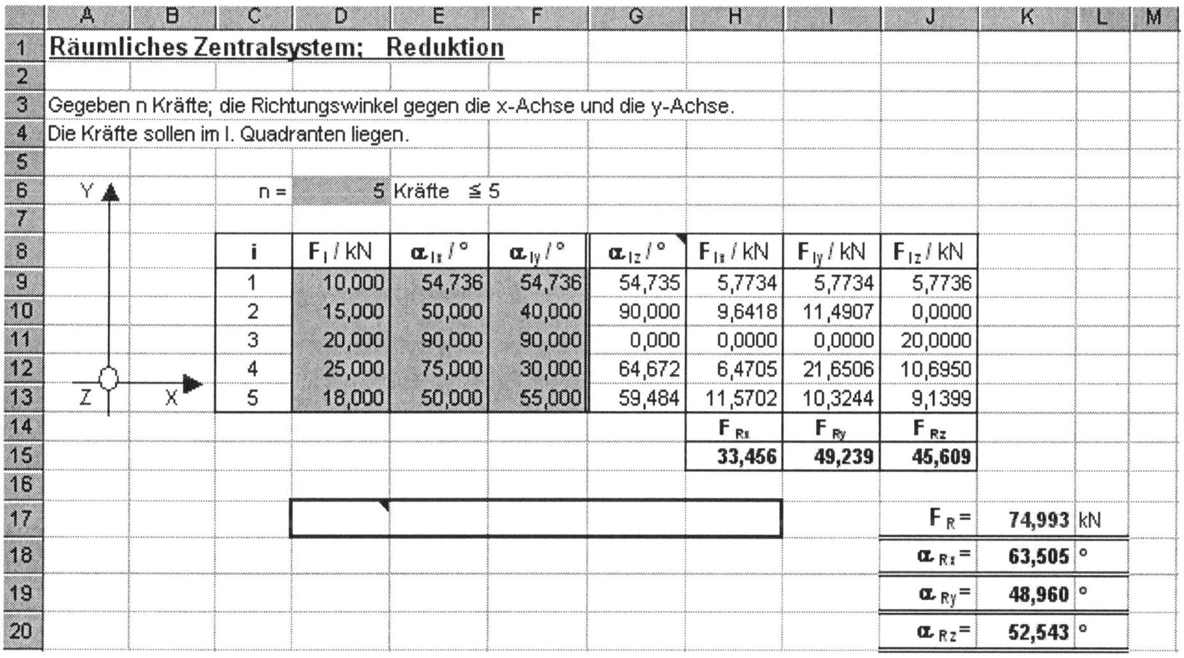

**Räumliches Zentralsystem: Reduktion**

Gegeben n Kräfte; die Richtungswinkel gegen die x-Achse und die y-Achse.
Die Kräfte sollen im I. Quadranten liegen.

n = 5 Kräfte ≦ 5

| i | $F_i$ / kN | $\alpha_{ix}$ / ° | $\alpha_{iy}$ / ° | $\alpha_{iz}$ / ° | $F_{ix}$ / kN | $F_{iy}$ / kN | $F_{iz}$ / kN |
|---|---|---|---|---|---|---|---|
| 1 | 10,000 | 54,736 | 54,736 | 54,735 | 5,7734 | 5,7734 | 5,7736 |
| 2 | 15,000 | 50,000 | 40,000 | 90,000 | 9,6418 | 11,4907 | 0,0000 |
| 3 | 20,000 | 90,000 | 90,000 | 0,000 | 0,0000 | 0,0000 | 20,0000 |
| 4 | 25,000 | 75,000 | 30,000 | 64,672 | 6,4705 | 21,6506 | 10,6950 |
| 5 | 18,000 | 50,000 | 55,000 | 59,484 | 11,5702 | 10,3244 | 9,1399 |
| | | | | | $F_{Rx}$ | $F_{Ry}$ | $F_{Rz}$ |
| | | | | | **33,456** | **49,239** | **45,609** |

| | | |
|---|---|---|
| $F_R$ = | **74,993** | kN |
| $\alpha_{Rx}$ = | **63,505** | ° |
| $\alpha_{Ry}$ = | **48,960** | ° |
| $\alpha_{Rz}$ = | **52,543** | ° |

BILD 3-7 Das fertige Tabellenblatt; Berechnungsteil

Bei fehlerhafter Eingabe erscheint eine Warnung, Bild 3-8.

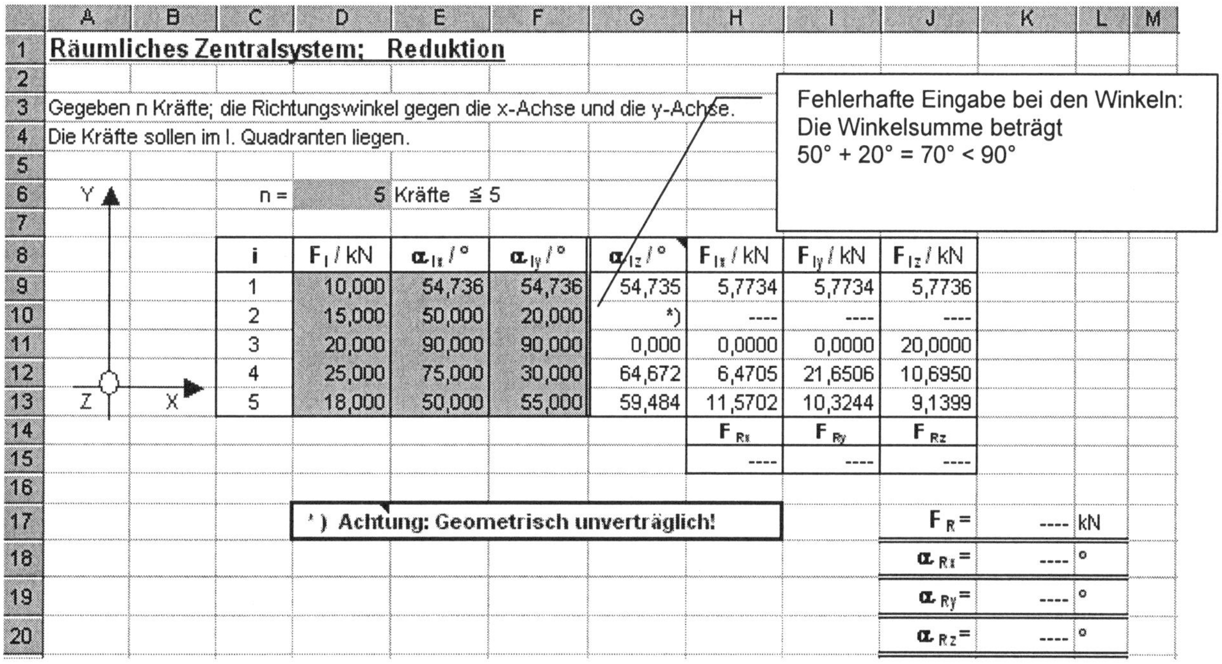

**Räumliches Zentralsystem: Reduktion**

Gegeben n Kräfte; die Richtungswinkel gegen die x-Achse und die y-Achse.
Die Kräfte sollen im I. Quadranten liegen.

Fehlerhafte Eingabe bei den Winkeln:
Die Winkelsumme beträgt
50° + 20° = 70° < 90°

n = 5 Kräfte ≦ 5

| i | $F_i$ / kN | $\alpha_{ix}$ / ° | $\alpha_{iy}$ / ° | $\alpha_{iz}$ / ° | $F_{ix}$ / kN | $F_{iy}$ / kN | $F_{iz}$ / kN |
|---|---|---|---|---|---|---|---|
| 1 | 10,000 | 54,736 | 54,736 | 54,735 | 5,7734 | 5,7734 | 5,7736 |
| 2 | 15,000 | 50,000 | 20,000 | *) | ---- | ---- | ---- |
| 3 | 20,000 | 90,000 | 90,000 | 0,000 | 0,0000 | 0,0000 | 20,0000 |
| 4 | 25,000 | 75,000 | 30,000 | 64,672 | 6,4705 | 21,6506 | 10,6950 |
| 5 | 18,000 | 50,000 | 55,000 | 59,484 | 11,5702 | 10,3244 | 9,1399 |
| | | | | | $F_{Rx}$ | $F_{Ry}$ | $F_{Rz}$ |
| | | | | | ---- | ---- | ---- |

***) Achtung: Geometrisch unverträglich!**

| | | |
|---|---|---|
| $F_R$ = | ---- | kN |
| $\alpha_{Rx}$ = | ---- | ° |
| $\alpha_{Ry}$ = | ---- | ° |
| $\alpha_{Rz}$ = | ---- | ° |

BILD 3-8 Anzeige zu einer fehlerhaften Eingabe

## 3.4 Reduktion im räumlichen Allgemeinsystem

### 3.4.1. Das Moment einer Kraft

Das Moment einer Kraft ergibt sich aus der Beziehung 3-(28).

$[M_0] = [r_a] \times [F]$ 3-(28)

Der Momentenvektor steht rechtwinklig zur Ebene, die durch die beiden Vektoren

- Kraftvektor [F]
- Abstandsvektor $[r_a]$

aufgespannt wird, Bild 3-9.

Die Komponenten des Momentenvektors sind in Bild 3-10 dargestellt.

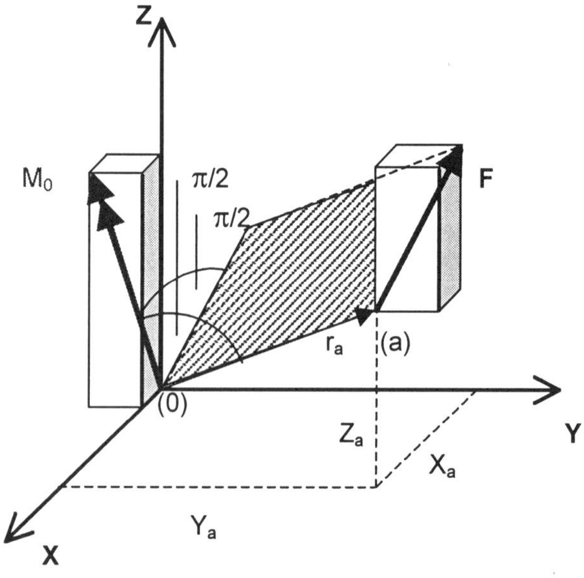


BILD 3-9 Momentenvektor

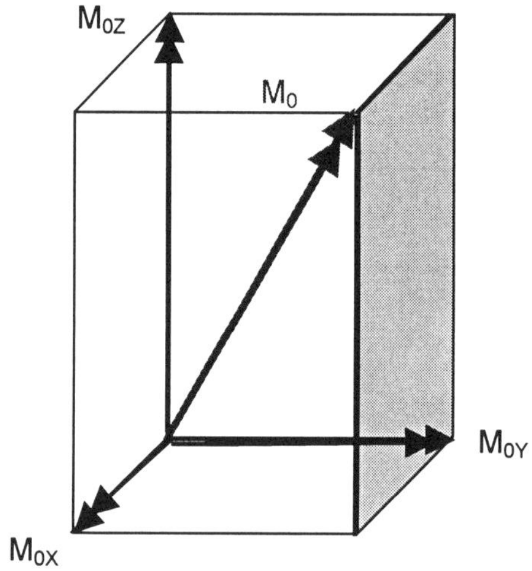


BILD 3-10 Komponenten des Momentenvektors

Die Komponenten des Momentenvektors lassen sich aus den Komponenten des Kraftvektors nach Gleichung 3-(29), siehe Bild 3-11, ermitteln.

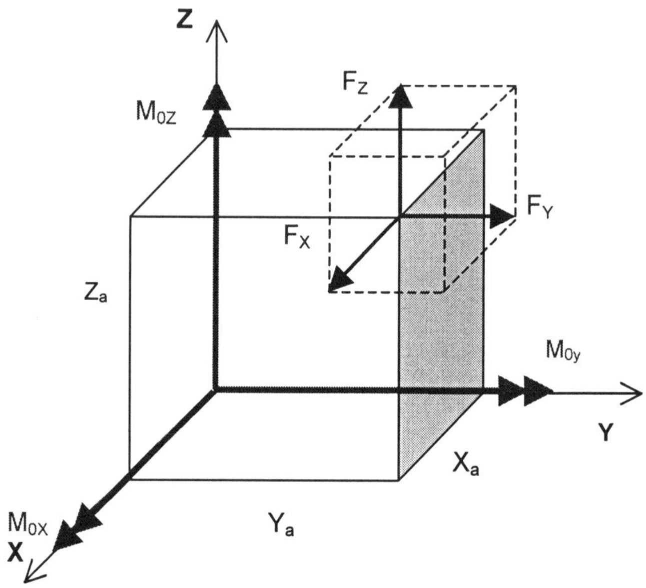


BILD 3-11 Komponenten des Kraftvektors und des Momentenvektors

$$[M_0] = \begin{bmatrix} M_{0x} \\ M_{0y} \\ M_{0z} \end{bmatrix} = \begin{bmatrix} Y_a F_z - Z_a F_y \\ Z_a F_x - X_a F_z \\ X_a F_y - Y_a F_x \end{bmatrix} \qquad 3\text{-}(29)$$

3-(29) in Determinanten-Schreibweise:

$$[M_0] = \begin{vmatrix} \vec{e}_x & \vec{e}_y & \vec{e}_z \\ X_a & Y_a & Z_a \\ F_x & F_y & F_z \end{vmatrix} \qquad 3\text{-}(30)$$

Aus gegebenen Komponenten folgt der Betrag des resultierenden Momentes

$$M_0 = \sqrt{M_{0x}^{\ 2} + M_{0y}^{\ 2} + M_{0z}^{\ 2}} \qquad 3\text{-}(31)$$

mit den Richtungscosinus

$$\cos\alpha_x = \frac{M_{0x}}{M_0} \qquad 3\text{-}(32)$$

$$\cos\alpha_y = \frac{M_{0y}}{M_0} \qquad 3\text{-}(33)$$

$$\cos\alpha_z = \frac{M_{0z}}{M_0} \qquad 3\text{-}(34)$$

wobei auch hier gilt

$$\cos^2\alpha_x + \cos^2\alpha_y + \cos^2\alpha_z = 1 \qquad 3\text{-}(35)$$

### 3.4.2. Reduktion

Eine Kräfteschar $[F_i]$ mit den Angriffspunkten $[r_{ai}]$ und den Richtungswinkeln $\alpha_i$ wird bezüglich des Koordinatenursprunges als Reduktionspunkt zu einer Resultierenden zusammengefasst durch folgende Operationen:

| | **Kräfte** | | **Momente** | |
|---|---|---|---|---|
| Komponenten | $F_{iX}$ | 3-(18) | $M_{0ix} = Y_{ai} F_{iz} - Z_{ai} F_{iy}$ | 3-(36) |
| | $F_{iY}$ | 3-(19) | $M_{0iy} = Z_{ai} F_{ix} - X_{ai} F_{iz}$ | 3-(37) |
| | $F_{iZ}$ | 3-(20) | $M_{0iz} = X_{ai} F_{iy} - Y_{ai} F_{ix}$ | 3-(38) |
| Resultierende | | | | |
| Komponenten | $F_{RX}$ | 3-(21) | $M_{0Rx} = \sum_{i=1}^{n} M_{0ix}$ | 3-(39) |
| | $F_{Ry}$ | 3-(22) | $M_{0Ry} = \sum_{i=1}^{n} M_{0iy}$ | 3-(40) |
| | $F_{RZ}$ | 3-(23) | $M_{0Rz} = \sum_{i=1}^{n} M_{0iz}$ | 3-(41) |
| Betrag | | | | |
| | $F_R$ | 3-(24) | $M_{0R} = \sqrt{M_{0Rx}^{\ 2} + M_{0Ry}^{\ 2} + M_{0Rz}^{\ 2}}$ | 3-(42) |

Richtungscosinus

$$\cos\alpha_{FRx} = \frac{F_{Rx}}{F_R} \quad 3\text{-}(43) \qquad \cos\alpha_{MRx} = \frac{M_{0Rx}}{M_{0R}} \quad 3\text{-}(44)$$

$$\cos\alpha_{FRy} = \frac{F_{Ry}}{F_R} \quad 3\text{-}(45) \qquad \cos\alpha_{MRy} = \frac{M_{0Ry}}{M_{0R}} \quad 3\text{-}(46)$$

$$\cos\alpha_{FRz} = \frac{F_{Rz}}{F_R} \quad 3\text{-}(47) \qquad \cos\alpha_{MRz} = \frac{M_{0Rz}}{M_{0R}} \quad 3\text{-}(48)$$

Die Vektoren

$$[F_R] = \begin{bmatrix} F_{Rx} \\ F_{Ry} \\ F_{Rz} \end{bmatrix} \quad \text{und} \quad [M_{0R}] = \begin{bmatrix} M_{0Rx} \\ M_{0Ry} \\ M_{0Rz} \end{bmatrix} \qquad 3\text{-}(49) \text{ und } 3\text{-}(50)$$

spannen eine Ebene auf, da sie einen gemeinsamen Angriffspunkt haben.
In dieser wird $[M_{0R}]$ in zwei Komponenten zerlegt. Eine, nämlich $[M_F]$ ,entsteht durch Projektion auf die Wirkungslinie von $[F_R]$ , die andere ( $[M_S]$ ) steht senkrecht dazu.
Durch Parallelverschiebung von $[F_R]$ mit einem geeigneten Verschiebevektor $[r_0]$ wird $[M_S]$ zum Verschwinden gebracht.

Das verbleibende Gebilde ( $[F_R]$ ; $[M_S]$ ) heißt Dyname (Kraftschraube), Bild 3-12.

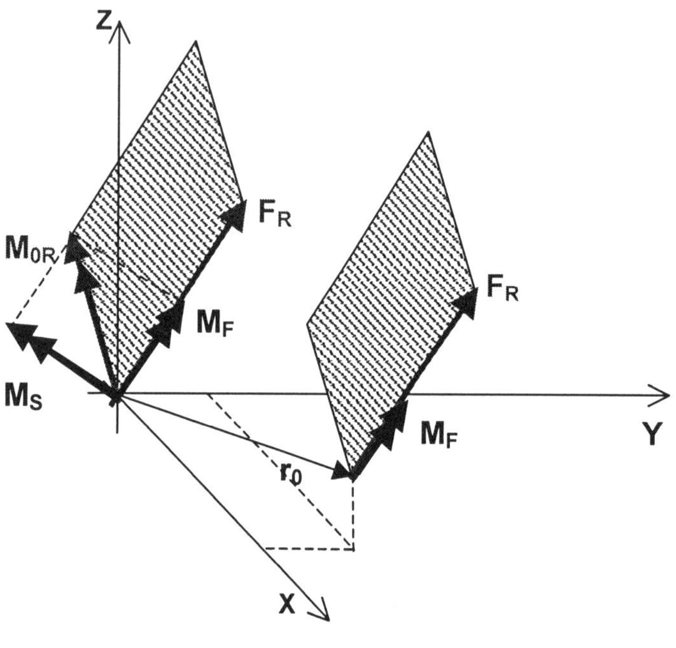


BILD 3-12 Erzeugung der Kraftschraube durch Parallelverschiebung von $[F_R]$

Rechenablauf:

Einheitsvektor der Wirkungslinie von $[F_R]$

$$[e_{FR}] = \frac{[F_R]}{F_R} \qquad 3\text{-}(51)$$

$$[e_{FR}] = \begin{bmatrix} \cos\alpha_{FRx} \\ \cos\alpha_{FRy} \\ \cos\alpha_{FRz} \end{bmatrix} \qquad 3\text{-}(52)$$

Projektion $[M_{0R}]$ auf $[e_{FR}]$

$$M_F = [M_{0R}] \cdot [e_{FR}] \tag{3-(53)}$$

$$[M_F] = M_F \cdot \begin{bmatrix} \cos\alpha_{FRx} \\ \cos\alpha_{FRy} \\ \cos\alpha_{FRz} \end{bmatrix} = \begin{bmatrix} M_{Fx} \\ M_{Fy} \\ M_{Fz} \end{bmatrix} \tag{3-(54)}$$

Moment senkrecht zu $[F_R]$

$$[M_S] = [M_{0R}] - [M_F] \tag{3-(55)}$$

$$[M_S] = \begin{bmatrix} M_{0Rx} \\ M_{0Ry} \\ M_{0Rz} \end{bmatrix} - \begin{bmatrix} M_{Fx} \\ M_{Fy} \\ M_{Fz} \end{bmatrix} = \begin{bmatrix} M_{Sx} \\ M_{Sy} \\ M_{Sz} \end{bmatrix} \tag{3-(56)}$$

Parallelverschiebung von $[F_R]$ um Vektor $[r_0]$ für $[M_S] = 0$

$$[r_0] = \frac{[F_R] \times [M_S]}{F_R^{\,2}} \tag{3-(57)}$$

$$[r_0] = \frac{1}{F_R^{\,2}} \cdot \begin{bmatrix} \vec{e}_x & \vec{e}_y & \vec{e}_z \\ F_{Rx} & F_{Ry} & F_{Rz} \\ M_{Sx} & M_{Sy} & M_{Sz} \end{bmatrix} \tag{3-(58)}$$

Koordinaten des Verschiebevektors

$$[r_0] = \frac{1}{F_R^{\,2}} \cdot \begin{bmatrix} F_{Ry} M_{Sz} - F_{Rz} M_{Sy} \\ F_{Rx} M_{Sz} - F_{Rz} M_{Sx} \\ F_{Rx} M_{Sy} - F_{Ry} M_{Sx} \end{bmatrix} = \begin{bmatrix} r_{0x} \\ r_{0y} \\ r_{0z} \end{bmatrix} \tag{3-(59)}$$

Ergebnis:
Die Kraftschraube ( $[F_R]$ ; $[M_F]$ ) hat den Abstand $[r_0]$ vom Koordinatenursprung.

Die Umsetzung vorstehender Rechenanweisung in einem EXCEL-Tabellenblatt zeigt Bild 3-13, die zugehörige EXCEL-Notation Tabelle 3-16).

| | A | B | C | D | E | F | G | H | I | J | K | L | M |
|---|---|---|---|---|---|---|---|---|---|---|---|---|---|
| 1 | **Räumliches Allgemeinsystem; Reduktion** | | | | | | | | | | | | |
| 2 | | | | | | | | | | | | | |
| 3 | | n = | 4 | Kräfte ≦ 4 | | | | | | | | | |
| 4 | | | i | $F_{IX}$ / kN | $F_{IY}$ / kN | $F_{IZ}$ / kN | $X_i$ / m | $Y_i$ / m | $Z_i$ / m | $M_{IX}$ / kNm | $M_{IY}$ / kNm | $M_{IZ}$ / kNm | |
| 5 | | | 1 | 2,000 | 1,000 | 0,000 | 0,500 | -1,000 | 0,500 | -0,500 | 1,000 | 2,500 | |
| 6 | | | 2 | 0,000 | 2,500 | 1,000 | 1,500 | 0,000 | 1,000 | -2,500 | -1,500 | 3,750 | |
| 7 | | | 3 | 1,000 | 0,500 | 1,000 | 0,000 | 2,000 | -1,000 | 2,500 | -1,000 | -2,000 | |
| 8 | | | 4 | 1,000 | -1,000 | 2,000 | 0,000 | 1,500 | 0,000 | 3,000 | 0,000 | -1,500 | |
| 9 | | | | $F_{RX}$ | $F_{RY}$ | $F_{RZ}$ | | | | $M_{0RX}$ | $M_{0RY}$ | $M_{0RZ}$ | |
| 10 | | | | **4,000** | **3,000** | **4,000** | | | | **2,500** | **-1,500** | **2,750** | |
| 11 | | | | $F_R$ = | **6,403** | kN | | | | $M_{0R}$ = | **4,008** | kNm | |
| 12 | **Kraftschraube:** | | | | | | | | | | | | |
| 13 | | Resultierende Kraft | | | Einheitsvektor der resultierenden Kraft | | | | Richtungscosinus | | | | |
| 14 | | | 4,000 | | | 0,625 | | | cos $\alpha_{FX}$ = | 0,6247 | cos $\alpha_{MX}$ = | 0,6238 | |
| 15 | | $\mathbf{F}_R$ = | 3,000 | kN | $\mathbf{e}_{FR}$ = | 0,469 | | | cos $\alpha_{FY}$ = | 0,4685 | cos $\alpha_{MY}$ = | -0,3743 | |
| 16 | | | 4,000 | | | 0,625 | | | cos $\alpha_{FZ}$ = | 0,6247 | cos $\alpha_{MZ}$ = | 0,6862 | |
| 17 | | | | | | | | | | | | | |
| 18 | | | | | | | | Komponenten des Momentenvektors | | | | | |
| 19 | | Resultierendes Moment | | | | | | | zur Kraft-Wirkungslinie | | | | |
| 20 | | | | | | | | parallel | | | senkrecht | | |
| 21 | | | 2,500 | | Betrag | | | | 1,610 | | | 0,890 | |
| 22 | | $\mathbf{M}_{0R}$ = | -1,500 | kNm | $M_F$ = | 2,577 | kNm | $\mathbf{M}_F$ = | 1,207 | kNm | $\mathbf{M}_0$ = | -2,707 | kNm |
| 23 | | | 2,750 | | | | | | 1,610 | | | 1,140 | |
| 24 | | | | | | | | | | | | | |
| 25 | | Verschiebevektor | | | | | | | | | | | |
| 26 | | | | $e_X$ | $e_Y$ | $e_Z$ | | | 0,348 | | | | |
| 27 | | $r_0$ = | 0,0244 | 4,000 | 3,000 | 4,000 | | $\mathbf{r}_0$ = | -0,024 | m | $\|\mathbf{r}_0\|$ = | 0,479 | m |
| 28 | | | | 0,890 | -2,707 | 1,140 | | | -0,329 | | | | |
| 29 | Die Kraftschraube besteht aus | | | | | | | | | | | | |
| 30 | | | 4,000 | | 1,610 | | mit dem Abstand der Zentralachse vom Nullpunkt | | | | | 0,348 | |
| 31 | | $\mathbf{F}_R$ = | 3,000 | kN ; $\mathbf{M}_F$ = | 1,207 | kNm | | | | | $\mathbf{r}_0$ = | -0,024 | m |
| 32 | | | 4,000 | | 1,610 | | | | | | | -0,329 | |
| 33 | | | | | | | | | | | | | |
| 34 | | $\|\mathbf{F}_R\|$ = | 6,403 | kN; $\|\mathbf{M}_F\|$ = | 2,577 | kNm | | | | | $\|\mathbf{r}_0\|$ = | 0,479 | m |
| 35 | | | | | | | | | | | | | |
| 36 | Gleichung der Zentrallinie | | | | | | | | | | | | |
| 37 | | | | | 0,348 | | 0,625 | | | | | | |
| 38 | | $\mathbf{r}(t) = \mathbf{r}_0 + t\,\mathbf{e}_{FR}$ | | = | -0,024 | + t * | 0,469 | | | | | | |
| 39 | | | | | -0,329 | | 0,625 | | | | | | |
| 40 | | | | | | | | | | | | | |
| 41 | | | x (t) = | 0,348 | + | 0,625 | t | | | | | | |
| 42 | | | y (t) = | -0,024 | + | 0,469 | t | | | | | | |
| 43 | | | z (t) = | -0,329 | + | 0,625 | t | | | | | | |
| 44 | | | | | | | | | | | | | |
| 45 | Durchstoßpunkt durch x-y-Ebene | | | | | | | | | | | | |
| 46 | (z = 0) | | x | y | z | t | r.S. | | t = | -0,5271 | | | |
| 47 | | | 1 | | | 0,625 | 0,348 | | $x_0$ = | 0,677 | m | | |
| 48 | | | | 1 | | 0,469 | -0,024 | | $y_0$ = | 0,223 | m | | |
| 49 | | | | | 0 | 0,625 | -0,329 | | | | | | |
| 50 | Durchstoßpunkt durch y-z-Ebene | | | | | | | | | | | | |
| 51 | (x = 0) | | x | y | z | t | r.S. | | t = | 0,5564 | | | |
| 52 | | | 0 | | | 0,625 | 0,348 | | $y_0$ = | -0,285 | m | | |
| 53 | | | | 1 | | 0,469 | -0,024 | | $z_0$ = | -0,677 | m | | |
| 54 | | | | | 1 | 0,625 | -0,329 | | | | | | |
| 55 | Durchstoßpunkt durch x-z-Ebene | | | | | | | | | | | | |
| 56 | (y = 0) | | x | y | z | t | r.S. | | t = | -0,0521 | | | |
| 57 | | | 1 | | | 0,625 | 0,348 | | $x_0$ = | 0,380 | m | | |
| 58 | | | | 0 | | 0,469 | -0,024 | | $z_0$ = | -0,297 | m | | |
| 59 | | | | | 1 | 0,625 | -0,329 | | | | | | |
| 60 | | | | | | | | | | | | | |

BILD 3-13 Ermittlung der Kraftschraube bei der Reduktion im räumlichen Allgemeinsystem

Folgende Darlegungen beziehen sich auf Bild 3-13.
Wie ersichtlich, wurden als Eingabewerte die Komponenten der Kräfte und die Koordinaten der Kraftangriffspunkte gewählt, Bereich D5:I8; grau hinterlegt.

| **SACHVERHALT** | **ZELLE** | **FORMEL** | **EXCEL-NOTATION** | **BEMERKUNGEN** |
|---|---|---|---|---|
| resultierende Kraftkomponenten | D10 | 3-(21) | =SUMME(D5:D8) | E10 und F10 analog |
| Komponenten der Momentenvektoren | J5:L8 | 3(36)<br>...<br>3(38) | zum Beispiel Zelle J5:<br>=H5*F5-I5*E5 | |
| Komponenten des resultierenden Momentenvektors | J10 | 3-(39) | =SUMME(J5:J8) | K10 und L10 analog |
| resultierende Kraft | E11 | 3-(24) | =WURZEL(QUADRATESUMME(D10:F10)) | |
| resultierendes Moment | K11 | 3-(42) | =WURZEL(QUADRATESUMME(J10:L10)) | |
| | | | | |
| resultierender Kraftvektor | C14 | | =D10 | C15 und C16 analog |
| zugehöriger Einheitsvektor | F14 | | =J14 | F15 und F16 analog |
| Richtungscosinus der resultierenden Kraft | J14 | 3-(43) | =WENN(E11<>0;D10/E11;"----") | J15 und J16 analog |
| | | | | |
| res. Momentenvektor | C21 | | =J10 | C22 und C23 analog |
| Richtungscosinus des result. Momentes | L14 | 3-(44) | =WENN(K11<>0;J10/K11;"----") | L15 und L16 analog |
| dessen Projektion auf den Einheitsvektor der resultierenden Kraft | F22 | 3-(53) | =WENN(ODER(F14<>"----";F15<>"----";<br>F16<>"----");<br>F14*C21+F15*C22+F16*C23;"----") | Betrag! |
| Momentenkomponente in Richtung $F_R$ | I21 | 3-(54) | =$F$22*F14 | I22 und I23 analog |
| Momentenkomponente senkrecht dazu | L21 | 3-(56) | =C21-I21 | L22 und L23 analog |
| Verschiebevektor | C27 | | =1/E11/E11 | |
| | I26 | 3-(59) | =C27*(E27*F28-E28*F27) | I27 und I28 analog |
| dessen Betrag | L27 | | =WURZEL(QUADRATESUMME(I26:I28)) | |
| | | | | |
| Zusammenfassung | C30:L32 | | | |

TABELLE 3-16) EXCEL-Notation zu Bild 3-13

Die zur Ermittlung der Durchstoßpunkte der Zentrallinie durch die Ebenen, die durch die Koordinatenachsen aufgespannt werden, gehörende EXCEL-Notationen sind hier nicht aufgeführt.

# 4 Disduktion einer Kraft

## 4.1 Disduktion im ebenen, zentralen Kräftesystem

Gegeben

ist eine Kraft $F_0$, die in zwei vorgegebene Wirkungslinien (1) und (2) zerlegt werden soll, Bild 4-1. In Bild 4-2 ist die Disduktion als Äquivalenzaufgabe dargestellt.

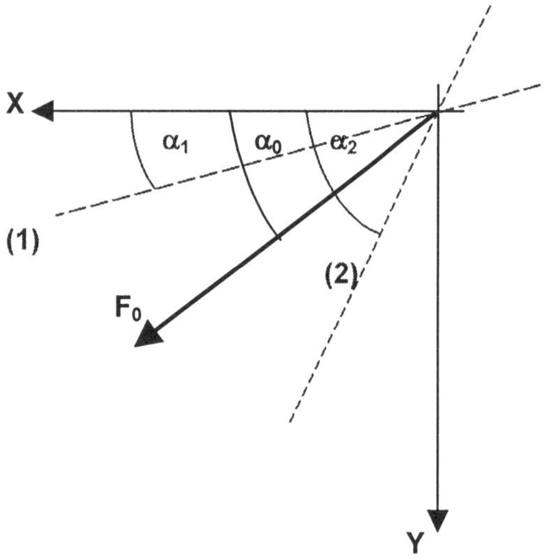


BILD 4-1 Disduktionsaufgabe

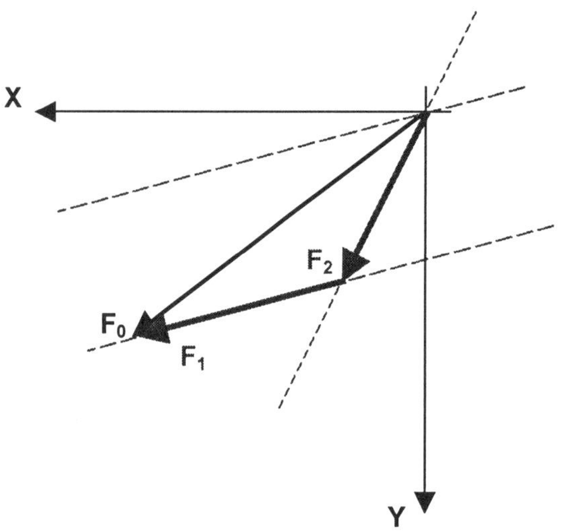


BILD 4-2 Kräfteplan der Zerlegung

Die analytische Lösung erfolgt hier über die Zerlegung in Komponenten. Daraus entsteht das Gleichungssystem, 4-(1) und 4-(2).

$$F_{1x} + F_{2x} = F_{0x} \qquad 4\text{-}(1)$$

$$F_{1y} + F_{2y} = F_{0y} \qquad 4\text{-}(2)$$

woraus folgt

$$F_1 \cos\alpha_1 + F_2 \cos\alpha_2 = F_0 \cos\alpha_0 \qquad 4\text{-}(3)$$

$$F_1 \sin\alpha_1 + F_2 \sin\alpha_2 = F_0 \sin\alpha_0 \qquad 4\text{-}(4)$$

Wir lösen das Gleichungssystem mit Hilfe von Determinanten.

$$D_0 = \begin{vmatrix} \cos\alpha_1 & \cos\alpha_2 \\ \sin\alpha_1 & \sin\alpha_2 \end{vmatrix} \qquad D_1 = \begin{vmatrix} F_0 \cos\alpha_0 & \cos\alpha_2 \\ F_0 \sin\alpha_0 & \sin\alpha_2 \end{vmatrix} \qquad D_2 = \begin{vmatrix} \cos\alpha_1 & F_0 \cos\alpha_0 \\ \sin\alpha_1 & F_0 \sin\alpha_0 \end{vmatrix}$$

4-(5) 4-(6) 4-(7)

Für $D_0 \neq 0$ folgt

$$F_1 = \frac{D_1}{D_0} \qquad 4\text{-}(8)$$

$$F_2 = \frac{D_2}{D_0} \qquad 4\text{-}(9)$$

Die Aufbereitung des Lösungsweges und die dazu gehörige EXCEL-Notation zeigt Tabelle 4-1).

| | F | G | H | I | J | K | L | M | N |
|---|---|---|---|---|---|---|---|---|---|
| 7 | GEGEBEN: | | | | | | | | rechte S. |
| 8 | | $F_0$ = | 10,000 | kN | | $D_0$ = | 0,939693 | 0,173648 | 7,071068 |
| 9 | | $\alpha_0$ = | 45,000 | ° | | | 0,342020 | 0,984808 | 7,071068 |
| 10 | | $\alpha_1$ = | 20,000 | ° | | $D_0$ = | 0,866025 | | |
| 11 | | $\alpha_2$ = | 80,000 | ° | | | | | |
| 12 | LÖSUNG: | | | | | $D_1$ = | 7,071068 | 0,173648 | |
| 13 | | $F_1$ = | 6,623 | kN | | | 7,071068 | 0,984808 | |
| 14 | | $F_2$ = | 4,880 | kN | | $D_1$ = | 5,735764 | | |
| 15 | | | | | | | | | |
| 16 | | $F_{1x}$ = | 6,224 | kN | | $D_2$ = | 0,939693 | 7,071068 | |
| 17 | | $F_{1y}$ = | 2,265 | kN | | | 0,342020 | 7,071068 | |
| 18 | | | | | | $D_2$ = | 4,226183 | | |
| 19 | | $F_{2x}$ = | 0,847 | kN | | | | | |
| 20 | | $F_{2y}$ = | 4,806 | kN | | | für Skizze: | | |
| 21 | | | | | | 0 | 6,224 | 0 | 2,265 |
| 22 | | $F_{0x}$ = | 7,071 | kN | | 0 | 0,847 | 0 | 4,806 |
| 23 | | $F_{0y}$ = | 7,071 | kN | | 0 | 7,071 | 0 | 7,071 |
| 24 | | | | | | | | | |
| 25 | KONTROLLE: | | | | | | | | |
| 26 | Summe X | | 7,071 | kN | | | | | |
| 27 | Summe Y | | 7,071 | kN | | | | | |

EXCEL-Notierung:

| | H | K | L | M | N |
|---|---|---|---|---|---|
| 8 | | | =COS(H10*PI()/180) | =COS(H11*PI()/180) | =H8*COS(H9*PI()/180) |
| 9 | | | =SIN(H10*PI()/180) | =SIN(H11*PI()/180) | =H8* SIN(H9*PI()/180) |
| 10 | | | =MDET(L8:M9) | | |
| 11 | | | | | |
| 12 | | | =N8 | =M8 | |
| 13 | =WENN(L10<>0;L14/L10;"unbest.") | | =N9 | =M9 | |
| 14 | =WENN(L10<>0;L18/L10;"unbest.") | | =MDET(L12:M13) | | |
| 15 | | | | | |
| 16 | =WENN(H13="unbest.";"";H13*L8) | | =L8 | =N8 | |
| 17 | =WENN(H13="unbest.";"";H13*L9) | | =L9 | =N9 | |
| 18 | | | =MDET(L16:M17) | | |
| 19 | =WENN(H14="unbest.";"";H14*M8) | | | | |
| 20 | =WENN(H14="unbest.";"";H14*M9) | | | | |
| 21 | | 0 | =H16 | 0 | =H17 |
| 22 | =N8 | 0 | =H19 | 0 | =H20 |
| 23 | =N9 | 0 | =H22 | 0 | =H23 |
| 24 | | | | | |
| 25 | | | | | |
| 26 | =H16+H19 | | | | |
| 27 | =H17+H20 | | | | |

TABELLE 4-1) Die zur Lösung der Aufgabe aufgestellten EXCEL-Funktionen

Das Resultat enthält Bild 4-3.

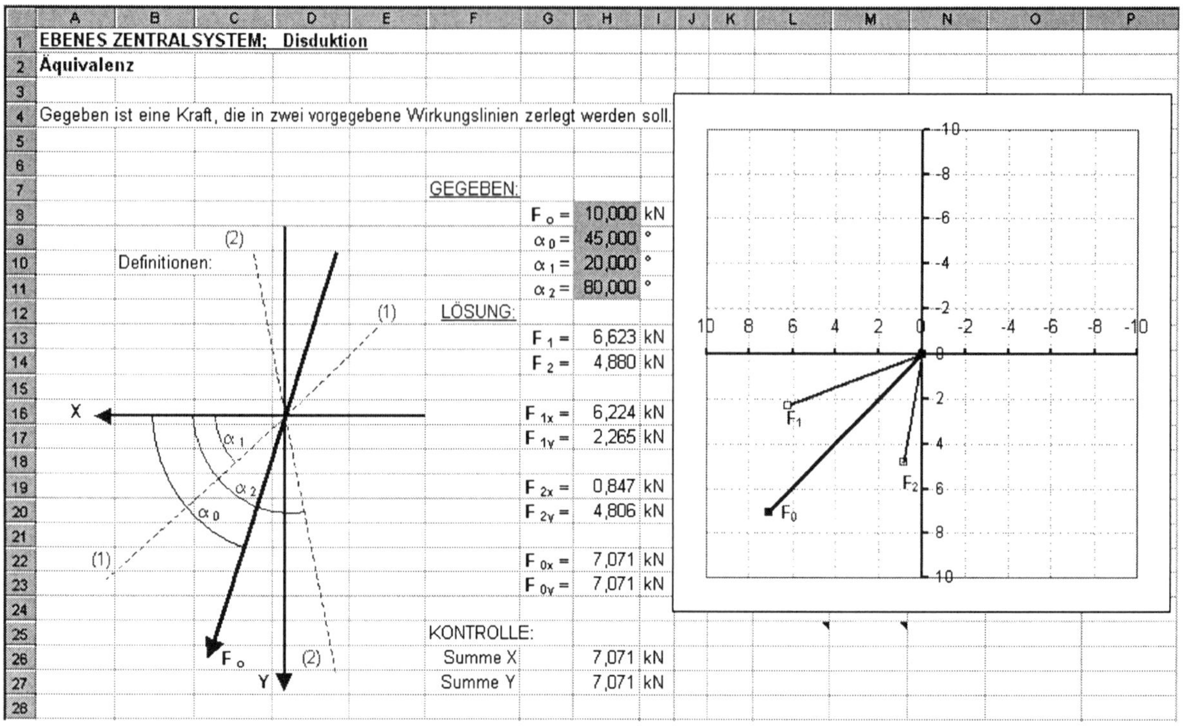


BILD 4-3 Das fertige Tabellenblatt

## 4.2 Disduktion im ebenen, allgemeinen Kräftesystem

Das ebene, allgemeine Kräftesystem ist dadurch gekennzeichnet, dass die Wirkungslinien der Kräfte sich nicht in einem Punkte schneiden und außerdem Momente auftreten können.
Wir setzen voraus, dass ausschließlich Einzelkräfte wirken.

Gegeben:

- eine Einzelkraft,
- drei Wirkungslinien von Kräften, die nach Betrag und Richtungssinn zu bestimmen sind,

Bild 4-4.

Die gegebene Einzelkraft kann Resultierende einer Kräftegruppe sein. Reduktions- und Disduktionsaufgabe können selbstverständlich gekoppelt werden, wodurch ein größerer Allgemeinheitsgrad der Aufgabenstellung eintritt.
Grundlage der Disduktion ist der Momentensatz:
Das Moment der Resultierenden ist gleich der Summe der Momente der Einzelkräfte.

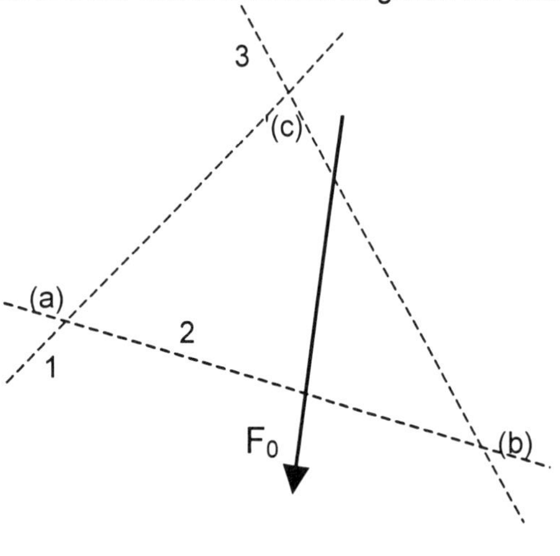


BILD 4-4 Die Aufgabenstellung

Lösung:

Die Disduktion soll als Gleichgewichtsaufgabe gelöst werden.
Somit können die drei Gleichgewichtsbedingungen notiert werden:

$$\sum_{i=1}^{n} F_{ix} = 0 \qquad 4\text{-}(10) \qquad\qquad \sum_{i=1}^{n} F_{iz} = 0 \qquad 4\text{-}(11)$$

$$\sum_{i=1}^{n} M_{i,(a)} = 0 \qquad 4\text{-}(12)$$

mit dem beliebig zu wählenden Bezugspunkt (a);

oder

$$\sum M_{(a)} = 0 \qquad \sum M_{(b)} = 0 \qquad \sum M_{(c)} = 0, \qquad 4\text{-}(13)$$

wobei in der handwerklichen Arbeit nach dem RITTER-Verfahren als Bezugspunkte (a), (b), (c) die Schnittpunkte der Wirkunglinien der unbekannten Kräfte gewählt werden.

Auszuschließende Ausnahmefälle:
Die drei Wirkungslinien unbekannter Kräfte

- dürfen sich nicht in einem Punkte schneiden
- dürfen nicht parallel laufen, Bild 4.5.

BILD 4-5 Ausnahmefälle der Disduktion

Handelt es sich um die Wirkungslinien unbekannter Stützkräfte, würde dies bedeuten, dass das System kinematisch labil, also unbrauchbar ist.

Die Lagebeziehungen der vorhandenen vier Wirkungslinien ergeben sich im praktischen Falle aus der technischen Zeichnung und können unterschiedlich aufgeführt sein.
Es soll hier angenommen sein, dass die Lage der Wirkungslinie i (i = 0...3) durch Angabe eines Punktes $a_i$ ($X_i$ ; $Z_i$) und des Winkels $\alpha_i$ erfolgt.
Auf den Wirkungslinien 1, 2, 3 liegen die drei unbekannten Kräfte.

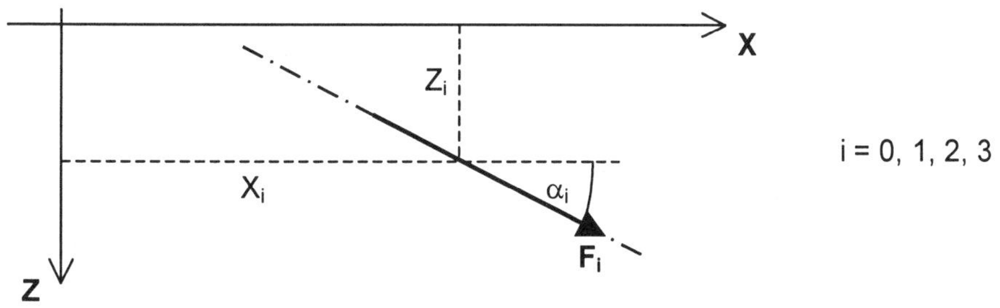


BILD 4-6 Lageplan der verallgemeinerten Kräfteschar

Gleichgewichtsbedingungen nach 4-(10)...4-(12) und Bild 4-6

$$\sum F_x = 0: \qquad F_{1x} + F_{2x} + F_{3x} + F_{0x} = 0 \qquad 4\text{-}(14)$$

$$\sum F_z = 0: \quad F_{1z} + F_{2z} + F_{3z} + F_{0z} = 0 \qquad 4\text{-}(15)$$

$$\sum M_{(a)} = 0: \quad F_{1z}\,X_1 - F_{1x}\,Z_1 \;+\; F_{2z}\,X_2 - F_{2x}\,Z_2 \;+\; F_{3z}\,X_3 - F_{3x}\,Z_3 \;+\; F_{0z}\,X_0 - F_{0x}\,Z_0 = 0 \qquad 4\text{-}(16)$$

Mit $F_{ix} = F_i \cos\alpha_i$ 4-(17)

$F_{iz} = F_i \sin\alpha_i$ 4-(18)

entsteht in Matrizen-Schreibweise

$$\begin{bmatrix} \cos\alpha_1 & \cos\alpha_2 & \cos\alpha_3 \\ \sin\alpha_1 & \sin\alpha_2 & \sin\alpha_3 \\ X_1\sin\alpha_1 - Z_1\cos\alpha_1 & X_2\sin\alpha_2 - Z_2\cos\alpha_2 & X_3\sin\alpha_3 - Z_3\cos\alpha_3 \end{bmatrix} \cdot \begin{bmatrix} F_1 \\ F_2 \\ F_3 \end{bmatrix} = - \begin{bmatrix} F_0\cos\alpha_0 \\ F_0\sin\alpha_0 \\ F_0\sin\alpha_0\,X_0 - F_0\cos\alpha_0\,Z_0 \end{bmatrix} \qquad 4\text{-}(19)$$

Die dazugehörigen EXCEL-Funktionen zeigt für typische Zellenbelegung Tabelle 4-2) .

| | E | F | G | H | Eingabe | J | K | L | M |
|---|---|---|---|---|---|---|---|---|---|
| 2 | | | | | | | | | |
| 3 | i | $F_i$ / kN | $\alpha_i$ / ° | $X_i$ / m | $Z_i$ / m | $F_0 \cos\alpha_0$ | $F_0 \sin\alpha_0$ | $F_0 \cos\alpha_0 Z_i$ | $F_0 \sin\alpha_0 X_i$ |
| 4 | 0 | 1,00 | 90,0 | 2,000 | 2,000 | 0,0000 | 1,0000 | 0,0000 | 2,0000 |
| 5 | | | | | | | | | |
| 6 | | | | | | $\cos\alpha_i$ | $\sin\alpha_i$ | $Z_i \cos\alpha_i$ | $X_i \sin\alpha_i$ |
| 7 | 1 | ----- | 90,0 | 1,000 | 1,000 | 0,0000 | 1,0000 | 0,0000 | 1,0000 |
| 8 | 2 | ----- | 45,0 | 1,000 | 1,000 | 0,7071 | 0,7071 | 0,7071 | 0,7071 |
| 9 | 3 | ----- | 90,0 | 3,000 | 1,000 | 0,0000 | 1,0000 | 0,0000 | 3,0000 |
| 10 | | | | | Koeffizientenmatrix | | | rechte Seite | |
| 11 | | | | | 0,0000 | 0,7071 | 0,0000 | 0,0000 | |
| 12 | | | | | 1,0000 | 0,7071 | 1,0000 | -1,0000 | |
| 13 | | | | | 1,0000 | 0,0000 | 3,0000 | -2,0000 | |
| 14 | | | | | | | | | |
| 15 | | | | D0 = | 1,4142 | | | | |
| 16 | | | | | | | | | |
| 17 | | | | | 0,0000 | 0,7071 | 0,0000 | | |
| 18 | | | | D1 = | -1,0000 | 0,7071 | 1,0000 | = | 0,7071 |
| 19 | | | | | -2,0000 | 0,0000 | 3,0000 | | |
| 20 | | | | | | | | | |
| 21 | | | | | 0,0000 | 0,0000 | 0,0000 | | |
| 22 | | | | D2 = | 1,0000 | -1,0000 | 1,0000 | = | 0,0000 |
| 23 | | | | | 1,0000 | -2,0000 | 3,0000 | | |
| 24 | | | | | | | | | |
| 25 | | | | | 0,0000 | 0,7071 | 0,0000 | | |
| 26 | | | | D3 = | 1,0000 | 0,7071 | -1,0000 | = | 0,7071 |
| 27 | | | | | 1,0000 | 0,0000 | -2,0000 | | |
| 28 | | | | | | | | | |
| 29 | | | | | | | | | |
| 30 | | | | | | | | | |
| 31 | | | | | | | F1 = | -0,500 | kN |
| 32 | | | | | | | F2 = | 0,000 | kN |
| 33 | | | | | | | F3 = | -0,500 | kN |

Eingabe

=$J$7

=$K$7

=$M$7-$L$7

=RUNDEN(MDET(I11:K13);10)

=-$J$4

=-$K$4

=-($M$4-$L$4)

=MDET(I17:K19)

=WENN(I15<>0;RUNDEN(M18/I15;5);"-----")

TABELLE 4-2) EXCEL-Funktionen

=WENN(I15=0;"unzulässiger Ausnahmefall: Die Wirkungslinien 1, 2, 3 schneiden sich oder laufen parallel!";"")

In Zelle F29 steht der Kommentar:
„Hier erscheint eventuell eine Fehlermeldung."

Außerdem ist das Überschreiben der Zelle F29 blockiert über die Stopp-Meldung

DATEN
>>GÜLTIGKEIT...
>>GÜLTIGKEITSPRÜFUNG

| | | |
|---|---|---|
| Registerkarte "Einstellungen" | Zulassen: | Benutzerdefiniert |
| | Formel: | <>leer |
| Registerkarte "Fehlermeldung" | Stil: | Stopp |
| | Titel: | ACHTUNG! |

Fehlermeldung: Diese Zelle darf nicht überschrieben werden!

Das Resultat enthält Bild 4-7.

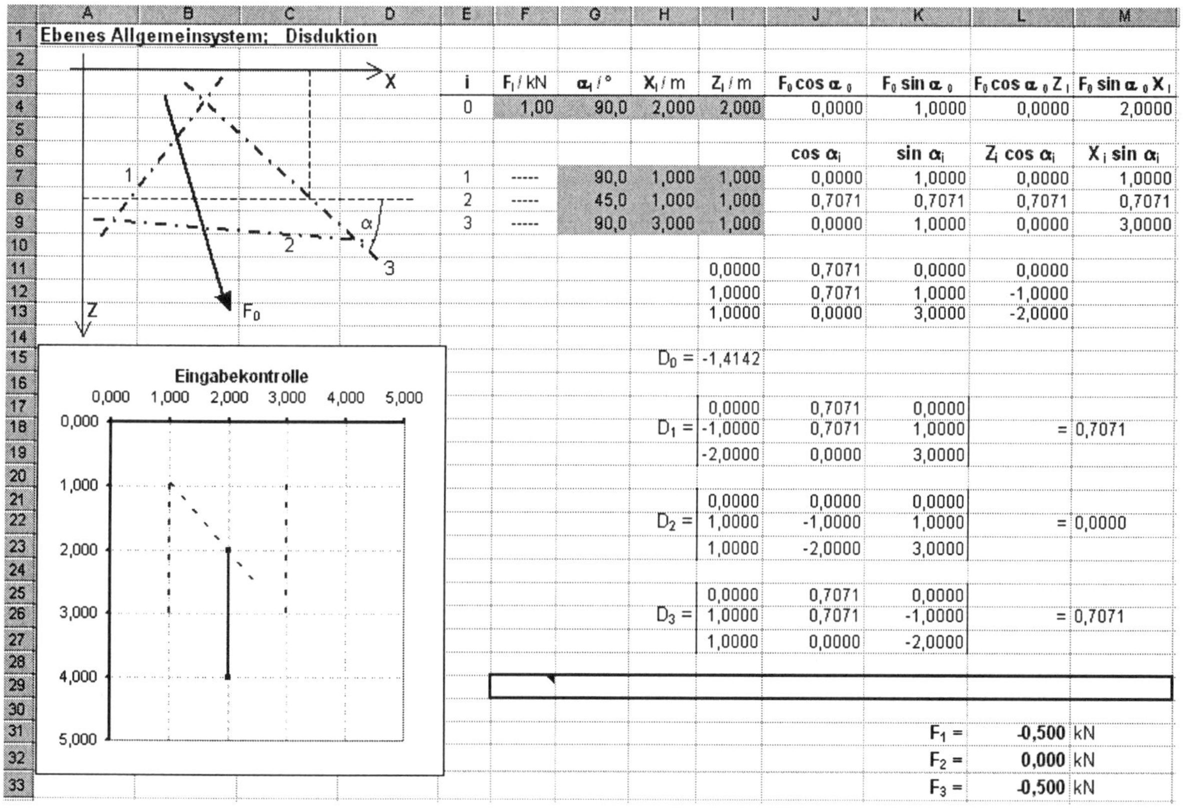


BILD 4-7 Das fertige Tabellenblatt

Die Daten, die die veränderliche Grafik „Eingabekontrolle" steuern, liegen unter der Grafik, Bild 4-8.

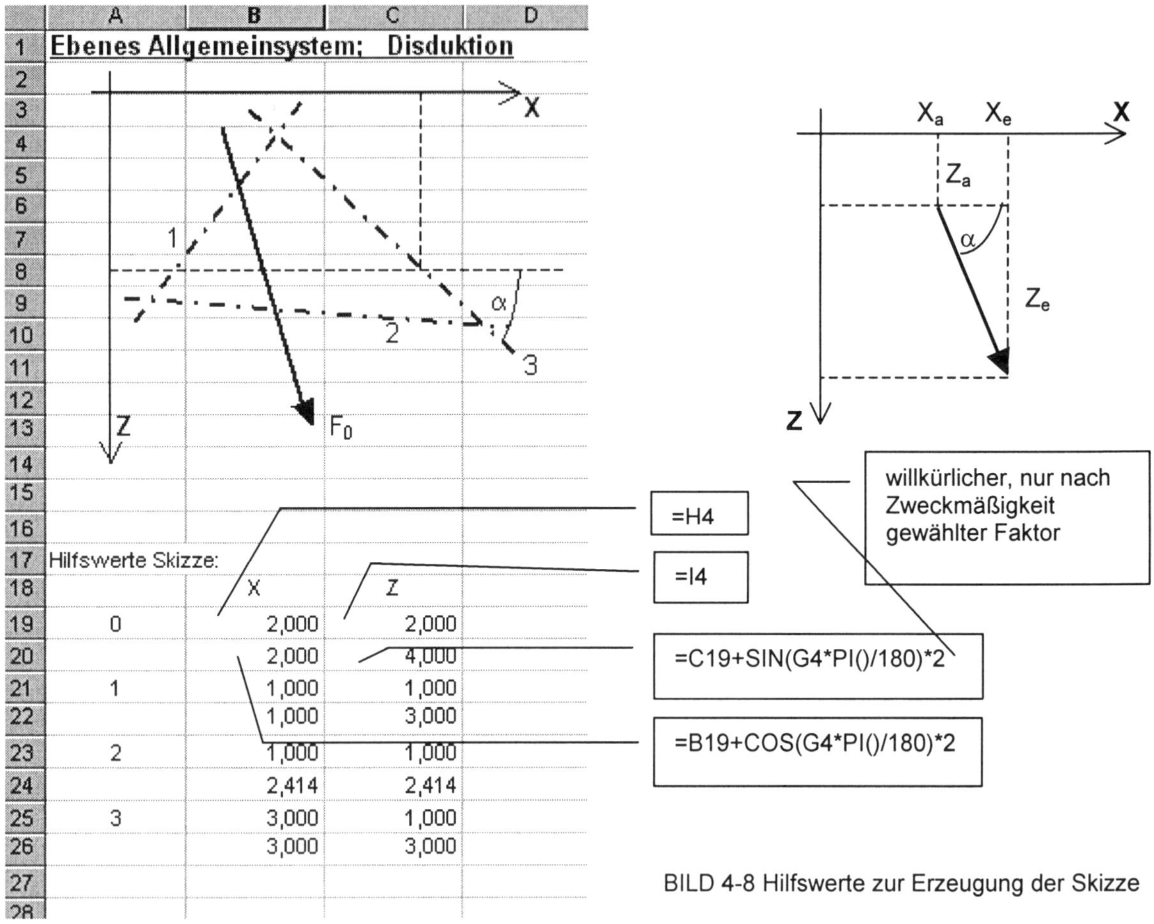


BILD 4-8 Hilfswerte zur Erzeugung der Skizze

## 4.3 Disduktion im räumlichen, zentralen Kräftesystem

Eine gegebene Kraft $F_0$ wird in drei vorgegebene Wirkungslinien 1, 2, 3 zerlegt. Die drei Wirkungslinien der unbekannten Kräfte dürfen nicht in einer Ebene liegen.
Gesucht sind die auf diesen Wirkungslinien liegenden Kräfte $F_1$, $F_2$, $F_3$ nach Betrag und Vorzeichen. Wir interpretieren die Wirkungslinien als gerade Stäbe und legen – wie üblich – fest, dass das positive Vorzeichen der Zugkraft und somit das negative Vorzeichen der Druckkraft entspricht.

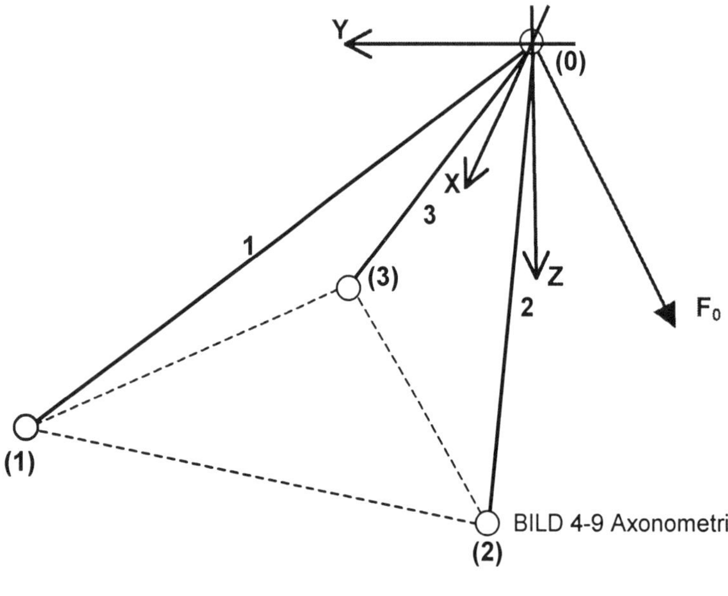


BILD 4-9 Axonometrische Darstellung des Lageplanes

Es handelt sich um eine Gleichgewichtsaufgabe.

Zweckmäßigerweise wird der Ursprung des Koordinatensystems in den Schnittpunkt der vier Wirkungslinien der Kräfte gelegt.

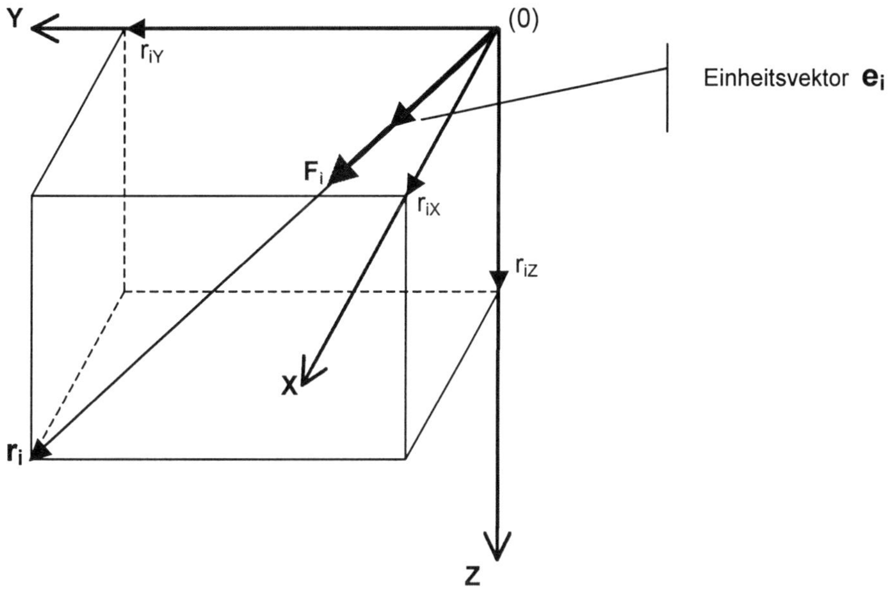


BILD 4-10 Verallgemeinerte Darstellung der Stab- und Kraftvektoren

| | |
|---|---|
| $[e_i]$ | Einheitsvektor |
| $[r_i]$ | Stabvektor |
| $[F_i]$ | Vektor der unbekannten Stabkraft |

i = 1,2,3 , da drei Wirkungslinien vorhanden sind, was baupraktisch einem Dreibock entspricht.

Da $[r_i]$ und $[F_i]$ auf der gleichen Wirkungslinie liegen, gilt

$$\left|[F_i]\right| \sim \left|[r_i]\right|$$

$$F_i \sim r_i \qquad 4\text{-}(20)$$

und mit dem Proportionalitätsfaktor $\kappa$

$$F_i = \kappa_i \, r_i \qquad 4\text{-}(21)$$

$$\kappa_i = \frac{F_i}{r_i} \qquad 4\text{-}(22)$$

$\kappa_i$ hat also die Maßeinheit kN/m.

Beachte:

Es handelt sich nicht um eine verteilte Kraft. Wir nennen sie normierte Stabkraft.

Da

$$[F_i] = F_i \, [e_i] \qquad 4\text{-}(23)$$

$$[r_i] = r_i \, [e_i] \qquad 4\text{-}(24)$$

wird

$$[e_i] = \frac{[r_i]}{r_i} \qquad 4\text{-}(25)$$

$$[F_i] = F_i \frac{[r_i]}{r_i} = \frac{F_i}{r_i}[r_i]$$

und nach 4-(22)

$$[F_i] = \kappa_i [r_i] \qquad 4\text{-}(26)$$

$$[F_i] = \kappa_i \begin{bmatrix} r_{ix} \\ r_{iy} \\ r_{iz} \end{bmatrix} \qquad 4\text{-}(27)$$

Gleichgewicht:

$$[F_1] + [F_2] + [F_3] + [F_0] = 0 \qquad 4\text{-}(28)$$

$$\kappa_1 \cdot \begin{bmatrix} r_{1x} \\ r_{1y} \\ r_{1z} \end{bmatrix} + \kappa_2 \cdot \begin{bmatrix} r_{2x} \\ r_{2y} \\ r_{2z} \end{bmatrix} + \kappa_3 \cdot \begin{bmatrix} r_{3x} \\ r_{3y} \\ r_{3z} \end{bmatrix} = -\begin{bmatrix} F_{0x} \\ F_{0y} \\ F_{0z} \end{bmatrix} \qquad 4\text{-}(29)$$

$$\begin{bmatrix} r_{1x} & r_{2x} & r_{3x} \\ r_{1y} & r_{2y} & r_{3y} \\ r_{1z} & r_{2z} & z_{3z} \end{bmatrix} \cdot \begin{bmatrix} \kappa_1 \\ \kappa_2 \\ \kappa_3 \end{bmatrix} = -\begin{bmatrix} F_{0x} \\ F_{0y} \\ F_{0z} \end{bmatrix} \qquad 4\text{-}(30)$$

$$[K] \cdot [\kappa] = [F]$$

<u>Beachte:</u>

Wenn der Koordinatenursprung im Schnittpunkt der Wirkungslinien liegt, sind die $[r_{iX} ; r_{iY} ; r_{iZ}]$ Koordinaten der Fußpunkte der Stäbe des zugehörigen Dreibocks.

Gleichung 4-(30) kann beispielsweise nach CRAMER gelöst werden.

$$[K] = \begin{bmatrix} r_{1x} & r_{2x} & r_{3x} \\ r_{1y} & r_{2y} & r_{3y} \\ r_{1z} & r_{2z} & r_{3z} \end{bmatrix} \qquad 4\text{-}(31)$$

$$[K_1] = \begin{bmatrix} F_{0x} & r_{2x} & r_{3x} \\ F_{0y} & r_{2y} & r_{3y} \\ F_{0z} & r_{2z} & r_{3z} \end{bmatrix}$$
4-(32)

$$[K_2] = \begin{bmatrix} r_{1x} & F_{0x} & r_{3x} \\ r_{1y} & F_{0y} & r_{3y} \\ r_{1z} & F_{0z} & r_{3z} \end{bmatrix}$$
4-(33)

$$[K_3] = \begin{bmatrix} r_{1x} & r_{2x} & F_{0x} \\ r_{1y} & r_{2y} & F_{0y} \\ r_{1z} & r_{2z} & F_{0z} \end{bmatrix}$$
4-(34)

Für det [K] $\neq$ 0 folgt

$$\kappa_1 = \frac{\det[K_1]}{\det[K]}$$
4-(35)

$$\kappa_2 = \frac{\det[K_2]}{\det[K]}$$
4-(36)

$$\kappa_3 = \frac{\det[K_3]}{\det[K]}$$
4-(37)

$$[F_1] = \begin{bmatrix} F_{1x} \\ F_{1y} \\ F_{1z} \end{bmatrix} = \kappa_1 \cdot \begin{bmatrix} r_{1x} \\ r_{1y} \\ r_{1z} \end{bmatrix}$$
4-(38)

$$[F_2] = \begin{bmatrix} F_{2x} \\ F_{2y} \\ F_{2z} \end{bmatrix} = \kappa_2 \cdot \begin{bmatrix} r_{2x} \\ r_{2y} \\ r_{2z} \end{bmatrix}$$
4-(39)

$$[F_3] = \begin{bmatrix} F_{3x} \\ F_{3y} \\ F_{3z} \end{bmatrix} = \kappa_3 \cdot \begin{bmatrix} r_{3x} \\ r_{3y} \\ r_{3z} \end{bmatrix}$$
4-(40)

Beträge der Kräfte:

$$F_1 = \kappa_1 \sqrt{r_{1x}^2 + r_{1y}^2 + r_{1z}^2}$$
4-(41)

$$F_2 = \kappa_2 \sqrt{r_{2x}^2 + r_{2y}^2 + r_{2z}^2}$$
4-(42)

$$F_3 = \kappa_3 \sqrt{r_{3x}^2 + r_{3y}^2 + r_{3z}^2}$$
4-(43)

Der Wurzelwert ist gleich der Länge des Dreibeinstabes, also immer positiv zu wählen. Das Vorzeichen von $F_i$ folgt aus dem Vorzeichen von $\kappa_i$ .

Beispiel 1:

Zu bestimmen sind die Stabkräfte des Dreibockes nach Bild 4-11.

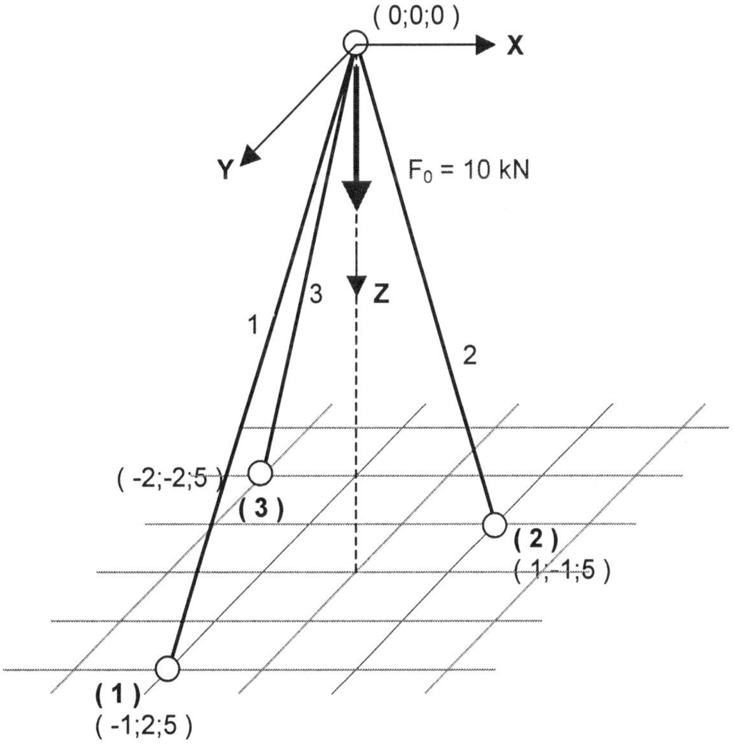


BILD 4-11 Dreibock

| | A | B | C | D | E | F | G | H | I | J | K | L |
|---|---|---|---|---|---|---|---|---|---|---|---|---|
| 9 | | | | | | | | | | | | |
| 10 | | Koordinaten der | | | Last- | | | | | $D_1$ = | | |
| 11 | | Stabfußpunkte | | | komponenten | | | | | 0,000 | 1,000 | -2,000 |
| 12 | | Stab 1 | Stab 2 | Stab 3 | | | | | | 0,000 | -1,000 | -2,000 |
| 13 | | -1,000 | 1,000 | -2,000 | 0,000 | kN | | | | -10,000 | 5,000 | 5,000 |
| 14 | | 2,000 | -1,000 | -2,000 | 0,000 | kN | | | | $D_2$ = | | |
| 15 | | 5,000 | 5,000 | 5,000 | 10,000 | kN | | | | -1,000 | 0,000 | -2,000 |
| 16 | | | | | | | | | | 2,000 | 0,000 | -2,000 |
| 17 | | | | | | | | | | 5,000 | -10,000 | 5,000 |
| 18 | D = | -55 | | **normierte Stabkräfte:** | | | **Stablängen:** | | | $D_3$ = | | |
| 19 | $D_1$ = | 40 | | $\kappa_1$ = | -0,72727 | | 5,477 | m | | -1,000 | 1,000 | 0,000 |
| 20 | $D_2$ = | 60 | | $\kappa_2$ = | -1,09091 | | 5,196 | m | | 2,000 | -1,000 | 0,000 |
| 21 | $D_3$ = | 10 | | $\kappa_3$ = | -0,18182 | | 5,745 | m | | 5,000 | 5,000 | -10,000 |
| 22 | | | | | | | | | | | | |
| | | | | | | | | | | | | |
| | **Stabkräfte:** | | | **Komponenten der Stabkräfte (kN):** | | | | | | | | |
| 27 | | | | | **$F_1$** | **$F_2$** | **$F_3$** | | | | | |
| 28 | **$F_1$ =** | **-3,983** | **kN** | **X** | 0,727 | -1,091 | 0,364 | | | | | |
| 29 | **$F_2$ =** | **-5,669** | **kN** | Y | -1,455 | 1,091 | 0,364 | | | | | |
| 30 | **$F_3$ =** | **-1,044** | **kN** | Z | -3,636 | -5,455 | -0,909 | | | | | |
| | | | | | | | | | | | | |

=MDET(B13:D15)

=WENN(B18=0;"-----"; B19/B18)

=WENN(E19="-----";"-----";E19*G19)

=WURZEL (QUADRATESUMME(B13:B15))

TABELLE 4-3) EXCEL-Funktionen zur Bestimmung der Stabkräfte eines beliebigen Dreibockes

Ist das System kinematisch labil, erscheint in der Zelle A17:
„Gleichung nicht lösbar wegen D = 0".
In diesem Falle werden alle Zellen mit Rechenergebnissen mit "-----" belegt, um eine Fehlermeldung zu unterbinden.

Das Resultat enthält Bild 4-12.

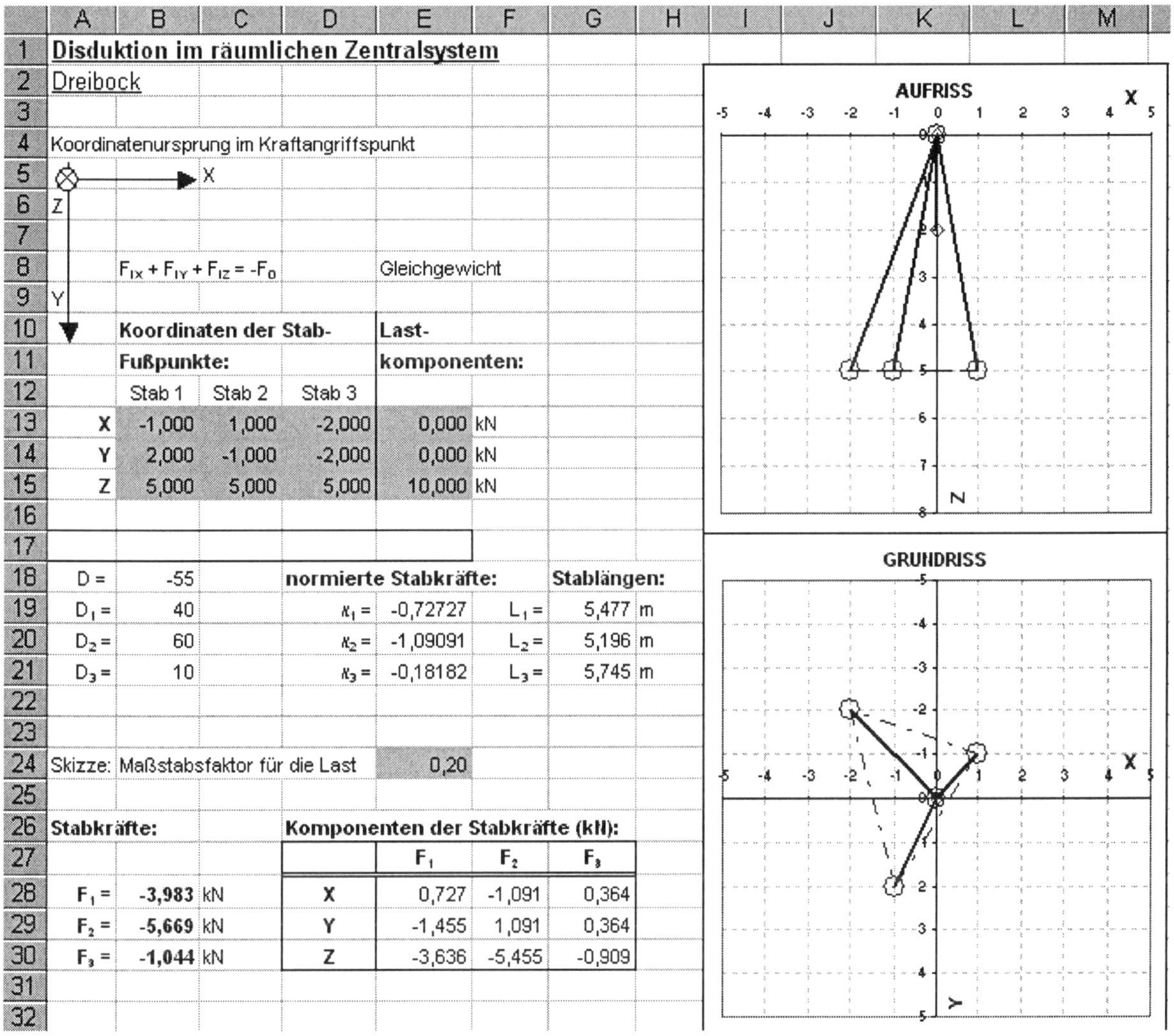

**Disduktion im räumlichen Zentralsystem**

Dreibock

Koordinatenursprung im Kraftangriffspunkt

X, Z, Y

$F_{IX} + F_{IY} + F_{IZ} = -F_0$ Gleichgewicht

| | Koordinaten der Stab-Fußpunkte: | | | Last-komponenten: | |
|---|---|---|---|---|---|
| | Stab 1 | Stab 2 | Stab 3 | | |
| X | -1,000 | 1,000 | -2,000 | 0,000 | kN |
| Y | 2,000 | -1,000 | -2,000 | 0,000 | kN |
| Z | 5,000 | 5,000 | 5,000 | 10,000 | kN |

| | | normierte Stabkräfte: | | Stablängen: | | |
|---|---|---|---|---|---|---|
| D = | -55 | | | | | |
| $D_1$ = | 40 | $\kappa_1$ = | -0,72727 | $L_1$ = | 5,477 | m |
| $D_2$ = | 60 | $\kappa_2$ = | -1,09091 | $L_2$ = | 5,196 | m |
| $D_3$ = | 10 | $\kappa_3$ = | -0,18182 | $L_3$ = | 5,745 | m |

Skizze: Maßstabsfaktor für die Last 0,20

**Stabkräfte:**

| | | |
|---|---|---|
| $F_1$ = | **-3,983** | kN |
| $F_2$ = | **-5,669** | kN |
| $F_3$ = | **-1,044** | kN |

**Komponenten der Stabkräfte (kN):**

| | $F_1$ | $F_2$ | $F_3$ |
|---|---|---|---|
| X | 0,727 | -1,091 | 0,364 |
| Y | -1,455 | 1,091 | 0,364 |
| Z | -3,636 | -5,455 | -0,909 |



BILD 4-12 EXCEL-Tabellenblatt zur Disduktion im räumlichen Zentralsystem

## Beispiel 2

Es soll zeigen, dass das Rechenverfahren mehrfach nacheinander ausgeführt werden kann. Folgende Aufgabe möge gelöst werden, Bild 4-13.

Es liegen zwei räumliche Zentralsysteme vor.
Als erstes werden die Kräfte in den Stäben 1, 2 und 3 bestimmt.
Zu beachten ist, dass die belastende Kraft mit negativem Vorzeichen einzusetzen ist, da eine Gleichgewichtsaufgabe gelöst werden soll. Den Vorzeichenwechsel realisieren wir beim Aufbau der Determinanten.
Zur Lösung der Aufgabe für das zweite Zentralsystem müssen in die Koeffizientenmatrix Differenzen der Koordinaten der Fußpunkte eingesetzt werden.
Als belastende Kraft tritt die Kraft im Stabe 3 auf. Sie greift mit umgekehrtem Vorzeichen an, muss aber wegen Realisierung der Gleichgewichtsbedingung nochmals mit einem negativen Vorzeichen versehen werden. Das heißt, dass die Ergebniskomponenten ohne Vorzeichenwechsel in den Vektor der Lastkomponenten übernommen werden.

Die Aufbereitung des EXCEL-Tabellenblattes erfolgt sehr einfach dadurch, dass die bisherige Lösung kopiert und weiter unten eingefügt wird. Zur Arbeitserleichterung werden einige Modifikationen bei der Eingabe realisiert. Das Ergebnis ist weiter unten aufgeführt, Bild 4-14.

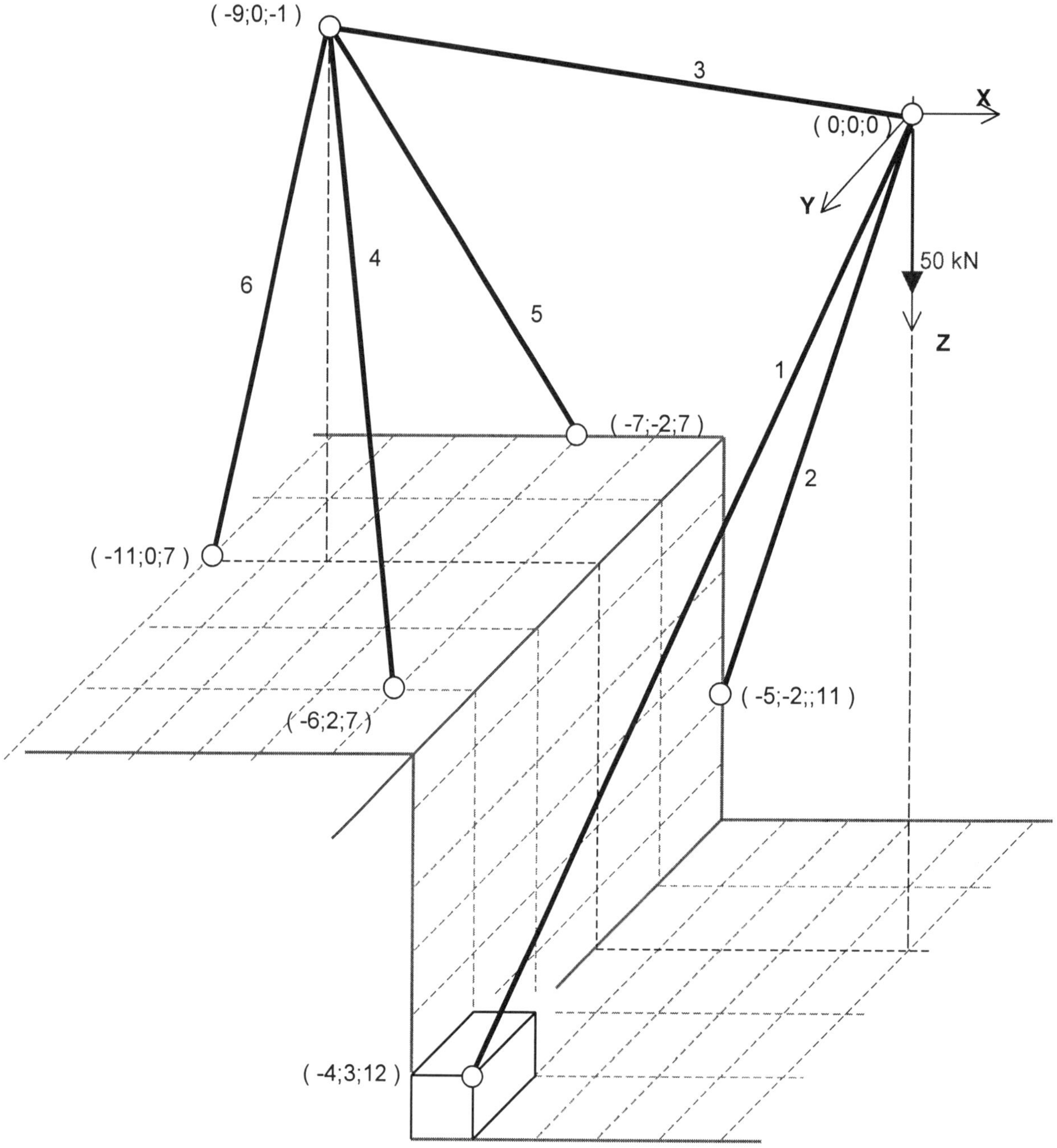


BILD 4-13 Doppelter Dreibock

Die Wertetabellen für die variablen Skizzen in den Arbeitsblättern nach den Bildern 4-12 und 4-14 liegen in Tabelle2 der Arbeitsblätter.

**Disduktion im räumlichen Zentralsystem**

Doppelter Dreibock

Koordinatenursprung im Kraftangriffspunkt

Z, X, Y

Gleichgewicht

$F_{IX} + F_{IY} + F_{IZ} = -F_0$

Stäbe —— Grundlinien — · —

**Dreibock 1**

| | Koordinaten der Stab-Fußpunkte: | | | Last-komponenten: | |
|---|---|---|---|---|---|
| | Stab 1 | Stab 2 | Stab 3 | | |
| X | -4,000 | -5,000 | -9,000 | 0,000 | kN |
| Y | 3,000 | -2,000 | 0,000 | 0,000 | kN |
| Z | 12,000 | 11,000 | -1,000 | 50,000 | kN |

Skizze: Maßstabsfaktor für die Last 0,10

**Dreibock 2**

| | Koordinaten der Stab-Fußpunkte: | | | des Zentral-punktes: | |
|---|---|---|---|---|---|
| | Stab 4 | Stab 5 | Stab 6 | | |
| X | -6,000 | -7,000 | -11,000 | -9,000 | m |
| Y | 2,000 | -2,000 | 0,000 | 0,000 | m |
| Z | 7,000 | 7,000 | 7,000 | -1,000 | m |

| Koordinaten der Stab-Fußpunkte bezogen auf Zentralpunkt | | | Last-komponenten: | |
|---|---|---|---|---|
| 3,000 | 2,000 | -2,000 | 19,310 | kN |
| 2,000 | -2,000 | 0,000 | 0,000 | kN |
| 8,000 | 8,000 | 8,000 | 2,146 | kN |

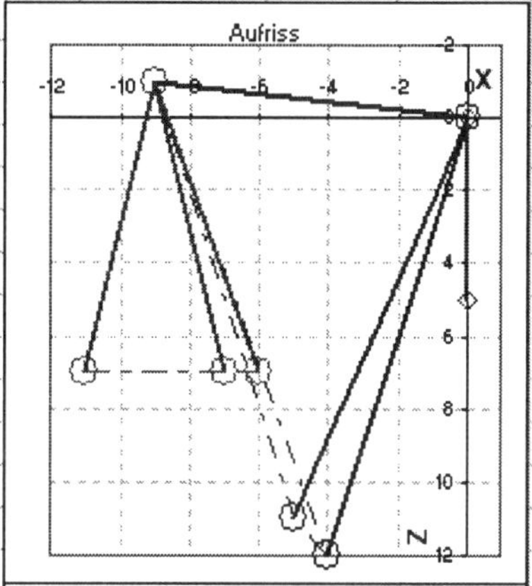


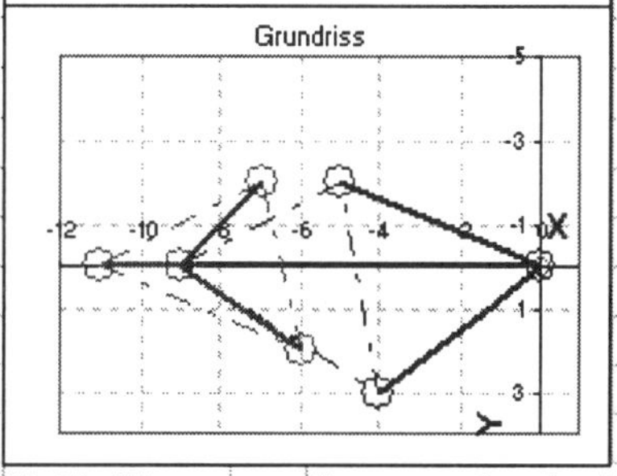


**Stabkräfte:**

| | | |
|---|---|---|
| $F_1$ = | **-21,828** | kN |
| $F_2$ = | **-30,847** | kN |
| $F_3$ = | **19,429** | kN |
| $F_4$ = | **-19,350** | kN |
| $F_5$ = | **-18,711** | kN |
| $F_6$ = | **34,156** | kN |

**Komponenten der Stabkräfte** (kN):

| | $F_1$ | $F_2$ | $F_3$ |
|---|---|---|---|
| X | 6,72 | 12,59 | -19,31 |
| Y | -5,04 | 5,04 | 0,00 |
| Z | -20,15 | -27,71 | -2,15 |

| | $F_4$ | $F_5$ | $F_6$ |
|---|---|---|---|
| X | -6,62 | -4,41 | -8,28 |
| Y | -4,41 | 4,41 | 0,00 |
| Z | -17,64 | -17,64 | 33,14 |

**Dreibock 1**

| | |
|---|---|
| D = | -536,0 |
| $D_1$ = | 900,0 |
| $D_2$ = | 1350,0 |
| $D_3$ = | -1150,0 |

| normierte Stabkräfte: | | Stablängen: | | |
|---|---|---|---|---|
| $\kappa_1$ = | -1,679 | $L_1$ = | **13,000** | m |
| $\kappa_2$ = | -2,519 | $L_2$ = | **12,247** | m |
| $\kappa_3$ = | 2,146 | $L_3$ = | **9,055** | m |

**Dreibock 2**

| | |
|---|---|
| D = | -144,0 |
| $D_4$ = | 317,5 |
| $D_5$ = | 317,5 |
| $D_6$ = | -596,5 |

| normierte Stabkräfte: | | Stablängen: | | |
|---|---|---|---|---|
| $\kappa_4$ = | -2,205 | $L_4$ = | **8,775** | m |
| $\kappa_5$ = | -2,205 | $L_5$ = | **8,485** | m |
| $\kappa_6$ = | 4,142 | $L_6$ = | **8,246** | m |

BILD 4-14 Lösung zur Aufgabenstellung Bild 4-13

## 4.4 Disduktion im räumlichen, allgemeinen Kräftesystem

Gegeben ist eine Kraft und ein Moment, deren Vektoren räumlich orientiert sind.
Im Speziellen kann es sich selbstverständlich um eine Kraftschraube handeln.
Weiterhin sind sechs Wirkungslinien unbekannter Kräfte vorhanden.

Die Aufgabe besteht darin, die unbekannten Kräfte nach Betrag und Richtungssinn zu bestimmen.

Zur Lösung der Aufgabe sollen vorab zwei Grundoperationen kurz angesprochen werden:

- Bestimmung des Abstandes zweier windschiefer Geraden,
- Bestimmung des Momentes einer Kraft bezüglich einer Achse.

### 4.4.1. Abstand zweier windschiefer Geraden

Zwei Geraden, die sich schneiden, spannen eine Ebene auf. Wird eine dieser Geraden parallel verschoben, dann sind die beiden Geraden windschief zueinander.
Der Abstand zweier windschiefer Geraden ergibt sich also als Abstand der parallelen Ebenen, in denen je eine Gerade liegt.

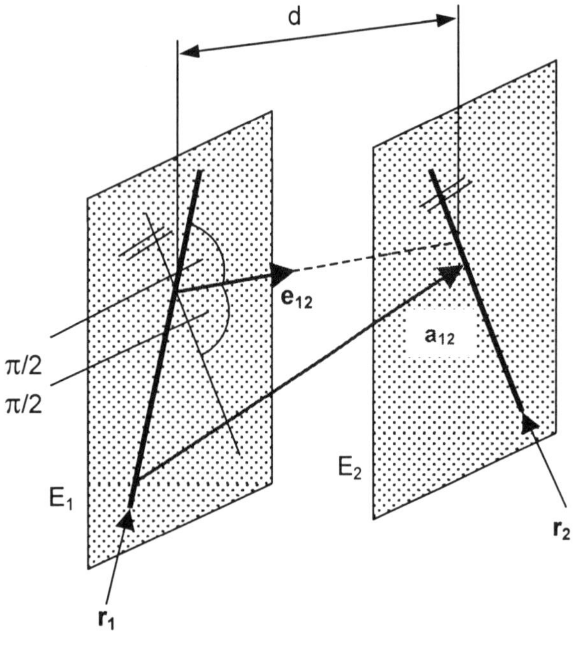


BILD 4-15 Abstand zweier windschiefer Geraden

Normalenvektor der Ebene:

$$[e_{12}] = \frac{[r_1] \times [r_2]}{|[r_1] \times [r_2]|} \qquad 4\text{-}(44)$$

Abstand der Ebenen:

$$d = [e_{12}] \cdot [a_{12}] \qquad 4\text{-}(45)$$

$$d = \frac{[r_1][r_2][a_{12}]}{|[r_1] \times [r_2]|} \qquad 4\text{-}(46)$$

$$d = \frac{1}{|[r_1] \times [r_2]|} \cdot \begin{vmatrix} r_{1x} & r_{1y} & r_{1z} \\ r_{2x} & r_{2y} & r_{2z} \\ a_{12,x} & a_{12,y} & a_{12,z} \end{vmatrix} \qquad 4\text{-}(47)$$

Ist im Speziellen $[e_A]$ der Einheitsvektor der Richtung einer Achse,
$[F]$ der Kraftvektor
und $[a_F]$ der Angriffspunkt der Kraft;

dann hat die Wirkungslinie der Kraft von der Achse einen Abstand von

$$d = \frac{1}{|[e_A] \times [F]|} \cdot \begin{vmatrix} e_{Ax} & e_{Ay} & e_{Az} \\ F_x & F_y & F_z \\ a_{F,x} & a_{F,y} & a_{F,z} \end{vmatrix}, \qquad 4\text{-}(48)$$

wobei als Abstand $d \geq 0$ ist, Bild 4-16.

## Beispiel

Eine Achse mit dem Einheitsvektor $[e_A]$ geht durch den Koordinatenursprung. Eine Kraft $[F]$ greife am Punkt $[a_F]$ an.

Man bestimme den Abstand der Wirkungslinie der Kraft von der Achse, Bilder 4-16 und 4-17.

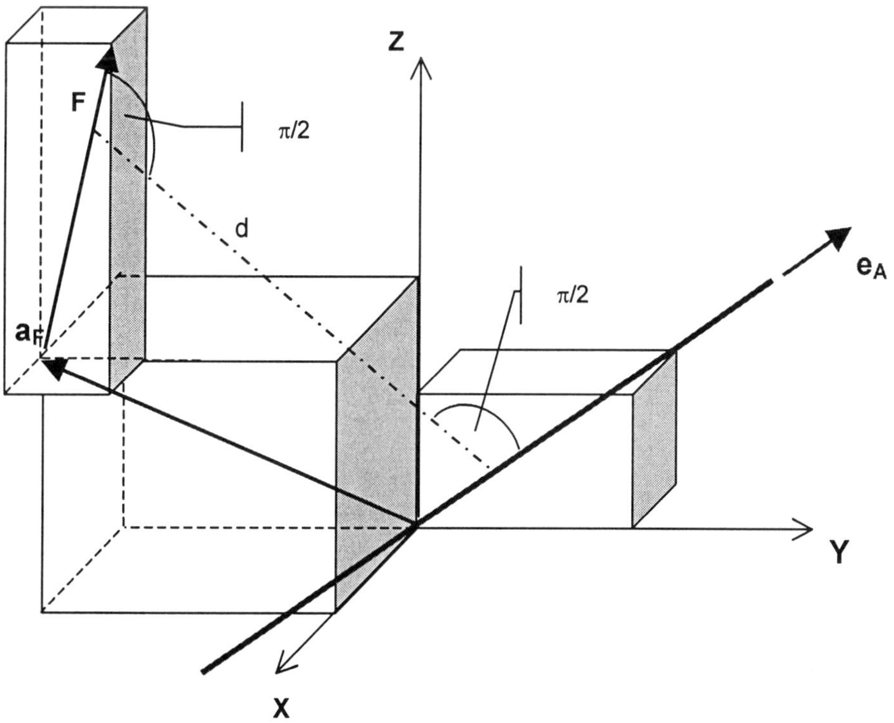


BILD 4-16 Distanz Achse ⇔ Wirkungslinie der Kraft

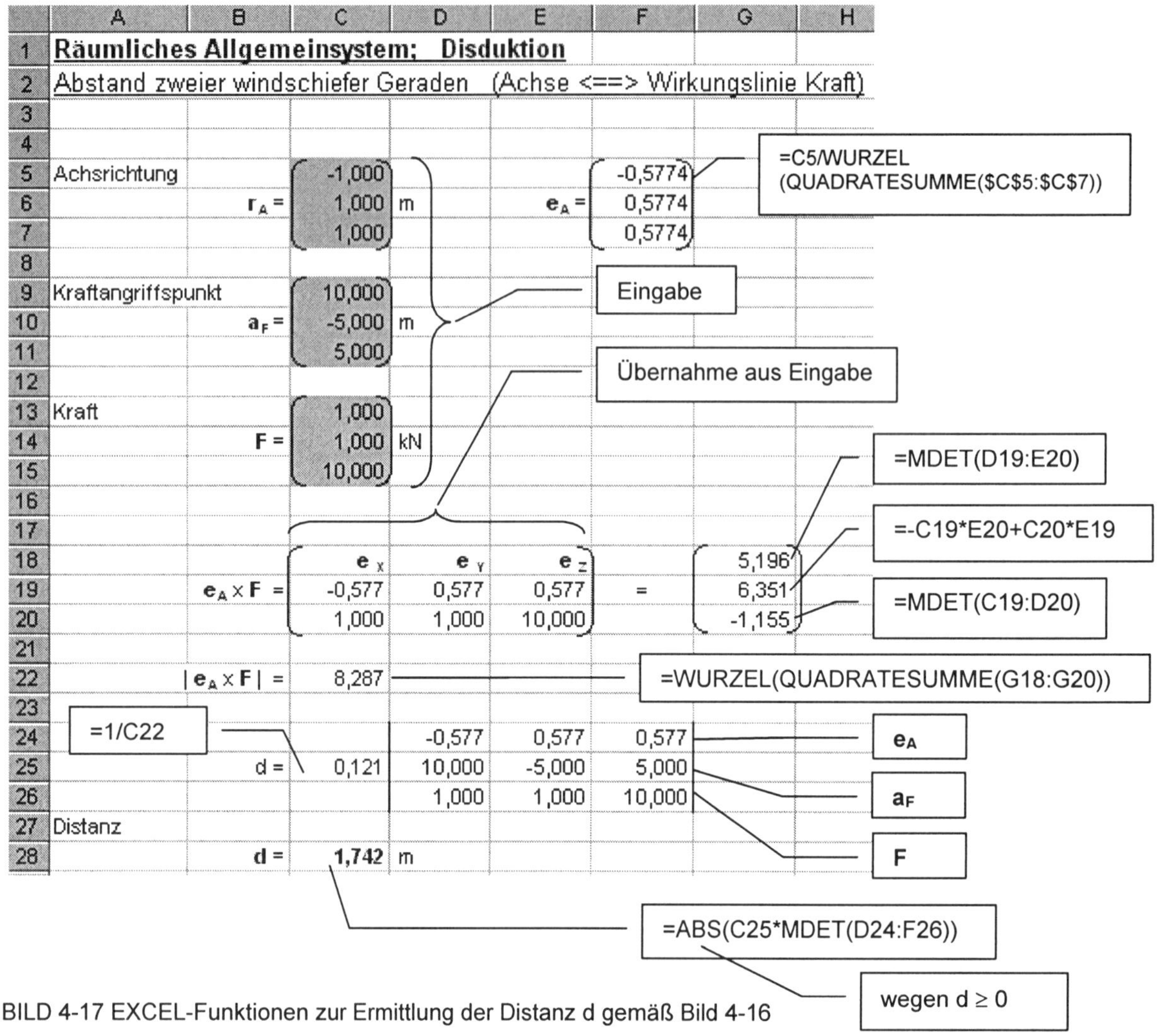


BILD 4-17 EXCEL-Funktionen zur Ermittlung der Distanz d gemäß Bild 4-16

## 4.4.2. Moment einer Kraft bezüglich einer Achse

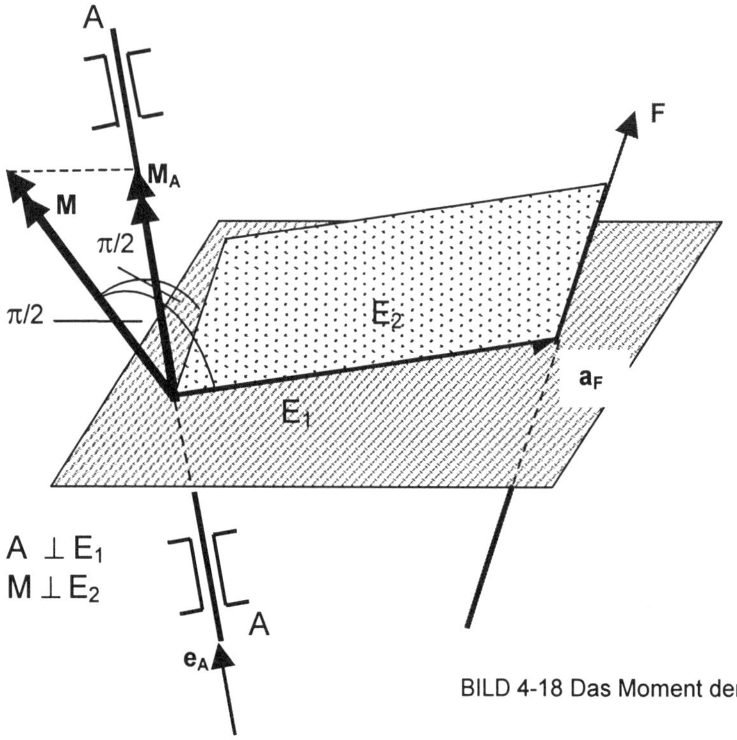


BILD 4-18 Das Moment der Kraft F bezüglich der Achse A – A

$$[M] = [a_F] \times [F] \tag{4-(49)}$$

$$[M_A] = [e_A] \cdot [M] \tag{4-(50)}$$

$$[M_A] = [e_A] \cdot ([a_F] \times [F]) \tag{4-(51)}$$

$$[M_A] = [e_A][a_F][F] \tag{4-(52)}$$

$$|[M_A]| = \begin{bmatrix} e_{Ax} & e_{Ay} & e_{Az} \\ a_{F,x} & a_{F,y} & a_{F,z} \\ F_x & F_y & F_z \end{bmatrix} \tag{4-(53)}$$

Beispiel

Gegeben:

Richtung der Achse A-A

$$[e_A] = \begin{bmatrix} \frac{\sqrt{3}}{3} \\ \frac{\sqrt{3}}{3} \\ \frac{\sqrt{3}}{3} \end{bmatrix} = \begin{bmatrix} 0{,}5774 \\ 0{,}5774 \\ 0{,}5774 \end{bmatrix} \tag{4-(54)}$$

Kraftangriffspunkt

$$[a_F] = \begin{bmatrix} 0{,}500 \\ 0{,}500 \\ 1{,}000 \end{bmatrix} \tag{4-(55)}$$

Kraft

$$[F] = \begin{bmatrix} -10{,}000 \\ 10{,}000 \\ 15{,}000 \end{bmatrix} \tag{4-(56)}$$

Gesucht:

Moment bezüglich der Achse A-A, Bilder 4-19 und 4-20

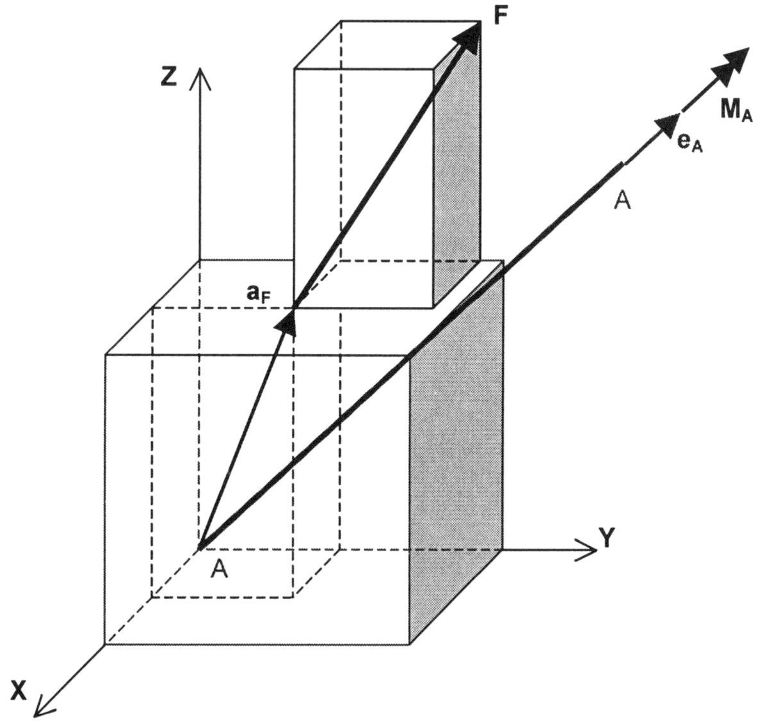


BILD 4-19 Bestimmung des Momentes bezüglich einer Achse

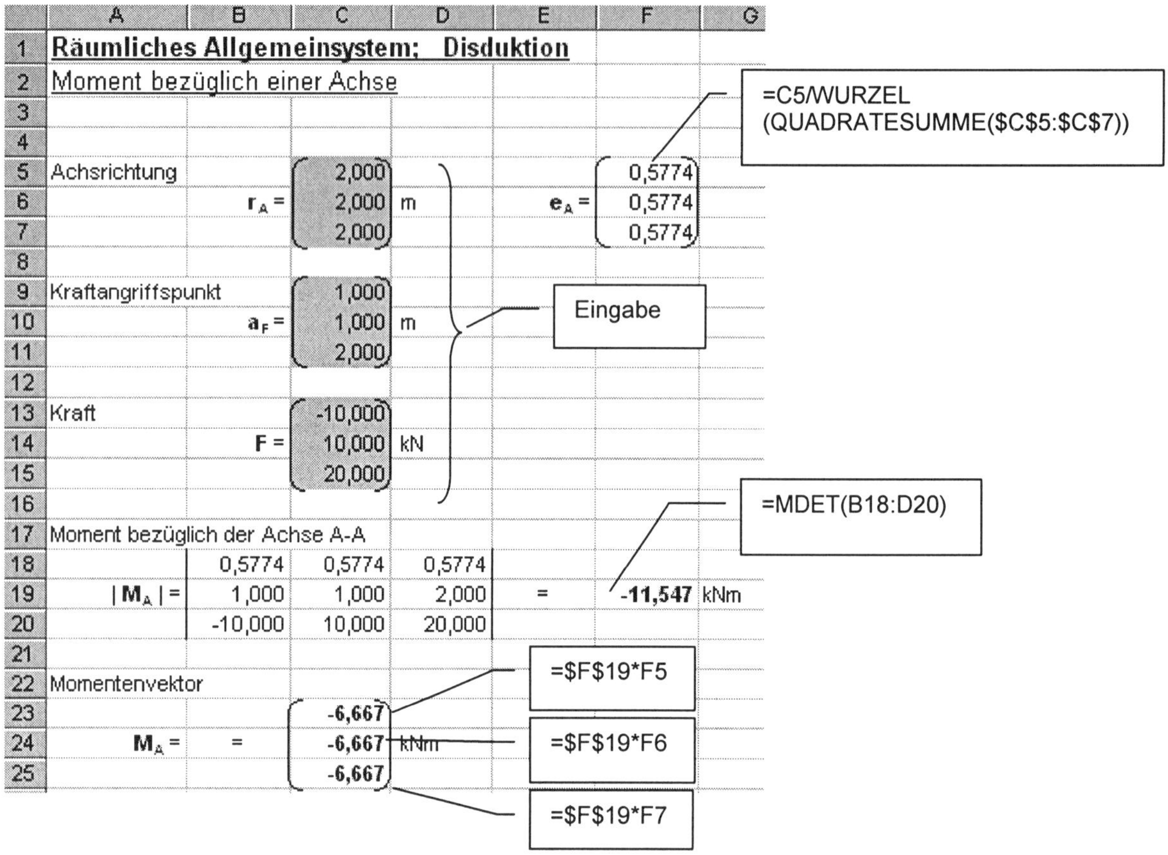


BILD 4-20 Moment einer Kraft bezüglich einer Achse; EXCEL-Blatt zum Beispiel; Bild 4-19

### 4.4.3. Disduktion

Die Aufgabenstellung tritt zum Beispiel bei der Stützkraftbestimmung auf. Deshalb wurde als Symbol der unbekannten Kraft C gewählt, Bild 4-21.
Bezüglich einer Achse A – A mit dem Richtungsvektor $[e_A]$ sei das Moment $M_A$ bekannt.
Gegeben ist weiterhin eine räumlich orientierte Wirkungslinie einer nach Betrag und Wirkungssinn unbekannten Kraft. Diese Stücke sind zu bestimmen.

Der Ursprung des Koordinatensystems möge auf der Achse liegen.
Die Stützkraft greift am Punkt $[a_C]$ an und hat die Richtung $[e_C]$.

Nach Gleichung 4-53 ist

$$|[M_A]| = \begin{bmatrix} e_{Ax} & e_{Ay} & e_{Az} \\ a_{Cx} & a_{Cy} & a_{Cz} \\ C_x & C_y & C_z \end{bmatrix} = \begin{bmatrix} e_{Ax} & e_{Ay} & e_{Az} \\ a_{Cx} & a_{Cy} & a_{Cz} \\ \eta e_{Cx} & \eta e_{Cy} & \eta e_{Cz} \end{bmatrix} = \eta \begin{bmatrix} e_{Ax} & e_{Ay} & e_{Az} \\ a_{Cx} & a_{Cy} & a_{Cz} \\ e_{Cx} & e_{Cy} & e_{Cz} \end{bmatrix} = \eta D \qquad 4\text{-}(57)$$

$$\eta = \frac{|[M_A]|}{D}; \quad D \neq 0 \qquad 4\text{-}(58)$$

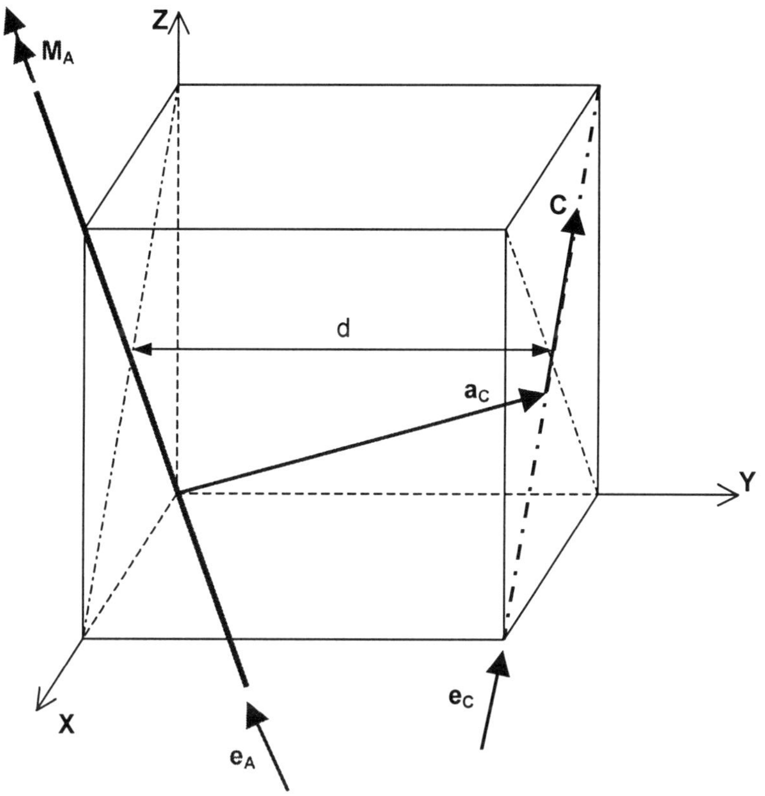


BILD 4-21 Lageplan zum Beispiel

D = 0 bedeutet, dass ein kinematischer Ausnahmefall vorliegt, also die Stützung unzulässig ist. Zweckmäßigerweise untersucht man deshalb vorab, ob

$$D = \begin{bmatrix} e_{Ax} & e_{Ay} & e_{Az} \\ a_{Cx} & a_{Cy} & a_{Cz} \\ e_{Cx} & e_{Cy} & e_{Cz} \end{bmatrix} \neq 0$$

Komponenten der Stützkraft (Gleichgewichtszustand)

$$C = \begin{bmatrix} C_x \\ C_y \\ C_z \end{bmatrix} = -\eta \begin{bmatrix} e_{Cx} \\ e_{Cy} \\ e_{Cz} \end{bmatrix} = -\begin{bmatrix} \eta\, e_{Cx} \\ \eta\, e_{Cy} \\ \eta\, e_{Cz} \end{bmatrix} \qquad 4\text{-}(59)$$

Betrag der Stützkraft

$$C = \sqrt{C_x{}^2 + C_y{}^2 + C_z{}^2} \qquad 4\text{-}(60)$$

Abstand der Wirkungslinie der Stützkraft von der Achse

$$d = \frac{[e_A][e_C][r_C]}{|[e_A] \times [e_C]|}; \quad \text{nach 4-(46)} \qquad 4\text{-}(61)$$

Beispiel

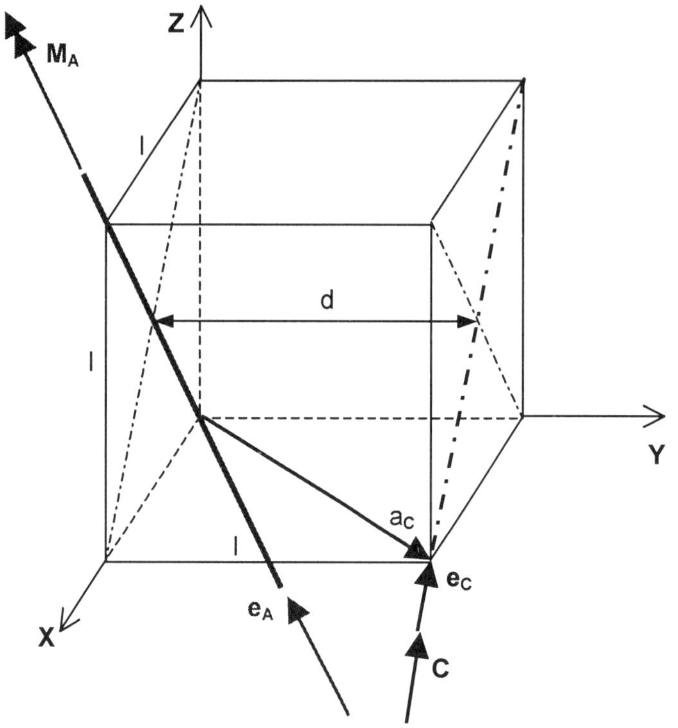


Gegeben:

l = 3,000 m

$$[e_A] = \begin{bmatrix} 0{,}7077 \\ 0{,}0000 \\ 0{,}7071 \end{bmatrix}$$

$$[e_C] = \begin{bmatrix} -0{,}7071 \\ 0{,}0000 \\ 0{,}7071 \end{bmatrix}$$

$$[a_C] = \begin{bmatrix} 3{,}000 \\ 3{,}000 \\ 0{,}000 \end{bmatrix} \text{m}$$

$$\left|[M_A]\right| = 30{,}000 \text{ kNm}$$

BILD 4-22 Lösung eines Beispieles zum Bild 4-21; Spezialfall d = l

| | A | B | C | D | E | F | G | H | I | J |
|---|---|---|---|---|---|---|---|---|---|---|
| 1 | **Räumliches Allgemeinsystem: Disduktion** | | | | | | | | | |
| 2 | Bestimmung einer Stützkraft | | | | | | | | | |
| 3 | | | | | | | | | | |
| 4 | aufzunehmendes | | | | | | | | | |
| 5 | Moment | $M_A$ = | 30,000 | kNm | | | | | | |
| 6 | | | | | | | | | | |
| 7 | Achsrichtung | | | | | | | | | |
| 8 | (durch Nullpunkt) | | 3,0000 | | | 0,7071 | | | | |
| 9 | | $r_A$ = | 0,0000 | m | $e_A$ = | 0,0000 | | | | |
| 10 | | | 3,0000 | | | 0,7071 | | | | |
| 11 | | | | | | | | | | |
| 12 | Stützpunkt | | 3,000 | | | | | | | |
| 13 | | $a_C$ = | 3,000 | m | | | | | | |
| 14 | | | 0,000 | | | | | | | |
| 15 | | | | | | | | | | |
| 16 | Stützrichtung | | -1,000 | | | -0,7071 | | | | |
| 17 | | $r_C$ = | 0,000 | m | $e_C$ = | 0,0000 | | | | |
| 18 | | | 1,000 | | | 0,7071 | | | | |
| 19 | | | | | | | | | | |
| 20 | | | 0,707 | 0,000 | 0,707 | | | | | |
| 21 | | D = | 3,000 | 3,000 | 0,000 | = | 3,000 | | $\eta$ = | -10,000 |
| 22 | | | -0,707 | 0,000 | 0,707 | | | | | |
| 23 | | | | | | | | | | |
| 24 | Komponenten der Stützkraft | | | | | | | | | |
| 25 | | | | -0,707 | | 7,071 | | | | |
| 26 | | C = | -10,000 | 0,000 | = | 0,000 | kN | | | |
| 27 | | | | 0,707 | | -7,071 | | | | |
| 28 | | | | | | | | | | |
| 29 | **Stützkraft:** | C = | **10,000** | kN | | | | | | |

Eingabe

=C8/WURZEL(QUADRATESUMME($C$8:$C$10))

=C16/WURZEL(QUADRATESUMME($C$16:$C$18))

=(MDET(C20:E22))

=WENN(G21<>0;
-C5/G21:"----")

=WENN(G21=0;"Stützung unzulässig!";"")

=WENN(G21<>0;
WURZEL(QUADRATESUMME(F25:F27));"----")

BILD 4-23 Ermittlung einer Kraft aus einem Moment; EXCEL-Blatt zu Bild 4-22

Gesamtablauf der Stützkraftbestimmung am räumlichen System, Bild 4-24

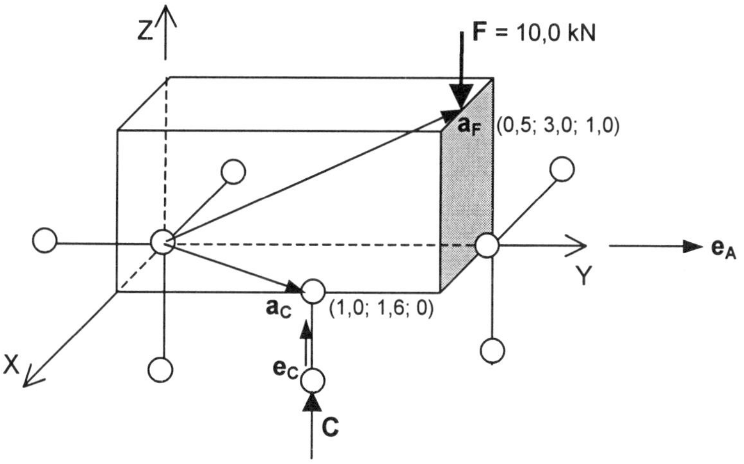


| | A | B | C | D | E | F | G | H | I | J | K |
|---|---|---|---|---|---|---|---|---|---|---|---|
| 1 | **Räumliches Allgemeinsystem; Disduktion** | | | | | | | | | | |
| 2 | Bestimmung der Stützkraft | | | | | | | | | | |
| 3 | | | | | | | | | | | |
| 4 | Lastangriffspunkt | | 0,500 | | | | | | | | |
| 5 | | $a_F$ = | 3,000 | m | $\|a_F\|$ = | 3,202 | m | | | | |
| 6 | | | 1,000 | | | | | | | | |
| 7 | | | | | | | | | | | |
| 8 | Last | | 0,000 | | | | | | | | |
| 9 | | F = | 0,000 | kN | | | | | | | |
| 10 | | | -10,000 | | | | | | | | |
| 11 | | | | | | | | | | | |
| 12 | Achsrichtung | | 0,000 | | | | | | 0,0000 | | |
| 13 | (durch Nullpunkt) | $r_A$ = | 1,000 | m | $\|r_A\|$ = | 1,000 | m | $e_A$ = | 1,0000 | | |
| 14 | | | 0,000 | | | | | | 0,0000 | | |
| 15 | | | | | | | | | | | |
| 16 | Stützpunkt | | 1,000 | | | | | | | | |
| 17 | | $a_C$ = | 1,600 | m | | | | | | | |
| 18 | | | 0,000 | | | | | | | | |
| 19 | | | | | | | | | | | |
| 20 | Stützrichtung | | 0,000 | | | | | | 0,0000 | | |
| 21 | | $r_C$ = | 0,000 | m | $\|r_C\|$ = | 1,000 | m | $e_C$ = | 0,0000 | | |
| 22 | | | 1,000 | | | | | | 1,0000 | | |
| 23 | | | | | | | | | | | |
| 24 | **Moment bezüglich der Achse** | | | | | | | | | | |
| 25 | | | | | | | | | | | |
| 26 | | | 0,000 | 1,000 | 0,000 | | | | | 0,000 | |
| 27 | | $\|M_A\|$ = | 0,500 | 3,000 | 1,000 | = | 5,000 | kNm | $M_A$ = | 5,000 | kNm |
| 28 | | | 0,000 | 0,000 | -10,000 | | | | | 0,000 | |
| 29 | | | | | | | | | | | |
| 30 | **Stützung** | | | | | | | | | | |
| 31 | | | 0,000 | 1,000 | 0,000 | | | | | | |
| 32 | | D = | 0,000 | 0,000 | 1,000 | = | 1,000 | m | | | |
| 33 | | | 1,000 | 1,600 | 0,000 | | | | | | |
| 34 | | | | | | | | | | | |
| 35 | Komponenten der Stützkraft | | | | | | | | | | |
| 36 | | | | 0,000 | | 0,000 | | | | | |
| 37 | | C = | 5,000 | 0,000 | = | 0,000 | kN | | | | |
| 38 | | | | 1,000 | | 5,000 | | | | | |
| 39 | | | | | | | | | | | |
| 40 | **Stützkraft** | C = | **5,000** | kN | | | | | | | |

=WURZEL(QUADRATESUMME(C12:C14))

=WENN($F$13<>0;
C12/$F$13;0)

=I12*$G$27

=WENN(G23="";G27/G32;"----")

BILD 4-24 Stützkraftbestimmung am räumlichen System

# 5 Schnittkräfte

## 5.1 Allgemeine Einführung

Zunächst seien die allgemeinen Schnittkraftbeziehungen am Einfeldträger unter gleichmäßig verteilter Last angegeben.

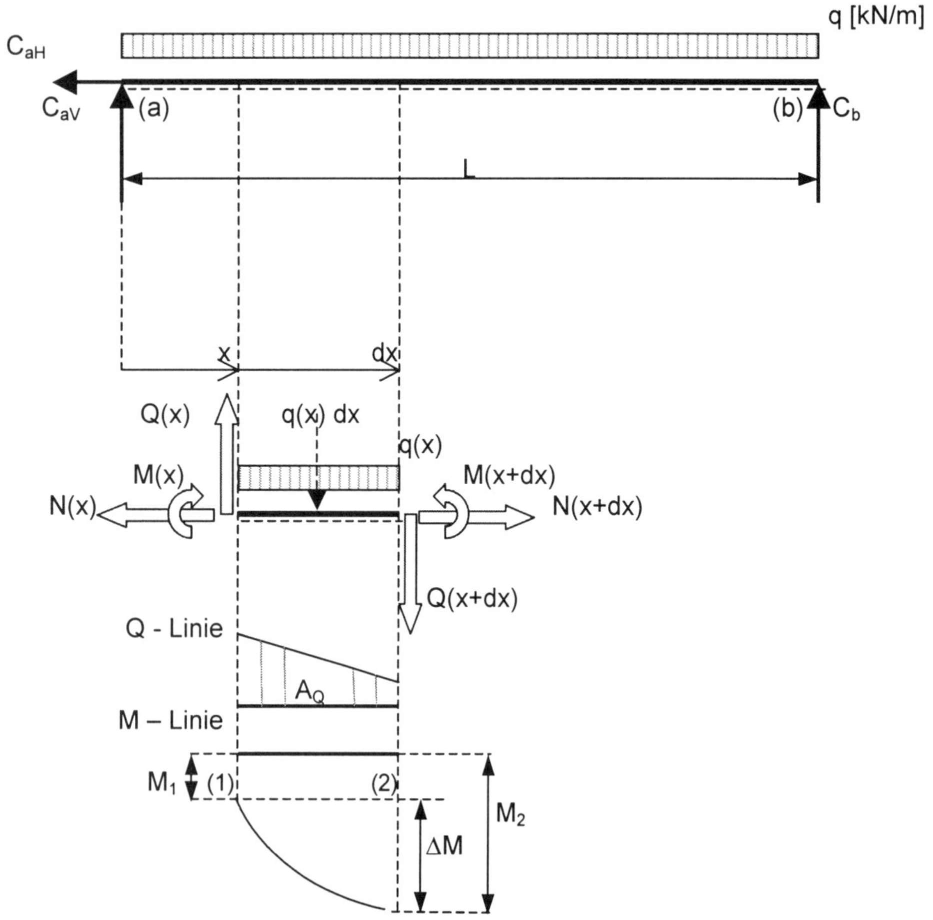


BILD 5-1 Schnittreaktionen

Aus $\sum V = 0$: $Q(x + dx) = Q(x) - q(x)dx$, 5-(1)

aus $\sum M = 0$: $M(x + dx) = M(x) + Q(x)dx - q(x)\frac{dx^2}{2}$ 5-(2)

Ohne Nachweis sei an den funktionalen Zusammenhang erinnert:

$$M_2 = M_1 + \Delta M$$
$$\Delta M = A_Q$$ 5-(3)

In Worten:
Die Momentenänderung ist gleich dem Inhalt der zugehörigen Querkraftfläche.

Hiervon wird beim Aufbau der Zustandslinien reger Gebrauch gemacht.

## 5.2 Einfeldträger unter Einzellasten

Gegeben sei ein horizontal orientierter, einfeldriger Biegeträger ohne Kragarme mit $n \leq 4$ ausschließlich vertikal gerichteten Einzellasten, Bild 5-2.

Die Schnittkraftbilder der Querkräfte und der Momente sollen sich automatisch aufbauen.
In folgenden Bildern 5-2 und 5-3 werden die Ergebnisse vorgestellt.

In der rechten Skizze erkennt man den Eingabemechanismus. Diese Zeichnung ist starr. In die grau unterlegten Zellen werden die Beträge der vertikal orientierten Kräfte und deren Abstände vom linken Auflager eingetragen.
Links entstehen das maßstabsgerechte Lastbild, darunter die Querkraft- und Momentenfläche.
Die Werte an den Unstetigkeitsstellen der Graphen sind angetragen, ebenfalls der Ort des Maximalmomentes.

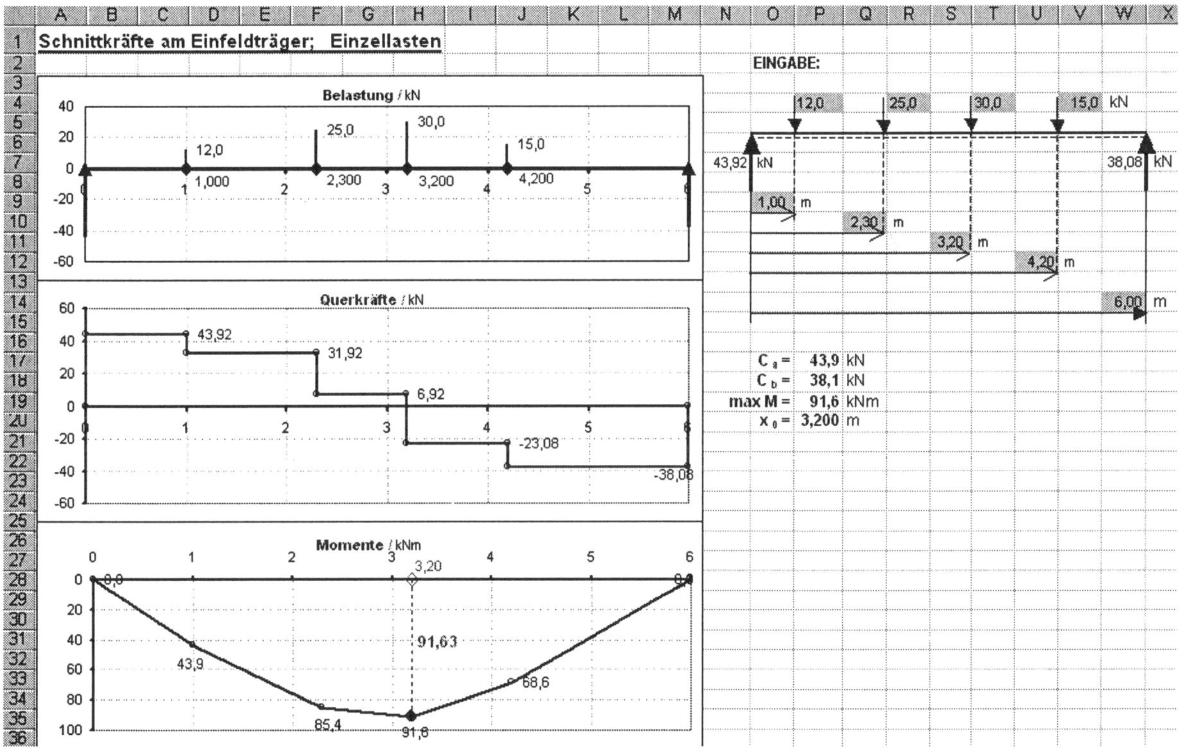


BILD 5-2 Belastungssituation, Querkraft- und Momentenbild am Einfeldträger mit $\leq 4$ Einzellasten

Im zweiten Beispiel, Bild 5-3, sind drei Belastungswerte gleich Null gesetzt. Das erwartete Bild ist entstanden.

Die zugehörigen Wertetabellen liegen unter den Grafiken.
Bei der Eingabe der Laststandorte ist zu beachten, dass immer aufsteigende Werte angegeben werden, wie die Koordinatenpfeile dies anzeigen.
Die Grafiken für die Querkraft- und für die Momentenverteilung werden falsch, wenn zum Beispiel $x_3 < x_2$ notiert wird. Damit dieser Sachverhalt nicht eintritt, ist eine Stoppfunktion mit Fehlerhinweis eingearbeitet.

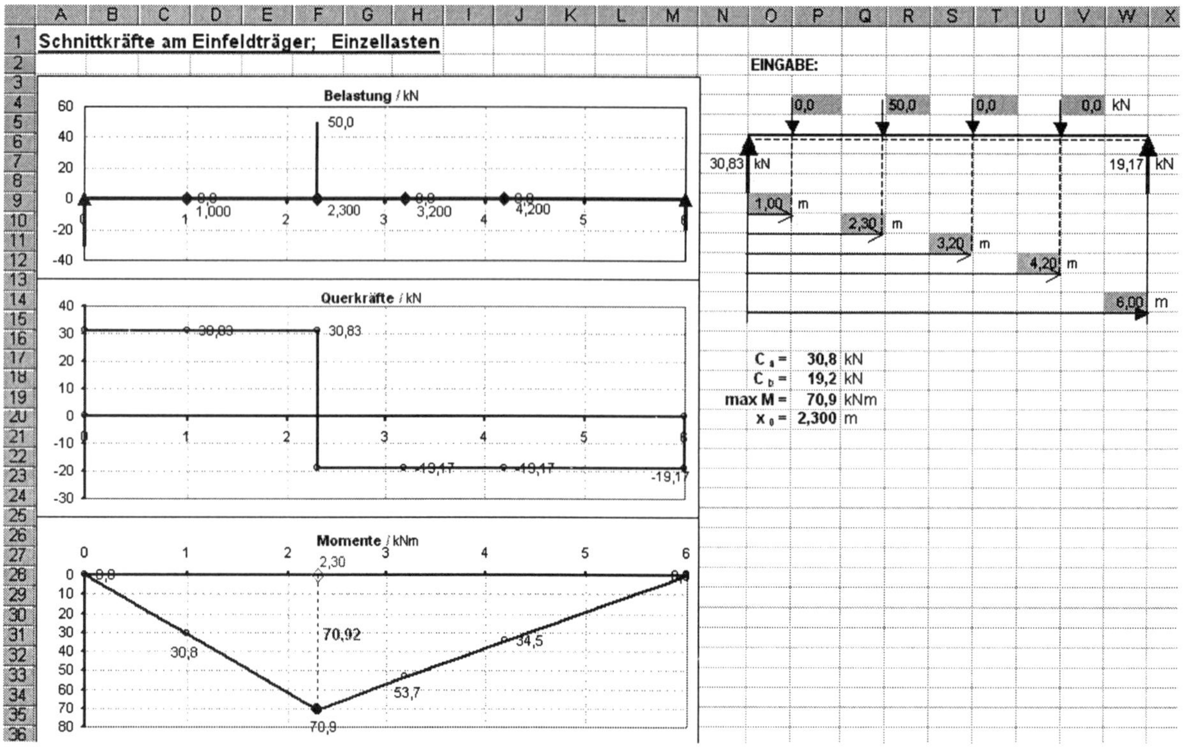


BILD 5-3 Belastungssituation, Querkraft- und Momentenbild am Einfeldträger mit einer Einzellast

Der Sachverhalt wird dargestellt für die Zelle S11, Bild 5-3.
Markiere die Zelle S11.
Unter

DATEN

>>GÜLTIGKEIT...

wird das Dialogfeld

>>GÜLTIGKEITSPRÜFUNGEN

aufgeschlagen.

Wir wählen zunächst die Registerkarte EINSTELLUNGEN und tragen ein:

| | | |
|---|---|---|
| Zulassen: | Dezimal | |
| Daten: | zwischen | |
| Minimum: | =Q10 | (Cursor in Schreibzeile; Zelle anklicken) |
| Maximum: | =U12 | (Cursor in Schreibzeile; Zelle anklicken) |

Analoge Einträge erfolgen für die anderen Eingabezellen der Laststandorte.

Die erforderlichen Wertetabellen zum Aufbau der Grafiken sind unkompliziert.
Die zur Erstellung der Grafiken benötigten Werte liegen unter den Skizzen im Bereich A13:M22.

Auflagerkräfte:

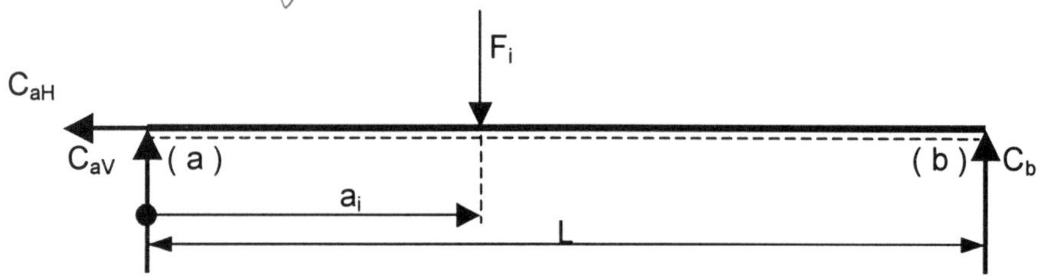


BILD 5-4 Einfeldträger mit Einzellasten

Zunächst werden die Stützkräfte $C_a$ und $C_b$, ($C_H = 0$) bestimmt, Bild 5-4.
Als Berechnungsansätze wurden gewählt:

$$\sum M_{(a)} = 0: \qquad C_b = \frac{1}{L}\sum_{i=1}^{4} F_i\, a_i \qquad 5\text{-}(4)$$

$$\sum V = 0: \qquad C_a = \sum_{i=1}^{4} F_i - C_b \qquad 5\text{-}(5)$$

woraus sich mit Bezug auf Bild 5-2 die EXCEL-Notation nach Tabelle 5-1) ergibt.

| ZELLE | SACHVERHALT | | EXCEL-Notation | Formel |
|---|---|---|---|---|
| P17 | linke Auflagerkraft | $C_a$ | =SUMME(P4:V4)-P18 | 5-(5) |
| P18 | rechte Auflagerkraft | $C_b$ | =(P4*O9+R4*Q10+T4*S11+V4*U12)/W14 | 5-(4) |

TABELLE 5-1) Ermittlung der Auflagerkräfte

## Querkraftlinie:

Die Zeilen 13 und 14 erzeugen die Querkraftlinie, Tabelle 5-2).
Regel: Im lastfreien Bereich ist die Querkraft konstant.
Regel: Am Trägeranfang ist die Querkraft gleich der äußeren Kraft (Auflagerkraft).
Regel: Am Trägerende ist die Querkraft gleich der negativen äußeren Kraft (Auflagerkraft).
Regel: Querkraftsprünge ergeben sich aus Richtung und Betrag der äußeren Einzellasten.

=Q10 =F13
=O9 =D13

| | A | B | C | D | E | F | G | H | I | J | K | L | M |
|---|---|---|---|---|---|---|---|---|---|---|---|---|---|
| 13 | | 0,00 | 0,00 | 1,00 | 1,00 | 1,80 | 1,80 | 3,20 | 3,20 | 4,20 | 4,20 | 6,00 | 6,00 |
| 14 | Q = | 0,00 | 79,17 | 79,17 | 49,17 | 49,17 | 9,17 | 9,17 | -30,83 | -30,83 | -55,83 | -55,83 | 0,00 |

Querkraftbereiche ...
=B14+N7 =D14-P4
=C14 =E14 =F14-R4

TABELLE 5-2) Wertetabelle der Querkraftlinie, im Bild 5-2 verdeckt

Beim Aufbau der Querkraftlinie mit Hilfe des Diagramm-Assistenten sind in der

- X-Eingabezeile der Bereich B13:M13,
- Y-Eingabezeile der Bereich B14:M14

durch Aufziehen einzutragen.

## Momentenlinie:

Die Zeilen 15 und 16 erzeugen die Momentenlinie, Tabelle 5-3).
Regel: Am Trägeranfang und am Trägerende ist das Moment Gleich Null.
Regel: Die Momentenänderung von Bereichanfang bis Bereichende ist gleich dem Inhalt der zugehörigen Querkraftfläche.
Regel: Im lastfreien Bereich ändert sich das Moment linear.

Die Unstetigkeitsstellen der Momentenlinie liegen an den Orten der Angriffspunkte der Einzellasten, Tabelle 5-3), Bereich B15:G15. Diese Werte werden wiederum aus der Aufgabenstellung übernommen.
Die Werte des Bereiches C16:F16 folgen aus oben angegebener Regel.

=Q10 =U12 =W14

=O9 =S11

| | A | B | C | D | E | F | G | H | I | J | K | L | M |
|---|---|---|---|---|---|---|---|---|---|---|---|---|---|
| 15 | | 0,00 | 1,00 | 1,80 | 3,20 | 4,20 | 6,00 | | | | | | |
| 16 | M = | 0,00 | 79,17 | 118,50 | 131,33 | 100,50 | 0,00 | | | | | | |

=C14*C15 =E16+I14*(F15-E15)

=C16+E14*(D15-C15) =D16+G14*(E15-D15)

TABELLE 5-3) Wertetabelle der Momentenlinie

## System und Belastung:

In Bezug auf den Diagrammassistenten enthält die Zeile 18 der Tabelle 5-4) X-Werte, die Zeile 19 Y-Werte.

| | A | B | C | D | E | F | G | H | I | J | K | L | M |
|---|---|---|---|---|---|---|---|---|---|---|---|---|---|
| 18 | System | 0 | 0 | 1,00 | 0 | 1,80 | 0 | 3,20 | 0 | 4,20 | 0 | 6,00 | 0 |
| 19 | + Last | 0 | -79,17 | 1,00 | 30,00 | 1,80 | 40,00 | 3,20 | 40,00 | 4,20 | 25,00 | 6,00 | -55,83 |

Darstellung von $C_a$ $F_1$ $F_2$ $F_3$ $F_4$ $C_b$

TABELLE 5-4) Wertetabelle zur Darstellung der Belastung

## Der Maximalwert:

=P20

| | A | B | C | D | E | F | G | H | I | J | K | L | M |
|---|---|---|---|---|---|---|---|---|---|---|---|---|---|
| 21 | | | | | 3,20 | 0,00 | | | | | | | |
| 22 | | | | | 3,20 | 131,33 | | | | | | | |

TABELLE 5-5) Position und Größe von max M

=E21 =P19

Die Ermittlung der Werte der Tabelle 5-5) ist in Tabelle 5-6) verdeutlicht.

| ZELLE | SACHVERHALT | | EXCEL-Notation |
|---|---|---|---|
| P19 | maximales Moment | max M | =MAX(B16:G16) |
| P20 | Position von max M | $x_0$ | =INDEX(B15:G15;VERGLEICH(P19;B16:G16;0)) |

TABELLE 5-6) EXCEL-Notation zu den Werten der Tabelle 5-5)

Für die Darstellung der Linien wurde der im Bild 5-5 gezeigte Diagrammtyp des Diagrammassistenten gewählt.

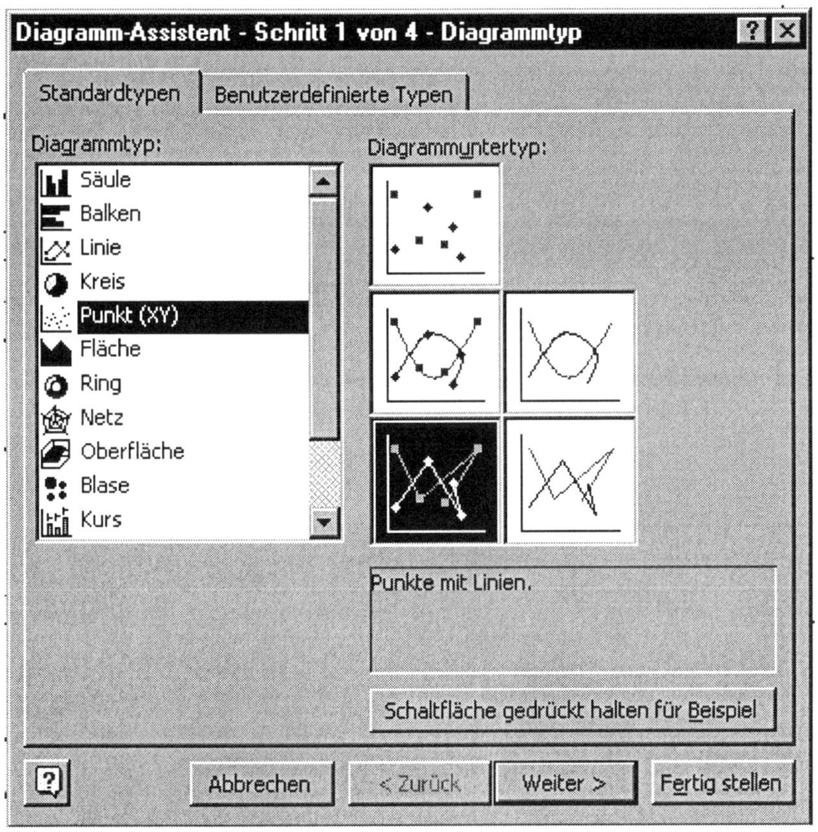


BILD 5-5 Gewählter Diagrammtyp

## 5.3 Einfeldträger unter Streckenlast

Die Wirkungsweise des EXCEL-Programms wird am Bild 5-6 gezeigt.

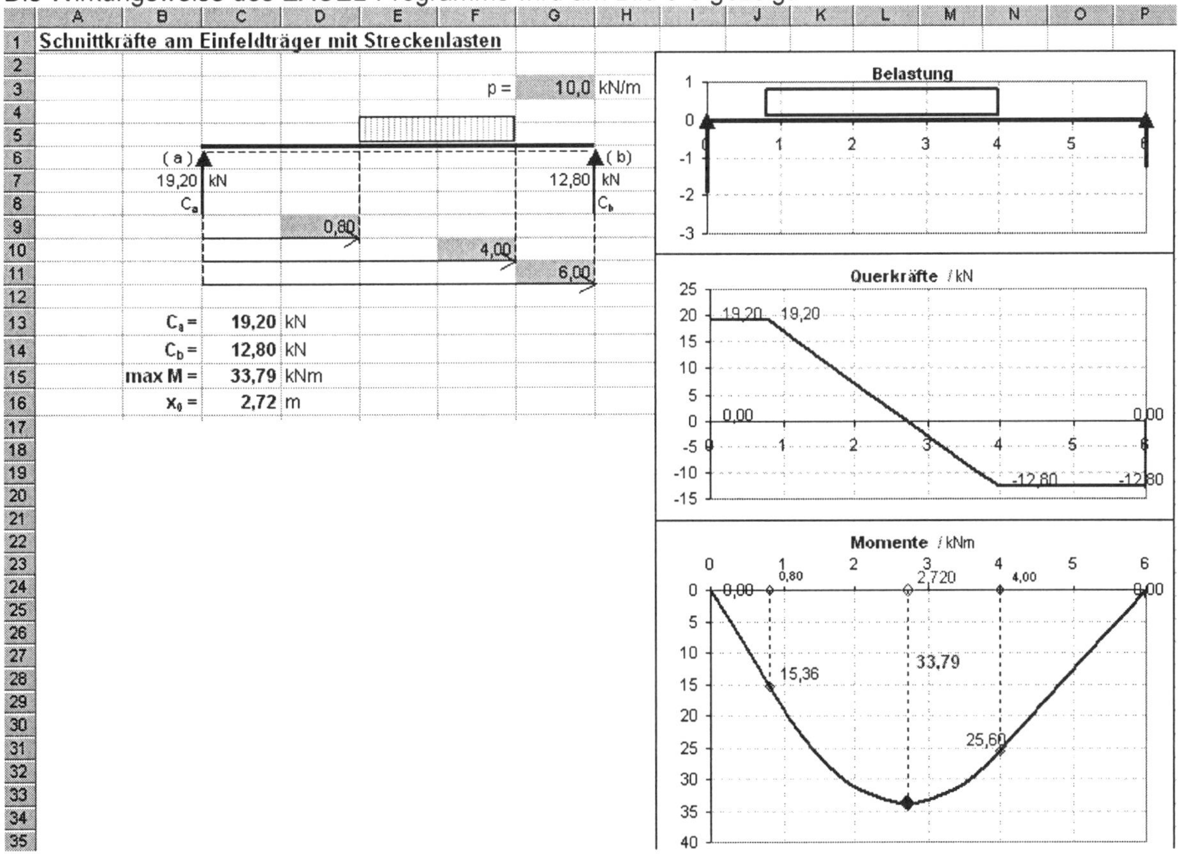


BILD 5-6 Q- und M-Linien infolge einer Streckenlast

Auch hier wurden die zugehörigen Wertetabellen abgedeckt, teils durch die Grafik, teils durch das Zeichnungselement „Rechteck".
Tabelle 5-7) führt den Eingabemechanismus vor. Die Positionierung der Streckenlast wird über eine Koordinaten-Bemaßung erzeugt.

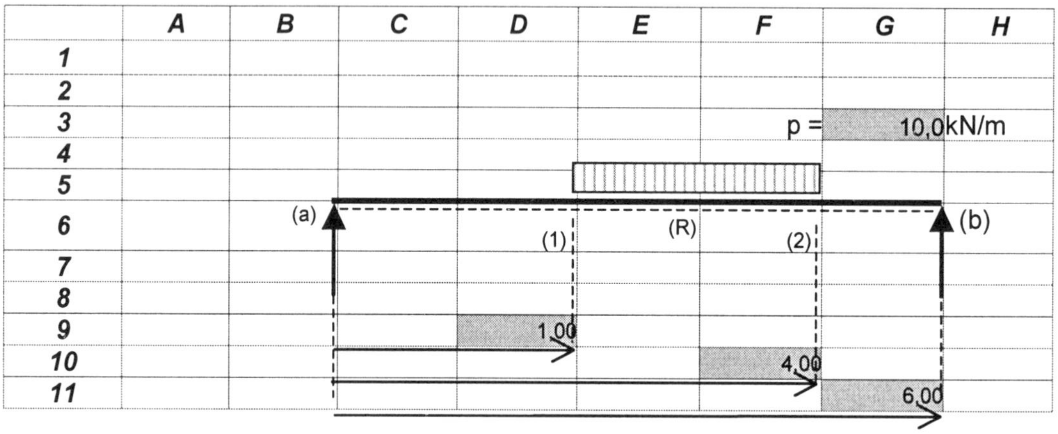


TABELLE 5-7) Eingabesituation

## Auflagerkräfte

Der Betrag der Resultierenden der Streckenlast ergibt sich aus

$$F_R = p\left(X_2 - X_1\right), \qquad 5\text{-}(6)$$

ihr Standort zu

$$X_R = X_1 + \frac{1}{2}(X_2 - X_1) = \frac{1}{2}(X_2 + X_1). \qquad 5\text{-}(7)$$

Somit folgen die Auflagerkräfte aus

$$\sum M_{(a)} = 0: \qquad C_b = \frac{1}{L}\left(p\left(X_2 - X_1\right)\frac{1}{2}\left(X_2 + X_1\right)\right) \qquad 5\text{-}(8)$$

$$\sum V = 0: \qquad C_a = p\left(X_2 - X_1\right) - C_b \qquad 5\text{-}(9)$$

Die entsprechende EXCEL-Notation gibt Tabelle 5-8) an.

=G3*(F10-D9)-C14

| | B | C | D |
|---|---|---|---|
| 13 | $C_a$ = | 17,50 | kN |
| 14 | $C_b$ = | 12,50 | kN |

=G3*(F10-D9)*(D9+F10)/2/G11

TABELLE 5-8) Bestimmung der Auflagerkräfte

## Erzeugung der Grafiken

| | A | B | C | D | E | F | G | H | I | J | K | L |
|---|---|---|---|---|---|---|---|---|---|---|---|---|
| 18 | | System | | | Belastung | | | | | | | |
| 19 | System | 0,00 | 6,00 | | 1,00 | 4,00 | 4,00 | 1,00 | 1,00 | | | |
| 20 | +Belast. | 0,00 | 0,00 | | 0,10 | 0,10 | 0,80 | 0,80 | 0,10 | ← fiktive Werte | | |
| 21 | Stützkräfte | 0,00 | 0,00 | 6,00 | 6,00 | | | | | | | |
| 22 | | 0,00 | -1,75 | 0,00 | -1,25 | | | | | | | |

=D9
=F10
=F19
=E19
=H19
=-C13/10
=G11
=-C14/10

TABELLE 5-9) Wertetabelle zur Darstellung der Grafik „System und Belastung"

| | A | B | C | D | E | F | G | H | I | J | K | L | M | N | O | P |
|---|---|---|---|---|---|---|---|---|---|---|---|---|---|---|---|---|
| 23 | | | | | | | | | | | | | | | | |
| 24 | | 0,00 | 0,00 | 1,00 | 1,30 | 1,60 | 1,90 | 2,20 | 2,50 | 2,80 | 3,10 | 3,40 | 3,70 | 4,00 | 6,00 | 6,00 |
| 25 | Querkräfte | 0,00 | 17,50 | 17,50 | 14,50 | 11,50 | 8,50 | 5,50 | 2,50 | -0,50 | -3,50 | -6,50 | -9,50 | -12,50 | -12,50 | 0,00 |
| 26 | Momente | | 0,00 | 17,50 | 22,30 | 26,20 | 29,20 | 31,30 | 32,50 | 32,80 | 32,20 | 30,70 | 28,30 | 25,00 | 0,00 | |
| 27 | | | $x_0$ | max M | | | | | | | | | | | | |
| 28 | max M | | 2,75 | 2,75 | | | | | | | | | | | | |
| 29 | | | 0,00 | 32,81 | | | | | | | | | | | | |
| 30 | Übergangspunkte | | $x_1$ | | $x_2$ | | | | | | | | | | | |
| 31 | | | 1,00 | 1,00 | 4,00 | 4,00 | | | | | | | | | | |
| 32 | | | 0,00 | 17,50 | 0,00 | 25,00 | | | | | | | | | | |

=$D$24+($F$10-$D$9)/10*1
=$D$24+($F$10-$D$9)/10*2
=D9
=C13
Zehntelpunkte zur Gestaltung der Parabel
=G26+(H25+G25)/2*(H24-G24)
=F25-(G24-F24)*$G$3
=D9+C25/G3
=D26+0.5*D25*(D28-D9)
=C26+(D25+C25)/2*(D24-C24)

TABELLE 5-10) Wertetabelle zur Darstellung der Grafiken „Querkräfte" und „Momente"

Um die Schnittkraftlinien zu bestimmen, wird die Einflusslänge der Streckenlast, Bereich (1) ... (2) in Tabelle 5-7), durch zehn äquidistante Punkte in Teilstrecken zerlegt, siehe Zeile 24 in Tabelle 5-10). Die Koordinaten, gemessen von (a) ergeben sich somit für den i-ten Punkt aus 5-(10).

$$X_i = X_1 + (X_2 - X_1)\frac{i}{10}; \qquad i = 0 \ldots 10 \qquad 5\text{-}(10)$$

Für diese Punkte werden die Werte der Querkraft bestimmt, um aus diesen dann die Werte des Momentes zu ermitteln.
Die Querkraft fällt linear. Das Moment ändert sich quadratisch und wird über Querkraft-Teilflächen bestimmt.

$$Q_1 = C_{av}$$
$$Q_2 = -C_b \qquad 5\text{-}(11)$$
$$Q_{i+1} = Q_i - \Delta Q; \qquad \Delta Q = \frac{(Q_1 - Q_2)}{10}$$

$$M_1 = Q_1 X_1$$
$$M_{i+1} = M_i + \Delta M_i; \qquad \Delta M_i = \frac{(Q_i + Q_{i+1})}{2}(X_{i+1} - X_i) \qquad 5\text{-}(12)$$

Tabelle 5-10) enthält in der Zeile 25 die Q-Werte, in der Zeile 26 die M-Werte.

Der Bereich C28:D29 wird deshalb gebildet, um in der Darstellung Bild 5-6 die Ordinate des maximalen Momentes einzutragen.

Der Standort des maximalen Momentes folgt aus

$$X_0 = X_1 + \frac{Q_1}{p} \qquad 5\text{-}(13)$$

und sein Betrag aus

$$\max M = M_1 + \frac{Q_1 (X_0 - X_1)}{2} \qquad 5\text{-}(14)$$

## 5.4 Einfeldträger mit Kragarmen unter feldweise gleichmäßig verteilter Last

### 5.4.1. Einzelne Lastfälle

Nach den Erläuterungen im Kapitel 5.2 erweitern wir die Aufgabenstellung auf den Einfeldträger mit beidseitigen Kragarmen.
Der linke Kragarm heiße Feld 1, das Mittelfeld Feld 2, der rechte Kragarm Feld 3, siehe Eingabemechanismus in Bild 5-7.
Es mögen Gleichlasten in folgenden Varianten berücksichtigt werden:

- durchgehende Last über die drei Felder (im Sinne von Eigenlast),
- Gleichlasten, getrennt auf die Felder 1, 2, 3.

Im Speziellen können diese Lasten auch den Wert Null annehmen.

Über die Kragarmlängen $l_1 = 0$ und/oder $l_3 = 0$ können die Kragarme ausgeschaltet werden.

Die statischen Größen und die entsprechenden EXCEL-Notationen sind in der Tabelle 5-11) zusammengestellt.

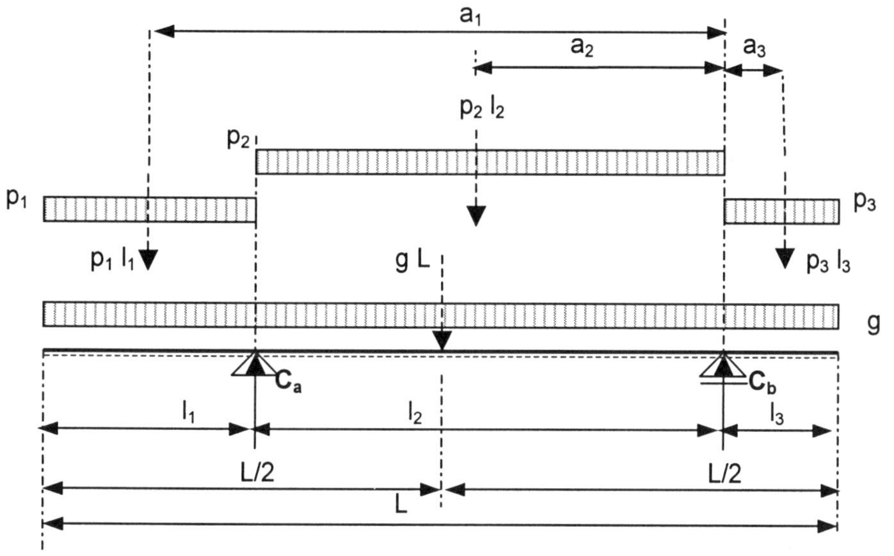


BILD 5-7 Einfeldträger mit beidseitigen Kragarmen

| ZELLE | statische Größe | Berechnungsansätze | EXCEL-Notationen |
|---|---|---|---|
| | Eingabe | | |
| C7 | $l_1$ | Eingabewerte | |
| D7 | $l_2$ | | |
| E7 | $l_3$ | | |
| B7 | $g$ | | |
| C10 | $p_1$ | | |
| D10 | $p_2$ | | |
| E10 | $p_3$ | | |
| | | | |
| B7 | L | $= l_1 + l_2 + l_3$ | =C7+D7+E7 |
| | | | |
| | Kräfte infolge LF g | | |
| B19 | $C_a$ | $= g\,L(L/2 - l_3) / l_2$ | =B9*B7*(B7/2-E7)/D7 |
| C19 | $Q_{ar}$ | $= - g\,l_1 + C_a$ | =-B9*C7+B19 |
| D19 | $x_0$ | $= Q_{ar} / g$ | =WENN(B9<>0;C19/B9;0) |
| E19 | $M_a$ | $= - g\,l_1^2 / 2$ | =-0,5*B9*C7*C7 |
| F19 | $maxM_F$ | $= M_a + Q_{ar}\,x_0 / 2$ | =E19+0,5*C19*D19 |
| G19 | $C_b$ | $= g\,L - C_a$ | =B9*B7-B19 |
| H19 | $M_b$ | $= - g\,l_3^2 / 2$ | =-0,5*B9*E$7*E$7 |
| | | | |
| | Kräfte infolge LF $p_{1\,...\,3}$ | | |
| B20 | $C_a$ | $= (p_1 l_1 a_1 + p_2 l_2 a_2 - p_3 a_3 l_3) / l_2$ | =(C10*C7*(C7/2+D7)+D10*D7*D7/2-E10*E7*E7/2)/D7 |
| C20 | $Q_{ar}$ | $= - p_1\,l_1 + C_a$ | =-C10*C7+B20 |
| D20 | $x_0$ | $= Q_{ar} / p_2$ | =WENN(D10<>0;C20/D10;0) |
| E20 | $M_a$ | $= - p_1\,l_1^2 / 2$ | =-0,5*C10*C$7*C$7 |
| F20 | $maxM_F$ | $= M_a + Q_{ar}\,x_0 / 2$ | =E20+0,5*C20*D20 |
| G20 | $C_b$ | $= g\,L - C_a$ | =C10*C7+D10*D7+E10*E7-B20 |
| H20 | $M_b$ | $= - p_3\,l_3^2$ | =-0,5*E10*E$7*E$7 |

TABELLE 5-11) Statische Ansätze und EXCEL-Notationen nach Bild 5-7

Die im EXCEL-Blatt gezeichneten Querkraft- und Momentenbilder, Bild 5-8, werden auf der Basis von Wertetabellen erzeugt, die in diesem Falle nach Tabelle2 des Arbeitsblattes verschoben wurden.
Der Aufbau dieser Wertetabellen entspricht vollständig der Verfahrensweise nach den Abschnitt 5.2 und 5.3.

Beachte:

Damit die Auflager an jeder beliebigen Stelle liegen können, müssen für die drei Teilstrecken Kragarm links, Mittelfeld, Kragarm rechts die Kurven getrennt gezeichnet werden. Für jede dieser Teilstrecken wird eine Zehnerteilung vorgenommen.

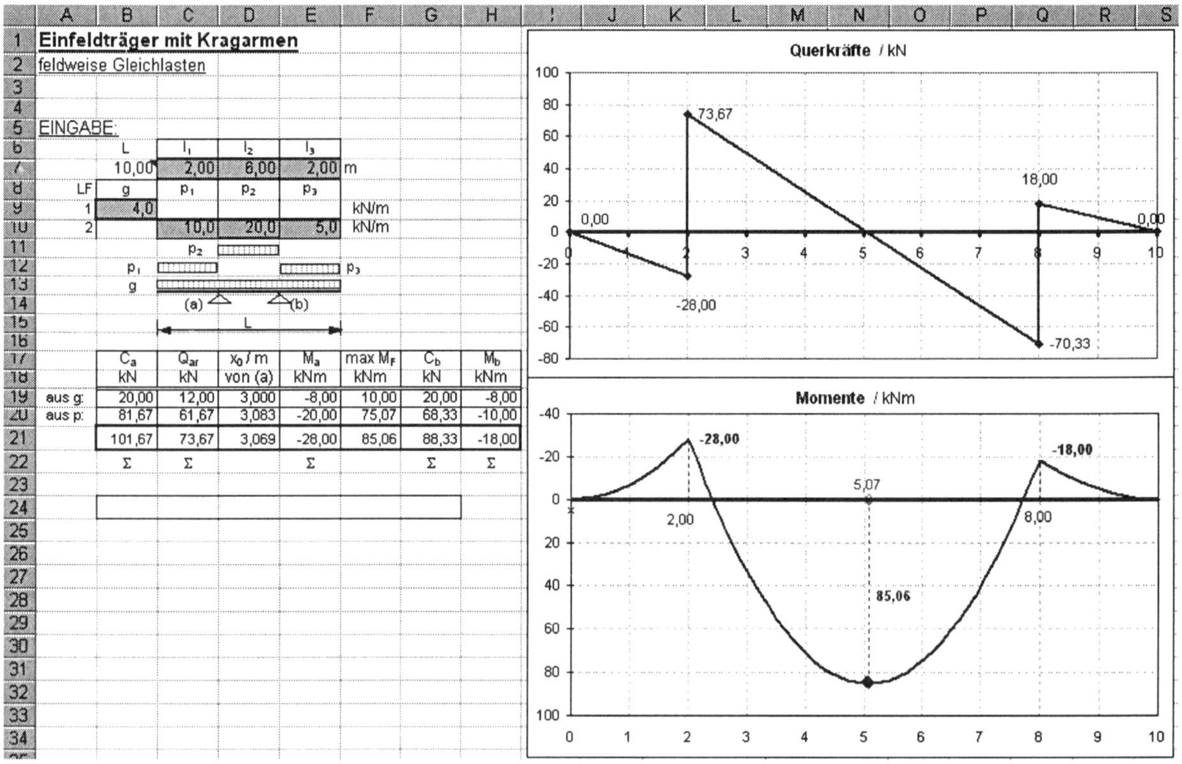


BILD 5-8 Schnittkraftbilder des Einfeldträgers mit beidseitigen Kragarmen

## 5.4.2. Zusammenstellung der Lastfälle

In Erweiterung der Aufgabenstellung nach Kapitel 5.4.1. wird im Bild 5-9 die Wirkung der feldweisen Belastung auf die Momentenverteilung gezeigt. Die Lösung unterscheidet sich nicht von der dort vorgeführten.

**Einfeldträger mit beidseitigen Kragarmen**

Momente

Belastung, feldweise konstant, Zusammenstellung

| L | $l_1$ | $l_2$ | $l_3$ | |
|---|---|---|---|---|
| 7,00 | 2,00 | 4,00 | 1,00 | m |

| LF | g kN/m | $p_1$ kN/m | $p_2$ kN/m | $p_3$ kN/m | $C_a$ / kN | $Q_{ar}$ / kN | $x_0$ / m von (a) | $M_a$ kNm | max $M_f$ kNm | $M_b$ kNm | |
|---|---|---|---|---|---|---|---|---|---|---|---|
| 1 | 10,0 | 0,0 | 0,0 | 0,0 | 43,75 | 23,75 | 2,375 | -20,00 | 8,20 | -5,00 | |
| 2 | 10,0 | 30,0 | 30,0 | 30,0 | 175,00 | 95,00 | 2,375 | -80,00 | 32,81 | -20,00 | <== Werte für Skizze |
| 3 | 10,0 | | 30,0 | | 103,75 | 83,75 | 2,094 | -20,00 | 67,68 | -5,00 | <== Werte für Skizze |
| 4 | 10,0 | 30,0 | | 30,0 | 115,00 | 35,00 | 3,500 | -80,00 | -18,75 | -20,00 | |
| 5 | 10,0 | 30,0 | | | 118,75 | 38,75 | 3,875 | -80,00 | -4,92 | -5,00 | |
| 6 | 10,0 | | | 30,0 | 40,00 | 20,00 | 2,000 | -20,00 | 0,00 | -20,00 | |
| 7 | 10,0 | 30,0 | 30,0 | | 178,75 | 98,75 | 2,469 | -80,00 | 41,89 | -5,00 | |
| 8 | 10,0 | | 30,0 | 30,0 | 100,00 | 80,00 | 2,000 | -20,00 | 60,00 | -20,00 | |

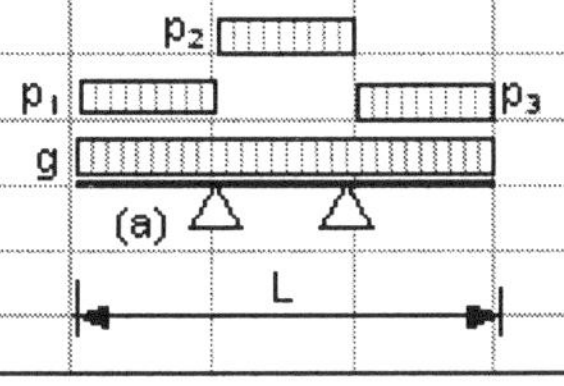


| | $C_a$ / kN | $Q_{ar}$ / kN | $x_0$ / m | $M_a$ kNm | max $M_f$ kNm | $M_b$ kNm |
|---|---|---|---|---|---|---|
| max | 178,75 | 98,75 | | -20,00 | 67,68 | -5,00 |
| min | 40,00 | 20,00 | | -80,00 | -18,75 | -20,00 |

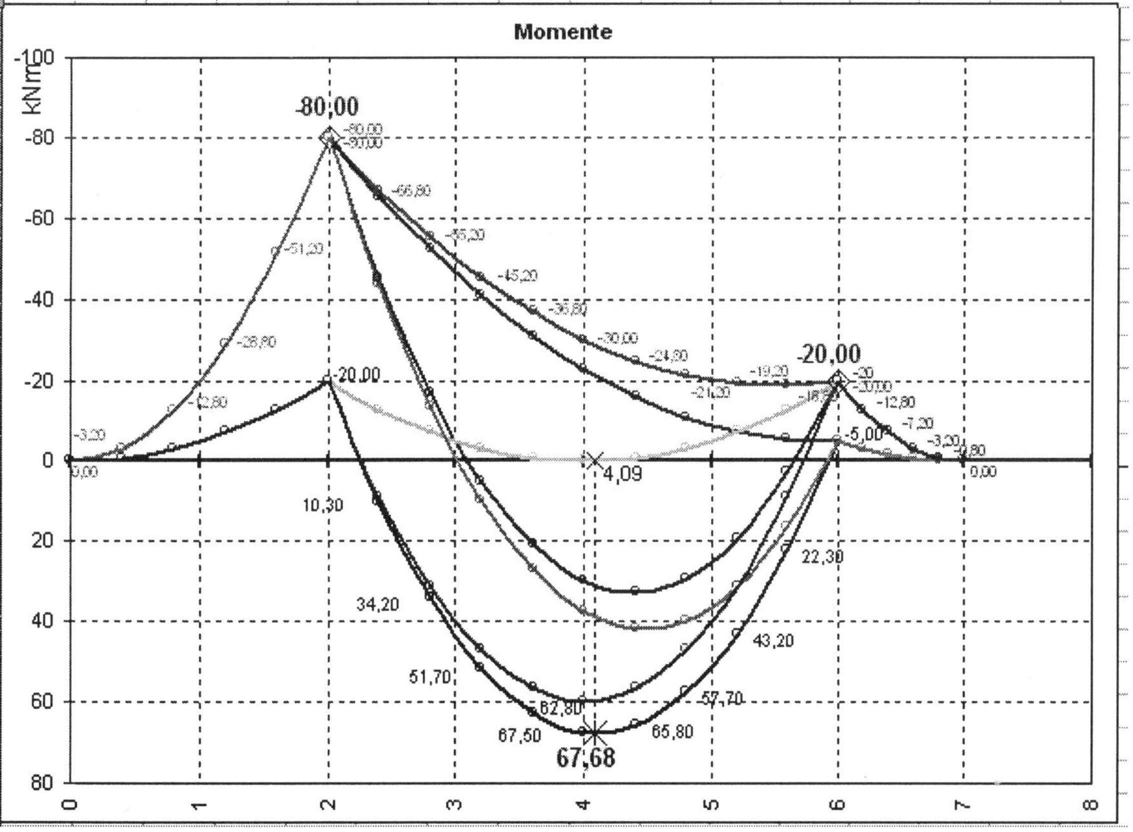


BILD 5-9 Momentenverteilung bei feldweiser Belastung

## 5.5 Einfeldträger mit unterschiedlicher Gestaltung der Auflager

### 5.5.1. Eigenlast und Einzellast kombiniert

Gegeben ist ein Einfeldträger, der durch eine gleichmäßig verteilte Gleichlast (zum Beispiel Eigengewicht) und eine Einzellast beansprucht wird. Die Einzellast soll an beliebiger Stelle, das heißt nicht nur an vorgegebenen Punkten angreifen.
Die Stützungen sollen links wie rechts in den Varianten

- ohne Stützung
- beweglich
- fest
- eingespannt

möglich sein.
Tritt kinematisch instabile Lagerung ein, erscheint eine Warnmeldung.

Zunächst geben wir einige Beispiele der Anwendung an.

Variation der Belastung

| | | |
|---|---|---|
| $F = 0$ | $g \neq 0$ | Bild 5-10 |
| $F \neq 0$ | $g \neq 0$ | Bild 5-11 |

Variation der Stützung

| Stützung links | Stützung rechts | |
|---|---|---|
| fest | beweglich | Bild 5-11 |
| eingespannt | frei | Bild 5-12 |
| eingespannt | beweglich | Bild 5-13 |
| beweglich | frei | Bild 5-14 → unzulässige Stützung |

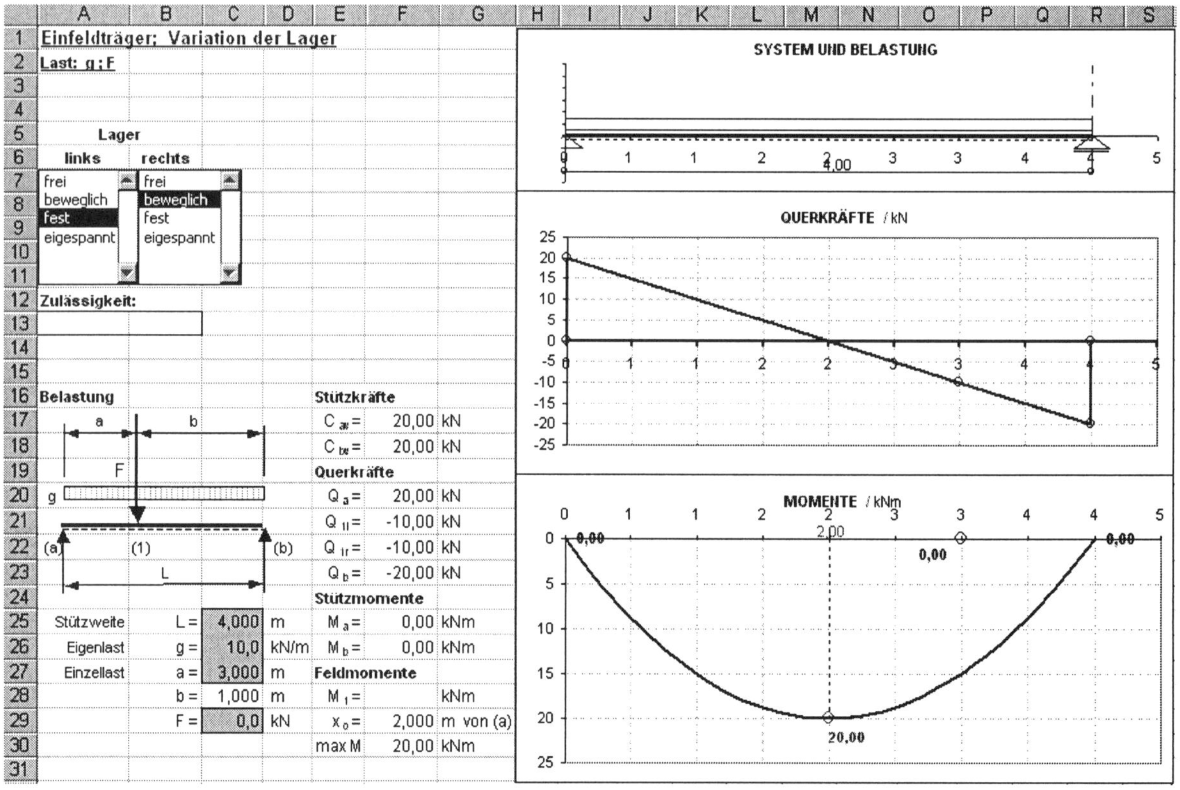


BILD 5-10 Variante: Statisch bestimmt gelagerter Einfeldträger unter Eigenlast

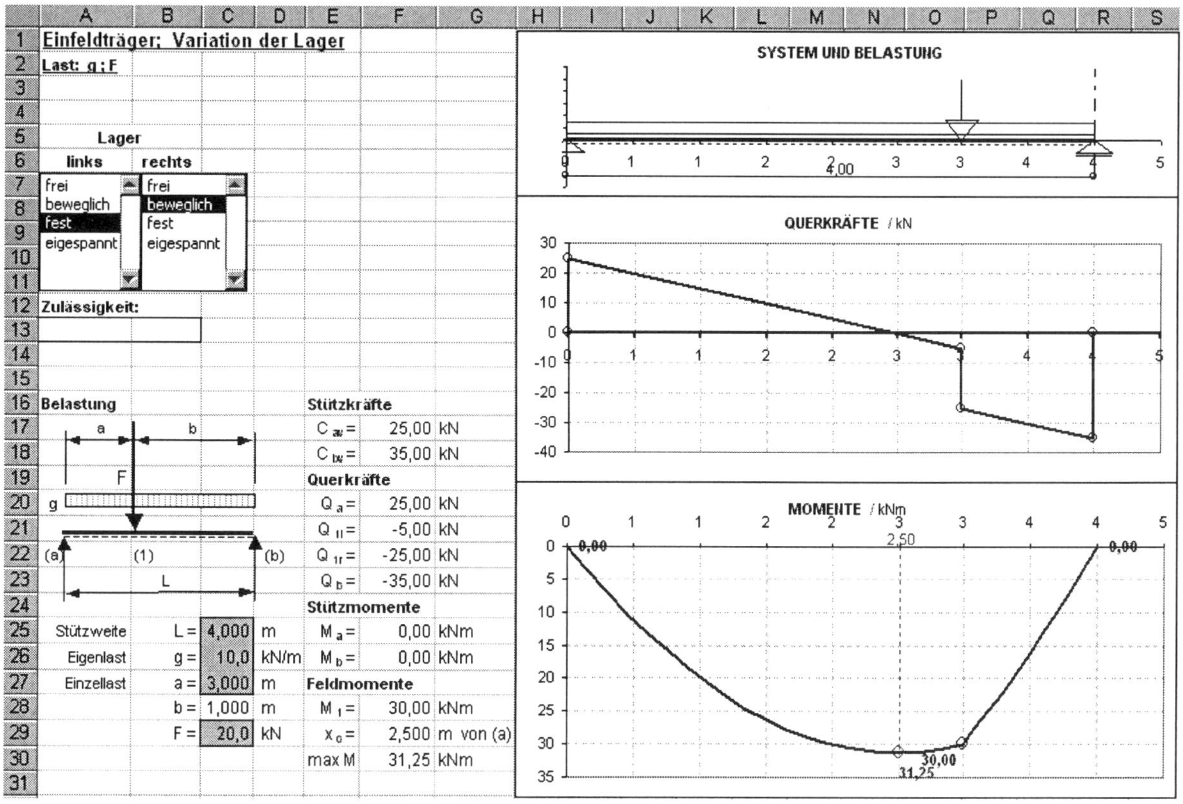


BILD 5-11 Variante: Statisch bestimmt gelagerter Einfeldträger unter Eigenlast + Einzellast

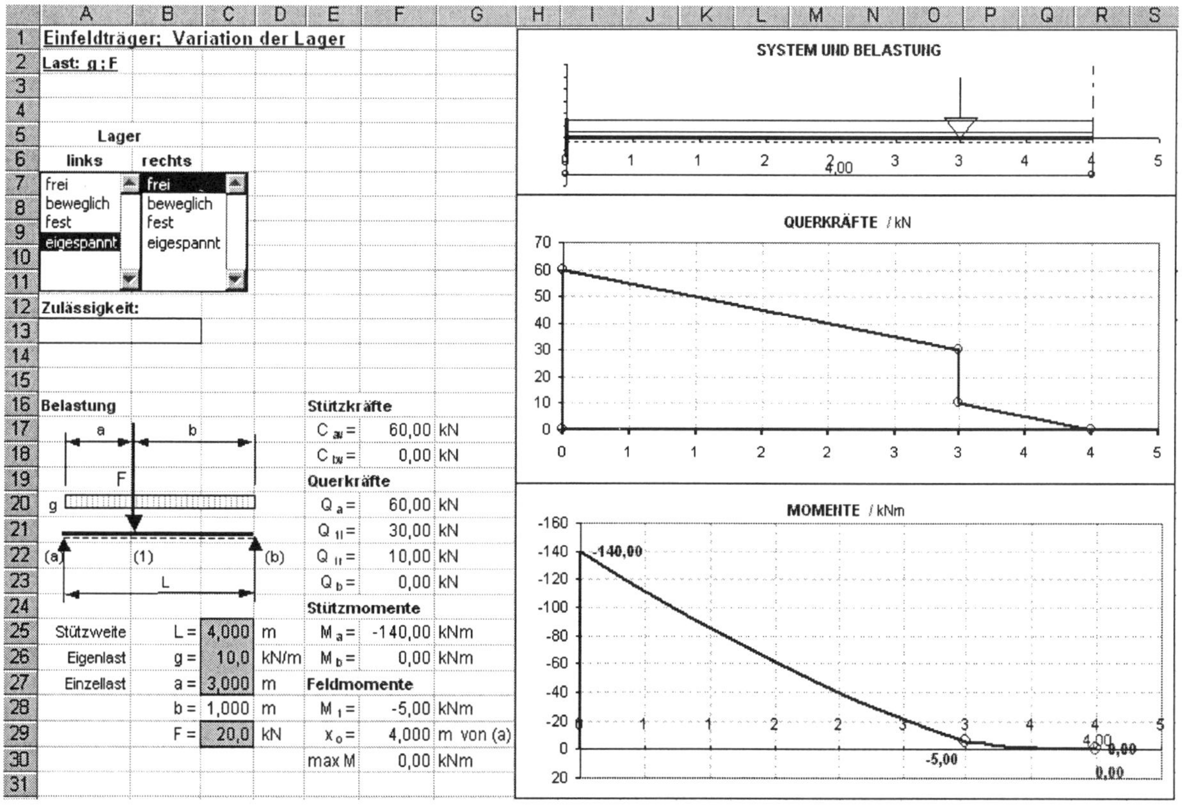


BILD 5-12 Variante: Kragträger mit Einspannung links

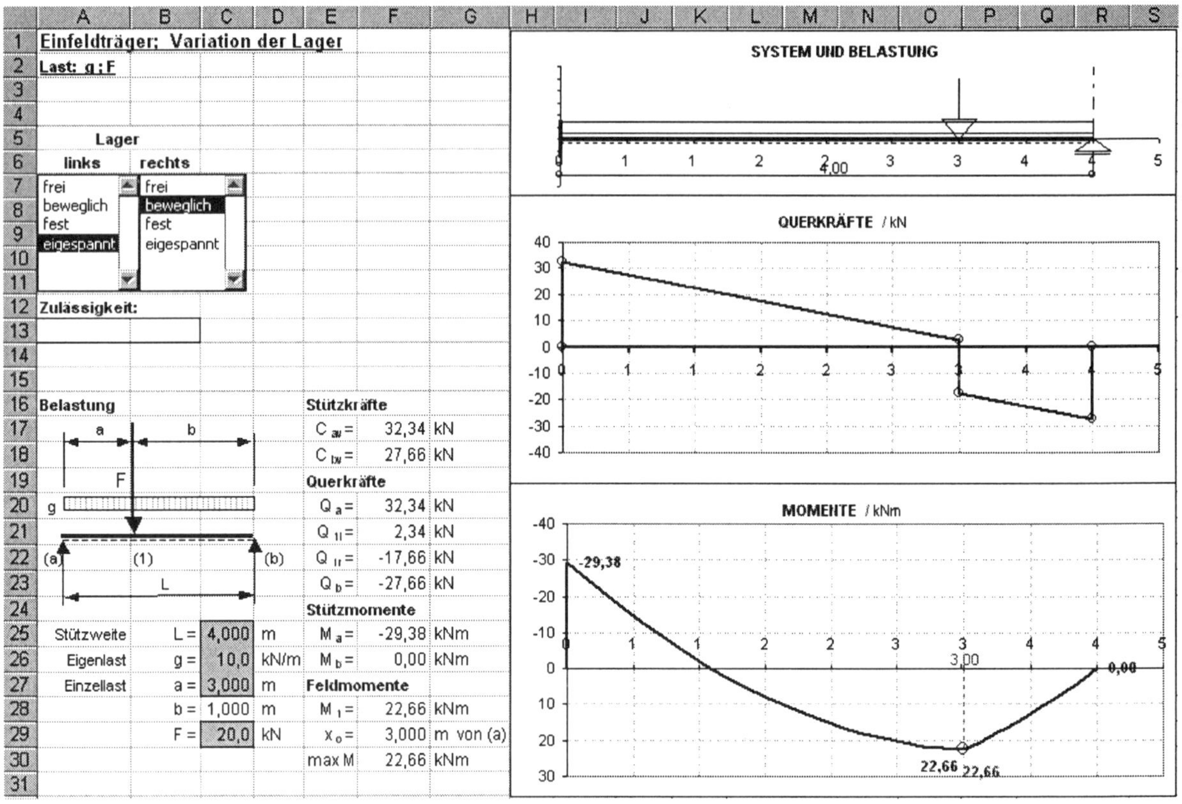


BILD 5-13 Variante: statisch unbestimmt gelagerter Einfeldträger, Einspannung links

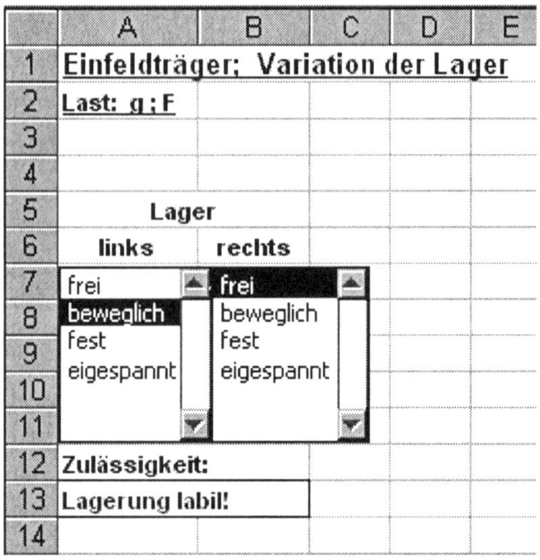


BILD 5-14 Variante: unzulässige Stützung

## Steuerung der Lagerarten

Die Spezifik des Listenfeldes wurde im Kapitel 1.10.4. erläutert.
Im Bild 5-15 wurden die Grafiken zur Seite geschoben, um die Wertetabellen frei zu setzen.

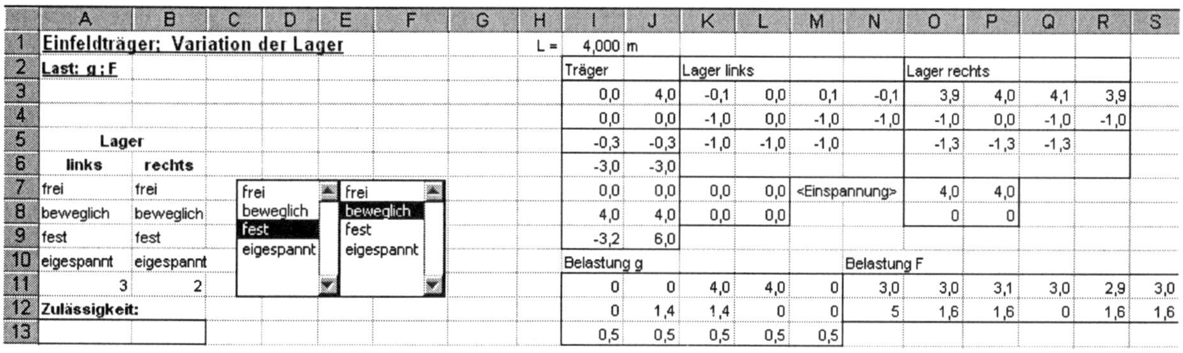

| | A | B | C | D | E | F | G | H | I | J | K | L | M | N | O | P | Q | R | S |
|---|---|---|---|---|---|---|---|---|---|---|---|---|---|---|---|---|---|---|---|
| 1 | Einfeldträger; Variation der Lager | | | | | | | L = | 4,000 | m | | | | | | | | | |
| 2 | Last: g ; F | | | | | | | | Träger | | Lager links | | | | Lager rechts | | | | |
| 3 | | | | | | | | | 0,0 | 4,0 | -0,1 | 0,0 | 0,1 | -0,1 | 3,9 | 4,0 | 4,1 | 3,9 | |
| 4 | | | | | | | | | 0,0 | 0,0 | -1,0 | 0,0 | -1,0 | -1,0 | -1,0 | 0,0 | -1,0 | -1,0 | |
| 5 | Lager | | | | | | | | -0,3 | -0,3 | -1,0 | -1,0 | -1,0 | | -1,3 | -1,3 | -1,3 | | |
| 6 | links | rechts | | | | | | | -3,0 | -3,0 | | | | | | | | | |
| 7 | frei | frei | frei | | frei | | | | 0,0 | 0,0 | 0,0 | 0,0 | <Einspannung> | | 4,0 | 4,0 | | | |
| 8 | beweglich | beweglich | beweglich | | beweglich | | | | 4,0 | 4,0 | 0,0 | 0,0 | | | 0 | 0 | | | |
| 9 | fest | fest | fest | | fest | | | | -3,2 | 6,0 | | | | | | | | | |
| 10 | eigespannt | eigespannt | eigespannt | | eigespannt | | | | Belastung g | | | | | Belastung F | | | | | |
| 11 | 3 | 2 | | | | | | | 0 | 0 | 4,0 | 4,0 | 0 | 3,0 | 3,0 | 3,1 | 3,0 | 2,9 | 3,0 |
| 12 | Zulässigkeit: | | | | | | | | 0 | 1,4 | 1,4 | 0 | 0 | 5 | 1,6 | 1,6 | 0 | 1,6 | 1,6 |
| 13 | | | | | | | | | 0,5 | 0,5 | 0,5 | 0,5 | 0,5 | | | | | | |

BILD 5-15 Aufbau des Listenfeldes zur Steuerung der Lagerarten und Wertetabellen zum Aufbau der Grafik "System und Belastung"

Der Bereich A7:B10 listet die Lagervarianten auf, A11 enthält die Steuerung für das linke, B11 die Steuerung für das rechte Lager. Bekanntlich ändert sich der Wert dieser Zellen mit der Markierung der Lagerart.
In der Zelle A13 wird die Zulässigkeit der Stützung überprüft.
Unzulässig sind die Kombinationen nach Tabelle 5-12).

| Lagerart | | WENN | | DANN | SONST |
|---|---|---|---|---|---|
| links | rechts | A11 | B11 | | |
| frei | frei | 1 | 1 | "Lagerung labil" | "" (→ kein Eintrag in der Zelle) |
| | beweglich | 1 | 2 | | |
| | fest | 1 | 3 | | |
| | | | | | |
| beweglich | frei | 2 | 1 | | |
| | beweglich | 2 | 2 | | |
| | | | | | |
| fest | frei | 3 | 1 | | |

TABELLE 5-12) Unzulässige Lagerkombinationen

Daraus folgt die EXCEL-Notation

=WENN(ODER(UND(A11=1;B11=1);UND(A11=1;B11=2);UND(A11=1;B11=3);UND(A11=2;B11=1); UND(A11=2;B11=2);UND(A11=3;B11=1));"Lagerung labil!";"")

oder etwas kürzer

=WENN(ODER(UND(A11=1;ODER(B11=1;B11=2;B11=3));UND(A11=2;ODER(B11=1;B11=2));UND( A11=3;B11=1));"Lagerung labil";"") .

## Zeichnen des Systems

=C25 (→ I1)

=I1 (→ J3)

| | H | I | J |
|---|---|---|---|
| 1 | L = | 4,000 | m |
| 2 | | Träger | |
| 3 | | 0,0 | 4,0 |
| 4 | | 0,0 | 0,0 |
| 5 | | -0,3 | -0,3 |
| 6 | | -3,0 | -3,0 |
| 7 | | 0,0 | 0,0 |
| 8 | | 4,0 | 4,0 |
| 9 | | -3,2 | 6,0 |

=I1 (→ I8)

=I8 (→ J8)

Trägerachse ( von [0;0] nach [L;0] )
Strichlinie zur Kennzeichnung der Unterseite ( von [0;-0,3] nach [L;-0,3] )
Maßlinie ( von [0;-3] nach [L;-3] )

linke Strichpunktlinie ( von [0;-3,2] nach [0;6] )
rechte Strichpunktlinie ( von [L;-3,2] nach [L;6] )

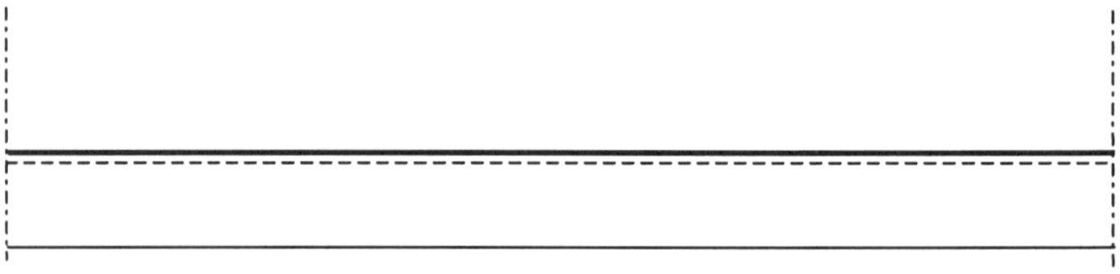

=WENN(A11=2;-1,2;-1)

=WENN(ODER($A11=2;$A11=3);-1;0)

=WENN(ODER($A11=2;$A11=3);-I1/30;0)

0

=-K3

=K3

| | H | I | J | K | L | M | N | O | P | Q | R |
|---|---|---|---|---|---|---|---|---|---|---|---|
| 1 | L = | 4,000 | m | | | | | | | | |
| 2 | | Träger | | Lager links | | | | Lager rechts | | | |
| 3 | | 0,0 | 4,0 | -0,1 | 0,0 | 0,1 | -0,1 | 3,9 | 4,0 | 4,1 | 3,9 |
| 4 | | 0,0 | 0,0 | -1,0 | 0,0 | -1,0 | -1,0 | -1,0 | 0,0 | -1,0 | -1,0 |
| 5 | | -0,3 | -0,3 | -1,0 | -1,0 | -1,0 | | -1,3 | -1,3 | -1,3 | |
| 6 | | -3,0 | -3,0 | | | | | | | | |
| 7 | | 0,0 | 0,0 | 0,0 | 0,0 | <Einspannung> | | 4,0 | 4,0 | | |
| 8 | | 4,0 | 4,0 | 0,0 | 0,0 | | | 0 | 0 | | |
| 9 | | -3,2 | 6,0 | | | | | | | | |

0

=WENN($A11=4;-1,5;0)

0

=WENN($A11=4;1,5;0)

BILD 5-16 Wertetabellen zur Skizzierung des statischen Systems

## Darstellung der Belastung

| | A | B | C | D |
|---|---|---|---|---|
| 16 | **Belastung** | | | |

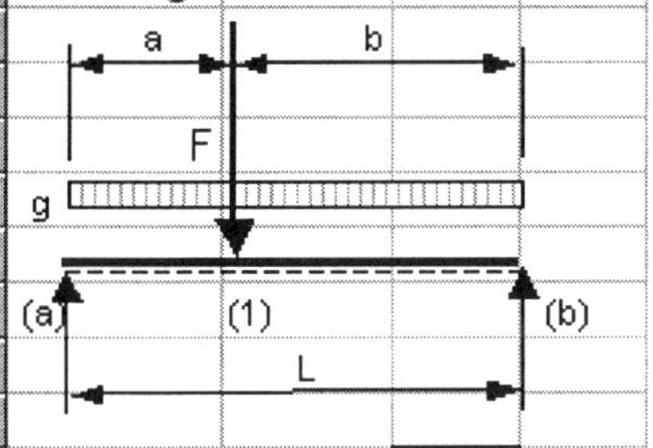


| | A | B | C | D |
|---|---|---|---|---|
| 25 | Stützweite | L = | 4,000 | m |
| 26 | Eigenlast | g = | 10,0 | kN/m |
| 27 | Einzellast | a = | 3,000 | m |
| 28 | | b = | 1,000 | m |
| 29 | | F = | 20,0 | kN |

| | H | I | J | K | L | M | N | O | P | Q | R | S |
|---|---|---|---|---|---|---|---|---|---|---|---|---|
| 1 | L = | 4,000 | m | | | | | | | | | |
| 2 | | Träger | | Lager links | | | | Lager rechts | | | | |
| 3 | | 0,0 | 4,0 | -0,1 | 0,0 | 0,1 | -0,1 | 3,9 | 4,0 | 4,1 | 3,9 | |
| 4 | | 0,0 | 0,0 | -1,0 | 0,0 | -1,0 | -1,0 | -1,0 | 0,0 | -1,0 | -1,0 | |
| 5 | | -0,3 | -0,3 | -1,0 | -1,0 | -1,0 | | -1,3 | -1,3 | -1,3 | | |
| 6 | | -3,0 | -3,0 | | | | | | | | | |
| 7 | | 0,0 | 0,0 | 0,0 | 0,0 | <Einspannung> | | 4,0 | 4,0 | | | |
| 8 | | 4,0 | 4,0 | 0,0 | 0,0 | | | 0 | 0 | | | |
| 9 | | -3,2 | 6,0 | | | | | | | | | |
| 10 | | Belastung g | | | | | Belastung F | | | | | |
| 11 | | 0 | 0 | 4,0 | 4,0 | 0 | 3,0 | 3,0 | 3,1 | 3,0 | 2,9 | 3,0 |
| 12 | | 0 | 1,4 | 1,4 | 0 | 0 | 5 | 1,6 | 1,6 | 0 | 1,6 | 1,6 |
| 13 | | 0,5 | 0,5 | 0,5 | 0,5 | 0,5 | | | | | | |

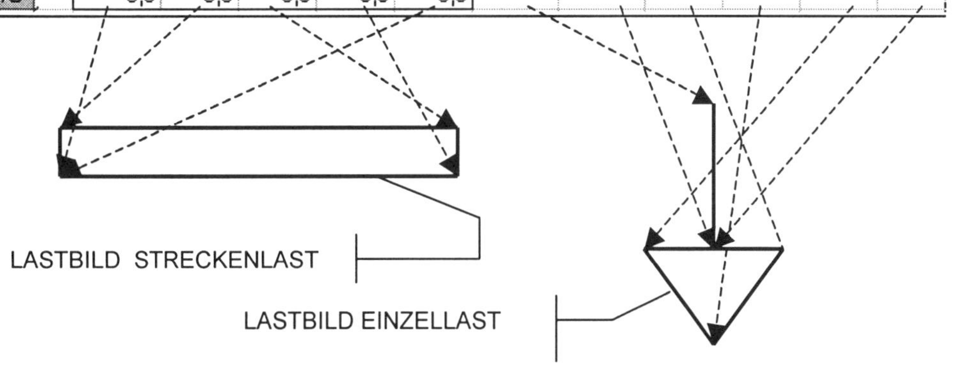


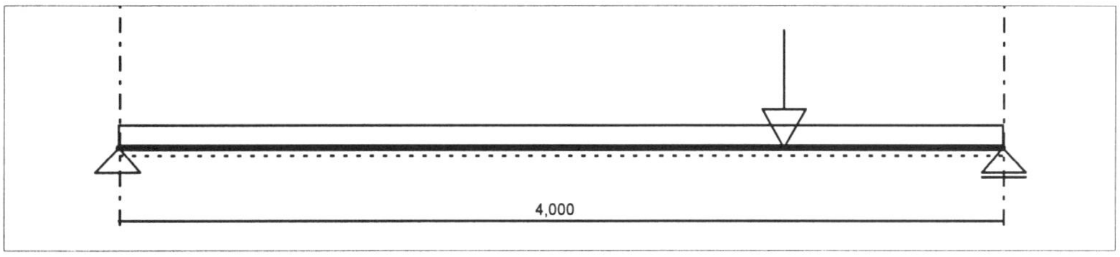


BILD 5-17 Skizzieren der Belastung

## Ermittlung der Rand- und Maximalwerte der statischen Größen

In Abhängigkeit von den Stützbedingungen ermitteln wir zunächst die Stützreaktionen.

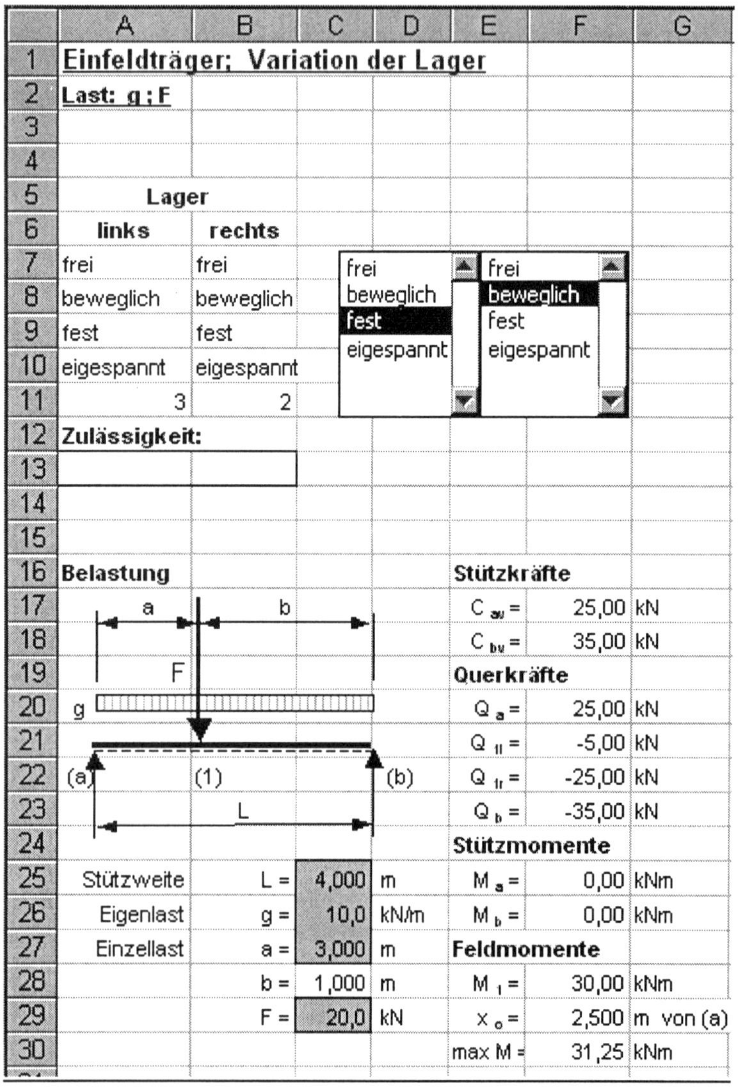


BILD 5-18 Stützreaktionen, Querkräfte und Momente an ausgezeichneten Punkten

Die Berechnungsansätze für die Stützreaktionen sind in Tabelle 5-13) aufgeführt.
Danach ergeben sich folgende EXCEL-Notationen:

ZELLE F18
EXCEL-Notation für $C_b$

```
=WENN(UND(A11=4;B11=4);0,5*C26*C25+C29*C27*C27*(C25+2*C28)/C25/C25/C25;
WENN(UND(ODER(A11=2;A11=3);B11=4);C26*C25*5/8+C29*C27*(3*C25*C25-C27*C27)/2/C25/C25/C25;
WENN(UND(A11=4;ODER(B11=2;B11=3));C26*C25*3/8+C29*C27*C27*(2*C25+C28)/2/C25/C25/C25;
WENN(UND(A11=4;B11=1);0;
WENN(UND(A11=1;B11=4);C26*C25+C29;
WENN(UND(ODER(A11=2;A11=3);ODER(B11=2;B11=3));0,5*C26*C25+C29*C27/C25;""))))))
```

ZELLE F17
EXCEL-Notation für $C_a$

```
=C26*C25+C29-F18
```

ZELLE F26
EXCEL-Notation für $M_b$

```
=WENN(ODER(B11=1;B11=2;B11=3);0;
WENN(UND(A11=1;B11=4);-0,5*C26*I1*I1-C29*C28;
WENN(UND(ODER(A11=2;A11=3);B11=4);-C26*I1*I1/8-C29*C27*C28*(I1+C27)/2/I1/I1;
WENN(UND(A11=4;B11=4);-C26*I1*I1/12-C29*C27*C27*C28/I1/I1;""))))
```

ZELLE F25
EXCEL-Notation für $M_a$

```
=F26+F18*C25-C26*C25*C25/2-C29*C27
```

| A11 = | B11 = | System (a) (b) | Vertikale Stützkräfte $C_a =$ | Vertikale Stützkräfte $C_b =$ | Momente $M_a =$ | Momente $M_b =$ | infolge |
|---|---|---|---|---|---|---|---|
| 4 | 4 | 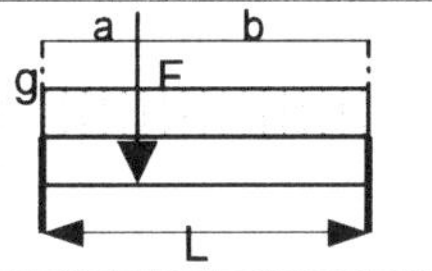 | $gL + F - C_b$ | $\frac{1}{2}gL +$ | $M_b + C_b L - \frac{1}{2}gL^2 - Fa$ | $-\frac{1}{12}gL^2$ | g |
| | | | | $\frac{Fa^2}{L^3}(L + 2b)$ | | $-\frac{Fa^2 b}{L_2}$ | F |
| 2 / 3 | 4 | 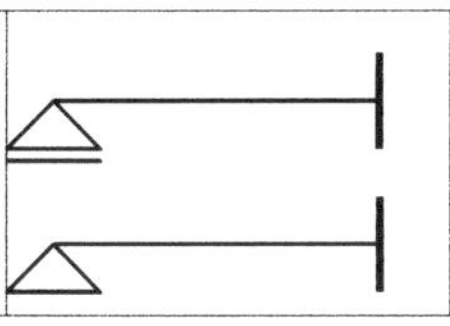 | $gL + F - C_b$ | $\frac{5}{8}gL +$ | $M_b + C_b L - \frac{1}{2}gL^2 - Fa$ | $-\frac{1}{8}gL^2$ | g |
| | | | | $\frac{Fa}{2L^3}\left(3L^2 - a^2\right)$ | | $-\frac{Fab}{2L^2}(L + a)$ | F |
| 4 | 2 / 3 | 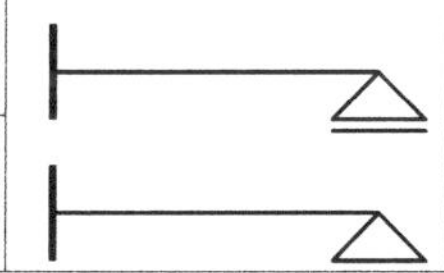 | $gL + F - C_b$ | $\frac{3}{8}gL +$ | $M_b + C_b L - \frac{1}{2}gL^2 - Fa$ | 0 | g |
| | | | | $\frac{Fa^2}{2L^3}(2L + b)$ | | 0 | F |
| 4 | 1 |  | $gL + F - C_b$ | 0 | $M_b + C_b L - \frac{1}{2}gL^2 - Fa$ | 0 | g |
| | | | | 0 | | 0 | F |
| 1 | 4 | 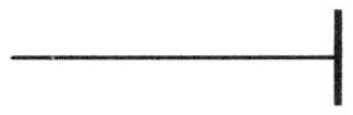 | $gL + F - C_b$ | $gL +$ | 0 | $-\frac{1}{2}gL^2$ | g |
| | | | | F | | $-Fb$ | F |
| 2 / 3 | 2 | 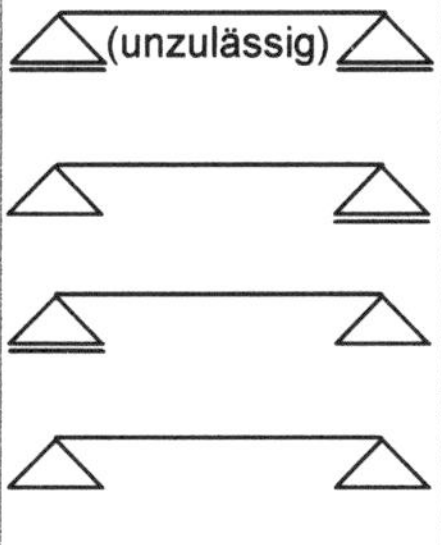 | $gL + F - C_b$ | $\frac{1}{2}gL +$ | 0 | 0 | g |
| 2 / 3 | 3 | | | $\frac{1}{L}Fa$ | | 0 | F |

TABELLE 5-13) Ermittlung der Stützreaktionen in Abhängigkeit von den Stützbedingungen

Mit Bezug auf Bild 5-19 stellen wir die Schittreaktionen an ausgezeichneten Punkten zusammen, Tabelle 5-14).

| ZELLE | Schnitt-reaktion | Berechnug | EXCEL-Notation |
|---|---|---|---|
| F20 | $Q_a$ | $= C_a$ | =F17 |
| F21 | $Q_{1l}$ | $= Q_a - g\,a$ | =F20-C26*C27 |
| F22 | $Q_{1r}$ | $= Q_{1l} - F$ | =F21-C29 |
| F23 | $Q_b$ | $= Q_{1r} - g\,b$ | =F22-C26*C28 |
| | | | |
| F28 | $M_1$ | $F \neq 0$:<br>$= M_a + C_a\,a - 0{,}5\,g\,a^2$ | =WENN(C29<>0;F25+F17*C27-C26*C27*C27/2;"") |
| F29 | $x_0$ | $g \neq 0$:<br>$= a$<br>$Q_a / g \leq a$:<br>$= Q_a / g$<br>$Q_a - ga \geq 0 > Q_a - ga - F$:<br>$= a$<br>$Q_a - g\,a - F > 0$:<br>$= L + Q_b / b$ | =WENN(C26=0;C27;<br>WENN(F20/C26<=C27;F20/C26;<br>WENN(UND(F20-C26*C27>=0;F20-C26*C27-C29<0);C27;<br>WENN(F20-C26*C27-C29>0;C25+F23/C26;"")))) |
| F30 | max M | $x_0 < a$:<br>$= M_a + 0{,}5\,Q_a\,x_0$<br>$x_0 = a$:<br>$= M_a + 0{,}5\,(Q_a + Q_{1l})\,a$<br>$x_0 > a$:<br>$= M_b - 0{,}5\,Q_b\,(L - x_0)$ | =WENN(F29<C27;F25+0,5*F20*F29;<br>WENN(F29=C27;F25+0,5*(F20+F21)*C27;F26-<br>0,5*F23*(C25-F29))) |

TABELLE 5-14) Schnittreaktionen an ausgezeichneten Punkten

## Zeichnen der Querkraft- und Momentenlinie

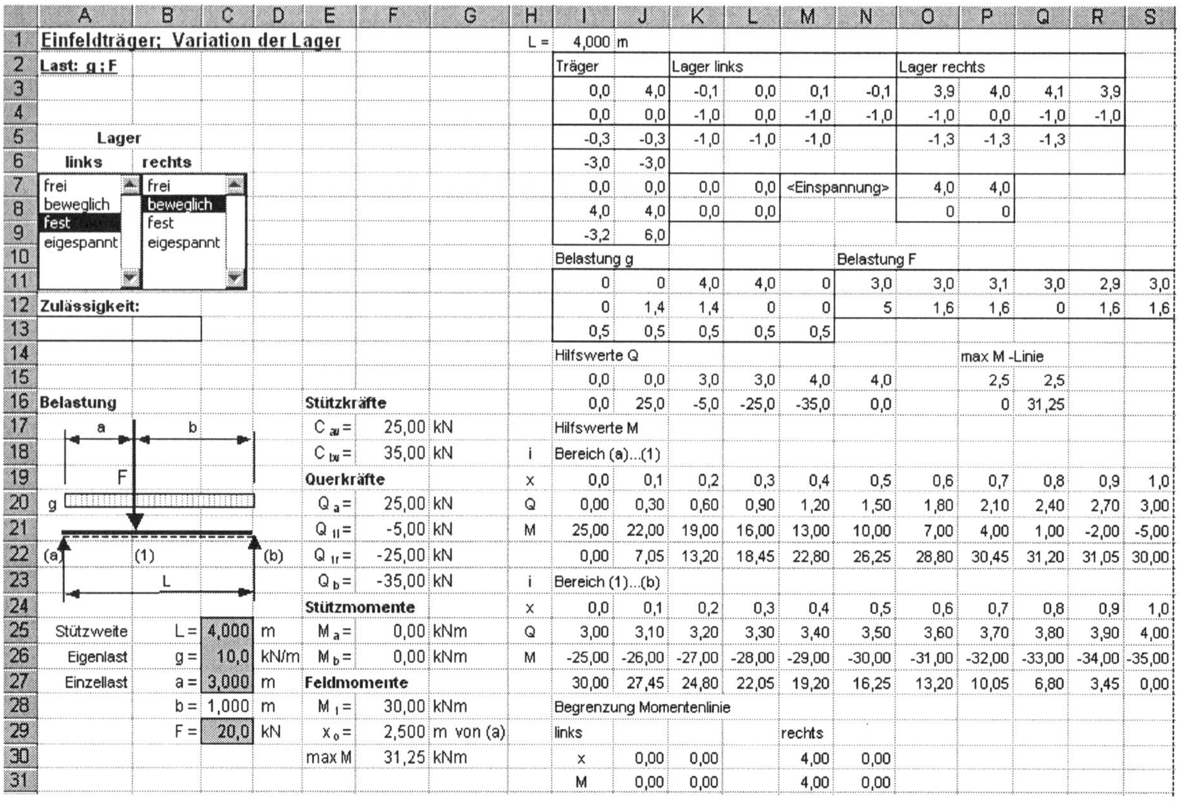

| | A | B | C | D | E | F | G | H | I | J | K | L | M | N | O | P | Q | R | S |
|---|---|---|---|---|---|---|---|---|---|---|---|---|---|---|---|---|---|---|---|
| 1 | **Einfeldträger; Variation der Lager** | | | | | | | L = | 4,000 | m | | | | | | | | | |
| 2 | **Last: g ; F** | | | | | | | | Träger | | Lager links | | | | Lager rechts | | | | |
| 3 | | | | | | | | | 0,0 | 4,0 | -0,1 | 0,0 | 0,1 | -0,1 | 3,9 | 4,0 | 4,1 | 3,9 | |
| 4 | | | | | | | | | 0,0 | 0,0 | -1,0 | 0,0 | -1,0 | -1,0 | -1,0 | 0,0 | -1,0 | -1,0 | |
| 5 | **Lager** | | | | | | | | -0,3 | -0,3 | -1,0 | -1,0 | -1,0 | | -1,3 | -1,3 | -1,3 | | |
| 6 | **links** | **rechts** | | | | | | | -3,0 | -3,0 | | | | | | | | | |
| 7 | frei | frei | | | | | | | 0,0 | 0,0 | 0,0 | 0,0 | <Einspannung> | | 4,0 | 4,0 | | | |
| 8 | beweglich | beweglich | | | | | | | 4,0 | 4,0 | 0,0 | 0,0 | | | 0 | 0 | | | |
| 9 | fest | fest | | | | | | | -3,2 | 6,0 | | | | | | | | | |
| 10 | eigespannt | eigespannt | | | | | | | Belastung g | | | | | Belastung F | | | | | |
| 11 | | | | | | | | | 0 | 0 | 4,0 | 4,0 | 0 | 3,0 | 3,0 | 3,1 | 3,0 | 2,9 | 3,0 |
| 12 | **Zulässigkeit:** | | | | | | | | 0 | 1,4 | 1,4 | 0 | 0 | 5 | 1,6 | 1,6 | 0 | 1,6 | 1,6 |
| 13 | | | | | | | | | 0,5 | 0,5 | 0,5 | 0,5 | 0,5 | | | | | | |
| 14 | | | | | | | | | Hilfswerte Q | | | | | | | max M -Linie | | | |
| 15 | | | | | | | | | 0,0 | 0,0 | 3,0 | 3,0 | 4,0 | 4,0 | | 2,5 | 2,5 | | |
| 16 | **Belastung** | | | | **Stützkräfte** | | | | 0,0 | 25,0 | -5,0 | -25,0 | -35,0 | 0,0 | | 0 | 31,25 | | |
| 17 | a | b | | | $C_{au}$ = | 25,00 | kN | | Hilfswerte M | | | | | | | | | | |
| 18 | | | | | $C_{bu}$ = | 35,00 | kN | i | Bereich (a)...(1) | | | | | | | | | | |
| 19 | F | | | | **Querkräfte** | | | x | 0,0 | 0,1 | 0,2 | 0,3 | 0,4 | 0,5 | 0,6 | 0,7 | 0,8 | 0,9 | 1,0 |
| 20 | g | | | | $Q_a$ = | 25,00 | kN | Q | 0,00 | 0,30 | 0,60 | 0,90 | 1,20 | 1,50 | 1,80 | 2,10 | 2,40 | 2,70 | 3,00 |
| 21 | | | | | $Q_{1l}$ = | -5,00 | kN | M | 25,00 | 22,00 | 19,00 | 16,00 | 13,00 | 10,00 | 7,00 | 4,00 | 1,00 | -2,00 | -5,00 |
| 22 | (a) | (1) | | (b) | $Q_{1r}$ = | -25,00 | kN | | 0,00 | 7,05 | 13,20 | 18,45 | 22,80 | 26,25 | 28,80 | 30,45 | 31,20 | 31,05 | 30,00 |
| 23 | | L | | | $Q_b$ = | -35,00 | kN | i | Bereich (1)...(b) | | | | | | | | | | |
| 24 | | | | | **Stützmomente** | | | x | 0,0 | 0,1 | 0,2 | 0,3 | 0,4 | 0,5 | 0,6 | 0,7 | 0,8 | 0,9 | 1,0 |
| 25 | Stützweite | L = | 4,000 | m | $M_a$ = | 0,00 | kNm | Q | 3,00 | 3,10 | 3,20 | 3,30 | 3,40 | 3,50 | 3,60 | 3,70 | 3,80 | 3,90 | 4,00 |
| 26 | Eigenlast | g = | 10,0 | kN/m | $M_b$ = | 0,00 | kNm | M | -25,00 | -26,00 | -27,00 | -28,00 | -29,00 | -30,00 | -31,00 | -32,00 | -33,00 | -34,00 | -35,00 |
| 27 | Einzellast | a = | 3,000 | m | **Feldmomente** | | | | 30,00 | 27,45 | 24,80 | 22,05 | 19,20 | 16,25 | 13,20 | 10,05 | 6,80 | 3,45 | 0,00 |
| 28 | | b = | 1,000 | m | $M_1$ = | 30,00 | kNm | | Begrenzung Momentenlinie | | | | | | | | | | |
| 29 | | F = | 20,0 | kN | $x_0$ = | 2,500 | m von (a) | | links | | | | rechts | | | | | | |
| 30 | | | | | max M | 31,25 | kNm | | x | 0,00 | 0,00 | | 4,00 | 0,00 | | | | | |
| 31 | | | | | | | | | M | 0,00 | 0,00 | | 4,00 | 0,00 | | | | | |

BILD 5-19 Wertetabellen zum Zeichnen der Q- und M-Linien

Das Zeichnen der Schnittkraftlinien erfolgt nach den Wertetabellen des Bildes 5-19.
Da durch das Vorhandensein einer Einzellast Unstetigkeitsstellen entstehen, sind die Linien getrennt für die Bereiche (a) ... (1) und (1) ... (b) zu betrachten. Damit ist auch gewährleistet, dass die Einzellast an jeder beliebigen Stelle der Trägerachse stehen kann.
Obwohl nach dem Studium vorangegangener Kapitel der Aufbau der Wertetabellen einleuchtend sein sollte, geben wir auszugsweise EXCEL-Funktionen an., Bild 5-20 und Tabelle 5-15).

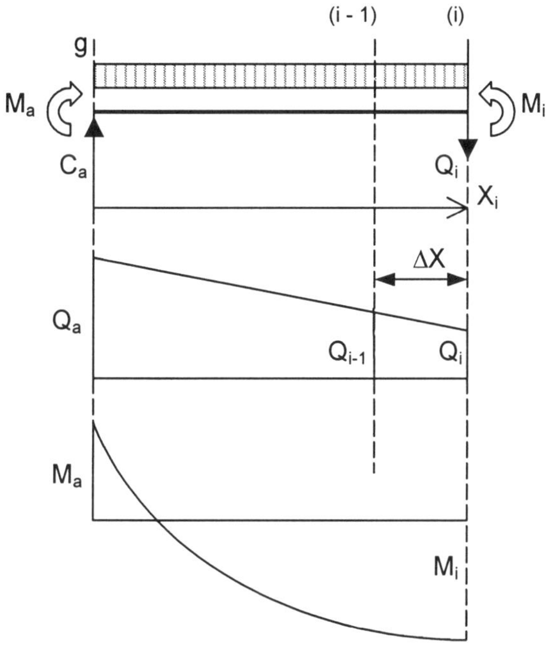


BILD 5-20 Schnittkraftbeziehungen für den Aufbau der Wertetabellen in Bild 5-20

| ZELLE | EXCEL-Notation | | |
|---|---|---|---|
| K19 | 0,2 | Zehntelpunkt im Bereich 0 ... a | |
| K20 | =K19*$C$27 | X- Koordinate, gemessen von (a) | $X_i = i\,L$ |
| K21 | =J21-$C$26*(K20-J20) | Q an dieser Stelle | $Q_i = Q_{i-1} - g\,\Delta X$ |
| K22 | =$I$22+0,5*($I$21+K21)*K20 | M an dieser Stelle | $M_i = M_a + 0{,}5\,(Q_a + Q_i)\,X_i$ |

TABELLE 5-15) Schnittkraftbeziehungen nach Bild 5-24

## 5.5.2. Eigenlast und Streckenlast kombiniert

Theoretische Grundlagen und praktische Realisierung entsprechen den Darlegungen unter Kapitel 5.5.1.
Bild 5-21 verdeutlicht die Funktionsweise des Programmes.

Beispiel: Ein Lager fest und ein Lager beweglich

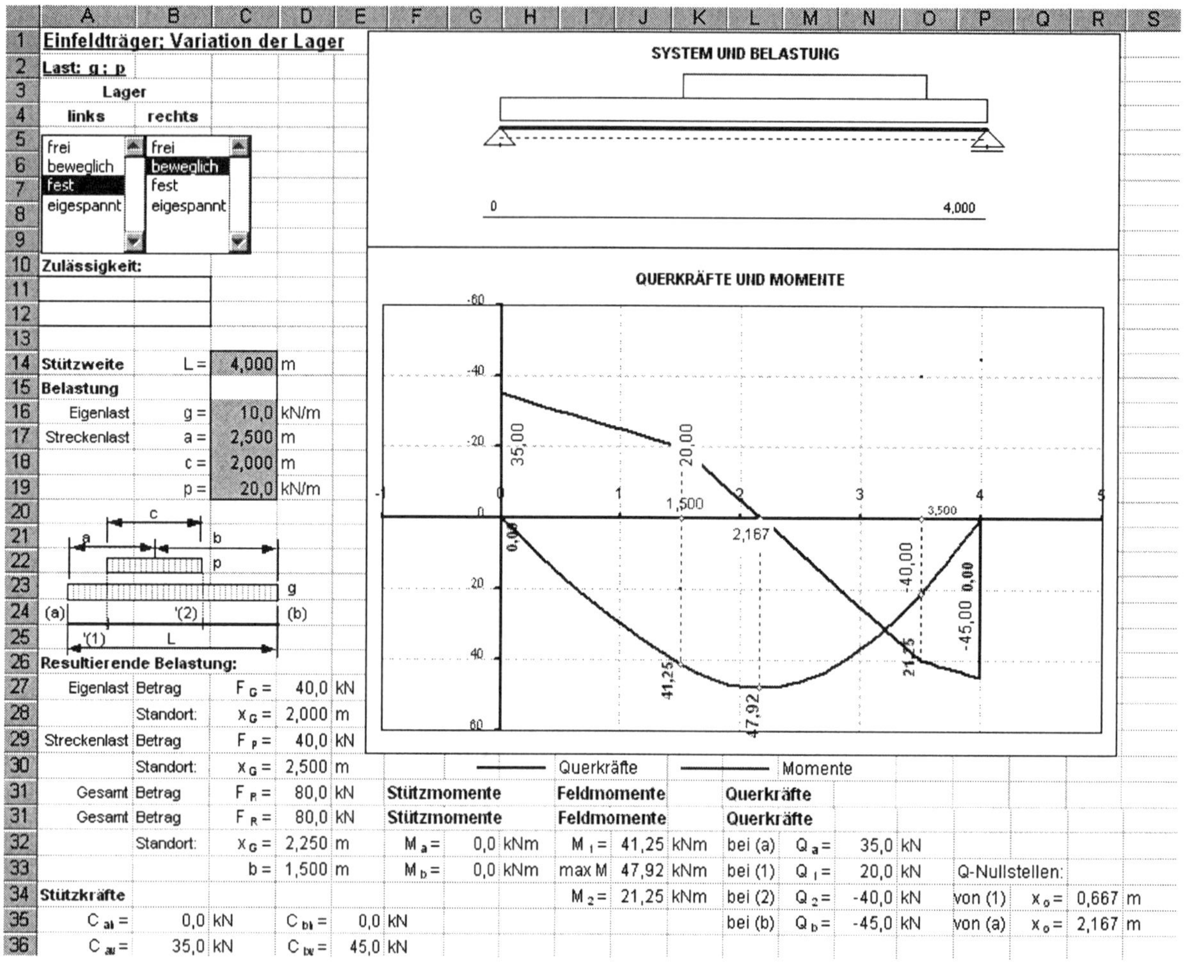


BILD 5-21 Schnittkräfte am Einfeldträger aus Eigen- und Streckenlast bei Variation der Lager; Beispiel

## 5.6 Gerberträger

Der Vorteil eines Durchlaufträgers besteht darin, dass durch den Aufbau negativer Stützmomente die Beträge der Feldmomente abnehmen und damit eine günstige Momentenverteilung entsteht. Die Suche nach dem statisch bestimmten Trägerzug mit gleichen Vorteilen führt zum Gerberträger (Gelenkträger). Das System ist statisch bestimmt und kinematisch starr, wenn die Anzahl der in den Feldern liegenden Gelenke übereinstimmt mit der Zahl der Innenstützen und bestimmte Regeln der Verteilung der Gelenke eingehalten werden.

Wir untersuchen einen Gerberträger über vier Stützen mit beidseitigen Kragarmen. Es ergeben sich die Varianten nach Bild 5-22.

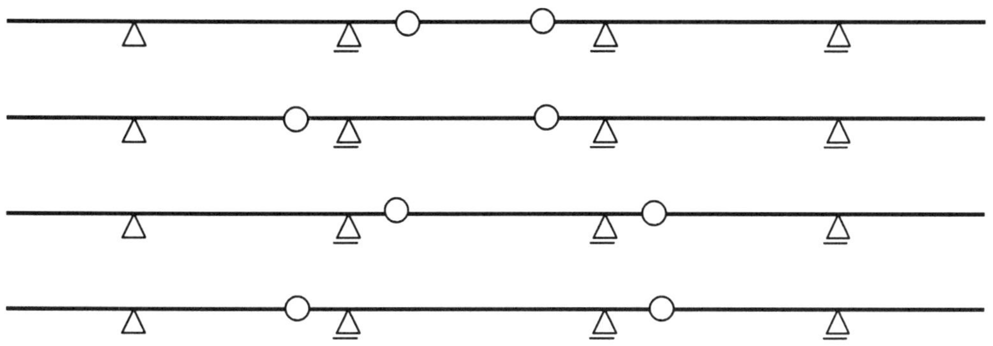

| **Bezeichnung** | **Stützung** |
| --- | --- |
| Grundträger | auf zwei äußeren Stützen |
| Schleppträger | auf einer äußeren Stütze; in einem Gelenk |
| Koppelträger | in zwei Gelenken |

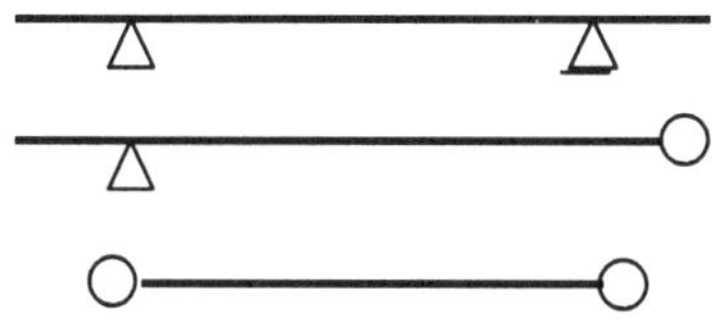

BILD 5-22 Statisch bestimmte und kinematisch starre Stützung des Gelenkträgers über vier Stützen

Die Belastung soll feldweise konstant angesetzt werden, Bild 5-23.

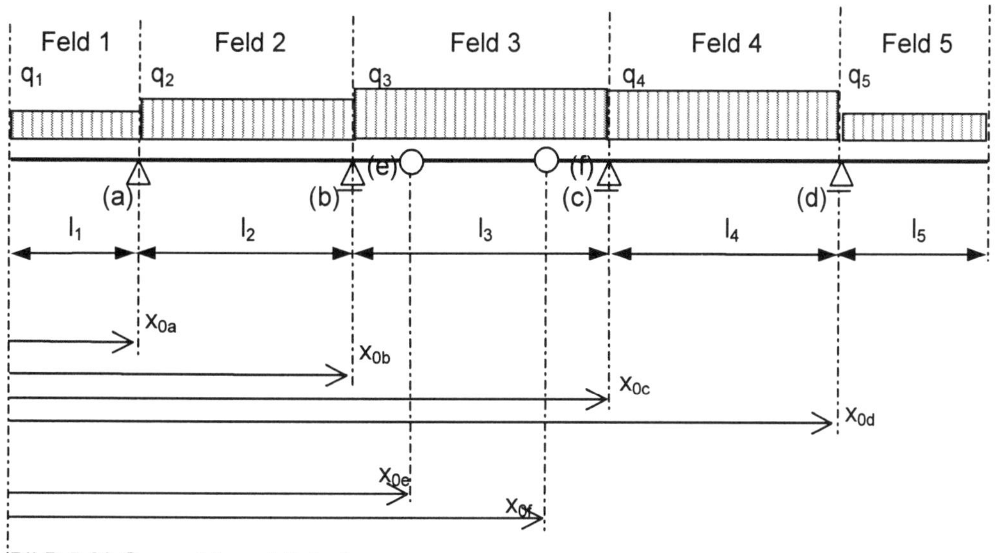


BILD 5-23 Geometrie und Belastung

Zur Ermittlung der Stützkräfte über die Handrechnung wird der Trägerzug durch Schnitte in den Gelenken in statisch bestimmte Teilsysteme zerlegt. Hier wählen wir einen anderen Weg, da der Rechenaufwand bei der Lösung eines linearen Gleichungssystems keine Rolle spielt. Als Gleichgewichtsbedingung werden drei Momentengleichungen und die Summe der Vertikalkräfte angesetzt.

## Resultierende Feldbelastung und Stützkräfte

(Fall: beide Gelenke im Feld 3)

$F_i = q_i\, l_i$ für i = 1 ... 5

Standorte gemessen von x = 0

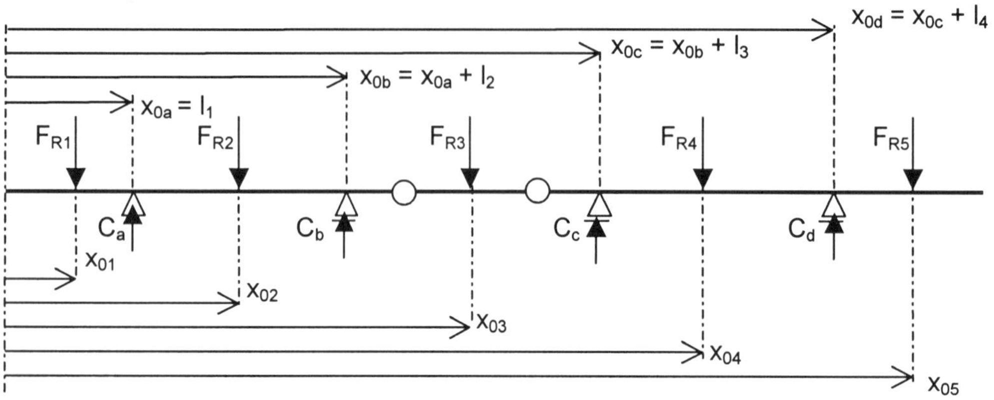


$x_{01} = \frac{l_1}{2}$; $x_{02} = x_{0a} + \frac{l_2}{2}$; $x_{03} = x_{0b} + \frac{l_3}{2}$; $x_{04} = x_{0c} + \frac{l_4}{2}$; $x_{05} = x_{0d} + \frac{l_5}{2}$

BILD 5-24 Abstand der Resultierenden von x = 0

Standorte gemessen von $x = x_e$

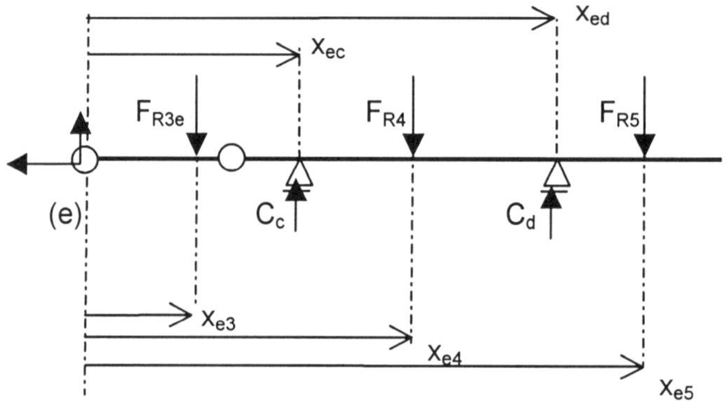


$x_{e3} = 0{,}5\left(x_{0c} - x_{0e}\right)$; $x_{e4} = x_{04} - x_{0e}$; $x_{e5} = x_{05} - x_{0e}$; $x_{ec} = x_{0c} - x_{0e}$; $x_{ed} = x_{0d} - x_{0e}$

BILD 5-25 Abstand der Resultierenden von $x = x_e$

Standorte gemessen von $x = x_f$

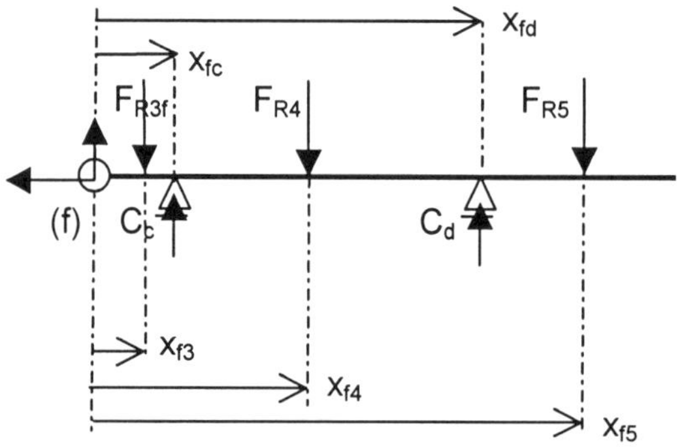


$x_{f3} = 0{,}5\left(x_{0c} - x_{0f}\right)$ $x_{f4} = x_{04} - x_{0f}$; $x_{f5} = x_{05} - x_{0f}$; $x_{fc} = x_{0c} - x_{0f}$; $x_{fd} = x_{0d} - x_{0f}$

BILD 5-26 Abstand der Resultierenden von $x = x_f$

## Gleichgewichtsbedingungen

| | Bild | | |
|---|---|---|---|
| $\sum M_{(0)} = 0$ | 5-24 | $C_a x_{0a} + C_b x_{0b} + C_c x_{0c} + C_d x_{0d} = q_1 l_1 x_{01} + q_2 l_2 x_{02} + q_3 l_3 x_{03} + q_4 l_4 x_{04} + q_5 l_5 x_{05}$ | 5-(15) |
| $\sum M_{(e)} = 0$ | 5-25 | $C_c x_{ec} + C_d x_{ed} = q_3 \frac{x_{ec}^2}{2} + q_4 l_4 x_{e4} + q_5 l_5 x_{e5}$ | 5-(16) |
| $\sum M_{(f)} = 0$ | 5-26 | $C_c x_{fc} + C_d x_{fd} = q_3 \frac{x_{fc}^2}{2} + q_4 l_4 x_{f4} + q_5 l_5 x_{f5}$ | 5-(17) |
| $\sum V = 0$ | 5-24 | $C_a + C_b + C_c + C_d = F_1 + F_2 + F_3 + F_4 + F_5$ | 5-(18) |

## Gleichungssystem

$$\begin{bmatrix} x_{0a} & x_{0b} & x_{0c} & x_{0d} \\ 0 & 0 & x_{ec} & x_{ed} \\ 0 & 0 & x_{fc} & x_{fd} \\ 1 & 1 & 1 & 1 \end{bmatrix} \begin{bmatrix} C_a \\ C_b \\ C_c \\ C_d \end{bmatrix} = \begin{bmatrix} q_1 l_1 x_{01} + q_2 l_2 x_{02} + q_3 l_3 x_{03} + q_4 l_4 x_{04} + q_5 l_5 x_{05} \\ q_3 \frac{x_{ec}^2}{2} + q_4 l_4 x_{e4} + q_5 l_5 x_{e5} \\ q_3 \frac{x_{fc}^2}{2} + q_4 l_4 x_{f4} + q_5 l_5 x_{f5} \\ F_1 + F_2 + F_3 + F_4 + F_5 \end{bmatrix} \qquad 5\text{-}(19)$$

Nach der Auflösung des Gleichungssystems werden die Schnittkraftbilder nach den vorgestellten Methoden berechnet. Die Wertetabellen liegen unter der Grafik und in den ausgeblendeten Zeilen 45 bis 121. Die EXCEL-Notationen geben wir hier nicht an.

Die Bilder 5-27 bis 5-31 zeigen Berechnungen von Varianten, einschließlich der Reaktion bei fehlerhafter Eingabe, die zu unzulässigen Geometrien führen.

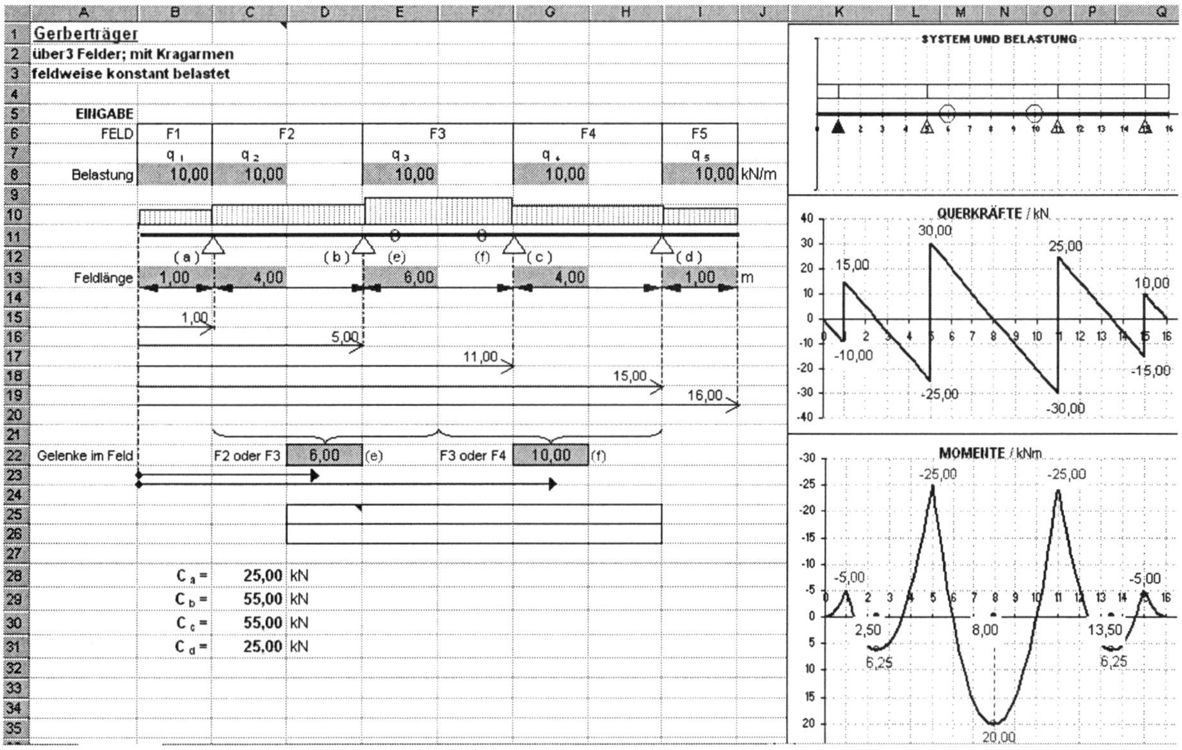


BILD 5-27 Beispiel: Gerberträger über vier Stützen mit Kragarmen; Koppelträger im Mittelfeld

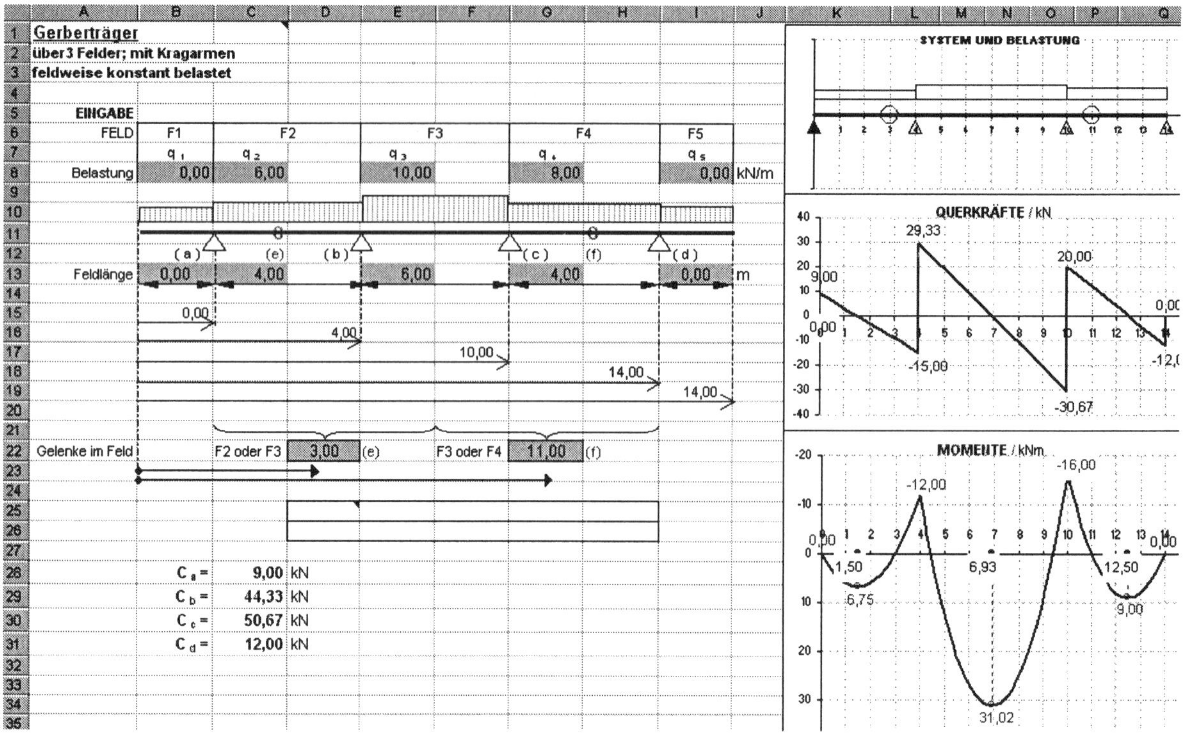


BILD 5-28 Beispiel: Gerberträger über vier Stützen ohne Kragarme; Gelenke in den Außenfeldern

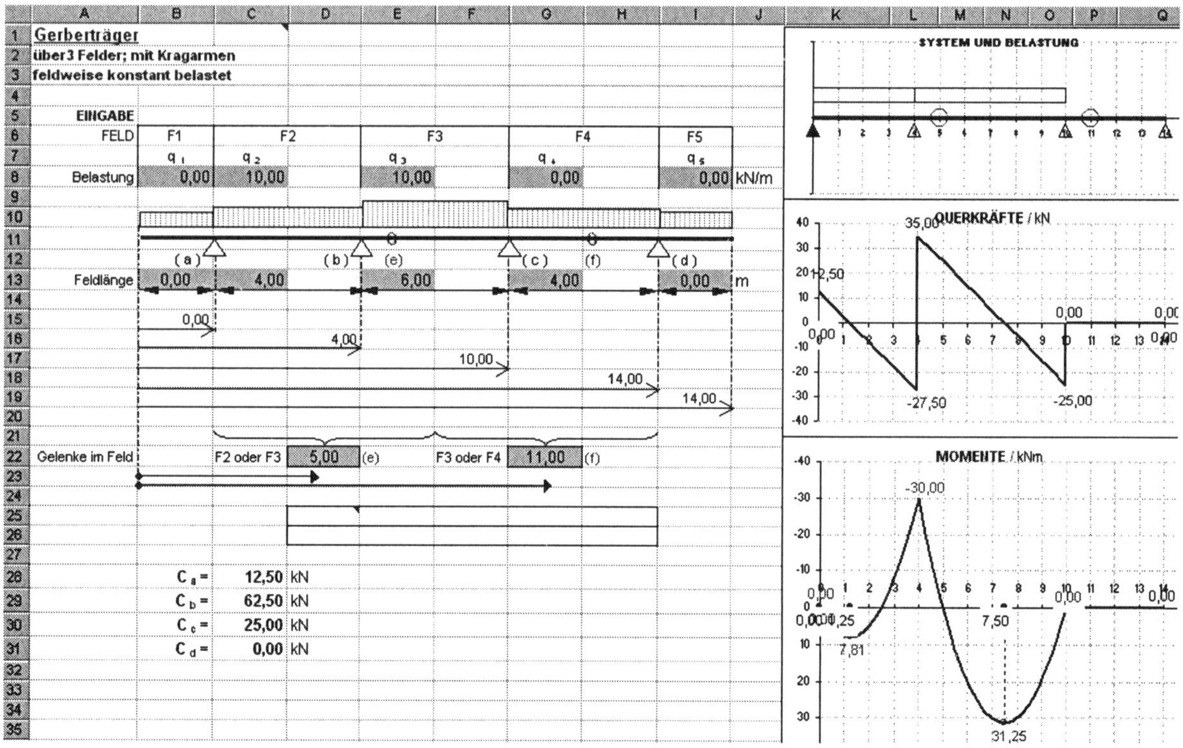


BILD 5-29 Beispiel: Gerberträger über vier Stützen ohne Kragarme; Gelenke im Mittelfeld und rechten Außenfeld

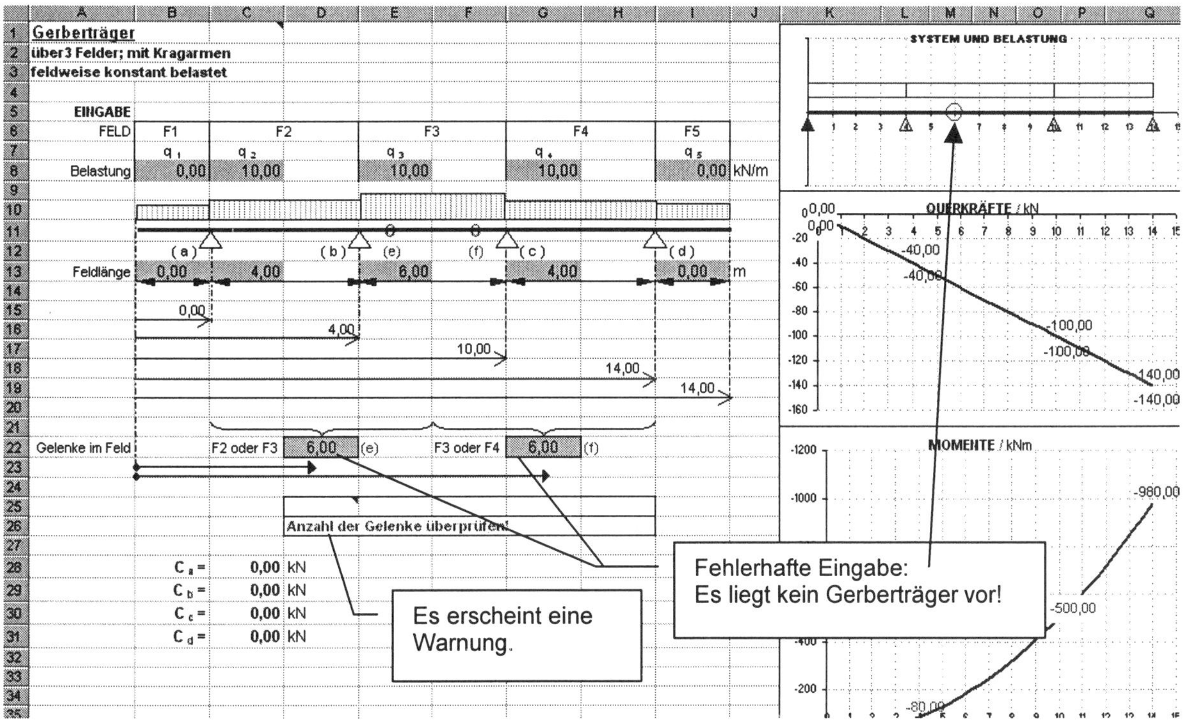


BILD 5-30 Fehlerhafte Eingabe: Beide Gelenke liegen in einem Punkt

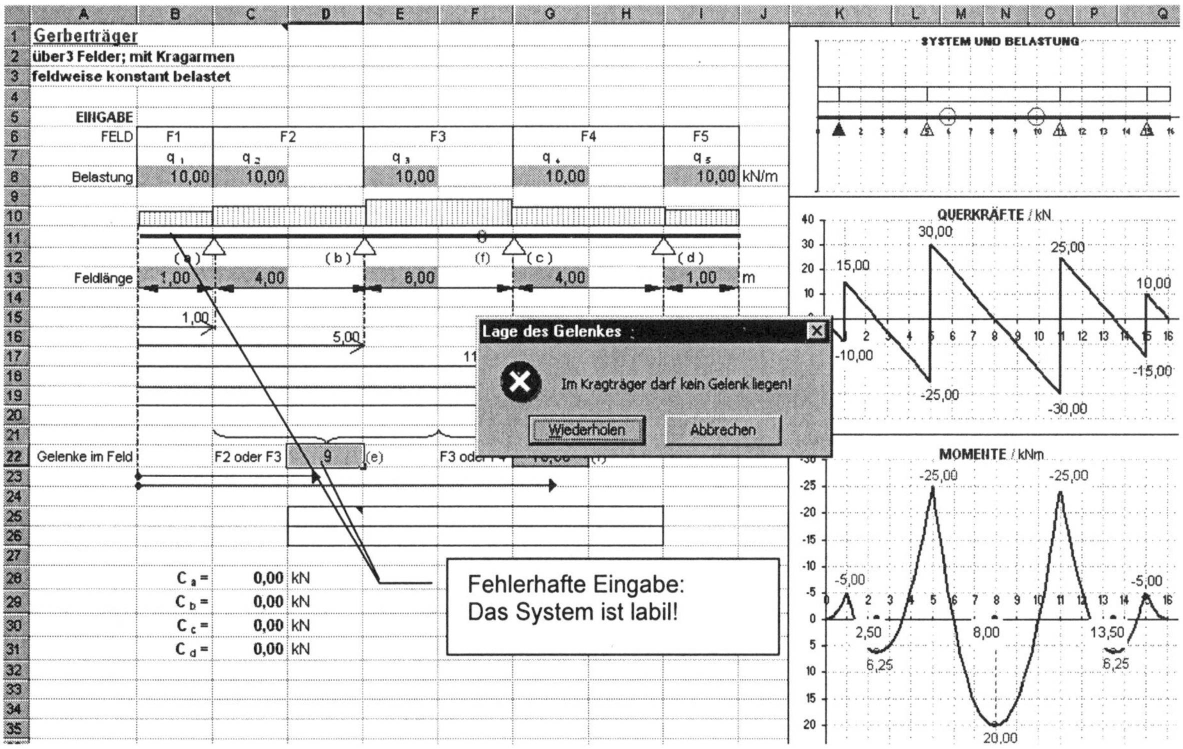


BILD 5-31 Fehlerhafte Eingabe: Das System ist unzulässig.

## 5.7 Durchlaufträger

### 5.7.1. Durchlaufträger mit zwei Feldern unter Gleichlast

Ein im Hochbau häufig anzutreffendes Tragsystem ist der Durchlaufträger

- über zwei Felder,
- mit variabler Stützweite,
- konstanter Biegesteifigkeit,
- unter dem Angriff gleichmäßig verteilter und vertikal gerichteter Lasten.

Wir bestimmen die Querkraft- und Momentenlinien.
Ein Resultat zeigt Bild 5-32.

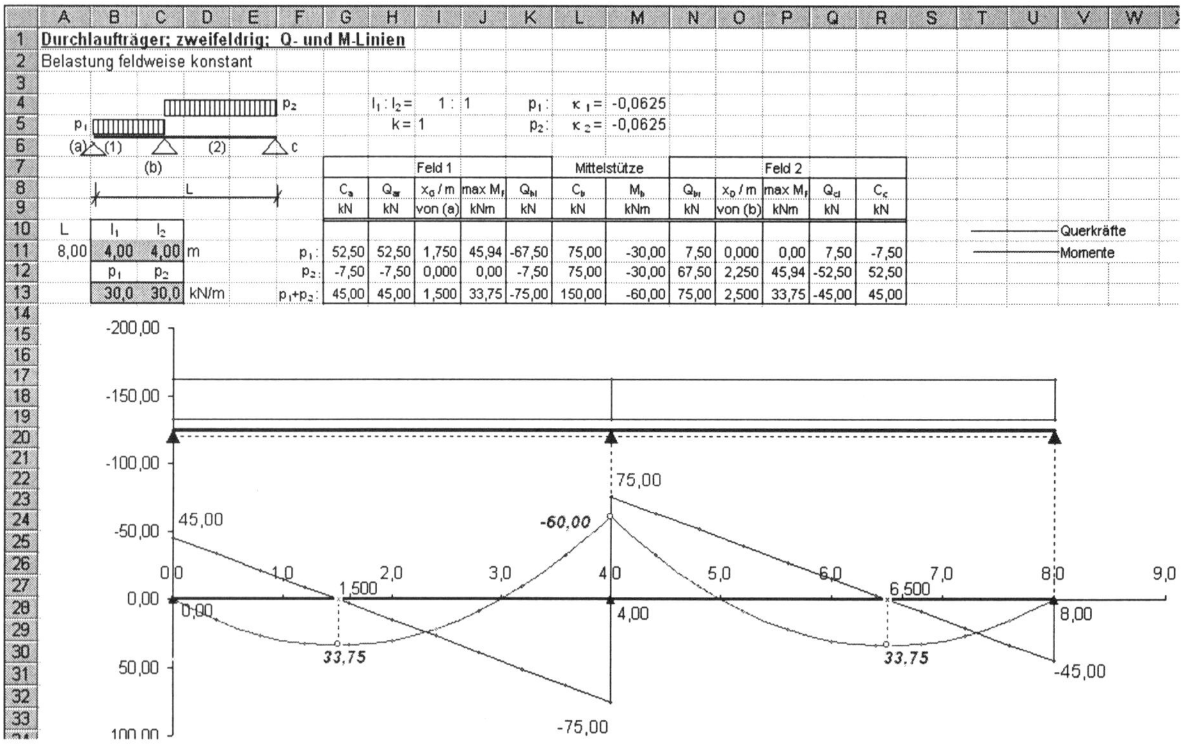


| | Feld 1 | | | | | Mittelstütze | | Feld 2 | | | | |
|---|---|---|---|---|---|---|---|---|---|---|---|---|
| | $C_a$ kN | $Q_{ar}$ kN | $x_0$ / m von (a) | max $M_f$ kNm | $Q_{bl}$ kN | $C_b$ kN | $M_b$ kNm | $Q_{br}$ kN | $x_0$ / m von (b) | max $M_f$ kNm | $Q_{cl}$ kN | $C_c$ kN |
| $p_1$: | 52,50 | 52,50 | 1,750 | 45,94 | -67,50 | 75,00 | -30,00 | 7,50 | 0,000 | 0,00 | 7,50 | -7,50 |
| $p_2$: | -7,50 | -7,50 | 0,000 | 0,00 | -7,50 | 75,00 | -30,00 | 67,50 | 2,250 | 45,94 | -52,50 | 52,50 |
| $p_1+p_2$: | 45,00 | 45,00 | 1,500 | 33,75 | -75,00 | 150,00 | -60,00 | 75,00 | 2,500 | 33,75 | -45,00 | 45,00 |

BILD 5-32 Querkraft- und Momentenlinie am Durchlaufträger über zwei Felder

Da das System einfach statisch unbestimmt ist, genügt die Bestimmung einer Unbekannten, um darauf über den "Regelkatalog" alle weiteren statisch relevanten Werte zu bestimmen.
Wir bedienen uns des Kennzahlen-Verfahrens, das zum Beispiel in Bautabellen (Schneider: Bautabellen für Ingenieure, 13. Auflage, Seite 4.18) angegeben ist.
Für die drei möglichen Lastfälle nach Bild 5-34 sind dort Kennzahlen tabelliert. Wir nennen sie $\kappa$.
Als Überzählige bestimmen wir das Stützmoment $M_b$, Bild 5-33.

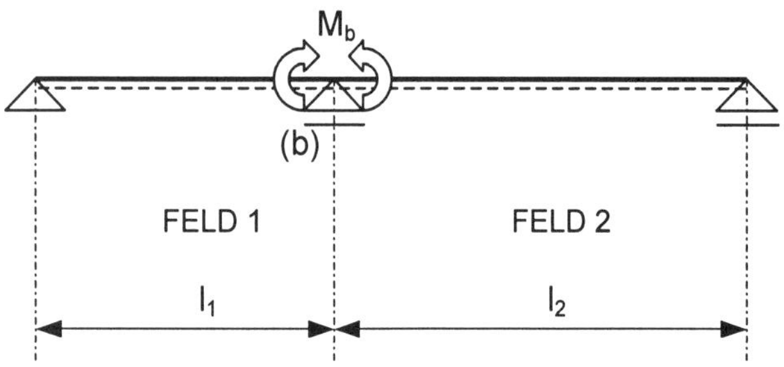


BILD 5-33 Definition der Feldnummern

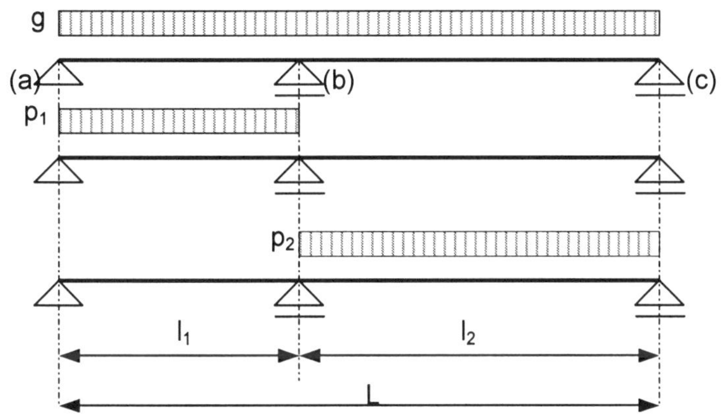


BILD 5-34 Belastungsschemata für den Durchlaufträger

Es ist leicht nachzuweisen, dass sich die κ-Werte nach den Funktionen 5-(20) ...5-(23) errechnen.

$$k = \frac{l_2}{l_1}; \qquad l_1 \leq l_2 \qquad 5\text{-}(20)$$

$$\kappa_0 = \kappa_1 + \kappa_2 = -\frac{1+k^3}{8(1+k)} \qquad 5\text{-}(21)$$

$$\kappa_1 = -\frac{1}{8(1+k)} \qquad 5\text{-}(22)$$

$$\kappa_2 = -\frac{k^3}{8(1+k)} \qquad 5\text{-}(23)$$

Die Überzählige $M_b$ ergibt sich nach 5-(24) ... 5-(26).

Lastfall: Belastung Feld 1: $p_1$ $\qquad M_b = \kappa_1 \, p_1 \, l_1^2$ $\qquad$ 5-(24)

Lastfall: Belastung Feld 2: $p_2$ $\qquad M_b = \kappa_2 \, p_2 \, l_1^2$ $\qquad$ 5-(25)

Lastfall: Belastung Felder 1 und 2: zum Beispiel g $\qquad M_b = \kappa_0 \, g \, l_1^2$ $\qquad$ 5-(26)

<u>Beachte:</u>

In den Gleichungen 5-(24) ... 5-(26) tritt $l_1$ auf.

Nach der Ermittlung des Stützmomentes $M_b$ werden die Stützkräfte $C_a$, $C_c$ und $C_b$ bestimmt, Tabelle 5-16).
Damit sind alle äußeren Kräfte bekannt und die Schnittkräfte ergeben sich nach den Algorithmen, die oben dargelegt wurden.

| | | | | |
|---|---|---|---|---|
| Stützkraft $C_a$ | 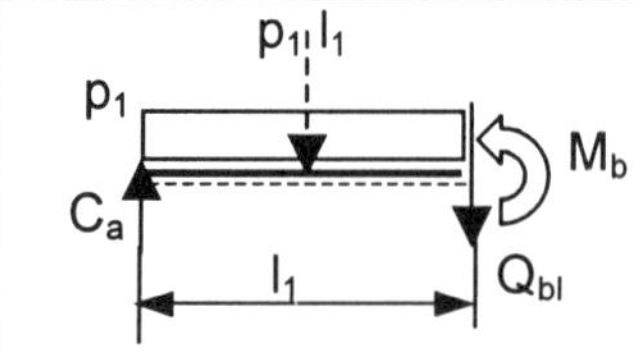  | $C_a = \frac{1}{l_1}\left(M_b + \frac{1}{2} p_1 l_1^2\right)$ | 5-(27) | Im Speziellen kann sein: $p_1 = 0$ $p_2 = 0$ |
| Stützkraft $C_c$ | 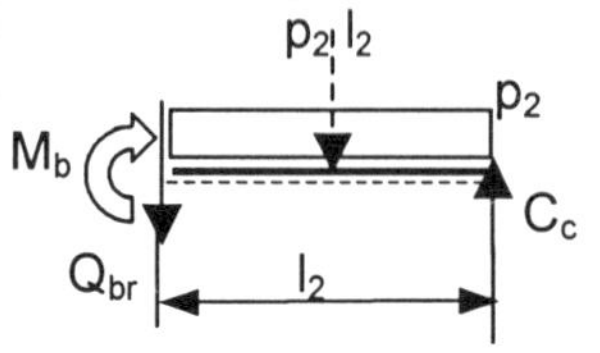  | $C_c = \frac{1}{l_2}\left(M_b + \frac{1}{2} p_2 l_2^2\right)$ | 5-(28) | |
| Stützkraft $C_b$ | 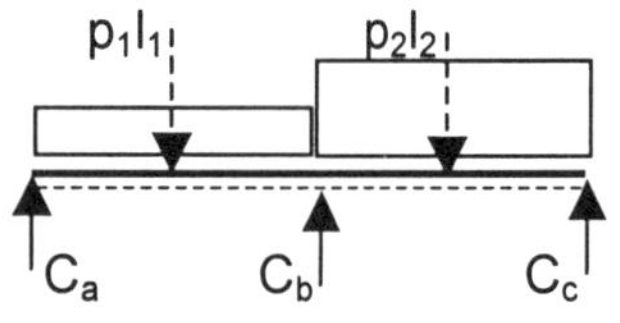  | $C_b = p_1 l_1 + p_2 l_2 - C_a - C_c$ | 5-(29) | |

TABELLE 5-16) Ermittlung der Stützkräfte

## EXCEL-Notationen:

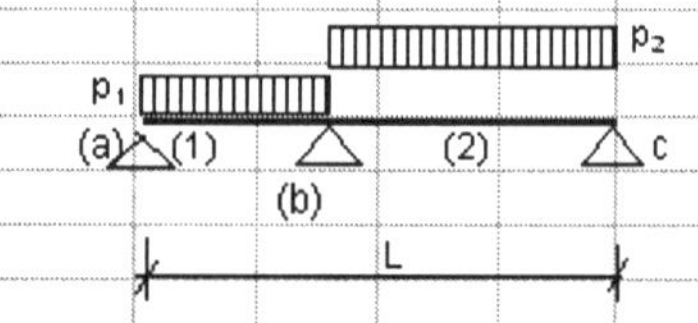


| | A | B | C | D | E | F | G | H | I | J | K | L | M | N | O | P | Q | R |
|---|---|---|---|---|---|---|---|---|---|---|---|---|---|---|---|---|---|---|
| 1 | **Durchlaufträger; zweifeldrig; Q- und M-Linien** | | | | | | | | | | | | | | | | | |
| 2 | Belastung feldweise konstant | | | | | | | | | | | | | | | | | |
| 3 | | | | | | | | | | | | | | | | | | |
| 4 | | | | | | | | $l_1 : l_2 =$ | 1 : | 1 | $p_1$ : | $\kappa_1 =$ | -0,0625 | | | | | |
| 5 | | | | | | | | $k =$ | 1 | | $p_2$ : | $\kappa_2 =$ | -0,0625 | | | | | |
| 6 | | | | | | | | | | | | | | | | | | |
| 7 | | | | | | | Feld 1 | | | | | Mittelstütze | | Feld 2 | | | | |
| 8 | | | | | | | $C_a$ | $Q_{ar}$ | $x_0$ / m | max $M_F$ | $Q_{bl}$ | $C_b$ | $M_b$ | $Q_{br}$ | $x_0$ / m | max $M_F$ | $Q_{cl}$ | $C_c$ |
| 9 | | | | | | | kN | kN | von (a) | kNm | kN | kN | kNm | kN | von (b) | kNm | kN | kN |
| 10 | L | $l_1$ | $l_2$ | | | | | | | | | | | | | | | |
| 11 | 8,00 | 4,00 | 4,00 | m | | $p_1$ : | 52,50 | 52,50 | 1,750 | 45,94 | -67,50 | 75,00 | -30,00 | 7,50 | 0,000 | 0,00 | 7,50 | -7,50 |
| 12 | | $p_1$ | $p_2$ | | | $p_2$ : | -7,50 | -7,50 | 0,000 | 0,00 | -7,50 | 75,00 | -30,00 | 67,50 | 2,250 | 45,94 | -52,50 | 52,50 |
| 13 | | 30,0 | 30,0 | kN/m | | $p_1+p_2$ : | 45,00 | 45,00 | 1,500 | 33,75 | -75,00 | 150,00 | -60,00 | 75,00 | 2,500 | 33,75 | -45,00 | 45,00 |

BILD 5-35 Bestimmung ausgezeichneter Kenngrößen

Mit Bezug auf Bild 5-35 ergeben sich die EXCEL-Notationen nach Tabelle 5-17).

| ZELLE | | | EXCEL-Notation |
|---|---|---|---|
| A11 | Gesamtlänge des Trägers | L | =B11+C11 |
| | | | |
| J4 | Stützweitenverhältnis | 1:k | =C11/B11 |
| I5 | | k | =J4 |
| M4 | κ - Werte | $\kappa_1$ | =-1/8/(1+I5) |
| M5 | | $\kappa_2$ | =-I5*I5*I5/8/(1+I5) |
| | | | |
| M11 | Stützmomente | $M_b$ | =M4*B13*B11*B11 |
| M12 | | | =M5*C13*B11*B11 |
| M13 | | | =SUMME(M11:M12) |
| | | | |
| G11 | Stützkraft links | $C_a$ | =(B13*B11*B11/2+M11)/B11 |
| G12 | | | =M12/B11 |
| G13 | | | =SUMME(G11:G12) |
| | | | |

| | | | |
|---|---|---|---|
| R11 | | | =M11/C11 |
| R12 | Stützkraft rechts | $C_c$ | =(C13*C11*0,5*C11+M12)/C11 |
| R13 | | | =SUMME(R11:R12) |
| | | | |
| L11 | | | =B13*B11-G11-R11 |
| L12 | Stützkraft Mitte | $C_b$ | =C13*C11-G12-R12 |
| L13 | | | =B13*B11+C13*C11-G13-R13 |
| | | | |
| | FELD 1 | | |
| H11 | | | =G11 |
| H12 | Querkräfte | $Q_{ar}$ | =G12 |
| H13 | | | =G13 |
| | | | |
| I11 | | | =WENN(B13<>0;H11/B13;0) |
| I12 | Querkraft-Nullstelle | $x_0$ | =0 |
| I13 | | | =WENN(B13<>0;H13/B13;0) |
| | | | |
| J11 | | | =0,5*H11*I11 |
| J12 | maximales Feldmoment | max M | =0,5*H12*I12 |
| J13 | | | =0,5*H13*I13 |
| | | | |
| | FELD 2<br>analog zu FELD 1 | | |

TABELLE 5-17) EXCEL-Notationen zum Tabellenblatt nach Bild 5-35

Der Aufbau der Grafiken unterscheidet sich nicht im Vergleich zu der in vorangegangenen Kapiteln dargelegten Verfahrensweise.

## M-Linien aus Lastkombinationen

Es bedarf nur einer geringfügigen Ergänzung, um die für baustatische Nachweise erforderlichen Lastkombinationen zu bearbeiten.
Da sich in Abhängigkeit von der Feldbelastung unterschiedliche Extremwerte der Schnittreaktionen ergeben, sind die Lastfälle

- Eigenlast
- Eigenlast + Belastung Feld 1
- Eigenlast + Belastung Feld 2
- Eigenlast + Belastung Feld 1 + Belastung Feld 2

zu untersuchen.
Das Ergebnis ist in Bild 5-36 dargestellt.

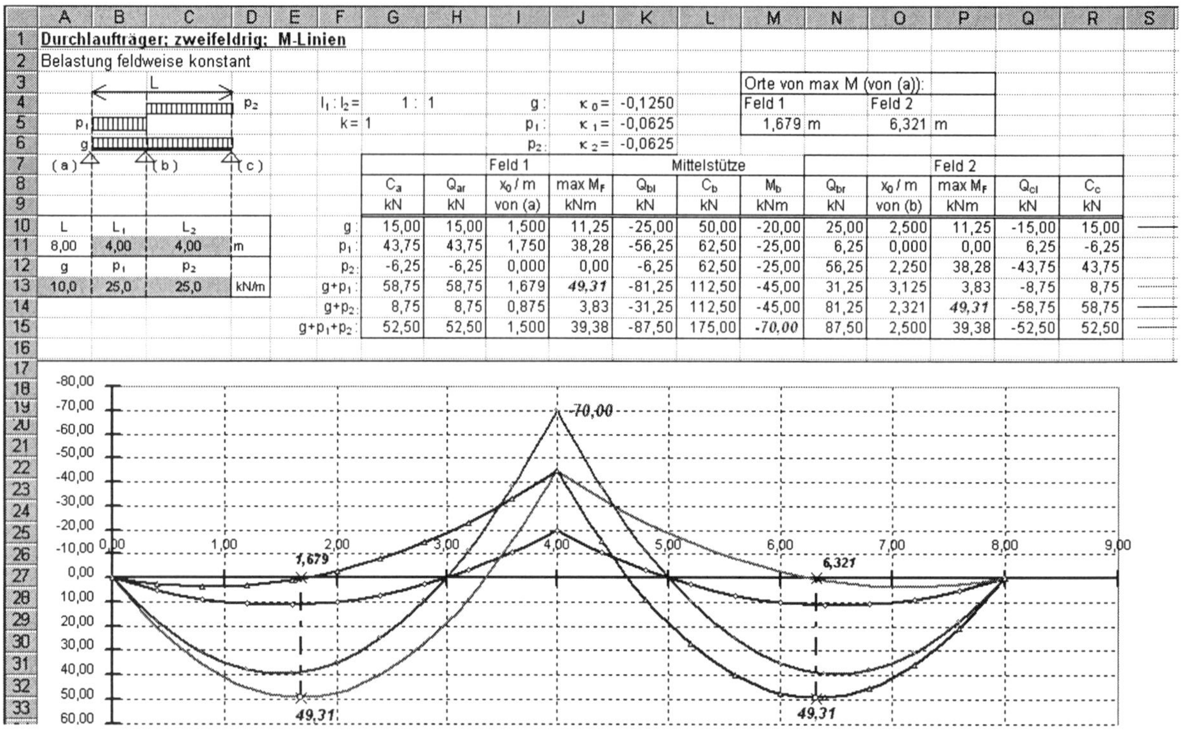


| | Feld 1 | | | | Mittelstütze | | | Feld 2 | | | | |
|---|---|---|---|---|---|---|---|---|---|---|---|---|
| | $C_a$ | $Q_{ar}$ | $x_0$ / m | max $M_F$ | $Q_{bl}$ | $C_b$ | $M_b$ | $Q_{br}$ | $x_0$ / m | max $M_F$ | $Q_{cl}$ | $C_c$ |
| | kN | kN | von (a) | kNm | kN | kN | kNm | kN | von (b) | kNm | kN | kN |
| g : | 15,00 | 15,00 | 1,500 | 11,25 | -25,00 | 50,00 | -20,00 | 25,00 | 2,500 | 11,25 | -15,00 | 15,00 |
| $p_1$ : | 43,75 | 43,75 | 1,750 | 38,28 | -56,25 | 62,50 | -25,00 | 6,25 | 0,000 | 0,00 | 6,25 | -6,25 |
| $p_2$ : | -6,25 | -6,25 | 0,000 | 0,00 | -6,25 | 62,50 | -25,00 | 56,25 | 2,250 | 38,28 | -43,75 | 43,75 |
| $g+p_1$ : | 58,75 | 58,75 | 1,679 | *49,31* | -81,25 | 112,50 | -45,00 | 31,25 | 3,125 | 3,83 | -8,75 | 8,75 |
| $g+p_2$ : | 8,75 | 8,75 | 0,875 | 3,83 | -31,25 | 112,50 | -45,00 | 81,25 | 2,321 | *49,31* | -58,75 | 58,75 |
| $g+p_1+p_2$ : | 52,50 | 52,50 | 1,500 | 39,38 | -87,50 | 175,00 | *-70,00* | 87,50 | 2,500 | 39,38 | -52,50 | 52,50 |

BILD 5-36 Momentenlinien eines Durchlaufträgers über zwei Felder bei feldweiser Belastung

## 5.7.2. Durchlaufträger über 2 ... 5 Felder mit feldweise konstanter Belastung

Weitere Voraussetzung: konstantes Flächenmoment zweiten Grades über alle Felder; Träger ohne Kragarme und ohne Endeinspannung; Stützen starr.

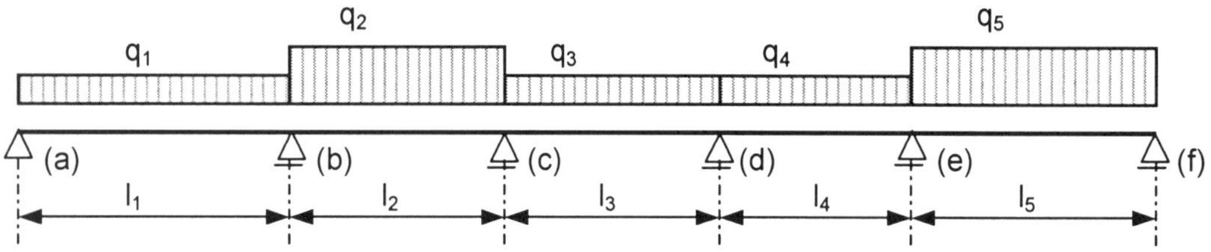


BILD 5-37 System und Bezeichnungen

Als Überzählige werden die Stützmomente angesetzt. Wir ermitteln sie über die Dreimomentengleichung.

$$\begin{bmatrix} 2(l_1+l_2) & l_2 & 0 & 0 \\ l_2 & 2(l_2+l_3) & l_3 & 0 \\ 0 & l_3 & 2(l_3+l_4) & l_4 \\ 0 & 0 & l_4 & 2(l_4+l_5) \end{bmatrix} \begin{bmatrix} M_b \\ M_c \\ M_d \\ M_e \end{bmatrix} = -\frac{1}{4} \begin{bmatrix} q_1 l_1^3 + q_2 l_2^3 \\ q_2 l_2^3 + q_3 l_3^3 \\ q_3 l_3^3 + q_4 l_4^3 \\ q_4 l_4^3 + q_5 l_5^3 \end{bmatrix} \qquad \text{5-(30)}$$

also

$$[K]\,[M] = [B] \qquad \text{5-(31)}$$

$$[M] = [K]^{-1}\,[B]\,; \quad \text{B - Belastungsglieder} \qquad \text{5-(32)}$$

## Ermittlung der Stützkräfte

Die Stützkräfte ermitteln wir rekursiv.

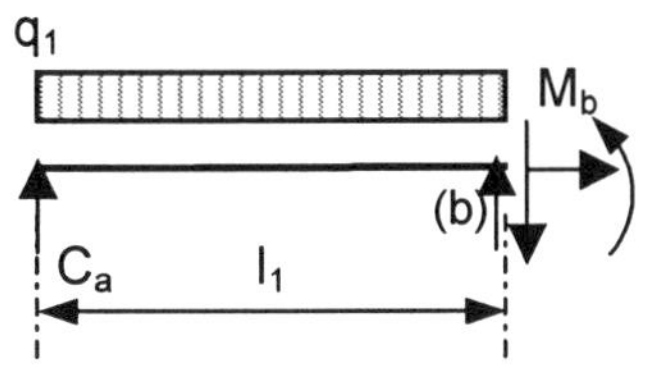


BILD 5-38 Teilsystem zur Bestimmung von $C_a$

$\Sigma M_{(b)} = 0:$

$$-M_b + C_a l_1 - \frac{q_1 l_1^2}{2} = 0 \qquad 5\text{-}(33)$$

$$C_a = \frac{1}{l_1}\left(M_b + \frac{q_1 l_1^2}{2}\right) \qquad 5\text{-}(34)$$

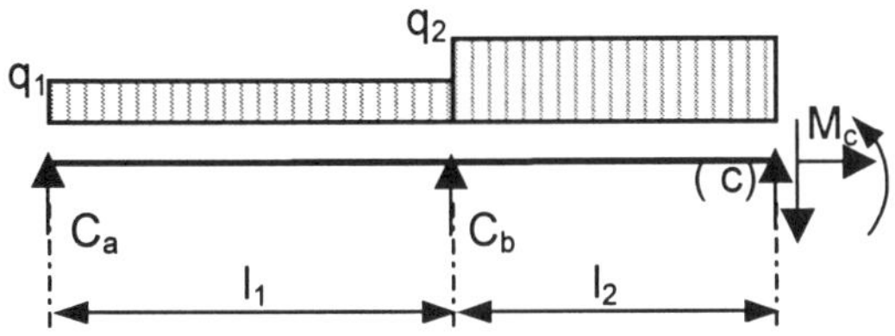


BILD 5-39 Teilsystem zur Bestimmung von $C_b$

$\Sigma M_{(c)} = 0:$

$$C_b = \frac{1}{l_2}\left(M_c - C_a(l_1 + l_2) + q_1 l_1\left(l_2 + \frac{l_1}{2}\right) + \frac{q_2 l_2^2}{2}\right) \qquad 5\text{-}(35)$$

Analog folgen aus

$\Sigma M_{(d)} = 0:$ $C_c$

$\Sigma M_{(e)} = 0:$ $C_d$

$\Sigma M_{(f)} = 0:$ $C_e$

und schließlich aus $\Sigma V = 0$

$$C_f = q_1 l_1 + q_2 l_2 + q_3 l_3 + q_4 l_4 + q_5 l_5 - C_a - C_b - C_c - C_d - C_e \qquad 5\text{-}(36)$$

## Aufbau des Tabellenblattes

Da alle äußeren Kräfte bekannt sind, können nun die Schnittkraftbilder in gewohnter Weise aufgebaut werden.

Das Tabellenblatt ist so gestaltet, dass die Eingabewerte $q_i$ und $l_i$ einer starren Skizze zugeordnet sind.
Zuerst ist die Anzahl der Felder einzugeben. Der triviale Fall n = 1 (statisch bestimmter Einfeldträger) ist enthalten.
Für nicht vorhandene Felder sind die $q_i$ und $l_i$ gleich Null zu setzen. Zum anderen muss einem vorhandenen Feld eine Stützweite verschieden von Null zugewiesen werden. Entsprechende Warnungen sind eingearbeitet.

Bilder 5-40 ... 5-43 zeigen einige Beispielrechnungen, einschließlich Reaktionen bei Falscheingaben.

**Durchlaufträger über 2 ... 5 Felder mit feldweise konstanter Belastung**

Konstantes Flächenmoment 2. Grades

(Dreimomentengleichung)

n = 5 Felder (Zählung von links)

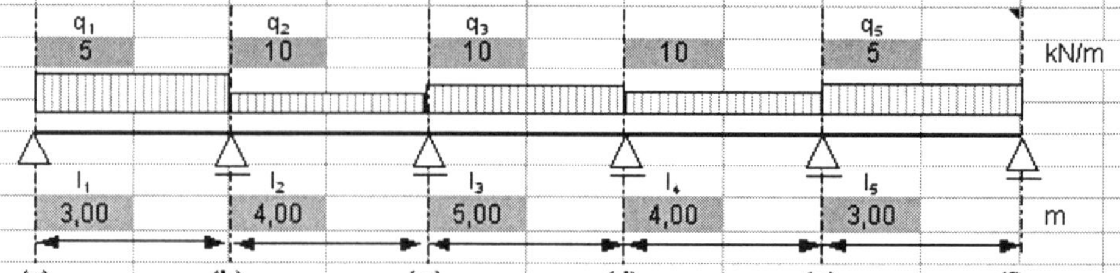


| Stützpunkt | (a) | | (b) | | (c) | | (d) | | (e) | | (f) | | |
|---|---|---|---|---|---|---|---|---|---|---|---|---|---|
| C | 4,70 | | 27,62 | | 47,67 | | 47,67 | | 27,62 | | 4,70 | | kN |
| Q | links | rechts | links | rechts | links | rechts | links | rechts | links | rechts | links | rechts | |
| | 0,00 | 4,70 | -10,30 | 17,33 | -22,67 | 25,00 | -25,00 | 22,67 | -17,33 | 10,30 | -4,70 | 0,00 | kN |
| M | 0,00 | | -8,39 | | -19,08 | | -19,08 | | -8,39 | | 0,00 | | kNm |

**max M**

| Feld | 1 | 2 | 3 | 4 | 5 | |
|---|---|---|---|---|---|---|
| Stelle | 0,941 | 1,733 | 2,500 | 2,267 | 2,059 | m |
| max M | 2,21 | 6,62 | 12,17 | 6,62 | 2,21 | kNm |

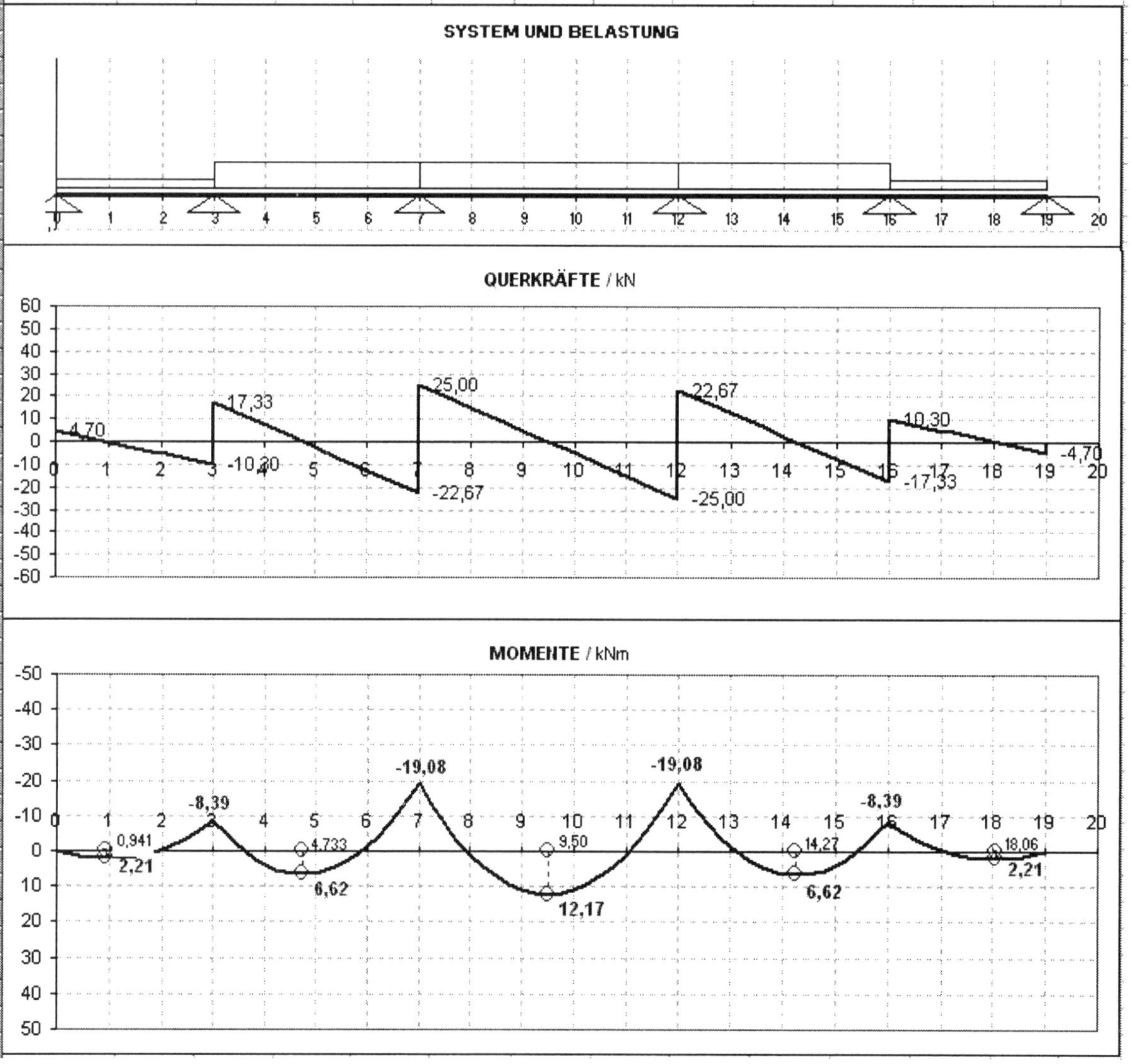


BILD 5-40 Durchlaufträger über 5 Felder

**Durchlaufträger über 2 ... 5 Felder mit feldweise konstanter Belastung**

Konstantes Flächenmoment 2. Grades

(Dreimomentengleichung)

n = 4 Felder (Zählung von links)

| | $q_1$ | $q_2$ | $q_3$ | $q_4$ | $q_5$ | |
|---|---|---|---|---|---|---|
| | 10 | 10 | 10 | 10 | 0 | kN/m |

| | $l_1$ | $l_2$ | $l_3$ | $l_4$ | $l_5$ | |
|---|---|---|---|---|---|---|
| | 4,00 | 4,00 | 5,00 | 4,00 | 0,00 | m |

| Stützpunkt | (a) | | (b) | | ( c) | | (d) | | (e) | | (f) | | |
|---|---|---|---|---|---|---|---|---|---|---|---|---|---|
| C | 16,05 | | 43,72 | | 44,26 | | 51,37 | | 14,60 | | 0,00 | | kN |
| Q | links | rechts | links | rechts | links | rechts | links | rechts | links | rechts | links | rechts | |
| | 0,00 | 16,05 | -23,95 | 19,77 | -20,23 | 24,03 | -25,97 | 25,40 | -14,60 | 0,00 | 0,00 | 0,00 | kN |
| M | 0,00 | | -15,82 | | -16,73 | | -21,60 | | 0,00 | | 0,00 | | kNm |

**max M**

| Feld | 1 | 2 | 3 | 4 | 5 | |
|---|---|---|---|---|---|---|
| Stelle | 1,605 | 1,977 | 2,403 | 2,540 | 0,000 | m |
| **max M** | 12,87 | 3,73 | 12,13 | 10,66 | 0,00 | kNm |

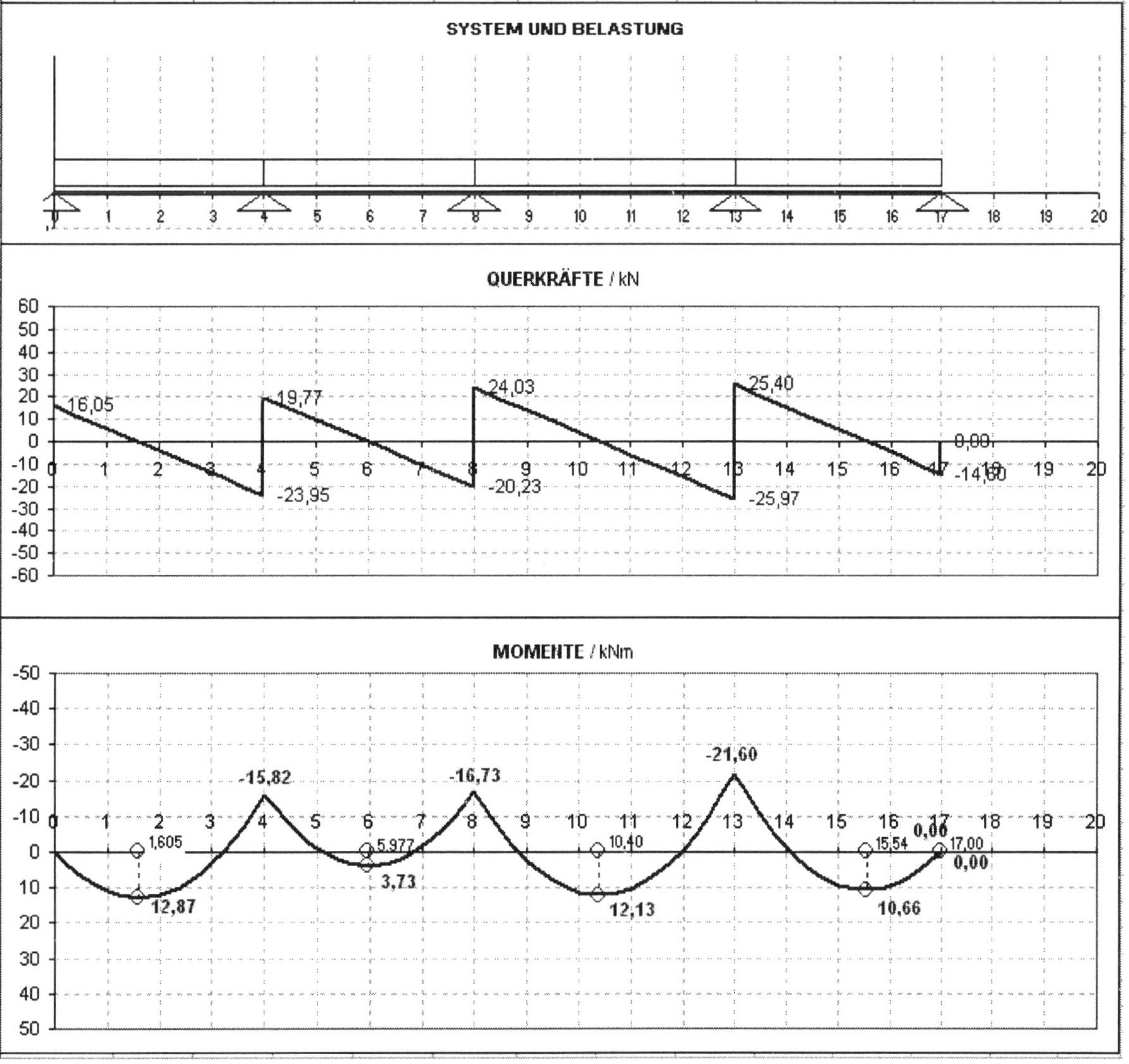


BILD 5-41 Durchlaufträger über 4 Felder

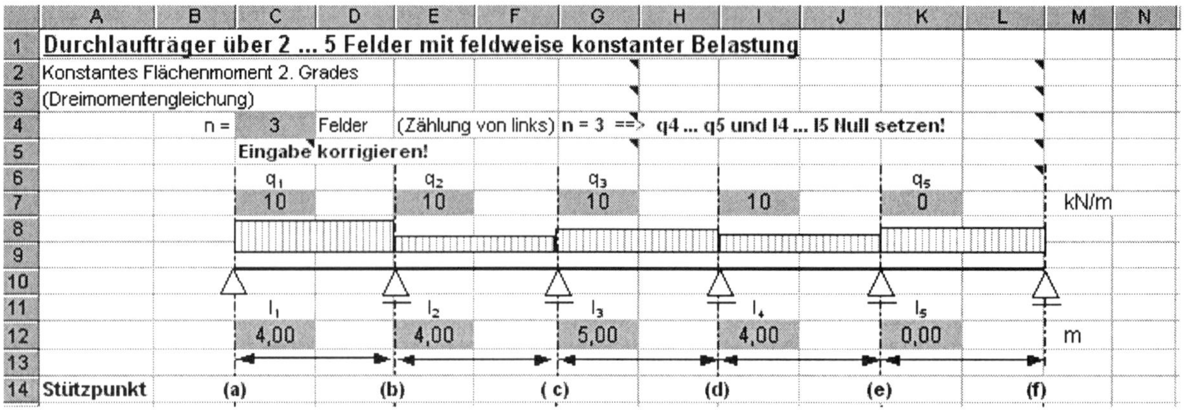


BILD 5-42 Eingabe noch nicht vollständig bearbeitet: Da n = 3, muss $q_4 = 0$, $l_4 = 0$ gesetzt werden!

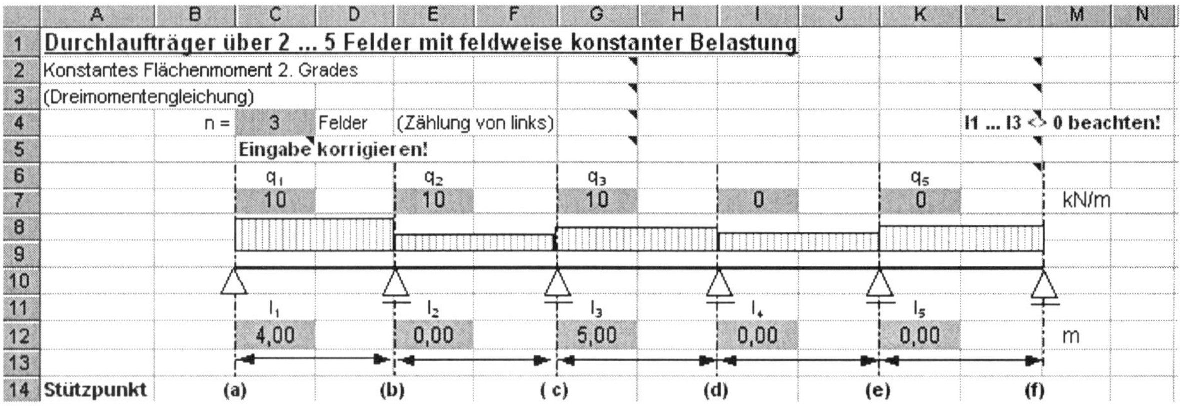


BILD 5-43 Fehlerhafte Eingabe: Da n = 3, muss $l_2 \neq 0$ sein!

# 6 Stabkräfte im Fachwerk

## 6.1 Lösungsansatz: Tragwerk-Schnittverfahren

Das ideale Fachwerk ist so konzipiert, dass als Schnittkräfte ausschließlich Normalkräfte auftreten, die im Speziellen Stabkräfte heißen.
Im Rahmen dieses Kapitels beschränken wir uns auf das Fachwerk mit den Eigenschaften

- parallelgurtig
- äußerlich und innerlich statisch bestimmt
- horizontal orientiert
- lotrechte Lasten
- Die Knotenzahl soll auf $k \leq 11$ und somit die Stabzahl nach $s = 2\,k - t$ (t – Anzahl der Stützbedingungen) auf $s \leq 19$ beschränkt sein.
- Die Lager mögen an beliebigen Knoten angesetzt werden können.
- Das bewegliche Lager möge horizontal orientiert sein (lotrechte Stützkräfte).

Auf Grund der getroffenen Voraussetzungen eignet sich als Lösungsansatz die Ermittlung der Stabkräfte aus den Schnittkräften des stellvertretenden Biegeträgers. Mit Bild 6-1 wird an den Grundgedanken des Berechnungsablaufes erinnert:

- Der Fachwerkträger wird als biegesteifer Träger betrachtet.
- Die unter den adäquaten Belastungen entstehenden Querkräfte führen zu den Kräften in den Diagonalstäben.
- Entsprechend werden aus den Biegemomenten des stellvertretenden Biegeträgers die Kräfte in den Gurtstäben abgeleitet.

Das Bild 6-2 führt die Resultate der Berechnung vor. Wie gewohnt sind auch hier wieder die Eingabezellen grau hinterlegt und alle anderen Zellen gegen Eingabe gesperrt.

Lösungsansatz:

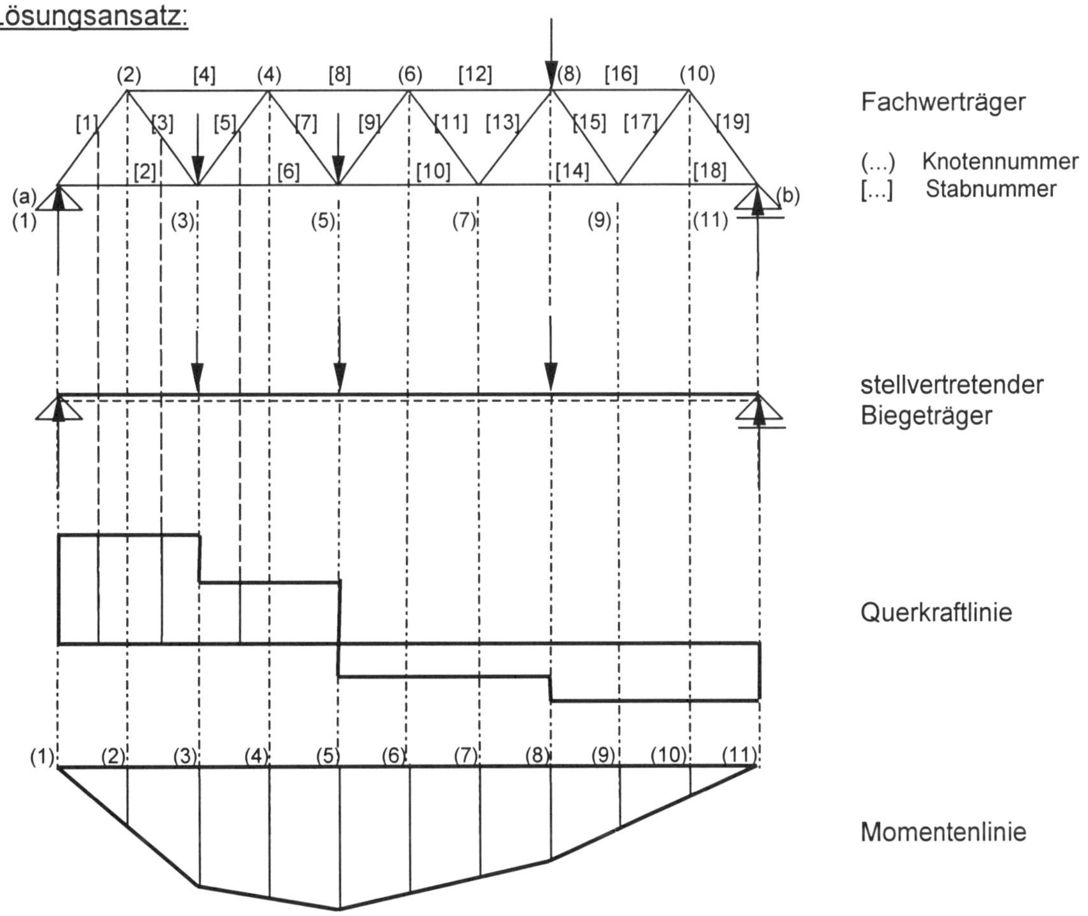


BILD 6-1 Schnittreaktionen am stellvertretenden Biegeträger

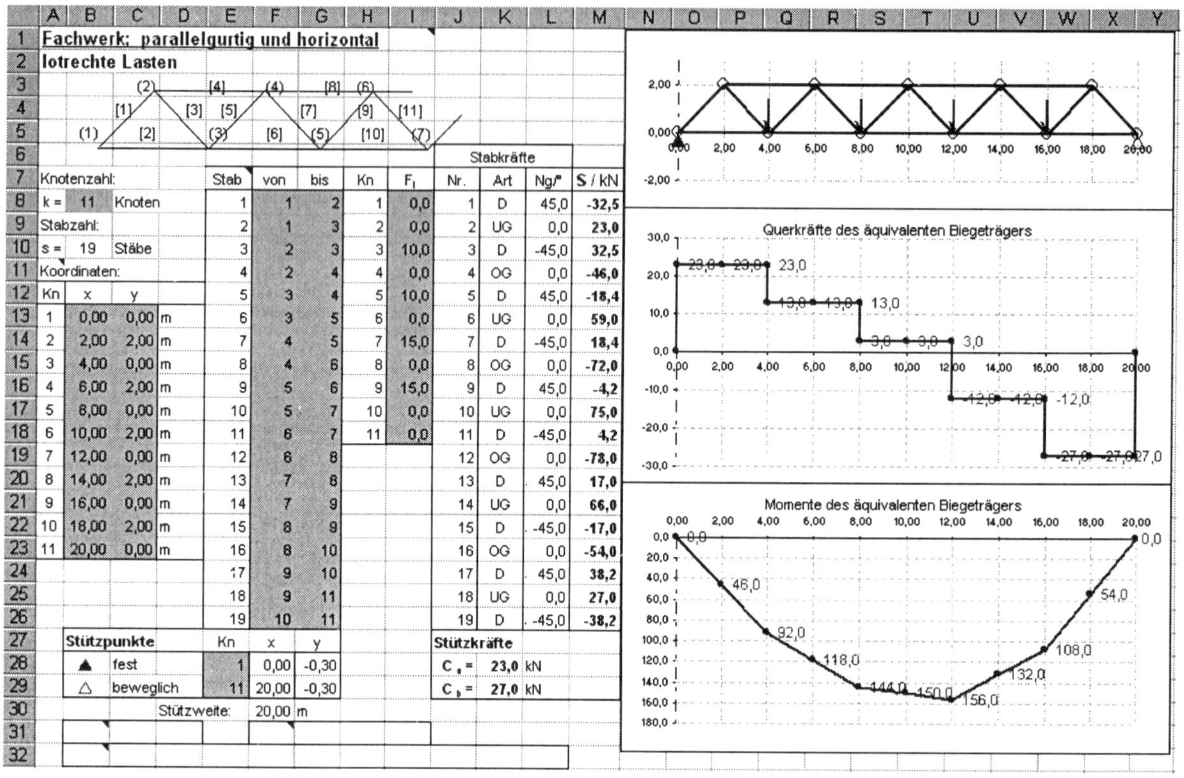


BILD 6-2 Beispielrechnung

## Eingabe:

| | |
|---|---|
| Nach Bild 6-2 | |
| Anzahl der Knoten | Zelle B8 |
| Koordinaten [$X_i$ ;$Y_i$] der Knoten i | Bereich A13:C23 |
| Stab-Knotenbeziehung | Bereich E8:G26 |
| Knotenlasten $F_i$ | Bereich H8:I18 |
| Stützknoten j | Bereich E28:E29, Bild 6-3 |

## Beachte:

Die Dreieckdarstellungen als Lagersymbole sind dem Diagrammassistenten entnommen.

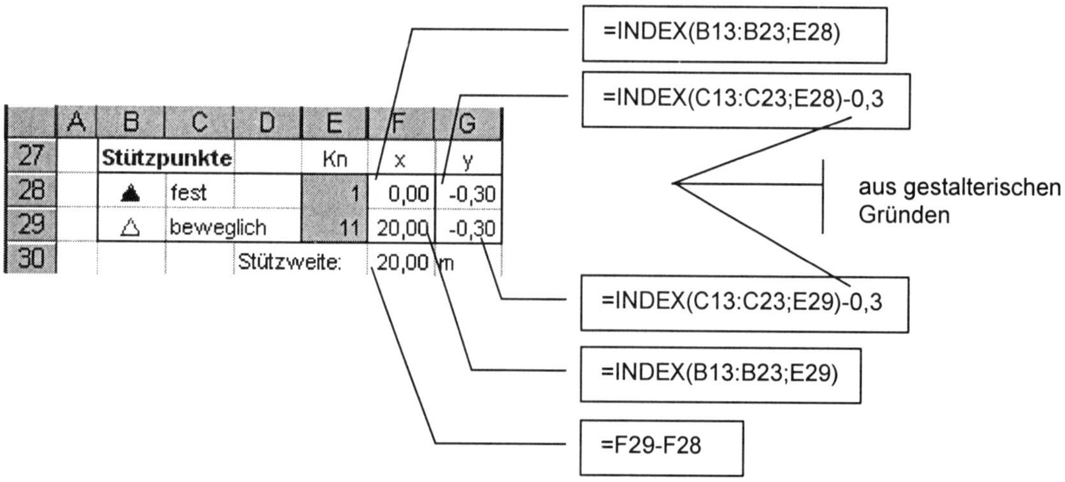


BILD 6-3 Koordinatenzuordnung zu den Stützpunkten

## Auflagerkräfte

Zunächst werden die X-Koordinaten der Knoten, vom Auflagerpunkt (a) aus gemessen, bestimmt. Damit liegen die Horizontalabstände der Knotenlasten von (a) aus fest.

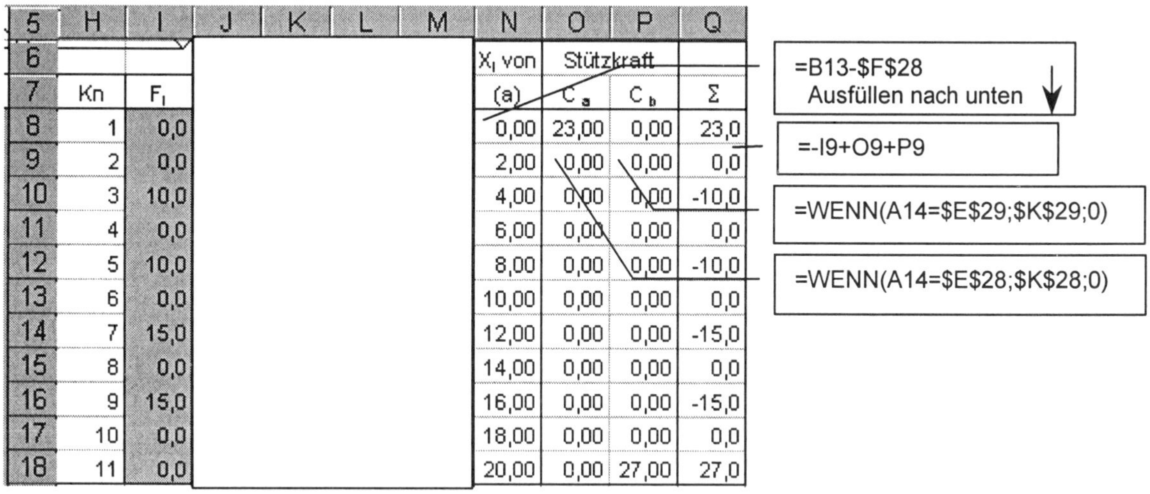


BILD 6-4 X-Koordinaten der Knoten, gemessen vom Auflagerpunkt (a); Berücksichtigung von Lasten im Auflagerknoten

Die Auflagerkraft $C_b$ wird über $\Sigma\ M_{(a)} = 0$, die Auflagerkraft $C_a$ über $\Sigma\ V = 0$ bestimmt, Bild 6-5.

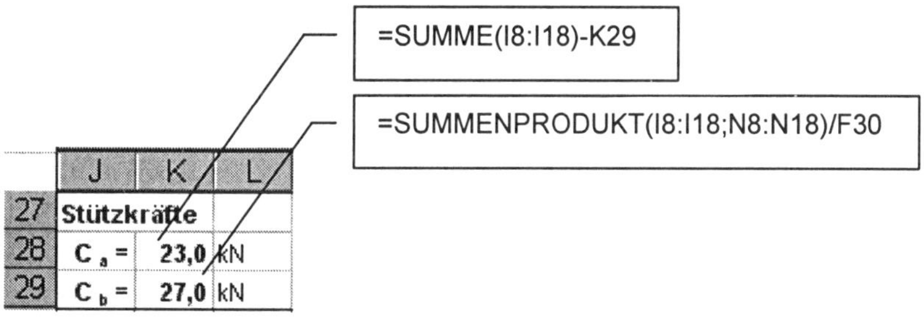


BILD 6-5 Ermittlung der Auflagerkräfte

## Schnittkräfte

Nachdem alle äußeren Kräfte bekannt sind, können die Schnittkräfte (Bild 6-6) am analogen Biegeträger ermittelt werden, siehe hierzu die vorangegangenen Kapitel. Die Werte liegen unter der Grafik, Bild 6-2.

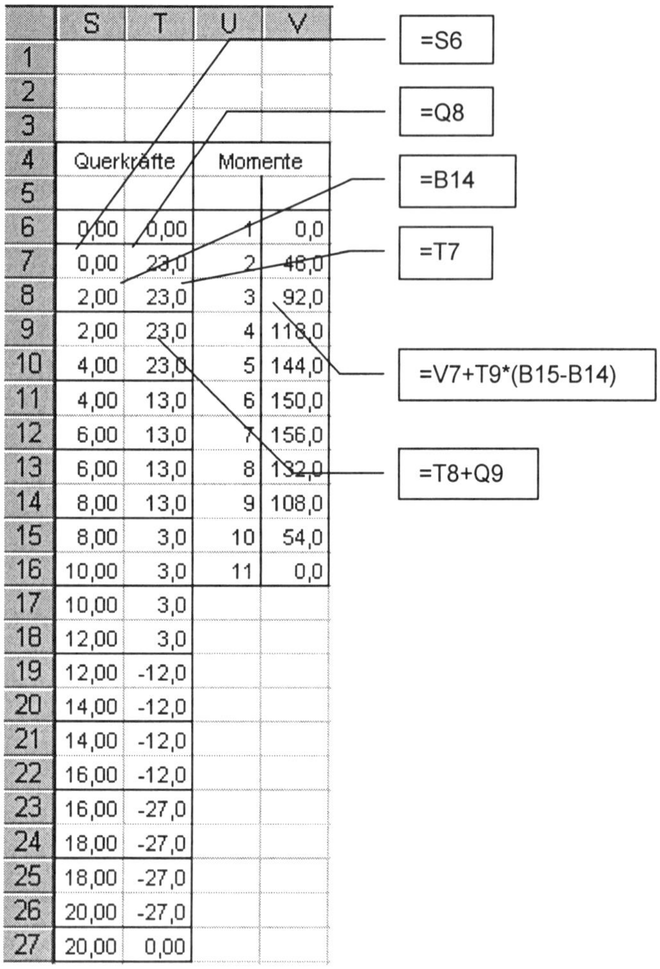


| | S | T | U | V |
|---|---|---|---|---|
| 1 | | | | |
| 2 | | | | |
| 3 | | | | |
| 4 | Querkräfte | | Momente | |
| 5 | | | | |
| 6 | 0,00 | 0,00 | 1 | 0,0 |
| 7 | 0,00 | 23,0 | 2 | 46,0 |
| 8 | 2,00 | 23,0 | 3 | 92,0 |
| 9 | 2,00 | 23,0 | 4 | 118,0 |
| 10 | 4,00 | 23,0 | 5 | 144,0 |
| 11 | 4,00 | 13,0 | 6 | 150,0 |
| 12 | 6,00 | 13,0 | 7 | 156,0 |
| 13 | 6,00 | 13,0 | 8 | 132,0 |
| 14 | 8,00 | 13,0 | 9 | 108,0 |
| 15 | 8,00 | 3,0 | 10 | 54,0 |
| 16 | 10,00 | 3,0 | 11 | 0,0 |
| 17 | 10,00 | 3,0 | | |
| 18 | 12,00 | 3,0 | | |
| 19 | 12,00 | -12,0 | | |
| 20 | 14,00 | -12,0 | | |
| 21 | 14,00 | -12,0 | | |
| 22 | 16,00 | -12,0 | | |
| 23 | 16,00 | -27,0 | | |
| 24 | 18,00 | -27,0 | | |
| 25 | 18,00 | -27,0 | | |
| 26 | 20,00 | -27,0 | | |
| 27 | 20,00 | 0,00 | | |

BILD 6-6 Ermittlung der Schnittkräfte am analogen Biegeträger

## Stabkräfte

Die Stabkräfte ergeben sich aus den Funktionen 6-(1) ... 6-(3). Der Ausschnitt des Tabellenblattes ist im Bild 6-8 enthalten.

Untergurtstab $$U = \frac{M}{h} \qquad 6\text{-}(1)$$

h – Höhe des Fachwerkes

Obergurtstab $$O = -\frac{M}{h} \qquad 6\text{-}(2)$$

Stäbe zur Mitte steigend: -
Stäbe zur Mitte fallend: +

Diagonalstab $$D = \pm\frac{Q}{\sin\alpha} \qquad 6\text{-}(3)$$

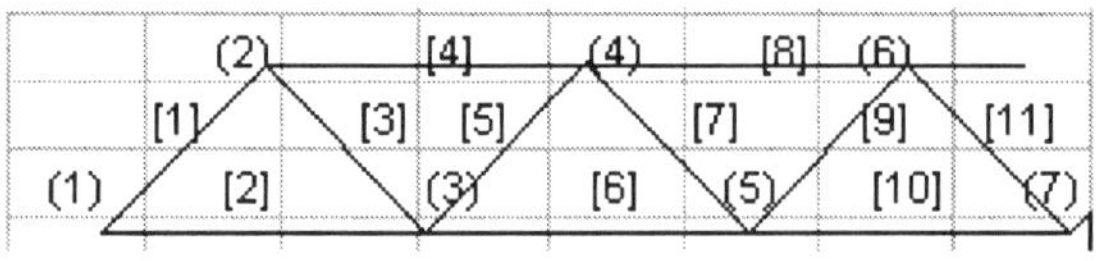


BILD 6-7 Stabnummerierung

Bei der gewählten Art der Nummerierung, Bild 6-7, betreffen

- gerade Nummern der Reihe 2, 6, 10, 14 Untergurtstäbe
- gerade Nummern der Reihe 4,, 8, 12, Obergurtstäbe
- ungerade Nummern Diagonalstäbe.

Die Bennenung der Stabart in Spalte K, Bild 6-8, erhält somit die EXCEL-Notation nach Tabelle 6-1).

| ZELLE | EXCELI-Notation |
|---|---|
| K8 | =WENN(REST(J8;2)=1;"D";WENN(REST(J8;4)=0;"OG";"UG")) |
| K9 | =WENN(REST(J9;2)=1;"D";WENN(REST(J9;4)=0;"OG";"UG")) |
| K10 | =WENN(REST(J10;2)=1;"D";WENN(REST(J10;4)=0;"OG";"UG")) |

TABELLE 6-1) Zuordnung der Stabart

<u>Beachte:</u>

Die Funktion REST(Zahl;Divisor) liefert den Rest einer Division,
zum Beispiel REST(27;10) ➔ 7.
Für eine ungerade Zahl gilt: =REST(Stabnummer;2)➔1 ➔Diagonalstab D
Für eine gerade Zahl gilt: =REST(Stabnummer;2)➔0
Die Nummern der Obergurtstäbe sind durch 4 teilbar.
=REST(Stabnummer;4)➔0 ➔Obergurtstab OG
sonst ➔Untergurtstab UG

| I | J | K | L | M | N | O | P | Q | R | S | T | U | V |
|---|---|---|---|---|---|---|---|---|---|---|---|---|---|
| 1 | | | | | | | | | | | | | |
| 2 | | | | | | | | | | | | | |
| 3 | | | | | | | | | | | | | |
| 4 | | | | | | | | | von | Querkräfte | | Kn | M |
| 5 | | | | | | | | | nach | | | | |
| 6 | Stabkräfte | | | | $X_i$ von | Stützkraft | | | 1 | 0,00 | 0,00 | 1 | 0,0 |
| 7 | Nr. | Art | Ng/° | S / kN | (a) | $C_a$ | $C_b$ | Σ | 1 | 0,00 | 23,0 | 2 | 46,0 |
| 8 | 1 | D | 45,0 | **-32,5** | 0,00 | 23,00 | 0,00 | 23,0 | 2 | 2,00 | 23,0 | 3 | 92,0 |
| 9 | 2 | UG | 0,0 | **23,0** | 2,00 | 0,00 | 0,00 | 0,0 | 2 | 2,00 | 23,0 | 4 | 118,0 |
| 10 | 3 | D | -45,0 | **32,5** | 4,00 | 0,00 | 0,00 | -10,0 | 3 | 4,00 | 23,0 | 5 | 144,0 |
| 11 | 4 | OG | 0,0 | **-46,0** | 6,00 | 0,00 | 0,00 | 0,0 | 3 | 4,00 | 13,0 | 6 | 150,0 |
| 12 | 5 | D | 45,0 | **-18,4** | 8,00 | 0,00 | 0,00 | -10,0 | 4 | 6,00 | 13,0 | 7 | 156,0 |
| 13 | 6 | UG | 0,0 | **59,0** | 10,00 | 0,00 | 0,00 | 0,0 | 4 | 6,00 | 13,0 | 8 | 132,0 |
| 14 | 7 | D | -45,0 | **18,4** | 12,00 | 0,00 | 0,00 | -15,0 | 5 | 8,00 | 13,0 | 9 | 108,0 |
| 15 | 8 | OG | 0,0 | **-72,0** | 14,00 | 0,00 | 0,00 | 0,0 | 5 | 8,00 | 3,0 | 10 | 54,0 |
| 16 | 9 | D | 45,0 | **-4,2** | 16,00 | 0,00 | 0,00 | -15,0 | 6 | 10,00 | 3,0 | 11 | 0,0 |
| 17 | 10 | UG | 0,0 | **75,0** | 18,00 | 0,00 | 0,00 | 0,0 | | | | | |
| 18 | 11 | D | -45,0 | **4,2** | 20,00 | 0,00 | 27,00 | 27,0 | | | | | |
| 19 | 12 | OG | 0,0 | **-78,0** | | | | | 7 | 12,00 | -12,0 | | |
| 20 | 13 | D | 45,0 | **17,0** | | | | | | | | | |
| 21 | 14 | UG | 0,0 | **66,0** | | | | | | | | | |
| 22 | 15 | D | -45,0 | **-17,0** | | | | | 9 | 16,00 | -12,0 | | |
| 23 | 16 | OG | 0,0 | **-54,0** | | | | | 9 | 16,00 | -27,0 | | |
| 24 | 17 | D | 45,0 | **38,2** | | | | | 10 | 18,00 | -27,0 | | |
| 25 | 18 | UG | 0,0 | **27,0** | | | | | 10 | 18,00 | -27,0 | | |
| 26 | 19 | D | -45,0 | **-38,2** | | | | | 11 | 20,00 | -27,0 | | |
| 27 | **Stützkräfte** | | | | | | | | 11 | 20,00 | 0,00 | | |
| 28 | **$C_a$ =** | **23,0** | kN | | | | | | | | | | |
| 29 | **$C_b$ =** | **27,0** | kN | | | | | | | | | | |

=-T7/SIN(L8*PI()/180)

=-T9/SIN(L10*PI()/180)

=WENN(($C$14-$C$13)<>0:$V$7/($C$14-$C$13):0)

=WENN(($C$15-$C$14)<>0:$V$8/($C$15-$C$14):0)

=WENN(J20<>"---";WENN(($B$20-$B$19)<>0;
ARCTAN(($C$20-$C$19)/($B$20-$B$19))*180/PI();90);"---")

BILD 6-8 Stabkräfte

In Spalte L sind die Neigungswinkel der Diagonalstäbe aufgeführt. Sie sind vorzeichenbehaftet. Die Winkel ergeben sich aus

$$\alpha = \arctan\frac{\Delta y}{\Delta x};$$

woraus für

- zur Mitte steigende Diagonalen positive Vorzeichen
- zur Mitte fallende Diagonalen negative Vorzeichen

entstehen und letztlich die Diagonal-Stabkräfte mit richtigem Vorzeichen versehen sind.

## Grafische Darstellung

Fachwerk und Knotenlasten

Die Wertetabellen liegen wegen der Größe auf Seite 2, Bilder 6-2, 6-10 und 6-11. Aus diesem Grunde befindet sich in Zelle I1 ein Kommentar (Hinweis). Es wird empfohlen nur die Seite 1 auszudrucken, da genannte Wertetabellen für den Nutzer uninteressant sind. Der Kommentar weist darauf hin, Bild 6-9.

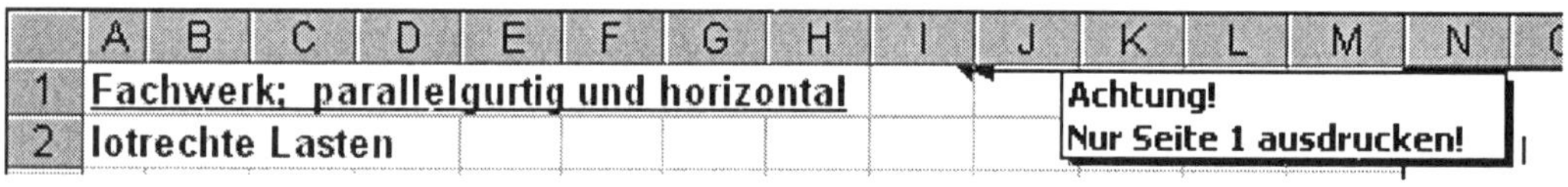


BILD 6-9 Empfehlung: Wertetabellen für die Grafik sollen nicht mit ausgedruckt werden

Die Werte der Tabelle in Bild 6-10 werden aus der Eingabe „Koordinaten der Knotenpunkte" übernommen. Die Tabelle ist selbsterklärend. Zum Beispiel gehören zum Stab 5 die Knoten 3 [4,00;0,00] und 4 [6,00;2,00].

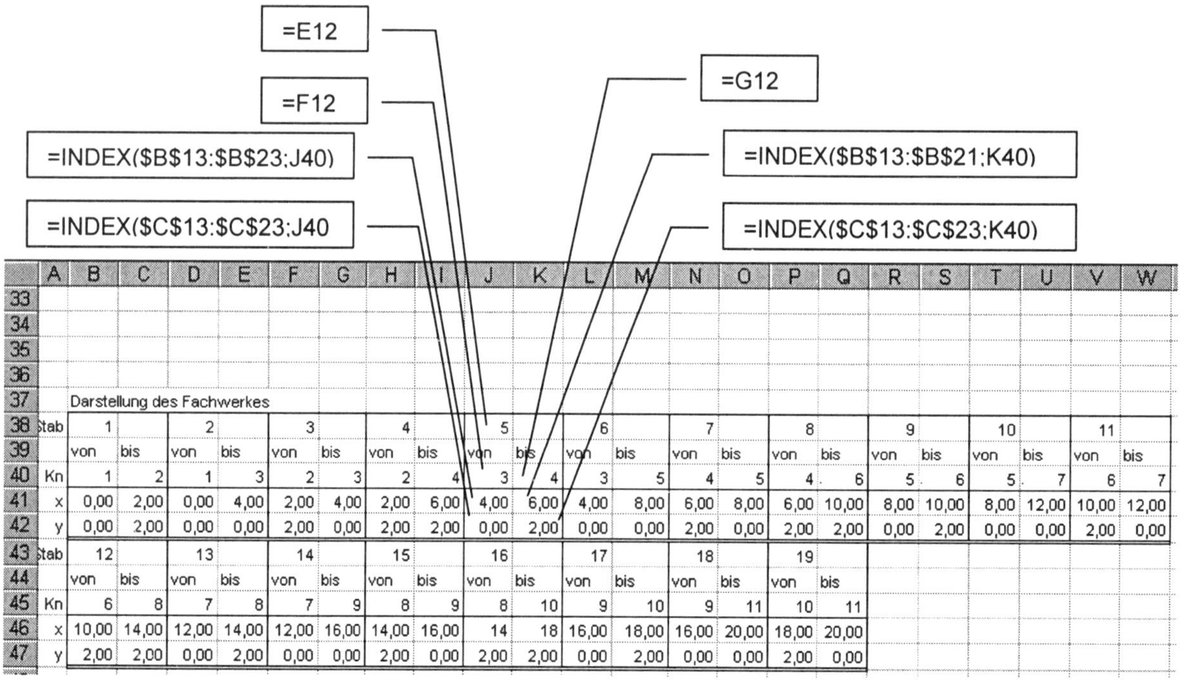


Darstellung des Fachwerkes

| | | | | | | | | | | | | | | | | | | | | | | |
|---|---|---|---|---|---|---|---|---|---|---|---|---|---|---|---|---|---|---|---|---|---|---|
| Stab | 1 | | 2 | | 3 | | 4 | | 5 | | 6 | | 7 | | 8 | | 9 | | 10 | | 11 | |
| | von | bis | von | bis | von | bis | von | bis | von | bis | von | bis | von | bis | von | bis | von | bis | von | bis | von | bis |
| Kn | 1 | 2 | 1 | 3 | 2 | 3 | 2 | 4 | 3 | 4 | 3 | 5 | 4 | 5 | 4 | 6 | 5 | 6 | 5 | 7 | 6 | 7 |
| x | 0,00 | 2,00 | 0,00 | 4,00 | 2,00 | 4,00 | 2,00 | 6,00 | 4,00 | 6,00 | 4,00 | 8,00 | 6,00 | 8,00 | 6,00 | 10,00 | 8,00 | 10,00 | 8,00 | 12,00 | 10,00 | 12,00 |
| y | 0,00 | 2,00 | 0,00 | 0,00 | 2,00 | 0,00 | 2,00 | 2,00 | 0,00 | 2,00 | 0,00 | 0,00 | 2,00 | 0,00 | 2,00 | 2,00 | 0,00 | 2,00 | 0,00 | 0,00 | 2,00 | 0,00 |
| Stab | 12 | | 13 | | 14 | | 15 | | 16 | | 17 | | 18 | | 19 | | | | | | | |
| | von | bis | von | bis | von | bis | von | bis | von | bis | von | bis | von | bis | von | bis | | | | | | |
| Kn | 6 | 8 | 7 | 8 | 7 | 9 | 8 | 9 | 8 | 10 | 9 | 10 | 9 | 11 | 10 | 11 | | | | | | |
| x | 10,00 | 14,00 | 12,00 | 14,00 | 12,00 | 16,00 | 14,00 | 16,00 | 14 | 18 | 16,00 | 18,00 | 16,00 | 20,00 | 18,00 | 20,00 | | | | | | |
| y | 2,00 | 2,00 | 0,00 | 2,00 | 0,00 | 0,00 | 2,00 | 0,00 | 2,00 | 2,00 | 0,00 | 2,00 | 0,00 | 0,00 | 2,00 | 0,00 | | | | | | |

BILD 6-10 Wertetabelle zur Darstellung der Fachwerkkonfiguration

| | A | B | C | D | E | |
|---|---|---|---|---|---|---|
| 48 | | | | | | |
| 49 | | Darstellung der Knotenlasten | | | | |
| 50 | | Kn | | | | |
| 51 | | 1 | 0,0 | 0,00 | 0,0 | x |
| 52 | | | 0,0 | 0,00 | 0,0 | y |
| 53 | | 2 | 0,0 | 0,00 | 0,0 | x |
| 54 | | | 0,0 | 0,00 | 0,0 | y |
| 55 | | 3 | 3,8 | 4,00 | 4,0 | x |
| 56 | | | 0,5 | 0,00 | 1,4 | y |
| 57 | | 4 | 0,0 | 0,00 | 0,0 | x |
| 58 | | | 0,0 | 0,00 | 0,0 | y |
| 59 | | 5 | 7,8 | 8,00 | 8,0 | x |
| 60 | | | 0,5 | 0,00 | 1,4 | y |
| 61 | | 6 | 0,0 | 0,00 | 0,0 | x |
| 62 | | | 0,0 | 0,00 | 0,0 | y |
| 63 | | 7 | 11,8 | 12,00 | 12,0 | x |
| 64 | | | 0,5 | 0,00 | 1,4 | y |
| 65 | | 8 | 0,0 | 0,00 | 0,0 | x |
| 66 | | | 0,0 | 0,00 | 0,0 | y |
| 67 | | 9 | 15,8 | 16,00 | 16,0 | x |
| 68 | | | 0,5 | 0,00 | 1,4 | y |
| 69 | | 10 | 0,0 | 0,00 | 0,0 | x |
| 70 | | | 0,0 | 0,00 | 0,0 | y |
| 71 | | 11 | 0,0 | 0,00 | 0,0 | x |
| 72 | | | 0,0 | 0,00 | 0,0 | y |

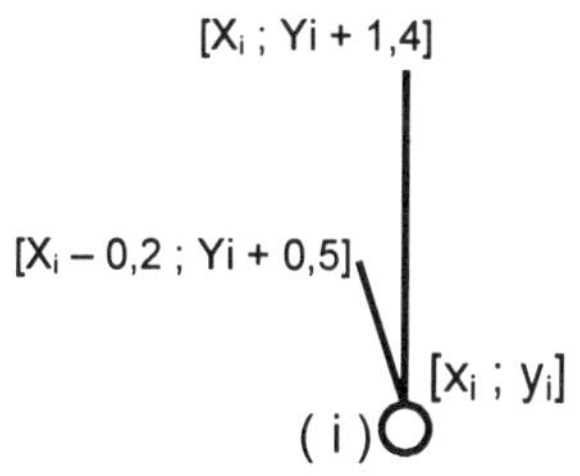


Zum Beispiel Knoten (5)

| ZELLE | EXCEL-Notation |
|---|---|
| C59 | =WENN(I12<>0;D59-0,2;0) |
| C60 | =WENN(I12<>0;D60+0,5;0) |
| | |
| D59 | =WENN(I12<>0;B17;0) |
| D60 | =WENN(I12<>0;C17;0) |
| | |
| E59 | =D59 |
| E60 | =WENN(I12<>0;D60+1,4;0) |

BILD 6-11 Wertetabelle zur Darstellung der Lastvektoren

Um die Wirkungsweise des Programmes zu zeigen, sind in den Bildern 6-12 und 6-13 zwei weitere Beispiele vorgeführt.
Im Bild 6-13 ist erkenntlich, dass ausschließlich die Zellen, die Eingabewerte erwarten, grau hervorgehoben sind. Es wird – wie in den einleitenden Kapiteln erläutert – durch bedingte Formatierung erzeugt.

Um Bearbeitungsfehler zu vermeiden, werden Warnungen erzeugt:

- Zelle B31 Ein Lager befindet sich nicht in einem Knoten, Bild 6-14
- Zelle F31 Eine Last steht außerhalb des Fachwerkes, Bild 6-15
- Zelle B32 Obergurt läuft nicht horizontal, Bild 6-17
- Zelle G32 Untergurt läuft nicht horizontal, Bild 6-18.

Die im Rahmen der hier vorliegenden Beispielrechnung ist die Knotenzahl auf 4 ... 11 eingegrenzt. die Reaktion zu einer Falscheingabe wurde über

DATEN
> GÜLTIGKEIT ...
< GÜLTIGKEITSPRÜFUNG

installiert, Bild 6-16.

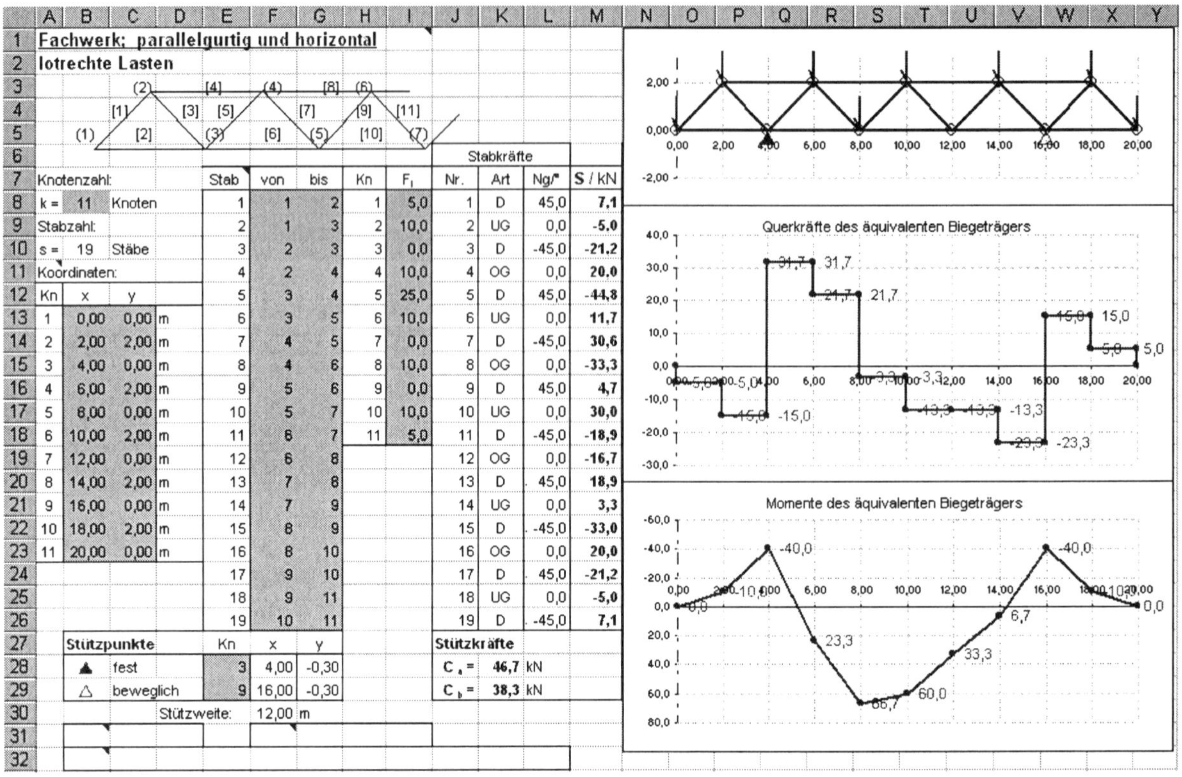


BILD 6-12 Variante zu Bild 6-2: Änderung der Lagerstellung und der Belastung

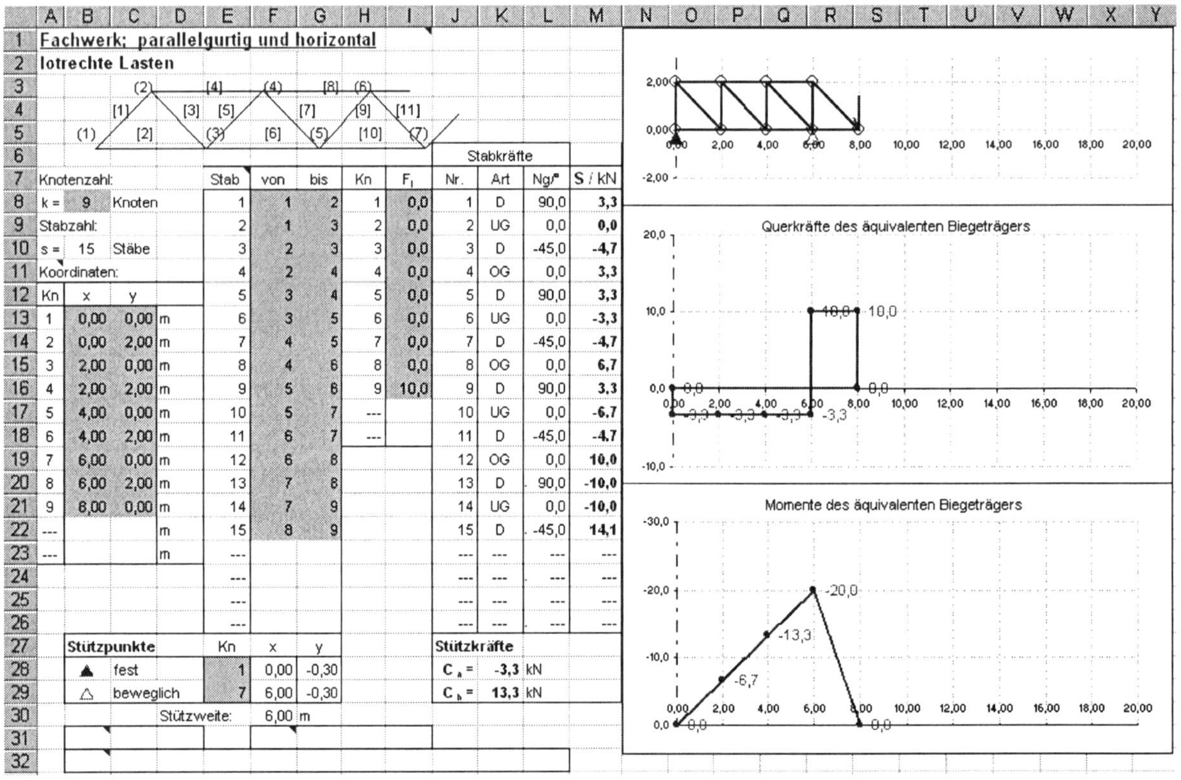


BILD 6-13 Beispiel: Streben-Pfosten-Fachwerk

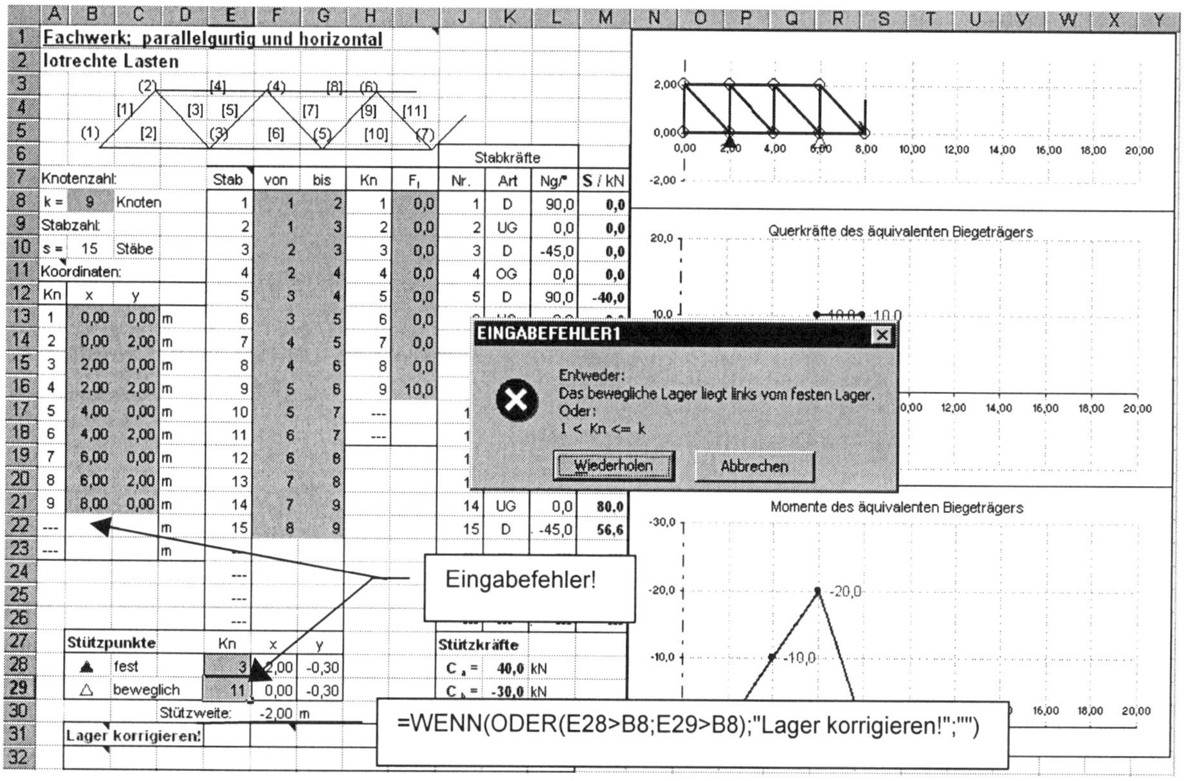


BILD 6-14 Falsche Lagerstellung: Knoten 11 existiert nicht.

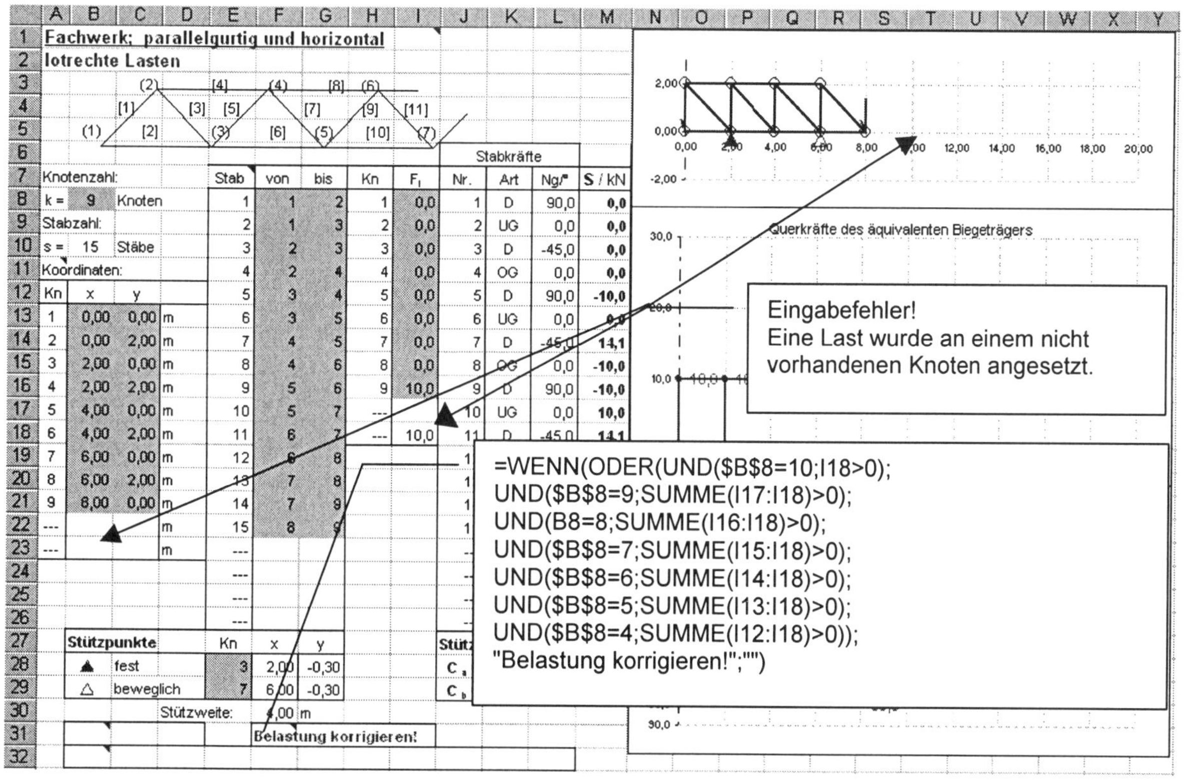


BILD 6-15 Falsche Laststellung: Knoten 11 existiert nicht.

BILD 6-16 Knotenzahl liegt außerhalb des Gültigkeitsbereiches des Programms

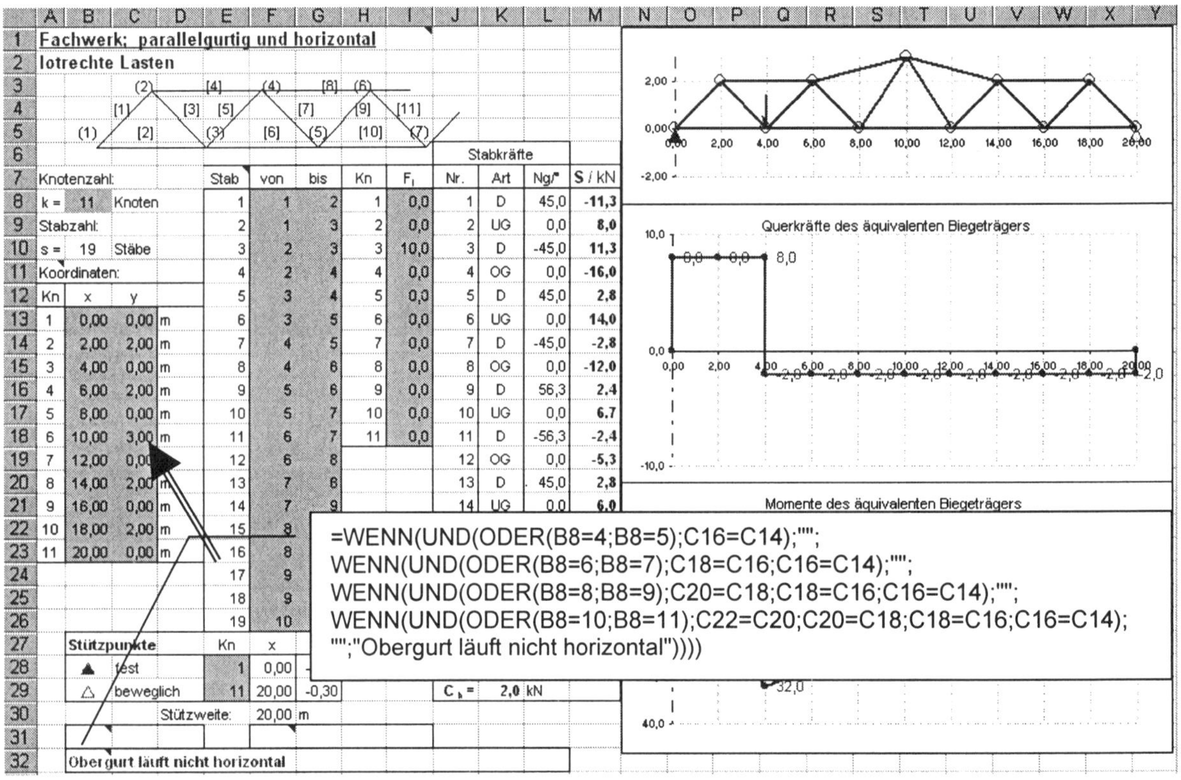


BILD 6-17 Falscheingabe einer Obergurtkoordinate

Auf die angegebenen Warnungen bei Falscheingaben kann selbstverständlich auch verzichtet werden, wenn die dem Programm zu Grunde liegenden Eingrenzungen strikt eingehalten werden.

## Beachte:

Es liegt im Wesen des Berechnungsansatzes, dass kinematische Instabilitäten nicht automatisch erkannt werden.

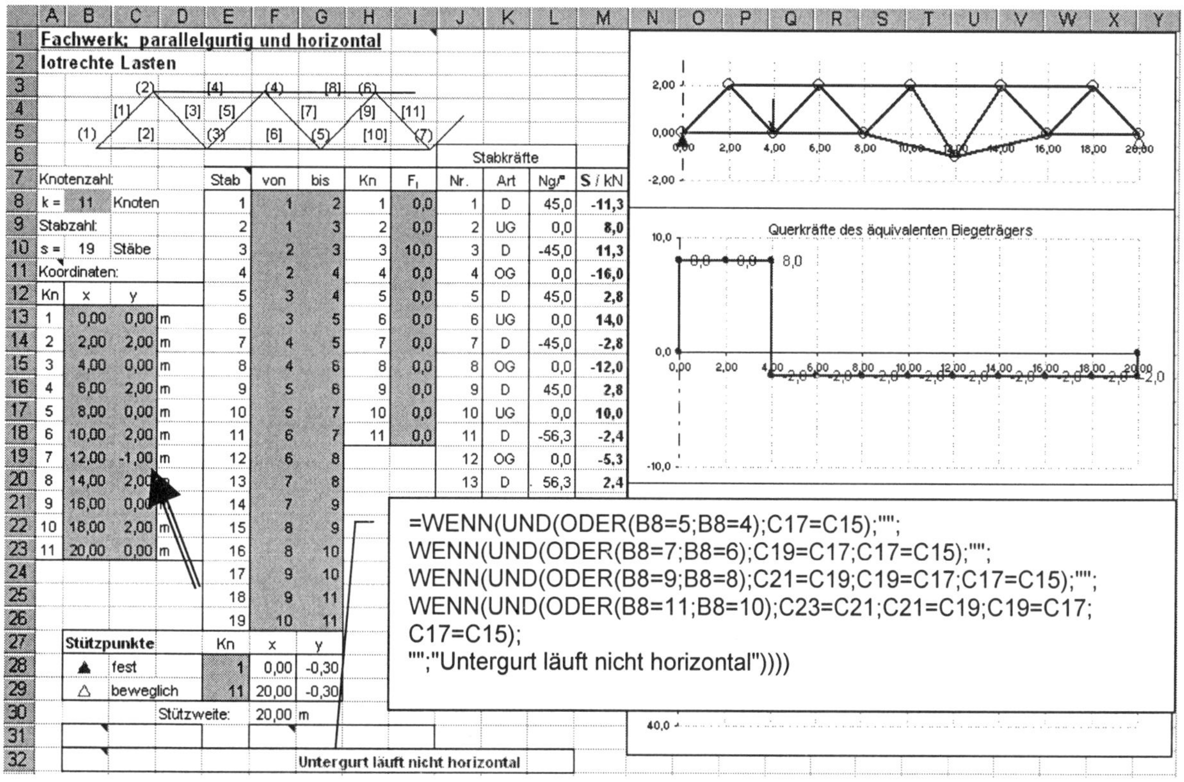


BILD 6-18 Falscheingabe einer Untergurtkoordinate

Die Erweiterung des Programms auf geknickte Ober- beziehungsweise Untergurt-Stabzüge ist ohne größeren Aufwand möglich.

## 6.2 Lösungsansatz: Knoten-Schnittverfahren

Auch nach diesem Verfahren können nur statisch bestimmte Fachwerke bearbeitet werden.
Aus dem Fachwerk, Bild 6-19, werden durch Rundschnitte die einzelnen Knoten herausgetrennt, Bild 6-20.

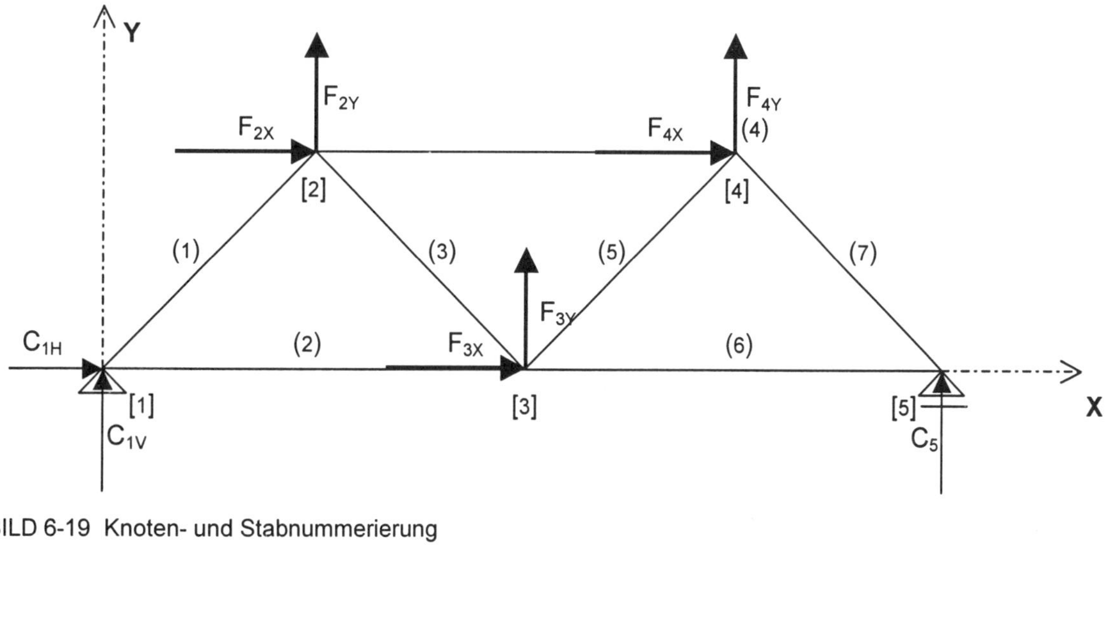


BILD 6-19 Knoten- und Stabnummerierung

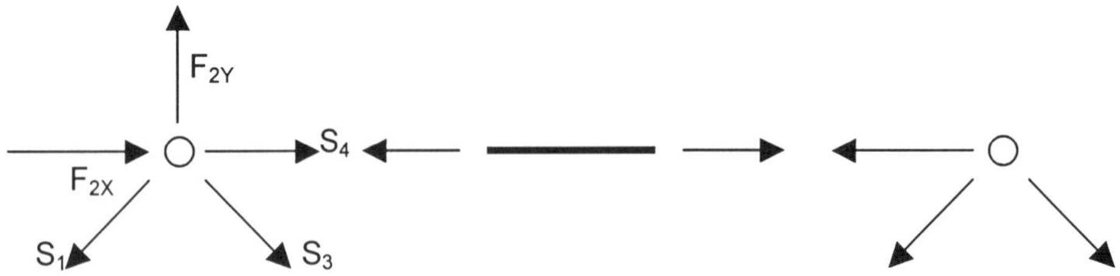


BILD 6-20 Knotenkräfte

Für diese Kräfte des Gesamttragwerkes werden die Gleichgewichtsbedingungen

$$\sum_{i=1}^{n} F_{iX} = 0 \quad \text{und} \quad \sum_{i=1}^{n} F_{iY} = 0$$

aufgestellt.

Es gilt für den Knoten (i)

$$\sum S_{iX} + F_{iX} = 0\,; \qquad \sum S_i \cos\alpha_i + F_{iX} = 0 \qquad 6\text{-}(4)$$

$$\sum S_{iY} + F_{iY} = 0\,; \qquad \sum S_i \cos\beta_i + F_{iY} = 0 \qquad 6\text{-}(5)$$

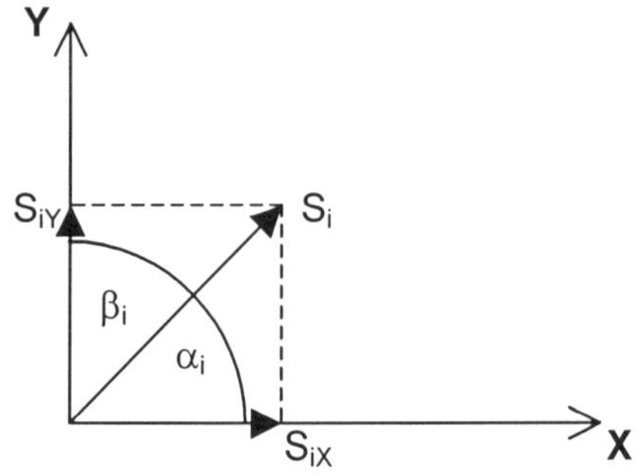


BILD 6-21 Kraftkomponenten

Die Winkelfunktionen folgen aus der Fachwerkgeometrie, 6-(6) und Bild 6-22.

$$\cos\alpha_i = \frac{\Delta Y_i}{L_i} \qquad \Delta Y_i = Y_{i+1} - Y_i$$

$$L_i = \sqrt{\Delta X_i^{\,2} + \Delta Y_i^{\,2}}$$

$$\cos\beta_i = \frac{\Delta X_i}{L_i} \qquad \Delta X_i = X_{i+1} - X_i$$

6-(6)

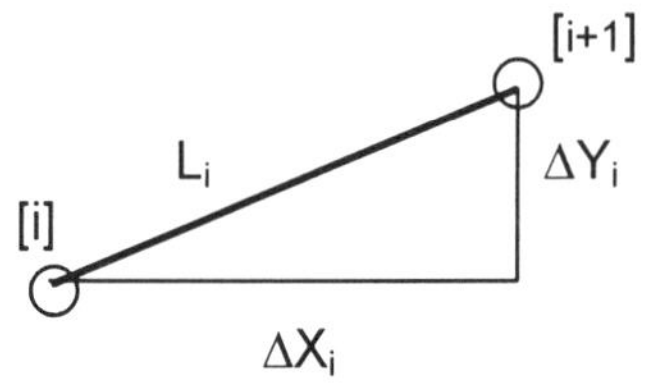


BILD 6-22 Stabkomponenten

Es entsteht ein lineares Gleichungssystem nach 6-(7).

$$[K][S] + [F] = 0 \qquad 6\text{-}(7)$$

mit [K] Koeffizientenmatrix, die die Richtungscosinus nach 6-(6) enthält

[S] Spaltenvektor der unbekannten Stabkräfte

[F] Spaltenvektor der Knotenlasten;

bezogen auf Bild 6-19 ausführlich notiert, Gleichungssystem 6-(8).

$$
\begin{array}{lllllllll}
+S_1\cos\alpha_1 & S_2\cos\alpha_2 & & & & & & +C_{1H} & =0\\
+S_1\cos\beta_1 & S_2\cos\beta_2 & & & & & & +C_{1V} & =0\\
-S_1\cos\alpha_1 & & +S_3\cos\alpha_3 & +S_4\cos\alpha_4 & & & & +F_{2X} & =0\\
-S_1\cos\beta_1 & & +S_3\cos\beta_3 & +S_4\cos\beta_4 & & & & +F_{2Y} & =0\\
 & -S_2\cos\alpha_2 & -S_3\cos\alpha_3 & & +S_5\cos\alpha_5 & +S_6\cos\alpha_6 & & +F_{3X} & =0\\
 & -S_2\cos\beta_2 & -S_3\cos\beta_3 & & +S_5\cos\beta_5 & +S_6\cos\beta_6 & & +F_{3Y} & =0\\
 & & & -S_4\cos\alpha_4 & -S_5\cos\alpha_5 & & +S_7\cos\alpha_7 & +F_{4X} & =0\\
 & & & -S_4\cos\beta_4 & -S_5\cos\beta_5 & & +S_7\cos\beta_7 & +F_{4Y} & =0\\
 & & & & & -S_6\cos\alpha_6 & -S_7\cos\alpha_7 & +0 & =0\\
 & & & & & -S_6\cos\beta_6 & -S_7\cos\beta_7 & +C_{5V} & =0
\end{array}
\qquad 6\text{-}(8)
$$

Gleichung 6-(7) nach den unbekannten Stabkräften aufgelöst:

$$[S]=[K]^{-1}\,[-F] \qquad 6\text{-}(9)$$

$$
\begin{bmatrix} S_1\\ S_2\\ S_3\\ S_4\\ S_5\\ S_6\\ S_7 \end{bmatrix}
=
\begin{bmatrix}
+\cos\alpha_1 & +\cos\alpha_2 & & & & & \\
+\cos\beta_1 & +\cos\beta_2 & & & & & \\
-\cos\alpha_1 & & +\cos\alpha_3 & +\cos\alpha_4 & & & \\
-\cos\beta_1 & & +\cos\beta_3 & +\cos\beta_4 & & & \\
 & -\cos\alpha_2 & -\cos\alpha_3 & & +\cos\alpha_5 & +\cos\alpha_6 & \\
 & -\cos\beta_2 & -\cos\beta_3 & & +\cos\beta_5 & +\cos\beta_6 & \\
 & & & -\cos\alpha_4 & -\cos\alpha_5 & & +\cos\alpha_7\\
 & & & -\cos\beta_4 & -\cos\beta_5 & & +\cos\beta_7\\
 & & & & & -\cos\alpha_6 & -\cos\alpha_7\\
 & & & & & -\cos\beta_6 & -\cos\beta_7
\end{bmatrix}^{-1}
\cdot(-1)
\begin{bmatrix} C_{1H}\\ C_{1V}\\ F_{2X}\\ F_{2Y}\\ F_{3X}\\ F_{3Y}\\ F_{4X}\\ F_{4Y}\\ 0\\ C_5 \end{bmatrix}
\qquad 6\text{-}(10)
$$

Da beim statisch bestimmten System Stütz- und Stabkräfte unabhängig voneinander berechnet werden können, kann das Gleichungssystem 6-(10) in zwei Gruppen zerlegt werden. Formal heißt das, dass die Zeilen, die die Stützkräfte enthalten, gestrichen werden.
Es folgt das lösbare Gleichungssystem 6-(11).

$$
\begin{bmatrix} S_1\\ S_2\\ S_3\\ S_4\\ S_5\\ S_6\\ S_7 \end{bmatrix}
=
\begin{bmatrix}
-\cos\alpha_1 & & +\cos\alpha_3 & +\cos\alpha_4 & & & \\
-\cos\beta_1 & & +\cos\beta_3 & +\cos\beta_4 & & & \\
 & -\cos\alpha_2 & -\cos\alpha_3 & & +\cos\alpha_5 & +\cos\alpha_6 & \\
 & -\cos\beta_2 & -\cos\beta_3 & & +\cos\beta_5 & +\cos\beta_6 & \\
 & & & -\cos\alpha_4 & -\cos\alpha_5 & & +\cos\alpha_7\\
 & & & -\cos\beta_4 & -\cos\beta_5 & & +\cos\beta_7\\
 & & & & & -\cos\alpha_6 & -\cos\alpha_7
\end{bmatrix}^{-1}
\cdot(-1)
\begin{bmatrix} F_{2X}\\ F_{2Y}\\ F_{3X}\\ F_{3Y}\\ F_{4X}\\ F_{4Y}\\ 0 \end{bmatrix}
\qquad 6\text{-}(11)
$$

Eine Beispielrechnung des dazugehörigen EXCEL-Programmes zeigt Bild 6-23, auf das sich die weiteren Erläuterungen beziehen.
Folgende Einschränkungen sollen im Rahmen dieser Abhandlung gelten:

- Die Knotenzahl ist auf 1 ... 11 eingegrenzt.
- Das feste Lager (Auflager (a)) erhält die Knotennummer 1 .
- Das bewegliche Lager (Auflager (b)) erhält die höchste Knotennummer .

  Beachte:
  Mit den beiden letzten Festlegungen wird das Umsortieren der Zeilen in dem Gleichungssystem 6-(11) nach dem Streichen der Auflager-Zeilen vermieden.
- Die Auflager befinden sich in gleicher Höhe.

Durch eine Erweiterung der Lösung lassen sich diese Einschränkungen problemlos eingrenzen beziehungsweise aufheben.

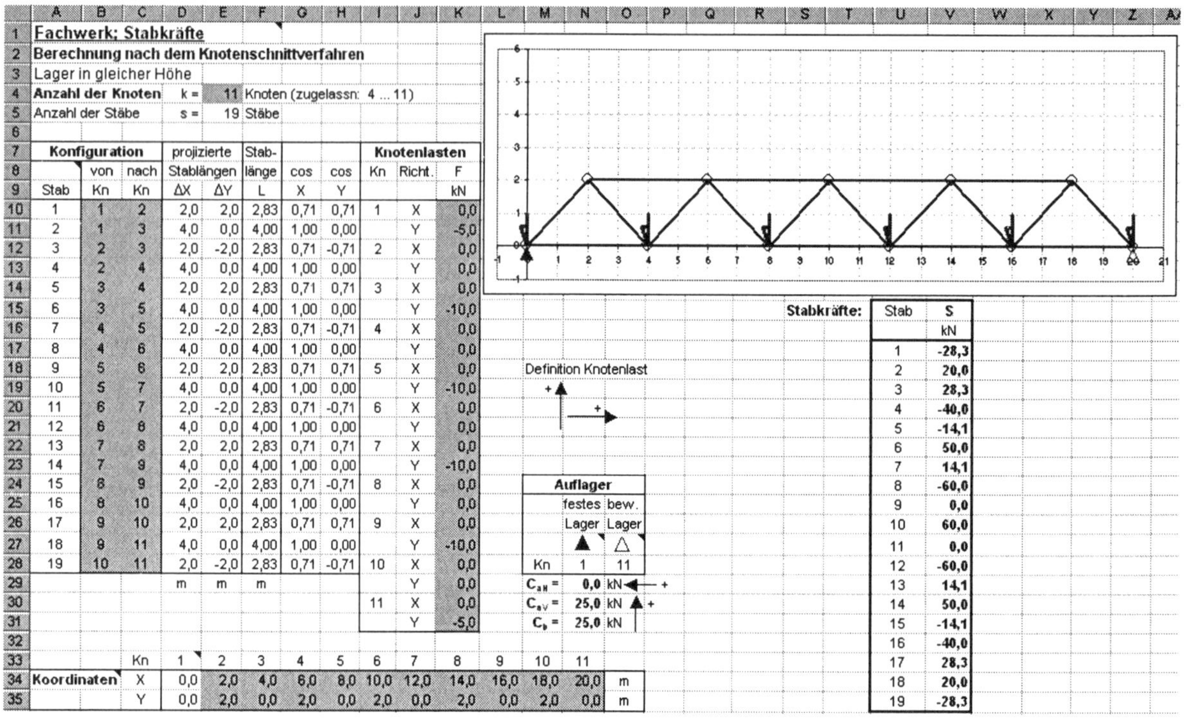


BILD 6-23 Beispiellösung: Stabkräfte eines parallelgurtigen Fachwerkes

## Zur Eingabe

Eingabezellen werden hervorgehoben. Bild 6-24 zeigt die Reaktion der Eingabebereiche bei unterschiedlicher Wahl der Knoten-Anzahl.

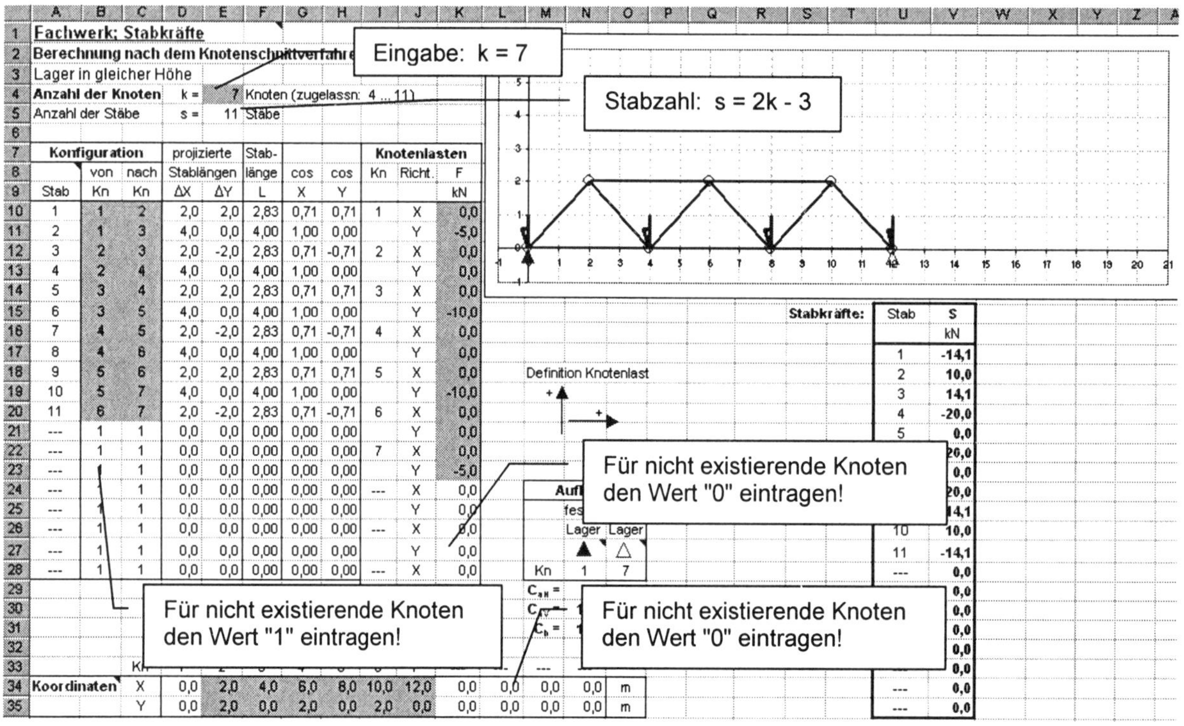


BILD 6-24 Funktionsweise der Eingabe-Aufforderung

## Die Konfiguration des Fachwerkes

Die Konfiguration (die Stab-Knoten-Beziehung) des Fachwerkes soll im Gegensatz zur Lösung im Kapitel 6.1. beliebig gewählt werden können.
Aus der im Bereich A10:C28 eingetragenen Stab-Knoten-Beziehung wird eine Strukturmatrix, Bild 6-25, entwickelt. Sie ist das mathematische Modell der Fachwerk-Konfiguration und befindet sich im nicht sichtbaren Bereich des Bildschirmes.

In dieser Strukturmatrix bedeutet

+1 Stabanfang

–1 Stabende.

| | A | B | C | D | E | F | G | H | I | J | K | L |
|---|---|---|---|---|---|---|---|---|---|---|---|---|
| 53 | | | | | | | | | | | | |
| 54 | Strukturmatrix | | | | | | | | | | | |
| 55 | Kn | 1 | 2 | 3 | 4 | 5 | 6 | 7 | 8 | 9 | 10 | 11 |
| 56 | Stab | | | | | | | | | | | |
| 57 | 1 | 1 | -1 | 0 | 0 | 0 | 0 | 0 | 0 | 0 | 0 | 0 |
| 58 | 2 | 1 | 0 | -1 | 0 | 0 | 0 | 0 | 0 | 0 | 0 | 0 |
| 59 | 3 | 0 | 1 | -1 | 0 | 0 | 0 | 0 | 0 | 0 | 0 | 0 |
| 60 | 4 | 0 | 1 | 0 | -1 | 0 | 0 | 0 | 0 | 0 | 0 | 0 |
| 61 | 5 | 0 | 0 | 1 | -1 | 0 | 0 | 0 | 0 | 0 | 0 | 0 |
| 62 | 6 | 0 | 0 | 1 | 0 | -1 | 0 | 0 | 0 | 0 | 0 | 0 |
| 63 | 7 | 0 | 0 | 0 | 1 | -1 | 0 | 0 | 0 | 0 | 0 | 0 |
| 64 | 8 | 0 | 0 | 0 | 1 | 0 | -1 | 0 | 0 | 0 | 0 | 0 |
| 65 | 9 | 0 | 0 | 0 | 0 | 1 | -1 | 0 | 0 | 0 | 0 | 0 |
| 66 | 10 | 0 | 0 | 0 | 0 | 1 | 0 | -1 | 0 | 0 | 0 | 0 |
| 67 | 11 | 0 | 0 | 0 | 0 | 0 | 1 | -1 | 0 | 0 | 0 | 0 |
| 68 | 12 | 0 | 0 | 0 | 0 | 0 | 1 | 0 | -1 | 0 | 0 | 0 |
| 69 | 13 | 0 | 0 | 0 | 0 | 0 | 0 | 1 | -1 | 0 | 0 | 0 |
| 70 | 14 | 0 | 0 | 0 | 0 | 0 | 0 | 1 | 0 | -1 | 0 | 0 |
| 71 | 15 | 0 | 0 | 0 | 0 | 0 | 0 | 0 | 1 | -1 | 0 | 0 |
| 72 | 16 | 0 | 0 | 0 | 0 | 0 | 0 | 0 | 1 | 0 | -1 | 0 |
| 73 | 17 | 0 | 0 | 0 | 0 | 0 | 0 | 0 | 0 | 1 | -1 | 0 |
| 74 | 18 | 0 | 0 | 0 | 0 | 0 | 0 | 0 | 0 | 1 | 0 | -1 |
| 75 | 19 | 0 | 0 | 0 | 0 | 0 | 0 | 0 | 0 | 0 | 1 | -1 |

Zum Beispiel:

Lies:
Der Stab 4
beginnt am Knoten 2,
endet am Knoten 4

Zum Beispiel:

Lies:
Am Knoten 4
enden die Stäbe 4 und 5,
beginnen die Stäbe 7 und 8

BILD 6-25 Strukturmatrix

Exemplarisch geben wir die Funktionen einiger Zellen an, Tabelle 6-2).

| | Knoten 1 | Knoten 2 |
|---|---|---|
| Stab 1 | =WENN($B$10=B55;1;WENN($C$10=B55;-1;0)) | =WENN($B$10=C55;1;WENN($C$10=C55;-1;0)) |
| Stab 2 | =WENN($B$11=B55;1;WENN($C$11=B55;-1;0)) | =WENN($B$11=C55;1;WENN($C$11=C55;-1;0)) |
| Stab 3 | =WENN($B$12=B55;1;WENN($C$12=B55;-1;0)) | =WENN($B$12=C55;1;WENN($C$12=C55;-1;0)) |

TABELLE 6-2) Funktionen der Strukturmatrix nach Bild 6-25

## Das Gleichungssystem

Aus der Strukturmatrix entwickelt sich die Koeffizientenmatrix des linearen Gleichungssystems, Bild 6-26. Dabei ist zu beachten, dass beim ebenen System die Kraft durch zwei Komponenten dargestellt wird, also je Knoten die Richtungen X und Y berücksichtigt werden müssen.

| | A | B | C | D | E | F | G | H | I | J | K | L | M | N | O | P | Q | R | S | T | U | V | W | X | Y | Z | AA | AB |
|---|---|---|---|---|---|---|---|---|---|---|---|---|---|---|---|---|---|---|---|---|---|---|---|---|---|---|---|---|
| 76 | | | | | | | | | | | | | | | | | | | | | | | | | | | | |
| 77 | Koeffizientenmatrix | | | | | | | | | | | | | | | | | | | | | Kraft- | | | | | | |
| 78 | | | Stab | | | | | | | | | | | | | | | | | | | vektor: | Lösung bezogen auf | | | | | |
| 79 | Kn | | 1 | 2 | 3 | 4 | 5 | 6 | 7 | 8 | 9 | 10 | 11 | 12 | 13 | 14 | 15 | 16 | 17 | 18 | 19 | | vorhandene Knoten | | | | | |
| 80 | 1 | X | 0,7 | 1,0 | 0,0 | 0,0 | 0,0 | 0,0 | 0,0 | 0,0 | 0,0 | 0,0 | 0,0 | 0,0 | 0,0 | 0,0 | 0,0 | 0,0 | 0,0 | 0,0 | 0,0 | | 11 | 10 | 9 | 8 | 7 | 6 |
| 81 | | Y | 0,7 | 0,0 | 0,0 | 0,0 | 0,0 | 0,0 | 0,0 | 0,0 | 0,0 | 0,0 | 0,0 | 0,0 | 0,0 | 0,0 | 0,0 | 0,0 | 0,0 | 0,0 | 0,0 | F | S | S | S | S | S | S |
| 82 | 2 | X | -0,7 | 0,0 | 0,7 | 1,0 | 0,0 | 0,0 | 0,0 | 0,0 | 0,0 | 0,0 | 0,0 | 0,0 | 0,0 | 0,0 | 0,0 | 0,0 | 0,0 | 0,0 | 0,0 | 0,0 | -28,3 | -25,1 | -21,2 | -18,2 | -14,1 | -11,3 |
| 83 | | Y | -0,7 | 0,0 | -0,7 | 0,0 | 0,0 | 0,0 | 0,0 | 0,0 | 0,0 | 0,0 | 0,0 | 0,0 | 0,0 | 0,0 | 0,0 | 0,0 | 0,0 | 0,0 | 0,0 | 0,0 | 20,0 | 17,8 | 15,0 | 12,9 | 10,0 | 8,0 |
| 84 | 3 | X | 0,0 | -1,0 | -0,7 | 0,0 | 0,7 | 1,0 | 0,0 | 0,0 | 0,0 | 0,0 | 0,0 | 0,0 | 0,0 | 0,0 | 0,0 | 0,0 | 0,0 | 0,0 | 0,0 | 0,0 | 28,3 | 25,1 | 21,2 | 18,2 | 14,1 | 11,3 |
| 85 | | Y | 0,0 | 0,0 | 0,7 | 0,0 | 0,7 | 0,0 | 0,0 | 0,0 | 0,0 | 0,0 | 0,0 | 0,0 | 0,0 | 0,0 | 0,0 | 0,0 | 0,0 | 0,0 | 0,0 | 10,0 | -40,0 | -35,6 | -30,0 | -25,7 | -20,0 | -16,0 |
| 86 | 4 | X | 0,0 | 0,0 | 0,0 | -1,0 | -0,7 | 0,0 | 0,7 | 1,0 | 0,0 | 0,0 | 0,0 | 0,0 | 0,0 | 0,0 | 0,0 | 0,0 | 0,0 | 0,0 | 0,0 | 0,0 | -14,1 | -11,0 | -7,1 | -4,0 | 0,0 | 2,8 |
| 87 | | Y | 0,0 | 0,0 | 0,0 | 0,0 | -0,7 | 0,0 | -0,7 | 0,0 | 0,0 | 0,0 | 0,0 | 0,0 | 0,0 | 0,0 | 0,0 | 0,0 | 0,0 | 0,0 | 0,0 | 0,0 | 50,0 | 43,3 | 35,0 | 28,6 | 20,0 | 14,0 |
| 88 | 5 | X | 0,0 | 0,0 | 0,0 | 0,0 | 0,0 | -1,0 | -0,7 | 0,0 | 0,7 | 1,0 | 0,0 | 0,0 | 0,0 | 0,0 | 0,0 | 0,0 | 0,0 | 0,0 | 0,0 | 0,0 | 14,1 | 11,0 | 7,1 | 4,0 | 0,0 | -2,8 |
| 89 | | Y | 0,0 | 0,0 | 0,0 | 0,0 | 0,0 | 0,0 | 0,7 | 0,0 | 0,7 | 0,0 | 0,0 | 0,0 | 0,0 | 0,0 | 0,0 | 0,0 | 0,0 | 0,0 | 0,0 | 10,0 | -60,0 | -51,1 | -40,0 | -31,4 | -20,0 | -12,0 |
| 90 | 6 | X | 0,0 | 0,0 | 0,0 | 0,0 | 0,0 | 0,0 | 0,0 | -1,0 | -0,7 | 0,0 | 0,7 | 1,0 | 0,0 | 0,0 | 0,0 | 0,0 | 0,0 | 0,0 | 0,0 | 0,0 | 0,0 | 3,1 | 7,1 | 10,1 | 14,1 | 17,0 |
| 91 | | Y | 0,0 | 0,0 | 0,0 | 0,0 | 0,0 | 0,0 | 0,0 | 0,0 | -0,7 | 0,0 | -0,7 | 0,0 | 0,0 | 0,0 | 0,0 | 0,0 | 0,0 | 0,0 | 0,0 | 0,0 | 60,0 | 48,9 | 35,0 | 24,3 | 10,0 | |
| 92 | 7 | X | 0,0 | 0,0 | 0,0 | 0,0 | 0,0 | 0,0 | 0,0 | 0,0 | 0,0 | -1,0 | -0,7 | 0,0 | 0,7 | 1,0 | 0,0 | 0,0 | 0,0 | 0,0 | 0,0 | 0,0 | 0,0 | -3,1 | -7,1 | -10,1 | -14,1 | |
| 93 | | Y | 0,0 | 0,0 | 0,0 | 0,0 | 0,0 | 0,0 | 0,0 | 0,0 | 0,0 | 0,0 | 0,7 | 0,0 | 0,7 | 0,0 | 0,0 | 0,0 | 0,0 | 0,0 | 0,0 | 10,0 | -60,0 | -46,7 | -30,0 | -17,1 | | |
| 94 | 8 | X | 0,0 | 0,0 | 0,0 | 0,0 | 0,0 | 0,0 | 0,0 | 0,0 | 0,0 | 0,0 | 0,0 | -1,0 | -0,7 | 0,0 | 0,7 | 1,0 | 0,0 | 0,0 | 0,0 | 0,0 | 14,1 | 17,3 | 21,2 | 24,2 | | |
| 95 | | Y | 0,0 | 0,0 | 0,0 | 0,0 | 0,0 | 0,0 | 0,0 | 0,0 | 0,0 | 0,0 | 0,0 | 0,0 | -0,7 | 0,0 | -0,7 | 0,0 | 0,0 | 0,0 | 0,0 | 0,0 | 50,0 | 34,4 | 15,0 | | | |
| 96 | 9 | X | 0,0 | 0,0 | 0,0 | 0,0 | 0,0 | 0,0 | 0,0 | 0,0 | 0,0 | 0,0 | 0,0 | 0,0 | 0,0 | -1,0 | -0,7 | 0,0 | 0,7 | 1,0 | 0,0 | 0,0 | -14,1 | -17,3 | -21,2 | | | |
| 97 | | Y | 0,0 | 0,0 | 0,0 | 0,0 | 0,0 | 0,0 | 0,0 | 0,0 | 0,0 | 0,0 | 0,0 | 0,0 | 0,0 | 0,0 | 0,7 | 0,0 | 0,7 | 0,0 | 0,0 | 10,0 | -40,0 | -22,2 | | | | |
| 98 | 10 | X | 0,0 | 0,0 | 0,0 | 0,0 | 0,0 | 0,0 | 0,0 | 0,0 | 0,0 | 0,0 | 0,0 | 0,0 | 0,0 | 0,0 | 0,0 | -1,0 | -0,7 | 0,0 | 0,7 | 0,0 | 28,3 | 31,4 | | | | |
| 99 | | Y | 0,0 | 0,0 | 0,0 | 0,0 | 0,0 | 0,0 | 0,0 | 0,0 | 0,0 | 0,0 | 0,0 | 0,0 | 0,0 | 0,0 | 0,0 | 0,0 | -0,7 | 0,0 | -0,7 | 0,0 | 20,0 | | | | | |
| 100 | 11 | X | 0,0 | 0,0 | 0,0 | 0,0 | 0,0 | 0,0 | 0,0 | 0,0 | 0,0 | 0,0 | 0,0 | 0,0 | 0,0 | 0,0 | 0,0 | 0,0 | 0,0 | -1,0 | -0,7 | 0,0 | -28,3 | | | | | |
| 101 | | Y | 0,0 | 0,0 | 0,0 | 0,0 | 0,0 | 0,0 | 0,0 | 0,0 | 0,0 | 0,0 | 0,0 | 0,0 | 0,0 | 0,0 | 0,0 | 0,0 | 0,0 | 0,0 | 0,7 | | | | | | | |

BILD 6-26 Gleichungssystem mit einem Teil der Lösung

Es ist ersichtlich, dass unter Beachtung des Vorzeichens die Werte 1 der Strukturmatrix durch die zugehörigen Koordinaten ersetzt wurden. Einige Funktionen enthält Tabelle 6-3).

| | | | | EXCEL-Notation |
|---|---|---|---|---|
| Stab 1 | | | | |
| | Knoten 1 | X-Richtung | Zelle C80 | =WENN(ODER(B57=1;B57=-1);B57*G10;0) |
| | | Y-Richtung | Zelle C81 | =WENN(ODER(B57=1;B57=-1);B57*H10;0) |
| | | | | |
| | Knoten 2 | X-Richtung | Zelle C82 | =WENN(ODER(C57=1;C57=-1);C57*G10;0) |
| | | Y-Richtung | Zelle C83 | =WENN(ODER(C57=1;C57=-1);C57*H10;0) |
| | usw. | | | |
| | | | | |
| Stab 2 | | | | |
| | Knoten 1 | X-Richtung | Zelle D80 | =WENN(ODER(B58=1;B58=-1);B58*G11;0) |
| | | Y-Richtung | Zelle D81 | =WENN(ODER(B58=1;B58=-1);B58*H11;0) |
| | | | | |
| | Knoten 2 | X-Richtung | Zelle D82 | =WENN(ODER(C58=1;C58=-1);C58*G11;0) |
| | | Y-Richtung | Zelle D83 | =WENN(ODER(C58=1;C58=-1);C58*H11;0) |
| | usw. | | | |

TABELLE 6-3) EXCEL-Notation der Funktionen der Koeffizientenmatrix

An die Koeffizientenmatrix, Bild 6-26, schließt sich der negative Spaltenvektor der Komponenten der Knotenlasten an, Bereich (V82:V100). Die Werte werden aus dem Eingabebereich übernommen, Tabelle 6-4).

| ZELLE | Übertrag |
|---|---|
| V82 | =-K12 |
| V83 | =-K13 |
| usw. | |

TABELLE 6-4) Ausschnitt aus dem Belastungsvektor

Um die Auflagersituation zu berücksichtigen, werden – wie erwähnt – die zugehörigen Zeilen der Koeffizientenmatrix „gestrichen". Nach den getroffenen Festlegungen zur Nummerierung der Knoten bleiben die ersten beiden und die letzte Zeile im Rahmen der Matrizenmultiplikation unberücksichtigt. Hieraus folgen die Lösungsvektoren der Stabkräfte nach Bild 6-2. Einige Ansätze sind in Tabelle 6-5) dargestellt.

| S | T | U | V | W | X | Y | Z | AA | AB | AC | AD |
|---|---|---|---|---|---|---|---|---|---|---|---|
| | | | | | | | | | | | |
| | | | Kraft- | | | | | | | | |
| | | | vektor: | Lösung bezogen auf | | | | | | | |
| 17 | 18 | 19 | | vorhandene Knoten | | | | | | | |
| 0,0 | 0,0 | 0,0 | | 11 | 10 | 9 | 8 | 7 | 6 | 5 | 4 |
| 0,0 | 0,0 | 0,0 | F | S | S | S | S | S | S | S | S |
| 0,0 | 0,0 | 0,0 | 0,0 | -28,3 | -25,1 | -21,2 | -18,2 | -14,1 | -11,3 | -7,1 | -4,7 |
| 0,0 | 0,0 | 0,0 | 0,0 | 20,0 | 17,8 | 15,0 | 12,9 | 10,0 | 8,0 | 5,0 | 3,3 |
| 0,0 | 0,0 | 0,0 | 0,0 | 28,3 | 25,1 | 21,2 | 18,2 | 14,1 | 11,3 | 7,1 | 4,7 |
| 0,0 | 0,0 | 0,0 | 10,0 | -40,0 | -35,6 | -30,0 | -25,7 | -20,0 | -16,0 | -10,0 | -6,7 |
| 0,0 | 0,0 | 0,0 | 0,0 | -14,1 | -11,0 | -7,1 | -4,0 | 0,0 | 2,8 | 7,1 | 9,4 |
| 0,0 | 0,0 | 0,0 | 0,0 | 50,0 | 43,3 | 35,0 | 28,6 | 20,0 | 14,0 | 5,0 | |
| 0,0 | 0,0 | 0,0 | 0,0 | 14,1 | 11,0 | 7,1 | 4,0 | 0,0 | -2,8 | -7,1 | |
| 0,0 | 0,0 | 0,0 | 10,0 | -60,0 | -51,1 | -40,0 | -31,4 | -20,0 | -12,0 | | |
| 0,0 | 0,0 | 0,0 | 0,0 | 0,0 | 3,1 | 7,1 | 10,1 | 14,1 | 17,0 | | |
| 0,0 | 0,0 | 0,0 | 0,0 | 60,0 | 48,9 | 35,0 | 24,3 | 10,0 | | | |
| 0,0 | 0,0 | 0,0 | 0,0 | 0,0 | -3,1 | -7,1 | -10,1 | -14,1 | | | |
| 0,0 | 0,0 | 0,0 | 10,0 | -60,0 | -46,7 | -30,0 | -17,1 | | | | |
| 0,0 | 0,0 | 0,0 | 0,0 | 14,1 | 17,3 | 21,2 | 24,2 | | | | |
| 0,0 | 0,0 | 0,0 | 0,0 | 50,0 | 34,4 | 15,0 | | | | | |
| 0,7 | 1,0 | 0,0 | 0,0 | -14,1 | -17,3 | -21,2 | | | | | |
| 0,7 | 0,0 | 0,0 | 10,0 | -40,0 | -22,2 | | | | | | |
| -0,7 | 0,0 | 0,7 | 0,0 | 28,3 | 31,4 | | | | | | |
| -0,7 | 0,0 | -0,7 | 0,0 | 20,0 | | | | | | | |
| 0,0 | -1,0 | -0,7 | 0,0 | -28,3 | | | | | | | |
| 0,0 | 0,0 | 0,7 | | | | | | | | | |

BILD 6-27 Lösungsvektoren, entsprechend der vorhandenen Knotenzahl

Beachte die EXCEL-Regeln der Matrizen-Multiplikation!

| ZELLE | EXCEL-Notation |
|---|---|
| W82 | {=MMULT(MINV(C82:U100);V82:V100)} |
| X82 | {=MMULT(MINV(C82:S98);V82:V98)} |
| | |
| AB82 | {=MMULT(MINV(C82:K90);V82:V90)} |

TABELLE 6-5) EXCEL-Funktionen zur Lösung des Gleichungssystems

Entsprechend der gewählten Knotenzahl k (Zelle E4), erfolgt die endgültige Zuordnung der Stabkraft im Bereich (V17:V25). Zum Beispiel lautet die EXCEL-Notation für die Stabkraft $S_1$ (Zelle V17):

=WENN($E$4=11;W82;WENN($E$4=10;X82;WENN($E$4=9;Y82;WENN($E$4=8;Z82; WENN($E$4=7;AA82;WENN($E$4=6;AB82;WENN($E$4=5;AC82;WENN($E$4=4;AD82;0))))))))

Das Erzeugen der Kontrollzeichnung wird hier nicht kommentiert.

Die Bilder 6-28 und 6-29 zeigen weitere Beispielrechnungen.

## Weitere Beispiele

**Fachwerk; Stabkräfte**

**Berechnung nach dem Knotenschnittverfahren**

Lager in gleicher Höhe

**Anzahl der Knoten** k = 11 Knoten (zugelassn: 4 ... 11)

Anzahl der Stäbe s = 19 Stäbe

| Konfiguration | | | projizierte Stablängen | | Stab-länge | cos | cos | Knotenlasten | | |
|---|---|---|---|---|---|---|---|---|---|---|
| Stab | von Kn | nach Kn | ΔX | ΔY | L | X | Y | Kn | Richt. | F kN |
| 1 | 1 | 2 | 2,0 | 1,5 | 2,50 | 0,80 | 0,60 | 1 | X | 0,0 |
| 2 | 1 | 3 | 4,0 | 0,0 | 4,00 | 1,00 | 0,00 | | Y | -5,0 |
| 3 | 2 | 3 | 2,0 | -1,5 | 2,50 | 0,80 | -0,60 | 2 | X | 0,0 |
| 4 | 2 | 4 | 4,0 | 1,3 | 4,21 | 0,95 | 0,31 | | Y | 0,0 |
| 5 | 3 | 4 | 2,0 | 2,8 | 3,44 | 0,58 | 0,81 | 3 | X | 0,0 |
| 6 | 3 | 5 | 4,0 | 0,0 | 4,00 | 1,00 | 0,00 | | Y | -10,0 |
| 7 | 4 | 5 | 2,0 | -2,8 | 3,44 | 0,58 | -0,81 | 4 | X | 0,0 |
| 8 | 4 | 6 | 4,0 | 0,4 | 4,02 | 1,00 | 0,10 | | Y | 0,0 |
| 9 | 5 | 6 | 2,0 | 3,2 | 3,77 | 0,53 | 0,85 | 5 | X | 0,0 |
| 10 | 5 | 7 | 4,0 | 0,0 | 4,00 | 1,00 | 0,00 | | Y | -10,0 |
| 11 | 6 | 7 | 2,0 | -3,2 | 3,77 | 0,53 | -0,85 | 6 | X | 0,0 |
| 12 | 6 | 8 | 4,0 | -0,4 | 4,02 | 1,00 | -0,10 | | Y | 0,0 |
| 13 | 7 | 8 | 2,0 | 2,8 | 3,44 | 0,58 | 0,81 | 7 | X | 0,0 |
| 14 | 7 | 9 | 4,0 | 0,0 | 4,00 | 1,00 | 0,00 | | Y | -10,0 |
| 15 | 8 | 9 | 2,0 | -2,8 | 3,44 | 0,58 | -0,81 | 8 | X | 0,0 |
| 16 | 8 | 10 | 4,0 | -1,3 | 4,21 | 0,95 | -0,31 | | Y | 0,0 |
| 17 | 9 | 10 | 2,0 | 1,5 | 2,50 | 0,80 | 0,60 | 9 | X | 0,0 |
| 18 | 9 | 11 | 4,0 | 0,0 | 4,00 | 1,00 | 0,00 | | Y | -10,0 |
| 19 | 10 | 11 | 2,0 | -1,5 | 2,50 | 0,80 | -0,60 | 10 | X | 0,0 |
| | | | m | m | m | | | | Y | 0,0 |
| | | | | | | | | 11 | X | 0,0 |
| | | | | | | | | | Y | -5,0 |

| | Kn | 1 | 2 | 3 | 4 | 5 | 6 | 7 | 8 | 9 | 10 | 11 | |
|---|---|---|---|---|---|---|---|---|---|---|---|---|---|
| Koordinaten | X | 0,0 | 2,0 | 4,0 | 6,0 | 8,0 | 10,0 | 12,0 | 14,0 | 16,0 | 18,0 | 20,0 | m |
| | Y | 0,0 | 1,5 | 0,0 | 2,8 | 0,0 | 3,2 | 0,0 | 2,8 | 0,0 | 1,5 | 0,0 | m |

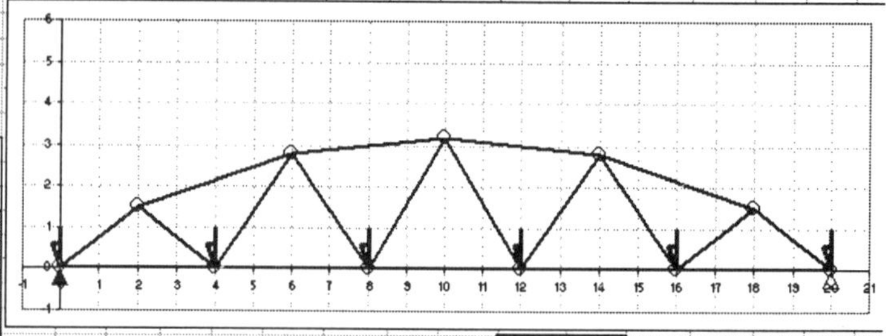

Definition Knotenlast

| Auflager | festes Lager ▲ | bew. Lager △ |
|---|---|---|
| Kn | 1 | 11 |

$C_{aH}$ = 0,0 kN ← +
$C_{aV}$ = 25,0 kN ↑ +
$C_b$ = 25,0 kN

**Stabkräfte:**

| Stab | S kN |
|---|---|
| 1 | -33,3 |
| 2 | 26,7 |
| 3 | 13,2 |
| 4 | -39,1 |
| 5 | 2,6 |
| 6 | 35,7 |
| 7 | 7,4 |
| 8 | -40,2 |
| 9 | 4,7 |
| 10 | 37,5 |
| 11 | 4,7 |
| 12 | -40,2 |
| 13 | 7,4 |
| 14 | 35,7 |
| 15 | 2,6 |
| 16 | -39,1 |
| 17 | 13,2 |
| 18 | 26,7 |
| 19 | -33,3 |

BILD 6-28 Beispiel 1

**Fachwerk; Stabkräfte**

**Berechnung nach dem Knotenschnittverfahren**

Lager in gleicher Höhe

**Anzahl der Knoten** k = 8 Knoten (zugelassn: 4 ... 11)

Anzahl der Stäbe s = 13 Stäbe

| Konfiguration | | | projizierte Stablängen | | Stab-länge | cos | cos | Knotenlasten | | |
|---|---|---|---|---|---|---|---|---|---|---|
| Stab | von Kn | nach Kn | ΔX | ΔY | L | X | Y | Kn | Richt. | F kN |
| 1 | 1 | 8 | 10,0 | 0,0 | 10,00 | 1,00 | 0,00 | 1 | X | 0,0 |
| 2 | 1 | 3 | 5,0 | 3,0 | 5,83 | 0,86 | 0,51 | | Y | 0,0 |
| 3 | 1 | 2 | 0,0 | 3,0 | 3,00 | 0,00 | 1,00 | 2 | X | 0,0 |
| 4 | 2 | 4 | 4,0 | 0,5 | 4,03 | 0,99 | 0,12 | | Y | -5,0 |
| 5 | 2 | 5 | 5,0 | 2,0 | 5,39 | 0,93 | 0,37 | 3 | X | 0,0 |
| 6 | 3 | 4 | -1,0 | 0,5 | 1,12 | -0,89 | 0,45 | | Y | 0,0 |
| 7 | 4 | 5 | 1,0 | 1,5 | 1,80 | 0,55 | 0,83 | 4 | X | 0,0 |
| 8 | 3 | 6 | 1,0 | 0,5 | 1,12 | 0,89 | 0,45 | | Y | 0,0 |
| 9 | 5 | 6 | 1,0 | -1,5 | 1,80 | 0,55 | -0,83 | 5 | X | 0,0 |
| 10 | 3 | 8 | 5,0 | -3,0 | 5,83 | 0,86 | -0,51 | | Y | -10,0 |
| 11 | 6 | 7 | 4,0 | -0,5 | 4,03 | 0,99 | -0,12 | 6 | X | 0,0 |
| 12 | 5 | 7 | 5,0 | -2,0 | 5,39 | 0,93 | -0,37 | | Y | 0,0 |
| 13 | 7 | 8 | 0,0 | -3,0 | 3,00 | 0,00 | -1,00 | 7 | X | 0,0 |
| --- | 1 | 1 | 0,0 | 0,0 | 0,00 | 0,00 | 0,00 | | Y | -5,0 |
| --- | 1 | 1 | 0,0 | 0,0 | 0,00 | 0,00 | 0,00 | 8 | X | 0,0 |
| --- | 1 | 1 | 0,0 | 0,0 | 0,00 | 0,00 | 0,00 | | Y | 0,0 |
| --- | 1 | 1 | 0,0 | 0,0 | 0,00 | 0,00 | 0,00 | --- | X | 0,0 |
| --- | 1 | 1 | 0,0 | 0,0 | 0,00 | 0,00 | 0,00 | | Y | 0,0 |
| --- | 1 | 1 | 0,0 | 0,0 | 0,00 | 0,00 | 0,00 | --- | X | 0,0 |
| | | | m | m | m | | | | Y | 0,0 |
| | | | | | | | | --- | X | 0,0 |
| | | | | | | | | | Y | 0,0 |

| | Kn | 1 | 2 | 3 | 4 | 5 | 6 | 7 | 8 | --- | --- | --- | |
|---|---|---|---|---|---|---|---|---|---|---|---|---|---|
| Koordinaten | X | 0,0 | 0,0 | 5,0 | 4,0 | 5,0 | 6,0 | 10,0 | 10,0 | 0,0 | 0,0 | 0,0 | m |
| | Y | 0,0 | 3,0 | 3,0 | 3,5 | 5,0 | 3,5 | 3,0 | 0,0 | 0,0 | 0,0 | 0,0 | m |

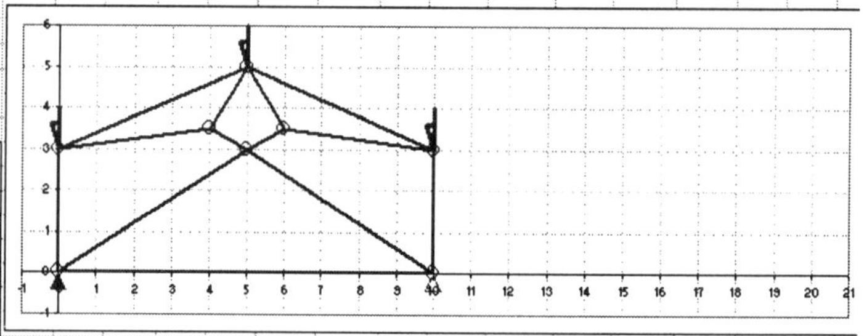

Definition Knotenlast

| Auflager | festes Lager ▲ | bew. Lager △ |
|---|---|---|
| Kn | 1 | 8 |

$C_{aH}$ = 0,0 kN ← +
$C_{aV}$ = 10,0 kN ↑ +
$C_b$ = 10,0 kN

**Stabkräfte:**

| Stab | S kN |
|---|---|
| 1 | 41,7 |
| 2 | -48,6 |
| 3 | 15,0 |
| 4 | -73,3 |
| 5 | 78,3 |
| 6 | -55,9 |
| 7 | -41.0 |
| 8 | -55,9 |
| 9 | -41,0 |
| 10 | -48,6 |
| 11 | -73,3 |
| 12 | 78,3 |
| 13 | 15,0 |
| --- | 0,0 |
| --- | 0,0 |
| --- | 0,0 |
| --- | 0,0 |
| --- | 0,0 |
| --- | 0.0 |

BILD 6-29 Beispiel 2

## 6.3 Lösungsansatz: Verschiebeverfahren

Wir lassen die nicht allgemein gültigen, einschränkenden Bedingungen fallen, die wir in den beiden vorangegangenen Kapiteln im Rahmen der vorgestellten Beispiele postulierten. Es sollen nun ebene Fachwerke bearbeitet werden, die

- eine beliebige Konfiguration aufweisen
- Freizügigkeit der Lagergestaltung zulassen
- also innerlich und / oder äußerlich statisch bestimmt oder unbestimmt sein können
- keiner Einschränkung bezüglich der Komponenten der Knotenlasten unterliegen.

Im Rahmen unserer Darstellung liegt die Eingrenzung lediglich in der Anzahl der Knoten und Stäbe:

- zugelassene Knotenzahl k = 3 ... 18
- zugelassene Stabzahl s = 3 ... 33.

Eine Erweiterung auf größere Werte ist kein inhaltliches Problem.
Die Beschränkungen folgen aus dem Bestreben, Eingabedaten und Ausgabewerte bildschirmfüllend unterzubringen, beziehungsweise auf einem A4-Blatt ausdrucken zu können.
Ein großer Teil praxisüblicher Aufgabenstellungen lässt sich bearbeiten.

Zwei Varianten der Lösung werden vorgestellt. Sie unterscheiden sich nicht im Algorithmus der Lösung, sondern lediglich hinsichtlich der Ein- und Ausgabedaten.

| | Eingabe | Ausgabe |
|---|---|---|
| Variante 1: Ebenes Fachwerk mit A = konstant und E = konstant | | |
| | - Koordinaten der Knoten<br>- Konfiguration (Stab – Knoten – Beziehung)<br>- Stützbedingungen<br>- Knotenlasten | - Kontrollskizze<br>- Verformungsfigur<br>- Stabkräfte<br>- Auflagerreaktionen |
| | | |
| Variante 2: Ebenes Fachwerk mit A = variabel und E = konstant | | |
| | zusätzlich zu Variante 1 | zusätzlich zu Variante 1 |
| | Elastizitätsmodul des Materials (für alle Stäbe gleich)<br>Querschnittsfläche der Stäbe | Komponenten der Knotenverschiebungen |

TABELLE 6-6) Optionen der Ein- und Ausgabewerte

Wie ersichtlich, unterscheiden sich die beiden Varianten lediglich darin, dass in der Variante 1 die Dehnsteifigkeit der Stäbe $EA_i = 1$ gesetzt wurde.

### 6.3.1. Variante 1: Das ebene Fachwerk mit konstanten Stabquerschnitten

Aus den Eingabeaufforderungen ergibt sich, dass es aus praktischer Sicht sinnvoll ist, das innerlich statisch bestimmte Fachwerk zu bearbeiten. Äußerliche statische Unbestimmtheit ist zugelassen.

Um einen optischen Eindruck von der Leistungsfähigkeit der Lösung zu zeigen, sei das EXCEL-Blatt zunächst vorgestellt; Bild 6-30.

Knoten und Stäbe sind in einer Handskizze zu nummerieren, Bild 6-31. Hierfür gibt es keine Restriktionen. Nur aus Gründen der Zweckmäßigkeit sollte man ein bestimmtes Schema der Ordnung einhalten.

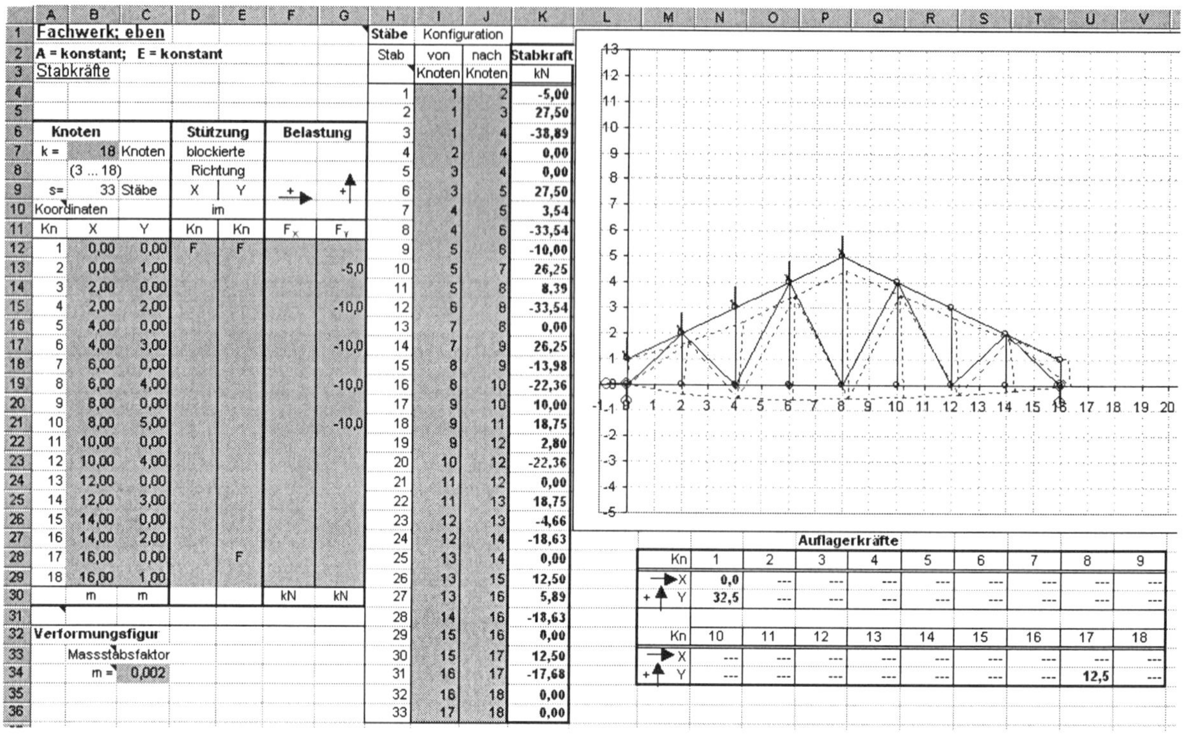

**Fachwerk; eben**

**A = konstant; E = konstant**

Stabkräfte

| Knoten | | | Stützung blockierte Richtung im | | Belastung | |
|---|---|---|---|---|---|---|
| k = 18 Knoten (3 ... 18) | | | X | Y | + → | + ↑ |
| s= 33 Stäbe | | | | | | |
| Koordinaten | | | | | | |
| Kn | X | Y | Kn | Kn | $F_X$ | $F_Y$ |
| 1 | 0,00 | 0,00 | F | F | | |
| 2 | 0,00 | 1,00 | | | | -5,0 |
| 3 | 2,00 | 0,00 | | | | |
| 4 | 2,00 | 2,00 | | | | -10,0 |
| 5 | 4,00 | 0,00 | | | | |
| 6 | 4,00 | 3,00 | | | | -10,0 |
| 7 | 6,00 | 0,00 | | | | |
| 8 | 6,00 | 4,00 | | | | -10,0 |
| 9 | 8,00 | 0,00 | | | | |
| 10 | 8,00 | 5,00 | | | | -10,0 |
| 11 | 10,00 | 0,00 | | | | |
| 12 | 10,00 | 4,00 | | | | |
| 13 | 12,00 | 0,00 | | | | |
| 14 | 12,00 | 3,00 | | | | |
| 15 | 14,00 | 0,00 | | | | |
| 16 | 14,00 | 2,00 | | | | |
| 17 | 16,00 | 0,00 | | F | | |
| 18 | 16,00 | 1,00 | | | | |
| | m | m | | | kN | kN |

**Verformungsfigur**

Massstabsfaktor m = 0,002

| Stäbe | Konfiguration | | |
|---|---|---|---|
| Stab | von Knoten | nach Knoten | **Stabkraft** kN |
| 1 | 1 | 2 | -5,00 |
| 2 | 1 | 3 | 27,50 |
| 3 | 1 | 4 | -38,89 |
| 4 | 2 | 4 | 0,00 |
| 5 | 3 | 4 | 0,00 |
| 6 | 3 | 5 | 27,50 |
| 7 | 4 | 5 | 3,54 |
| 8 | 4 | 6 | -33,54 |
| 9 | 5 | 6 | -10,00 |
| 10 | 5 | 7 | 26,25 |
| 11 | 5 | 8 | 8,39 |
| 12 | 6 | 8 | -33,54 |
| 13 | 7 | 8 | 0,00 |
| 14 | 7 | 9 | 26,25 |
| 15 | 8 | 9 | -13,98 |
| 16 | 8 | 10 | -22,36 |
| 17 | 9 | 10 | 10,00 |
| 18 | 9 | 11 | 18,75 |
| 19 | 9 | 12 | 2,80 |
| 20 | 10 | 12 | -22,36 |
| 21 | 11 | 12 | 0,00 |
| 22 | 11 | 13 | 18,75 |
| 23 | 12 | 13 | -4,66 |
| 24 | 12 | 14 | -18,63 |
| 25 | 13 | 14 | 0,00 |
| 26 | 13 | 15 | 12,50 |
| 27 | 13 | 16 | 5,89 |
| 28 | 14 | 16 | -18,63 |
| 29 | 15 | 16 | 0,00 |
| 30 | 15 | 17 | 12,50 |
| 31 | 16 | 17 | -17,68 |
| 32 | 16 | 18 | 0,00 |
| 33 | 17 | 18 | 0,00 |

**Auflagerkräfte**

| Kn | 1 | 2 | 3 | 4 | 5 | 6 | 7 | 8 | 9 |
|---|---|---|---|---|---|---|---|---|---|
| → X | 0,0 | --- | --- | --- | --- | --- | --- | --- | --- |
| + ↑ Y | 32,5 | --- | --- | --- | --- | --- | --- | --- | --- |
| **Kn** | **10** | **11** | **12** | **13** | **14** | **15** | **16** | **17** | **18** |
| → X | --- | --- | --- | --- | --- | --- | --- | --- | --- |
| + ↑ Y | --- | --- | --- | --- | --- | --- | --- | 12,5 | --- |

BILD 6-30 Statisch bestimmter Dachbinder

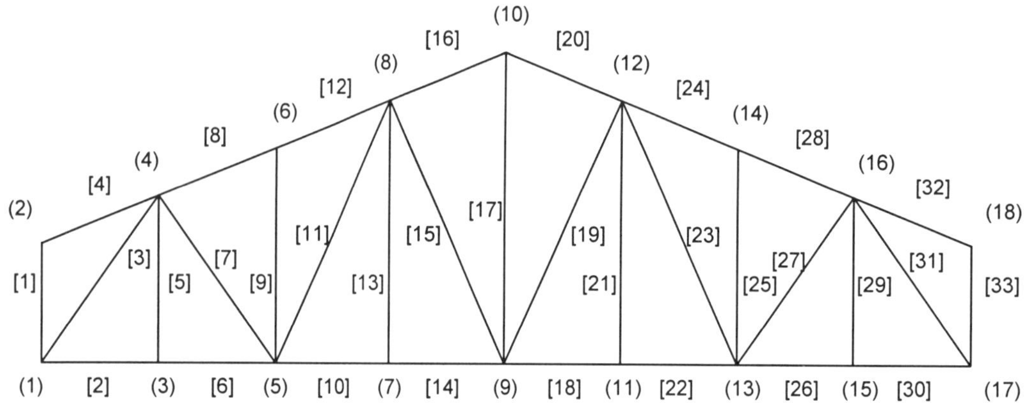


BILD 6-31 Nummerierungsskizze zu Bild 6-30

Die Ergebnisse sind im Arbeitsblatt unter „Stabkraft", Spalte K, und unter „Stützkräfte“ im Bereich M28:V34 aufgeführt.
In einigen Zellen sind Kommentare eingefügt. Sie weisen den Nutzer auf Besonderheiten hin, Bild 6-32.

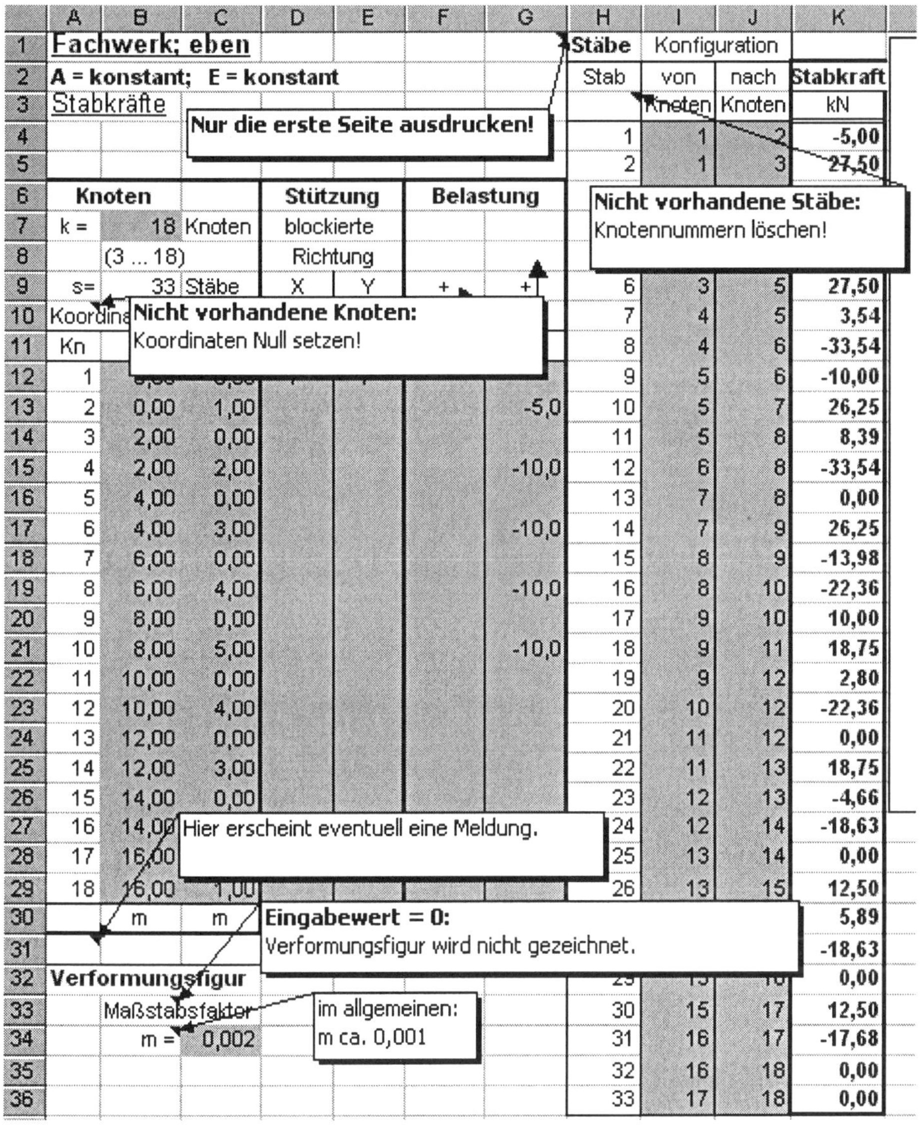


BILD 6-32 Die Kommentare des Tabellenblattes

| ZELLE | Erläuterung |
|---|---|
| G1 | Den Nutzer interessieren nur die Eingabewerte und die Resultate der Berechnung. Im Druckmanager sollte als zu druckende Seite "1" eingegeben werden. Ansonsten entsteht viel bedrucktes Papier ohne praktischen Nutzen. |
| | |
| A10 | Für nicht existierende Knotennummern müssen die Koordinaten [0;0] eingegeben werden. Dies ist eine Forderung der Matrizenmultiplikation. |
| | |
| H3 | Für nicht existierende Stäbe sind in den Spalten I und J keine Knotennummern einzugeben, also auch keine Null-Werte. |
| | |
| A31 | Die Warnung bezieht sich auf eventuelle kinematische Beweglichkeit des Systems. |
| | |
| B33 | Soll die Verformungsfigur nicht dargestellt werden, ist m = 0 zu setzen. |
| | |
| B34 | Der angegebene Faktor ist nur ein sehr grober Schätzwert. Man bestimme einen zweckmäßigen Wert durch Probieren. |

TABELLE 6-7) Bemerkungen zu den Kommentaren

Die im Programm vorgesehene Knotenzahl ist eingegrenzt über
DATEN
GÜLTIGKEIT...

Die Reaktion auf eine Falscheingabe zeigt Bild 6-33.

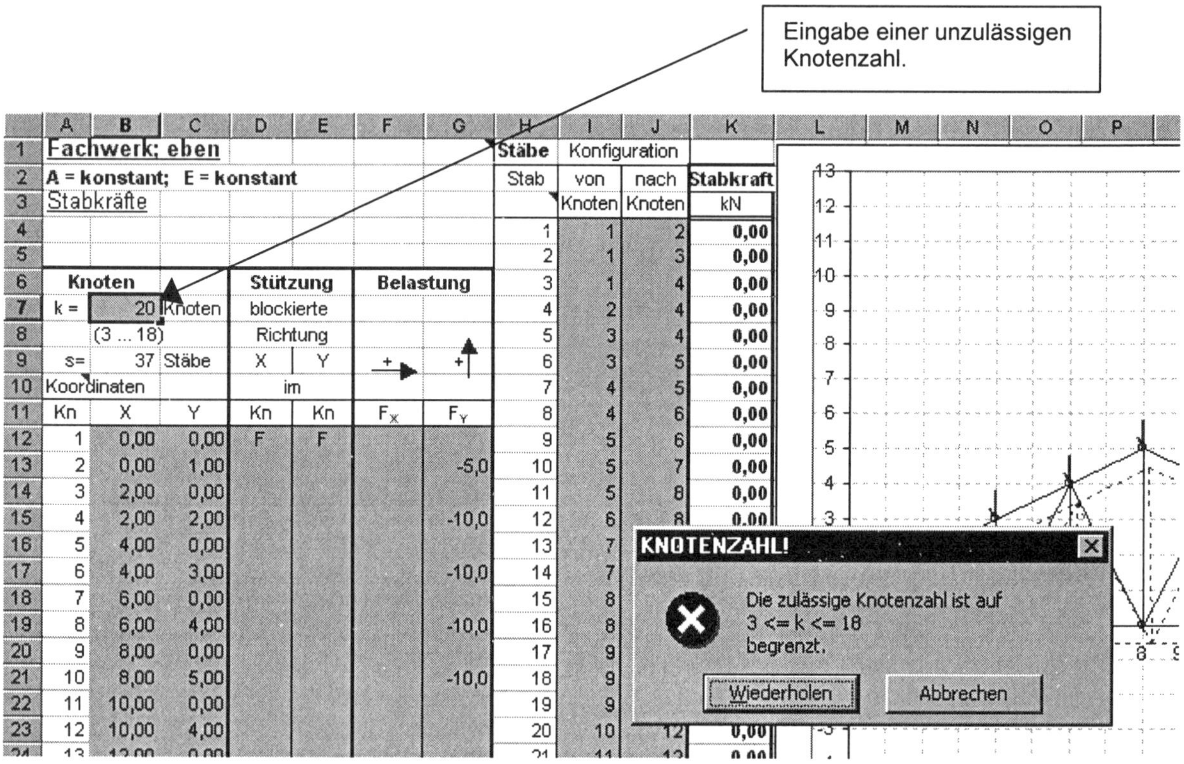


BILD 6-33 Reaktion bei fehlerhafter Eingabe der Knotenzahl

## Grundlagen der Berechnung

Wir betrachten einen beliebigen Stab des Fachwerkes, Bild 6-34. Er ist gerade und gelenkig gelagert. Er habe über seine Länge konstante Querschnittsfläche und einen konstanten Elastizitätsmodul.

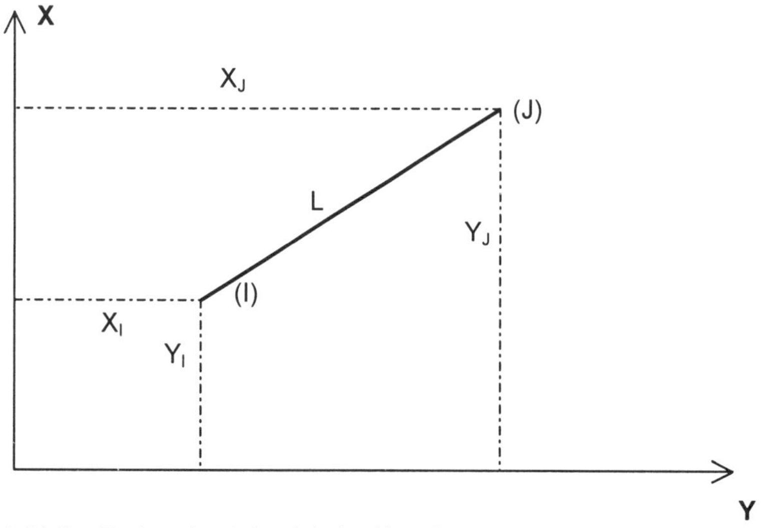


BILD 6-34 Der Fachwerkstab im globalen Koordinatensystem

Seine Lage ist durch die Koordinaten der Knoten $[X_I;Y_I]$ und $[X_J;Y_J]$ bestimmt. Die Länge ergibt sich aus

$$L = \sqrt{(X_J - X_I)^2 + (Y_J - Y_I)^2} = \sqrt{\Delta X^2 + \Delta Y^2} \qquad 6\text{-}(12)$$

der Richtungscosinus zur X-Achse zu

$$\cos\alpha = \frac{(X_J - X_I)}{L} = \frac{\Delta X}{L} \qquad 6\text{-}(13)$$

der Richtungscosinus zur Y-Achse zu

$$\cos\beta = \frac{(Y_J - Y_I)}{L} = \frac{\Delta Y}{L} \qquad 6\text{-}(14)$$

Im Sinne der Methode der finiten Elemente blockieren wir Stabanfang (I) und Stabende (J) gegen eine Verschiebung, um darauf der Reihe nach die Blockierungen zu lösen und in der jeweiligen Verschieberichtung die Verschiebung "1" aufzutragen, Bild 6-35.

Der Stab erfährt eine Verlängerung um

$$\Delta L_u^{\;J} = \cos\alpha\,. \qquad 6\text{-}(15)$$

Es entsteht die Stabkraft

$$F_u^{\;J} = \frac{EA}{L}\Delta L_u^{\;J}\,. \qquad 6\text{-}(16)$$

Haben alle Stäbe gleiche Steifigkeit kann diese vereinfachend gleich 1 gesetzt werden. Es folgt

$$F_u^{\;J} = \cos\alpha \qquad 6\text{-}(17)$$

mit der Komponente in X-Richtung

$$F_{u\;,X}^{\;J} = \cos^2\alpha, \qquad 6\text{-}(18)$$

der Komponente in Y-Richtung

$$F_{u\;,Y}^{\;J} = \cos\alpha\ \cos\beta. \qquad 6\text{-}(19)$$

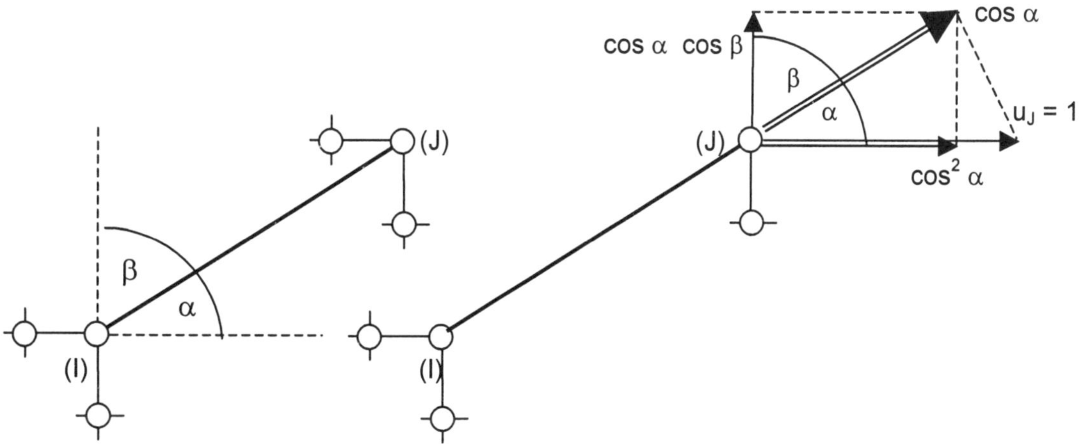


BILD 6-35 Kraftkomponenten, aus einer Einheitsverschiebung folgend

Positive Einheitsverschiebungen am Stabende (J) erzeugen im Stab positive Stabkräfte (Zugkräfte); postitive Einheitsverschiebungen am Stabanfang (I) erzeugen negative Stabkräfte (Druckkräfte).

Am betrachteten Knoten (J) greifen mehrere Stäbe an, davon sind in der Regel einige als Stabende, die anderen als Stabanfang definiert, Bild 6-36.

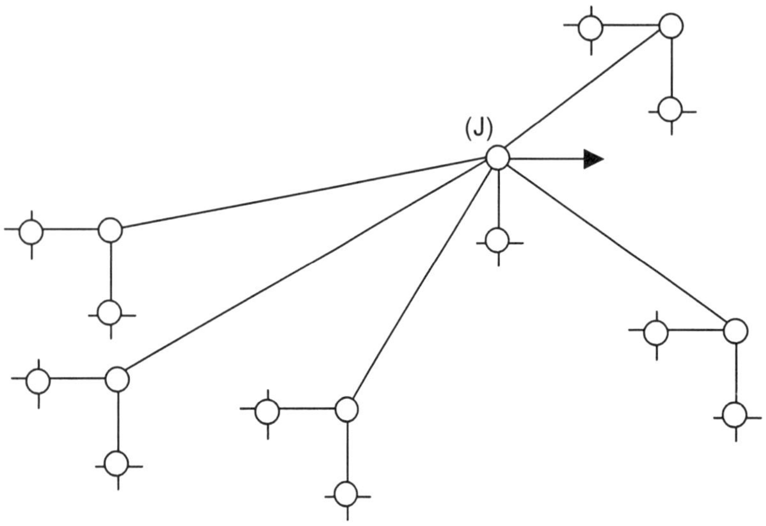


BILD 6-36 Zur Definition der Knotensteifigkeit; Einheitsverschiebung am betrachteten Knoten

Die Einheitsverschiebungen am Knoten (J), Bild 6-36, erzeugen Kraftkomponenten am Knoten (J), Tabelle 6-8).

| | Verschiebung in Richtung X | Verschiebung in Richtung Y |
|---|---|---|
| Kraftkomponente in Richtung X | $\sum_r \cos^2 \alpha_r$ | $\sum_r \cos\alpha_r \cos\beta_r$ |
| Kraftkomponente in Richtung Y | $\sum_r \cos\alpha_r \cos\beta_r$ | $\sum_r \cos^2 \beta_r$ |

TABELLE 6-8) Knotensteifigkeit; Kraftkomponenten am Knoten (J) infolge Eiheitsverschiebungen des Knoten (J)

Kraftkomponenten entstehen auch am Knoten (J) infolge Einheitsverschiebungen am Knoten (I), Bild 6-37 und Tabelle 6-9). Es ist zu beachten, dass die Kräfte nur über einen Stab vermittelt werden. Somit entfällt bei den Werten der Tabelle 6-9) die Summenbildung.

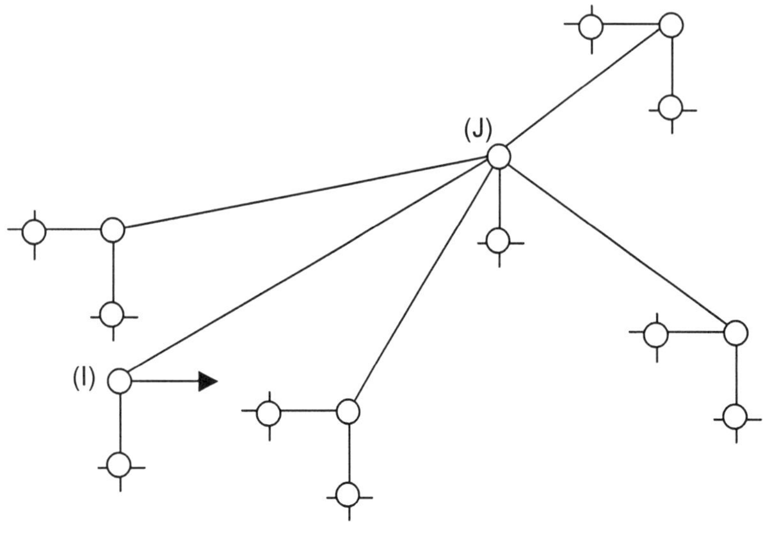


BILD 6-37 Einheitsverschiebung am Nachbarknoten

| | Verschiebung in Richtung X | Verschiebung in Richtung Y |
|---|---|---|
| Kraftkomponente in Richtung X | $-\cos^2 \alpha_r$ | $-\cos \alpha_r \cos \beta_r$ |
| Kraftkomponente in Richtung Y | $-\cos \alpha_r \cos \beta_r$ | $-\cos^2 \beta_r$ |

TABELLE 6-9) Knotensteifigkeit; Kraftkomponenten am Knoten (J) infolge Einheitsverschiebungen des Knoten (I)

Es lassen sich nun Gleichgewichtsbedingungen für jeden Knoten aufstellen, die verbal so formuliert werden können:

> Die Kraftkomponenten der Stabkräfte am Knoten (J) infolge der Einheitsverschiebungen am Knoten (J) und der Einheitsverschiebungen an den Nachbarknoten (I) multipliziert mit den tatsächlichen Werten der Knotenverschiebungen stehen mit den Kraftkomponenten der Knotenlasten im Gleichgewicht.

$$[K] \cdot [v] - [F] = 0 \qquad 6\text{-}(20)$$

[K] Steifigkeitsmatrix, symmetrisch
[v] Vektor der unbekannten Knotenverschiebungen
[F] Vektor der Knotenlasten

Aus dieser Gleichnung werden zunächt die Knotenverschiebungen ermittelt.

$$[v] = [K]^{-1} \cdot [F] \qquad 6\text{-}(21)$$

## Der Algorithmus

| | | |
|---|---|---|
| EINGABE<br>Knotenanzahl k<br>ZELLE B7 | mindestens 3<br>höchstens 18 | Ein Fachwerk hat mindestens 3 Knoten.<br>für das vorgeführte Beispiel k = 18, Bild 6-38 |

Es erscheinen die Knotennummern 1 ... k im Bereich A12:A29 entsprechend der gewählten Knotenzahl.

Zum Beispiel k = 5:

| | | | |
|---|---|---|---|
| 6 | Knoten | | |
| 7 | k = | 5 | Knoten |
| 8 | | (3 ... 18) | |
| 9 | s= | 7 | Stäbe |
| 10 | Koordinaten | | |
| 11 | Kn | X | Y |
| 12 | 1 | 0,00 | 0,00 |
| 13 | 2 | 0,00 | 1,00 |
| 14 | 3 | 2,00 | 0,00 |
| 15 | 4 | 2,00 | 2,00 |
| 16 | 5 | 4,00 | 0,00 |
| 17 | --- | 0,00 | 0,00 |
| 18 | --- | 0,00 | 0,00 |
| 19 | --- | 0,00 | 0,00 |

| ZELLE | INHALT | |
|---|---|---|
| A7 | Eingabewert | |
| | | |
| A12 | 1 | |
| A13 | 2 | |
| A14 | 3 | |
| A15 | =WENN($B$7>A14;A14+1;"---") | |
| A16 | =WENN($B$7>A15;A15+1;"---") | |
| A17 | =WENN($B$7>A16;A16+1;"---") | |
| A18 | =WENN($B$7>A17;A17+1;"---") | |
| | | |
| B9 | =2*B7-3 | Anzahl der Stäbe für das statisch bestimmte Fachwerk gemäß Formel s = 2 k -3 |

| | | |
|---|---|---|
| EINGABE<br>Koordinaten der Knoten<br>Bereich B12:C29 | X ; Y in m<br>bezüglich eines globalen Achsensystems | |
| EINGABE<br>Stützung der Knoten<br>Bereich D12:E29 | F (für "fest") | Die Verschiebung in X- bzw. Y-Richtung wird blockiert. |
| EINGABE<br>Belastung der Knoten<br>Bereich F12:G29 | $F_X$ ; $F_Y$ in kN | Positive Kraftkomponenten weisen in positive Achsrichtung |
| EINGABE<br>Konfiguration<br>Bereich I4:J36 | von Knoten zu Knoten | Stäbe bestimmter Nummer verbinden Knotennummer mit Knotennummer<br>(kleinere Knotennummer → gößere Knotennummer) |

TABELLE 6-10) Eingabewerte

ZEICHNEN DER KONTROLLFIGUR / SYSTEM

Bezug: Bild 6-31

| | A | B | C | D | E | F | G | H | I | J |
|---|---|---|---|---|---|---|---|---|---|---|
| 1 | **Allgemeines Fachwerk; Stabkräfte** | | | | | | | **Stäbe** | Konfiguration | |
| 2 | **eben und statisch bestimmt** | | | | | | | Stab | von | nach |
| 3 | | | | | | | | | Knoten | Knoten |
| 4 | (Alle Stäbe haben die gleiche Dehnsteifigkeit.) | | | | | | | 1 | 1 | 2 |
| 5 | | | | | | | | 2 | 1 | 3 |
| 6 | **Knoten** | | | **Stützung** | | **Belastung** | | 3 | 1 | 4 |
| 7 | k = | 18 | Knoten | blockierte | | | | 4 | 2 | 4 |
| 8 | | (3 ... 18) | | Richtung | | | | 5 | 3 | 4 |
| 9 | s= | 33 | Stäbe | X | Y | + → | + ↑ | 6 | 3 | 5 |
| 10 | Koordinaten | | | im | | | | 7 | 4 | 5 |
| 11 | Kn | X | Y | Kn | Kn | $F_X$ | $F_Y$ | 8 | 4 | 6 |
| 12 | 1 | 0,00 | 0,00 | F | F | | | 9 | 5 | 6 |
| 13 | 2 | 0,00 | 1,00 | | | | -5,0 | 10 | 5 | 7 |
| 14 | 3 | 2,00 | 0,00 | | | | | 11 | 5 | 8 |
| 15 | 4 | 2,00 | 2,00 | | | | -10,0 | 12 | 6 | 8 |
| 16 | 5 | 4,00 | 0,00 | | | | | 13 | 7 | 8 |
| 17 | 6 | 4,00 | 3,00 | | | | -10,0 | 14 | 7 | 9 |
| 18 | 7 | 6,00 | 0,00 | | | | | 15 | 8 | 9 |
| 19 | 8 | 6,00 | 4,00 | | | | -10,0 | 16 | 8 | 10 |
| 20 | 9 | 8,00 | 0,00 | | | | | 17 | 9 | 10 |
| 21 | 10 | 8,00 | 5,00 | | | | -10,0 | 18 | 9 | 11 |
| 22 | 11 | 10,00 | 0,00 | | | | | 19 | 9 | 12 |
| 23 | 12 | 10,00 | 4,00 | | | | | 20 | 10 | 12 |
| 24 | 13 | 12,00 | 0,00 | | | | | 21 | 11 | 12 |
| 25 | 14 | 12,00 | 3,00 | | | | | 22 | 11 | 13 |
| 26 | 15 | 14,00 | 0,00 | | | | | 23 | 12 | 13 |
| 27 | 16 | 14,00 | 2,00 | | | | | 24 | 12 | 14 |
| 28 | 17 | 16,00 | 0,00 | | F | | | 25 | 13 | 14 |
| 29 | 18 | 16,00 | 1,00 | | | | | 26 | 13 | 15 |
| 30 | | m | m | | | kN | kN | 27 | 13 | 16 |
| 31 | | | | | | | | 28 | 14 | 16 |
| 32 | **Verformungsfigur** | | | | | | | 29 | 15 | 16 |
| 33 | | Massstabsfaktor | | | | | | 30 | 15 | 17 |
| 34 | | m = | 0,002 | | | | | 31 | 16 | 17 |
| 35 | | | | | | | | 32 | 16 | 18 |
| 36 | | | | | | | | 33 | 17 | 18 |

Zum Beispiel:
← Stab 4 hat
den Anfangsknoten 2
den Endknoten 4

BILD 6-38
Eingabe-Situation

| 43 | A | B | C | D | E | F | G | H | I | J | K | L | M | N | O | P | Q | R | S | T | U | V | W |
|---|---|---|---|---|---|---|---|---|---|---|---|---|---|---|---|---|---|---|---|---|---|---|---|
| 44 | | | | | | | | | | | | | | | | | | | | | | | |
| 45 | | Zeichnen der Kontrollfigur / Statisches System | | | | | | | | | | | | | | | | | | | | | |
| 46 | Stab | 1 | | 2 | | 3 | | 4 | | 5 | | 6 | | 7 | | 8 | | 9 | | 10 | | 11 | |
| 47 | | von | bis | von | bis | von | bis | von | bis | von | bis | von | bis | von | bis | von | bis | von | bis | von | bis | von | bis |
| 48 | Kn | 1 | 2 | 1 | 3 | 1 | 4 | 2 | 4 | 3 | 4 | 3 | 5 | 4 | 5 | 4 | 6 | 5 | 6 | 5 | 7 | 5 | 8 |
| 49 | X | 0,00 | 0,00 | 0,00 | 2,00 | 0,00 | 2,00 | 0,00 | 2,00 | 2,00 | 2,00 | 2,00 | 4,00 | 2,00 | 4,00 | 2,00 | 4,00 | 4,00 | 4,00 | 4,00 | 6,00 | 4,00 | 6,00 |
| 50 | Y | 0,00 | 1,00 | 0,00 | 0,00 | 0,00 | 2,00 | 1,00 | 2,00 | 0,00 | 2,00 | 0,00 | 0,00 | 2,00 | 0,00 | 2,00 | 3,00 | 0,00 | 3,00 | 0,00 | 0,00 | 0,00 | 4,00 |
| 51 | Stab | 12 | | 13 | | 14 | | 15 | | 16 | | 17 | | 18 | | 19 | | 20 | | 21 | | 22 | |
| 52 | | von | bis | von | bis | von | bis | von | bis | von | bis | von | bis | von | bis | von | bis | von | bis | von | bis | von | bis |
| 53 | Kn | 6 | 8 | 7 | 8 | 7 | 9 | 8 | 9 | 8 | 10 | 9 | 10 | 9 | 11 | 9 | 12 | 10 | 12 | 11 | 12 | 11 | 13 |
| 54 | x | 4,00 | 6,00 | 6,00 | 6,00 | 6,00 | 8,00 | 6,00 | 8,00 | 6,00 | 8,00 | 8,00 | 8,00 | 8,00 | 10,00 | 8,00 | 10,00 | 8,00 | 10,00 | 10,00 | 10,00 | 10,00 | 12,00 |
| 55 | y | 3,00 | 4,00 | 0,00 | 4,00 | 0,00 | 0,00 | 4,00 | 0,00 | 4,00 | 5,00 | 0,00 | 5,00 | 0,00 | 0,00 | 0,00 | 4,00 | 5,00 | 4,00 | 0,00 | 4,00 | 0,00 | 0,00 |
| 56 | Stab | 23 | | 24 | | 25 | | 26 | | 27 | | 28 | | 29 | | 30 | | 31 | | 32 | | 33 | |
| 57 | | von | bis | von | bis | von | bis | von | bis | von | bis | von | bis | von | bis | von | bis | von | bis | von | bis | von | bis |
| 58 | Kn | 12 | 13 | 12 | 14 | 13 | 14 | 13 | 15 | 13 | 16 | 14 | 16 | 15 | 16 | 15 | 17 | 16 | 17 | 16 | 18 | 17 | 18 |
| 59 | x | 10,00 | 12,00 | 10,00 | 12,00 | 12,00 | 12,00 | 12,00 | 14,00 | 12,00 | 14,00 | 12,00 | 14,00 | 14,00 | 14,00 | 14,00 | 16,00 | 14,00 | 16,00 | 14,00 | 16,00 | 16,00 | 16,00 |
| 60 | y | 4,00 | 0,00 | 4,00 | 3,00 | 0,00 | 3,00 | 0,00 | 0,00 | 0,00 | 2,00 | 3,00 | 2,00 | 0,00 | 2,00 | 0,00 | 0,00 | 2,00 | 0,00 | 2,00 | 1,00 | 0,00 | 1,00 |

| 1 | | 2 | |
|---|---|---|---|
| von | bis | von | bis |
| =I4 | =J4 | =I5 | =J5 |
| =INDEX($B$12:$B$29;B48) | =INDEX($B$12:$B$29;C48) | =INDEX($B$12:$B$29;D48) | =INDEX($B$12:$B$29;E48) |
| =INDEX($C$12:$C$29;B48) | =INDEX($C$12:$C$29;C48) | =INDEX($C$12:$C$29;D48) | =INDEX($C$12:$C$29;E48) |

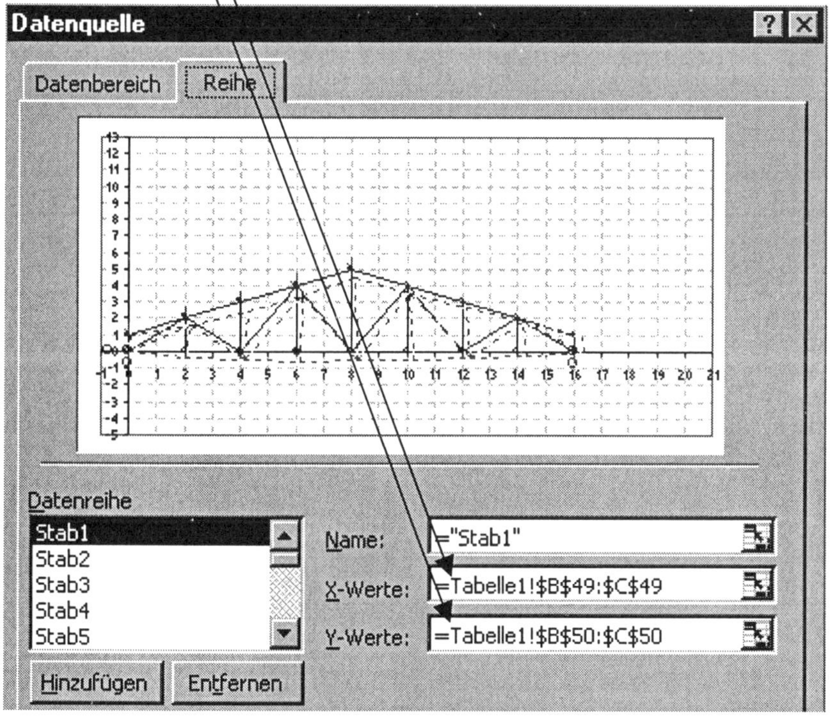


BILD 6-39 Hilfswerte und Diagrammassistent für das Zeichnen des Systems

ZEICHNEN DER KONTROLLFIGUR / LAGERUNG

| AL | AM | AN | AO | AP | AQ | AR | AS | AT | AU |
|---|---|---|---|---|---|---|---|---|---|
| 1 | | | | | | | | | |
| 2 | **Skizze Lagerung** | | | | | | | | |
| 3 | Kn | X-Stütze | | | | Y-Stütze | | | |
| 4 | | X | | Y | | X | | Y | |
| 5 | 1 | 0,00 | -0,70 | 0,00 | 0,00 | 0,00 | 0,00 | 0,00 | -0,70 |
| 6 | 2 | 0,00 | 0,00 | 0,00 | 0,00 | 0,00 | 0,00 | 0,00 | 0,00 |
| 7 | 3 | 0,00 | 0,00 | 0,00 | 0,00 | 0,00 | 0,00 | 0,00 | 0,00 |
| 8 | 4 | 0,00 | 0,00 | 0,00 | 0,00 | 0,00 | 0,00 | 0,00 | 0,00 |

BILD 6-40 Lager; Hilfswerte und EXCEL-Funktionen

Zum Beispiel Festes Lager am Knoten 1

| ZELLE | INHALT | ZELLE | INHALT |
|---|---|---|---|
| AM5 | 1 | | |
| AN5 | =WENN(D12="F";B12;0) | AR5 | =WENN(E12="F";B12;0) |
| AO5 | =WENN(D12="F";B12-0,7;0) | AS5 | =AR5 |
| AP5 | =WENN(D12="F";C12;0) | AT5 | =WENN(E12="F";C12;0) |
| AQ5 | =AP5 | AU5 | =WENN(E12="F";C12-0,7;0) |

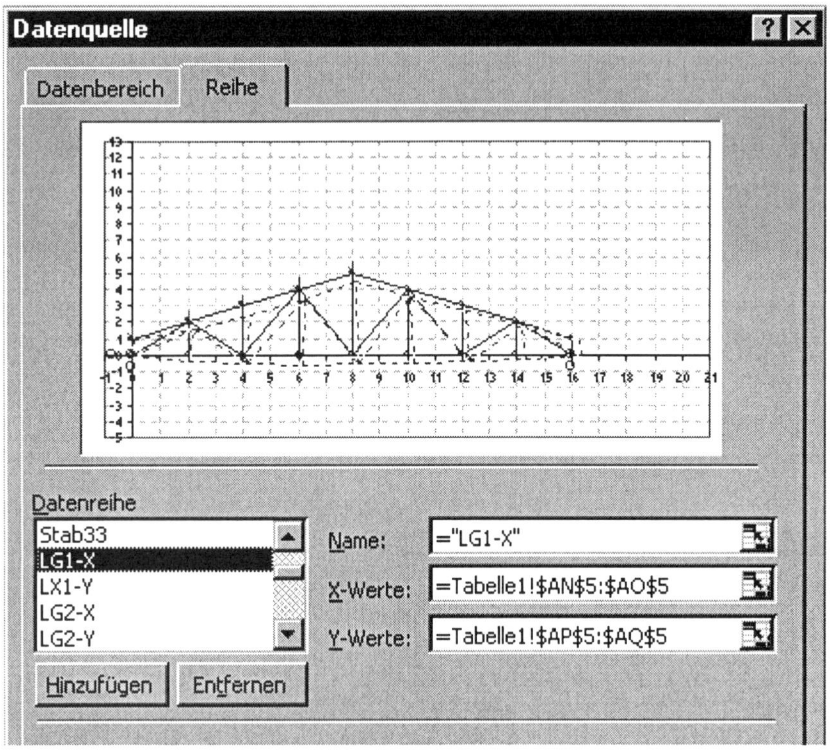


BILD 6-41 Diagramm-Assistent zum Zeichnen der Lager

ZEICHNEN DER KONTROLLFIGUR / KNOTENLASTEN

| 23 | AM | AN | AO | AP | AQ | AR | AS | AT | AU | AV | AW | AX | AY | AZ | BA |
|---|---|---|---|---|---|---|---|---|---|---|---|---|---|---|---|
| 24 | **Skizze Lasten** | | | | | | | | **Skizze Lasten** | | | | | | |
| 25 | Kn | HORIZONTAL | | | | | | | Kn | VERTIKAL | | | | | |
| 26 | | X | | | Y | | | | | X | | | Y | | |
| 27 | 1 | 0,00 | 0,00 | 0,00 | 0,00 | 0,00 | 0,00 | | 1 | 0,00 | 0,00 | 0,00 | 0,00 | 0,00 | 0,00 |
| 28 | 2 | 0,00 | 0,00 | 0,00 | 0,00 | 0,00 | 0,00 | | 2 | -0,15 | 0,00 | 0,00 | 1,30 | 1,00 | 1,80 |
| 29 | 3 | 0,00 | 0,00 | 0,00 | 0,00 | 0,00 | 0,00 | | 3 | 0,00 | 0,00 | 0,00 | 0,00 | 0,00 | 0,00 |
| 30 | 4 | 0,00 | 0,00 | 0,00 | 0,00 | 0,00 | 0,00 | | 4 | 1,85 | 2,00 | 2,00 | 2,30 | 2,00 | 2,80 |

Zum Beispiel Vertikallast im Knoten 4

| X-Koordinaten des Kraftvektors | | Y-Koordinaten des Kraftvektors | |
|---|---|---|---|
| ZELLE | INHALT | ZELLE | INHALT |
| AU30 | 4 | | |
| AV30 | =WENN(G15<>0;AW30-0,15;0) | AY30 | =WENN(G15<>0;AZ30+0,3;0) |
| AW30 | =WENN(G15<>0;B15;0) | AZ30 | =WENN(G15<>0;C15;0) |
| AX30 | =WENN(G15<>0;AW30;0) | BA30 | =WENN(G15<>0;AZ30+0,8;0) |

BILD 6-42 Hilfswerte und EXCEL-Funktionen zum Zeichnen der Knotenlasten

ERMITTLUNG DER KNOTENVERSCHIEBUNGEN

Teilschritte

- Erstellen der Strukturmatrix
- Ermittlung der Stabprojektionen
- Ermittlung der Stablängen
- Ermittlung der Richtungscosinus der Stäbe
- Ermittlung der Werte $\cos^2\alpha$, $\cos^2\beta$, $\cos\alpha\ \cos\beta$
- Erstellen der Matrix der Knotensteifigkeiten
- Erstellen des Spaltenvektors der Knotenlasten
- Erstellen der Matrix der Stabkräfte infolge der Einheitsverschiebungen
- Ermittlung des Vektors der Knotenverschiebungen
- Beseitigen von Fehlermeldungen aus vorstehenden Aktionen
- Berechnen des Vektors der Stabkräfte
- Berechnen der Stützkräfte.

KNOTENVERSCHIEBUNGEN

Aufbau der Strukturmatrix

| G | H | I | J |
|---|---|---|---|
| 1 | **Stäbe** | Konfiguration | |
| 2 | Stab | von | nach |
| 3 | | Knoten | Knoten |
| 4 | 1 | 1 | 2 |
| 5 | 2 | 1 | 3 |
| 6 | 3 | 1 | 4 |
| 7 | 4 | 2 | 4 |
| 8 | 5 | 3 | 4 |
| 9 | 6 | 3 | 5 |
| 10 | 7 | 4 | 5 |
| 11 | 8 | 4 | 6 |
| 12 | 9 | 5 | 6 |
| 13 | 10 | 5 | 7 |
| 14 | 11 | 5 | 8 |
| 15 | 12 | 6 | 8 |

→ bis Stabnummer s

bis Knotennummer k

| | A | B | C | D | E | F | G |
|---|---|---|---|---|---|---|---|
| 61 | Strukturmatrix | | | | | | |
| 62 | | Knoten | | | | | |
| 63 | Stab | 1 | 2 | 3 | 4 | 5 | 6 |
| 64 | 1 | 1 | -1 | 0 | 0 | 0 | 0 |
| 65 | 2 | 1 | 0 | -1 | 0 | 0 | 0 |
| 66 | 3 | 1 | 0 | 0 | -1 | 0 | 0 |
| 67 | 4 | 0 | 1 | 0 | -1 | 0 | 0 |
| 68 | 5 | 0 | 0 | 1 | -1 | 0 | 0 |
| 69 | 6 | 0 | 0 | 1 | 0 | -1 | 0 |
| 70 | 7 | 0 | 0 | 0 | 1 | -1 | 0 |
| 71 | 8 | 0 | 0 | 0 | 1 | 0 | -1 |
| 72 | 9 | 0 | 0 | 0 | 0 | 1 | -1 |
| 73 | 10 | 0 | 0 | 0 | 0 | 1 | 0 |

→ bis Stabnummer s

| ZELLE | INHALT |
|---|---|
| B64 | =WENN($I$4=B63;1;WENN($J$4=B63;-1;0)) |
| C64 | =WENN($I$4=C63;1;WENN($J$4=C63;-1;0)) |
| D64 | =WENN($I$4=D63;1;WENN($J$4=D63;-1;0)) |
| | |
| B65 | =WENN($I$5=B$63;1;WENN($J$5=B$63;-1;0)) |
| B66 | =WENN($I$6=B$63;1;WENN($J$6=B$63;-1;0)) |
| B67 | =WENN($I$7=B$63;1;WENN($J$7=B$63;-1;0)) |

TABELLE 6-11) Strukturmatrix

KNOTENVERSCHIEBUNGEN

Ermittlung der Stabprojektionen, Stablänge, Richtungscosinus

| | AB | AC | AD | AE | AF | AG | AH | AI | AJ | AK |
|---|---|---|---|---|---|---|---|---|---|---|
| 1 | | | | | | | | | | |
| 2 | | ΔX | ΔY | L | | | | | | cos α * |
| 3 | Stab | m | m | m | cos α | cos β | Kn_Kn | cos² α | cos² β | cos β |
| 4 | 1 | 0,00 | 1,00 | 1,000 | 0,000 | 1,000 | 1_2 | 0,000 | 1,000 | 0,000 |
| 5 | 2 | 2,00 | 0,00 | 2,000 | 1,000 | 0,000 | 1_3 | 1,000 | 0,000 | 0,000 |
| 6 | 3 | 2,00 | 2,00 | 2,828 | 0,707 | 0,707 | 1_4 | 0,500 | 0,500 | 0,500 |
| 7 | 4 | 2,00 | 1,00 | 2,236 | 0,894 | 0,447 | 2_4 | 0,800 | 0,200 | 0,400 |
| 8 | 5 | 0,00 | 2,00 | 2,000 | 0,000 | 1,000 | 3_4 | 0,000 | 1,000 | 0,000 |
| 9 | 6 | 2,00 | 0,00 | 2,000 | 1,000 | 0,000 | 3_5 | 1,000 | 0,000 | 0,000 |
| 10 | 7 | 2,00 | -2,00 | 2,828 | 0,707 | -0,707 | 4_5 | 0,500 | 0,500 | -0,500 |
| 11 | 8 | 2,00 | 1,00 | 2,236 | 0,894 | 0,447 | 4_6 | 0,800 | 0,200 | 0,400 |
| 12 | 9 | 0,00 | 3,00 | 3,000 | 0,000 | 1,000 | 5_6 | 0,000 | 1,000 | 0,000 |
| 13 | 10 | 2,00 | 0,00 | 2,000 | 1,000 | 0,000 | 5_7 | 1,000 | 0,000 | 0,000 |
| 14 | 11 | 2,00 | 4,00 | 4,472 | 0,447 | 0,894 | 5_8 | 0,200 | 0,800 | 0,400 |
| 15 | 12 | 2,00 | 1,00 | 2,236 | 0,894 | 0,447 | 6_8 | 0,800 | 0,200 | 0,400 |
| 16 | 13 | 0,00 | 4,00 | 4,000 | 0,000 | 1,000 | 7_8 | 0,000 | 1,000 | 0,000 |
| 17 | 14 | 2,00 | 0,00 | 2,000 | 1,000 | 0,000 | 7_9 | 1,000 | 0,000 | 0,000 |
| 18 | 15 | 2,00 | -4,00 | 4,472 | 0,447 | -0,894 | 8_9 | 0,200 | 0,800 | -0,400 |
| 19 | 16 | 2,00 | 1,00 | 2,236 | 0,894 | 0,447 | 8_10 | 0,800 | 0,200 | 0,400 |
| 20 | 17 | 0,00 | 5,00 | 5,000 | 0,000 | 1,000 | 9_10 | 0,000 | 1,000 | 0,000 |
| 21 | 18 | 2,00 | 0,00 | 2,000 | 1,000 | 0,000 | 9_11 | 1,000 | 0,000 | 0,000 |
| 22 | 19 | 2,00 | 4,00 | 4,472 | 0,447 | 0,894 | 9_12 | 0,200 | 0,800 | 0,400 |
| 23 | 20 | 2,00 | -1,00 | 2,236 | 0,894 | -0,447 | 10_12 | 0,800 | 0,200 | -0,400 |
| 24 | 21 | 0,00 | 4,00 | 4,000 | 0,000 | 1,000 | 11_12 | 0,000 | 1,000 | 0,000 |
| 25 | 22 | 2,00 | 0,00 | 2,000 | 1,000 | 0,000 | 11_13 | 1,000 | 0,000 | 0,000 |
| 26 | 23 | 2,00 | -4,00 | 4,472 | 0,447 | -0,894 | 12_13 | 0,200 | 0,800 | -0,400 |
| 27 | 24 | 2,00 | -1,00 | 2,236 | 0,894 | -0,447 | 12_14 | 0,800 | 0,200 | -0,400 |
| 28 | 25 | 0,00 | 3,00 | 3,000 | 0,000 | 1,000 | 13_14 | 0,000 | 1,000 | 0,000 |
| 29 | 26 | 2,00 | 0,00 | 2,000 | 1,000 | 0,000 | 13_15 | 1,000 | 0,000 | 0,000 |
| 30 | 27 | 2,00 | 2,00 | 2,828 | 0,707 | 0,707 | 13_16 | 0,500 | 0,500 | 0,500 |
| 31 | 28 | 2,00 | -1,00 | 2,236 | 0,894 | -0,447 | 14_16 | 0,800 | 0,200 | -0,400 |
| 32 | 29 | 0,00 | 2,00 | 2,000 | 0,000 | 1,000 | 15_16 | 0,000 | 1,000 | 0,000 |
| 33 | 30 | 2,00 | 0,00 | 2,000 | 1,000 | 0,000 | 15_17 | 1,000 | 0,000 | 0,000 |
| 34 | 31 | 2,00 | -2,00 | 2,828 | 0,707 | -0,707 | 16_17 | 0,500 | 0,500 | -0,500 |
| 35 | 32 | 2,00 | -1,00 | 2,236 | 0,894 | -0,447 | 16_18 | 0,800 | 0,200 | -0,400 |
| 36 | 33 | 0,00 | 1,00 | 1,000 | 0,000 | 1,000 | 17_18 | 0,000 | 1,000 | 0,000 |

| ZELLE | INHALT | |
|---|---|---|
| AB4 | 1 | Spalte AB: fortlaufende Stabnummerierung |
| AC4 *) | {=-MMULT(B64:S96;B12:C29)} | Bereich B64:S96 ➔Strukturmatrix ; (s,k)-Matrix |
| AD4 *) | {=-MMULT(B64:S96;B12:C29)} | Bereich B12:C29 ➔Matrix der Globalkoordinaten; (k,2)-Matrix |
| AE4 | =WURZEL(AC4*AC4+AD4*AD4) | Formel 6-(12) |
| AF4 | =WENN(AE4<>0;AC4/AE4;0) | Formel 6-(13) |
| AG4 | =WENN(AE4<>0;AD4/AE4;0) | Formel 6-(14) |
| AH4 | =I4&"_"&J4 | Verknüpfung von Anfangs- und Endknoten, um den Zugriff zu erleichtern |
| AI4 | =AF4*AF4 | |
| AJ4 | =AG4*AG4 | Werte der Tabellen 6-8) und 6-9) |
| AK4 | =AF4*AG4 | |

*) Bemerkung zu den Spalten AC und AD
Die (s,2)-Matrix der Stabprojektionen (Werte [ΔX; ΔY]) ergeben sich durch Multiplikation
der (s,k)-Strukturmatrix mit
der (k,2)-Matrix der Globalkoordinaten.
Beachte: Unter Kapitel 6.2 wurden diese Werte über einen anderen Weg ermittelt.

TABELLE 6-12) Richtungscosinus

## KNOTENVERSCHIEBUNGEN

### Aufbau der Matrix der Knotensteifigkeiten

| | A | B | C | D | E | F | G | H | I | J | K | L | M | N | O | P | Q | R | S |
|---|---|---|---|---|---|---|---|---|---|---|---|---|---|---|---|---|---|---|---|
| 99 | | | | | | | | | | | | | | | | | | | |
| 100 | Stab | von | nach | | | | $\cos\alpha$* | | | Matrix der Knotensteifigkeiten | | | | | | | | | |
| 101 | | Knoten | Knoten | Kn_Kn | $\cos^2\alpha$ | $\cos^2\beta$ | $\cos\beta$ | | | 1 | | 2 | | 3 | | 4 | | 5 | |
| 102 | 1 | 1 | 2 | 1_2 | 0,000 | 1,000 | 0,000 | | 1 | ###### | 0,500 | 0,000 | 0,000 | -1,000 | 0,000 | -0,500 | -0,500 | 0,000 | 0,000 |
| 103 | 2 | 1 | 3 | 1_3 | 1,000 | 0,000 | 0,000 | | | 0,500 | ######## | 0,000 | -1,000 | 0,000 | 0,000 | -0,500 | -0,500 | 0,000 | 0,000 |
| 104 | 3 | 1 | 4 | 1_4 | 0,500 | 0,500 | 0,500 | | 2 | 0,000 | 0,000 | 0,800 | 0,400 | 0,000 | 0,000 | -0,800 | -0,400 | 0,000 | 0,000 |
| 105 | 4 | 2 | 4 | 2_4 | 0,800 | 0,200 | 0,400 | | | 0,000 | -1,000 | 0,400 | 1,200 | 0,000 | 0,000 | -0,400 | -0,200 | 0,000 | 0,000 |
| 106 | 5 | 3 | 4 | 3_4 | 0,000 | 1,000 | 0,000 | | 3 | -1,000 | 0,000 | 0,000 | 0,000 | 2,000 | 0,000 | 0,000 | 0,000 | -1,000 | 0,000 |
| 107 | 6 | 3 | 5 | 3_5 | 1,000 | 0,000 | 0,000 | | | 0,000 | 0,000 | 0,000 | 0,000 | 0,000 | 1,000 | 0,000 | -1,000 | 0,000 | 0,000 |
| 108 | 7 | 4 | 5 | 4_5 | 0,500 | 0,500 | -0,500 | | 4 | -0,500 | -0,500 | -0,800 | -0,400 | 0,000 | 0,000 | 2,600 | 0,800 | -0,500 | 0,500 |
| 109 | 8 | 4 | 6 | 4_6 | 0,800 | 0,200 | 0,400 | | | -0,500 | -0,500 | -0,400 | -0,200 | 0,000 | -1,000 | 0,800 | 2,400 | 0,500 | -0,500 |
| 110 | 9 | 5 | 6 | 5_6 | 0,000 | 1,000 | 0,000 | | 5 | 0,000 | 0,000 | 0,000 | 0,000 | -1,000 | 0,000 | -0,500 | 0,500 | 2,700 | -0,100 |
| 111 | 10 | 5 | 7 | 5_7 | 1,000 | 0,000 | 0,000 | | | 0,000 | 0,000 | 0,000 | 0,000 | 0,000 | 0,000 | 0,500 | -0,500 | -0,100 | 2,300 |

→ bis Stabnummer s

| | |
|---|---|
| Der Bereich A100:G134 ist eine Kopie des Bereiches AB2:AK36, um die Arbeit zum Aufbau der Matrix der Knotensteifigkeiten zu erleichtern. | Die vollständige Matrix der Knotensteifigkeiten nimmt den Bereich J102:AS137 ein. |

Felder der Hauptdiagonalen; siehe Tabelle 6-8)

Zum Beispiel Bereich I104:M105; betrifft den Knoten 2
(Kraftkomponenten am Knoten 2 infolge Einheitsverschiebung des Knotens 2)

| ZELLE | INHALT |
|---|---|
| L104 | =WENN(D13="F";1000000000; SUMMEWENN($B$102:$B$134;2;$E$102:$E$134)+SUMMEWENN($C$102:$C$134;2;$E$102:$E$134)) |
| M104 | =SUMMEWENN($B$102:$B$134;2;$G$102:$G$134)+SUMMEWENN($C$102:$C$134;2;$G$102:$G$134) |
| L105 | =M104 |
| M105 | =WENN(E13="F";1000000000; SUMMEWENN($B$102:$B$134;2;$F$102:$F$134)+SUMMEWENN($C$102:$C$134;2;$F$102:$F$134)) |

Erläuterungen

| ZELLE | |
|---|---|
| L104 | Ausschaltung einer Horizontalverschiebung des Knotens durch Zuweisung eines sehr großen Wertes, sofern eine horizontale Blockierung vorhanden ist.<br>Sofern in der Spalte B die Knotennummer 2 auftritt, sind die zugehörigen $\cos^2\alpha$-Werte zu addieren;<br>sofern in der Spalte C die Knotennummer 2 auftritt, sind die zugehörigen $\cos^2\alpha$-Werte zu addieren;<br>beide Teilsummen sind zu addieren. |
| M104 | Sofern in der Spalte B die Knotennummer 2 auftritt, sind die zugehörigen ($\cos\alpha$ $\cos\beta$)- Werte zu addieren;<br>sofern in der Spalte C die Knotennummer 2 auftritt, sind die zugehörigen ($\cos\alpha$ $\cos\beta$)- Werte zu addieren;<br>beide Teilsummen sind zu addieren. |
| L105 | wegen Symmetrie zur Hauptdiagonalen |
| M105 | Ausschaltung einer Vertikalverschiebung des Knotens durch Zuweisung eines sehr großen Wertes, sofern eine vertikale Blockierung vorhanden ist.<br>Sofern in der Spalte B die Knotennummer 2 auftritt, sind die zugehörigen $\cos^2\beta$ - Werte zu addieren;<br>sofern in der Spalte C die Knotennummer 2 auftritt, sind die zugehörigen $\cos^2\beta$ - Werte zu addieren;<br>beide Teilsummen sind zu addieren. |

Nebenfelder oberhalb der Hauptdiagonalen; siehe Tabelle 6-9)

Zum Beispiel Bereich N104:O105; betrifft den Knoten 2
(Kraftkomponenten am Knoten 2 infolge Einheitsverschiebung des Knotens 3)

| ZELLE | INHALT |
|---|---|
| N104 | =WENN(ISTFEHLER(SVERWEIS("2_3";$D$102:$G$134;2;FALSCH));0; -SVERWEIS("2_3";$D$102:$G$134;2;FALSCH)) |
| O104 | =WENN(ISTFEHLER(SVERWEIS("2_3";$D$102:$G$134;4;FALSCH));0; -SVERWEIS("2_3";$D$102:$G$134;4;FALSCH)) |
| N105 | =O104 |
| O105 | =WENN(ISTFEHLER(SVERWEIS("2_3";$D$102:$G$134;3;FALSCH));0; -SVERWEIS("2_3";$D$102:$G$134;3;FALSCH)) |

## Erläuterungen

Vorbemerkung:

Die Suche erfolgt über die Funktion SVERWEIS.

| | | |
|---|---|---|
| Suchkriterium: | "Anfangsknoten_Endknoten" | |
| Matrix : | D102:G134 | |
| Spaltenindex: | 2 - $\cos^2\alpha$ | |
| | 3 - $\cos^2\beta$ | |
| | 4 - $\cos\alpha\ \cos\beta$ | |
| Bereich_Verweis | FALSCH | (Suche nach einem exakten Wert unabhängig von einem Ordnungsprinzip) |

ISTFEHLER ersetzt die Fehlermeldung #NV durch 0

| ZELLE | |
|---|---|
| N104 | Tritt im Spaltenvektor (Spalte D) der Stab "2_3" auf, so greife $\cos^2\alpha$ ab; sonst setze den Wert gleich Null. |
| O104 | Tritt im Spaltenvektor (Spalte D) der Stab "2_3" auf, so greife ($\cos\alpha\ \cos\beta$) ab; sonst setze den Wert gleich Null. |
| N105 | wegen Symmetrie |
| O105 | Tritt im Spaltenvektor (Spalte D) der Stab "2_3" auf, so greife $\cos^2\beta$ ab; sonst setze den Wert gleich Null. |

## Nebenfelder unterhalb der Hauptdiagonalen

Die Matrix ist symmetrisch.

Zum Beispiel Bereich L106:M107; betrifft den Knoten 3

(Kraftkomponenten am Knoten 3 infolge Einheitsverschiebung des Knotens 2)

Es besteht Symmetrie zu den Elementen im Bereich N104:O105.

| | I | J | K | L | M | N | O |
|---|---|---|---|---|---|---|---|
| 100 | | Matrix der Knotensteifigkeiten | | | | | |
| 101 | | 1 | | 2 | | 3 | |
| 102 | 1 | ###### | 0,500 | 0,000 | 0,000 | -1,000 | 0,000 |
| 103 | | 0,500 | ######## | 0,000 | -1,000 | 0,000 | 0,000 |
| 104 | 2 | 0,000 | 0,000 | 0,800 | 0,400 | 0,000 | 0,000 |
| 105 | | 0,000 | -1,000 | 0,400 | 1,200 | 0,000 | 0,000 |
| 106 | 3 | -1,000 | 0,000 | 0,000 | 0,000 | 2,000 | 0,000 |
| 107 | | 0,000 | 0,000 | 0,000 | 0,000 | 0,000 | 1,000 |

| ZELLE | INHALT |
|---|---|
| L106 | =N104 |
| M106 | =N105 |
| L107 | =O104 |
| M107 | =O105 |

→ bis k

TABELLE 6-13) Matrix der Knotensteifigkeiten

KNOTENVERSCHIEBUNGEN

Aufbau des Spaltenvektors der Knotenlasten

| AT | AU | AY | AZ | |
|---|---|---|---|---|
| 99 | Last- | | | |
| 100 | vektor | | | |
| 101 | | | | |
| 102 | 0,0 | 1 | X | =F12 |
| 103 | 0,0 | | Y | =G12 |
| 104 | 0,0 | 2 | X | =F13 |
| 105 | -5,0 | | Y | =G13 |
| 106 | 0,0 | 3 | X | =F14 |
| 107 | 0,0 | | Y | =G14 |
| 108 | 0,0 | 4 | X | =F15 |
| 109 | -10,0 | | Y | |
| 110 | 0,0 | 5 | X | |
| 111 | 0,0 | | Y | |
| 112 | 0,0 | 6 | X | |
| 113 | -10,0 | | Y | |
| 114 | 0,0 | 7 | X | |
| 115 | 0,0 | | Y | |
| 116 | 0,0 | 8 | X | |
| 117 | -10,0 | | Y | |
| 118 | 0,0 | 9 | X | |
| 119 | 0,0 | | Y | |
| 120 | 0,0 | 10 | X | |
| 121 | -10,0 | | Y | |
| 122 | 0,0 | 11 | X | |
| 123 | 0,0 | | Y | |
| 124 | 0,0 | 12 | X | |
| 125 | 0,0 | | Y | |
| 126 | 0,0 | 13 | X | |
| 127 | 0,0 | | Y | |

→ bis 18 Y    Die Werte werden aus dem Eingabebereich übernommen.

TABELLE 6-14) Matrix der Knotenlasten

## KNOTENVERSCHIEBUNGEN

### Einarbeiten der Stützbedingungen

Unter der Voraussetzung steifer Stützung sind die gestützten Knoten gegen eine Verschiebung blockiert: $v_X = 0$; $v_Y = 0$
Diese Werte entstehen mit beliebiger Genauigkeit, wenn die zugehörigen Glieder der Hauptdiagonalen sehr groß gesetzt werden.

| | I | J | K | L | M | N | O | P |
|---|---|---|---|---|---|---|---|---|
| 100 | | Matrix der Knotensteifigkeiten | | | | | | |
| 101 | | 1 | | 2 | | 3 | | 4 |
| 102 | 1 | 1000000000,000 | 0,500 | 0,000 | 0,000 | -1,000 | 0,000 | -0,500 |
| 103 | | 0,500 | 1000000000,000 | 0,000 | -1,000 | 0,000 | 0,000 | -0,500 |
| 104 | 2 | 0,000 | 0,000 | 0,800 | 0,400 | 0,000 | 0,000 | -0,800 |
| 105 | | 0,000 | -1,000 | 0,400 | 1,200 | 0,000 | 0,000 | -0,400 |
| 106 | 3 | -1,000 | 0,000 | 0,000 | 0,000 | 2,000 | 0,000 | 0,000 |
| 107 | | 0,000 | 0,000 | 0,000 | 0,000 | 0,000 | 1,000 | 0,000 |
| 108 | 4 | -0,500 | -0,500 | -0,800 | -0,400 | 0,000 | 0,000 | 2,600 |

Knoten 1 in X-Richtung blockiert

Knoten 1 in Y-Richtung blockiert

| ZELLE | INHALT |
|---|---|
| J102 | =WENN(D12="F";1000000000; SUMMEWENN($B$102:$B$134;1;$E$102:$E$134)+SUMMEWENN($C$102:$C$134;1;$E$102:$E$134)) |
| K103 | =WENN(E12="F";1000000000; SUMMEWENN($B$102:$B$134;1;$F$102:$F$134)+SUMMEWENN($C$102:$C$134;1;$F$102:$F$134)) |
| L104 | =WENN(D13="F";1000000000; SUMMEWENN($B$102:$B$134;2;$E$102:$E$134)+SUMMEWENN($C$102:$C$134;2;$E$102:$E$134)) |
| M105 | =WENN(E13="F";1000000000; SUMMEWENN($B$102:$B$134;2;$F$102:$F$134)+SUMMEWENN($C$102:$C$134;2;$F$102:$F$134)) |

TABELLE 6-15) Stützbedingungen

## KNOTENVERSCHIEBUNGEN

### Das Gleichungssystem [K] [v] = [F]

[K] [F]

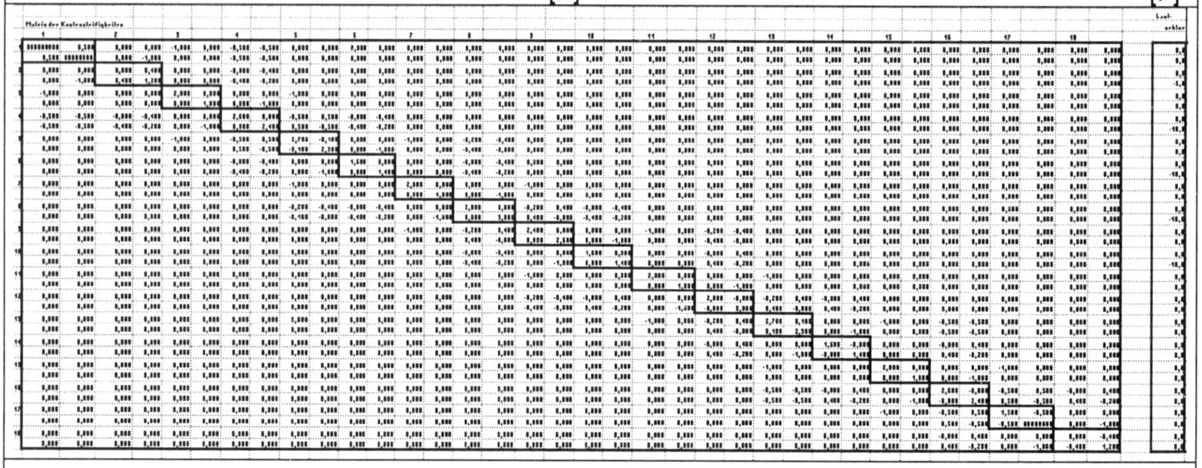

TABELLE 6-16) Gleichungssystem

KNOTENVERSCHIEBUNGEN

Lösung des Gleichungssystems

$[v] = [K]^{-1}\,[F]$

Die Matrizen haben in Abhängigkeit von der Knotenzahl i unterschiedliche Größen (i,i). Sie müssen aus der (18,18)-Matrix ausgewählt werden. Dazu verwenden wir die WENN-Funktion. Da Funktionen nur in bis zu sieben Ebenen geschachtelt werden können, ergibt sich eine notwendige Aufspaltung des Lösungsprozesses in drei Teiloperationen (3 · 7 > 18).

| | AI | AJ | AK | AL | AM | AN | AO | AP | AQ | AR | AS | AT | AU | AV | AW | AX | AY | AZ |
|---|---|---|---|---|---|---|---|---|---|---|---|---|---|---|---|---|---|---|
| 98 | | | | | | | | | | | | | | Verschiebungen der Knoten | | | | |
| 99 | | | | | | | | | | | | | Last- | wenn k = | | | | |
| 100 | | | | | | | | | | | | | vektor | 1 ... 8 | 9 ... 13 | 14 ... 18 | | |
| 101 | | 14 | | 15 | | 16 | | 17 | | 18 | | | | | | | | |
| 102 | 0,000 | 0,000 | 0,000 | 0,000 | 0,000 | 0,000 | 0,000 | 0,000 | 0,000 | 0,000 | 0,000 | | 0,0 | 0,0 | 0,0 | 0,0 | 1 | X |
| 103 | 0,000 | 0,000 | 0,000 | 0,000 | 0,000 | 0,000 | 0,000 | 0,000 | 0,000 | 0,000 | 0,000 | | 0,0 | 0,0 | 0,0 | 0,0 | | Y |
| 104 | 0,000 | 0,000 | 0,000 | 0,000 | 0,000 | 0,000 | 0,000 | 0,000 | 0,000 | 0,000 | 0,000 | | 0,0 | 0,0 | 0,0 | 41,6 | 2 | X |
| 105 | 0,000 | 0,000 | 0,000 | 0,000 | 0,000 | 0,000 | 0,000 | 0,000 | 0,000 | 0,000 | 0,000 | | -5,0 | 0,0 | 0,0 | -5,0 | | Y |
| 106 | 0,000 | 0,000 | 0,000 | 0,000 | 0,000 | 0,000 | 0,000 | 0,000 | 0,000 | 0,000 | 0,000 | | 0,0 | 0,0 | 0,0 | 27,5 | 3 | X |
| 107 | 0,000 | 0,000 | 0,000 | 0,000 | 0,000 | 0,000 | 0,000 | 0,000 | 0,000 | 0,000 | 0,000 | | 0,0 | 0,0 | 0,0 | -188,2 | | Y |
| 108 | 0,000 | 0,000 | 0,000 | 0,000 | 0,000 | 0,000 | 0,000 | 0,000 | 0,000 | 0,000 | 0,000 | | 0,0 | 0,0 | 0,0 | 133,2 | 4 | X |
| 109 | 0,000 | 0,000 | 0,000 | 0,000 | 0,000 | 0,000 | 0,000 | 0,000 | 0,000 | 0,000 | 0,000 | | -10,0 | 0,0 | 0,0 | -188,2 | | Y |
| 110 | 0,000 | 0,000 | 0,000 | 0,000 | 0,000 | 0,000 | 0,000 | 0,000 | 0,000 | 0,000 | 0,000 | | 0,0 | 0,0 | 0,0 | 55,0 | 5 | X |
| 111 | 0,000 | 0,000 | 0,000 | 0,000 | 0,000 | 0,000 | 0,000 | 0,000 | 0,000 | 0,000 | 0,000 | | 0,0 | 0,0 | 0,0 | -271,4 | | Y |
| 112 | 0,000 | 0,000 | 0,000 | 0,000 | 0,000 | 0,000 | 0,000 | 0,000 | 0,000 | 0,000 | 0,000 | | 0,0 | 0,0 | 0,0 | 142,3 | 6 | X |
| 113 | 0,000 | 0,000 | 0,000 | 0,000 | 0,000 | 0,000 | 0,000 | 0,000 | 0,000 | 0,000 | 0,000 | | -10,0 | 0,0 | 0,0 | -281,4 | | Y |
| 114 | 0,000 | 0,000 | 0,000 | 0,000 | 0,000 | 0,000 | 0,000 | 0,000 | 0,000 | 0,000 | 0,000 | | 0,0 | 0,0 | 0,0 | 81,3 | 7 | X |
| 115 | 0,000 | 0,000 | 0,000 | 0,000 | 0,000 | 0,000 | 0,000 | 0,000 | 0,000 | 0,000 | 0,000 | | 0,0 | 0,0 | 0,0 | -288,7 | | Y |
| 116 | 0,000 | 0,000 | 0,000 | 0,000 | 0,000 | 0,000 | 0,000 | 0,000 | 0,000 | 0,000 | 0,000 | | 0,0 | 0,0 | 0,0 | 108,4 | 8 | X |
| 117 | 0,000 | 0,000 | 0,000 | 0,000 | 0,000 | 0,000 | 0,000 | 0,000 | 0,000 | 0,000 | 0,000 | | -10,0 | 0,0 | 0,0 | -288,7 | | Y |
| 118 | 0,000 | 0,000 | 0,000 | 0,000 | 0,000 | 0,000 | 0,000 | 0,000 | 0,000 | 0,000 | 0,000 | | 0,0 | 0,0 | 0,0 | 107,5 | 9 | X |
| 119 | 0,000 | 0,000 | 0,000 | 0,000 | 0,000 | 0,000 | 0,000 | 0,000 | 0,000 | 0,000 | 0,000 | | 0,0 | 0,0 | 0,0 | -273,6 | | Y |
| 120 | 0,000 | 0,000 | 0,000 | 0,000 | 0,000 | 0,000 | 0,000 | 0,000 | 0,000 | 0,000 | 0,000 | | 0,0 | 0,0 | 0,0 | 70,9 | 10 | X |
| 121 | 0,000 | 0,000 | 0,000 | 0,000 | 0,000 | 0,000 | 0,000 | 0,000 | 0,000 | 0,000 | 0,000 | | -10,0 | 0,0 | 0,0 | -263,6 | | Y |
| 122 | 0,000 | 0,000 | 0,000 | 0,000 | 0,000 | 0,000 | 0,000 | 0,000 | 0,000 | 0,000 | 0,000 | | 0,0 | 0,0 | 0,0 | 126,3 | 11 | X |
| 123 | 0,000 | 0,000 | 0,000 | 0,000 | 0,000 | 0,000 | 0,000 | 0,000 | 0,000 | 0,000 | 0,000 | | 0,0 | 0,0 | 0,0 | -244,4 | | Y |
| 124 | 0,400 | -0,800 | 0,400 | 0,000 | 0,000 | 0,000 | 0,000 | 0,000 | 0,000 | 0,000 | 0,000 | | 0,0 | 0,0 | 0,0 | 55,4 | 12 | X |
| 125 | -0,800 | 0,400 | -0,200 | 0,000 | 0,000 | 0,000 | 0,000 | 0,000 | 0,000 | 0,000 | 0,000 | | 0,0 | 0,0 | 0,0 | -244,4 | | Y |
| 126 | 0,100 | 0,000 | 0,000 | -1,000 | 0,000 | -0,500 | -0,500 | 0,000 | 0,000 | 0,000 | 0,000 | | 0,0 | 0,0 | 0,0 | 145,0 | 13 | X |
| 127 | 2,300 | 0,000 | -1,000 | 0,000 | 0,000 | -0,500 | -0,500 | 0,000 | 0,000 | 0,000 | 0,000 | | 0,0 | 0,0 | 0,0 | -194,4 | | Y |

| BEREICH | INHALT | k = |
|---|---|---|
| AV102:AV137 | {=WENN(B7=3;MMULT(MINV(J102:O107);AU102:AU107); WENN(B7=4;MMULT(MINV(J102:Q109);AU102:AU109); WENN(B7=5;MMULT(MINV(J102:S111);AU102:AU111); WENN(B7=6;MMULT(MINV(J102:U113);AU102:AU113); WENN(B7=7;MMULT(MINV(J102:W115);AU102:AU115); WENN(B7=8;MMULT(MINV(J102:Y117);AU102:AU117);0))))))} | 3 ...8 |
| AW102:AW137 | {=WENN(B7=9;MMULT(MINV(J102:AA119);AU102:AU119); WENN(B7=10;MMULT(MINV(J102:AC121);AU102:AU121); WENN(B7=11;MMULT(MINV(J102:AE123);AU102:AU123); WENN(B7=12;MMULT(MINV(J102:AG125);AU102:AU125); WENN(B7=13;MMULT(MINV(J102:AI127);AU102:AU127);0)))))} | 9 ...13 |
| AX102:AX137 | {=WENN(B7=14;MMULT(MINV(J102:AK129);AU102:AU129); WENN(B7=15;MMULT(MINV(J102:AM131);AU102:AU131); WENN(B7=16;MMULT(MINV(J102:AO133);AU102:AU133); WENN(B7=17;MMULT(MINV(J102:AQ135);AU102:AU135); WENN(B7=18;MMULT(MINV(J102:AS137);AU102:AU137);0)))))} | 14 ... 18 |

TABELLE 6-17) Lösung des Gleichungssystems

KNOTENVERSCHIEBUNGEN

Beseitigung von spezifischen Fehlermeldungen

Ist die Knotenzahl k < 18 erscheinen im Lösungsvektor Fehlermeldungen der Art #NV. Damit kann die Berechnung nicht fortgesetzt werden. Das Problem beseitigen wir, indem in den Zellen, in denen #NV auftritt, der Wert Null eingetragen wird.

| | AV | AW | AX | AY | AZ | BA | BB | BC | BD |
|---|---|---|---|---|---|---|---|---|---|
| 97 | | | | | | | | | |
| 98 | Verschiebungen der Knoten | | | | | | Beseitig. Fehlermeldung bei den | | |
| 99 | wenn k = | | | | | | Verschiebungen, wenn k = | | |
| 100 | 1 ... 8 | 9 ... 13 | 14 ... 18 | | | | 1 ... 8 | 9 ... 13 | 14 ...18 |
| 101 | | | | | | | | | |
| 102 | 0,0 | 0,0 | 0,0 | 1 | X | | 0,0 | 0,0 | 0,0 |
| 103 | 0,0 | 0,0 | 0,0 | | Y | | 0,0 | 0,0 | 0,0 |
| 104 | 0,0 | 0,0 | 41,6 | 2 | X | | 0,0 | 0,0 | 41,6 |
| 105 | 0,0 | 0,0 | -5,0 | | Y | | 0,0 | 0,0 | -5,0 |
| 106 | 0,0 | 0,0 | 27,5 | 3 | X | | 0,0 | 0,0 | 27,5 |
| 107 | 0,0 | 0,0 | -188,2 | | Y | | 0,0 | 0,0 | -188,2 |
| 108 | 0,0 | 0,0 | 133,2 | 4 | X | | 0,0 | 0,0 | 133,2 |
| 109 | 0,0 | 0,0 | -188,2 | | Y | | 0,0 | 0,0 | -188,2 |
| 110 | 0,0 | 0,0 | 55,0 | 5 | X | | 0,0 | 0,0 | 55,0 |
| 111 | 0,0 | 0,0 | -271,4 | | Y | | 0,0 | 0,0 | -271,4 |
| 112 | 0,0 | 0,0 | 142,3 | 6 | X | | 0,0 | 0,0 | 142,3 |
| 113 | 0,0 | 0,0 | -281,4 | | Y | | 0,0 | 0,0 | -281,4 |
| 114 | 0,0 | 0,0 | 81,3 | 7 | X | | 0,0 | 0,0 | 81,3 |
| 115 | 0,0 | 0,0 | -288,7 | | Y | | 0,0 | 0,0 | -288,7 |
| 116 | 0,0 | 0,0 | 108,4 | 8 | X | | 0,0 | 0,0 | 108,4 |
| 117 | 0,0 | 0,0 | -288,7 | | Y | | 0,0 | 0,0 | -288,7 |
| 118 | 0,0 | 0,0 | 107,5 | 9 | X | | 0,0 | 0,0 | 107,5 |
| 119 | 0,0 | 0,0 | -273,6 | | Y | | 0,0 | 0,0 | -273,6 |
| 120 | 0,0 | 0,0 | 70,9 | 10 | X | | 0,0 | 0,0 | 70,9 |
| 121 | 0,0 | 0,0 | -263,6 | | Y | | 0,0 | 0,0 | -263,6 |
| 122 | 0,0 | 0,0 | 126,3 | 11 | X | | 0,0 | 0,0 | 126,3 |
| 123 | 0,0 | 0,0 | -244,4 | | Y | | 0,0 | 0,0 | -244,4 |
| 124 | 0,0 | 0,0 | 55,4 | 12 | X | | 0,0 | 0,0 | 55,4 |
| 125 | 0,0 | 0,0 | -244,4 | | Y | | 0,0 | 0,0 | -244,4 |
| 126 | 0,0 | 0,0 | 145,0 | 13 | X | | 0,0 | 0,0 | 145,0 |
| 127 | 0,0 | 0,0 | -194,4 | | Y | | 0,0 | 0,0 | -194,4 |

→ bis k = 18 Y

| ZELLE | INHALT |
|---|---|
| BB102 | =WENN(ISTFEHLER(AV102);0;AV102) |
| BC102 | =WENN(ISTFEHLER(AW102);0;AW102) |
| BD102 | =WENN(ISTFEHLER(AX102);0;AX102) |
| | |
| BB103 | =WENN(ISTFEHLER(AV103);0;AV103) |
| BC103 | =WENN(ISTFEHLER(AW103);0;AW103) |
| BD103 | =WENN(ISTFEHLER(AX103);0;AX103) |

TABELLE 6-18) Aufheben spezieller Fehlermeldungen

Damit ist der Vektor der Knotenverschiebungen bekannt.
Beachte: Da die Dehnsteifigkeit für alle Stäbe gleich gesetzt wurde, handelt es sich um Relativwerte der Knotenverschiebungen und nicht um die tatsächlichen Verschiebungen.
Durch die Wahl eines Maßstab-Faktors (ZELLE C34) und Aufaddieren auf die Globalkoordinaten der Knoten kann das Verformungsbild skizziert werden.

ERMITTLUNG DER STABKRÄFTE

Die Knotenverschiebungen sind bekannt. Wir kennen die Stabkräfte, die aus den Knotenverschiebungen mit dem Wert "1" entstehen. Durch Multiplikation ergeben sich somit die Stabkräfte.

Es ist [N] die Matrix der Stabkräfte infolge Einheitsverschiebungen,
[v] der Spaltenvektor der Knotenverschiebungen,
[S] der Spaltenvektor der gesuchten Stabkräfte.

Sofern die Dehnsteifgkeit des Stabes D = 1 gesetzt ist, ist die Stabkraft aus der Einheitsverschiebung gleich dem Richtungskosinus, Bild 6-43.
Die posive Einheitsverschiebung am Anfangsknoten erzeugt im Stab eine Druckkraft,
die posive Einheitsverschiebung am Endknoten erzeugt im Stab eine Zugkraft.
Daher entsteht zunächst –[N].
Der Spaltenvektor der Stabkräfte folgt aus

$$[S] = - [N] [v] \qquad 6\text{-}(22)$$

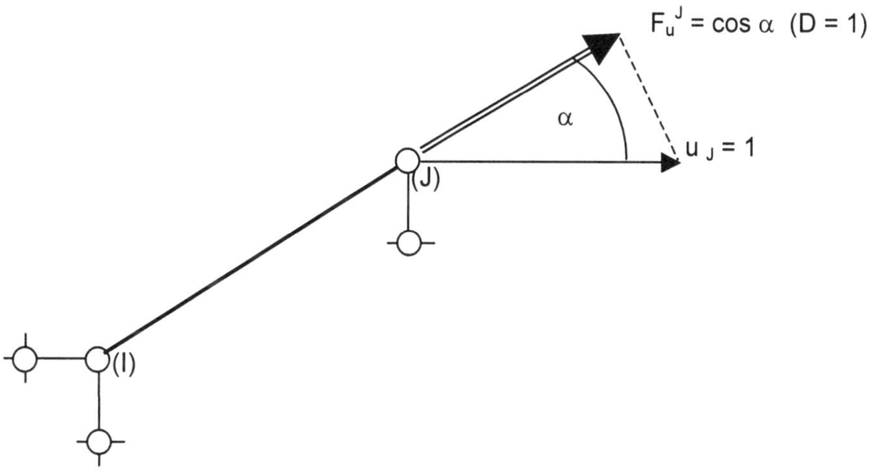


BILD 6-43 Stabkraft infolge Einheitsverschiebung

STABKRÄFTE

Aufbau der Matrix der Stabkräfte infolge Einheitsverschiebungen: -[N]

Die Matrix entsteht, indem in der Strukturmatrix die Werte 1 und –1 durch Richtungskosinus ersetzt werden.

| | A | B | C | D | E | F | G | H | I |
|---|---|---|---|---|---|---|---|---|---|
| 61 | Strukturmatrix | | | | | | | | |
| 62 | | Knoten | | | | | | | |
| 63 | Stab | 1 | 2 | 3 | 4 | 5 | 6 | 7 | 8 |
| 64 | 1 | 1 | -1 | 0 | 0 | 0 | 0 | 0 | 0 |
| 65 | 2 | 1 | 0 | -1 | 0 | 0 | 0 | 0 | 0 |
| 66 | 3 | 1 | 0 | 0 | -1 | 0 | 0 | 0 | 0 |
| 67 | 4 | 0 | 1 | 0 | -1 | 0 | 0 | 0 | 0 |
| 68 | 5 | 0 | 0 | 1 | -1 | 0 | 0 | 0 | 0 |
| 69 | 6 | 0 | 0 | 1 | 0 | -1 | 0 | 0 | 0 |
| 70 | 7 | 0 | 0 | 0 | 1 | -1 | 0 | 0 | 0 |
| 71 | 8 | 0 | 0 | 0 | 1 | 0 | -1 | 0 | 0 |
| 72 | 9 | 0 | 0 | 0 | 0 | 1 | -1 | 0 | 0 |
| 73 | 10 | 0 | 0 | 0 | 0 | 1 | 0 | -1 | 0 |
| 74 | 11 | 0 | 0 | 0 | 0 | 1 | 0 | 0 | -1 |
| 75 | 12 | 0 | 0 | 0 | 0 | 0 | 1 | 0 | -1 |
| 76 | 13 | 0 | 0 | 0 | 0 | 0 | 0 | 1 | -1 |

| | AF | AG |
|---|---|---|
| 2 | | |
| 3 | cos α | cos β |
| 4 | 0,000 | 1,000 |
| 5 | 1,000 | 0,000 |
| 6 | 0,707 | 0,707 |
| 7 | 0,894 | 0,447 |
| 8 | 0,000 | 1,000 |
| 9 | 1,000 | 0,000 |
| 10 | 0,707 | -0,707 |
| 11 | 0,894 | 0,447 |
| 12 | 0,000 | 1,000 |
| 13 | 1,000 | 0,000 |
| 14 | 0,447 | 0,894 |
| 15 | 0,894 | 0,447 |
| 16 | 0,000 | 1,000 |

| | T | U | V | W | X | Y | Z | AA | AB |
|---|---|---|---|---|---|---|---|---|---|
| 61 | | Stabkräfte infolge Einheitsverschiebungen | | | | | | | |
| 62 | | 1 | | 2 | | 3 | | 4 | |
| 63 | Stab | X | Y | X | Y | X | Y | X | Y |
| 64 | 1 | 0,000 | 1,000 | 0,000 | -1,000 | 0,000 | 0,000 | 0,000 | 0,000 |
| 65 | 2 | 1,000 | 0,000 | 0,000 | 0,000 | -1,000 | 0,000 | 0,000 | 0,000 |
| 66 | 3 | 0,707 | 0,707 | 0,000 | 0,000 | 0,000 | 0,000 | -0,707 | -0,707 |
| 67 | 4 | 0,000 | 0,000 | 0,894 | 0,447 | 0,000 | 0,000 | -0,894 | -0,447 |
| 68 | 5 | 0,000 | 0,000 | 0,000 | 0,000 | 0,000 | 1,000 | 0,000 | -1,000 |
| 69 | 6 | 0,000 | 0,000 | 0,000 | 0,000 | 1,000 | 0,000 | 0,000 | 0,000 |
| 70 | 7 | 0,000 | 0,000 | 0,000 | 0,000 | 0,000 | 0,000 | 0,707 | -0,707 |
| 71 | 8 | 0,000 | 0,000 | 0,000 | 0,000 | 0,000 | 0,000 | 0,894 | 0,447 |
| 72 | 9 | 0,000 | 0,000 | 0,000 | 0,000 | 0,000 | 0,000 | 0,000 | 0,000 |
| 73 | 10 | 0,000 | 0,000 | 0,000 | 0,000 | 0,000 | 0,000 | 0,000 | 0,000 |
| 74 | 11 | 0,000 | 0,000 | 0,000 | 0,000 | 0,000 | 0,000 | 0,000 | 0,000 |
| 75 | 12 | 0,000 | 0,000 | 0,000 | 0,000 | 0,000 | 0,000 | 0,000 | 0,000 |
| 76 | 13 | 0,000 | 0,000 | 0,000 | 0,000 | 0,000 | 0,000 | 0,000 | 0,000 |

| ZELLE | INHALT |
|---|---|
| U64 | =WENN(ODER(B91=1;B91=-1);B91*AF31;0) |
| V64 | =WENN(ODER(B64=1;B64=-1);B64*$AG4;0) |
| W64 | =WENN(ODER(C64=1;C64=-1);C64*$AF4;0) |
| X64 | =WENN(ODER(C64=1;C64=-1);C64*$AG4;0) |

TABELLE 6-19) Matrix der Stabkräfte infolge der Einheitsverschiebungen

## STABKRÄFTE

Ermittlung der Stabkräfte

| | T | U | V | W | X | Y | Z | AA | AB |
|---|---|---|---|---|---|---|---|---|---|
| 61 | | Stabkräfte infolge Einheitsverschiebungen | | | | | | | |
| 62 | | 1 | | 2 | | 3 | | 4 | |
| 63 | Stab | X | Y | X | Y | X | Y | X | Y |
| 64 | 1 | 0,000 | 1,000 | 0,000 | -1,000 | 0,000 | 0,000 | 0,000 | 0,000 |
| 65 | 2 | 1,000 | 0,000 | 0,000 | 0,000 | -1,000 | 0,000 | 0,000 | 0,000 |
| 66 | 3 | 0,707 | 0,707 | 0,000 | 0,000 | 0,000 | 0,000 | -0,707 | -0,707 |
| 67 | 4 | 0,000 | 0,000 | 0,894 | 0,447 | 0,000 | 0,000 | -0,894 | -0,447 |
| 68 | 5 | 0,000 | 0,000 | 0,000 | 0,000 | 0,000 | 1,000 | 0,000 | -1,000 |
| 69 | 6 | 0,000 | 0,000 | 0,000 | 0,000 | 1,000 | 0,000 | 0,000 | 0,000 |
| 70 | 7 | 0,000 | 0,000 | 0,000 | 0,000 | 0,000 | 0,000 | 0,707 | -0,707 |
| 71 | 8 | 0,000 | 0,000 | 0,000 | 0,000 | 0,000 | 0,000 | 0,894 | 0,447 |
| 72 | 9 | 0,000 | 0,000 | 0,000 | 0,000 | 0,000 | 0,000 | 0,000 | 0,000 |
| 73 | 10 | 0,000 | 0,000 | 0,000 | 0,000 | 0,000 | 0,000 | 0,000 | 0,000 |
| 74 | 11 | 0,000 | 0,000 | 0,000 | 0,000 | 0,000 | 0,000 | 0,000 | 0,000 |
| 75 | 12 | 0,000 | 0,000 | 0,000 | 0,000 | 0,000 | 0,000 | 0,000 | 0,000 |
| 76 | 13 | 0,000 | 0,000 | 0,000 | 0,000 | 0,000 | 0,000 | 0,000 | 0,000 |

| | BB | BC | BD | BE | BF | BG | BH | BI |
|---|---|---|---|---|---|---|---|---|
| 98 | Beseitig. Fehlermeldung bei den | | | | Stabkräfte | | | |
| 99 | Verschiebungen, wenn k = | | | | in Stabnummer, wenn k = | | | |
| 100 | 1 ... 8 | 9 ... 13 | 14 ...18 | | 1 ... 8 | 9 ... 13 | 14 ...18 | |
| 101 | | | | | | | | NR. |
| 102 | 0,0 | 0,0 | 0,0 | | 0,0 | 0,0 | -5,0 | 1 |
| 103 | 0,0 | 0,0 | 0,0 | | 0,0 | 0,0 | 27,5 | 2 |
| 104 | 0,0 | 0,0 | 41,6 | | 0,0 | 0,0 | -38,9 | 3 |
| 105 | 0,0 | 0,0 | -5,0 | | 0,0 | 0,0 | 0,0 | 4 |
| 106 | 0,0 | 0,0 | 27,5 | | 0,0 | 0,0 | 0,0 | 5 |
| 107 | 0,0 | 0,0 | -188,2 | | 0,0 | 0,0 | 27,5 | 6 |
| 108 | 0,0 | 0,0 | 133,2 | | 0,0 | 0,0 | 3,5 | 7 |
| 109 | 0,0 | 0,0 | -188,2 | | 0,0 | 0,0 | -33,5 | 8 |
| 110 | 0,0 | 0,0 | 55,0 | | 0,0 | 0,0 | -10,0 | 9 |
| 111 | 0,0 | 0,0 | -271,4 | | 0,0 | 0,0 | 26,3 | 10 |
| 112 | 0,0 | 0,0 | 142,3 | | 0,0 | 0,0 | 8,4 | 11 |
| 113 | 0,0 | 0,0 | -281,4 | | 0,0 | 0,0 | -33,5 | 12 |
| 114 | 0,0 | 0,0 | 81,3 | | 0,0 | 0,0 | 0,0 | 13 |

| BEREICH | INHALT | | k = |
|---|---|---|---|
| BF102:BF137 | {=WENN(B7=3;-MMULT(U64:Z96;BB102:BB107);<br>WENN(B7=4;-MMULT(U64:AB96;BB102:BB109);<br>WENN(B7=5;-MMULT(U64:AD96;BB102:BB111);<br>WENN(B7=6;-MMULT(U64:AF96;BB102:BB113);<br>WENN(B7=7;-MMULT(U64:AH96;BB102:BB115);<br>WENN(B7=8;-MMULT(U64:AJ96;BB102:BB117);0))))))} | | 3 ...8 |
| BG102:BG137 | {=WENN(B7=9;-MMULT(U64:AL96;BC102:BC119);<br>WENN(B7=10;-MMULT(U64:AN96;BC102:BC121);<br>WENN(B7=11;-MMULT(U64:AP96;BC102:BC123);<br>WENN(B7=12;-MMULT(U64:AR96;BC102:BC125);<br>WENN(B7=13;-MMULT(U64:AT96;BC102:BC127);0)))))} | | 9 ...13 |
| BH102:BH137 | {=WENN(B7=14;-MMULT(U64:AV96;BD102:BD129);<br>WENN(B7=15;-MMULT(U64:AX96;BD102:BD131);<br>WENN(B7=16;-MMULT(U64:AZ96;BD102:BD133);<br>WENN(B7=17;-MMULT(U64:BB96;BD102:BD135);<br>WENN(B7=18;-MMULT(U64:BD96;BD102:BD137);0)))))} | TABELLE 6-20)<br>Ermittlung der Stabkräfte | 14 ... 18 |

ERMITTLUNG DER STÜTZKRÄFTE

Das Gleichungssystem 6-(20) stellen wir um nach

$$[K]\,[v] = [F]\,. \qquad 6\text{-}(23)$$

Setzen wir den Spaltenvektor der nun bekannten Verschiebungen ein, so erhalten wir rechts die Knotenlasten. Das sind äußere Kräfte, zu denen auch die Stützkräfte gehören.

STÜTZKRÄFTE

Die Steifigkeitsmatrix [K]

Wir verwenden die bereits aufgestellte Steifigkeitsmatrix, um einen aufwendigen Sortierprozess zu umgehen. Allerdings muss in den Zellen der Hauptdiagonalen die Bedingung zur Erzeugung der Nullverschiebung beseitigt werden.

| | I | J | K | L | M | N | O |
|---|---|---|---|---|---|---|---|
| 100 | | Matrix der Knotensteifigkeiten | | | | | |
| 101 | | 1 | | 2 | | 3 | |
| 102 | 1 | 1000000000,000 | 0,500 | 0,000 | 0,000 | -1,000 | 0,000 |
| 103 | | 0,500 | 1000000000,000 | 0,000 | -1,000 | 0,000 | 0,000 |
| 104 | 2 | 0,000 | 0,000 | 0,800 | 0,400 | 0,000 | 0,000 |
| 105 | | 0,000 | -1,000 | 0,400 | 1,200 | 0,000 | 0,000 |
| 106 | 3 | -1,000 | 0,000 | 0,000 | 0,000 | 2,000 | 0,000 |
| 107 | | 0,000 | 0,000 | 0,000 | 0,000 | 0,000 | 1,000 |
| 108 | 4 | -0,500 | -0,500 | -0,800 | -0,400 | 0,000 | 0,000 |
| 109 | | -0,500 | -0,500 | -0,400 | -0,200 | 0,000 | -1,000 |
| 110 | 5 | 0,000 | 0,000 | 0,000 | 0,000 | -1,000 | 0,000 |

=WENN(D13="F";1000000000;
SUMMEWENN($B$102:$B$134;2;$E$102:$E$134)
+SUMMEWENN($C$102:$C$134;2;$E$102:$E$134))
Knoten 2: ungestützt

=WENN(E12="F";1000000000;
SUMMEWENN($B$102:$B$134;1;$F$102:$F$134)
+SUMMEWENN($C$102:$C$134;1;$F$102:$F$134))
Knoten 1: gestützt in Y-Richtung

=WENN(D12="F";1000000000;
SUMMEWENN($B$102:$B$134;1;$E$102:$E$134)
+SUMMEWENN($C$102:$C$134;1;$E$102:$E$134))
Knoten 1: gestützt in X-Richtung

| | I | J | K | L | M | N | O |
|---|---|---|---|---|---|---|---|
| 140 | | Zur Berechnung der Stützkräfte | | | | | |
| 141 | | 1 | | 2 | | 3 | |
| 142 | 1 | 1,500 | 0,500 | 0,000 | 0,000 | -1,000 | 0,000 |
| 143 | | 0,500 | 1,500 | 0,000 | -1,000 | 0,000 | 0,000 |
| 144 | 2 | 0,000 | 0,000 | 0,800 | 0,400 | 0,000 | 0,000 |
| 145 | | 0,000 | -1,000 | 0,400 | 1,200 | 0,000 | 0,000 |
| 146 | 3 | -1,000 | 0,000 | 0,000 | 0,000 | 2,000 | 0,000 |
| 147 | | 0,000 | 0,000 | 0,000 | 0,000 | 0,000 | 1,000 |
| 148 | 4 | -0,500 | -0,500 | -0,800 | -0,400 | 0,000 | 0,000 |
| 149 | | -0,500 | -0,500 | -0,400 | -0,200 | 0,000 | -1,000 |
| 150 | 5 | 0,000 | 0,000 | 0,000 | 0,000 | -1,000 | 0,000 |

| ZELLE | INHALT |
|---|---|
| K142 | =K102 |
| L142 | =L102 |
| M142 | =M102 |
| N142 | =N102 |
| O142 | =O102 |

=SUMMEWENN($B$102:$B$134;2;$E$102:$E$134)
+SUMMEWENN($C$102:$C$134;2;$E$102:$E$134)

=SUMMEWENN($B$102:$B$134;1;$F$102:$F$134)
+SUMMEWENN($C$102:$C$134;1;$F$102:$F$134)

=SUMMEWENN($B$102:$B$134;1;$E$102:$E$134)
+SUMMEWENN($C$102:$C$134;1;$E$102:$E$134)

TABELLE 6-21) Ermittlung der Stützkräfte; Steifigkeitsmatrix

STÜTZKRÄFTE

Ermittlung des Spaltenvektors aller Knotenlasten [F] = [K] [v]

| | I | J | K | L | M | N | O | P | Q |
|---|---|---|---|---|---|---|---|---|---|
| 140 | | Zur Berechnung der Stützkräfte | | | | | | | |
| 141 | | 1 | | 2 | | 3 | | 4 | |
| 142 | 1 | 1,500 | 0,500 | 0,000 | 0,000 | -1,000 | 0,000 | -0,500 | -0,500 |
| 143 | | 0,500 | 1,500 | 0,000 | -1,000 | 0,000 | 0,000 | -0,500 | -0,500 |
| 144 | 2 | 0,000 | 0,000 | 0,800 | 0,400 | 0,000 | 0,000 | -0,800 | -0,400 |
| 145 | | 0,000 | -1,000 | 0,400 | 1,200 | 0,000 | 0,000 | -0,400 | -0,200 |
| 146 | 3 | -1,000 | 0,000 | 0,000 | 0,000 | 2,000 | 0,000 | 0,000 | 0,000 |
| 147 | | 0,000 | 0,000 | 0,000 | 0,000 | 0,000 | 1,000 | 0,000 | -1,000 |
| 148 | 4 | -0,500 | -0,500 | -0,800 | -0,400 | 0,000 | 0,000 | 2,600 | 0,800 |
| 149 | | -0,500 | -0,500 | -0,400 | -0,200 | 0,000 | -1,000 | 0,800 | 2,400 |
| 150 | 5 | 0,000 | 0,000 | 0,000 | 0,000 | -1,000 | 0,000 | -0,500 | 0,500 |
| 151 | | 0,000 | 0,000 | 0,000 | 0,000 | 0,000 | 0,000 | 0,500 | -0,500 |
| 152 | 6 | 0,000 | 0,000 | 0,000 | 0,000 | 0,000 | 0,000 | -0,800 | -0,400 |

| | AT | AU | AV | AW | AX | AY | AZ | BA | BB |
|---|---|---|---|---|---|---|---|---|---|
| 140 | | errechnete Verschiebungen | | | | | **äußere Kräfte** | | |
| 141 | | 1 ... 8 | 9 ... 13 | 14 ...18 | | | | | |
| 142 | | 0,0 | 0,0 | 0,0 | 1 | x | 0,0 | 0,0 | 0,0 |
| 143 | | 0,0 | 0,0 | 0,0 | | y | 0,0 | 0,0 | 32,5 |
| 144 | | 0,0 | 0,0 | 41,6 | 2 | x | 0,0 | 0,0 | 0,0 |
| 145 | | 0,0 | 0,0 | -5,0 | | y | 0,0 | 0,0 | -5,0 |
| 146 | | 0,0 | 0,0 | 27,5 | 3 | x | 0,0 | 0,0 | 0,0 |
| 147 | | 0,0 | 0,0 | -188,2 | | y | 0,0 | 0,0 | 0,0 |
| 148 | | 0,0 | 0,0 | 133,2 | 4 | x | 0,0 | 0,0 | 0,0 |
| 149 | | 0,0 | 0,0 | -188,2 | | y | 0,0 | 0,0 | -10,0 |
| 150 | | 0,0 | 0,0 | 55,0 | 5 | x | 0,0 | 0,0 | 0,0 |
| 151 | | 0,0 | 0,0 | -271,4 | | y | 0,0 | 0,0 | 0,0 |
| 152 | | 0,0 | 0,0 | 142,3 | 6 | x | 0,0 | 0,0 | 0,0 |
| 153 | | 0,0 | 0,0 | -281,4 | | y | 0,0 | 0,0 | -10,0 |
| 154 | | 0,0 | 0,0 | 81,3 | 7 | x | 0,0 | 0,0 | 0,0 |
| 155 | | 0,0 | 0,0 | -288,7 | | y | 0,0 | 0,0 | 0,0 |
| 156 | | 0,0 | 0,0 | 108,4 | 8 | x | 0,0 | 0,0 | 0,0 |
| 157 | | 0,0 | 0,0 | -288,7 | | y | 0,0 | 0,0 | -10,0 |

Übertrag der Verschiebungen aus dem Bereich BB102:BD137

| BEREICH | INHALT |
|---|---|
| AZ142:AZ177 | =MMULT(J142:AS177;AU142:AU177) |
| BA142:BA177 | =MMULT(J142:AS177;AV142:AV177) |
| BB142:BB177 | =MMULT(J142:AS177;AW142:AW177) |

TABELLE 6-22) Ermittlung der Stützkräfte; Knotenlasten

| STÜTZKRÄFTE |
|---|
| Auflistung der Auflagerkräfte |

Im Eingabe-/Ergebnisblatt wird nun noch eine Übersichtstabelle der Stützkräfte erzeugt. Dazu werden aus den Werten des Spaltenvektors der äußeren Kräfte nur die Elemente ausgewählt, die zum Stützknoten gehören. Da auch im Stützknoten eine Knotenlast auftreten kann, ist diese vom Element des Spaltenvektors der äußeren Lasten abzuziehen.

| 5 | A | B | C | D | E | F | G |
|---|---|---|---|---|---|---|---|
| 6 | **Knoten** | | | **Stützung** | | **Belastung** | |
| 7 | k = | 18 | Knoten | blockierte | | | |
| 8 | | (3 ... 18) | | Richtung | | | |
| 9 | s= | 33 | Stäbe | X | Y | + | + |
| 10 | Koordinaten | | | im | | | |
| 11 | Kn | X | Y | Kn | Kn | $F_X$ | $F_Y$ |
| 12 | 1 | 0,00 | 0,00 | F | F | | |
| 13 | 2 | 0,00 | 1,00 | | | | -5,0 |
| 14 | 3 | 2,00 | 0,00 | | | | |
| 15 | 4 | 2,00 | 2,00 | | | | -10,0 |
| 16 | 5 | 4,00 | 0,00 | | | | |
| 17 | 6 | 4,00 | 3,00 | | | | -10,0 |
| 18 | 7 | 6,00 | 0,00 | | | | |
| 19 | 8 | 6,00 | 4,00 | | | | -10,0 |
| 20 | 9 | 8,00 | 0,00 | | | | |
| 21 | 10 | 8,00 | 5,00 | | | | -10,0 |
| 22 | 11 | 10,00 | 0,00 | | | | |
| 23 | 12 | 10,00 | 4,00 | | | | |
| 24 | 13 | 12,00 | 0,00 | | | | |
| 25 | 14 | 12,00 | 3,00 | | | | |
| 26 | 15 | 14,00 | 0,00 | | | | |
| 27 | 16 | 14,00 | 2,00 | | | | |
| 28 | 17 | 16,00 | 0,00 | | F | | |
| 29 | 18 | 16,00 | 1,00 | | | | |
| 30 | | m | m | | | kN | kN |

Eingabezellen

| L | M | N | O | P | Q | R | S | T | U | V | W |
|---|---|---|---|---|---|---|---|---|---|---|---|
| 27 | | | | **Auflagerkräfte** | | | | | | | |
| 28 | Kn | 1 | 2 | 3 | 4 | 5 | 6 | 7 | 8 | 9 | |
| 29 | X | **0,0** | --- | --- | --- | --- | --- | --- | --- | --- | |
| 30 | + Y | **32,5** | --- | --- | --- | --- | --- | --- | --- | --- | |
| 31 | | | | | | | | | | | |
| 32 | Kn | 10 | 11 | 12 | 13 | 14 | 15 | 16 | 17 | 18 | |
| 33 | X | --- | --- | --- | --- | --- | --- | --- | --- | --- | |
| 34 | + Y | --- | --- | --- | --- | --- | --- | --- | **12,5** | --- | |
| 35 | | | | | | | | | | | |

| ZELLE | INHALT |
|---|---|
| N29 | =WENN(D12="F";WENN($B$7<9;$AZ$142;<br>WENN(UND($B$7>=9;$B$7<=13);$BA$142;<br>WENN(UND($B$7>13;$B$7<=18);$BB$142;0)))-F12;"---") |
| N30 | =WENN(E12="F";WENN($B$7<9;$AZ$143;<br>WENN(UND($B$7>=9;$B$7<=13);$BA$143;<br>WENN(UND($B$7>13;$B$7<=18);$BB$143;0)))-G12;"---") |
| | |
| O29 | =WENN(D13="F";WENN($B$7<9;$AZ$144;<br>WENN(UND($B$7>=9;$B$7<=13);$BA$144;<br>WENN(UND($B$7>13;$B$7<=18);$BB$144;0)))-F13;"---") |
| O30 | =WENN(E13="F";WENN($B$7<9;$AZ$145;<br>WENN(UND($B$7>=9;$B$7<=13);$BA$145;<br>WENN(UND($B$7>13;$B$7<=18);$BB$145;0)))-G13;"---") |
| | |

TABELLE 6-23) Auflistung der Auflagerkräfte

ÜBERPRÜFUNG DER ZULÄSSIGKEIT DES SYSTEMS

Ist das System
- durch fehlende oder falsch angeordnete Stützung
- durch fehlende oder falsch angeordnete Stäbe

beweglich, so entstehen unter „normalen" Lastgrößen unverhältnismäßig große, in bestimmten Fällen theoretisch unendlich große Knotenverschiebungen.
Diesen Sachverhalt machen wir uns zu Nutzen, um eine Aussage zur Brauchbarkeit eines Systems zu treffen.

BRAUCHBARKEIT DES SYSTEMS

Bewertung der absoluten Größe der Knotenverschiebungen

Wenn die Summe aller Absolutwerte der Knotenverschiebungen einen frei gewählten sehr großen Betrag überschreitet, ist das System beweglich.
Die getroffene Feststellung wird in das Aufgabenblatt übertragen.

| | AY | AZ | BA | BB | BC | BD | BE | BK | BL | BM |
|---|---|---|---|---|---|---|---|---|---|---|
| 98 | | | | Beseitig. Fehlermeldung bei den | | | | Überprüfung der | | |
| 99 | | | | Verschiebungen, wenn k = | | | | Zulässigkeit der Stützung | | |
| 100 | | | | 1 ... 8 | 9 ... 13 | 14 ...18 | | | | |
| 101 | | | | | | | | | | |
| 102 | 1 | X | | 0,0 | 0,0 | 0,0 | | 0,0 | 0,0 | 0,0 |
| 103 | | Y | | 0,0 | 0,0 | 0,0 | | 0,0 | 0,0 | 0,0 |
| 104 | 2 | X | | 0,0 | 0,0 | 41,6 | | 0,0 | 0,0 | 41,6 |
| 105 | | Y | | 0,0 | 0,0 | -5,0 | | 0,0 | 0,0 | 5,0 |
| 106 | 3 | X | | 0,0 | 0,0 | 27,5 | | 0,0 | 0,0 | 27,5 |
| 107 | | Y | | 0,0 | 0,0 | -188,2 | | 0,0 | 0,0 | 188,2 |
| 108 | 4 | X | | 0,0 | 0,0 | 133,2 | | 0,0 | 0,0 | 133,2 |
| 109 | | Y | | 0,0 | 0,0 | -188,2 | | 0,0 | 0,0 | 188,2 |
| 110 | 5 | X | | 0,0 | 0,0 | 55,0 | | 0,0 | 0,0 | 55,0 |
| 111 | | Y | | 0,0 | 0,0 | -271,4 | | 0,0 | 0,0 | 271,4 |
| 112 | 6 | X | | 0,0 | 0,0 | 142,3 | | 0,0 | 0,0 | 142,3 |
| 113 | | Y | | 0,0 | 0,0 | -281,4 | | 0,0 | 0,0 | 281,4 |
| 114 | 7 | X | | 0,0 | 0,0 | 81,3 | | 0,0 | 0,0 | 81,3 |
| 115 | | Y | | 0,0 | 0,0 | -288,7 | | 0,0 | 0,0 | 288,7 |
| 116 | 8 | X | | 0,0 | 0,0 | 108,4 | | 0,0 | 0,0 | 108,4 |
| 117 | | Y | | 0,0 | 0,0 | -288,7 | | 0,0 | 0,0 | 288,7 |
| 118 | 9 | X | | 0,0 | 0,0 | 107,5 | | 0,0 | 0,0 | 107,5 |
| 119 | | Y | | 0,0 | 0,0 | -273,6 | | 0,0 | 0,0 | 273,6 |
| 120 | 10 | X | | 0,0 | 0,0 | 70,9 | | 0,0 | 0,0 | 70,9 |
| 121 | | Y | | 0,0 | 0,0 | -263,6 | | 0,0 | 0,0 | 263,6 |
| 122 | 11 | X | | 0,0 | 0,0 | 126,3 | | 0,0 | 0,0 | 126,3 |
| 123 | | Y | | 0,0 | 0,0 | -244,4 | | 0,0 | 0,0 | 244,4 |
| 124 | 12 | X | | 0,0 | 0,0 | 55,4 | | 0,0 | 0,0 | 55,4 |
| 125 | | Y | | 0,0 | 0,0 | -244,4 | | 0,0 | 0,0 | 244,4 |
| 126 | 13 | X | | 0,0 | 0,0 | 145,0 | | 0,0 | 0,0 | 145,0 |
| 127 | | Y | | 0,0 | 0,0 | -194,4 | | 0,0 | 0,0 | 194,4 |
| | Knoten-nummer | Richtung der Verschiebung | | Knotenverschiebungen | | | | Absolutwerte der Knotenverschiebung | | |

| ZELLE | INHALT |
|---|---|
| BK100 | =WENN(SUMME(BK102:BM137)>1000000;"Fehler";"") |

Beachte:

Mit dieser Bedingung werden nicht alle kinematischen Instabilitäten erfasst!

TABELLE 6-24) Überprüfung der Zulässigkeit des Systems

| BRAUCHBARKEIT DES SYSTEMS |
|---|
| Warnhinweis im Aufgaben-/Ergebnisblatt |
| |
| Beachte: Wenn die Warnung erscheint, sind die notierten Auflager- und Stabkräfte falsch! |

| | A | B | C | D | E | F | G | H | I | J | K |
|---|---|---|---|---|---|---|---|---|---|---|---|
| 1 | **Fachwerk; eben** | | | | | | | **Stäbe** | Konfiguration | | |
| 2 | **A = konstant; E = konstant** | | | | | | | Stab | von | nach | **Stabkraft** |
| 3 | Stabkräfte | | | | | | | | Knoten | Knoten | kN |
| 4 | | | | | | | | 1 | 1 | 2 | **-2,88** |
| 5 | | | | | | | | 2 | 1 | 3 | **-51,45** |
| 6 | **Knoten** | | | **Stützung** | | **Belastung** | | 3 | 1 | 4 | **48,00** |
| 7 | k = | 18 | Knoten | blockierte | | | | 4 | 2 | 4 | **8,00** |
| 8 | | (3 ... 18) | | Richtung | | | | 5 | 3 | 4 | **0,00** |
| 9 | s= | 33 | Stäbe | X | Y | + → | + ↑ | 6 | 3 | 5 | **-51,45** |
| 10 | Koordinaten | | | im | | | | 7 | 4 | 5 | **32,00** |
| 11 | Kn | X | Y | Kn | Kn | $F_X$ | $F_Y$ | 8 | 4 | 6 | **-16,00** |
| 12 | 1 | 0,00 | 0,00 | F | F | | | 9 | 5 | 6 | **32,0…** |
| 13 | 2 | 0,00 | 1,00 | | | | -5,0 | 10 | 5 | 7 | **-11,…** |
| 14 | 3 | 2,00 | 0,00 | | | | | 11 | 5 | 8 | **-32,…** |
| 15 | 4 | 2,00 | 2,00 | | | | -10,0 | 12 | | | **0,…** |
| 16 | 5 | 4,00 | 0,00 | | | | | 13 | 7 | 8 | **0,00** |
| 17 | 6 | 4,00 | 3,00 | | | | -10,0 | 14 | 7 | 9 | **-10,18** |
| 18 | 7 | 6,00 | 0,00 | | | | | 15 | 8 | 9 | **32,00** |
| 19 | 8 | 6,00 | 4,00 | | | | -10,0 | 16 | 8 | 10 | **-16,00** |
| 20 | 9 | 8,00 | 0,00 | | | | | 17 | 9 | 10 | **0,00** |
| 21 | 10 | 8,00 | 5,00 | | | | -10,0 | 18 | 9 | 11 | **20,65** |
| 22 | 11 | 10,00 | 0,00 | | | | | 19 | 9 | 12 | **-32,00** |
| 23 | 12 | 10,00 | 4,00 | | | | | 20 | 10 | 12 | **-8,00** |
| 24 | 13 | 12,00 | 0,00 | | | | | 21 | 11 | 12 | **0,00** |
| 25 | 14 | 12,00 | 3,00 | | | | | 22 | 11 | 13 | **14,41** |
| 26 | 15 | 14,00 | 0,00 | | | | | 23 | 12 | 13 | **12,00** |
| 27 | 16 | 14,00 | 2,00 | | | | | 24 | 12 | 14 | **-6,00** |
| 28 | 17 | 16,00 | 0,00 | | | | | 25 | 13 | 14 | **8,00** |
| 29 | 18 | 16,00 | 1,00 | | | | | 26 | 13 | 15 | **8,66** |
| 30 | | m | m | | | kN | kN | 27 | 13 | 16 | **5,00** |
| 31 | **Das System ist nicht kinematisch starr!** | | | | | | | 28 | 14 | 16 | **-12,88** |
| 32 | **Verformungsfigur** | | | | | | | 29 | 15 | 16 | **0,00** |

Die Stützung am Knoten 17 wurde beseitigt.

Warnhinweis

| ZELLE | INHALT |
|---|---|
| A31 | =WENN(BK100="Fehler"; "Das System ist nicht kinematisch starr!";"") |

TABELLE 6-25) Überprüfung der Zulässigkeit des Systems

BRAUBARKEIT DES SYSTEMS

Warnhinweis im Aufgaben-/Ergebnisblatt

**Allgemeines Fachwerk; Stabkräfte**

**eben und statisch bestimmt**

(Alle Stäbe haben die gleiche Dehnsteifigkeit.)

| Knoten | | | Stützung | | Belastung | |
|---|---|---|---|---|---|---|
| k = | 18 | Knoten | blockierte | | | |
| | (3 ... 18) | | Richtung | | | |
| s= | 33 | Stäbe | X | Y | + → | + ↑ |
| Koordinaten | | | im | | | |
| Kn | X | Y | Kn | Kn | $F_X$ | $F_Y$ |
| 1 | 0,00 | 0,00 | F | F | | |
| 2 | 0,00 | 1,00 | | | | -5,0 |
| 3 | 2,00 | 0,00 | | | | |
| 4 | 2,00 | 2,00 | | | | -10,0 |
| 5 | 4,00 | 0,00 | | | | |
| 6 | 4,00 | 3,00 | | | | -10,0 |
| 7 | 6,00 | 0,00 | | | | |
| 8 | 6,00 | 4,00 | | | | -10,0 |
| 9 | 8,00 | 0,00 | | | | |
| 10 | 8,00 | 5,00 | | | | -10,0 |
| 11 | 10,00 | 0,00 | | | | |
| 12 | 10,00 | 4,00 | | | | |
| 13 | 12,00 | 0,00 | | | | |
| 14 | 12,00 | 3,00 | | | | |
| 15 | 14,00 | 0,00 | | | | |
| 16 | 14,00 | 2,00 | | | | |
| 17 | 16,00 | 0,00 | | F | | |
| 18 | 16,00 | 1,00 | | | | |
| | m | m | | | kN | kN |

**Das System ist nicht kinematisch starr!**

**Verformungsfigur**

Massstabsfaktor

m = 0,002

| Stäbe | Konfiguration | | |
|---|---|---|---|
| Stab | von Knoten | nach Knoten | Stabkraft kN |
| 1 | 1 | 2 | 3,42 |
| 2 | 1 | 3 | 25,00 |
| 3 | 1 | 4 | -16,00 |
| 4 | 2 | 4 | -8,00 |
| 5 | 3 | 4 | 0,00 |
| 6 | 3 | 5 | 25,00 |
| 7 | 4 | 5 | -16,00 |
| 8 | | | 0,00 |
| 9 | 5 | 6 | -16,00 |
| 10 | 5 | 7 | 14,51 |
| 11 | 5 | 8 | 0,00 |
| 12 | 6 | 8 | 0,00 |
| 13 | 7 | 8 | 0,00 |
| 14 | 7 | 9 | 12,64 |
| 15 | 8 | 9 | -48,00 |
| 16 | 8 | 10 | 20,00 |
| 17 | 9 | 10 | 0,00 |
| 18 | 9 | 11 | 2,48 |
| 19 | 9 | 12 | 0,00 |
| 20 | 10 | 12 | 28,00 |
| 21 | 11 | 12 | 0,00 |
| 22 | 11 | 13 | 0,79 |
| 23 | 12 | 13 | 12,00 |
| 24 | 12 | 14 | -4,00 |
| 25 | 13 | 14 | -8,00 |
| 26 | 13 | 15 | -0,85 |
| 27 | 13 | 16 | 4,00 |
| 28 | 14 | 16 | 1,00 |
| 29 | 15 | 16 | 0,00 |
| 30 | 15 | 17 | 0,36 |
| 31 | 16 | 17 | 0,52 |
| 32 | 16 | 18 | 0,00 |
| 33 | 17 | 18 | 0,00 |

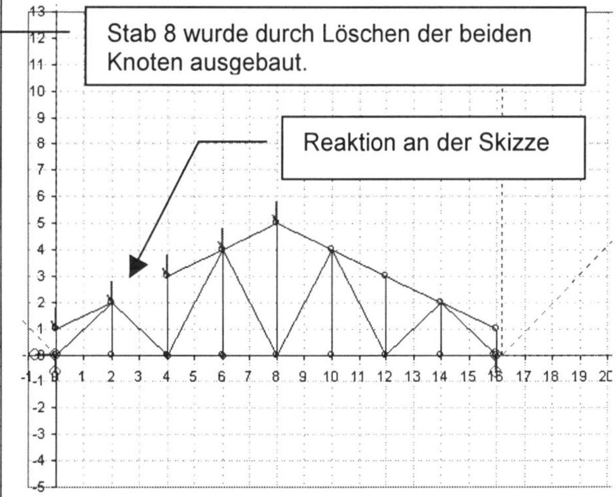


**Auflagerkräfte**

| Kn | 1 | 2 | 3 | 4 | 5 | 6 | 7 | 8 | 9 |
|---|---|---|---|---|---|---|---|---|---|
| → X | -16,0 | --- | --- | --- | --- | --- | --- | --- | --- |
| + ↑ Y | 12,0 | --- | --- | --- | --- | --- | --- | --- | --- |
| **Kn** | **10** | **11** | **12** | **13** | **14** | **15** | **16** | **17** | **18** |
| → X | --- | --- | --- | --- | --- | --- | --- | --- | --- |
| + ↑ Y | --- | --- | --- | --- | --- | --- | --- | 0,0 | --- |

Warnmeldung

TABELLE 6-26) Überprüfung der Zulässigkeit des Systems

## 6.3.2. Variante 2: Das ebene Fachwerk mit variablen Querschnittsflächen

Geringfügige Änderungen der Lösung nach 6.3.1. führen zur Ermittlung der Verformungen und Stabkräfte am allgemeinen ebenen Fachwerk. Ein statisch unbestimmtes Fachwerk macht von der praktischen Seite erst Sinn, wenn für die Stäbe differenzierte Dehnsteifigkeiten eingesetzt werden können, Bild 6-44.

Wir erweitern das Eingabeschema:

- Anzahl der Stäbe; $s \geq 2\,k - t$, jedoch $s \leq 33$; ZELLE K1;
  - s Anzahl der Stäbe
  - k Anzahl der Knoten
  - t Anzahl der Stützbedingungen
- Elastizitätsmodul E für alle Stäbe gleich; ZELLE B5;
- Querschnittsfläche A, differenziert für jeden Stab; Bereich K4:K34.

Es ergibt sich die Dehnsteifigkeit des Stabes der Nummer r zu

$$D_r = \frac{E\,A_r}{L_r}; \qquad L_r \text{ Länge des Stabes r.} \qquad 6\text{-}(24)$$

Somit ändern sich die Funktionen der Tabelle 6-8) in die Funktionen der Tabelle 6-27), die Funktionen der Tabelle 6-9) in die Funktionen der Tabelle 6-28).

| | Verschiebung in Richtung X | Verschiebung in Richtung Y |
|---|---|---|
| Kraftkomponente in Richtung X | $\sum_r D_r \cos^2 \alpha_r$ | $\sum_r D_r \cos \alpha_r \cos \beta_r$ |
| Kraftkomponente in Richtung Y | $\sum_r D_r \cos \alpha_r \cos \beta_r$ | $\sum_r D_r \cos^2 \beta_r$ |

TABELLE 6-27) Knotensteifigkeit; Kraftkomponenten am Knoten (J) infolge Einheitsverschiebungen des Knoten (J)

| | Verschiebung in Richtung X | Verschiebung in Richtung Y |
|---|---|---|
| Kraftkomponente in Richtung X | $- D_r \cos^2 \alpha_r$ | $- D_r \cos \alpha_r \cos \beta_r$ |
| Kraftkomponente in Richtung Y | $- D_r \cos \alpha_r \cos \beta_r$ | $- D_r \cos^2 \beta_r$ |

TABELLE 6-28) Knotensteifigkeit; Kraftkomponenten am Knoten (J) infolge Einheitsverschiebungen des Knoten (I)

## Beispiel 1

Bild 6-44 zeigt das Tabellenblatt zur Bestimmung des Stabkraft- und Verformungszustandes eines einfach statisch unbestimmtes Sprengwerkes in Fachwerkkonstruktion nach Bild 6-45.

**Fachwerk; eben** **statisch unbestimmt**

**A = variabel; E = konstant**

Stabkräfte und Verformungen

E = 210.000 MN/m²

| Knoten | | | Stützung | | Belastung | |
|---|---|---|---|---|---|---|
| k = | 17 | Knoten | blockierte | | | |
| | (3 ... 18) | | Richtung | | | |
| | | | X | Y | + → | + ↑ |
| Koordinaten | | | im | | | |
| Kn | X | Y | Kn | Kn | $F_X$ | $F_Y$ |
| 1 | 0,00 | 7,00 | F | F | | -5,0 |
| 2 | 1,50 | 6,00 | | | | |
| 3 | 3,00 | 7,00 | | | | -10,0 |
| 4 | 4,50 | 6,00 | | | | |
| 5 | 6,00 | 7,00 | | | | -10,0 |
| 6 | 7,50 | 6,00 | | | | |
| 7 | 9,00 | 7,00 | | | | -10,0 |
| 8 | 10,50 | 6,00 | | | | |
| 9 | 12,00 | 7,00 | | | | -10,0 |
| 10 | 13,50 | 6,00 | | | | |
| 11 | 15,00 | 7,00 | | | | -10,0 |
| 12 | 16,50 | 6,00 | | | | |
| 13 | 18,00 | 7,00 | | F | | -5,0 |
| 14 | 4,50 | 4,50 | | | | |
| 15 | 13,50 | 4,50 | | | | |
| 16 | 0,00 | 0,00 | F | F | | |
| 17 | 18,00 | 0,00 | F | F | | |
| --- | 0,00 | 0,00 | | | | |
| | m | m | | | kN | kN |

**Verformungsfigur**

Maßstabsfaktor m = 100

**Stäbe** s = 28 Stäbe (zugelassen: 3 ... 33)

| Stab | von Kn | nach Kn | A cm² | **Stabkraft** kN |
|---|---|---|---|---|
| 1 | 1 | 2 | 10,0 | **1,75** |
| 2 | 1 | 3 | 10,0 | **-1,45** |
| 3 | 2 | 3 | 10,0 | **-1,75** |
| 4 | 2 | 4 | 10,0 | **2,90** |
| 5 | 3 | 4 | 10,0 | **-16,28** |
| 6 | 3 | 5 | 10,0 | **10,64** |
| 7 | 4 | 5 | 10,0 | **-27,04** |
| 8 | 4 | 6 | 10,0 | **11,86** |
| 9 | 5 | 6 | 10,0 | **9,01** |
| 10 | 5 | 7 | 10,0 | **-19,36** |
| 11 | 6 | 7 | 10,0 | **-9,01** |
| 12 | 6 | 8 | 10,0 | **26,86** |
| 13 | 7 | 8 | 10,0 | **-9,01** |
| 14 | 7 | 9 | 10,0 | **-19,36** |
| 15 | 8 | 9 | 10,0 | **9,01** |
| 16 | 8 | 10 | 10,0 | **11,86** |
| 17 | 9 | 10 | 10,0 | **-27,04** |
| 18 | 9 | 11 | 10,0 | **10,64** |
| 19 | 10 | 11 | 10,0 | **-16,28** |
| 20 | 10 | 12 | 10,0 | **2,90** |
| 21 | 11 | 12 | 10,0 | **-1,75** |
| 22 | 11 | 13 | 10,0 | **-1,45** |
| 23 | 12 | 13 | 10,0 | **1,75** |
| 24 | 4 | 14 | 10,0 | **-24,03** |
| 25 | 10 | 15 | 10,0 | **-24,03** |
| 26 | 14 | 15 | 10,0 | **-24,03** |
| 27 | 14 | 16 | 10,0 | **-33,99** |
| 28 | 15 | 17 | 10,0 | **-33,99** |
| --- | | | | **0,00** |
| --- | | | | **0,00** |
| --- | | | | **0,00** |

| **Knoten-verschiebung** | | |
|---|---|---|
| Kn | ΔX mm | ΔY mm |
| 1 | 0,0 | 0,0 |
| 2 | -0,5 | -0,8 |
| 3 | 0,0 | -1,7 |
| 4 | -0,5 | -2,1 |
| 5 | 0,1 | -3,5 |
| 6 | -0,3 | -4,4 |
| 7 | -0,1 | -4,8 |
| 8 | 0,0 | -4,4 |
| 9 | -0,4 | -3,5 |
| 10 | 0,2 | -2,1 |
| 11 | -0,3 | -1,7 |
| 12 | 0,3 | -0,8 |
| 13 | -0,3 | 0,0 |
| 14 | 0,5 | -2,0 |
| 15 | -0,5 | -2,0 |
| 16 | 0,0 | 0,0 |
| 17 | 0,0 | 0,0 |
| --- | 0,0 | 0,0 |

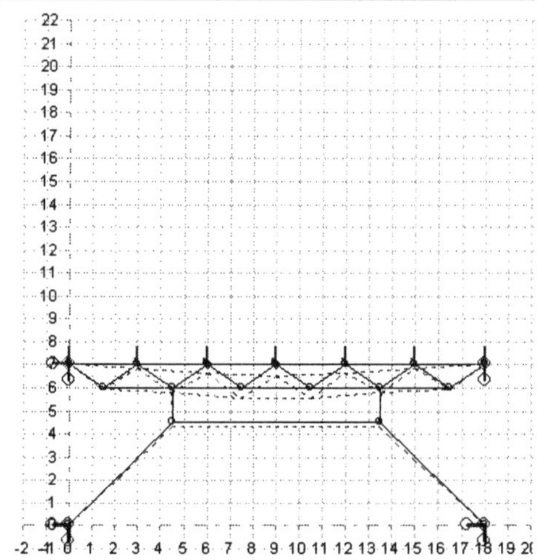


**Auflagerkräfte in kN**

| Kn | 1 | 2 | 3 | 4 | 5 | 6 | 7 | 8 | 9 |
|---|---|---|---|---|---|---|---|---|---|
| → X | **0,00** | --- | --- | --- | --- | --- | --- | --- | --- |
| + ↑ Y | **5,97** | --- | --- | --- | --- | --- | --- | --- | --- |
| **Kn** | 10 | 11 | 12 | 13 | 14 | 15 | 16 | 17 | 18 |
| → X | --- | --- | --- | --- | --- | --- | **24,03** | **-24,03** | --- |
| + ↑ Y | --- | --- | --- | **5,97** | --- | --- | **24,03** | **24,03** | --- |

BILD 6-44 Einfach statisch unbestimmtes Sprengwerk

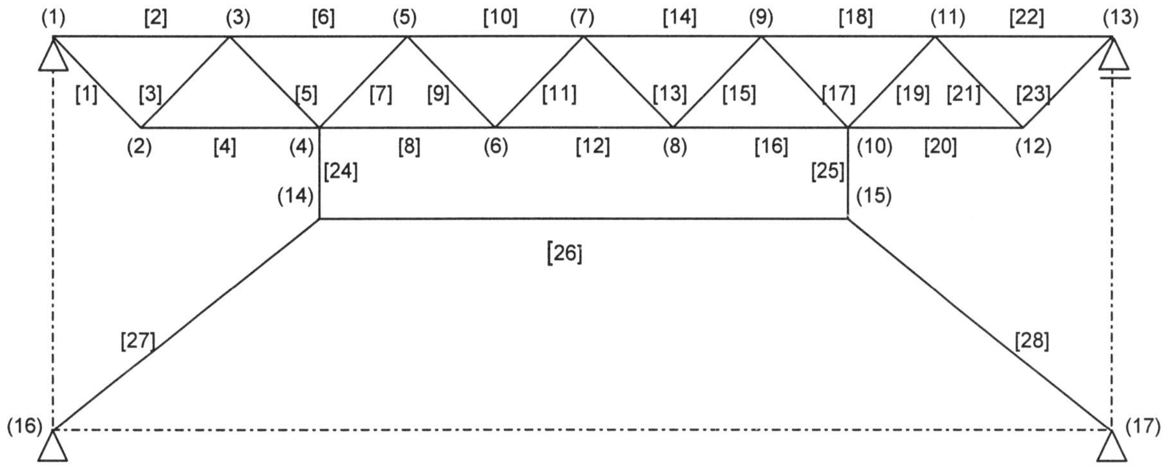


BILD 6-45 Stab- und Knotennummerierung zum Beispiel nach Bild 6-44

## Beispiel 2

Im Bild 6-46 wird die Lösung für ein einfach statisch unbestimmtes Dreistabsystem vorgestellt.

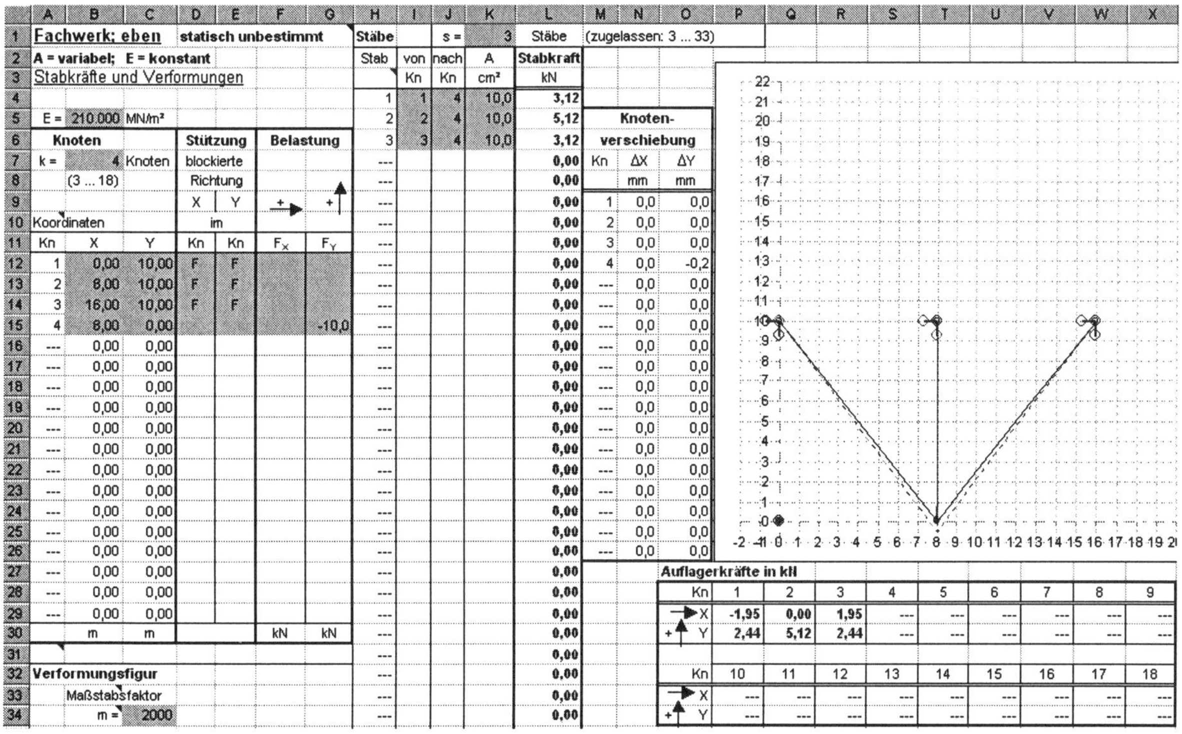


BILD 6-46 Statisch unbestimmtes Dreistabsystem

# 7 Versteifte Punktketten

## 7.1 Übersicht

Typische Vertreter der versteiften Punktketten sind
- überspannte Träger (Hängewerke)
  . selbstversteift
  . erdversteift
- unterspannte Träger (Sprengwerke)
  . selbstversteift
  . erdversteift
- Langerträger.

Ein Vertreter dieser Gruppe wurde bereits unter Fachwerke behandelt, wobei als Versteifungsträger ein Fachwerkträger zum Einsatz kam.
In diesem Kapitel wird als Versteifungsträger ein biegesteifer Träger verwendet.
Im Lehrprozess werden zunächst statisch bestimmte Systeme behandelt. Die Regelausführung ist einfach statisch unbestimmt.

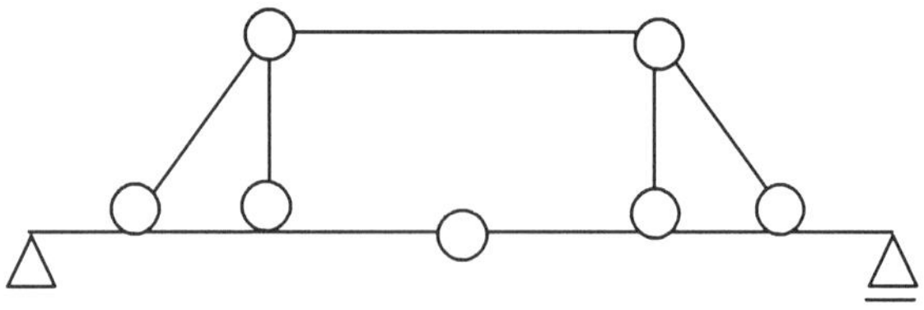

BILD 7-1 Statisch bestimmtes Hängewerk

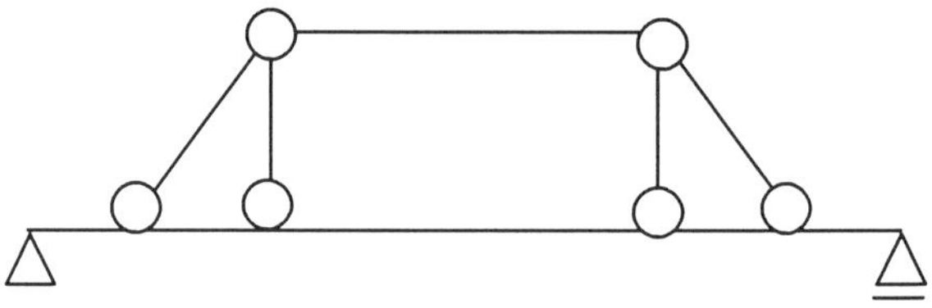

BILD 7-2 Einfach statisch unbestimmtes Hängewerk

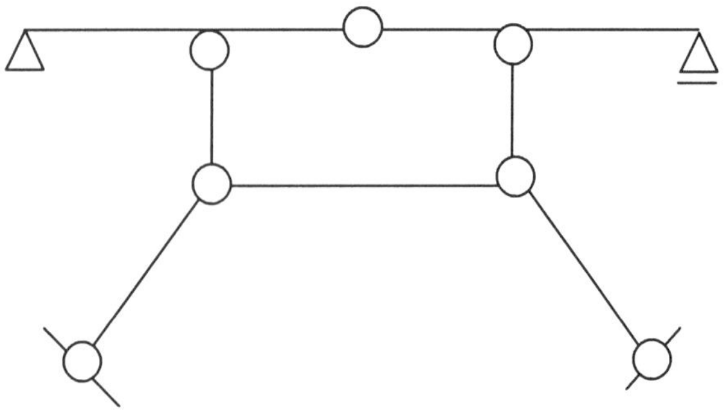

BILD 7-3 Statisch bestimmtes Sprengwerk

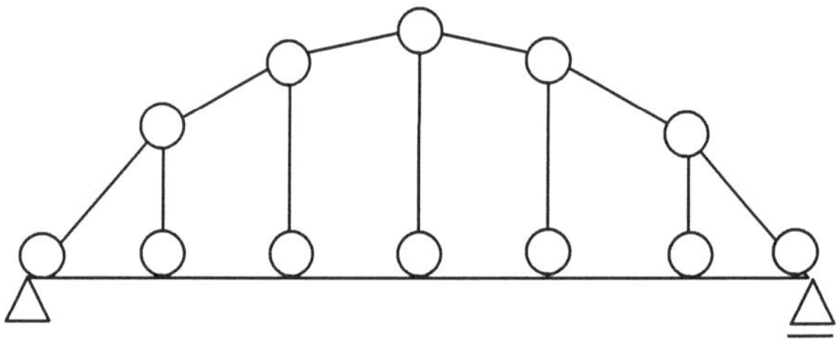

BILD 7-4 Langerträger (einfach statisch unbestimmt)

## 7.2 Statisch bestimmter unterspannter Träger

Analog zu Bild 7-1 untersuchen wir einen unterspannten Träger. Er möge statisch bestimmt sein. Um den Grad der Allgemeinheit zu erhöhen, führen wir das Zugband schräg, Bild 7-5.

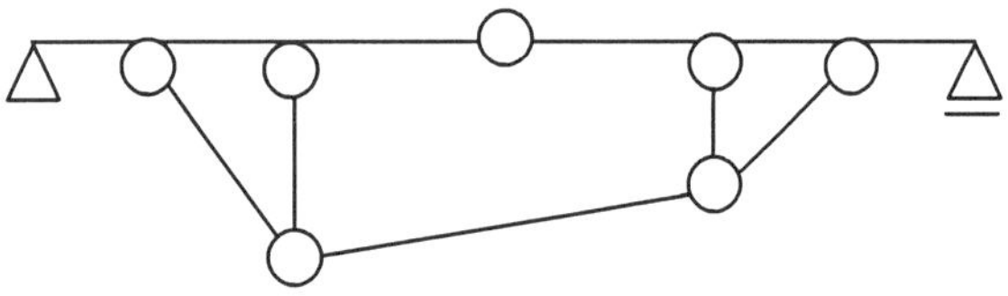

BILD 7-5 Unterspannter Träger

### 7.2.1. Lösungsblatt

Eingabe- und Kontrollwerte sowie die Ergebnisse der Berechnung sind, wie bei voran vorgestellten Programmen, so angeordnet, dass sie auf einem Blatt A4 Platz finden, also den Bildschirm füllen.

Die im biegesteifen Teilsystem vorhandenen Normalkräfte werden nicht mit dargestellt, da ihre Größe und Verteilung leicht erkannt werden. Hilfstabellen wurden ausgeblendet.
Beispiele der Berechnung zeigen die Bilder 7-6 und 7-7.

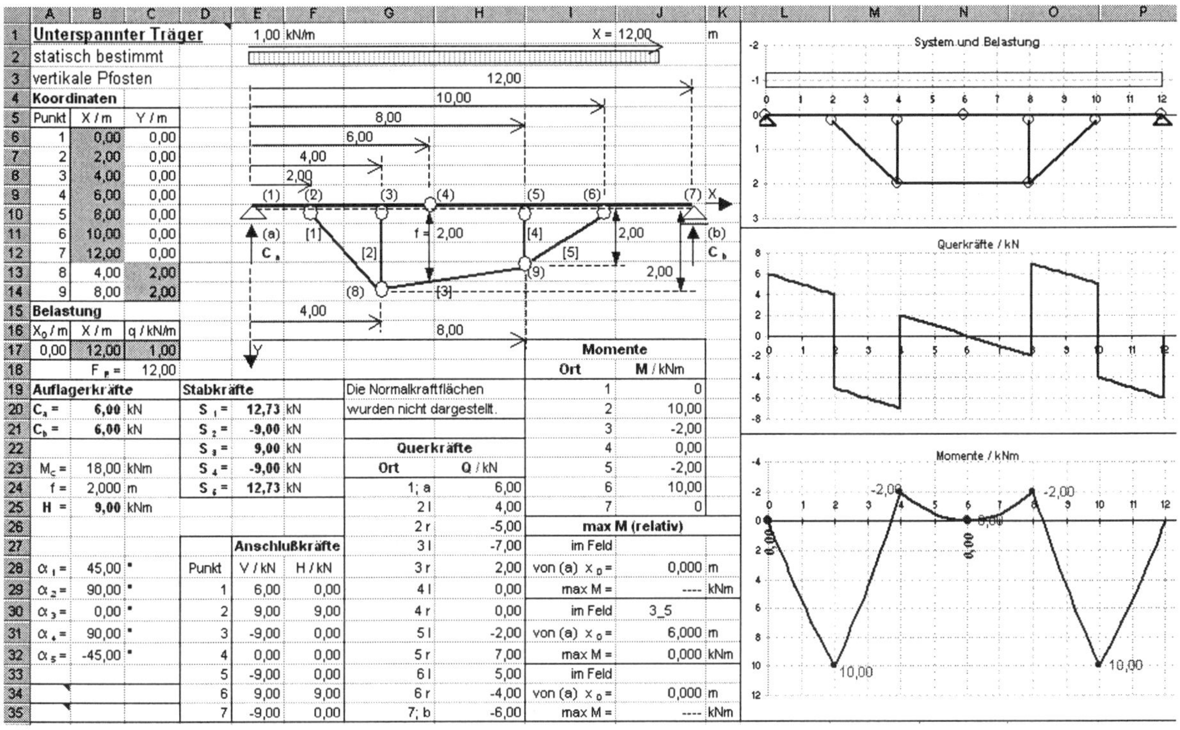


BILD 7-6 Lösungsblatt zu Bild 7-5, Variante

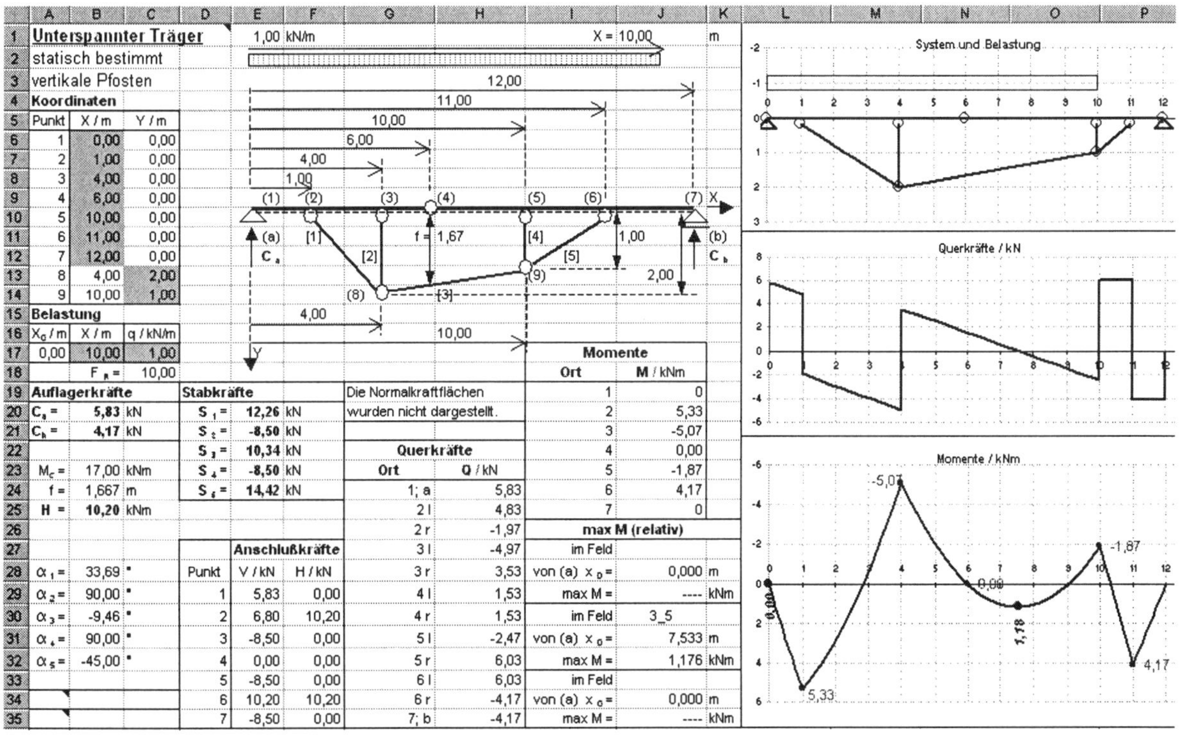


BILD 7-7 Lösungsblatt zu Bild 7-5, Variante

Das Programm bezieht sich ausschließlich auf den statisch bestimmten unterspannten Träger.
Die Lage der Knoten kann variiert werden.

Der Eingabemechanismus ist so gestaltet, dass sich nur vertikale Pfosten einstellen.
Eine gleichmäßig verteilte Streckenlast beginnt am Auflager (a) und erstreckt sich bis zu einer beliebigen Stelle x.
Falscheingaben werden in bekannter Weise über eine Gültigkeitsprüfung weitestgehend ausgeschlossen.

- Die X-Koordinaten der an den beiden Teilen des Versteifungsträgers anliegenden Knoten müssen aufsteigende Reihenfolge aufweisen, da ansonsten eventuell technisch nicht realisierbare Systeme, beziehungsweise unsinnige Ergebnisse entstehen, Bild 7-8.
- Kinematisch labile Systeme sollen erkannt werden, Bild 7-9.
- Die Unterspannung besteht aus Pendelstäben, Bild 7-10.

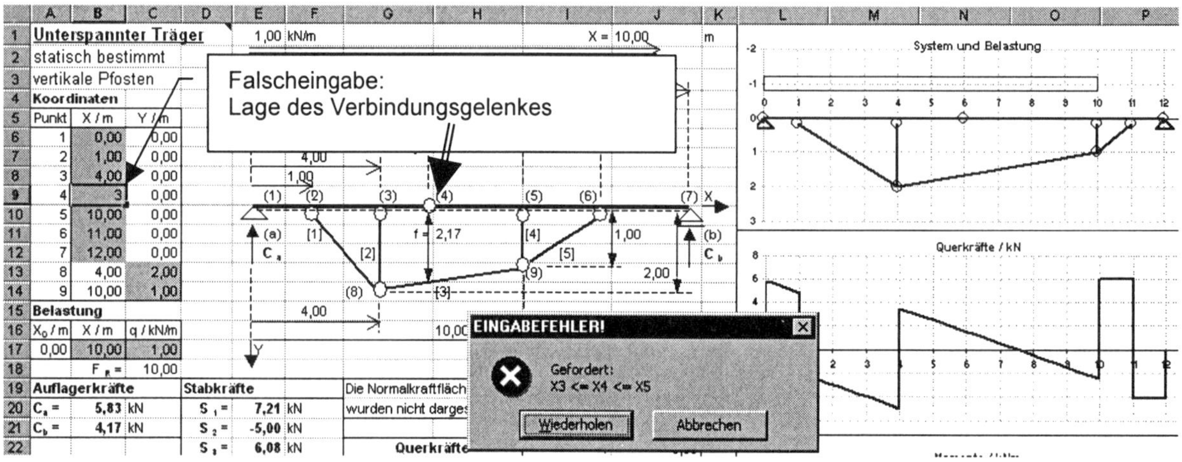


BILD 7-8 Falscheingabe: Das Verbindungsgelenk (4) muss im Mittelfeld liegen.

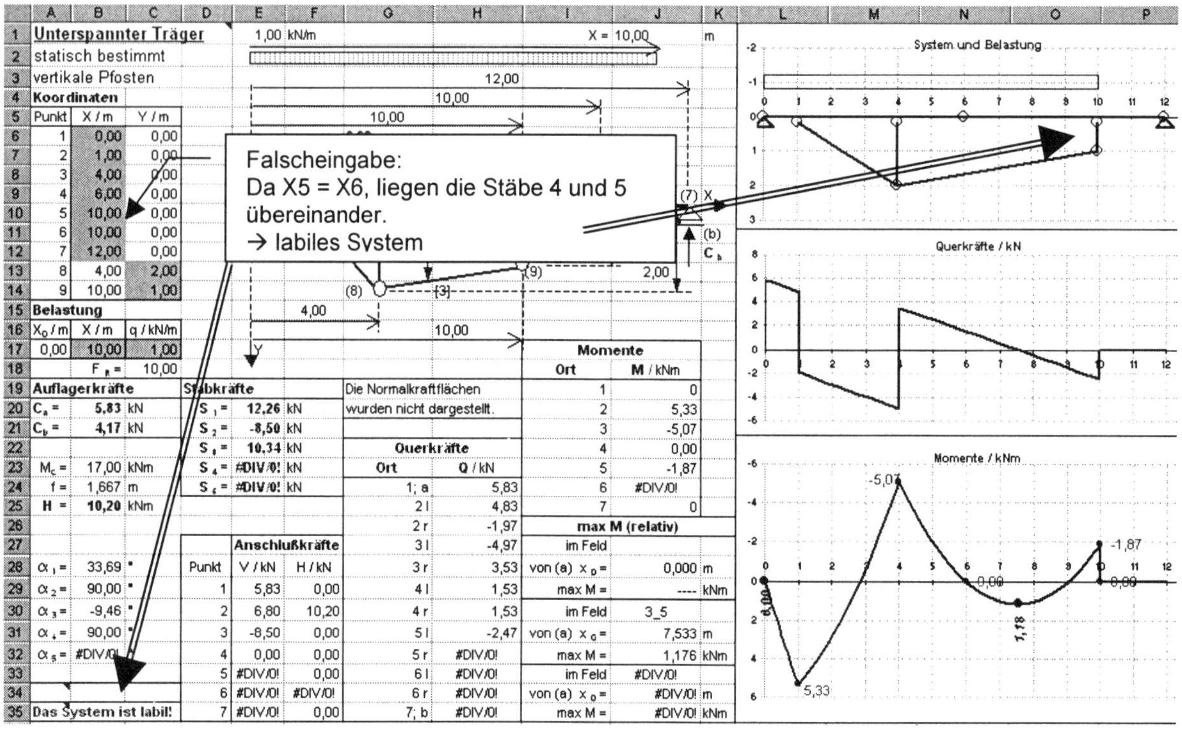


BILD 7-9 Falscheingabe: Das System ist kinematisch nicht starr.

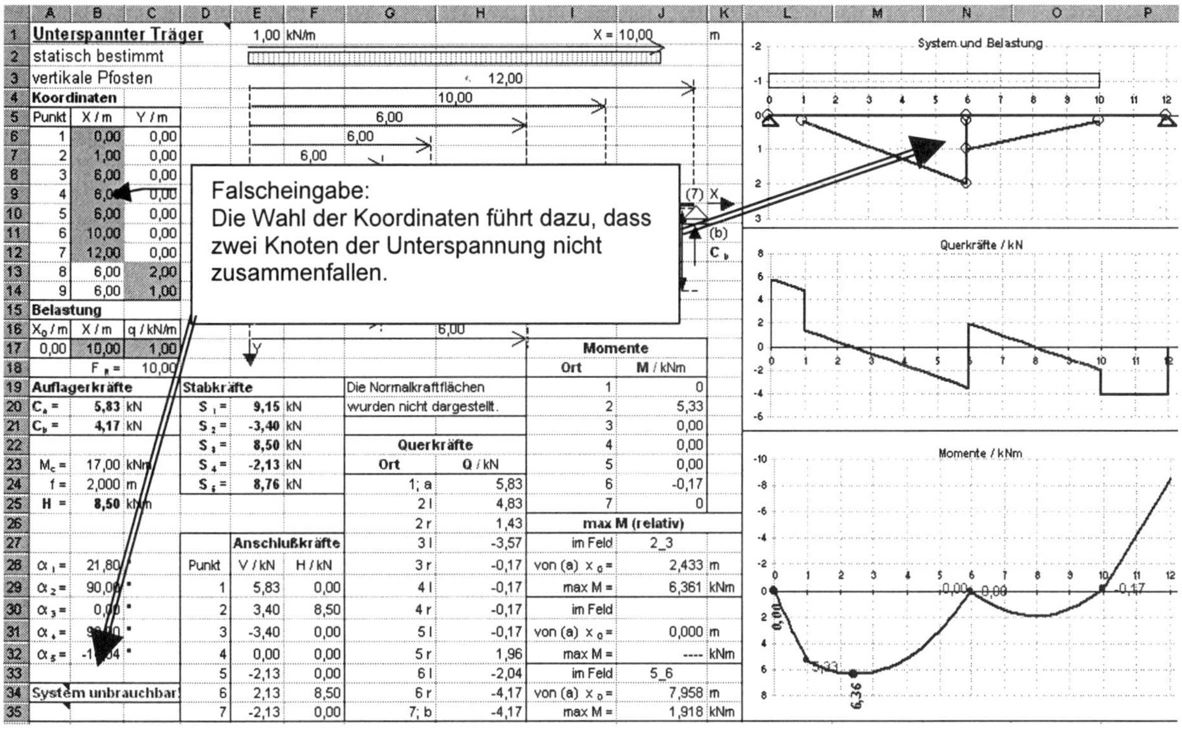


BILD 7-10 Falscheingabe: Die Unterspannung muss aus Pendelstäben bestehen.

## 7.2.2. Ablauf der Berechnung

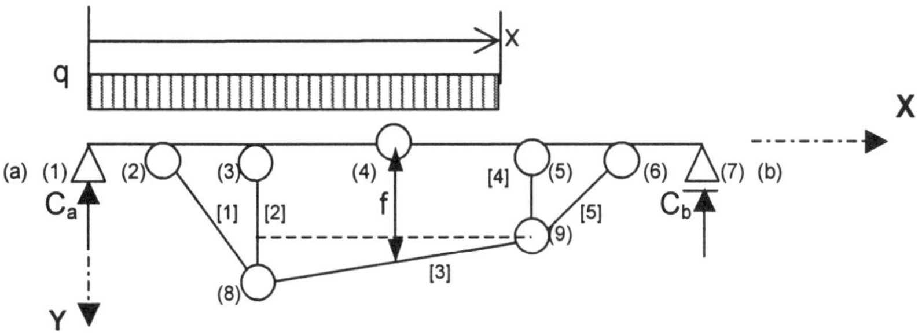


BILD 7-11 Gesamtsystem

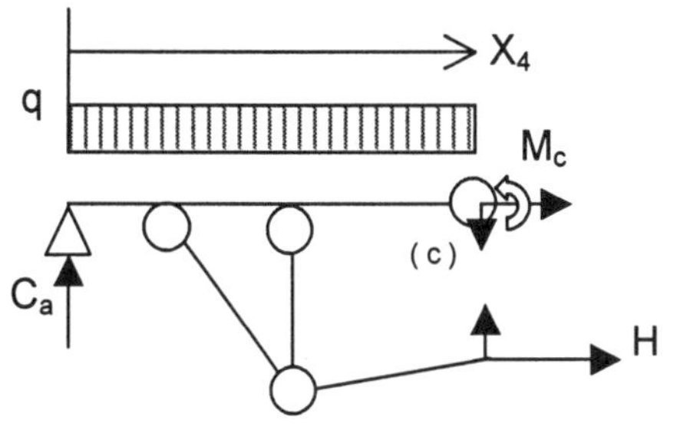


BILD 7-12 Teilsystem, links

Eingabe

| | | | |
|---|---|---|---|
| Koordinaten | $X_i$; $Y_i$ | i = 1 ... 9 | in m |
| Belastung | x | | Länge des Lastbandes in m, beginnend bei x = 0 |
| | q | | gleichmäßig verteilte Last in kN/m |

| | | | |
|---|---|---|---|
| **Geometriewerte** | | | |
| **Stabneigung der Unterspannung, siehe Bild 7-11** | | | |
| | | ZELLE | EXCEL-Notation |
| Stab 1 | $\alpha_1 = \arctan\frac{Y_8}{X_3 - X_2}$ | B28 | =ARCTAN((C13-C7)/(B13-B7))*180/PI() |
| Stab 2 | $\alpha_2 = 90^o$ | B29 | 90 |
| Stab 3 | $\alpha_3 = \arctan\frac{Y_8 - Y_9}{X_5 - X_3}$ | B30 | =WENN(B13<>B14; ARCTAN((C13-C14)/(B13-B14))*180/PI();0) |
| Stab 4 | $\alpha_4 = 90^o$ | B31 | 90 |
| Stab 5 | $\alpha_5 = \arctan\frac{Y_9}{X_6 - X_5}$ | B32 | =ARCTAN((C14-C11)/(B14-B11))*180/PI() |
| **Stichhöhe f, siehe Bild 7-11** | | | |
| | $f = Y_8 - (Y_9 - Y_8)\frac{X_4 - X_3}{X_5 - X_3}$ | B24 | =WENN(B13<>B14; C13+(C14-C13)/(B14-B13)*(B9-B13);C13) |
| **Resultierende der Gleichlast** | | | |
| | $F_R = q\,x$ | C18 | =C17*B17 |
| **Auflagerkräfte, siehe Bild 7-11** | | | |
| $\sum M_{(a)} = 0$ | $C_b = F_R \frac{x}{2\,X_7}$ | B21 | =C18*B17/2/B12 |
| $\sum V = 0$ | $C_a = F_R - C_b$ | B20 | =C18-B21 |
| **Stabkräfte der Unterspannung, siehe Bild 7-11 und Bild 7-12** | | | |
| $x \le X_4$ | $M_c = C_a\,X_4 - F_R\left(X_4 - \frac{x}{2}\right)$ | B23 | =WENN(B17<=B9;B20*B9-C18*(B9-B17/2); B20*B9-C17*B9*B9/2) |
| $x \ge X_4$ | $M_c = C_a\,X_4 - q\,X_4\frac{X_4}{2}$ | | |
| | $H = \frac{M_c}{f}$ | B25 | =B23/B24 |
| Stab1 | $S_1 = \frac{H}{\cos\alpha_1}$ | E20 | =B25/COS(B28*PI()/180) |
| Stab 2 | $S_2 = H(\tan\alpha_3 - \tan\alpha_1)$ | E21 | =B25*(TAN(B30*PI()/180)-TAN(B28*PI()/180)) |
| Stab 3 | $S_3 = \frac{H}{\cos\alpha_3}$ | E22 | =B25/COS(B30*PI()/180) |

| | | | |
|---|---|---|---|
| Stab 4 | $S_4 = H(\tan\alpha_5 - \tan\alpha_3)$ | E23 | =B25*(TAN(B32*PI()/180)-TAN(B30*PI()/180)) |
| Stab 5 | $S_5 = \dfrac{H}{\cos\alpha_5}$ | E24 | =B25/COS(B32*PI()/180) |
| Anschlusskräfte, siehe Bild 7-13 | | | |
| Punkt 1 | $V_1 = C_a$ | E29 | =B20 |
| | $H_1 = 0$ | F29 | 0 |
| Punkt 2 | $V_2 = S_1 \sin\alpha_1$ | E30 | =E20*SIN(B28*PI()/180) |
| | $H_2 = S_1 \cos\alpha_1 = H$ | F30 | =E20*COS(B28*PI()/180) |
| Punkt 3 | $V_3 = S_2$ | E31 | =E21 |
| | $H_3 = 0$ | F31 | 0 |
| Punkt 4 | $V_4 = 0$ | E32 | 0 |
| | $H_4 = 0$ | F32 | 0 |
| Punkt 5 | $V_5 = S_4$ | E33 | =E23 |
| | $H_5 = 0$ | F33 | 0 |
| Punkt 6 | $V_6 = S_5 \sin\alpha_5$ | E34 | =-E24*SIN(B32*PI()/180) |
| | $H_6 = S_5 \cos\alpha_5 = H$ | F34 | =E24*COS(B32*PI()/180) |
| Punkt 7 | $V_7 = C_b$ | E35 | =E23 |
| | $H_7 = 0$ | F35 | 0 |

TABELLE 7-1) Ermittlung geometrischer und statischer Größen

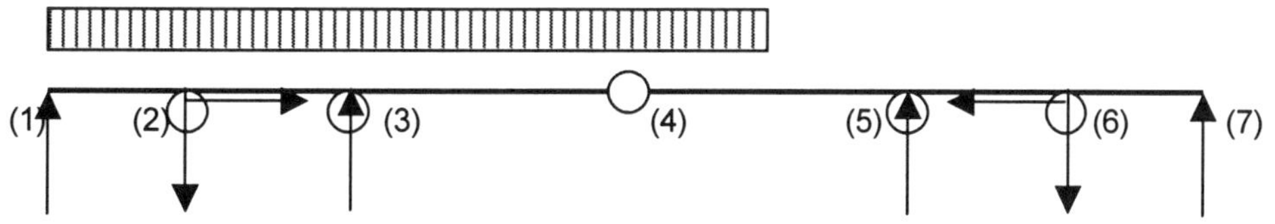


BILD 7-13 Am Biegeträger angreifende äußere Kräfte

Die Berechnung der Schnittreaktionen an den Kraftangriffspunkten wurde bereits ausreichend erörtert. Es ergeben sich

- die Querkräfte im Bereich H24:H35,
- die Momente im Bereich J19:J25.

Je nach Konfiguration des Tragsystems und Länge des Belastungsbandes können sich in den Feldern relative Extremwerte der Momente max M ausbilden.

Die Berechnung liegt unter der Grafik und hat folgende Gestalt, Bild 7-14.

| | L | M | N | O | P |
|---|---|---|---|---|---|
| 29 | | | | | |
| 30 | | max M | | | |
| 31 | | Feld | X | ΔX | max M |
| 32 | | | 6,000 | 0,000 | 18,000 |
| 33 | | | -3,000 | -5,000 | 22,500 |
| 34 | | 3_5 | 6,000 | 2,000 | 0,000 |
| 35 | | | 15,000 | 7,000 | 22,500 |

BILD 7-14 Ermittlung von max M

Maßgebend sind nur die Werte max M für die in der Spalte M das zugehörige Feld angegeben ist, im Bild 7-14 das Feld 3_5, alle anderen Werte sind sinnlos.
Beispielhaft werden die EXCEL-Funktionen der Zeile 34 angegeben, Tabelle 7-2).

<table>
<tr><th>ZELLE</th><th>EXCEL-Funktion</th><th>Sachverhalt</th></tr>
<tr><td>M34</td><td>=WENN(UND(H28>0;H31<0);"3_5";"")</td><td>Erkennen der Querkraft-Nullstelle innerhalb eines Feldes

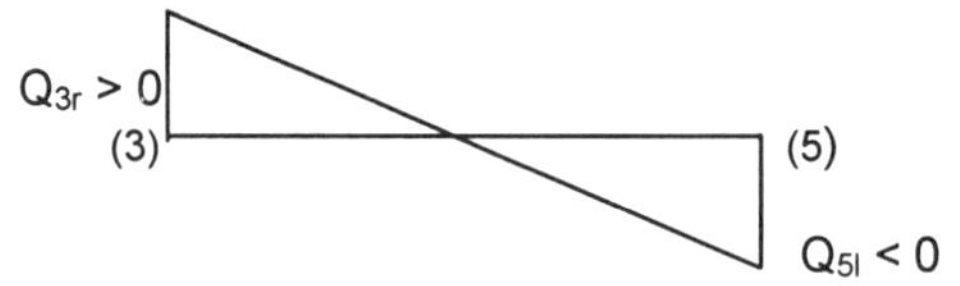


→ Im Feld 3_5 liegt eine Querkraft-Nullstelle</td></tr>
<tr><td>N34</td><td>=B8+H28/C17</td><td>Abstand der Querkraft-Nullstelle vom Trägeranfang (a)

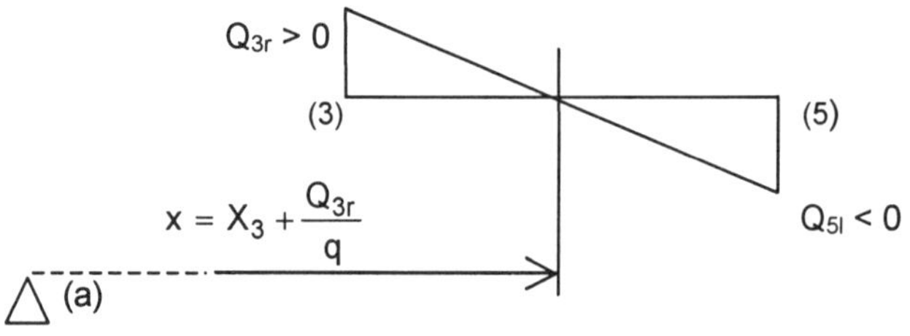
</td></tr>
<tr><td>O34</td><td>=N34-B8</td><td>Abstand der Querkraft-Nullstelle vom Punkt (3)

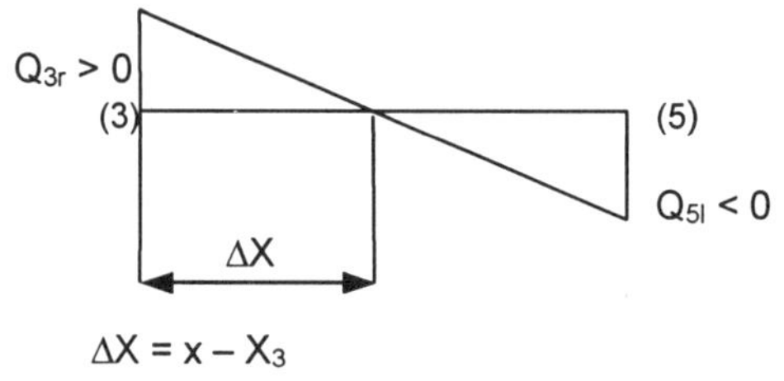
</td></tr>
<tr><td>P34</td><td>=J21+0,5*H28*O34</td><td>$\max M = M_3 + \frac{1}{2} Q_{3r}\, \Delta X$</td></tr>
</table>

TABELLE 7-2) EXCEL-Funktionen für max M

Die errechneten Werte werden in den Bereich J27:J35 des sichtbaren Tabellenblattes übertragen, Bild 7-15. Die errechneten Werte ergeben sich aus der Variante nach Bild 7-6.

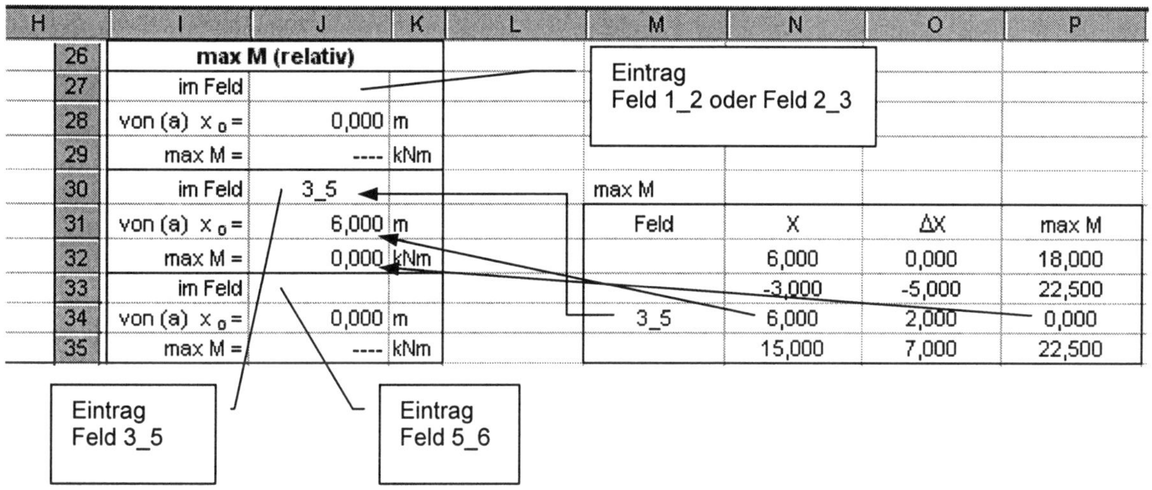


BILD 7-15 Übertragung der Werte max M

Die Übernahme der Daten sei für den Bereich J30:J32 vorgeführt; Tabelle 7-3).

| ZELLE | EXCEL-Funktion |
|---|---|
| J30 | =WENN(M34<>“”;M34;“”) |
| J31 | =WENN(J30<>"";SVERWEIS(J30;M32:P35;2;0);0) |
| J32 | =WENN(J30<>“”;SVERWEIS(J30;M32:P35;4;0);“----„) |

TABELLE 7-3) EXCEL-Funktionen zu Bild 7-15

### 7.2.3. Erzeugen der Skizzen

Darstellung des Systems und der Belastung

Im Bereich E1:K17 wurde mit dem Zeichnen-Editor eine feststehende Skizze erstellt. Sie dient der Definition der Knoten- und Stabnummern. Die Eingabewerte werden zur Kontrolle wiederholt. Auch der errechnete Geometriewert f wird eingetragen (H11), Bild 7-16.

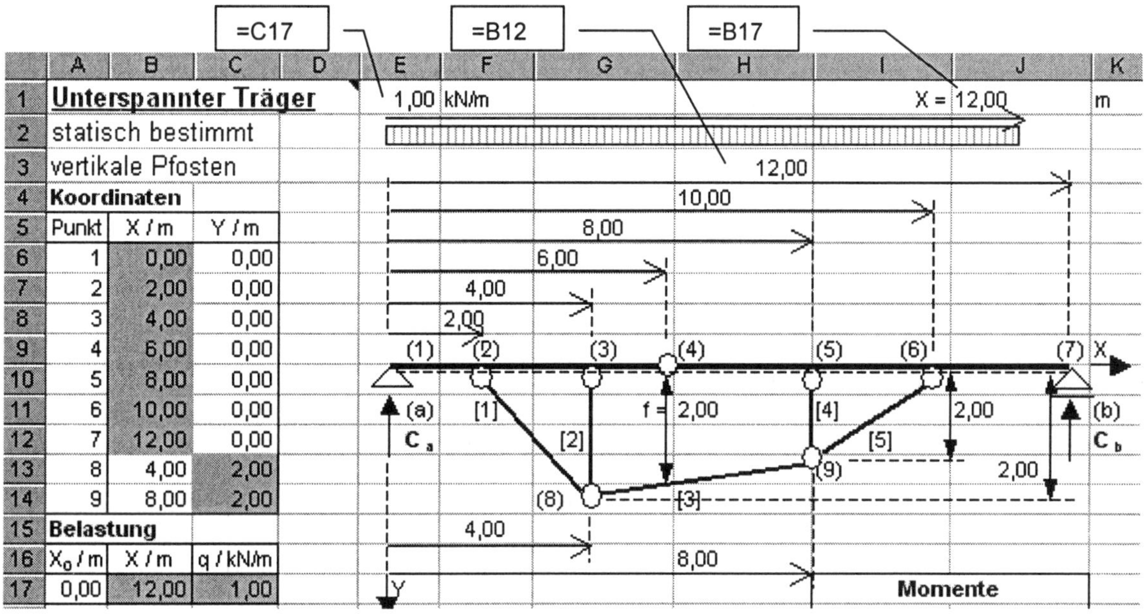


BILD 7-16 Skizze zur Kontrolle der Eingabewerte

Mit Hilfe des Diagramm-Assistenten entsteht daneben die grobmaßstäbliche Skizze, deren Geometrie sich den Eingabewerten anpasst, Bild 7-17.
Die Gelenke können auch über den Diagramm-Assistenten modelliert werden.
Beispiele für die Übertragung der Eingabedaten in die Tabelle der Hilfswerte, Tabelle 7-4).

| ZELLE | X | Y | | |
|---|---|---|---|---|
| S2 \| T2 | =B6 | =C6 | 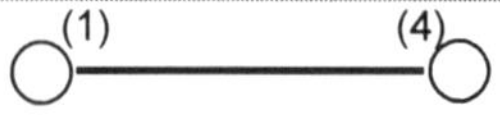 | biegesteifes Teilsystem, links |
| S3 \| T3 | =B9 | =C9 | | |
| S4 \| T4 | =B9 | =C9 | 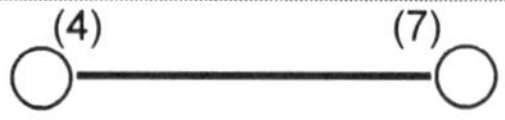 | biegesteifes Teilsystem, rechts |
| S5 \| T5 | =B12 | =C12 | | |
| | | | | |
| S6 \| T6 | =B7 | =C7+0,15 | 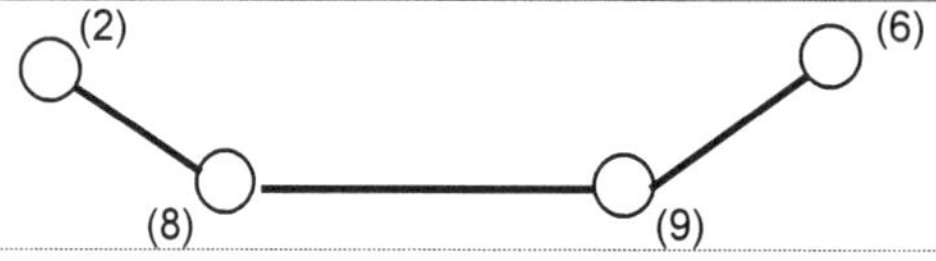 | Stabzug [1]-[3]-[5] |
| S7 \| T7 | =B13 | =C13 | | |
| S8 \| T8 | =B14 | =C14 | | |
| S9 \| T9 | =B11 | =C11+0,15 | | |

TABELLE 7-4) Erstellen der Systemskizze, Beispiele

| | A | B | C | D |
|---|---|---|---|---|
| 1 | **Unterspannter Träger** | | | |
| 2 | statisch bestimmt | | | |
| 3 | vertikale Pfosten | | | |
| 4 | **Koordinaten** | | | |
| 5 | Punkt | X / m | Y / m | |
| 6 | 1 | 0,00 | 0,00 | |
| 7 | 2 | 2,00 | 0,00 | |
| 8 | 3 | 4,00 | 0,00 | |
| 9 | 4 | 6,00 | 0,00 | |
| 10 | 5 | 8,00 | 0,00 | |
| 11 | 6 | 10,00 | 0,00 | |
| 12 | 7 | 12,00 | 0,00 | |
| 13 | 8 | 4,00 | 2,00 | |
| 14 | 9 | 8,00 | 2,00 | |
| 15 | **Belastung** | | | |
| 16 | $X_0$ / m | X / m | q / kN/m | |
| 17 | 0,00 | 12,00 | 1,00 | |

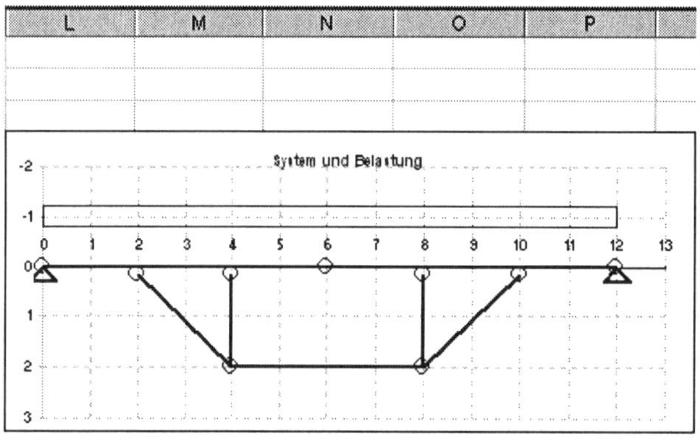


| | R | S | T |
|---|---|---|---|
| 1 | Skizze System | | |
| 2 | (1)...(4) | 0,00 | 0,00 |
| 3 | | 6,00 | 0,00 |
| 4 | (4)...(7) | 6,00 | 0,00 |
| 5 | | 12,00 | 0,00 |
| 6 | [1]-[3]-[5] | 2,00 | 0,15 |
| 7 | | 4,00 | 2,00 |
| 8 | | 8,00 | 2,00 |
| 9 | | 10,00 | 0,15 |
| 10 | [2] | 4,00 | 0,15 |
| 11 | | 4,00 | 2,00 |
| 12 | [4] | 8,00 | 0,15 |
| 13 | | 8,00 | 2,00 |
| 14 | Lager, l. | 0,00 | 0,00 |
| 15 | | -0,30 | 0,30 |
| 16 | | 0,30 | 0,30 |
| 17 | | 0,00 | 0,00 |
| 18 | Lager, r. | 12,00 | 0 |
| 19 | | 11,70 | 0,3 |
| 20 | | 12,30 | 0,3 |
| 21 | | 12,00 | 0 |
| 22 | | | |
| 23 | Skizze Belastung q | | |
| 24 | | 0 | -0,8 |
| 25 | | 12,00 | -0,8 |
| 26 | | 12,00 | -1,2 |
| 27 | | 0 | -1,2 |
| 28 | | 0 | -0,8 |

BILD 7-17 Hilfswerte für die Skizze „System und Belastung“

## Darstellung der Querkraft- und Momentenlinien

Das Ende der Belastung soll an einer beliebigen Stelle x innerhalb des Feldes (1) ...(7) liegen. Das trifft somit auch auf diese Unstetigkeitsstellen der Querkraft- und Momentenfunktion zu. Weitere Unstetigkeitsstellen liegen an den Angriffspunkten der Anschlusskräfte, die für das biegesteife Teilsystem äußere Kräfte sind.
Zweckmäßigerweise werden die Linien der Schnittreaktionen (Bild 7-18) getrennt für die einzelnen Felder (i) ...(j) erzeugt.
Je nach der Lage des Endpunkt x des Belastungsbandes liegt im Feld i_j vollständig oder nur teilweise ein Parabelast der Momentenlinie.

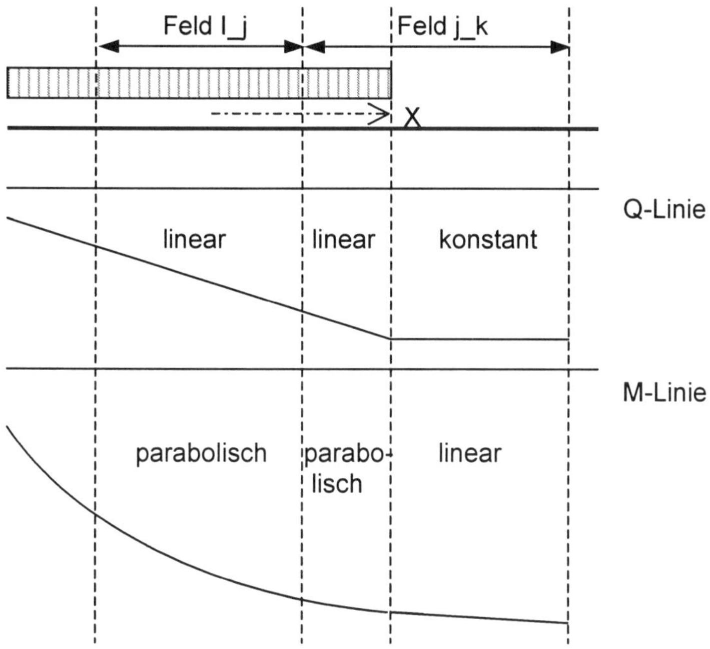


BILD 7-18 Formen der Schnittkraftlinien

In den Bereichen des parabolischen Momentenverlaufes erfolgt eine äquidistante Teilung, so dass für jedes beliebige X der Länge des Belastungsbandes die Momentenlinie gezeichnet werden kann.

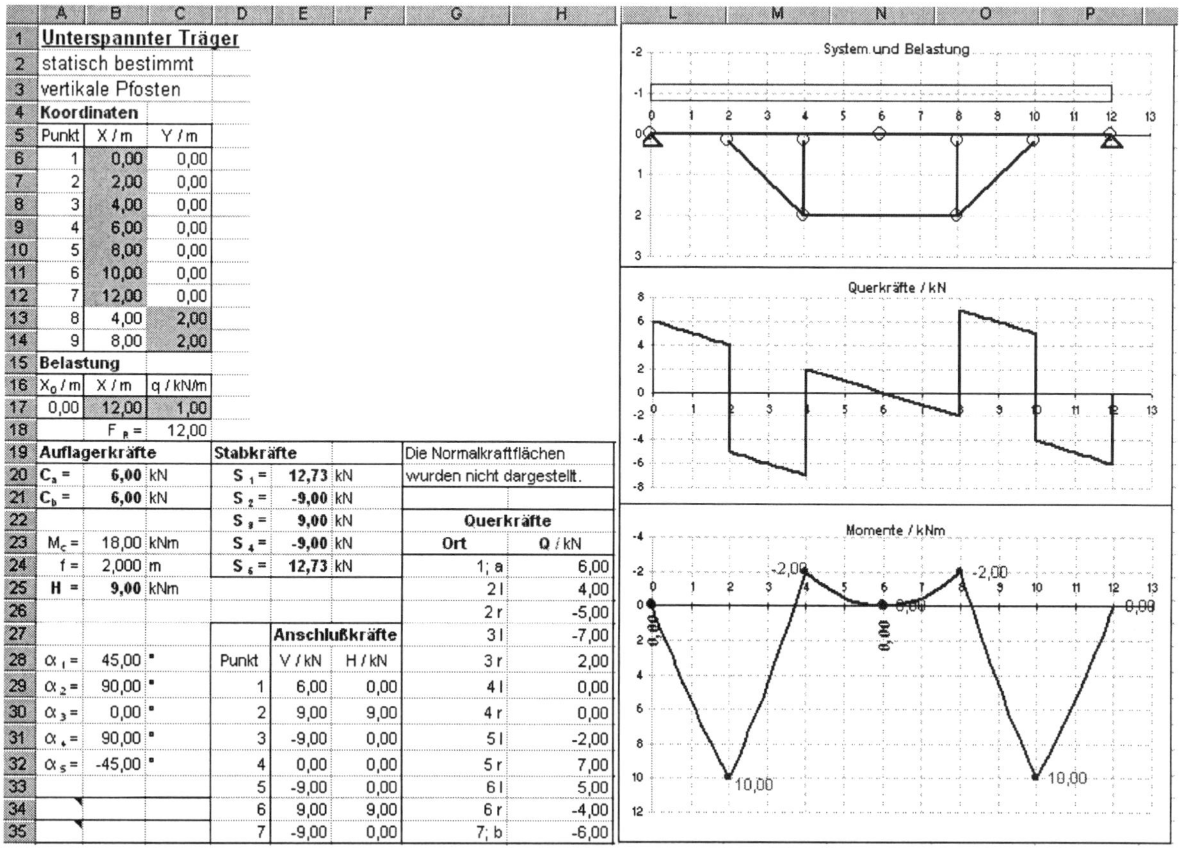

**Unterspannter Träger**
statisch bestimmt
vertikale Pfosten

**Koordinaten**

| Punkt | X / m | Y / m |
|---|---|---|
| 1 | 0,00 | 0,00 |
| 2 | 2,00 | 0,00 |
| 3 | 4,00 | 0,00 |
| 4 | 6,00 | 0,00 |
| 5 | 8,00 | 0,00 |
| 6 | 10,00 | 0,00 |
| 7 | 12,00 | 0,00 |
| 8 | 4,00 | 2,00 |
| 9 | 8,00 | 2,00 |

**Belastung**

| $X_0$ / m | X / m | q / kN/m |
|---|---|---|
| 0,00 | 12,00 | 1,00 |
| | $F_R$ = | 12,00 |

| **Auflagerkräfte** | | | **Stabkräfte** | | |
|---|---|---|---|---|---|
| $C_a$ = | **6,00** | kN | $S_1$ = | **12,73** | kN |
| $C_b$ = | **6,00** | kN | $S_2$ = | **-9,00** | kN |
| | | | $S_3$ = | **9,00** | kN |
| $M_c$ = | 18,00 | kNm | $S_4$ = | **-9,00** | kN |
| f = | 2,000 | m | $S_5$ = | **12,73** | kN |
| **H** = | **9,00** | kNm | | | |
| $\alpha_1$ = | 45,00 | ° | | | |
| $\alpha_2$ = | 90,00 | ° | | | |
| $\alpha_3$ = | 0,00 | ° | | | |
| $\alpha_4$ = | 90,00 | ° | | | |
| $\alpha_5$ = | -45,00 | ° | | | |

**Anschlußkräfte**

| Punkt | V / kN | H / kN |
|---|---|---|
| 1 | 6,00 | 0,00 |
| 2 | 9,00 | 9,00 |
| 3 | -9,00 | 0,00 |
| 4 | 0,00 | 0,00 |
| 5 | -9,00 | 0,00 |
| 6 | 9,00 | 9,00 |
| 7 | -9,00 | 0,00 |

Die Normalkraftflächen wurden nicht dargestellt.

**Querkräfte**

| Ort | Q / kN |
|---|---|
| 1; a | 6,00 |
| 2 l | 4,00 |
| 2 r | -5,00 |
| 3 l | -7,00 |
| 3 r | 2,00 |
| 4 l | 0,00 |
| 4 r | 0,00 |
| 5 l | -2,00 |
| 5 r | 7,00 |
| 6 l | 5,00 |
| 6 r | -4,00 |
| 7; b | -6,00 |



BILD 7-19 Linien der Schnittreaktionen

| | U | V | W | X | Y | Z | AA | AB | AC | AD | AE | AF | AG | AH |
|---|---|---|---|---|---|---|---|---|---|---|---|---|---|---|
| 1 | Skizzen Q u. M | Zähler | | 0 | 1 | 2 | 3 | 4 | 5 | 6 | 7 | 8 | 9 | 10 |
| 2 | | **1_2** | | | | | | | | | | | | |
| 3 | | 1...X | 0,00 | 0,00 | 0,20 | 0,40 | 0,60 | 0,80 | 1,00 | 1,20 | 1,40 | 1,60 | 1,80 | 2,00 |
| 4 | | **Q** | 0,00 | 6,00 | 5,80 | 5,60 | 5,40 | 5,20 | 5,00 | 4,80 | 4,60 | 4,40 | 4,20 | 4,00 |
| 5 | | **M** | 0,00 | 0,00 | 1,18 | 2,32 | 3,42 | 4,48 | 5,50 | 6,48 | 7,42 | 8,32 | 9,18 | 10,00 |
| 6 | | X...2; 1_2 | | 2,00 | 2,00 | 2,00 | | | | | | | | |
| 7 | | **Q** | | 4,00 | 4,00 | -5,00 | | | | | | | | |
| 8 | | **M** | | 10,00 | 10,00 | | | | | | | | | |
| 9 | | **2_3** | | | | | | | | | | | | |
| 10 | | 2...X | | 2,00 | 2,20 | 2,40 | 2,60 | 2,80 | 3,00 | 3,20 | 3,40 | 3,60 | 3,80 | 4,00 |
| 11 | | **Q** | | -5,00 | -5,20 | -5,40 | -5,60 | -5,80 | -6,00 | -6,20 | -6,40 | -6,60 | -6,80 | -7,00 |
| 12 | | **M** | | 10,00 | 8,98 | 7,92 | 6,82 | 5,68 | 4,50 | 3,28 | 2,02 | 0,72 | -0,62 | -2,00 |
| 13 | | X...3; 2_3 | | 4,00 | 4,00 | 4,00 | | | | | | | | |
| 14 | | **Q** | | -7,00 | -7,00 | 2,00 | | | | | | | | |
| 15 | | **M** | | -2,00 | -2,00 | | | | | | | | | |
| 16 | | **3_5** | | | | | | | | | | | | |
| 17 | | 3...X | | 4,00 | 4,40 | 4,80 | 5,20 | 5,60 | 6,00 | 6,40 | 6,80 | 7,20 | 7,60 | 8,00 |
| 18 | | **Q** | | 2,00 | 1,60 | 1,20 | 0,80 | 0,40 | 0,00 | -0,40 | -0,80 | -1,20 | -1,60 | -2,00 |
| 19 | | **M** | | -2,00 | -1,28 | -0,72 | -0,32 | -0,08 | 0,00 | -0,08 | -0,32 | -0,72 | -1,28 | -2,00 |
| 20 | | X...5; 3_5 | | 8,00 | 8,00 | 8,00 | | | | | | | | |
| 21 | | **Q** | | -2,00 | -2,00 | 7,00 | | | | | | | | |
| 22 | | **M** | | -2,00 | -2,00 | | | | | | | | | |

BILD 7-20 Tabelle der Hilfswerte zur Darstellung der Q- und M-Linie, Bild 7-19

Wir betrachten beispielhaft nach Bild 7-20 das Feld 2_3.
Die Werte der Zeile 2..X sind gültig, wenn die Belastung nur teilweise das Feld überstreicht. In diesem Falle ist die Reststrecke X ... 3 lastfrei. Ist das gesamte Feld 2 ... 3 lastfrei, gelten die gleichen Ansätze wie für die Teilstrecke X ... 3.
Die Werte aus der äquidistanten Teilung in der Teilstrecke 2 ... X für Q (Gerade) werden deshalb bestimmt, um aus diesen die M-Werte (Parabel) abzuleiten.

Somit ergeben sich die EXCEL-Funktionen nach Tabelle 7-5).

| **ZELLE** | **EXCEL-Funktion** | | |
|---|---|---|---|
| Strecke 2 ...X | Zuordnung des Feldes<br>(2)__________(3) | X-Koordinate eines Teilpunktes des Feldes 2_3<br>Variante:<br>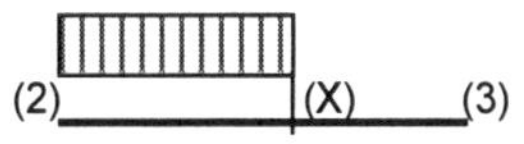 | Variante:<br>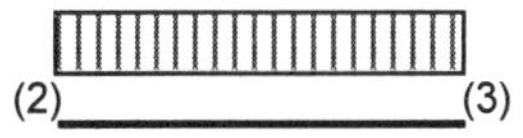 |
| X10 | =WENN(UND($B$17>=$B$7;$B$17<=$B$8);$B$7+($B$17-$B$7)/10*X1;$B$7+($B$8-$B$7)/10*X1) | | |
| | | | |
| | | Querkraft | |
| | | an einem 10tel Punkt des Bereiches (2) ... (X) | an einem 10-tel Punkt des Bereiches (2) ... (3);<br>für q = 0:<br>$Q_{2r} = Q_{3l}$ |
| | | Das Belastungsband endet im Feld (2) ... (3). | Das Belastungsband endet hinter (3);<br>vor (2). |
| X11 | =WENN(UND($B$17>=$B$7;$B$17<=$B$8); | $Z$7-$C$17*($B$17-$B$7)/10*X1; | WENN($B$17>=$B$8;$Z$7-$C$17*($B$8-$B$7)/10*X1;$Z$7)) |
| | | | |
| | | Moment | |
| | | am Punkt (2) | |
| X12 | | =Y8 | |
| | | am Punkt (X),<br>auch am Punkt (3) | |
| Y12 | | =X12+0,5*(X11+Y11)<br>*(Y10-X10) | |

| Strecke X...3; 2_3 | | X-Koordinate | | |
|---|---|---|---|---|
| | | Punkt (X) | Punkt (3) | Punkt (3) |
| X13 | | =AH10 | | |
| Y13 | | | =B8 | |
| Z13 | | | | =Y13 |
| | | | | |
| | | Querkraft | | |
| | | $Q_X$ | $Q_{3l}$ | $Q_{3r}$ |
| X14 | | =AH11 | | |
| Y14 | | | =H27 | |
| Z14 | | | | =H28 |
| | | | | |
| | | Moment | | |
| | | $M_x$ | $M_3$ | |
| X15 | | =AH12 | | |
| Y15 | | | =X15+0,5*(X14+Y14)*(Y13-X13) | |

TABELLE 7-5) EXCEL-Funktionen der Schnittkraftlinien des Feldes (2) ... (3)

# 8 Seile

## 8.1 Definitionen und Übersicht

In diesem Kapitel wird das dehnstarre, biegeweiche Seil betrachtet, das unter einer gleichmäßig verteilten Vertikalbelastung über die gesamte Seillänge beansprucht sein soll. Die Bilder 8-1 und 8-2 zeigen die Definitionen der geometrischen und statischen Größen.

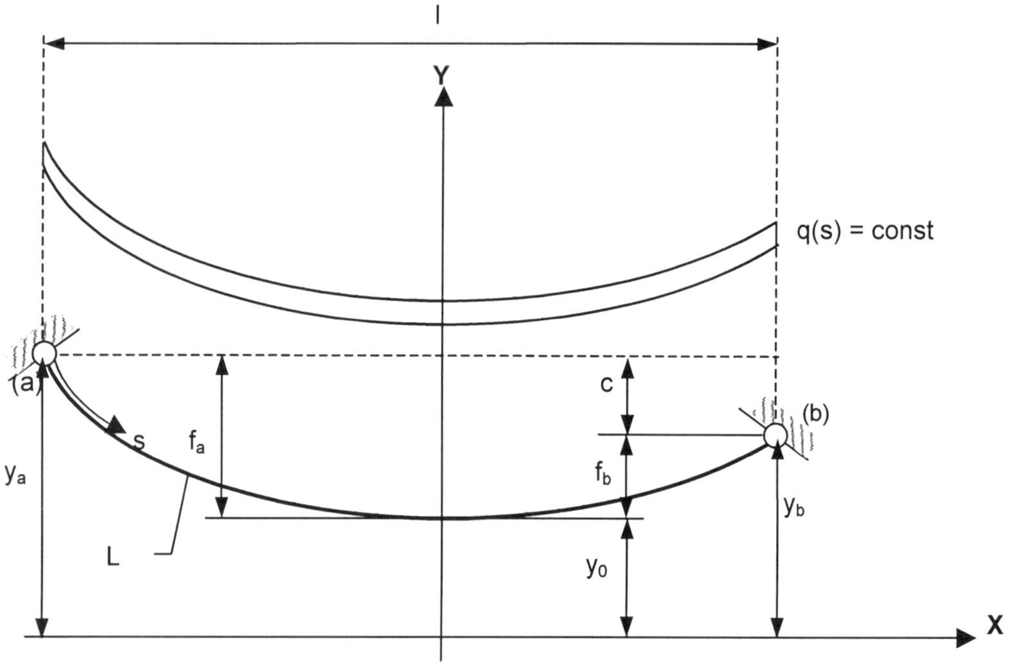


- l Spannweite
- L Seillänge
- c Höhendifferenz der Aufhängepunkte
- f Durchhang

BILD 8-1 Definition der geometrischen Größen

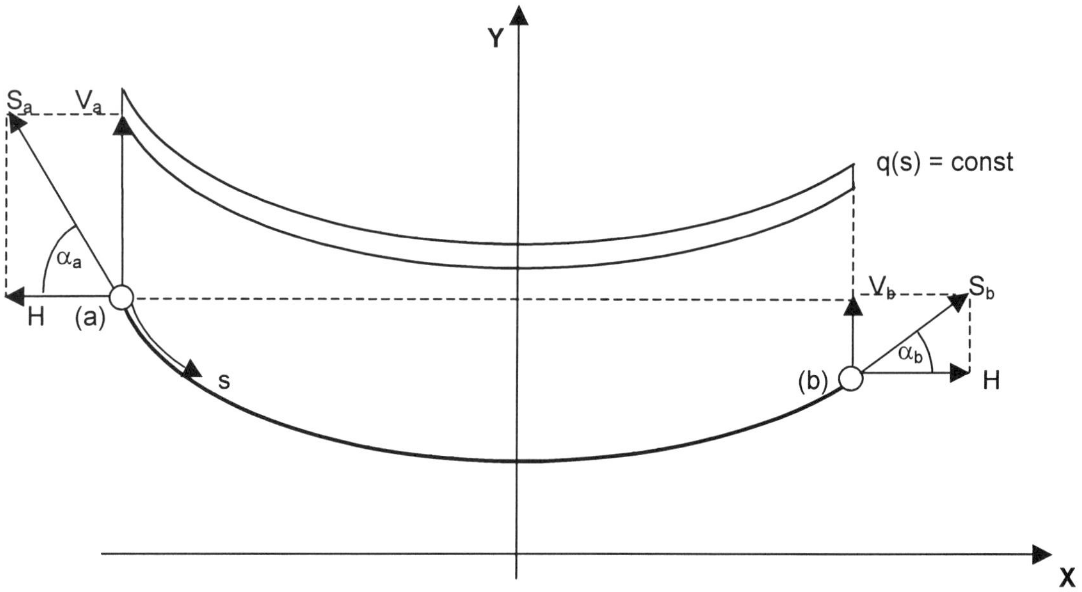


BILD 8-2 Definition der statischen Größen

Unter diesen Voraussetzungen treten im Seil ausschließlich Normalkräfte, die Seilkräfte auf. Sie haben im Aufhängepunkt den Maximalwert, während das Minimum der Seilkraft im Tiefpunkt der Seillinie liegt. Die Horizontalkomponente der Seilkraft ist über die gesamte Seillänge konstant.

Für den Sonderfall "Aufhängepunkte in gleicher Höhe", also c = 0, Bild 8-3, ergeben sich folgende Aufgabentypen, Tabelle 8-1).

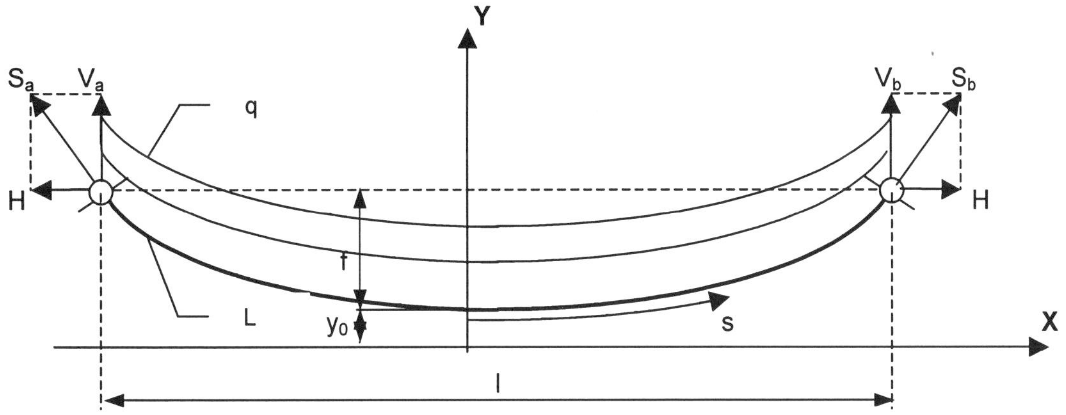


BILD 8-3 Spezialfall: Auflager in gleicher Höhe

| **Aufgabe:** | 1 | 2 | 3 |
|---|---|---|---|
| | | | |
| **Gegeben** | c = 0 ➔ Aufhängepunkte in gleicher Höhe | | |
| | q ➔ gleichmäßig verteilte Vertikalbelastung (z. B. Eigenlast) | | |
| | Spannweite | Spannweite | Durchhang |
| | Seillänge | Durchhang | Seillänge |
| | | | |
| **Gesucht** | Durchhang | Seillänge | Spannweite |
| | H = const ➔ Horizontalkomponente der Seilkraft | | |
| | $V_a = V_b$ ➔ Vertikalkomponente der Seilkraft am Auflager (Maximalwert) | | |
| | $S_a = S_b$ ➔ Seilkraft am Auflager (Maximalwert) | | |

TABELLE 8-1) Aufgabentypen für c = 0

Die Berechnung wird naturgemäß aufwendiger für den Fall $c \neq 0$. Vom Grundsatz liegen die gleichen Aufgabentypen, wie in der Tabelle 8-1) aufgeführt vor, Tabelle 8-2).

| **Aufgabe:** | 1 | 2 | 3 |
|---|---|---|---|
| | | | |
| **Gegeben** | $c \neq 0$ ➔ Aufhängepunkte in ungleicher Höhe | | |
| | q ➔ gleichmäßig verteilte Vertikalbelastung (z. B. Eigenlast) | | |
| | Spannweite | Spannweite | Seillänge |
| | Seillänge | Durchhang $f_a$ | Durchhang $f_a$ |
| | | | |
| **Gesucht** | Durchhang $f_a$ | Durchhang $f_b$ | Durchhang $f_b$ |
| | Durchhang $f_b$ | Seillänge | Spannweite |
| | H = const ➔ Horizontalkomponente der Seilkraft | | |
| | $V_a \neq V_b$ ➔ Vertikalkomponente der Seilkraft am Auflager | | |
| | $S_a \neq S_b$ ➔ Seilkraft am Auflager | | |

TABELLE 8-2) Aufgabentypen für $c \neq 0$

## 8.2 Seil mit Aufhängepunkten in gleicher Höhe

### 8.2.1. Die Lösungsansätze

Die Lösung der Differentialgleichung der Seilkurve unter der Voraussetzung der konstanten Vertikalbelastung

$$q(s) = q = \text{const}$$

führt bei Beachtung der Lage des Koordinatensystems nach Bild 8-3 zur Gleichung der Seilkurve 8-(1)

$$y = y_0 \cosh \frac{1}{y_0} x \qquad 8\text{-}(1)$$

mit $y_0 = \frac{H}{q}$ . 8-(2)

Aus 8-(2) folgt $H = y_0 q$ . 8-(3)

Die Seillänge ergibt sich zu $L = 2 y_0 \sinh \frac{l}{2 y_0}$ . 8-(4)

und der Durchhang zu $f = y_0 \left( \cosh \frac{l}{2H} - 1 \right)$ . 8-(5)

Vertikalkomponente der Seilkraft an der Stelle x:

$$V(x) = H \sinh \frac{1}{y_0} x \qquad 8\text{-}(6)$$

Vertikalkomponente der Seilkraft am Auflager:

$$V\left(\frac{l}{2}\right) = \frac{1}{2} q L \qquad 8\text{-}(7)$$

Seilkraft an der Stelle x: $S(x) = q y$ 8-(8)

Seilkraft am Auflager: $\max S = H + q f$ 8-(9)

Winkel zur Horizontalen: $\alpha = \arctan \frac{L}{2 y_0}$ 8-(10)

### 8.2.2. Aufgabentyp 1: gegeben q; L; l

Gesucht: Durchhang f
maximale Seilkraft $S_a = S_b$

Da L und l gegeben sind, ist 8-(4) die Ausgangsgleichung:

$$L = 2 y_0 \sinh \frac{l}{2 y_0}$$

Bestimme $y_0$ über eine Iteration, da Gleichungen dieses Typs explizit nicht nach $y_0$ auflösbar sind.

Iterationsformel: $$a_{n+1} = \frac{a_n^2}{\sinh(\lambda a_n)} \qquad 8\text{-}(11)$$

wobei $$\frac{l}{L} = \lambda < 1 \qquad 8\text{-}(12)$$

$$\frac{L}{2y_0} = a \qquad 8\text{-}(13)$$

Die Iteration ist im Kapitel 1.6 erläutert.

Aus 8-(13) folgt

$$y_0 = \frac{L}{2a}$$

8-(3): $H = y_0 q$

8-(1): $y(x) = y_0 \cosh \frac{1}{y_0} x$

aus 8-(1): $$y\left(\frac{l}{2}\right) = y_0 \cosh \frac{l}{2y_0} \qquad 8\text{-}(14)$$

Durchhang: $$f = y\left(\frac{l}{2}\right) - y_0 \qquad 8\text{-}(15)$$

Vertikalkomponente der Seilkraft am Auflager:

8-(7): $V\left(\frac{l}{2}\right) = \frac{L}{2} q$

maximale Seilkraft:

8-(9): $S_a = H + qf$

## Beachte:

Es ist eine Eingabekontrolle einzuarbeiten.
Bedingung: $L > l$

Bild 8-4 gibt die EXCEL-Notationen zu den oben angegebenen Funktionen an, Bild 8-5 zeigt die eingeblendeten Kommentare.

Das vollständige Lösungsblatt enthält Bild 8-6.

## Beachte:

Für das Aufstellen der Wertetabelle zum Zeichnen der Seilkurve wurde die Gleichung der Seilkurve

(1) $y = y_0 \cosh \frac{1}{y_0} x$

durch Verschieben des Koordinatensystems abgewandelt in

$$y = y_0 \left( \cosh \frac{1}{y_0} x - 1 \right).$$

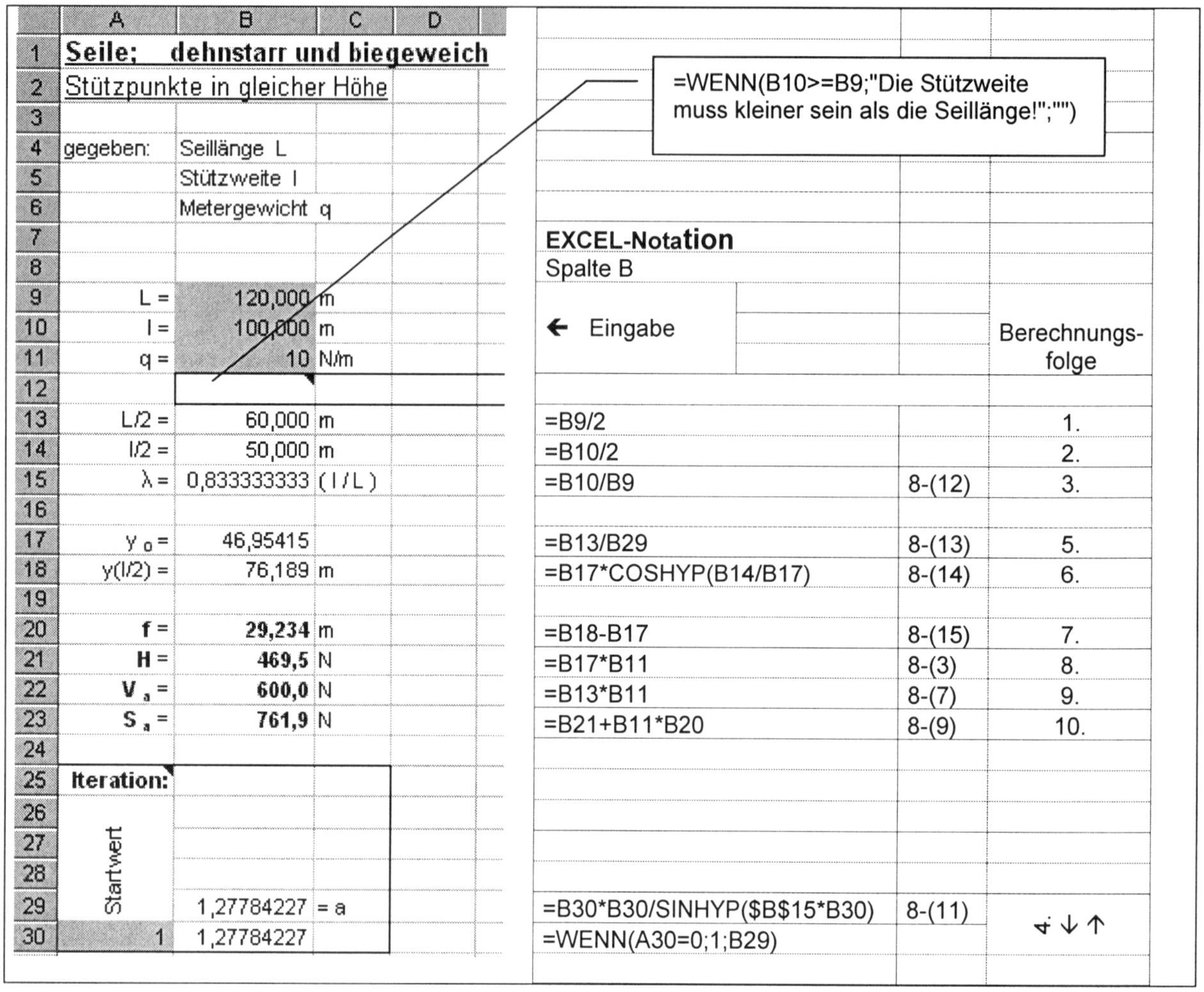

| Zeile | A | B | C | Spalte B (EXCEL-Notation) | | Berechnungsfolge |
|---|---|---|---|---|---|---|
| 1 | **Seile; dehnstarr und biegeweich** | | | | | |
| 2 | Stützpunkte in gleicher Höhe | | | =WENN(B10>=B9;"Die Stützweite muss kleiner sein als die Seillänge!";"") | | |
| 3 | | | | | | |
| 4 | gegeben: | Seillänge L | | | | |
| 5 | | Stützweite l | | | | |
| 6 | | Metergewicht q | | | | |
| 7 | | | | **EXCEL-Notation** | | |
| 8 | | | | Spalte B | | |
| 9 | L = | 120,000 | m | ← Eingabe | | Berechnungs-folge |
| 10 | l = | 100,000 | m | | | |
| 11 | q = | 10 | N/m | | | |
| 12 | | | | | | |
| 13 | L/2 = | 60,000 | m | =B9/2 | | 1. |
| 14 | l/2 = | 50,000 | m | =B10/2 | | 2. |
| 15 | λ = | 0,833333333 | ( l / L ) | =B10/B9 | 8-(12) | 3. |
| 16 | | | | | | |
| 17 | $y_o$ = | 46,95415 | | =B13/B29 | 8-(13) | 5. |
| 18 | y(l/2) = | 76,189 | m | =B17*COSHYP(B14/B17) | 8-(14) | 6. |
| 19 | | | | | | |
| 20 | **f =** | **29,234** | m | =B18-B17 | 8-(15) | 7. |
| 21 | **H =** | **469,5** | N | =B17*B11 | 8-(3) | 8. |
| 22 | **$V_a$ =** | **600,0** | N | =B13*B11 | 8-(7) | 9. |
| 23 | **$S_a$ =** | **761,9** | N | =B21+B11*B20 | 8-(9) | 10. |
| 24 | | | | | | |
| 25 | **Iteration:** | | | | | |
| 26–28 | Startwert | | | | | |
| 29 | | 1,27784227 | = a | =B30*B30/SINHYP($B$15*B30) | 8-(11) | 4. ↓ ↑ |
| 30 | 1 | 1,27784227 | | =WENN(A30=0;1;B29) | | |

BILD 8-4 Teil des Lösungsblatt und Ablauf der Berechnung

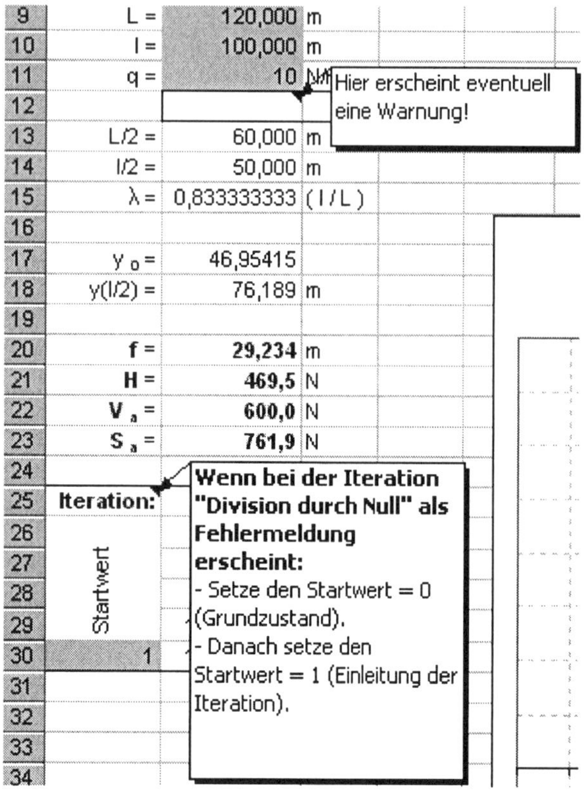

| Zeile | A | B | C |
|---|---|---|---|
| 9 | L = | 120,000 | m |
| 10 | l = | 100,000 | m |
| 11 | q = | 10 | N/m |
| 12 | | | |
| 13 | L/2 = | 60,000 | m |
| 14 | l/2 = | 50,000 | m |
| 15 | λ = | 0,833333333 | ( l / L ) |
| 16 | | | |
| 17 | $y_o$ = | 46,95415 | |
| 18 | y(l/2) = | 76,189 | m |
| 19 | | | |
| 20 | **f =** | **29,234** | m |
| 21 | **H =** | **469,5** | N |
| 22 | **$V_a$ =** | **600,0** | N |
| 23 | **$S_a$ =** | **761,9** | N |
| 24 | | | |
| 25 | **Iteration:** | | |
| 26–29 | Startwert | | |
| 30 | 1 | | |
| 31–34 | | | |



BILD 8-5 zu Bild 8-4: Inhalt der Kommentare

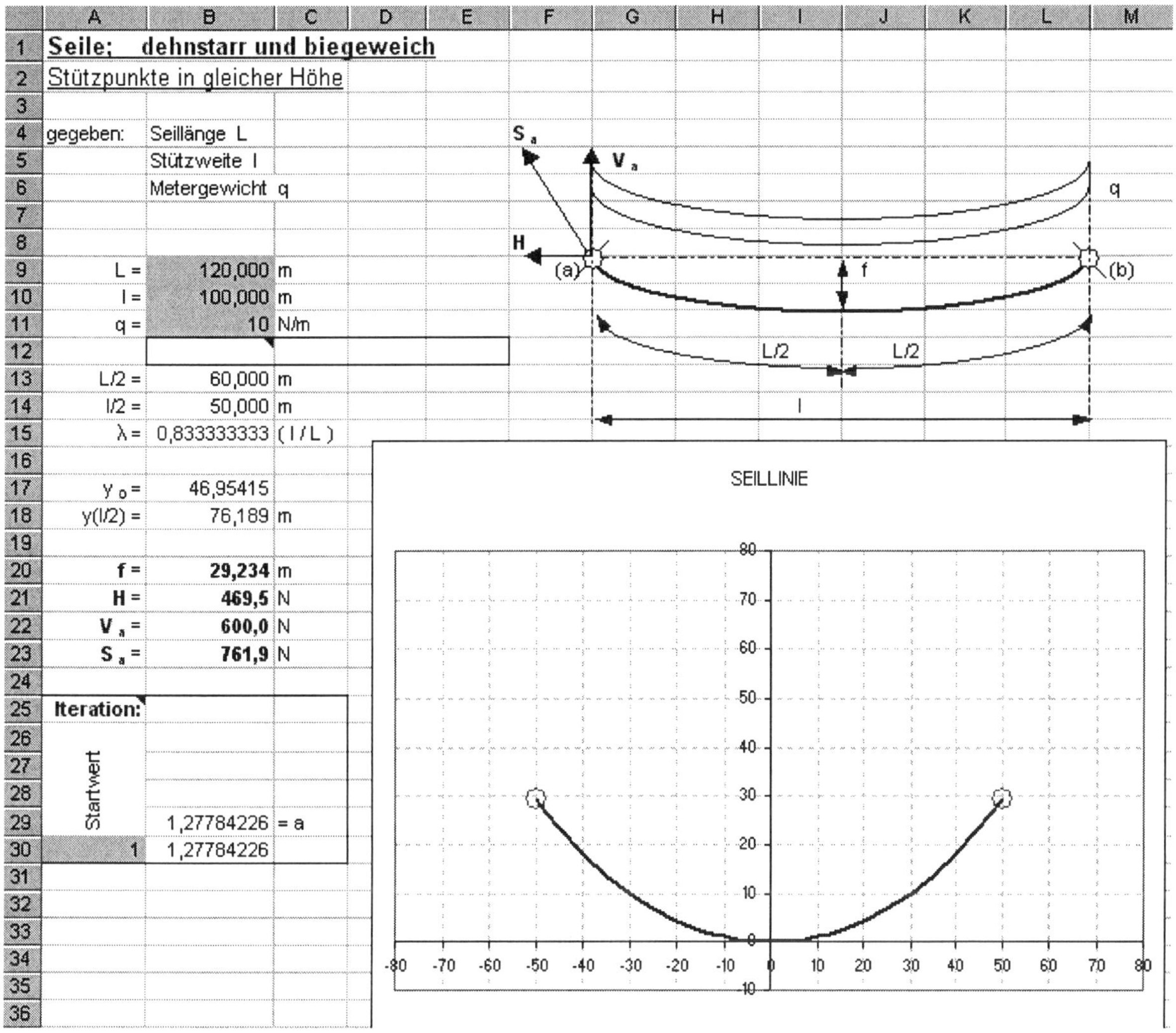


BILD 8-6 Das Lösungsblatt

## 8.2.3. Aufgabentyp 2: gegeben q; l, f

Gesucht: Seillänge L
maximale Seilkraft $S_a = S_b$

8-(1): $$y = y_0 \cosh \frac{1}{y_0} x$$

Für die Stelle $x = \frac{l}{2}$ gilt

$$y_0 + f = y_0 \cosh \frac{l}{2 y_0}$$

Folgt $$\frac{y_0 + f}{y_0} = \cosh \frac{l}{2 y_0}$$

$$1 + \frac{f}{y_0} = \cosh \frac{l}{2 y_0}$$

$$\frac{f}{y_0} = \cosh \frac{l}{2 y_0} - 1$$

| | A | B | C | D | EXCEL-Notation | | |
|---|---|---|---|---|---|---|---|
| 1 | **Seile: dehnstarr und biegeweich** | | | | | | |
| 2 | Stützpunkte in gleicher Höhe | | | | | | |
| 3 | | | | | | | |
| 4 | gegeben: | Stützweite l | | | | | |
| 5 | | Durchhang f | | | | | |
| 6 | | Metergewicht q | | | | | |
| 7 | | | | | **EXCEL-Notation** | | |
| 8 | | | | | Spalte B | | |
| 9 | l = | 100,000 | m | | | | |
| 10 | f = | 50,000 | m ⩾ 0 | | Eingabe | | |
| 11 | q = | 10 | N/m | | | | |
| 12 | | | | | =WENN(B10=0;"f = 0  ist nicht zugelassen!";"") | | |
| 13 | | | | | | | |
| 14 | l/2 = | 50,000 | m | | =B9/2 | | |
| 15 | ε = | 1 | ( 2 f / l ) | | =2*B10/B9 | 8-(17) | |
| 16 | | | | | | | |
| 17 | $y_0$ = | 30,93796 | | | =B14/B29 | 8-(19) | |
| 18 | L/2 = | 74,792 | m | | =B17*SINHYP(B14/B17) | 8-(4) | |
| 19 | | | | | | | |
| 20 | **L =** | **149,6** | m | | =2*B18 | | |
| 21 | **H =** | **309,4** | N | | =B17*B11 | 8-(3) | |
| 22 | **$V_a$ =** | **747,9** | N | | =B11*B18 | 8-(7) | |
| 23 | **$S_a$ =** | **809,4** | N | | =B21+B11*B10 | 8-(9) | |
| 24 | | | | | | | |
| 25 | **Iteration:** | | | | | | |
| 26 | Startwert | | | | | | |
| 27 | | | | | | | |
| 28 | | | | | | | |
| 29 | | 1,61613751 | = b | | =$B$15*B30*B30/(COSHYP(B30)-1) | 8-(16) | ↓↑ |
| 30 | 1 | 1,61613751 | | | =WENN(A30=0;1;B29) | | |
| 31 | | | | | | | |

BILD 8-7 Teil des Lösungsblattes und Ablauf der Berechnung

$$y_0 = \frac{f}{\cosh\frac{l}{2\,y_0} - 1}$$

$$\frac{2\,y_0}{l} = \frac{2\,f}{l\left(\cosh\frac{l}{2\,y_0} - 1\right)}$$

Iterationsformel: $$b_{n+1} = \frac{\varepsilon\, b_n^2}{\cosh b_n - 1}, \quad 8\text{-}(16)$$

wobei $$\frac{2\,f}{l} = \varepsilon \quad 8\text{-}(17)$$

$$\frac{l}{2\,y_0} = b \quad 8\text{-}(18)$$

Die Iteration ist im Kapitel 1.6 erläutert.

Aus 8-(18): $$y_0 = \frac{l}{2\,b} \quad 8\text{-}(19)$$

8-(4): $$L = 2\,y_0 \sinh\frac{l}{2\,y_0}$$

8-(3): $$H = y_0\, q$$

8-(7): $V_a = \frac{L}{2} q$

8-(9): $S_a = H + q f$

Beachte:

Der Fall f = 0 ist auszuschließen.

Das Lösungsblatt ist im Bild 8-8 dargestellt; Inhalt der Kommentare: siehe Bild 8-5

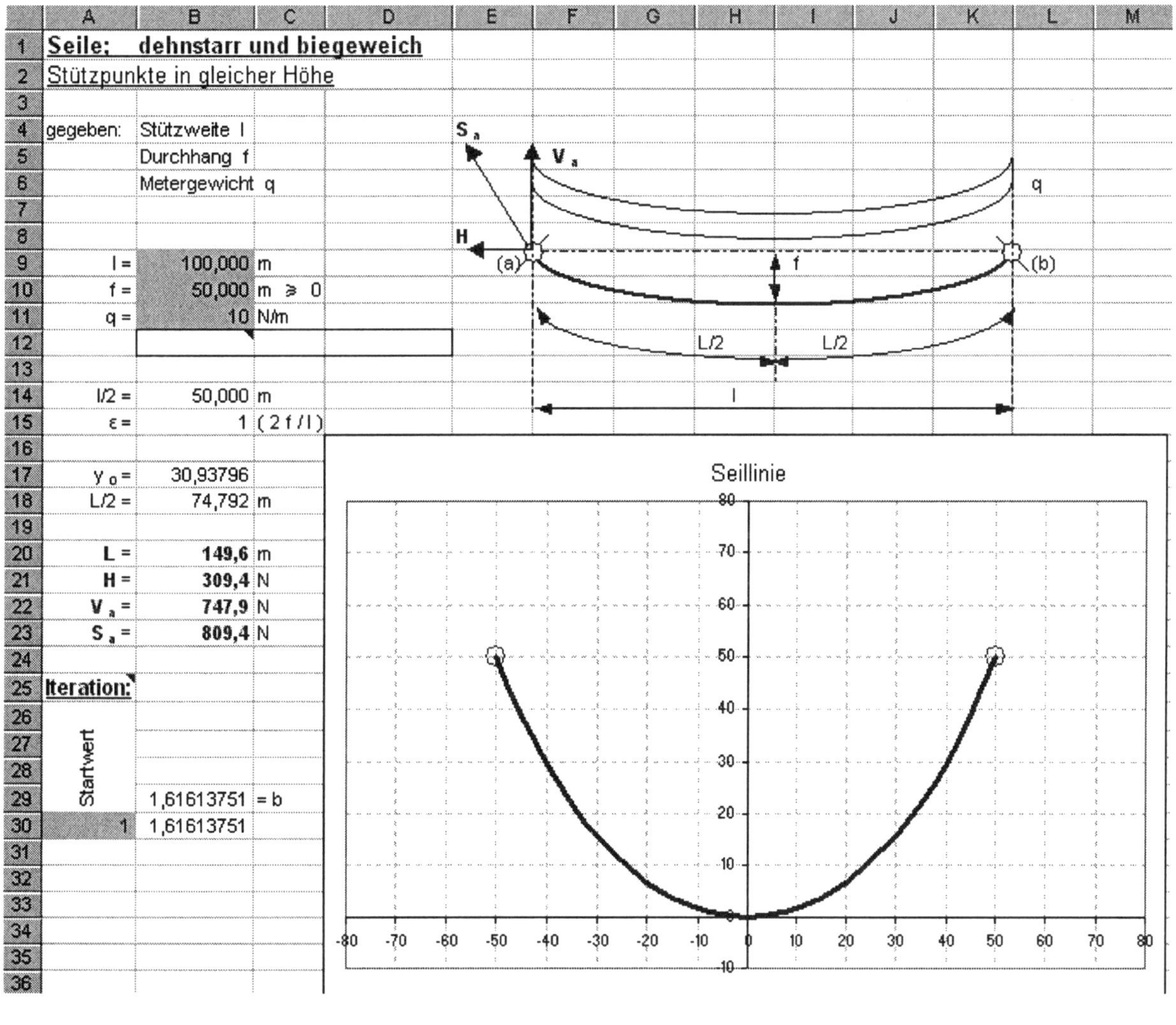


BILD 8-8 Das Lösungsblatt

## 8.2.4. Aufgabentyp 3: gegeben q; f; L

Gesucht: Spannweite l
maximale Seilkraft $S_a = S_b$

Für die Lösung dieses Typs der Aufgabenstellung wird kein Iterationsansatz benötigt.

8-(7): $V_a = \frac{L}{2} q$

8-(9): $S_a = H + q f$

Am Auflager, Bild 8-3, gilt:

$$H_a^2 = S_a^2 - V_a^2 \qquad \text{8-(20)}$$

Einsetzen von 8-(7) und 8-(9) führt zu

$$H = \frac{L^2 - 4f^2}{8f}\, q \qquad \text{8-(21)}$$

Spannweite:

8-(4): $L = 2\,y_0 \sinh \frac{l}{2\,y_0}$

$$\frac{l}{2\,y_0} = \operatorname{ar\,sinh} \frac{L}{2\,y_0}$$

Beachte: $\operatorname{ar\,sinh}\, x = \ln\left(x + \sqrt{x^2+1}\right)$

$$l = 2\,y_0 \ln\left[\frac{L}{2\,y_0} + \sqrt{\left(\frac{L}{2\,y_0}\right)^2 + 1}\right] \qquad \text{8-(22)}$$

Seilkraft am Aufhängepunkt

8-(9): $S_a = H + q f$

| | A | B | C | D | EXCEL-Notation | Gleichung | Berechnungsfolge |
|---|---|---|---|---|---|---|---|
| 1 | **Seile; dehnstarr und biegeweich** | | | | | | |
| 2 | Stützpunkte in gleicher Höhe | | | | | | |
| 3 | | | | | | | |
| 4 | gegeben: | Seillänge L | | | | | |
| 5 | | Durchhang f | | | | | |
| 6 | | Metergewicht q | | | | | |
| 7 | | | | | **EXCEL-Notation** | | |
| 8 | | | | | Spalte B | | |
| 9 | L = | 140,000 | m | | Eingabe | | |
| 10 | f = | 50,000 | m ≦ L/2 | | | | |
| 11 | q = | 10 | N/m | | | | |
| 12 | | | | | =WENN(B10=0;"f = 0 ist nicht zugelassen!";"") | | |
| 13 | | | | | | | |
| 14 | L/2 = | 70,000 | m | | =B9/2 | | 1. |
| 15 | l/2 = | 43,002 | m | | =B18/2 | | 5. |
| 16 | $y_0$ = | 24,000 | m | | =B19/B11 | 8-(3) | 3. |
| 17 | | | | | | 8-(22) | |
| 18 | **l =** | **86,0** | m | | =2*B16*LN(B14/B16+WURZEL(B14*B14/B16/B16+1)) | | 4. |
| 19 | **H =** | **240,0** | N | | =(B9*B9-4*B10*B10)/8/B10*B11 | 8-(21) | 2. |
| 20 | **$V_a$ =** | **700,0** | N | | =B14*B11 | 8-(7) | 6. |
| 21 | **$S_a$ =** | **740,0** | N | | =B19+B11*B10 | 8-(9) | 7. |

BILD 8-9 Lösungsblatt und Ablauf der Berechnung

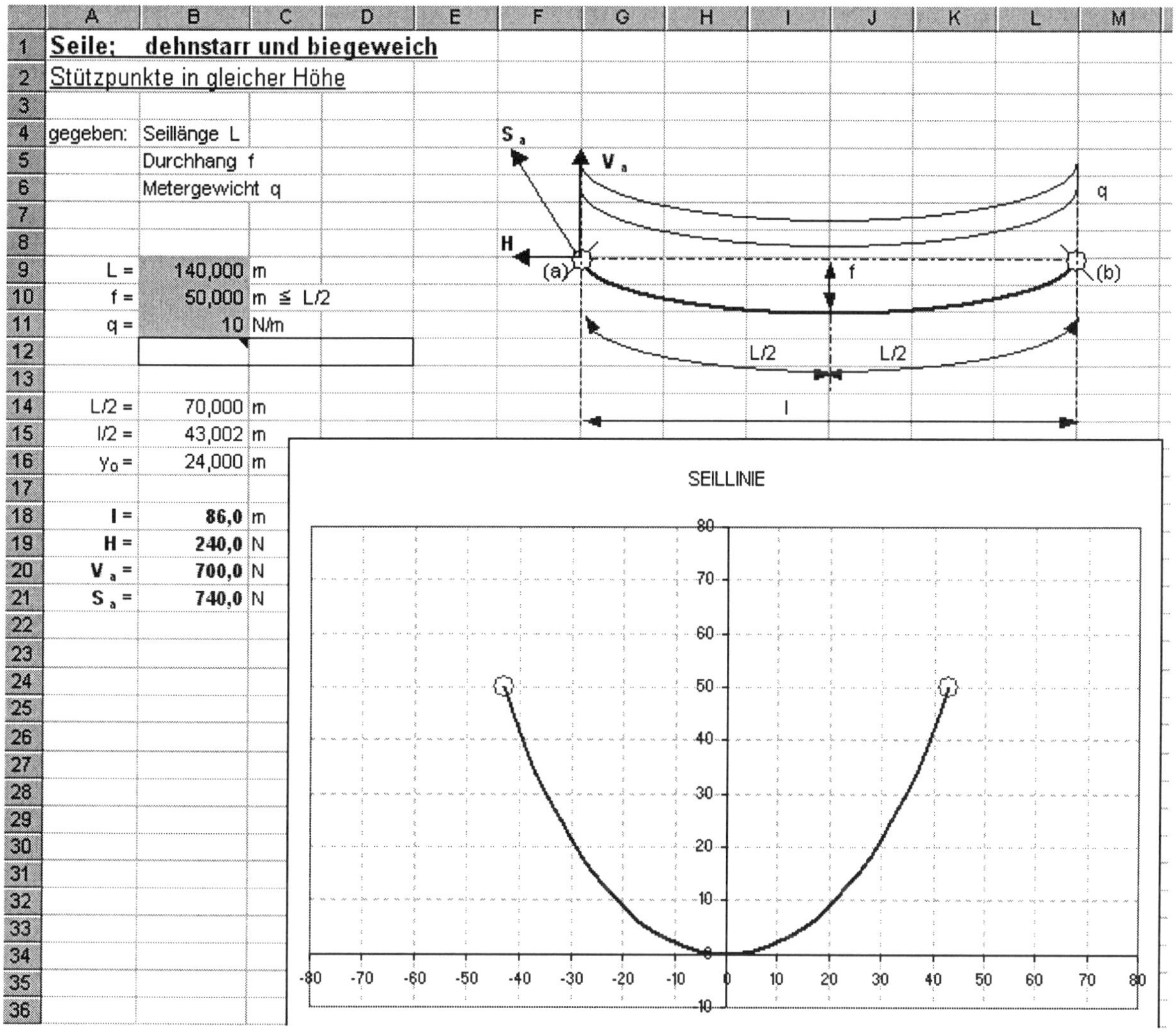


BILD 8-10 Das Lösungsblatt

## 8.3 Seil mit Aufhängepunkten in ungleicher Höhe

### 8.3.1. Aufgabentyp 1: gegeben q; c; L; l

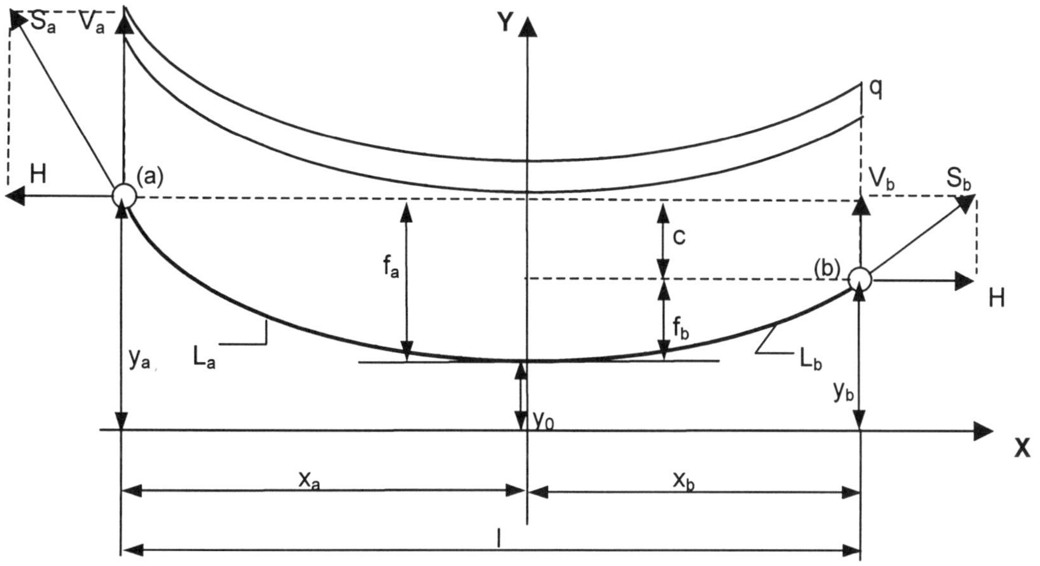


BILD 8-11 Maßbeziehungen und Auflagerreaktionen

- l Spannweite
- L Seillänge
- c Höhendifferenz der Aufhängepunkte
- $f_a$ Durchhang, links
- $f_b$ Durchhang, rechts

## Grundlegende Beziehungen

$$l = x_a + x_b \qquad 8\text{-}(23)$$

$$L = L_a + L_b \qquad 8\text{-}(24)$$

$$c = y_a - y_b \qquad 8\text{-}(25)$$

Ohne Nachweis:

$$y_0 = \frac{2x_a - l}{\ln\frac{L+c}{L-c}} \; ; \quad c \neq 0\,, \text{ wegen } \ln 1 = 0 \qquad 8\text{-}(26)$$

Setze $k_1 = \frac{x_a}{l}$; $k_2 = \ln\frac{L+c}{L-c}$; $k_3 = \frac{L}{l}$; $r = \frac{1}{2(2k_1 - 1)}$.

8-(27) 8-(28) 8-(29) 8-(30)

Folgt Bestimmungsgleichung für r:

$$\sinh(k_2 r) = \frac{k_2 k_3}{\cosh\frac{k_2}{2}} r \qquad 8\text{-}(31)$$

$$\text{setze} \quad k_0 = \frac{k_2 k_3}{\cosh\frac{k_2}{2}} \qquad 8\text{-}(32)$$

$$\sinh(k_2 r) = k_0 r$$

$$r = \frac{1}{k_2} \operatorname{ar\,sinh}(k_0 r) \qquad 8\text{-}(33)$$

Iterationsansatz zur Bestimmung von r:

$$r_{n+1} = \frac{1}{k_2} \ln\left(k_0 r_n + \sqrt{(k_0 r_n)^2 + 1}\right) \qquad 8\text{-}(34)$$

$$k_1 = \frac{1}{4r} + 0{,}5 \qquad 8\text{-}(35)$$

## Algorithmus:

Der Ablauf der Berechnung ist in Tabelle 8-3) aufgeführt. Die Zellbezüge beziehen sich auf das Lösungsblatt, zum Beispiel Bild 8-13.

| | FUNKTION | ZELLE | EXCEL-Notation |
|---|---|---|---|
| Eingabe: | L | D8 | |
| | l | D9 | |
| | c | D10 | |
| | q | D11 | |
| | | | |
| Kennwerte: | | | |
| 8-(28): | $k_2 = \ln\frac{L+c}{L-c}$ | D14 | =LN((D8+D13)/(D8-D13)) |
| 8-(29): | $k_3 = \frac{L}{l}$ | D15 | =D8/D9 |
| 8-(32): | $k_0 = \frac{k_2 k_3}{\cosh\frac{k_2}{2}}$ | D16 | =D14*D15/COSHYP(0,5*D14) |
| 8-(34): | $r_{n+1} = f(r_n)$ → $r$ | D18 | =WENN(B18=1;1/D14*LN(D16*D19 +WURZEL(D16*D19*D16*D19+1));1) |
| | | D19 | =D18 |
| aus 8-(35): | $k_1 = \frac{1}{4r} + 0{,}5$ | D20 | =1/4/D18+0,5 |
| Lage der Koordinatenachsen: | | | |
| 8-(27): | $-x_a = k_1 l$ | D22 | =-D20*D9 |
| 8-(23): | $x_b = l + x_a$ | D23 | =D9+D22 |
| 8-(26); 8-(27); 8-(28): | $y_0 = \frac{2k_1 - 1}{k_2} l$ | D25 | =(2*D20-1)/D14*D9 |
| Höhe der Aufhängepunkte: | | | |
| 8-(1): | $y_a = y_0 \cosh\frac{1}{y_0} x_a$ | D27 | =D25*COSHYP(D22/D25) |
| 8-(1): | $y_b = y_0 \cosh\frac{1}{y_0} x_b$ | D28 | =D25*COSHYP(D23/D25) |
| Seil-Teillängen | | | |
| 8-(4): | $L_a = -y_0 \sinh\frac{x_a}{y_0}$ | G15 | =-D25*SINHYP(D22/D25) |
| | $L_b = y_0 \sinh\frac{x_b}{y_0}$ | G16 | =D25*SINHYP(D23/D25) |
| Durchhang: | | | |
| | $f_a = y_a - y_0$ | G17 | =D27-D25 |
| | $f_b = y_b - y_0$ | G18 | =D28-D25 |
| Kräfte: | | | |
| | $H = y_0 q$ | G20 | =D25*D11 |
| | $V_a = L_a q$ | G21 | =G15*D11 |
| | $V_b = L_b q$ | G22 | =G16*D11 |
| | $S_a = H + f_a q$ | G24 | =G20+G17*D11 |
| | $S_b = H + f_b q$ | G25 | =G20+G18*D11 |
| | $\alpha_a = 180° - \arctan\frac{V_a}{H}$ | G27 | =180-ARCTAN(G21/G20)*180/PI() |
| | $\alpha_b = \arctan\frac{V_b}{H}$ | G28 | =ARCTAN(G22/G20)*180/PI() |
| | | | |
| Bemerkung: Gleichung 8-(26) gilt für $c \neq 0$. Um auch c = 0 (Aufhängepunkte in gleicher Höhe) in die Berechnung mit einzubeziehen, wird mit dem für praktische Zwecke ausreichenden Näherungswert c´ = 0,00001 gerechnet. | | | |
| Näherungswert c´: | c´ = 0,00001 | D13 | =WENN(D10<>0;D10;D10+0,00001) |

TABELLE 8-3) Rechenablauf und zugehörige EXCEL-Funktionen

## Lösungsblatt:

Es wird empfohlen, die Anzahl der Iterationen hoch einzustellen.
Erinnerung: EXTRAS >> OPTIONEN... >> BERECHNUNG.
Durch kurzzeitiges Halten der Taste F9 „Neu berechnen" können eventuell weitere Iterationszyklen ablaufen und damit Rechengenauigkeiten überprüft bzw. verbessert werden.

Die Bilder 8-12 ... 8-14 zeigen Varianten der Berechnung.

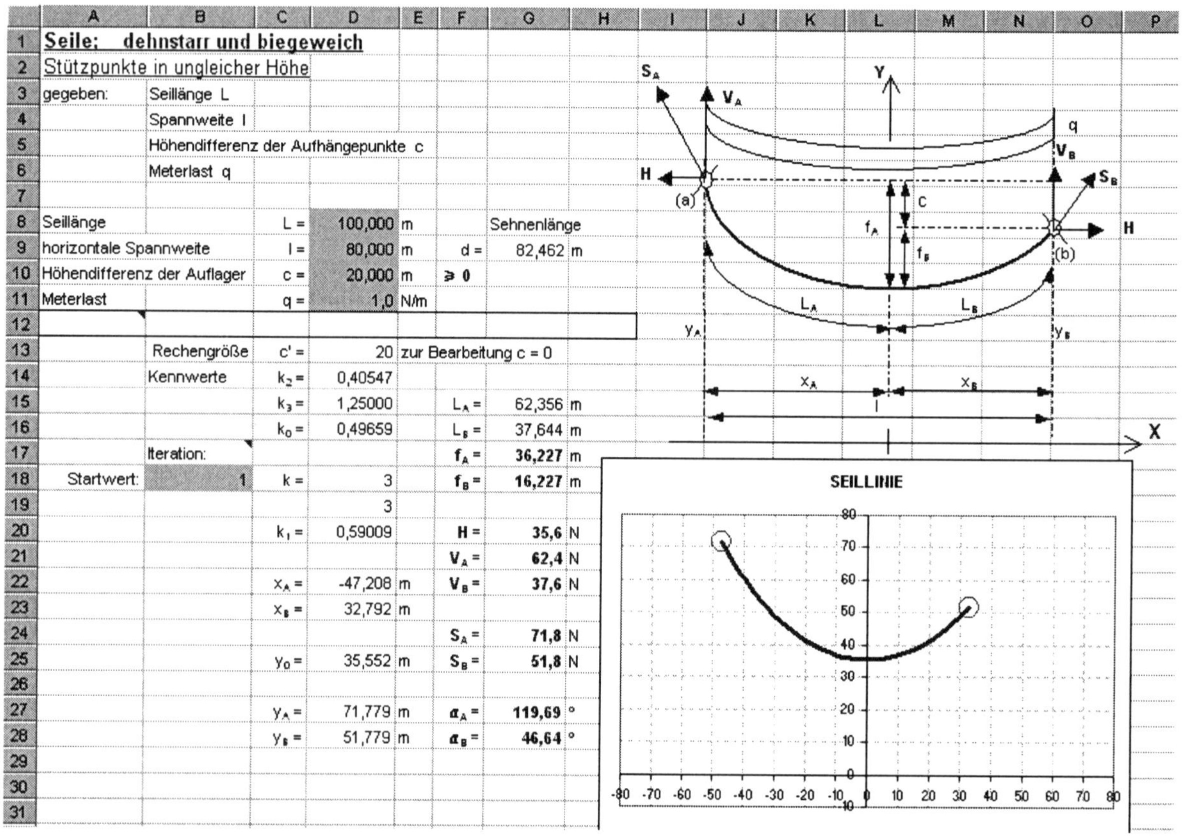

| | | | | | | | |
|---|---|---|---|---|---|---|---|
| 1 | **Seile: dehnstarr und biegeweich** | | | | | | |
| 2 | Stützpunkte in ungleicher Höhe | | | | | | |
| 3 | gegeben: | Seillänge L | | | | | |
| 4 | | Spannweite l | | | | | |
| 5 | | Höhendifferenz der Aufhängepunkte c | | | | | |
| 6 | | Meterlast q | | | | | |
| 7 | | | | | | | |
| 8 | Seillänge | | L = | 100,000 | m | Sehnenlänge | |
| 9 | horizontale Spannweite | | l = | 80,000 | m d = | 82,462 | m |
| 10 | Höhendifferenz der Auflager | | c = | 20,000 | m ≥ 0 | | |
| 11 | Meterlast | | q = | 1,0 | N/m | | |
| 12 | | | | | | | |
| 13 | | Rechengröße | c' = | 20 | zur Bearbeitung c = 0 | | |
| 14 | | Kennwerte | $k_2$ = | 0,40547 | | | |
| 15 | | | $k_3$ = | 1,25000 | $L_A$ = | 62,356 | m |
| 16 | | | $k_0$ = | 0,49659 | $L_B$ = | 37,644 | m |
| 17 | | Iteration: | | | $f_A$ = | **36,227** | m |
| 18 | Startwert: | 1 | k = | 3 | $f_B$ = | **16,227** | m |
| 19 | | | | 3 | | | |
| 20 | | | $k_1$ = | 0,59009 | **H =** | **35,6** | N |
| 21 | | | | | $V_A$ = | **62,4** | N |
| 22 | | | $x_A$ = | -47,208 m | $V_B$ = | **37,6** | N |
| 23 | | | $x_B$ = | 32,792 m | | | |
| 24 | | | | | $S_A$ = | **71,8** | N |
| 25 | | | $y_0$ = | 35,552 m | $S_B$ = | **51,8** | N |
| 26 | | | | | | | |
| 27 | | | $y_A$ = | 71,779 m | $\alpha_A$ = | **119,69** | ° |
| 28 | | | $y_B$ = | 51,779 m | $\alpha_B$ = | **46,64** | ° |
| 29 | | | | | | | |
| 30 | | | | | | | |
| 31 | | | | | | | |



BILD 8-12 Seil mit großem Durchhang

| | A | B | C | D | E | F | G | H |
|---|---|---|---|---|---|---|---|---|
| 1 | **Seile; dehnstarr und biegeweich** | | | | | | | |
| 2 | Stützpunkte in ungleicher Höhe | | | | | | | |
| 3 | gegeben: | Seillänge L | | | | | | |
| 4 | | Spannweite l | | | | | | |
| 5 | | Höhendifferenz der Aufhängepunkte c | | | | | | |
| 6 | | Meterlast q | | | | | | |
| 7 | | | | | | | | |
| 8 | Seillänge | | L = | 40,000 | m | | Sehnenlänge | |
| 9 | horizontale Spannweite | | l = | 32,700 | m | d = | 39,412 | m |
| 10 | Höhendifferenz der Auflager | | c = | 22,000 | m | ≥ 0 | | |
| 11 | Meterlast | | q = | 1,0 | N/m | | | |
| 12 | | | | | | | | |
| 13 | | Rechengröße | c' = | 22 | zur Bearbeitung c = 0 | | | |
| 14 | | Kennwerte | $k_2$ = | 1,23676 | | | | |
| 15 | | | $k_3$ = | 1,22324 | | $L_A$ = | 51,953 | m |
| 16 | | | $k_0$ = | 1,26349 | | $L_B$ = | -11,953 | m |
| 17 | | Iteration: | | | | **$f_A$ =** | **23,542** | m |
| 18 | Startwert: | 1 | k = | 0 | | **$f_B$ =** | **1,542** | m |
| 19 | | | | 0 | | | | |
| 20 | | | $k_1$ = | 1,36147 | | **H =** | **45,6** | N |
| 21 | | | | | | **$V_A$ =** | **52,0** | N |
| 22 | | | $x_A$ = | -44,520 | m | **$V_B$ =** | **-12,0** | N |
| 23 | | | $x_B$ = | -11,820 | m | | | |
| 24 | | | | | | **$S_A$ =** | **69,1** | N |
| 25 | | | $y_0$ = | 45,555 | m | **$S_B$ =** | **47,1** | N |
| 26 | | | | | | | | |
| 27 | | | $y_A$ = | 69,097 | m | **$\alpha_A$ =** | **131,25** | ° |
| 28 | | | $y_B$ = | 47,097 | m | **$\alpha_B$ =** | **-14,70** | ° |

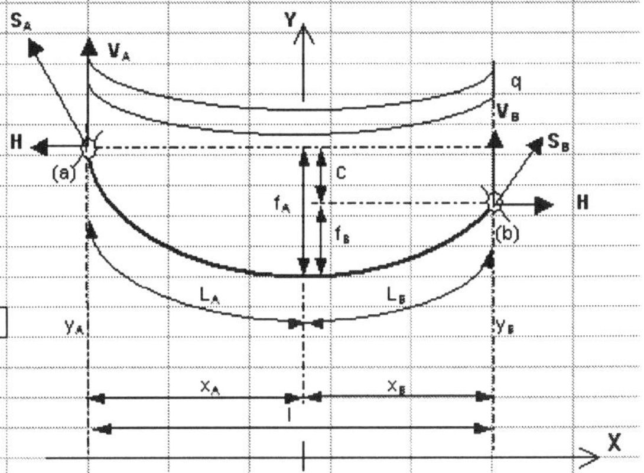


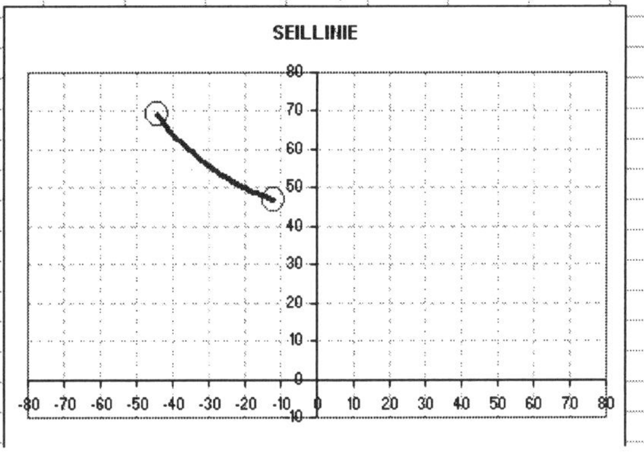


BILD 8-13 Schrägseil

| | A | B | C | D | E | F | G | H |
|---|---|---|---|---|---|---|---|---|
| 1 | **Seile; dehnstarr und biegeweich** | | | | | | | |
| 2 | Stützpunkte in ungleicher Höhe | | | | | | | |
| 3 | gegeben: | Seillänge L | | | | | | |
| 4 | | Spannweite l | | | | | | |
| 5 | | Höhendifferenz der Aufhängepunkte c | | | | | | |
| 6 | | Meterlast q | | | | | | |
| 7 | | | | | | | | |
| 8 | Seillänge | | L = | 55,000 | m | | Sehnenlänge | |
| 9 | horizontale Spannweite | | l = | 52,000 | m | d = | 55,714 | m |
| 10 | Höhendifferenz der Auflager | | c = | 20,000 | m | ≥ 0 | | |
| 11 | Meterlast | | q = | 1,0 | N/m | | | |
| 12 | **technisch unmöglich: Die Sehnenlänge muss kleiner sein als die Seillänge** | | | | | | | |
| 13 | | Rechengröße | c' = | 20 | zur Bearbeitung c = 0 | | | |
| 14 | | Kennwerte | $k_2$ = | 0,76214 | | | | |
| 15 | | | $k_3$ = | 1,05769 | | $L_A$ = | ######## | m |
| 16 | | | $k_0$ = | 0,75092 | | $L_B$ = | ######## | m |
| 17 | | Iteration: | | | | **$f_A$ =** | ######## | m |
| 18 | Startwert: | 1 | k = | 0 | | **$f_B$ =** | ######## | m |
| 19 | | | | 0 | | | | |
| 20 | | | $k_1$ = | ######### | | **H =** | ######## | N |
| 21 | | | | | | **$V_A$ =** | ######## | N |
| 22 | | | $x_A$ = | ######### | m | **$V_B$ =** | ######## | N |
| 23 | | | $x_B$ = | ######### | m | | | |
| 24 | | | | | | **$S_A$ =** | ######## | N |
| 25 | | | $y_0$ = | ######### | m | **$S_B$ =** | ######## | N |
| 26 | | | | | | | | |
| 27 | | | $y_A$ = | ######### | m | **$\alpha_A$ =** | **158,68** | ° |
| 28 | | | $y_B$ = | ######### | m | **$\alpha_B$ =** | **-21,32** | ° |

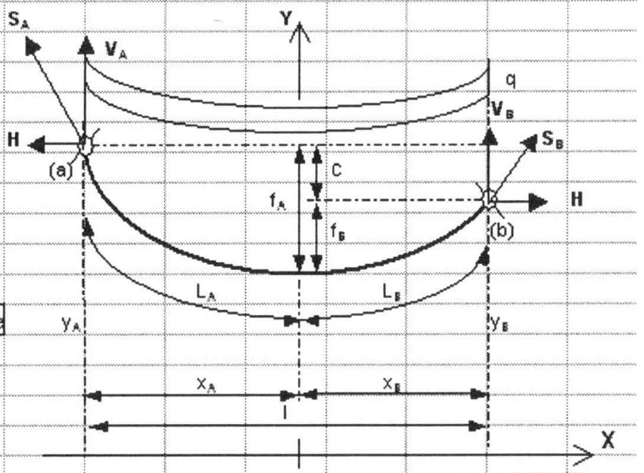


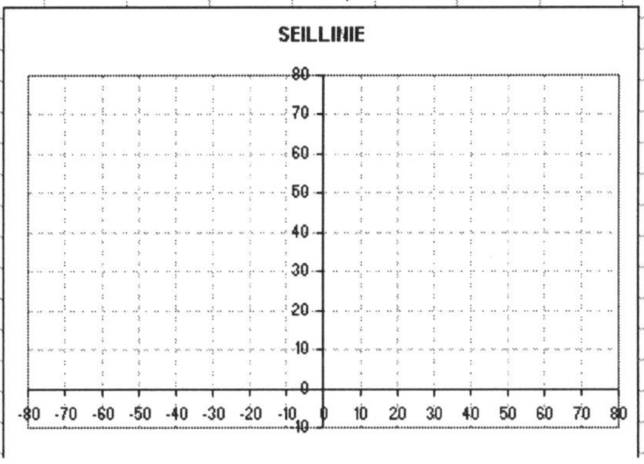


BILD 8-14 Unzulässige Maßbeziehungen

### 8.3.2. Aufgabentyp 2: gegeben q; c; l; $f_a$

Grundlegende Beziehungen

Beachten Sie Bild 8-11.

Es gilt für den Aufhängepunkt (a) $$f_a + y_0 = y_0 \cosh \frac{x_a}{y_0} \qquad \text{8-(36)}$$

für den Aufhängepunkt (b) $$f_b + y_0 = y_0 \cosh \frac{x_b}{y_0} \qquad \text{8-(37)}$$

Mit 8-(23) $$l = x_a + x_b$$
$$c = f_a - f_b \qquad \text{8-(38)}$$

folgt $$\operatorname{ar cosh} \frac{f_a + y_0}{y_0} + \operatorname{ar cos} \frac{f_a - c + y_0}{y_0} = \frac{l}{y_0} \,. \qquad \text{8-(39)}$$

Setze $$k = \frac{f_a + y_0}{y_0} \qquad \text{8-(40)}$$

folgt $$y_0 = \frac{f_a}{k-1} \qquad \text{8-(41)}$$

und $$\frac{f - c + y_0}{y_0} = k - \frac{c(k-1)}{f_a} \,.$$

Setze $$a_1 = \frac{c}{f_a} \qquad \text{8-(42)}$$

$$a_2 = \frac{l}{f_a} \qquad \text{8-(43)}$$

folgt $$\operatorname{ar cosh} k + \operatorname{ar cosh} \left[(1 - a_1)k + a_1\right] = a_2 (k-1) \qquad \text{8-(44)}$$

Ermittle daraus k.

Iterationsansatz zur Bestimmung von k:

$$k_{n+1} = \frac{1}{a_2}\left[\operatorname{ar cosh} k_n + \operatorname{ar cosh}(1 - a_1)k_n + a_1\right] + 1 \qquad \text{8-(45)}$$

Zum Startwert:

Da $\frac{f + y_0}{y_0} = k$ und $f > 0$ ,

folgt $k(1) > 1$ .

Algorithmus:

Der Ablauf der Berechnung ist in Tabelle 8-4) aufgeführt. Die Zellbezüge beziehen sich zum Beispiel auf Bild 8-15.

| | FUNKTION | ZELLE | EXCEL-Notation |
|---|---|---|---|
| Eingabe: | $l$ | D8 | |
| | $f_a$ | D9 | |
| | $c$ | D10 | |
| | $q$ | D11 | |
| Kennwerte: | | | |
| 8-(42): | $a_1 = \frac{c}{f_a}$ | D15 | =D10/D9 |
| 8-(43): | $a_2 = \frac{l}{f_a}$ | D16 | =D8/D9 |
| 8-(45): | $k_{n+1} = f(k_n) \rightarrow k$ | D18 | =WENN(B18=1;1/D16*(ARCCOSHYP(D19) +ARCCOSHYP((1-D15)*D19+D15))+1;10) |
| | | D19 | =D18 |
| Lage der Koordinatenachsen: | | | |
| 8-(41): | $y_0 = \frac{f_a}{k-1}$ | D20 | =D9/(D18-1) |
| Koordinaten der Aufhängepunkte: | | | |
| 8-(1): | $x_a = -y_0 \operatorname{ar}\cosh\frac{y_a}{y_0}$ | D22 | =-D20*ARCCOSHYP((D9+D20)/D20) |
| | $x_b = l + x_a$ | D23 | =D8+D22 |
| 8-(1): | $y_a = y_0 \cosh\frac{x_a}{y_0}$ | D25 | =D20+D9 |
| | $y_b = y_0 \cosh\frac{x_b}{y_0}$ | D26 | =D25-D10 |
| Durchhang, rechts: | | | |
| 8-(38): | $f_b = f_a - c$ | D28 | =D25-D10-D20 |
| Seillänge: | | | |
| 8-(4): | $L_a = -y_0 \sinh\frac{x_a}{y_0}$ | D30 | =-D20*SINHYP(D22/D20) |
| | $L_b = y_0 \sinh\frac{x_b}{y_0}$ | D31 | =D20*SINHYP(D23/D20) |
| | $L = L_a + L_b$ | G20 | =D30+D31 |
| Kräfte: | | | |
| | $H = y_0\, q$ | G22 | =D20*D11 |
| | $V_a = L_a\, q$ | G24 | =D30*D11 |
| | $V_b = L_b\, q$ | G25 | =D31*D11 |
| | $S_a = H + f_a\, q$ | G27 | =G22+D9*D11 |
| | $S_b = H + f_b\, q$ | G28 | =G22+D28*D11 |
| | $\alpha_a = 180° - \arctan\frac{V_a}{H}$ | G30 | =180-ARCTAN(G24/G22)*180/PI() |
| | $\alpha_b = \arctan\frac{V_b}{H}$ | G31 | =ARCTAN(G25/G22)*180/PI() |

TABELLE 8-4) Rechenablauf und zugehörige EXCEL-Funktionen

Der gewählte Algorithmus lässt $c > f_a$ nicht zu.

Bild 8-15 zeigt ein Bearbeitungsbeispiel.

| | A | B | C | D | E | F | G | H |
|---|---|---|---|---|---|---|---|---|
| 1 | **Seile: dehnstarr und biegeweich** | | | | | | | |
| 2 | Stützpunkte in ungleicher Höhe | | | | | | | |
| 3 | gegeben: | Spannweite l | | | | | | |
| 4 | | Durchhang f | | | | | | |
| 5 | | Höhendifferenz der Aufhängepunkte c | | | | | | |
| 6 | | Meterlast q | | | | | | |
| 7 | | | | | | | | |
| 8 | horizontale Spannweite | | l = | 60,000 | m | | | |
| 9 | Durchhang | | $f_A$ = | 20,000 | m | | | |
| 10 | Höhendifferenz der Auflager | | c = | 19,000 | m | $< f_A$ | | |
| 11 | Meterlast | | q = | 1,0 | N/m | | | |
| 12 | | | | | | | | |
| 13 | | Rechenwert | c' = | 19,000 | m | | | |
| 14 | | | | | | | | |
| 15 | | Kennwerte: | $a_1$ = | 0,9500 | | | | |
| 16 | | | $a_2$ = | 3,0000 | | | | |
| 17 | | Iteration: | | | | | | |
| 18 | Startwert | 1 | k = | 1,3192 | | | | |
| 19 | | | | 1,3192 | | | | |
| 20 | | | $y_0$ = | 62,661 | m | **L =** | **65,151** | m |
| 21 | | | | | | | | |
| 22 | | | $x_A$ = | -48,820 | m | **H =** | **62,7** | N |
| 23 | | | $x_B$ = | 11,180 | m | | | |
| 24 | | | | | | **$V_A$ =** | **53,9** | N |
| 25 | | | $y_A$ = | 82,661 | m | **$V_B$ =** | **11,2** | N |
| 26 | | | $y_B$ = | 63,661 | m | | | |
| 27 | | | | | | **$S_A$ =** | **82,7** | N |
| 28 | | | $f_B$ = | 1,000 | m | **$S_B$ =** | **63,7** | N |
| 29 | | | | | | | | |
| 30 | | | $L_A$ = | 53,911 | m | **$\alpha_A$ =** | **139,29** | ° |
| 31 | | | $L_B$ = | 11,239 | m | **$\alpha_B$ =** | **10,17** | ° |
| 32 | | | | | | | | |

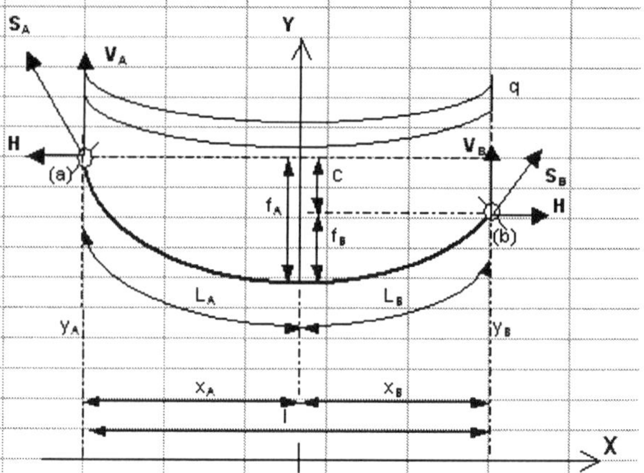


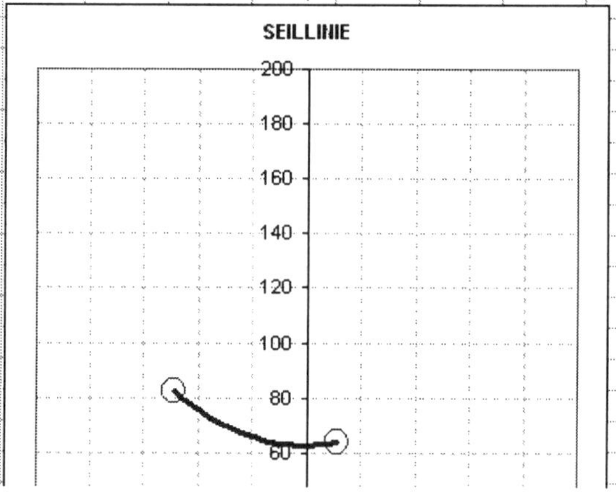


BILD 8-15 Bearbeitungsbeispiel

## 8.3.3. Aufgabentyp 3: gegeben q; c; $f_a$; L

### Grundlegende Beziehungen

Beachte zunächst die allgemein gültige Beziehung der cosh-Funktion:

8-(1): $$y_a = y_0 \cosh \frac{1}{y_0} x_a$$

8-(4): $$L_a = y_0 \sinh \frac{x_a}{y_0}$$

$$y_a^2 - L_a^2 = y_0^2 \left( \cosh^2 \frac{x_a}{y_0} - \sinh^2 \frac{x_a}{y_0} \right)$$

$$\left( \cosh^2 \frac{x_a}{y_0} - \sinh^2 \frac{x_a}{y_0} \right) = 1$$

Also $$y_a^2 - L_a^2 = y_0^2 \qquad \text{8-(46)}$$

analog: $$y_b^2 - L_b^2 = y_0^2 \qquad \text{8-(47)}$$

$$y_0 = y_a - f_a \qquad \text{8-(48)}$$

einsetzen 8-(46):

$$y_a = \frac{f_a^2 + L_a^2}{2 f_a} \qquad 8\text{-}(49)$$

analog:

$$y_b = \frac{(f_a - c)^2 + L_b^2}{2 f_a} \qquad 8\text{-}(50)$$

$$y_a - y_b = c$$

$$L - L_a = L_b \qquad 8\text{-}(51)$$

folgt

$$L_a = \frac{f_a L}{c} - \sqrt{\left(\frac{f_a L}{c}\right)^2 - f_a\left(\frac{L^2}{c} + f_a - c\right)} \qquad 8\text{-}(52)$$

Algorithmus:

Der Ablauf der Berechnung ist in Tabelle 8-5) aufgeführt. Die Zellbezüge beziehen sich auf Bild 8-16.

| | **FUNKTION** | **ZELLE** | **EXCEL-Notation** |
|---|---|---|---|
| Eingabe: | $L$ | D7 | |
| | $f_a$ | D8 | |
| | $c$ | D9 | |
| | $q$ | D10 | |
| Teillängen: | | | |
| 8-(51) | $L_a = \frac{f_a L}{c} - \sqrt{\left(\frac{f_a L}{c}\right)^2 - f_a\left(\frac{L^2}{c} + f_a - c\right)}$ | D13 | =D8*D7/D12-WURZEL(D8*D7/D12*D8*D7/D12 -D8*(D7*D7/D12+D8-D9)) |
| 8-(50) | $L_b = L - L_a$ | D14 | =D7-D13 |
| Lage der Koordinatenachsen | | | |
| 8-(49) | $y_a = \frac{f_a^2 + L_a^2}{2 f_a}$ | D16 | =(D8*D8+D13*D13)/2/D8 |
| 8-(25) | $y_b = y_a - c$ | D17 | =D16-D9 |
| 8-(48) | $y_0 = y_a - f_a$ | D18 | =D16-D8 |
| | $f_b = y_a - y_0 - c$ | D20 | =D16-D18-D9 |
| 8-(1) | $x_a = -y_0 \operatorname{ar\,cosh} \frac{y_a}{y_0}$ | D22 | =-D18*ARCCOSHYP(D16/D18) |
| 8-(1) | $x_b = y_0 \operatorname{ar\,cosh} \frac{y_b}{y_0}$ | D23 | =D18*ARCCOSHYP(D17/D18) |
| Spannweite | | | |
| 8-(23) | $l = x_a + x_b$ | G12 | =D23-D22 |
| Kräfte | | | |
| | $H = y_0 q$ | G14 | =D18*D10 |
| | $V_a = L_a q$ | G17 | =D13*D10 |
| | $V_b = L_b q$ | G19 | =D14*D10 |
| | $S_a = H + f_a q$ | G19 | =G14+D8*D10 |
| | $S_b = H + f_b q$ | G20 | =G14+D20*D10 |
| | $\alpha_a = 180° - \arctan \frac{V_a}{H}$ | G22 | =180-ARCTAN(G16/G14)*180/PI() |
| | $\alpha_b = \arctan \frac{V_b}{H}$ | G23 | =ARCTAN(G17/G14)*180/PI() |

TABELLE 8-5) Rechenablauf und zugehörige EXCEL-Funktionen

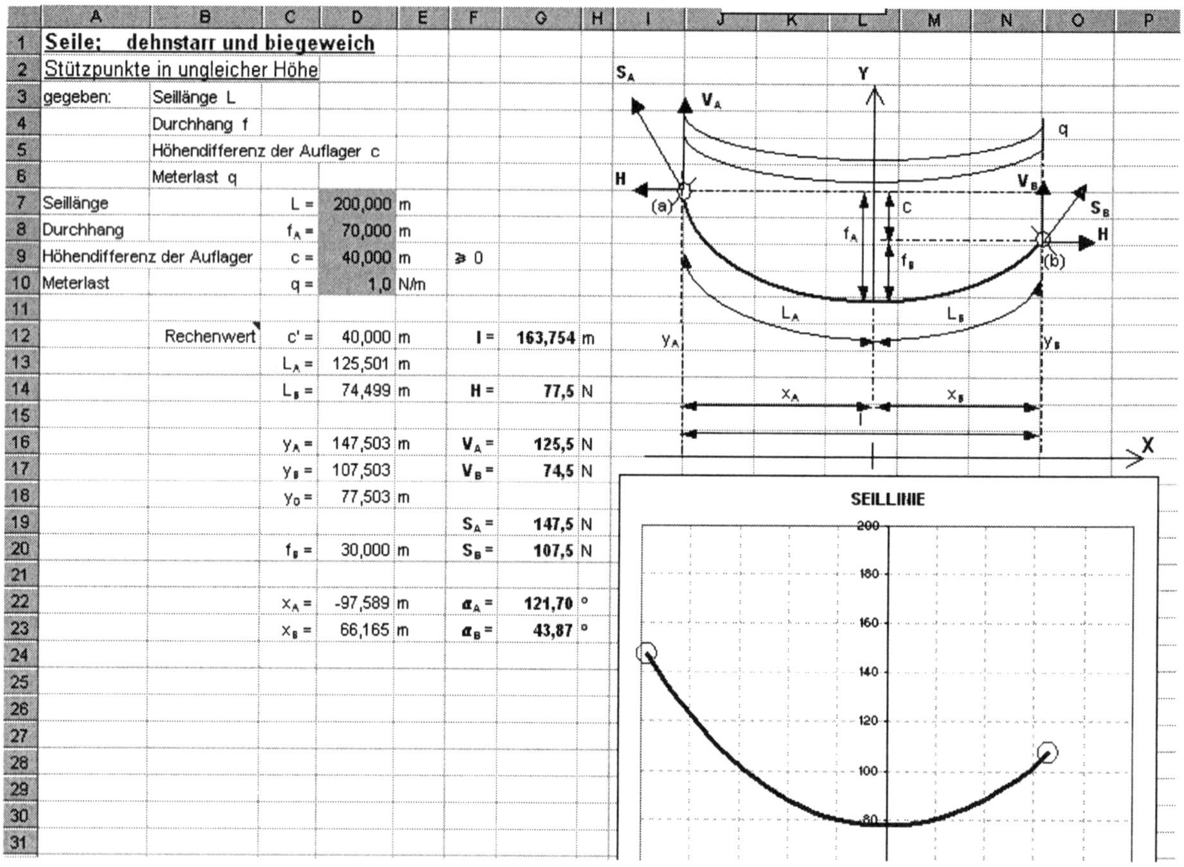

| | A | B | C | D | E | F | G | H |
|---|---|---|---|---|---|---|---|---|
| 1 | **Seile: dehnstarr und biegeweich** | | | | | | | |
| 2 | Stützpunkte in ungleicher Höhe | | | | | | | |
| 3 | gegeben: | Seillänge L | | | | | | |
| 4 | | Durchhang f | | | | | | |
| 5 | | Höhendifferenz der Auflager c | | | | | | |
| 6 | | Meterlast q | | | | | | |
| 7 | Seillänge | | L = | 200,000 | m | | | |
| 8 | Durchhang | | $f_A$ = | 70,000 | m | | | |
| 9 | Höhendifferenz der Auflager | | c = | 40,000 | m | ≥ 0 | | |
| 10 | Meterlast | | q = | 1,0 | N/m | | | |
| 11 | | | | | | | | |
| 12 | | Rechenwert | c' = | 40,000 | m | l = | **163,754** | m |
| 13 | | | $L_A$ = | 125,501 | m | | | |
| 14 | | | $L_B$ = | 74,499 | m | H = | **77,5** | N |
| 15 | | | | | | | | |
| 16 | | | $y_A$ = | 147,503 | m | $V_A$ = | **125,5** | N |
| 17 | | | $y_B$ = | 107,503 | | $V_B$ = | **74,5** | N |
| 18 | | | $y_D$ = | 77,503 | m | | | |
| 19 | | | | | | $S_A$ = | **147,5** | N |
| 20 | | | $f_B$ = | 30,000 | m | $S_B$ = | **107,5** | N |
| 21 | | | | | | | | |
| 22 | | | $x_A$ = | -97,589 | m | $\alpha_A$ = | **121,70** | ° |
| 23 | | | $x_B$ = | 66,165 | m | $\alpha_B$ = | **43,87** | ° |



BILD 8-16 Bearbeitungsbeispiel

### 8.3.4. Aufgabentyp 4: gegeben q; $S_b$; $\alpha_b$; l

Aufgaben dieses Typs liegen vor, wenn zum Beispiel als ein Ausgangswert die maximal aufnehmbare Seilkraft, die in einem der Aufhängepunkte auftritt, vorgegeben ist. $S_b > S_a$ tritt jedoch nur dann ein, wenn $y_b > y_a$ , somit $c < 0$.

Ein einfacher Algorithmus ergibt sich, wenn gleichzeitig die Richtung $\alpha_b$ dieser Kraft gegeben ist.

Der Rechenweg ist aufwendiger, wenn anstelle von $\alpha_b$ die Höhendifferenz c der Aufhängepunkte vorliegt. Um auch diesen Fall leicht zu bearbeiten, nutzen wir die Aufgabenstellung, um die Zielwertsuche anzuwenden.

Beachte Bild 8-11.

Das Lösungsblatt ist in Bild 8-18 angegeben.

## Rechenablauf:

Gegeben: $S_b$, $\alpha_b$, $l$, $q$

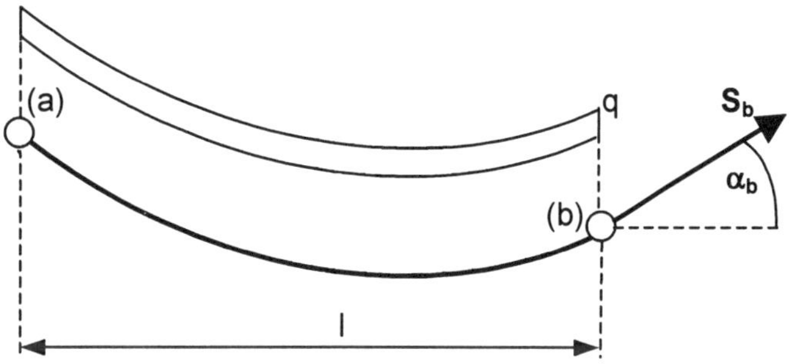


BILD 8-17 Eingabewerte

Ermittle:

$$H = S_b \cos\alpha_b \qquad c = y_a - y_b$$

$$y_0 = \frac{H}{q} \qquad f_a = y_a - y_0$$

$$y_b = \frac{S_b}{q} \qquad f_b = y_b - y_0$$

$$x_b = y_0 \operatorname{ar}\cosh\frac{y_b}{y_0} \qquad L_a = y_0 \sinh\frac{x_a}{y_0}$$

$$x_a = l - x_b \qquad L_b = y_0 \sinh\frac{x_b}{y_0}$$

$$y_a = y_0 \cosh\frac{x_a}{y_0} \qquad L = L_a + L_b$$

Kräfte: siehe oben

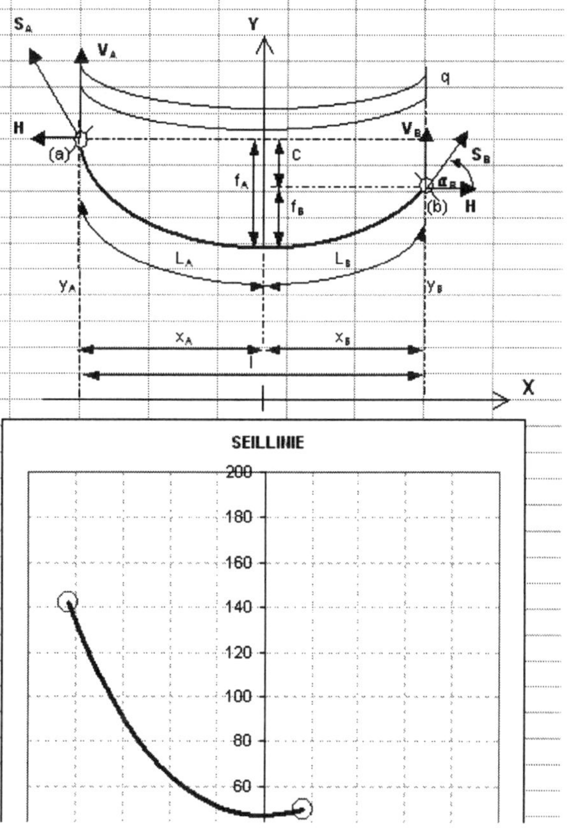

| | A | B | C | D | E | F | G | H |
|---|---|---|---|---|---|---|---|---|
| 1 | **Seile; dehnstarr und biegeweich** | | | | | | | |
| 2 | Stützpunkte in ungleicher Höhe | | | | | | | |
| 3 | | | | | | | | |
| 4 | gegeben: | Seilkraft am Aufhängepunkt, rechts $S_B$ | | | | | | |
| 5 | | Richtung der Seilkraft $a_B$ | | | | | | |
| 6 | | Spannweite l | | | | | | |
| 7 | | Meterlast q | | | | | | |
| 8 | | | | | | | | |
| 9 | | | | | | | | |
| 10 | maximale Seilkraft | | $S_B$ = | 50,000 | N | | | |
| 11 | | | $\alpha_B$ = | 20,000 | ° | | | |
| 12 | horizontale Spannweite | | l = | 100,000 | m | | | |
| 13 | Meterlast | | q = | 1,0 | N/m | | | |
| 14 | | | | | | | | |
| 15 | | | $y_A$ = | 142,186 | m | | | |
| 16 | | | $y_B$ = | 50,000 | m | | | |
| 17 | | | $y_0$ = | 46,985 | m | | | |
| 18 | | | | | | **L =** | **151,300** | m |
| 19 | | | $x_A$ = | -83,256 | m | | | |
| 20 | | | $x_B$ = | 16,744 | m | **H =** | **47,0** | N |
| 21 | | | | | | **$V_A$ =** | **134,2** | N |
| 22 | Höhendifferenz der Auflager | | c = | 92,186 | m | **$V_B$ =** | **17,1** | N |
| 23 | | | | | | | | |
| 24 | | | $f_A$ = | 95,202 | m | **$S_A$ =** | **142,2** | N |
| 25 | | | $f_B$ = | 3,015 | m | **$S_B$ =** | **50,0** | N |
| 26 | | | | | | | | |
| 27 | | | $L_A$ = | 134,199 | m | **$\alpha_A$ =** | **70,704** | ° |
| 28 | | | $L_B$ = | 17,101 | m | **$\alpha_B$ =** | **20,000** | ° |
| 29 | | | | | | | | |
| 30 | | | | | | | | |
| 31 | | | | | | | | |
| 32 | | | | | | | | |

BILD 8-18 Lösungsblatt; Variante $\alpha_b > 0$

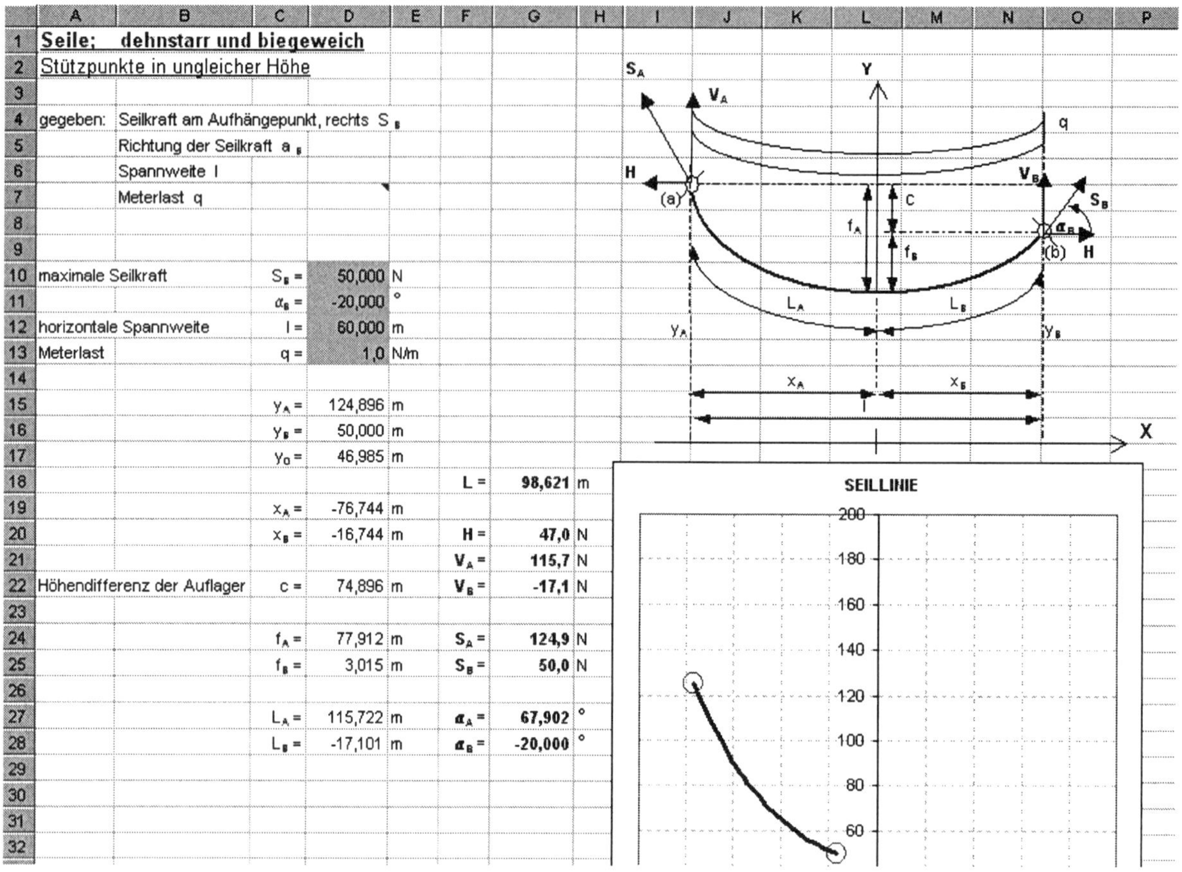

| | A | B | C | D | E | F | G |
|---|---|---|---|---|---|---|---|
| 1 | **Seile; dehnstarr und biegeweich** | | | | | | |
| 2 | Stützpunkte in ungleicher Höhe | | | | | | |
| 3 | | | | | | | |
| 4 | gegeben: | Seilkraft am Aufhängepunkt, rechts $S_B$ | | | | | |
| 5 | | Richtung der Seilkraft $a_B$ | | | | | |
| 6 | | Spannweite l | | | | | |
| 7 | | Meterlast q | | | | | |
| 8 | | | | | | | |
| 9 | | | | | | | |
| 10 | maximale Seilkraft | | $S_B$ = | 50,000 | N | | |
| 11 | | | $\alpha_B$ = | -20,000 | ° | | |
| 12 | horizontale Spannweite | | l = | 60,000 | m | | |
| 13 | Meterlast | | q = | 1,0 | N/m | | |
| 14 | | | | | | | |
| 15 | | | $y_A$ = | 124,896 | m | | |
| 16 | | | $y_B$ = | 50,000 | m | | |
| 17 | | | $y_0$ = | 46,985 | m | | |
| 18 | | | | | | L = | **98,621** m |
| 19 | | | $x_A$ = | -76,744 | m | | |
| 20 | | | $x_B$ = | -16,744 | m | H = | **47,0** N |
| 21 | | | | | | $V_A$ = | **115,7** N |
| 22 | Höhendifferenz der Auflager | | c = | 74,896 | m | $V_B$ = | **-17,1** N |
| 23 | | | | | | | |
| 24 | | | $f_A$ = | 77,912 | m | $S_A$ = | **124,9** N |
| 25 | | | $f_B$ = | 3,015 | m | $S_B$ = | **50,0** N |
| 26 | | | | | | | |
| 27 | | | $L_A$ = | 115,722 | m | $\alpha_A$ = | **67,902** ° |
| 28 | | | $L_B$ = | -17,101 | m | $\alpha_B$ = | **-20,000** ° |



BILD 8-19 Lösungsblatt; Variante $\alpha_b < 0$ (Schrägseil)

## 8.3.5. Aufgabentyp 5: gegeben q; c; $S_b$; l

Wir gehen von der Lösung nach Kapitel 8.3.4. aus.

In die ZELLE D7 des Arbeitsblattes ist ein Kommentar eingefügt, der darauf verweist, dass mit Hilfe der Zielwertsuche weitere Aufgabentypen bearbeitet werden können, Bild 8-20.

| | |
|---|---|
| Gegeben sei die maximal aufnehmbare Seilkraft | max $S_b$ = 80 N |
| für den Fall ungleich hoher Aufhängepunkte des Seiles | c = 10 m |
| Spannweite | l = 60 m |
| Meterlast | q = 1 N/m |

Zunächst wird die Aufgabe ohne Beachtung des Vorgabewertes c = 10 m gelöst.
Dafür wird ein Schätzwert für $\alpha_b$ eingegeben, Bild 8-21.
Da für $S_b$ ein Maximalwert vorgegeben ist, muss $y_b > y_a$ sein.
Aus diesem Grunde ist für c ein negativer Wert einzusetzen.

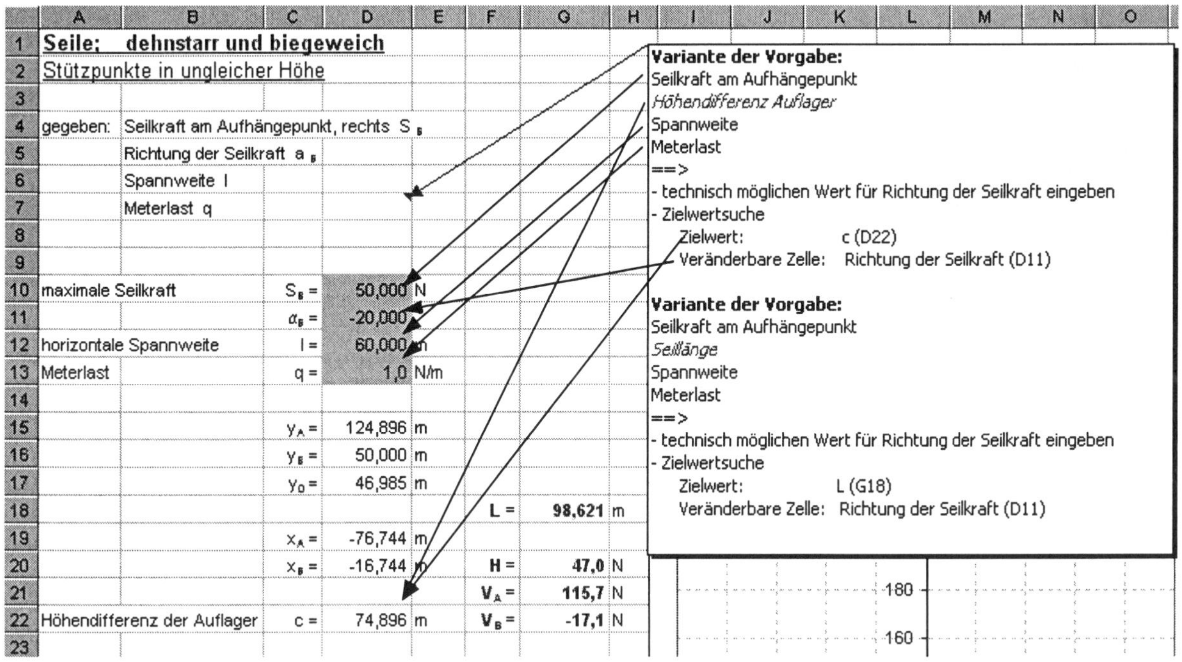


BILD 8-20 Anwendung des Lösungsblattes, Bild 8-18, auf die Bearbeitung weiterer Aufgabentypen

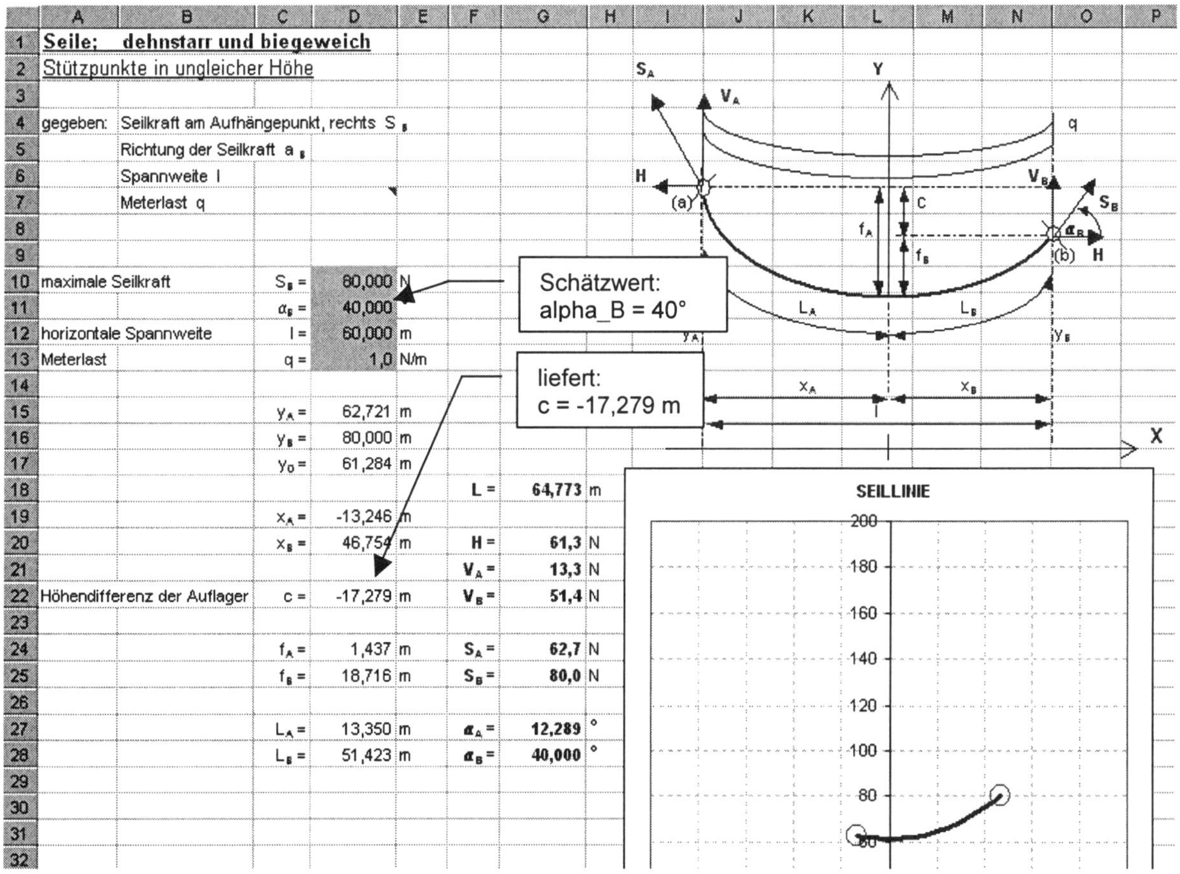


BILD 8-21 Start einer Zielwertsuche

Ablauf der Zielwertsuche:

- Markiere die ZELLE D22

- Rufe auf
  EXTRA
  >>ZIELWERTSUCHE...

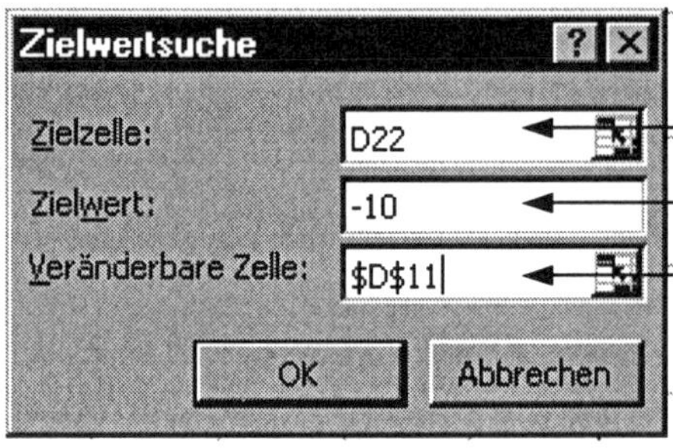


D22 ist bereits eingetragen.

wegen $y_b > y_a$ ➔ c = -10

$\alpha_b$ soll geändert werden.

BILD 8-22 Handlungsablauf bei der Zielwertsuche

Das Ergebnis zeigt Bild 8-23.

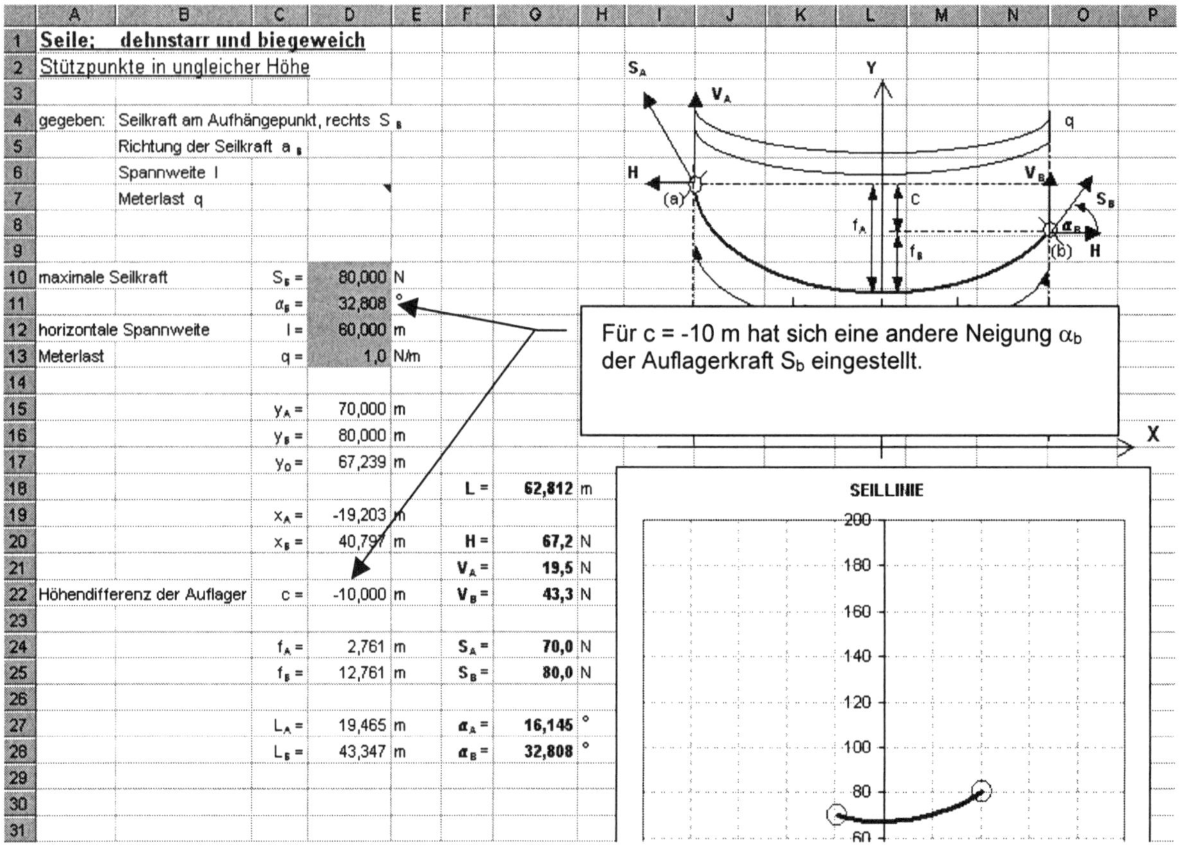


BILD 8-23 Ergebnisse für max $S_b$ = 80 N; l = 60 m; c = 10 m; q = 1 N/m

## 8.3.6. Aufgabentyp 6: gegeben q; c; $S_b$; L

Die Lösung über Zielwertsuche entspricht dem Vorgehen unter 8.3.5.
Für max $S_b$ = 80 N, l = 60 m, q = 1 N/m soll eine Seillänge von L = 62 m verwendet werden. Wir gehen aus von der Situation nach Bild 8-23. Das Ergebnis zeigt das Bild 8-24.

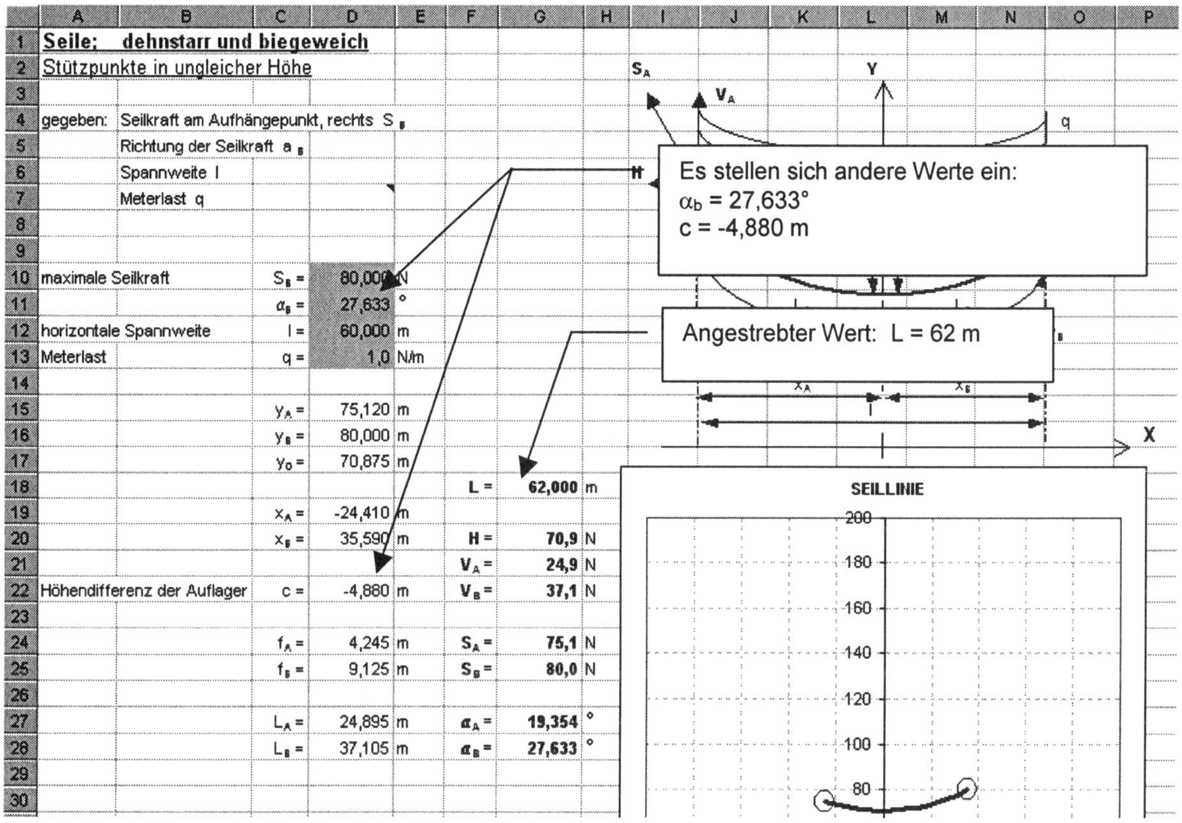

| | A | B | C | D | E | F | G | H |
|---|---|---|---|---|---|---|---|---|
| 1 | Seile: dehnstarr und biegeweich | | | | | | | |
| 2 | Stützpunkte in ungleicher Höhe | | | | | | | |
| 3 | | | | | | | | |
| 4 | gegeben: | Seilkraft am Aufhängepunkt, rechts $S_B$ | | | | | | |
| 5 | | Richtung der Seilkraft $\alpha_B$ | | | | | | |
| 6 | | Spannweite l | | | | | | |
| 7 | | Meterlast q | | | | | | |
| 8 | | | | | | | | |
| 9 | | | | | | | | |
| 10 | maximale Seilkraft | | $S_B$ = | 80,000 | N | | | |
| 11 | | | $\alpha_B$ = | 27,633 | ° | | | |
| 12 | horizontale Spannweite | | l = | 60,000 | m | | | |
| 13 | Meterlast | | q = | 1,0 | N/m | | | |
| 14 | | | | | | | | |
| 15 | | | $y_A$ = | 75,120 | m | | | |
| 16 | | | $y_B$ = | 80,000 | m | | | |
| 17 | | | $y_0$ = | 70,875 | m | | | |
| 18 | | | | | | L = | 62,000 | m |
| 19 | | | $x_A$ = | -24,410 | m | | | |
| 20 | | | $x_B$ = | 35,590 | m | H = | 70,9 | N |
| 21 | | | | | | $V_A$ = | 24,9 | N |
| 22 | Höhendifferenz der Auflager | | c = | -4,880 | m | $V_B$ = | 37,1 | N |
| 23 | | | | | | | | |
| 24 | | | $f_A$ = | 4,245 | m | $S_A$ = | 75,1 | N |
| 25 | | | $f_B$ = | 9,125 | m | $S_B$ = | 80,0 | N |
| 26 | | | | | | | | |
| 27 | | | $L_A$ = | 24,895 | m | $\alpha_A$ = | 19,354 | ° |
| 28 | | | $L_B$ = | 37,105 | m | $\alpha_B$ = | 27,633 | ° |
| 29 | | | | | | | | |
| 30 | | | | | | | | |



BILD 8-24 Ergebnisse für max $S_b$ = 80 N; l = 60 m; L = 62 m; q = 1 N/m

Selbstverständlich findet man auch einen direkten Rechenweg.

Rechenablauf:

Gegeben: $S_b$, L, c, q

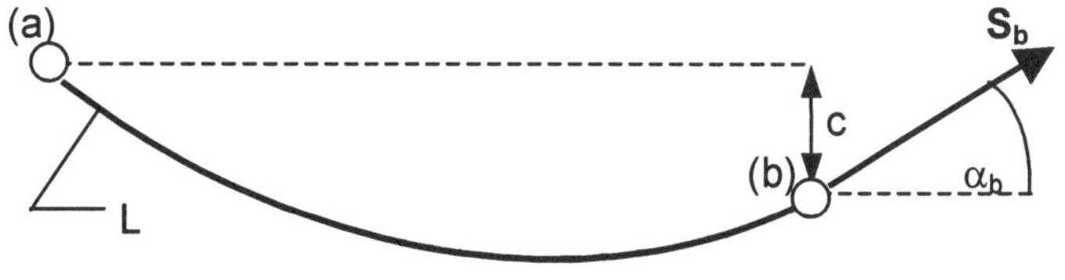



BILD 8-25 Eingabewerte

Ermittle:

$$y_b = \frac{S_b}{q} \qquad y_a = y_b + c$$

$$L_b = \frac{L^2 - y_a^2 + y_b^2}{2L} \qquad L_a = L - L_b$$

$$y_0 = \sqrt{y_b^2 - L_b^2}$$

$$x_a = y_0 \operatorname{ar\,sinh}\frac{L_a}{y_0} \qquad x_b = y_0 \operatorname{ar\,sinh}\frac{L_b}{y_0}$$

$$f_a = y_a - y_0 \qquad f_b = y_b - y_0$$

$$l = x_a + x_b$$

Kräfte: siehe oben

Auch für diesen Fall kann die Zielwertsuche zur Variation der Seilparameter angewendet werden. Ein Hinweis hierauf ist als Kommentar in ZELLE D7 eingetragen, Bild 8-27.

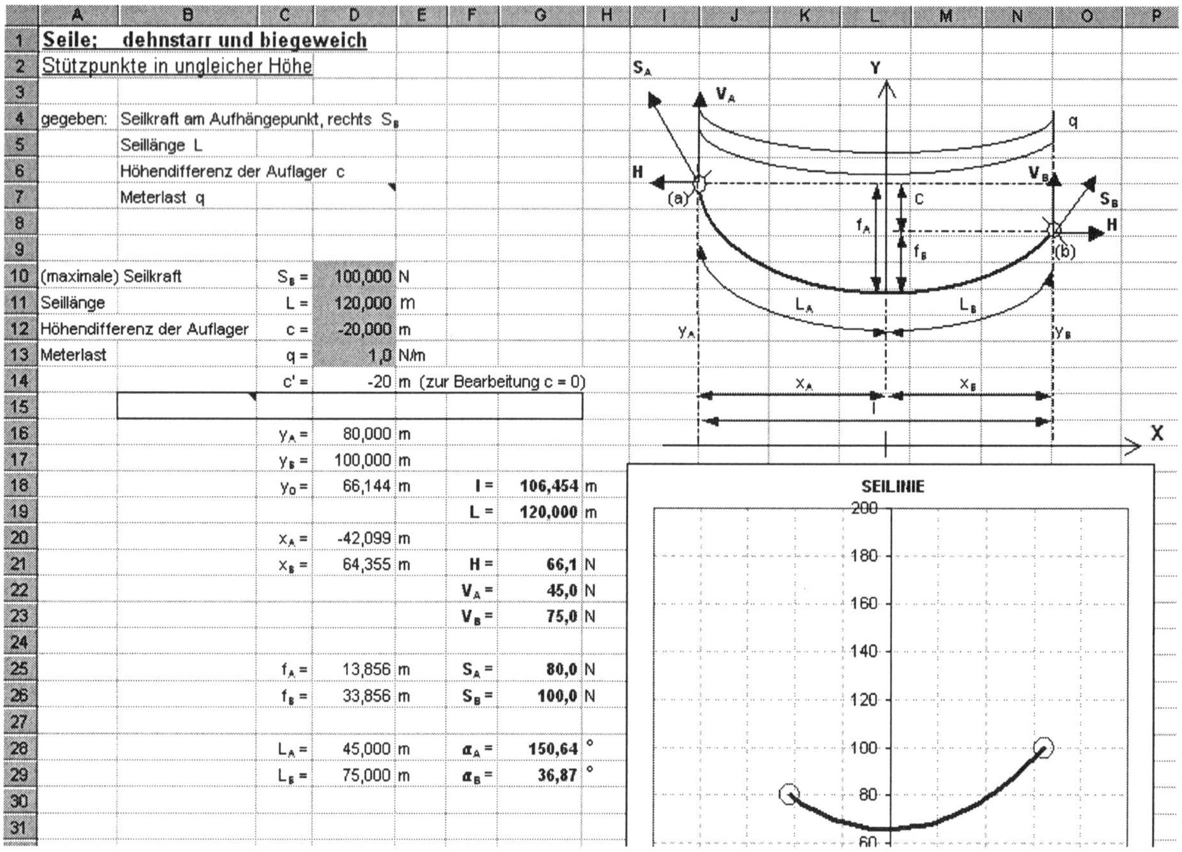


BILD 8-26 Lösungsblatt für c < 0

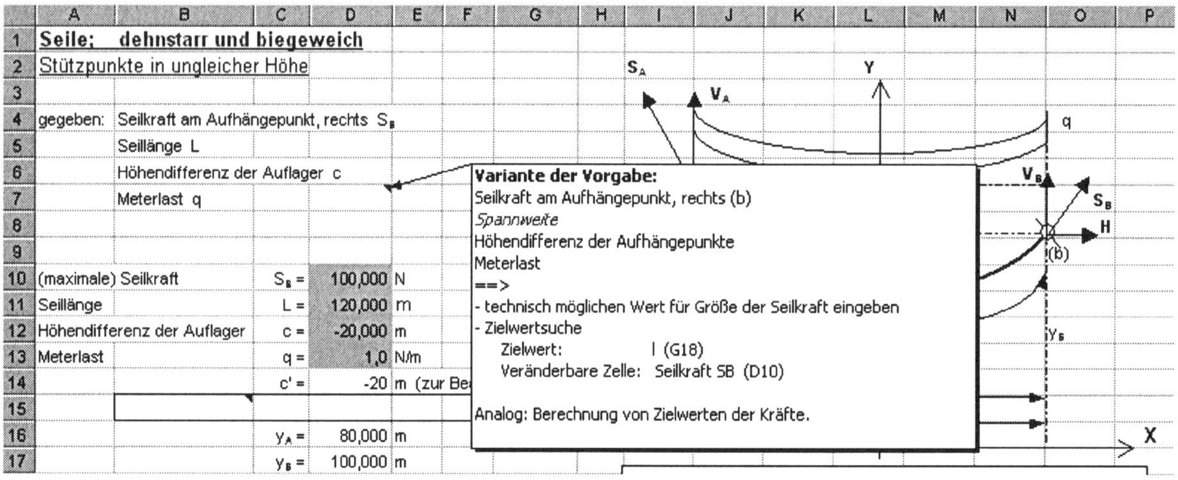


BILD 8-27 Hinweis auf die Anwendung der Zielwertsuche

## 8.4 Das dehnbare Seil

Ohne Nachweis geben wir die „exakte Seilgleichung" an.

Für H = const (Vertikalbelastung)
EA = const (gleiches Material, gleicher Querschnitt über die Seillänge)
c = 0 (Aufhängepunkte in gleicher Höhe)

gilt

$$\frac{2H}{q}\sinh\frac{ql}{2H} = (1+\alpha_t\,\Delta t)L_0 + \frac{H^2}{2qEA}\left(\sinh\frac{ql}{H} + \frac{ql}{H}\right)$$

- $L_0$ Länge im unbelasteten Zustand
- H Horizontalkomponente der Seilkraft
- q konstante Vertikalbelastung über die Seillänge
- l Spannweite
- E Elastizitätsmodul
- A Querschnittsfläche
- $\alpha_t$ Temperatur-Dehnzahl
- $\Delta t$ Temperatur-Differenz

Für $\Delta t = 0$ folgt

$$\frac{2H}{q}\sinh\frac{ql}{2H} = L_0 + \frac{H^2}{2qEA}\left(\sinh\frac{ql}{H} + \frac{ql}{H}\right) .$$

Um die Auflösung dieser Gleichung nach H zu umgehen, wenden wir Lösungsverfahren für dehnstarre Seile an.

Bezogen auf den Aufgabentyp 1 läuft die Berechnung wie folgt ab.

Gegeben: $L_0$; l; q

Bestimme aus dem Zustand ($L_0$; l; q)

die Horizontalkraft $H_1$ Kapitel 8.3.1.

die Verlängerung des Seiles $\Delta s_1$ $\Delta s_1 = \frac{H_1^2}{2qEA}\left(\sinh\frac{ql}{H_1} + \frac{ql}{H_1}\right)$

die neue Seillänge $L_1 = L_0 + \Delta s_1$

Bestimme aus dem Zustand ($L_n$; l; q)

die Horizontalkraft $H_{n+1} < H_n$, da $L_{n+1} > L_n$

die Verlängerung des Seiles $\Delta s_{n+1}$ $\Delta s_{n+1} = \frac{H_{n+1}^2}{2qEA}\left(\sinh\frac{ql}{H_{n+1}} + \frac{ql}{H_{n+1}}\right)$

die neue Seillänge $L_{n+1} = L_0 + \Delta s_{n+1}$

Nach einer ausreichenden Anzahl von Berechnungsschritten erhält man eine im technischen Sinne genaue Lösung für die sich einstellende Seillänge und damit aller Seilparameter. Der Lösungsprozess wird über Iterationsschleifen organisiert.

| | A | B | C | D | E | F | Formel | |
|---|---|---|---|---|---|---|---|---|
| 1 | **Dehnbare Seile** | | | | | | | |
| 2 | Stützpunkte in gleicher Höhe | | | | | | | |
| 3 | | | | | | | | |
| 4 | | VARIANTE: | geg.: | Seillänge | | | | |
| 5 | | | | Stützweite | | | | |
| 6 | | | | Metergewicht | | | | |
| 7 | L = | 90,000 | m | | | | | |
| 8 | l = | 80,000 | m | | | | | |
| 9 | q = | 100 | N/m | | | | | |
| 10 | E = | 500.000.000 | N/m² | | | | | |
| 11 | A = | 0,001 | m² | | | | | |
| 12 | | | | | | | | |
| 13 | | | | | | | | |
| 14 | L/2 = | 45,471 | m | | | | =E32/2 | |
| 15 | l/2 = | 40,000 | m | | | | =B8/2 | |
| 16 | λ = | 0,880 | ( l / L ) | | | | =B8/E32 | |
| 17 | | | | | | | | |
| 18 | $y_0$ = | 45,03327 | m | | | | =B14/B31 | |
| 19 | y(l/2) = | 63,997 | m | | | | =B18*COSHYP(B15/B18) | |
| 20 | | | | | | | | |
| 21 | **f =** | **18,964** | m | | | | =B19-B18 | |
| 22 | **$L_n$ =** | **90,942** | m | | | | =E32 | |
| 23 | **H =** | **4.503,3** | N | | | | =B18*B9 | |
| 24 | **$V_a$ =** | **4.547,1** | N | | | | =B14*B9 | |
| 25 | **$S_a$ =** | **6.399,7** | N | **$\Delta s_n$ =** | **0,9422696** | m | =B23+B9*B21 | $S_a$ |
| 26 | | | | | | | =B23*B23/2/B10/B11/B9 *(SINHYP(B9*B8/B23) +B9*B8/B23) | $\Delta s_n$ |
| 27 | **Iteration:** | | | | | | | |
| 28 | Startwert | | | | | | | |
| 29 | | | | | | | | |
| 30 | | | | | | | =B32*B32/SINHYP($B$16*B32) | B31 |
| 31 | | 1,00972320 | = a | Beachtung der Dehnung: | | | =WENN(A32=0;1;B31) | B32 |
| 32 | 1 | 1,00972320 | | 1 | 90,9422696 | m | =WENN(D32=0;B7;B7+E25) | E30 |

BILD 8-28 Lösungsblatt: Das dehnbare Seil

# 9 Querschnittswerte

## 9.1 Querschnittswerte polygonal begrenzter Flächen

Sollen Standsicherheitsnachweise von Konstruktionen oder konstruktiven Elementen geführt werden, sind statische Querschnittswerte zu ermitteln. In diesem Abschnitt bestimmen wir von polygonal begrenzten Querschnitten konstruktiver Elemente, geschlossene Hohlprofile einbezogen,

- die Querschnittsfläche,
- die Lage des Schwerpunktes,
- die Flächenmomente zweiten Grades bezogen ein Y-Z-Achsensystem,
- die Hauptflächenmomente zweiten Grades,
- die Richtung der Hauptachsen,
- die Trägheitsradien.

Ein allgemeines Polygon mit n Ecken wird betrachtet. Damit wird eine große Palette von Bauelementen, wie sie zum Beispiel als

- Fundamentflächen,
- geleimte Holzquerschnitte,
- Querschnitte für Stahlbeton- und Spannbetonträger,
- Querschnitte geschweißter Stahlprofile

auftreten, berücksichtigt.

Analog zum Vorgehen in den vorstehenden Kapiteln sollen die Skizze des Querschnittes als Eingabekontrolle automatisch entstehen und im Ergebnis auch die Achsen mit eingetragen werden. Damit im Rahmen dieser Abhandlung Ein- und Ausgabesituation wiederum bildschirmfüllend erscheinen, begrenzen wir die Anzahl der Eckpunkte auf neunzehn. Die Wahl der Längeneinheit möge freigestellt sein.
Um die Leistungsfähigkeit des Programmes vorzustellen, werden zunächst zwei Lösungsblätter gezeigt, Bilder 9-1 ... 9-2.

**Querschnittswerte**
**polygonal begrenzter Flächen**

y' ← z' ↓

EINGABE:

Wahl der Maßeinheit: cm

Eckenzahl: **3 ≤ n ≤ 19**

n = 8

| Koordinaten | | | Koordinaten der Eckpunkte bezogen auf | | | |
|---|---|---|---|---|---|---|
| | | | Schwerachsen Y;Z | | Hauptachsen U;V | |
| Punkt | y' [cm] | z' [cm] | **y [cm]** | **z [cm]** | **u [cm]** | **v [cm]** |
| 1 | 0,00 | 0,00 | **-22,500** | **-30,000** | **-11,301** | **-35,757** |
| 2 | 30,00 | 0,00 | **7,500** | **-30,000** | **17,007** | **-25,826** |
| 3 | 30,00 | 45,00 | **7,500** | **15,000** | **2,112** | **16,637** |
| 4 | 45,00 | 45,00 | **22,500** | **15,000** | **16,267** | **21,602** |
| 5 | 45,00 | 60,00 | **22,500** | **30,000** | **11,301** | **35,757** |
| 6 | 15,00 | 60,00 | **-7,500** | **30,000** | **-17,007** | **25,826** |
| 7 | 15,00 | 15,00 | **-7,500** | **-15,000** | **-2,112** | **-16,637** |
| 8 | 0,00 | 15,00 | **-22,500** | **-15,000** | **-16,267** | **-21,602** |
| ------ | 0,00 | 0,00 | **-22,500** | **-30,000** | | |
| ------ | 0,00 | 0,00 | | | | |
| ------ | 0,00 | 0,00 | | | | |
| ------ | 0,00 | 0,00 | | | | |
| ------ | 0,00 | 0,00 | | | | |
| ------ | 0,00 | 0,00 | | | | |
| ------ | 0,00 | 0,00 | | | | |
| ------ | 0,00 | 0,00 | | | | |
| ------ | 0,00 | 0,00 | | | | |
| ------ | 0,00 | 0,00 | | | | |
| ------ | 0,00 | 0,00 | | | | |
| ------ | 0,00 | 0,00 | | | | |

| | | |
|---|---|---|
| Querschnittsfläche | | |
| **A =** | **1.350,00** | **cm²** |
| Schwerpunkt | | |
| **y '$_s$ =** | **22,50** | **cm** |
| **z '$_s$ =** | **30,00** | **cm** |
| Flächenmomente 2. Grades | | |
| $I_y$ = | 506.250,0 | cm4 |
| $I_z$ = | 126.562,5 | cm4 |
| $I_{yz}$ = | 151.875,0 | cm4 |
| Hauptflächenmom. 2. Grades | | |
| **$I_u$ =** | **559.524,9** | **cm4** |
| **$I_v$ =** | **73.287,6** | **cm4** |
| Trägheitsradien | | |
| **$i_u$ =** | **20,36** | **cm** |
| **$i_v$ =** | **7,37** | **cm** |
| Hauptachsen (+) | | |
| **2 φ =** | **-38,660** | ° |
| **φ =** | **-19,330** | ° |

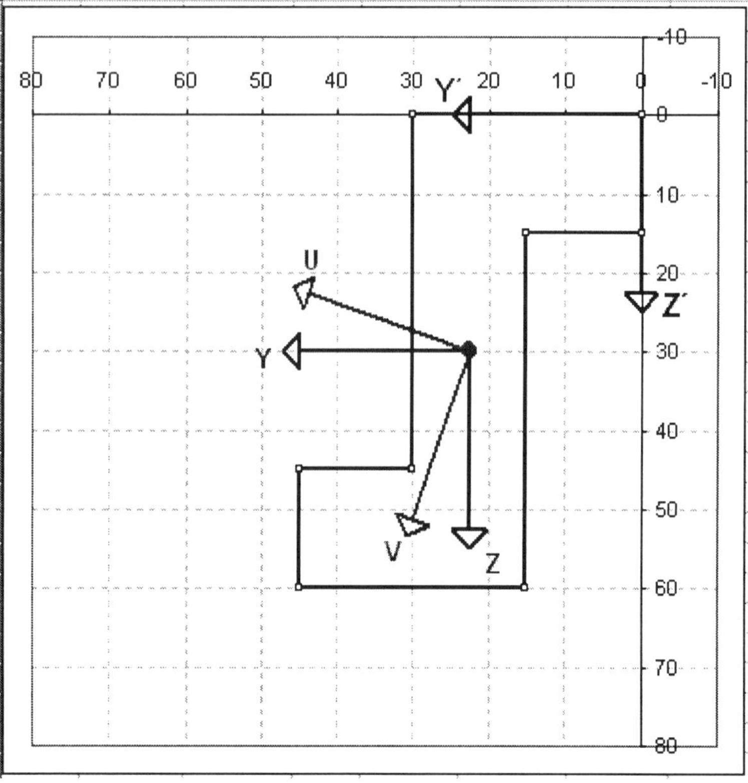


BILD 9-1 Z-Profil; Querschnittswerte

**Querschnittswerte**
**polygonal begrenzter Flächen**

y' ←, z' ↓

EINGABE:

Wahl der Maßeinheit: dm

Eckenzahl: **3 ≤ n ≤ 19**

n = 16

| Koordinaten | | |
|---|---|---|
| Punkt | y' [dm] | z' [dm] |
| 1 | 0,00 | 0,00 |
| 2 | 50,00 | 0,00 |
| 3 | 50,00 | 2,00 |
| 4 | 40,00 | 2,00 |
| 5 | 36,00 | 4,00 |
| 6 | 36,00 | 10,00 |
| 7 | 14,00 | 10,00 |
| 8 | 17,50 | 8,00 |
| 9 | 32,50 | 8,00 |
| 10 | 32,50 | 2,00 |
| 11 | 17,50 | 2,00 |
| 12 | 17,50 | 8,00 |
| 13 | 14,00 | 10,00 |
| 14 | 14,00 | 4,00 |
| 15 | 10,00 | 2,00 |
| 16 | 0,00 | 2,00 |
| ------ | 0,00 | 0,00 |
| ------ | 0,00 | 0,00 |
| ------ | 0,00 | 0,00 |
| ------ | 0,00 | 0,00 |

| Koordinaten der Eckpunkte bezogen auf | | | |
|---|---|---|---|
| Schwerachsen Y;Z | | Hauptachsen U;V | |
| **y [dm]** | **z [dm]** | **u [dm]** | **v [dm]** |
| **-25,000** | **-3,749** | **-25,000** | **-3,749** |
| **25,000** | **-3,749** | **25,000** | **-3,749** |
| **25,000** | **-1,749** | **25,000** | **-1,749** |
| **15,000** | **-1,749** | **15,000** | **-1,749** |
| **11,000** | **0,251** | **11,000** | **0,251** |
| **11,000** | **6,251** | **11,000** | **6,251** |
| **-11,000** | **6,251** | **-11,000** | **6,251** |
| **-7,500** | **4,251** | **-7,500** | **4,251** |
| **7,500** | **4,251** | **7,500** | **4,251** |
| **7,500** | **-1,749** | **7,500** | **-1,749** |
| **-7,500** | **-1,749** | **-7,500** | **-1,749** |
| **-7,500** | **4,251** | **-7,500** | **4,251** |
| **-11,000** | **6,251** | **-11,000** | **6,251** |
| **-11,000** | **0,251** | **-11,000** | **0,251** |
| **-15,000** | **-1,749** | **-15,000** | **-1,749** |
| **-25,000** | **-1,749** | **-25,000** | **-1,749** |
| **-25,000** | **-3,749** | | |

| | | |
|---|---|---|
| Querschnittsfläche | | |
| **A =** | **194,00** | **dm²** |
| Schwerpunkt | | |
| **$y'_s$ =** | **25,00** | **dm** |
| **$z'_s$ =** | **3,75** | **dm** |
| Flächenmomente 2. Grades | | |
| $I_y$ = | 2.219,8 | dm4 |
| $I_z$ = | 27.468,5 | dm4 |
| $I_{yz}$ = | 0,0 | dm4 |
| Hauptflächenmom. 2. Grades | | |
| **$I_u$ =** | **2.219,8** | **dm4** |
| **$I_v$ =** | **27.468,5** | **dm4** |
| Trägheitsradien | | |
| **$i_u$ =** | **3,38** | **dm** |
| **$i_v$ =** | **11,90** | **dm** |
| Hauptachsen | | + |
| **2 φ =** | **0,000** | ° |
| **φ =** | **0,000** | ° |

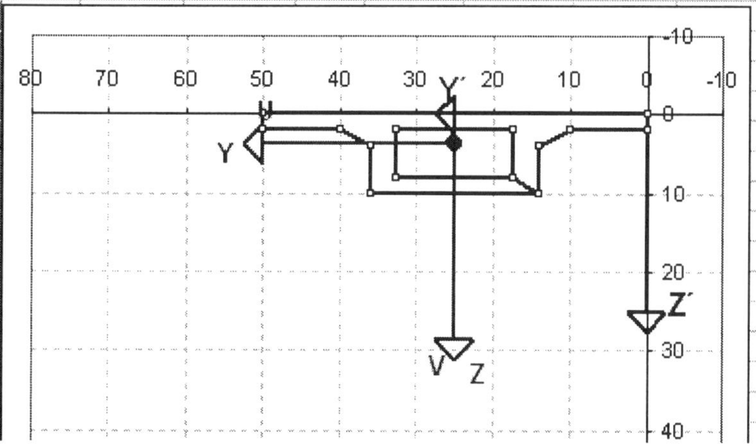


BILD 9-2 Hohlkasten; Querschnittswerte

Zusammenstellung der Berechnungsansätze

EINGABE

Eckenzahl n

ZELLE B8
Bedingung: $3 \leq n \leq 19$
Stopp bei Falscheingabe für $n < 3$ und $n > 19$
Eintrag unter DATEN >> GÜLTIGKEIT ...

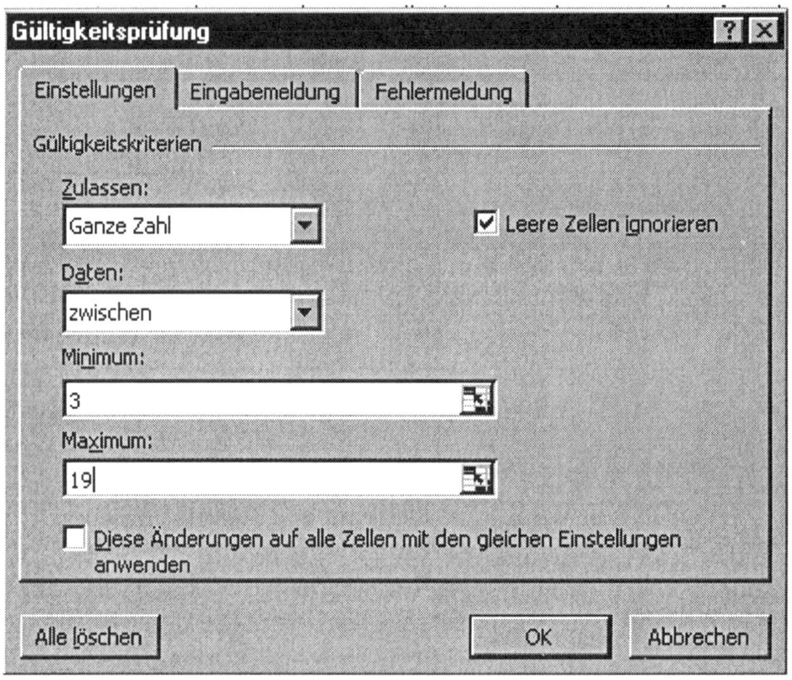


BILD 9-3 Eintrag der Gültigkeitsprüfung

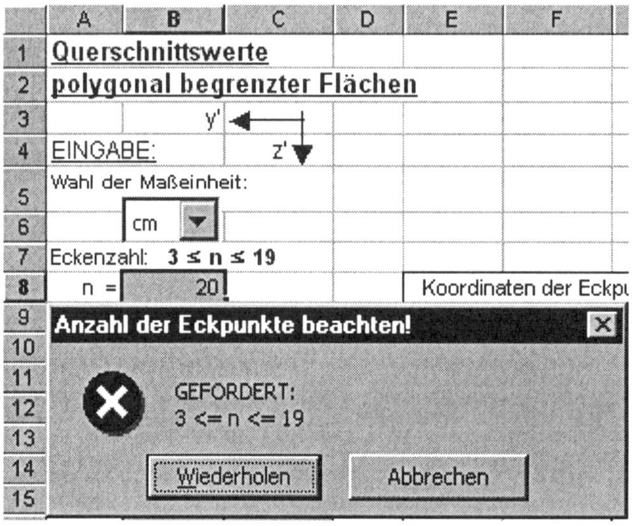


BILD 9-4 Reaktion zum Beispiel bei n = 20

Im Bereich A11:A30 werden nur die Knotennummern angegeben, die durch den Wert n vorgegeben sind. Im Bereich B11:C30 werden die Zellen grau hinterlegt, in denen Koordinaten einzutragen sind.

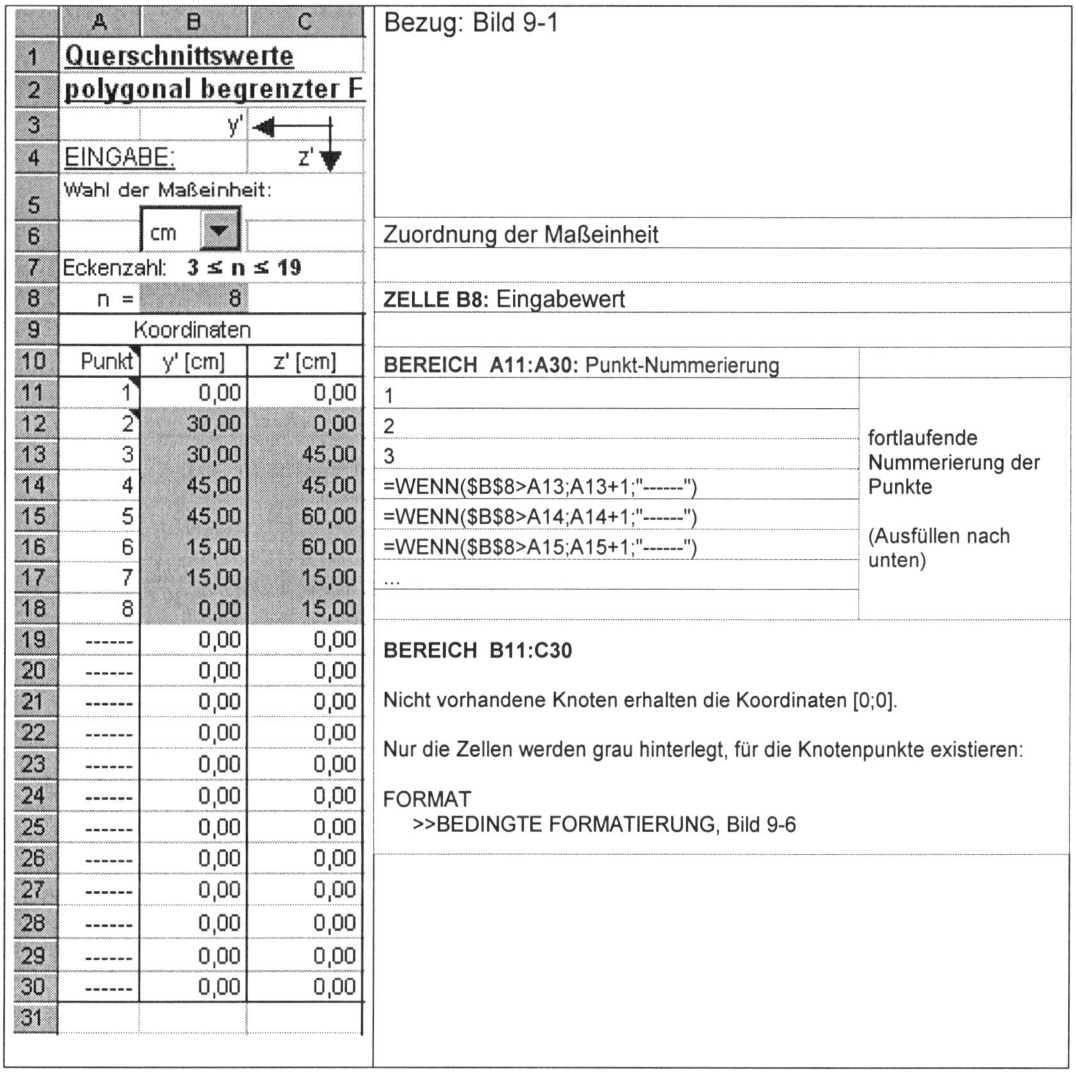


BILD 9-5 Eingabe der Koordinaten der Polygonpunkte

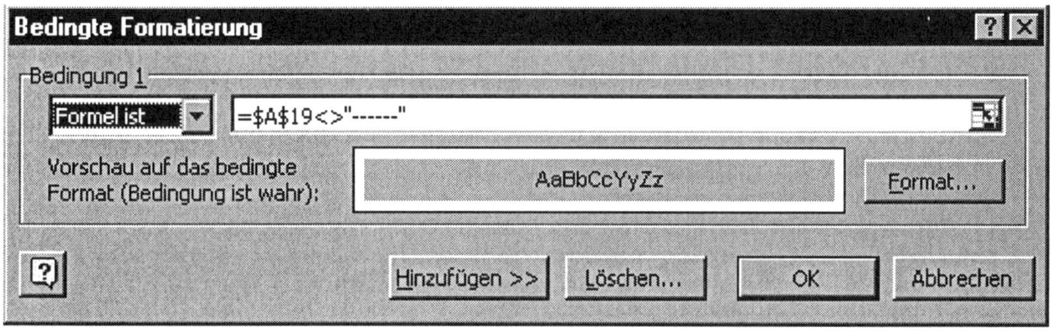


BILD 9-6 Bedingte Formatierung, zum Beispiel der ZELLEN B19 und C19

WAHL DER MASSEINHEIT

Um eine große Vielfalt von Abmessungsverhältnissen berücksichtigen zu können, werden die Maßeinheiten mm, cm, dm, m durch ein Kombinationsfeld eingestellt. Die dazugehörige Tabelle liegt auf Tabelle2 der Arbeitsmappe.

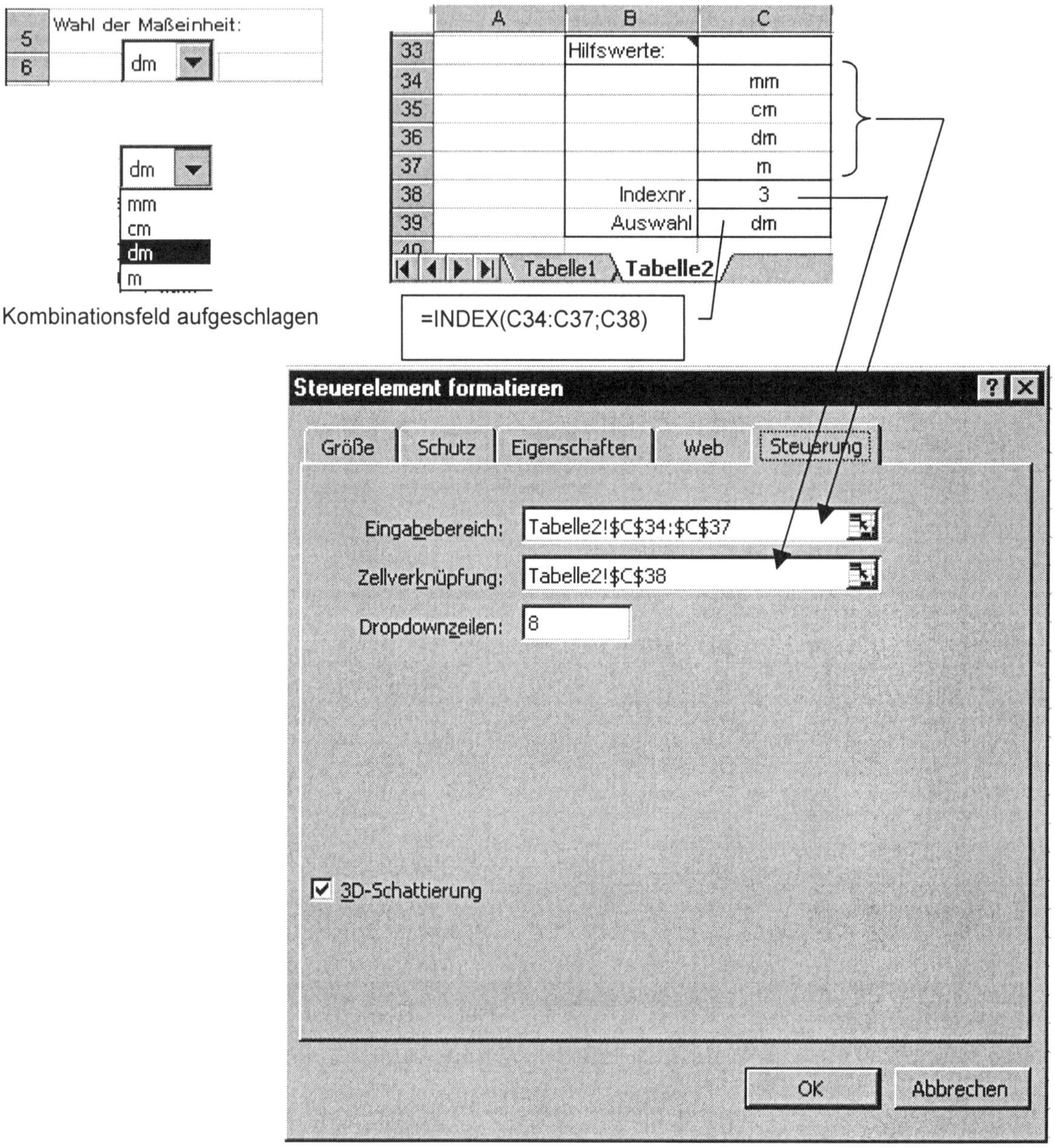


BILD 9-7 Auswahl der Maßeinheiten

Die ausgewählte Maßeinheit wird zu den Einzelpositionen übertragen, Beispiele in Tabelle 9-1). Es handelt sich um eine Textverknüpfung.

| ZELLE | DARSTELLUNG | EXCEL-NOTATION |
|---|---|---|
| B10 | y' [cm] | ="y' ["&Tabelle2!$C$39&"]" |
| E10 | y [cm] | ="y ["&Tabelle2!$C$39&"]" |
| L8 | $cm^2$ | =Tabelle2!C39&"$^2$" |

TABELLE 9-1) Zuordnung der ausgewählten Maßeinheit

ERMITTLUNG DER QUERSCHNITTSWERTE

Die Orientierung der Koordinatenachsen soll den Angaben im bautechnischen Schrifttum, insbesondere in den Normen entsprechen, Bild 9-8. Das bedeutet jedoch, das beim Erstellen der Grafiken mittels Diagrammen
Y ➔ X und Z ➔ Y mit umgekehrter Orientierung von X und Y zu beachten ist.

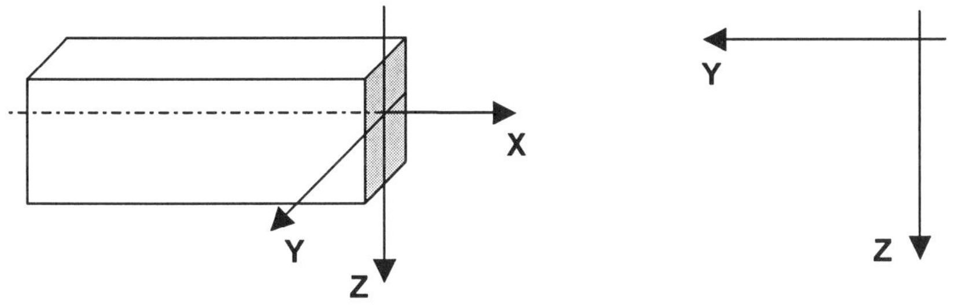


BILD 9-8 Querschnittsachsen

Zur Ermittlung der Querschnittswerte polygonal begrenzter Flächen gehen wir von den in Tabelle 9-2) zusammengestellten Rechenansätzen aus.
Vollquerschnitte sind im Gegenzeigersinn, Ausnehmungen im Uhrzeigersinn zu nummerieren. Es muss ein geschlossener Linienzug entstehen, Bilder 9-9 und 9-10.

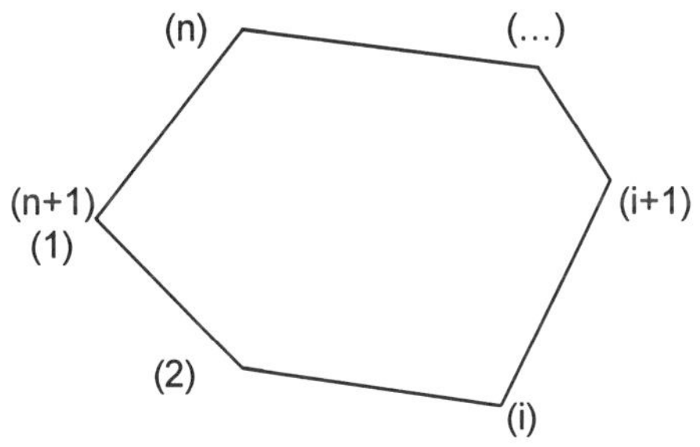


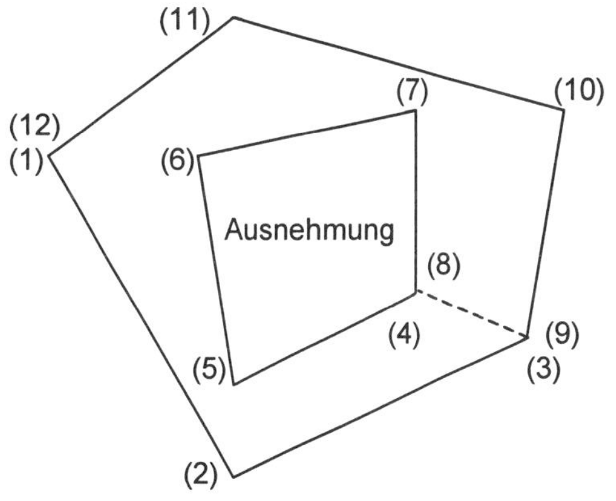


BILD 9-9 Nummerierung des Vollquerschnittes

BILD 9-10 Nummerierung des Hohlquerschnittes

Für die in Tabelle 9-2) aufgestellten Funktionen gelten die Achslagen nach Bild 9-11.

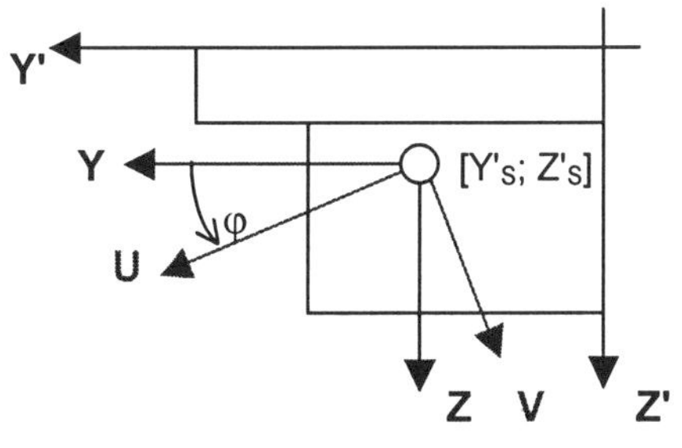


BILD 9-11 Achslagen nach Tabelle 9-2)

| Punkt-Nr. | Koordinate Y | Koordinate Z | Kennwert $K_i$ | |
|---|---|---|---|---|
| i | $Y'_i$ | $Z'_i$ | $K_i = Y'_i Z'_{i+1} - Y'_{i+1} Z'_i$ | Beachte: Dies ist der Wert der Determinante der (2,2)-Matrix $M_i = \begin{bmatrix} Y'_i & Z'_i \\ Y'_{i+1} & Z'_{i+1} \end{bmatrix}$ |
| i+1 | $Y'_{i+1}$ | $Z'_{i+1}$ | $K_{i+1} = Y'_{i+1} Z'_{i+2} - Y'_{i+2} Z'_{i+1}$ | ... |
| i+2 | $Y'_{i+2}$ | $Z'_{i+2}$ | ... | ... |

| | | |
|---|---|---|
| **Querschnittsfläche** | $A = 0{,}5 \sum_{i=1}^{n+1} K_i$ | 9-(1) |
| **Flächenmomente ersten Grades** | $S_{Y'} = \frac{1}{6} \sum_{i=1}^{n+1} K_i \left(Z'_i + Z'_{i+1}\right)$ | 9-(2) |
| | $S_{Z'} = \frac{1}{6} \sum_{i=1}^{n+1} K_i \left(Y'_i + Y'_{i+1}\right)$ | 9-(3) |
| **Koordinaten des Schwerpunktes** | $Y'_S = \frac{S_{Z'}}{A}$ | 9-(4) |
| | $Z'_S = \frac{S_{Y'}}{A}$ | 9-(5) |
| **Punktkoordinaten auf Y-Z-Achsen bezogen** | $Y_i = Y'_i - Y'_S$ | 9-(6) |
| | $Z_i = Z'_i - Z'_S$ | 9-(7) |
| **Flächenmomente zweiten Grades** | $I_Y = \frac{1}{12} \sum_{i=1}^{n+1} \left(Y_i Z_{i+1} - Y_{i+1} Z_i\right)\left(Z_i^2 + Z_i Z_{i+1} + Z_{i+1}^2\right)$ | 9-(8) |
| | $I_Z = \frac{1}{12} \sum_{i=1}^{n+1} \left(Y_i Z_{i+1} - Y_{i+1} Z_i\right)\left(Y_i^2 + Y_i Y_{i+1} + Y_{i+1}^2\right)$ | 9-(9) |
| | $I_{YZ} = \frac{1}{24} \sum_{i=1}^{n+1} \left(Y_i Z_{i+1} - Y_{i+1} Z_i\right)\left(2\, Y_i Z_i + Y_i Z_{i+1} + Y_{i+1} Z_i + 2\, Y_{i+1} Z_{i+1}\right)$ | 9-(10) |
| **Hauptachsen** | $\varphi = \frac{1}{2} \arctan \frac{2\, I_{YZ}}{I_Z - I_Y}$ | 9-(11) |
| **Hauptflächenmomente zweiten Grades** | $I_U = I_Y \cos^2 \varphi + I_Z \sin^2 \varphi - I_{YZ} \sin(2\varphi)$ | 9-(12) |
| | $I_V = I_Y \sin^2 \varphi + I_Z \cos^2 \varphi + I_{YZ} \sin(2\varphi)$ | 9-(13) |
| **Trägheitsradien** | $i_U = \sqrt{\frac{I_U}{A}}$ ; $i_V = \sqrt{\frac{I_V}{A}}$ | 9-(14) ; 9-(15) |

TABELLE 9-2) Ermittlung der Querschnittswerte

Die Aufbereitung der Formeln 9-(1) … 9-(3) und 9-(8) … 9-(10) enthält Bild 9-12, die EXCEL-Formulierungen beispielhaft Tabelle 9-3).

| | A | B | C | D | E | F | G |
|---|---|---|---|---|---|---|---|
| 1 | | | | | | | |
| 2 | | | | | | | |
| 3 | | | | | | | |
| 4 | | | | | | | |
| 5 | Zwischenwerte für | | | Zwischenwerte für | | | |
| 6 | die Berechnung von | | | die Berechnung von | | | |
| 7 | A [cm²] | Sy' [cm] | Sz' [cm] | Iy [cm4] | Iz [cm4] | Iyz [cm4] | Punkt |
| 8 | 0 | 0 | 0 | 2.430.000 | 354.375 | 1.215.000 | 1 |
| 9 | 1.350 | 60.750 | 81.000 | 227.813 | 56.953 | -113.906 | 2 |
| 10 | -675 | -60.750 | -50.625 | -151.875 | -164.531 | -303.750 | 3 |
| 11 | 675 | 70.875 | 60.750 | 531.563 | 512.578 | 1.025.156 | 4 |
| 12 | 1.800 | 216.000 | 108.000 | 2.430.000 | 354.375 | 1.215.000 | 5 |
| 13 | -675 | -50.625 | -20.250 | 227.813 | 56.953 | -113.906 | 6 |
| 14 | 225 | 6.750 | 3.375 | -151.875 | -164.531 | -303.750 | 7 |
| 15 | 0 | 0 | 0 | 531.563 | 512.578 | 1.025.156 | 8 |
| 16 | 0 | | | | | | ------ |
| 17 | 0 | | | | | | ------ |
| 18 | 0 | | | | | | ------ |
| 19 | 0 | | | | | | ------ |
| 20 | 0 | | | | | | ------ |
| 21 | 0 | | | | | | ------ |
| 22 | 0 | | | | | | ------ |
| 23 | 0 | | | | | | ------ |
| 24 | 0 | | | | | | ------ |
| 25 | 0 | | | | | | ------ |
| 26 | 0 | | | | | | ------ |
| 27 | 0 | | | | | | ------ |
| 28 | 1.350 | 40.500 | 30.375 | 506.250 | 126.563 | 151.875 | |
| 29 | A | $S_{y'}$ | $S_{z'}$ | $I_y$ | $I_z$ | $I_{yz}$ | |

BILD 9-12 Ermittlung von Querschnittswerten (Tabelle2 der Arbeitsmappe)

| | A | B | C | D | E | F | G |
|---|---|---|---|---|---|---|---|
| **8** | =MDET(Tabelle1!B11:C12) | | | | | | |
| **8** | | =WENN(G8<>"------";A8*(Tabelle1!C11+Tabelle1!C12);"") | | | | | |
| **8** | | | =WENN(G8<>"------";A8*(Tabelle1!B11+Tabelle1!B12);"") | | | | |
| **8** | | | | =WENN(G8<>"------";(Tabelle1!E11*Tabelle1!F12 -Tabelle1!E12*Tabelle1!F11)*(Tabelle1!F11*Tabelle1!F11 +Tabelle1!F11*Tabelle1!F12+Tabelle1!F12*Tabelle1!F12);"") | | | |
| **8** | | | | | =WENN(G8<>"------";(Tabelle1!E11*Tabelle1!F12 -Tabelle1!E12*Tabelle1!F11)*(Tabelle1!E11*Tabelle1!E11 +Tabelle1!E11*Tabelle1!E12+Tabelle1!E12*Tabelle1!E12);"") | | |
| **8** | | | | | | =WENN(G8<>"------";(Tabelle1!E11*Tabelle1!F12-Tabelle1!E12*Tabelle1!F11)*(2*Tabelle1!E11*Tabelle1!F11 +Tabelle1!E11*Tabelle1!F12+Tabelle1!E12*Tabelle1!F11 +2*Tabelle1!E12*Tabelle1!F12);"") | |
| **8** | | | | | | | =Tabelle1!A11 |
| | | | | | | | |
| **28** | =SUMME(A8:A27)/2 | | | | | | |
| **28** | | =SUMME(B8:B27)/6 | | | | | |
| **28** | | | =SUMME(C8:C27)/6 | | | | |
| **28** | | | | =RUNDEN(SUMME(D8:D27)/12;10) | | | |
| **28** | | | | | =RUNDEN(SUMME(E8:E27)/12;10) | | |
| **28** | | | | | | =RUNDEN(SUMME(F8:F27)/24;10) | |
| | | | | | | | |
| | **A** | $S_{Y'}$ | $S_{Z'}$ | $I_Y$ | $I_Z$ | $I_{YZ}$ | |

TABELLE 9-3) Beispiele für die EXCEL-Notation zu Bild 9-12

Beachte:

Es ist dringend anzuraten, die Berechnungen zunächst auf Tabelle1 der Arbeitsmappe zu realisieren und erst dann die Wertetabelle nach Tabelle2 zu verschieben. In Tabelle 9-3 ist deutlich erkennbar, wie schwer die notierten Funktionen zu lesen sind.

Schließlich werden die Rechenergebnisse im Bereich K8:K29 erzeugt, Tabelle 9-4).

| **Querschnittswert** | **Formel** | **ZELLE** | **EXCEL-Notation** |
|---|---|---|---|
| Querschnittsfläche | 9-(1) | K8 | =ABS(Tabelle2!A28) |
| | | | |
| Lage des Schwerpunktes | 9-(4) | K11 | =Tabelle2!C28/Tabelle2!A28 |
| | 9-(5) | K12 | =Tabelle2!B28/Tabelle2!A28 |
| | | | |
| Flächenmomente | 9-(8) | K15 | =Tabelle2!D28 |
| | 9-(9) | K16 | =Tabelle2!E28 |
| | 9-(10) | K17 | =Tabelle2!F28 |
| | | | |
| Hauptflächenmomente | 9-(12) | K20 | =K15*COS(K29*PI()/180)*COS(K29*PI()/180)<br>+K16*SIN(K29*PI()/180)*SIN(K29*PI()/180)-K17*SIN(K28*PI()/180) |
| | 9-(13) | K21 | =K15*SIN(K29*PI()/180)*SIN(K29*PI()/180)<br>+K16*COS(K29*PI()/180)*COS(K29*PI()/180)+K17*SIN(K28*PI()/180) |
| | | | |
| Trägheitsradien | 9-(14) | K24 | =WURZEL(K20/K8) |
| | 9-(15) | K25 | =WURZEL(K21/K8) |
| | | | |
| Hauptachsen | 9-(11) | K28 | =WENN(K15<>K16;ARCTAN(2*K17/(K16-K15))*180/PI();<br>WENN(UND(K15=K16;K17=0);0;WENN(K15=K16;90))) |
| | | K29 | =0,5*K28 |

TABELLE 9-4) Querschnittswerte; EXCEL-Notationen

WARNUNG BEI FALSCHEINGABEN

In Bild 9-6 wird darauf verwiesen, dass nicht vorhandene Knoten (Eckpunkte) mit den Koordinaten [ 0 ; 0 ] zu versehen sind. Dies betrifft die Punkte n = 4 ... 19. Knotennummern n < 3 sind ohnehin unzulässig. Wird diese Bedingung nicht eingehalten, entstehen fehlerhafte Resultate. Um dies zu vermeiden, erfolgt eine Warnmeldung, wenn nicht vorhandene Knoten mit Koordinatenwerten verschieden von Null belegt sind, Bild 9-13.

Eine weitere Warnmeldung ergibt sich für den Fall, dass durch die gewählten Koordinaten alle Punkte auf einer Geraden liegen. Es entsteht also keine Fläche. Die Warnung wird aufgerufen, wenn die Querschnittsfläche A = 0 ist, Bild 9-13.

Beachte:

Die gewählten Ansätze gelten nicht für verschränkte Flächen. Berandungslinien dürfen sich also nicht kreuzen. Hierfür wurde keine Warnmeldung eingearbeitet.

| | A | B | C | D | E | F | G | H | I | J | K | L |
|---|---|---|---|---|---|---|---|---|---|---|---|---|
| 7 | Eckenzahl: | 3 ≤ n ≤ 19 | | | | | | | | Querschnittsfläche | | |
| 8 | n = | 8 | | | Koordinaten der Eckpunkte bezogen auf | | | | | A = | 1.400,00 | cm² |
| 9 | Koordinaten | | | | Schwerachsen Y;Z | | Hauptachsen U;V | | | | | |
| 10 | Punkt | y' [cm] | z' [cm] | | y [cm] | z [cm] | u [cm] | v [cm] | | Schwerpunkt | | |
| 11 | 1 | 0,00 | 0,00 | | -21,696 | -28,929 | -10,849 | -34,495 | | y'$_s$ = | 21,70 | cm |
| 12 | 2 | 30,00 | 0,00 | | 8,304 | -28,929 | 17,446 | -24,524 | | z'$_s$ = | 28,93 | cm |
| 13 | 3 | 30,00 | 45,00 | | 8,304 | 16,071 | 2,490 | 17,918 | | | | |
| 14 | 4 | 45,00 | 45,00 | | 23,304 | 16,071 | 16,638 | 22,903 | | Flächenmomente 2. Grades | | |
| 15 | 5 | 45,00 | 60,00 | | 23,304 | 31,071 | 11,652 | 37,050 | | $I_y$ = | 507.799,7 | cm4 |
| 16 | 6 | 15,00 | 60,00 | | -6,696 | 31,071 | -16,642 | 27,080 | | $I_z$ = | 127.434,2 | cm4 |
| 17 | 7 | 15,00 | 15,00 | | -6,696 | -13,929 | -1,687 | -15,362 | | $I_{yz}$ = | 153.037,3 | cm4 |
| 18 | 8 | 0,00 | 15,00 | | -21,696 | -13,929 | -15,834 | -20,348 | | | | |
| 19 | ------ | 0,00 | 0,00 | | -21,696 | -28,929 | | | | [illegible] | | |
| 20 | ------ | 0,00 | 0,00 | | | | | | | | | |
| 21 | ------ | 10,00 | 0,00 | <== *) | | | | | | | | |
| 22 | ------ | 0,00 | 10,00 | <== *) | | | | | | | | |
| 23 | ------ | 0,00 | 0,00 | | | | | | | | | |
| 24 | ------ | 0,00 | 0,00 | | | | | | | | | |
| 25 | ------ | 0,00 | 0,00 | | | | | | | | | |
| 26 | ------ | 0,00 | 0,00 | | | | | | | | | |
| 27 | ------ | 0,00 | 0,00 | | | | | | | | | |
| 28 | ------ | 0,00 | 0,00 | | | | | | | | | |
| 29 | ------ | 0,00 | 0,00 | | | | | | | | | |
| 30 | ------ | 0,00 | 0,00 | | | | | | | | | |
| 31 | | | | *) Koordinaten nicht vorhandener Punkte Null setzen! | | | | | | | | |
| 32 | | | | | | | | | | | | |

=WENN(UND(A14="------";ABS(B14)+ABS(C14)<>0);
"<== *)";"")

=WENN(ISTNV(VERGLEICH("<== *)";
D14:D30;0))=FALSCH;
" *) Koordinaten nicht vorhandener Punkte Null setzen!";"")

=WENN(K8=0;
"A = 0 ==> Geometrie des Querschnittes überprüfen!";"")

BILD 9-13 Warnungen bei Falscheingaben

## 9.2 Querschnitte aus Rechteck-Teilflächen

**Querschnittswerte; Querschnitt aus rechteckförmigen Teilquerschnitten zusammengesetzt**

Voraussetzung: Teilquerschnitte liegen parallel zu den Achsen

| Lage | i | Größe b | t | Horizontal-Versatz y'$_i$ | Vertikal-Versatz z'$_i$ | y'$_i$ | z'$_i$ | $A_i$ | $A_i$*y'$_i$ | $A_i$*z'$_i$ | $y_i$ | $z_i$ |
|---|---|---|---|---|---|---|---|---|---|---|---|---|
| | | mm | mm | mm | mm | cm | cm | cm² | cm³ | cm³ | cm | cm |
| ▭ | 1 | 60 | 45 | 0,0 | -437,5 | 0,0 | -43,8 | 27,00 | 0,0 | -1.181 | 0,0 | -33,5 |
| ▭ | 2 | 250 | 15 | 0,0 | -407,5 | 0,0 | -40,8 | 37,50 | 0,0 | -1.528 | 0,0 | -30,5 |
| ▭ | 3 | 200 | 12 | 0,0 | 406,0 | 0,0 | 40,6 | 24,00 | 0,0 | 974 | 0,0 | 50,9 |
| ▭ | 4 | 0 | 0 | 0,0 | 0,0 | 0,0 | 0,0 | 0,00 | 0,0 | 0 | 0,0 | 10,3 |
| ▯ | 5 | 800 | 10 | 0,0 | 0,0 | 0,0 | 0,0 | 80,00 | 0,0 | 0 | 0,0 | 10,3 |
| ▯ | 6 | 0 | 0 | 0,0 | 0,0 | 0,0 | 0,0 | 0,00 | 0,0 | 0 | 0,0 | 10,3 |
| | | | | | | | | 168,5 | 0 | -1.735 | | |

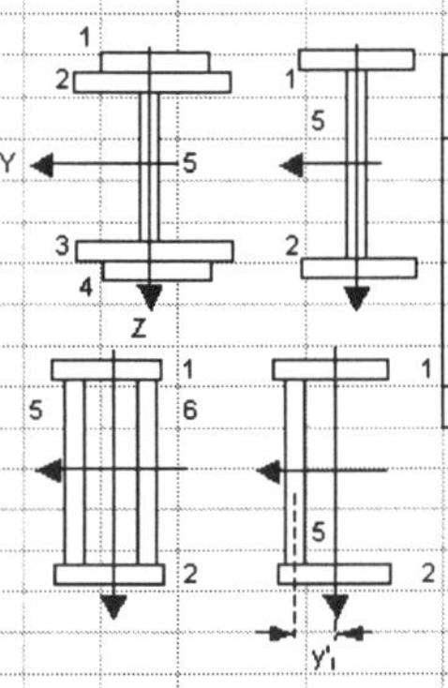


| $I_{\bar{y}}$ | $I_{\bar{z}}$ | $A_i$*$y_i^2$ | $A_i$*$z_i^2$ | $A_i$*$y_i$*$z_i$ |
|---|---|---|---|---|
| cm⁴ | cm⁴ | cm⁴ | cm⁴ | cm⁴ |
| 46 | 81 | 0 | 30.217 | 0 |
| 7 | 1.953 | 0 | 34.778 | 0 |
| 3 | 800 | 0 | 62.171 | 0 |
| 0 | 0 | 0 | 0 | 0 |
| 42.667 | 7 | 0 | 8.482 | 0 |
| 0 | 0 | 0 | 0 | 0 |
| 42.722 | 2.841 | 0 | 135.647 | 0 |

| | | |
|---|---|---|
| A = | 168,50 | cm² |
| y'$_s$ = | 0,00 | cm |
| z'$_s$ = | -10,30 | cm |
| $I_Y$ = | 178.369 | cm⁴ |
| $I_Z$ = | 2.841 | cm⁴ |
| $I_{YZ}$ = | 0 | cm⁴ |
| φ = | 0,00 | ° |
| $I_u$ = | 178.369 | cm⁴ |
| $I_v$ = | 2.841 | cm⁴ |
| $i_u$ = | 32,5 | cm |
| $i_v$ = | 4,1 | cm |

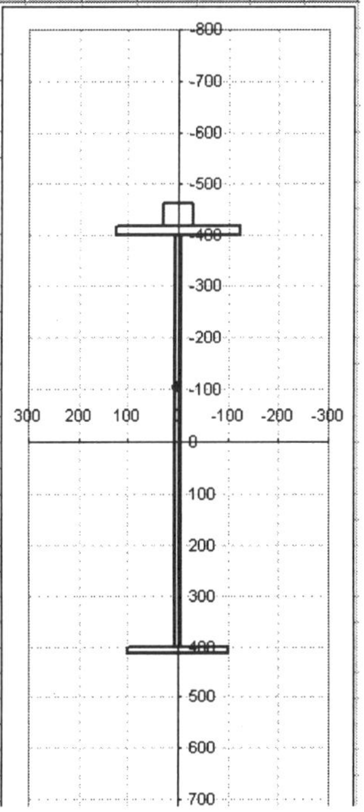


BILD 9-14 Kranbahnträger

Betrachtet werden Querschnitte, wie sie üblicherweise im Holzbau als geleimte Konstruktionselemente oder im Stahlbau als geschweißte Profile auftreten. Bild 9-14 zeigt einen geschweißten Kranbahnträger, wobei die nach Vorschrift anzusetzende Reduzierung der Schienenhöhe beachtet wurde.

Querschnitte dieser Art setzen sich aus Rechtecken zusammen, die in den meisten Fällen achsparallel liegen. Die Lösung der Aufgabe bedarf keines Kommentars. Es ist erkenntlich, dass der Inhalt des Lösungsblattes vollständig der „Handrechnung" entspricht.

Im Lösungsblatt wurden vier horizontal und zwei vertikal liegende Teile berücksichtigt.

t Dicke des Elementes
b Breite bzw. Höhe des Elementes

Unter Horizontal- bzw. Vertikalversatz ist der Abstand des Schwerpunktes des Elementes von einem beliebig wählbaren Koordinatenursprung zu verstehen.

## 9.3 Geschweißte Stahlquerschnitte

In Erweiterung des Kapitels 9.2 beschäftigen wir uns mit allgemeinen geschweißten Stahlquerschnitten. Wir verlassen die Voraussetzung, dass die Teile des Querschnittes achsparallel liegen sollen. Also die Querschnittsteile können auch schräg angeordnet sein.
Das Lösungsblatt wird so gestaltet, dass höchstens zehn Elemente auftreten dürfen.

**Querschnittswerte**

**Querschnitt aus dünnen, rechteckförmigen Teilquerschnitten zusammengesetzt**

| | Teilquerschnitt | | | | | | | | | |
|---|---|---|---|---|---|---|---|---|---|---|
| | Größe | | Schwerpunktversatz | | | | | | | |
| i | b x | t | y'ᵢ | z'ᵢ | α | Aᵢ | Aᵢ y'ᵢ | Aᵢ z'ᵢ | yᵢ | zᵢ |
| | mm | mm | mm | mm | | cm² | cm³ | cm³ | cm | cm |
| 1 | 2.800 | 12 | 0,0 | -6,0 | 0,0000 | 336,00 | 0 | -202 | 0,00 | -18,30 |
| 2 | 638 | 10 | 390,0 | 300,0 | -70,0000 | 63,80 | 2.488 | 1.914 | 39,00 | 12,30 |
| 3 | 638 | 10 | -390,0 | 300,0 | 70,0000 | 63,80 | -2.488 | 1.914 | -39,00 | 12,30 |
| 4 | 630 | 20 | 0,0 | 601,0 | 0,0000 | 126,00 | 0 | 7.573 | 0,00 | 42,40 |
| 5 | 100 | 10 | 0,0 | 50,0 | 90,0000 | 10,00 | 0 | 50 | 0,00 | -12,70 |
| 6 | 100 | 10 | 950,0 | 50,0 | 90,0000 | 10,00 | 950 | 50 | 95,00 | -12,70 |
| 7 | 100 | 10 | -950,0 | 50,0 | 90,0000 | 10,00 | -950 | 50 | -95,00 | -12,70 |
| 8 | 150 | 10 | 1405,0 | 50,0 | 90,0000 | 15,00 | 2.108 | 75 | 140,50 | -12,70 |
| 9 | 150 | 10 | -1405,0 | 50,0 | 90,0000 | 15,00 | -2.108 | 75 | -140,50 | -12,70 |
| 10 | | | | | | 0,00 | 0 | 0 | 0,00 | -17,70 |
| | | | | | Σ : | 649,6 | 0,0 | 11499,0 | | |

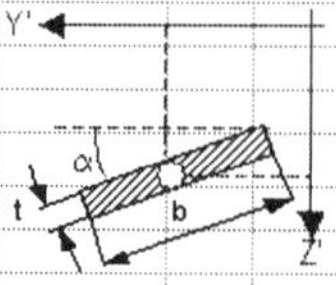


Prop.-faktor für Achsenkreuz: 3

| | | | | | |
|---|---|---|---|---|---|
| A = | 649,6 | cm² | φ = | 0,00 | ° |
| y'ₛ = | 0,00 | cm | $I_u$ = | 407.138 | cm⁴ |
| z'ₛ = | 17,70 | cm | $I_v$ = | 3.208.739 | cm⁴ |
| $I_Y$ = | 407.138 | cm⁴ | $i_u$ = | 25,04 | cm |
| $I_Z$ = | 3.208.739 | cm⁴ | $i_v$ = | 70,28 | cm |
| $I_{YZ}$ = | 0 | cm⁴ | | | |

| i | $I_{yi (FLACH)}$ | $I_{zi (FLACH)}$ | $I_{yi,\alpha}$ | $I_{zi,\alpha}$ | $I_{yzi,\alpha}$ | $A_i y_i^2$ | $A_i z_i^2$ | $A_i y_i z_i$ |
|---|---|---|---|---|---|---|---|---|
| | cm⁴ | cm⁴ | cm⁴ | cm⁴ | cm⁴ | cm⁴ | cm⁴ | cm⁴ |
| 1 | 40 | 2.195.200 | 40 | 2.195.200 | 0 | 0 | 112.543 | 0 |
| 2 | 5 | 21.641 | 19.110 | 2.536 | 6.954 | 97.040 | 9.650 | 30.601 |
| 3 | 5 | 21.641 | 19.110 | 2.536 | -6.954 | 97.040 | 9.650 | -30.601 |
| 4 | 42 | 41.675 | 42 | 41.675 | 0 | 0 | 226.500 | 0 |
| 5 | 1 | 83 | 83 | 1 | 0 | 0 | 1.613 | 0 |
| 6 | 1 | 83 | 83 | 1 | 0 | 90.250 | 1.613 | -12.067 |
| 7 | 1 | 83 | 83 | 1 | 0 | 90.250 | 1.613 | 12.067 |
| 8 | 1 | 281 | 281 | 1 | 0 | 296.104 | 2.420 | -26.769 |
| 9 | 1 | 281 | 281 | 1 | 0 | 296.104 | 2.420 | 26.769 |
| 10 | 0 | 0 | 0 | 0 | 0 | 0 | 0 | 0 |
| | | Σ : | 39.115 | 2.241.952 | 0,000 | 966.787 | 368.023 | 0 |

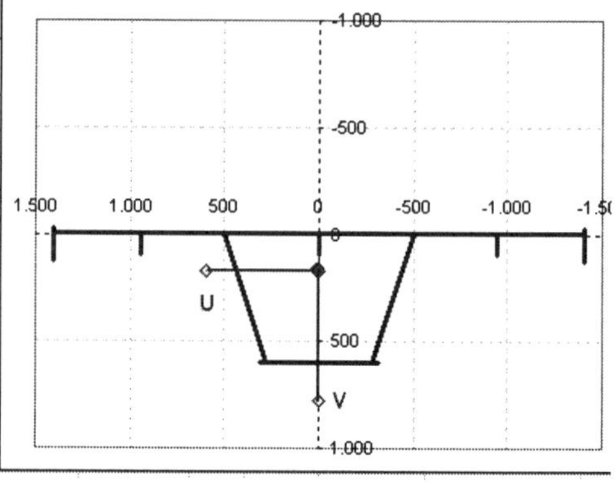


BILD 9-15 Geschweißter Stahlträger einer Fußgängerbrücke; Querschnittswerte

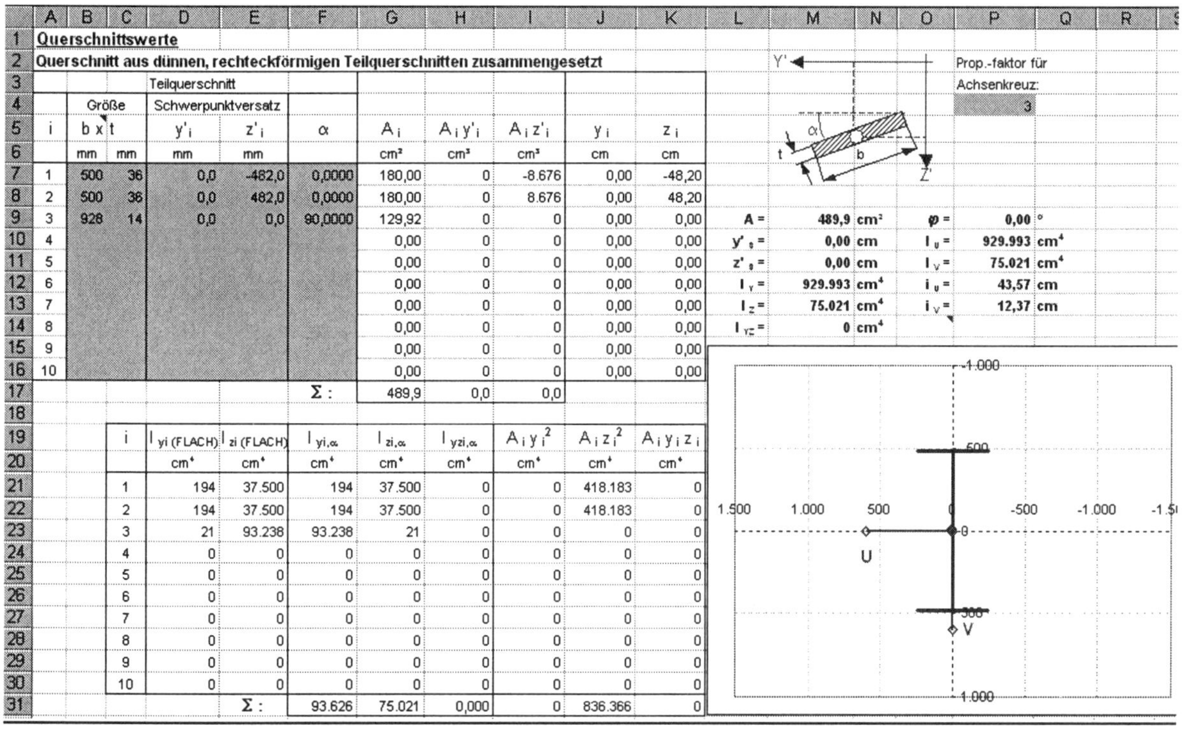

**Querschnittswerte**

**Querschnitt aus dünnen, rechteckförmigen Teilquerschnitten zusammengesetzt**

| i | b (Größe) | t (Größe) | y'ᵢ (Schwerpunktversatz) | z'ᵢ (Schwerpunktversatz) | α | $A_i$ | $A_i y'_i$ | $A_i z'_i$ | $y_i$ | $z_i$ |
|---|---|---|---|---|---|---|---|---|---|---|
| | mm | mm | mm | mm | | cm² | cm³ | cm³ | cm | cm |
| 1 | 500 | 36 | 0,0 | -482,0 | 0,0000 | 180,00 | 0 | -8.676 | 0,00 | -48,20 |
| 2 | 500 | 36 | 0,0 | 482,0 | 0,0000 | 180,00 | 0 | 8.676 | 0,00 | 48,20 |
| 3 | 928 | 14 | 0,0 | 0,0 | 90,0000 | 129,92 | 0 | 0 | 0,00 | 0,00 |
| 4 | | | | | | 0,00 | 0 | 0 | 0,00 | 0,00 |
| 5 | | | | | | 0,00 | 0 | 0 | 0,00 | 0,00 |
| 6 | | | | | | 0,00 | 0 | 0 | 0,00 | 0,00 |
| 7 | | | | | | 0,00 | 0 | 0 | 0,00 | 0,00 |
| 8 | | | | | | 0,00 | 0 | 0 | 0,00 | 0,00 |
| 9 | | | | | | 0,00 | 0 | 0 | 0,00 | 0,00 |
| 10 | | | | | | 0,00 | 0 | 0 | 0,00 | 0,00 |
| | | | | | Σ : | 489,9 | 0,0 | 0,0 | | |

| i | $I_{yi\,(FLACH)}$ | $I_{zi\,(FLACH)}$ | $I_{yi,\alpha}$ | $I_{zi,\alpha}$ | $I_{yzi,\alpha}$ | $A_i y_i^2$ | $A_i z_i^2$ | $A_i y_i z_i$ |
|---|---|---|---|---|---|---|---|---|
| | cm⁴ | cm⁴ | cm⁴ | cm⁴ | cm⁴ | cm⁴ | cm⁴ | cm⁴ |
| 1 | 194 | 37.500 | 194 | 37.500 | 0 | 0 | 418.183 | 0 |
| 2 | 194 | 37.500 | 194 | 37.500 | 0 | 0 | 418.183 | 0 |
| 3 | 21 | 93.238 | 93.238 | 21 | 0 | 0 | 0 | 0 |
| 4 | 0 | 0 | 0 | 0 | 0 | 0 | 0 | 0 |
| 5 | 0 | 0 | 0 | 0 | 0 | 0 | 0 | 0 |
| 6 | 0 | 0 | 0 | 0 | 0 | 0 | 0 | 0 |
| 7 | 0 | 0 | 0 | 0 | 0 | 0 | 0 | 0 |
| 8 | 0 | 0 | 0 | 0 | 0 | 0 | 0 | 0 |
| 9 | 0 | 0 | 0 | 0 | 0 | 0 | 0 | 0 |
| 10 | 0 | 0 | 0 | 0 | 0 | 0 | 0 | 0 |
| | | Σ : | 93.626 | 75.021 | 0,000 | 0 | 836.366 | 0 |

Prop.-faktor für Achsenkreuz: 3

| | | | | |
|---|---|---|---|---|
| A = | 489,9 cm² | | φ = | 0,00 ° |
| y'ₛ = | 0,00 cm | | $I_u$ = | 929.993 cm⁴ |
| z'ₛ = | 0,00 cm | | $I_v$ = | 75.021 cm⁴ |
| $I_y$ = | 929.993 cm⁴ | | $i_u$ = | 43,57 cm |
| $I_z$ = | 75.021 cm⁴ | | $i_v$ = | 12,37 cm |
| $I_{yz}$ = | 0 cm⁴ | | | |



BILD 9-16 Geschweißtes Doppel-T-Profil; Querschnittswerte

EINGABE

| BEREICH | | |
|---|---|---|
| B7:C16 | Blechquerschnitte b × t , unabhängig von der Lage im Gesamtquerschnitt | 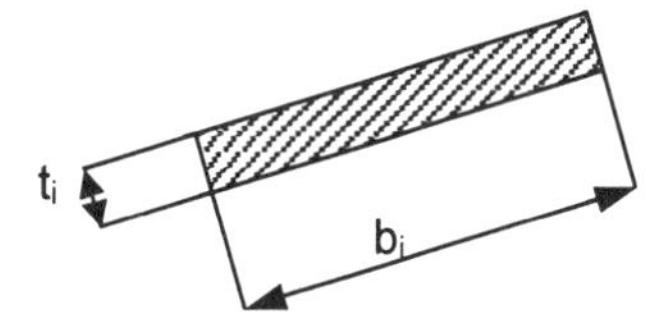  |
| D7:E16 | Schwerpunktabstand [$y_i'$; $z_i'$] des Teiles bezüglich eines beliebigen y'-z'-Achsensystems | 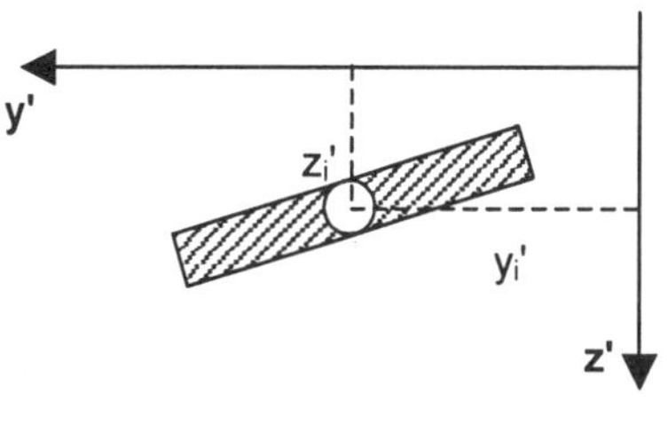  |
| F7:F16 | Orientierung α des Querschnittsteiles | 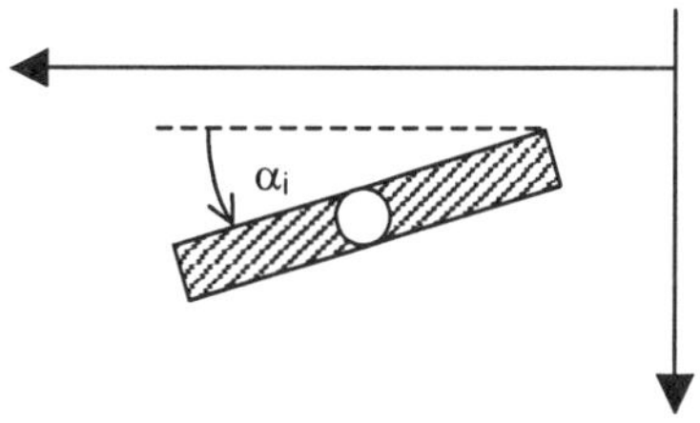  |

TABELLE 9-5) Eingabewerte für die Querschnittsteile

BERECHNUNGSABLAUF

**Schwerpunkt des Gesamtquerschnittes**

| G7:G17 | H7:H17 | I7:I17 | M10:M11 |
|---|---|---|---|
| $A_i = b_i\,t_i$ | $S_{iy}' = A_i\,y_i'$ | $S_{iz}' = A_i\,z_i'$ | |
| $A = \sum A_i$ | $S_y' = \sum S_{iy}'$ | $S_z' = \sum S_{iz}'$ | |
| | | | $y_S' = \frac{S_y'}{A}$ |
| | | | $z_S' = \frac{S_z'}{A}$ |

**Schwerpunkt-Koordinaten der Teilquerschnitte**

| J7:J16 | K7:K16 |
|---|---|
| $y_i = y_i' - y_S'$ | $z_i = z_i' - z_S'$ |

**Flächenmomente zweiten Grades der Teilquerschnitte**

| der flach liegenden Teile | | der gedrehten Teile | | |
|---|---|---|---|---|
| D21:D30 | E21:E30 | F21:F31 | G21:G31 | H21:H31 |
| $I_{iy} = \frac{1}{12} b_i\,t_i^3$ | $I_{iz} = \frac{1}{12} t_i\,b_i^3$ | $I_{iy,\alpha} = I_{iy}\cos^2\alpha_i + I_{iz}\sin^2\alpha_i$ | $I_{iz,\alpha} = I_{iy}\sin^2\alpha_i + I_{iz}\cos^2\alpha_i$ | $I_{iyz,\alpha} = \frac{1}{2}(I_{iy} - I_{iz})\sin(2\alpha_i)$ |
| | | $I_{y,\alpha} = \sum I_{iy,\alpha}$ | $I_{z,\alpha} = \sum I_{iz,\alpha}$ | $I_{yz,\alpha} = \sum I_{iyz,\alpha}$ |

**Steinersche Anteile**

| I21:31 | J21:J31 | K21:K31 |
|---|---|---|
| $SA_{iy} = A_i\,z_i^2$ | $SA_{iz} = A_i\,y_i^2$ | $SA_{iyz} = A_i\,y_i\,z_i$ |
| $SA_y = \sum SA_{iy}$ | $SA_z = \sum SA_{iz}$ | $SA_{yz} = \sum SA_{iyz}$ |

**Flächenmomente zweiten Grades des Gesamtquerschnittes**

| M12 | M13 | M14 |
|---|---|---|
| $I_y = I_{y,\alpha} + SA_z$ | $I_z = I_{z,\alpha} + SA_y$ | $I_{yz} = I_{yz,\alpha} + SA_{yz}$ |

**Richtung der Hauptachsen**

| P9 |
|---|
| $\varphi = \frac{1}{2}\arctan\frac{2 I_{yz}}{I_z - I_y}$ |

**Hauptflächenmomente**

| P10 | P11 |
|---|---|
| $I_u = I_y\cos^2\varphi + I_z\sin^2\varphi - I_{yz}\sin(2\varphi)$ | $I_v = I_y\sin^2\varphi + I_z\cos^2\varphi + I_{yz}\sin(2\varphi)$ |

**Trägheitsradien**

| P12 | P13 |
|---|---|
| $i_y = \sqrt{\frac{I_y}{A}}$ | $i_z = \sqrt{\frac{I_z}{A}}$ |

TABELLE 9-6) Berechnungsablauf und Zuordnung zum EXCEL-Arbeitsblatt

Die EXCEL-Notation wird nicht dargestellt.

## ERSTELLEN DER SKIZZE

Da es sich voraussetzungsgemäß um dünne Einzelbauteile (Bleche) handelt, deren Dicke wesentlich kleiner als die Breite ist, werden sie einheitlich mit einer dicken Linie dargestellt. Es ist also nur die Breite maßstäblich gezeichnet. Die dazugehörige Wertetabelle liegt wiederum unter der Grafik.

Mit Bezug auf Bild 9-16 sind die Werte nach Bild 9-17 enthalten.

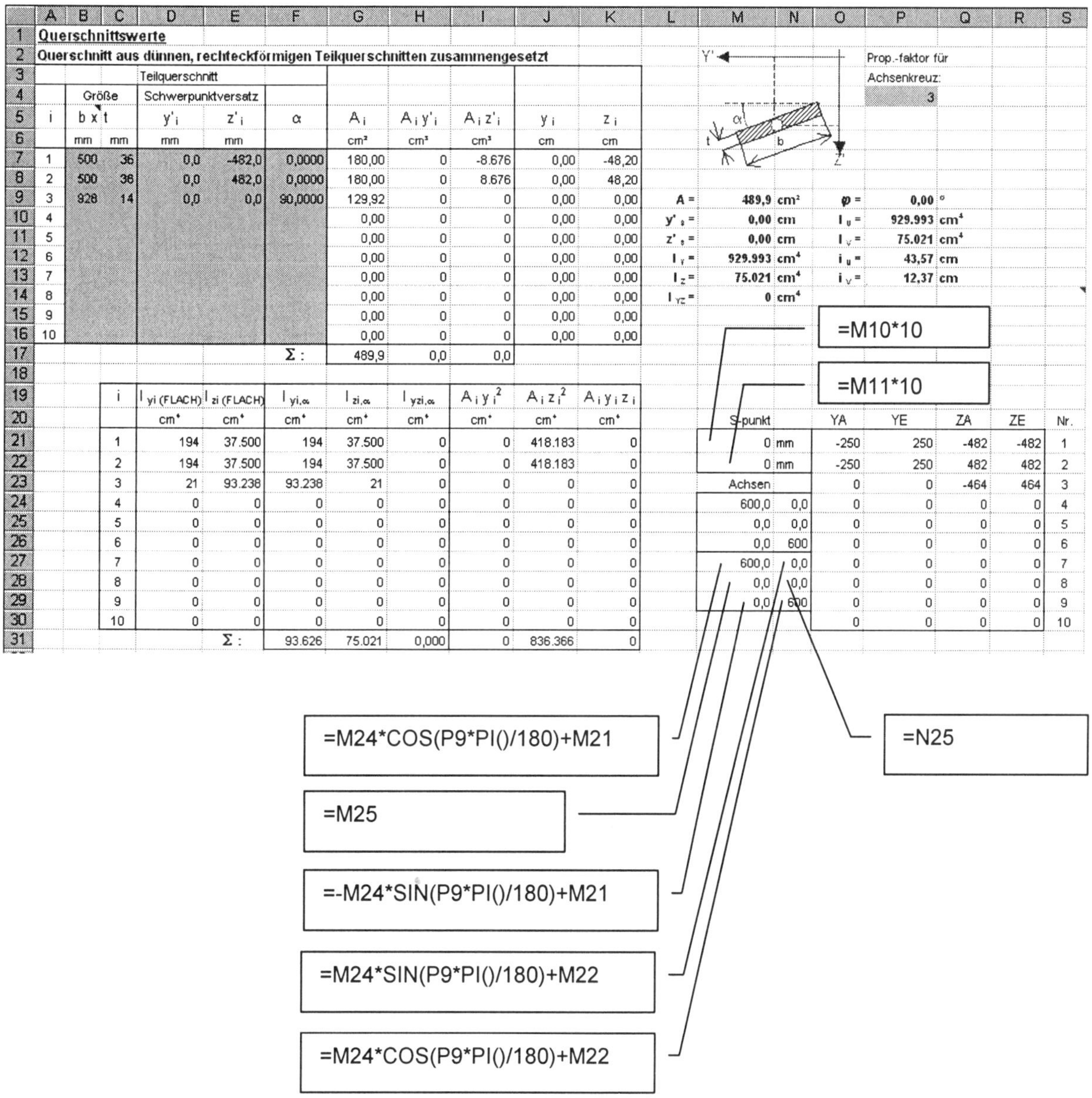


**Querschnittswerte**

**Querschnitt aus dünnen, rechteckförmigen Teilquerschnitten zusammengesetzt**

| i | b (Größe) | t | y'ᵢ (Schwerpunktversatz) | z'ᵢ | α | $A_i$ | $A_i y'_i$ | $A_i z'_i$ | $y_i$ | $z_i$ |
|---|---|---|---|---|---|---|---|---|---|---|
| | mm | mm | mm | mm | | cm² | cm³ | cm³ | cm | cm |
| 1 | 500 | 36 | 0,0 | -482,0 | 0,0000 | 180,00 | 0 | -8.676 | 0,00 | -48,20 |
| 2 | 500 | 36 | 0,0 | 482,0 | 0,0000 | 180,00 | 0 | 8.676 | 0,00 | 48,20 |
| 3 | 928 | 14 | 0,0 | 0,0 | 90,0000 | 129,92 | 0 | 0 | 0,00 | 0,00 |
| 4 | | | | | | 0,00 | 0 | 0 | 0,00 | 0,00 |
| 5 | | | | | | 0,00 | 0 | 0 | 0,00 | 0,00 |
| 6 | | | | | | 0,00 | 0 | 0 | 0,00 | 0,00 |
| 7 | | | | | | 0,00 | 0 | 0 | 0,00 | 0,00 |
| 8 | | | | | | 0,00 | 0 | 0 | 0,00 | 0,00 |
| 9 | | | | | | 0,00 | 0 | 0 | 0,00 | 0,00 |
| 10 | | | | | | 0,00 | 0 | 0 | 0,00 | 0,00 |
| | | | | | Σ : | 489,9 | 0,0 | 0,0 | | |

| | | | |
|---|---|---|---|
| A = | 489,9 cm² | φ = | 0,00 ° |
| y'ₛ = | 0,00 cm | $I_u$ = | 929.993 cm⁴ |
| z'ₛ = | 0,00 cm | $I_v$ = | 75.021 cm⁴ |
| $I_y$ = | 929.993 cm⁴ | $i_u$ = | 43,57 cm |
| $I_z$ = | 75.021 cm⁴ | $i_v$ = | 12,37 cm |
| $I_{yz}$ = | 0 cm⁴ | | |

| i | $I_{yi\,(FLACH)}$ | $I_{zi\,(FLACH)}$ | $I_{yi,\alpha}$ | $I_{zi,\alpha}$ | $I_{yzi,\alpha}$ | $A_i y_i^2$ | $A_i z_i^2$ | $A_i y_i z_i$ |
|---|---|---|---|---|---|---|---|---|
| | cm⁴ | cm⁴ | cm⁴ | cm⁴ | cm⁴ | cm⁴ | cm⁴ | cm⁴ |
| 1 | 194 | 37.500 | 194 | 37.500 | 0 | 0 | 418.183 | 0 |
| 2 | 194 | 37.500 | 194 | 37.500 | 0 | 0 | 418.183 | 0 |
| 3 | 21 | 93.238 | 93.238 | 21 | 0 | 0 | 0 | 0 |
| 4 | 0 | 0 | 0 | 0 | 0 | 0 | 0 | 0 |
| 5 | 0 | 0 | 0 | 0 | 0 | 0 | 0 | 0 |
| 6 | 0 | 0 | 0 | 0 | 0 | 0 | 0 | 0 |
| 7 | 0 | 0 | 0 | 0 | 0 | 0 | 0 | 0 |
| 8 | 0 | 0 | 0 | 0 | 0 | 0 | 0 | 0 |
| 9 | 0 | 0 | 0 | 0 | 0 | 0 | 0 | 0 |
| 10 | 0 | 0 | 0 | 0 | 0 | 0 | 0 | 0 |
| | | Σ : | 93.626 | 75.021 | 0,000 | 0 | 836.366 | 0 |

| S-punkt | | YA | YE | ZA | ZE | Nr. |
|---|---|---|---|---|---|---|
| 0 | mm | -250 | 250 | -482 | -482 | 1 |
| 0 | mm | -250 | 250 | 482 | 482 | 2 |
| Achsen | | 0 | 0 | -464 | 464 | 3 |
| 600,0 | 0,0 | 0 | 0 | 0 | 0 | 4 |
| 0,0 | 0,0 | 0 | 0 | 0 | 0 | 5 |
| 0,0 | 600 | 0 | 0 | 0 | 0 | 6 |
| 600,0 | 0,0 | 0 | 0 | 0 | 0 | 7 |
| 0,0 | 0,0 | 0 | 0 | 0 | 0 | 8 |
| 0,0 | 600 | 0 | 0 | 0 | 0 | 9 |
| | | 0 | 0 | 0 | 0 | 10 |

| ZELLE | O21 | P21 | Q21 | R21 |
|---|---|---|---|---|
| | =D7 -B7/2*COS(F7*PI()/180) | =D7 +B7/2*COS(F7*PI()/180) | =E7 -B7/2*SIN(F7*PI()/180) | =E7 +B7/2*SIN(F7*PI()/180) |

BILD 9-17 Wertetabelle für das Erzeugen der Grafik

Abschließend sei noch auf den Inhalt der Kommentare verwiesen, Bild 9-18.

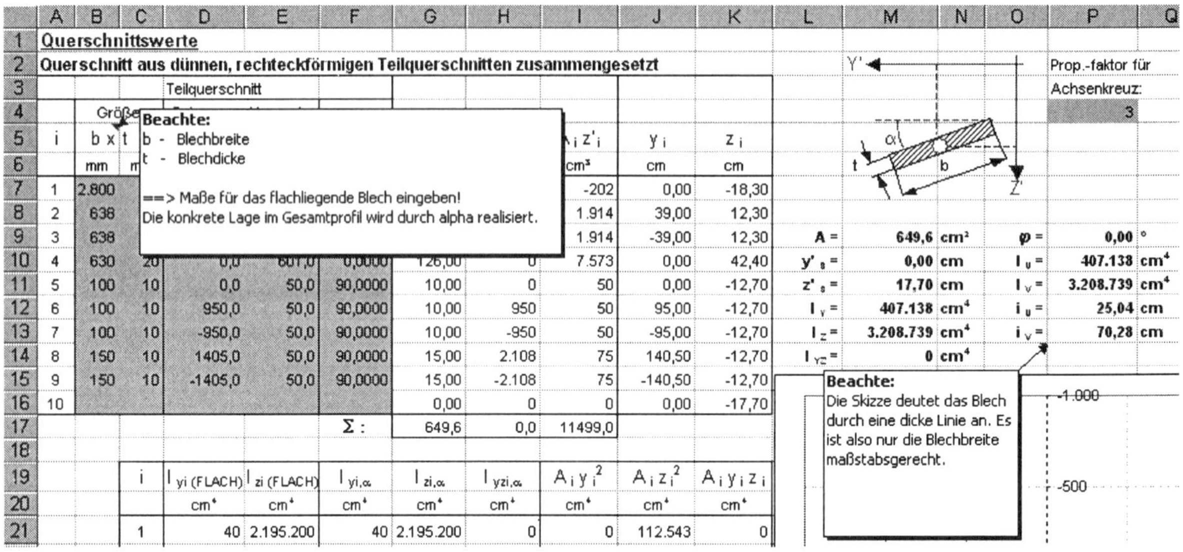


BILD 9-18 Die im Arbeitsblatt enthaltenen Kommentare

## 9.4 Verbundene Walzprofile

Anhand von zwei Beispielen zeigen wir die Ermittlung der statischen Querschnittswerte von verbundenen Walzprofilen aus Stahl:

- ein IPE + zwei U
- ein IPE + zwei ungleichschenklige L.

Die erzeugten Skizzen sind stark vereinfacht; auf die Darstellung der Krümmungen wird verzichtet.

Die Einzelprofile können beliebig verschoben und gedreht werden. Die punktgenaue Kopplung der Einzelprofile erfolgt über die Zielwertsuche, also quasi halbautomatisch.

Selbstverständlich müssen die Profiltabellen bereitgestellt werden, damit auf die dort angegebenen Daten zugegriffen werden kann. Diese sind auszugsweise in Tabelle1 des Arbeitsblattes aufgeführt, damit der Leser sie leichter verfolgen kann. Für den endgültigen praktischen Einsatz des Programms wäre es zweckmäßig, die Hilfswerte nach Tabelle2 zu verschieben, wie das in anderen Beispielen schon vorgeführt worden ist.

Folgende Berechnungsbeispiele werden gezeigt, Bild 9-19.

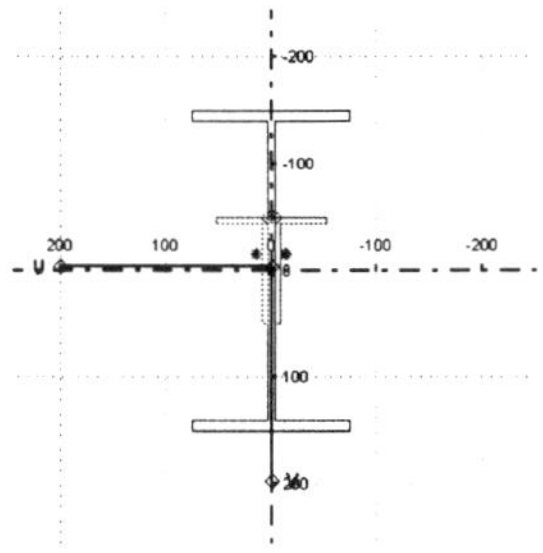


IPE 300
2 L 100x50x6

siehe Bild 9-20

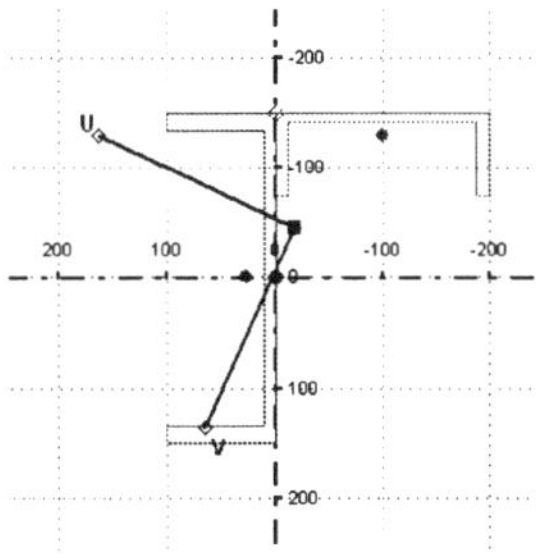


U 300
U 200

siehe Bild 9-22

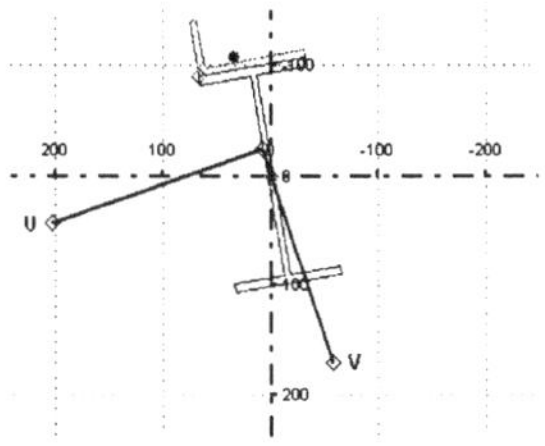


IPE 200
L 100x50x6

Neigung 10°

siehe Bild 9-21

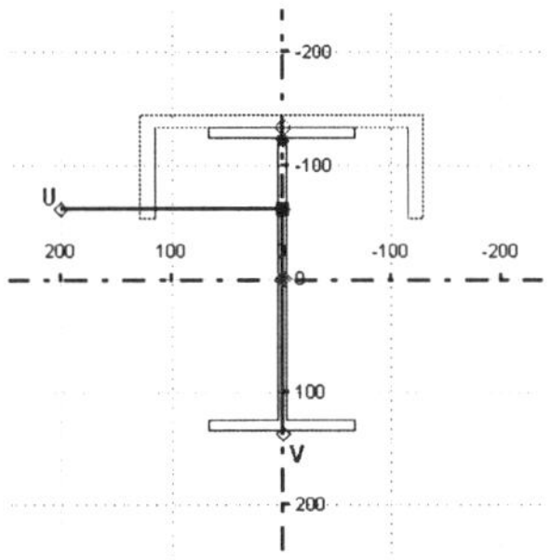


IPE 270
U 260

siehe Bild 9-23

BILD 9-19 Berechnungsbeispiele

Die EXCEL-Notation, vorgestellt am Beispiel IPE+2L, enthält Tabelle 9-7).

| | A | B | C | D | E | F | G | H | I | J | K |
|---|---|---|---|---|---|---|---|---|---|---|---|
| 1 | **Zusammengesetzte Querschnitte aus Stahlprofilen** | | | | | | | | | | |
| 2 | **1 IPE DIN 1025-5 + 2 ungleichschenklige L DIN 1029** | | | | | | | | | | |
| 3 | | | IPE | DIN 1025-5 | | L1 | L2 | DIN 1029 | | | |
| 4 | | | 300 | | | 100x50x6 | 100x50x6 | | | | |
| 5 | Profiltabellen-Auszug: | | | | | | | | | | |
| 6 | Trägerhöhe | h = | 300,0 | mm | a = | 100,0 | 100,0 | mm | | | |
| 7 | Stegdicke | s = | 7,1 | mm | b = | 50,0 | 50,0 | mm | | | |
| 8 | Flanschbreite | b = | 150,0 | mm | s = | 6,0 | 6,0 | mm | | | |
| 9 | Flanschdicke | t = | 10,7 | mm | $e_y$ = | 10,4 | 10,4 | mm | | | |
| 10 | | | | | $e_z$ = | 34,9 | 34,9 | mm | | | |
| 11 | Lageänderung | | | | | | | | | | |
| 12 | H-Versch. | $Y_1$ = | 0,0 | mm | $Y_1$ = | -13,90 | 13,90 | mm | | | |
| 13 | V-Versch. | $Z_1$ = | 0,0 | mm | $Z_1$ = | -15,10 | -15,10 | mm | | | |
| 14 | Drehung | $\alpha$ = | 0 | ° | $\alpha$ = | -180 | 180 | ° | | | |
| 15 | | | | | | | | | | | |
| 16 | Koordinaten von Referenzpunkten | | | | | | | | | | |
| 17 | | | | | | | | | | | |
| 18 | | | | | | | | | | | |
| 19 | bez. Profil | Y | -3,5 | mm | | 0 | 0 | mm | | | |
| 20 | | Z | -50 | mm | | 0 | 0 | mm | | | |
| 21 | bez. [0;0] | Y | -3,5000 | mm | | -3,5000 | 3,5000 | mm | | | |
| 22 | | Z | -50,0000 | mm | | -50,0000 | -50,0000 | mm | | | |
| 23 | | | | | | | | | | | |
| 24 | Koordinaten der Einzelschwerpunkte | | | | | | | | | | |
| 25 | | Y | 0,0000 | mm | | -13,9000 | 13,9000 | mm | | | |
| 26 | | Z | 0,0000 | mm | | -15,1000 | -15,1000 | mm | | | |
| 27 | Querschnittsflächen | | | | | | | | | | |
| 28 | | A = | 53,8 | $cm^2$ | | 8,73 | 8,73 | $cm^2$ | | | |
| 29 | | **$A_{ges}$ =** | **71,26** | **$cm^2$** | | | | | | | |
| 30 | Gesamtschwerpunkt | | | | | | | | | | |
| 31 | | **$Y_s$ =** | **0,0** | **cm** | = 0,0000 | mm | | | | | |
| 32 | | **$Z_s$ =** | **-0,4** | **cm** | = -3,6998 | mm | | | | | |
| 33 | | | | | | | | | | | |
| 34 | Flächenmomente 2. Grades | | | | | | | | | | |
| 35 | Einzeln | $I_{y1}$ = | 8.360,0 | $cm^4$ | | 89,7 | 89,7 | $cm^4$ | | | |
| 36 | | $I_{z1}$ = | 604,0 | $cm^4$ | | 15,3 | 15,3 | $cm^4$ | | | |
| 37 | | | | | $I_{yz1}$ = | 21,0 | -21,0 | $cm^4$ | | | |
| 38 | | | | | $\alpha$ = | -14,72 | 14,72 | ° | Hauptflächenmomente 2. Grades | | |
| 39 | Gesamt | **$I_{Y,s}$ =** | **8.569,5** | **$cm^4$** | | | | | $\varphi$ = | 0,00 | ° bezüglich Y-Achse |
| 40 | | **$I_{Z,s}$ =** | **668,3** | **$cm^4$** | | | | | **$I_u$ =** | **8.569,5** | **$cm^4$** |
| 41 | | **$I_{YZ,s}$ =** | **0,0** | **$cm^4$** | | | | | **$I_v$ =** | **668,3** | **$cm^4$** |
| 42 | | | | | | | | | | | |

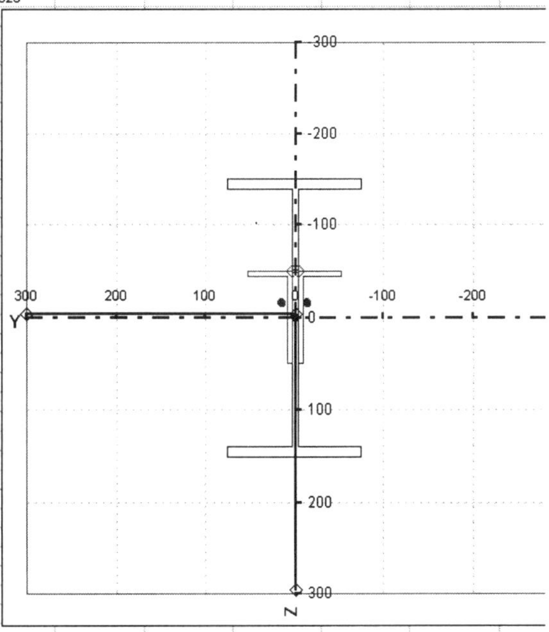


BILD 9-20 IPE 300 mit zwei Stegwinkeln L 100x50x6

| | A | B | C | D | E | F | G | H |
|---|---|---|---|---|---|---|---|---|
| 1 | **Zusammengesetzte Querschnitte aus Stahlprofilen** | | | | | | | |
| 2 | **1 IPE DIN 1025-5 + 2 ungleichschenklige L DIN 1029** | | | | | | | |
| 3 | | | **IPE** | DIN 1025-5 | | **L1** | L2 | DIN 1029 |
| 4 | | | 200 | | | 100x50x6 | 0 | |
| 5 | Profiltabellen-Auszug: | | | | | | | |
| 6 | Trägerhöhe | h = | 200,0 | mm | a = | 100,0 | 0,0 | mm |
| 7 | Stegdicke | s = | 5,6 | mm | b = | 50,0 | 0,0 | mm |
| 8 | Flanschbreite | b = | 100,0 | mm | s = | 6,0 | 0,0 | mm |
| 9 | Flanschdicke | t = | 8,5 | mm | $e_y$ = | 10,4 | 0,0 | mm |
| 10 | | | | | $e_z$ = | 34,9 | 0,0 | mm |
| 11 | Lageänderung | | | | | | | |
| 12 | H-Versch. | $Y_1$ = | 0,0 | mm | $Y_1$ = | 34,04 | 0,00 | mm |
| 13 | V-Versch. | $Z_1$ = | 0,0 | mm | $Z_1$ = | -106,10 | 0,00 | mm |
| 14 | Drehung | $\alpha$ = | 10 | ° | $\alpha$ = | -80 | 0 | ° |
| 15 | | | | | | | | |
| 16 | Koordinaten von Referenzpunkten | | | | | | | |
| 17 | | | | | | | | |
| 18 | | | | | | | | |
| 19 | bez. Profil | Y | 50 | mm | | 0 | 0 | mm |
| 20 | | Z | -100 | mm | | 0 | 0 | mm |
| 21 | bez. [0;0] | Y | 66,6052 | mm | | 66,6052 | 0,0000 | mm |
| 22 | | Z | -89,7984 | mm | | -89,7984 | 0,0000 | mm |
| 23 | | | | | | | | |
| 24 | Koordinaten der Einzelschwerpunkte | | | | | | | |
| 25 | | Y | 0,0000 | mm | | 34,0414 | 0,0000 | mm |
| 26 | | Z | 0,0000 | mm | | -106,1007 | 0,0000 | mm |
| 27 | Querschnittsflächen | | | | | | | |
| 28 | | A = | 28,5 | cm² | | 8,73 | 0 | cm² |
| 29 | | **$A_{ges}$ =** | **37,23** | **cm²** | | | | |
| 30 | Gesamtschwerpunkt | | | | | | | |
| 31 | | **$Y_s$ =** | **0,8** | **cm** | = | 7,9823 mm | | |
| 32 | | **$Z_s$ =** | **-2,5** | **cm** | = | -24,8794 mm | | |
| 33 | | | | | | | | |
| 34 | Flächenmomente 2. Grades | | | | | | | |
| 35 | Einzeln | $I_{y1}$ = | 1.940,0 | cm⁴ | | 89,7 | 0,0 | cm⁴ |
| 36 | | $I_{z1}$ = | 142,0 | cm⁴ | | 15,3 | 0,0 | cm⁴ |
| 37 | | | | | $I_{yz1}$ = | 21,0 | 0,0 | cm⁴ |
| 38 | | | | | $\alpha$ = | -14,72 | 0,00 | ° |
| 39 | Gesamt | **$I_{Y,\alpha}$ =** | **2.648,5** | **cm⁴** | | | | |
| 40 | | **$I_{Z,\alpha}$ =** | **368,3** | **cm⁴** | | | | |
| 41 | | **$I_{YZ,\alpha}$ =** | **-555,9** | **cm⁴** | | | | |

| Hauptflächenmomente 2. Grades | | | |
|---|---|---|---|
| $\varphi$ = | 13,00 | ° | bezüglich Y-Achse |
| **$I_u$ =** | **2.776,8** | **cm⁴** | |
| **$I_v$ =** | **240,0** | **cm⁴** | |

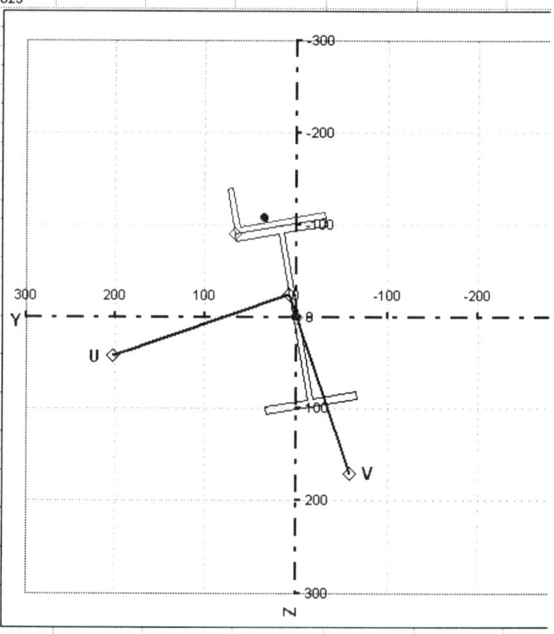


BILD 9-21 Geneigte Dachpfette IPE 200 DIN 1025-5 mit einem Flanschwinkel L 100x50x6 DIN 1029

| | A | B | C | D | E | F | G |
|---|---|---|---|---|---|---|---|
| 1 | **Zusammengesetzte Querschnitte aus Stahlprofilen** | | | | | | |
| 2 | **1 IPE DIN 1025-5 + 2 U DIN 1026** | | | | | | |
| 3 | | | **IPE** | DIN 1025-5 | **U1** | U2 | DIN 1026 |
| 4 | Profiltabellen-Auszug: | | 0 | | 300 | 200 | |
| 5 | | | | | | | |
| 6 | Profilhöhe | h = | 0,0 | mm | 300,0 | 200,0 | mm |
| 7 | Stegdicke | s = | 0,0 | mm | 10,0 | 8,5 | mm |
| 8 | Flanschbreite | b = | 0,0 | mm | 100,0 | 75,0 | mm |
| 9 | Flanschdicke | t = | 0,0 | mm | 16,0 | 11,5 | mm |
| 10 | | | | $e_y$ = | 27,0 | 20,1 | mm |
| 11 | Lageänderung | | | | | | |
| 12 | H-Versch. | $Y_1$ = | 0,0 | mm | 0,0 | -100,0 | mm |
| 13 | V-Versch. | $Z_1$ = | 0,0 | mm | 0,0 | -150,0 | mm |
| 14 | Drehung | $\alpha$ = | 0 | ° | 0 | 90 | ° |
| 15 | | | | | | | |
| 16 | Koordinaten von Referenzpunkten | | | | | | |
| 17 | | | | | | | |
| 18 | | | | | | | |
| 19 | bez. Profil | Y | 0 | mm | 0 | 0 | mm |
| 20 | | Z | 0 | mm | -150 | -100 | mm |
| 21 | bez. [0;0] | Y | 0,0000 | mm | 0,0000 | 0,0000 | mm |
| 22 | | Z | 0,0000 | mm | -150,0000 | -150,0000 | mm |
| 23 | | | | | | | |
| 24 | Koordinaten der Einzelschwerpunkte | | | | | | |
| 25 | | Y | 0,0000 | mm | 27,0000 | -100,0000 | mm |
| 26 | | Z | 0 | mm | 0,0000 | -129,9000 | mm |
| 27 | Querschnittsflächen | | | | | | |
| 28 | | A = | 0 | cm² | 58,8 | 32,2 | cm² |
| 29 | | **$A_{ges}$ =** | **91** | **cm²** | | | |
| 30 | Gesamtschwerpunkt | | | | | | |
| 31 | | **$Y_s$ =** | **-1,8** | **cm** = | -17,9385 | mm | |
| 32 | | **$Z_s$ =** | **-4,6** | **cm** = | -45,9646 | mm | |
| 33 | | | | | | | |
| 34 | Flächenmomente 2. Grades | | | | | | |
| 35 | Einzeln | $I_{y1}$ = | 0,0 | cm4 | 8.030,0 | 1.910,0 | cm4 |
| 36 | | $I_{z1}$ = | 0,0 | cm4 | 495,0 | 148,0 | cm4 |
| 37 | | | | | | | |
| 38 | Gesamt | **$I_{Y,\alpha}$ =** | **11.688,8** | **cm4** | | | |
| 39 | | **$I_{Z,\alpha}$ =** | **5.760,8** | **cm4** | | | |
| 40 | | **$I_{YZ,\alpha}$ =** | **3.432,5** | **cm4** | | | |

| Hauptflächenmom. 2. Grades | | | |
|---|---|---|---|
| $\varphi$ = | -24,59 | ° | bezüglich Y-Achse |
| **$I_u$ =** | **13.259,9** | **cm4** | |
| **$I_v$ =** | **4.189,7** | **cm4** | |

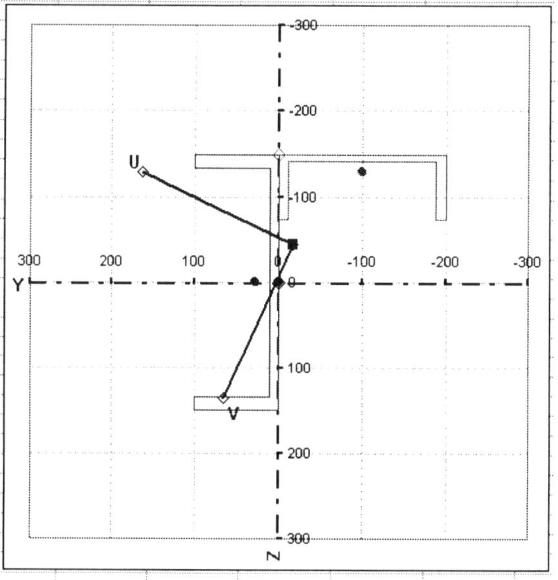


BILD 9-22 U300 + U200 DIN 1026

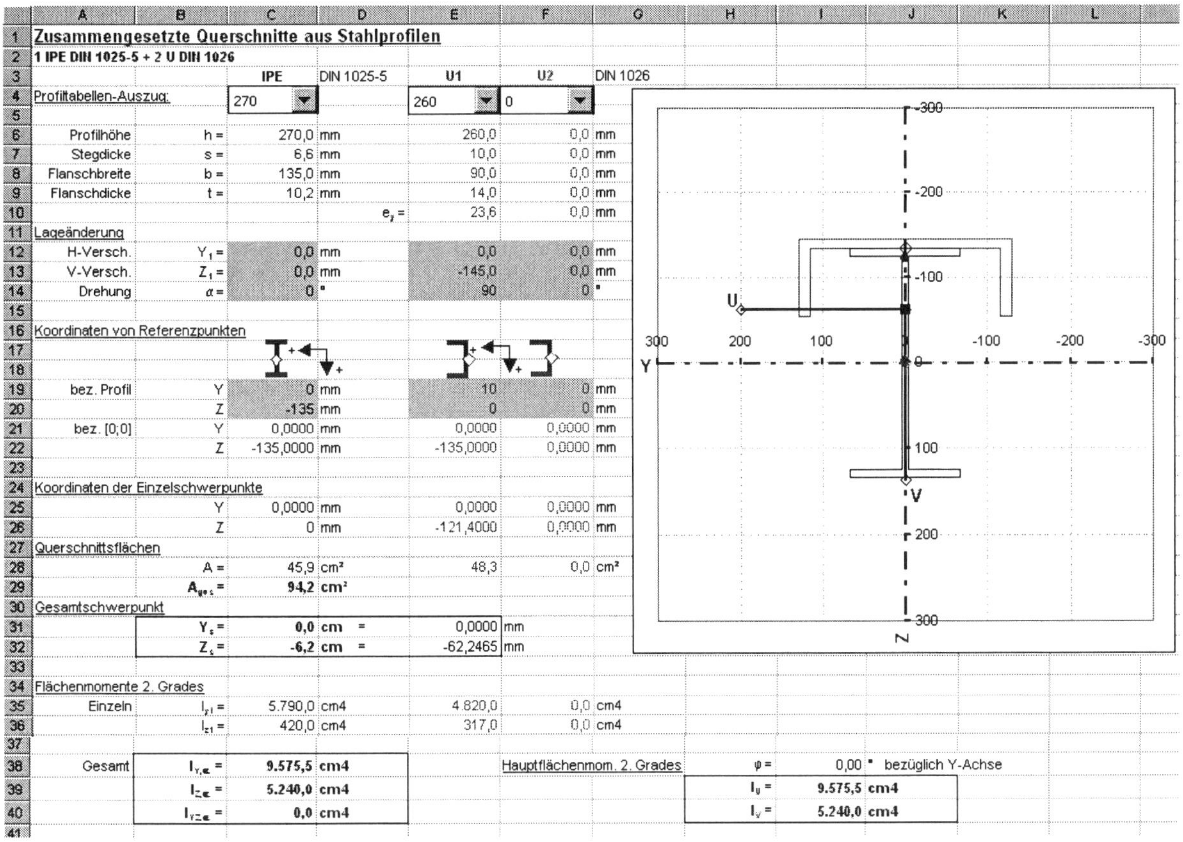


BILD 9-23 IPE270 DIN 1025-5 + U260 DIN 1026

Auf die Daten der Wertetabellen nach den Bilder 9-24 und 9-25 wird über die Kombinationsfelder, Bild 9-26 zugegriffen.
Der Aufruf "0" bedeutet, das Profil ist nicht vorhanden.

Verknüpfungszelle; Zugriff auf Zeile 12: IPE 300

| | A | B | C | D | E | F | G |
|---|---|---|---|---|---|---|---|
| 46 | | | | | | | |
| 47 | **Profiltabellen** | | | | | | |
| 48 | **IPE** | 12 | | | | | |
| 49 | h | b | s | t | A | Iy | Iz |
| 50 | 0 | 0 | 0 | 0 | 0 | 0 | 0 |
| 51 | 80 | 46 | 3,8 | 5,2 | 7,64 | 80,1 | 8,49 |
| 52 | 100 | 55 | 4,1 | 5,7 | 10,3 | 171 | 15,9 |
| 53 | 120 | 64 | 4,4 | 6,3 | 13,2 | 318 | 27,7 |
| 54 | 140 | 73 | 4,7 | 6,9 | 16,4 | 541 | 44,9 |
| 55 | 160 | 82 | 5,0 | 7,4 | 20,1 | 869 | 68,3 |
| 56 | 180 | 91 | 5,3 | 8,0 | 23,9 | 1320 | 101 |
| 57 | 200 | 100 | 5,6 | 8,5 | 28,5 | 1940 | 142 |
| 58 | 220 | 110 | 5,9 | 9,2 | 33,4 | 2770 | 205 |
| 59 | 240 | 120 | 6,2 | 9,8 | 39,1 | 3890 | 284 |
| 60 | 270 | 135 | 6,6 | 10,2 | 45,9 | 5790 | 420 |
| 61 | 300 | 150 | 7,1 | 10,7 | 53,8 | 8360 | 604 |

BILD 9-24 Profiltabelle IPE; Auszug

| | | | |
|---|---|---|---|
| F6 | =INDEX($I$50:$I$61;$I$48) | Zugriff auf Profiltabelle:<br>Querschnittsgeometrie | a - langer Schenkel |
| F7 | =INDEX($J$50:$J$61;$I$48) | | b - kurzer Schenkel |
| F8 | =INDEX($K$50:$K$61;$I$48) | | s - Schenkeldicke |
| F9 | =INDEX($L$50:$L$61;$I$48) | | $e_y$ - Schwerpunkt |
| F10 | =INDEX($M$50:$M$61;$I$48) | | $e_z$ - Schwerpunkt |

| | | | |
|---|---|---|---|
| F12 | EINGABE | Horizontalverschiebung des Querschnittes | 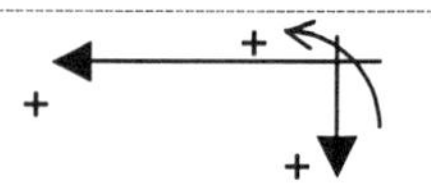 |
| F13 | | Vertikalverschiebung des Querschnittes | |
| F14 | | Drehung des Querschnittes | |

| | | | |
|---|---|---|---|
| F19<br>F20 | EINGABE | Festlegen des Referenzpunktes (halbautomatisches Anbinden):<br>Der Nullpunkt ist an den Querschnitt gebunden. |  |

| | | |
|---|---|---|
| F21 | =H77 | Koordinaten des Referenzpunktes im globalen Achsensystem |
| F22 | =I77 | |

| | | |
|---|---|---|
| F25 | =H79 | Schwerpunktkoordinaten des Einzelquerschnittes im globalen Achsensystem |
| F26 | =I79 | |

| | | | |
|---|---|---|---|
| F28 | =INDEX($N$50:$N$61;$I$48) | Zugriff auf Profiltabelle:<br>Querschnittsfläche | A |

| | | |
|---|---|---|
| E31 | =(C28*C25/10+F28*F25/10+G28*G25/10)/C29*10 | Schwerpunktkoordinaten des Gesamtquerschnittes |
| E32 | =(C28*C26/10+F28*F26/10+G28*G26/10)/C29*10 | |

| | | | |
|---|---|---|---|
| F35 | =INDEX($O$50:$O$61;$I$48) | Zugriff auf Profiltabelle:<br>Flächenmomente zweiten Grades<br>des Einzelquerschnittes | $I_y$ |
| F36 | =INDEX($P$50:$P$61;$I$48) | | $I_z$ |
| F37 | =INDEX($Q$50:$Q$61;$I$48) | | $I_{yz}$ |

| | | |
|---|---|---|
| F38 | =WENN((F36-F35)<>0;ARCTAN(2*F37/(F36-F35))*180/PI()/2;0) | Hauptachsen des Einzelquerschnittes |

| | | | |
|---|---|---|---|
| C39 | =C35*COS(C14*PI()/180)*COS(C14*PI()/180)<br>+C36*SIN(C14*PI()/180)*SIN(C14*PI()/180)<br>+F35*COS(F14*PI()/180)*COS(F14*PI()/180)<br>+F36*SIN(F14*PI()/180)*SIN(F14*PI()/180)<br>+2*F37*SIN(F14*PI()/180)*COS(F14*PI()/180)<br>+G35*COS(G14*PI()/180)*COS(G14*PI()/180)<br>+G36*SIN(G14*PI()/180)*SIN(G14*PI()/180)<br>+2*G37*SIN(G14*PI()/180)*COS(G14*PI()/180)<br>+C28*(C26-E32)*(C26-E32)/100<br>+F28*(F26-E32)*(F26-E32)/100<br>+G28*(G26-E32)*(G26-E32)/100 | Flächenmomente zweiten Grades<br>des verschobenen und gedrehten<br>Gesamtquerschnittes<br>im y – z - System | $I_y$ |
| C40 | =C35*SIN(C14*PI()/180)*SIN(C14*PI()/180)<br>+C36*COS(C14*PI()/180)*COS(C14*PI()/180)<br>+F35*SIN(F14*PI()/180)*SIN(F14*PI()/180)<br>+F36*COS(F14*PI()/180)*COS(F14*PI()/180)<br>-2*F37*SIN(F14*PI()/180)*COS(F14*PI()/180)<br>+G35*SIN(G14*PI()/180)*SIN(G14*PI()/180)<br>+G36*COS(G14*PI()/180)*COS(G14*PI()/180)<br>-2*G37*SIN(G14*PI()/180)*COS(G14*PI()/180)<br>+C28*(C25-E31)*(C25-E31)/100<br>+F28*(F25-E31)*(F25-E31)/100<br>+G28*(G25-E31)*(G25-E31)/100 | | $I_z$ |
| C41 | =-(C35-C36)*SIN(C14*PI()/180)*COS(C14*PI()/180)<br>-(F35-F36)*SIN(F14*PI()/180)*COS(F14*PI()/180)<br>+F37*(COS(F14*PI()/180)*COS(F14*PI()/180)<br>-SIN(F14*PI()/180)*SIN(F14*PI()/180))<br>-(G35-G36)*SIN(G14*PI()/180)*COS(G14*PI()/180)<br>+G37*(COS(G14*PI()/180)*COS(G14*PI()/180)<br>-SIN(G14*PI()/180)*SIN(G14*PI()/180))<br>+C28*(C25-E31)*(C26-E32)/100<br>+F28*(F25-E31)*(F26-E32)/100<br>+G28*(G25-E31)*(G26-E32)/100 | | $I_{yz}$ |

| | | | |
|---|---|---|---|
| J39 | =WENN((C40-C39)<>0;ARCTAN(2*C41/(C40-C39))*180/PI()/2;45) | Lage der Hauptachsen | $\varphi$ |
| J40 | =0,5*(C39+C40)+0,5*WURZEL((C39-C40)*(C39-C40)+4*C41*C41) | Hauptflächenmomente 2.<br>Grades | $I_u$ |
| J41 | =0,5*(C39+C40)-0,5*WURZEL((C39-C40)*(C39-C40)+4*C41*C41) | | $I_v$ |

TABELLE 9-7) IPE + 2 ungleichschenklige Winkel; EXCEL-Notation für L1 und Gesamtquerschnitt

| H | I | J | K | L | M | N | O | P | Q |
|---|---|---|---|---|---|---|---|---|---|
| | | | | Verknüpfungszelle; Zugriff auf Zeile 2: L 100x50x6 | | | | | |
| L | 2 | 2 | | | | | | | |
| Bezeichnung | a | b | s | ey | ez | A | Iy | Iz | Iyz |
| 0 | 0 | 0 | 0 | 0 | 0 | 0 | 0 | 0 | 0 |
| 100x50x6 | 100 | 50 | 6 | 10,4 | 34,9 | 8,7 | 89,7 | 15,3 | 21,0 |
| 100x50x8 | 100 | 50 | 8 | 11,3 | 35,9 | 11,5 | 116,0 | 19,5 | 26,7 |
| 100x50x10 | 100 | 50 | 10 | 12,0 | 36,7 | 14,1 | 141,0 | 23,4 | 31,5 |
| 100x65x7 | 100 | 65 | 7 | 15,1 | 32,3 | 11,2 | 113,0 | 37,6 | 38,2 |
| 100x65x9 | 100 | 65 | 9 | 15,9 | 33,2 | 14,2 | 141,0 | 46,7 | 47,1 |
| 100x75x9 | 100 | 75 | 9 | 19,1 | 31,5 | 15,1 | 148,0 | 71,0 | 60,5 |
| 120x80x8 | 120 | 80 | 8 | 18,7 | 38,3 | 15,5 | 226,0 | 80,8 | 79,4 |
| 120x80x10 | 120 | 80 | 10 | 19,5 | 39,2 | 19,1 | 276,0 | 98,1 | 96,1 |
| 120x80x12 | 120 | 80 | 12 | 20,3 | 40,0 | 22,7 | 323,0 | 114,0 | 11,0 |
| 130x65x8 | 130 | 65 | 8 | 13,7 | 45,6 | 15,1 | 263,0 | 44,8 | 61,6 |
| 130x65x10 | 130 | 65 | 10 | 14,5 | 46,5 | 18,6 | 321,0 | 54,2 | 74,1 |

BILD 9-25 Profiltabelle Ungleichschenkliger Winkel; Auszug

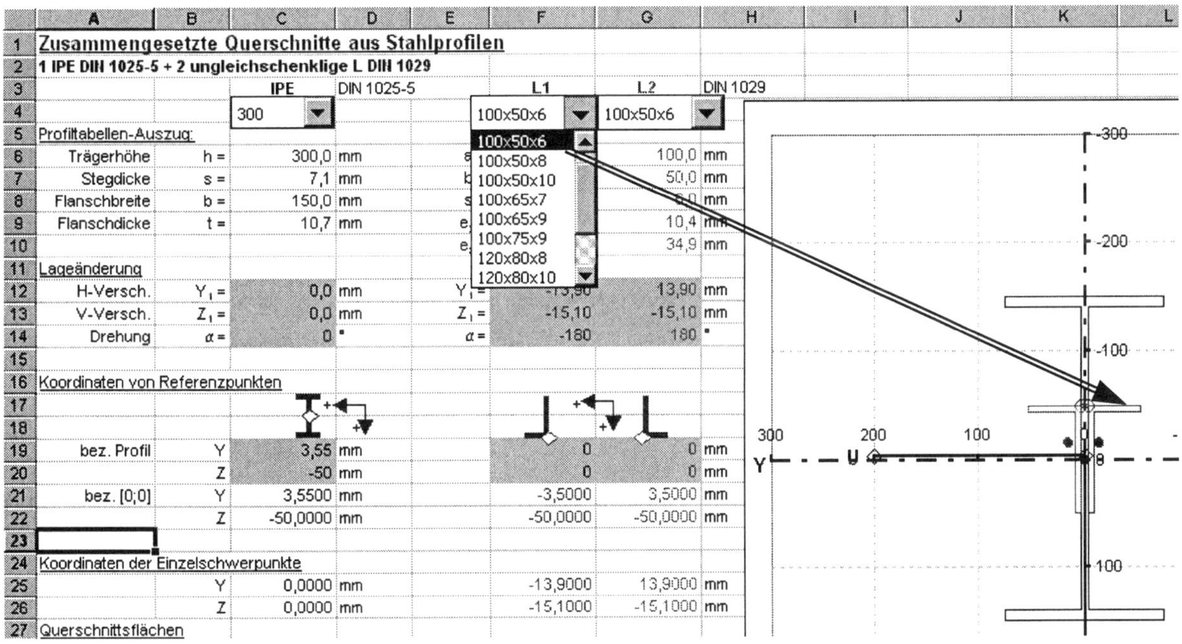


BILD 9-26 Aufruf der Profile

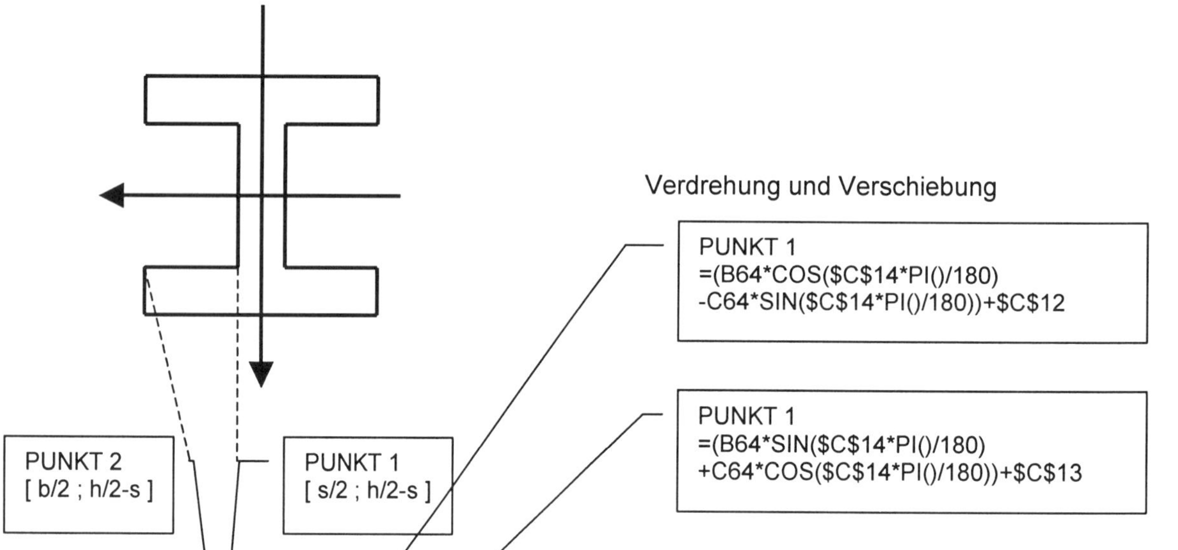


| | A | B | C | D | E | F | G | H | I | J | K | L | M |
|---|---|---|---|---|---|---|---|---|---|---|---|---|---|
| 62 | **Skizzen** | | | | | | | | | | | | |
| 63 | Querschnitte | X | Y | X | Y | X | Y | X | Y | X | Y | X | Y |
| 64 | | 3,55 | 139,30 | 3,5500 | 139,3000 | -10,40 | 34,90 | -3,5000 | -50,0000 | 10,40 | 34,90 | 3,5000 | -50,0000 |
| 65 | | 75,00 | 139,30 | 75,0000 | 139,3000 | 39,60 | 34,90 | -53,5000 | -50,0000 | -39,60 | 34,90 | 53,5000 | -50,0000 |
| 66 | | 75,00 | 150,00 | 75,0000 | 150,0000 | 39,60 | 28,90 | -53,5000 | -44,0000 | -39,60 | 28,90 | 53,5000 | -44,0000 |
| 67 | | -75,00 | 150,00 | -75,0000 | 150,0000 | -4,40 | 28,90 | -9,5000 | -44,0000 | 4,40 | 28,90 | 9,5000 | -44,0000 |
| 68 | | -75,00 | 139,30 | -75,0000 | 139,3000 | -4,40 | -65,10 | -9,5000 | 50,0000 | 4,40 | -65,10 | 9,5000 | 50,0000 |
| 69 | | -3,55 | 139,30 | -3,5500 | 139,3000 | -10,40 | -65,10 | -3,5000 | 50,0000 | 10,40 | -65,10 | 3,5000 | 50,0000 |
| 70 | | -3,55 | -139,30 | -3,5500 | -139,3000 | -10,40 | 34,90 | -3,5000 | -50,0000 | 10,40 | 34,90 | 3,5000 | -50,0000 |
| 71 | | -75,00 | -139,30 | -75,0000 | -139,3000 | | | | | | | | |
| 72 | | -75,00 | -150,00 | -75,0000 | -150,0000 | | | | | | | | |
| 73 | | 75,00 | -150,00 | 75,0000 | -150,0000 | | | | | | | | |
| 74 | | 75,00 | -139,30 | 75,0000 | -139,3000 | | | | | | | | |
| 75 | | 3,55 | -139,30 | 3,5500 | -139,3000 | | | | | | | | |
| 76 | | 3,55 | 139,30 | 3,5500 | 139,3000 | | | | | | | | |
| 77 | Ref_punkt | 3,55 | -50 | 3,5500 | -50,0000 | -10,40 | 34,90 | -3,5000 | -50,0000 | -10,40 | 34,90 | 3,5000 | -50,0000 |
| 78 | | | | | | | | | | | | | |
| 79 | Schwerpunkt | (= H- bzw V-Verschg) | | 0 | 0 | | | -13,90 | -15,10 | | | 13,9 | -15,10 |
| 80 | | | | | | | | | | | | | |
| 81 | Hauptachsen | | U-Achse | | | V-Achse | | | | | | | |
| 82 | | | 0,0 | 200,00 | | 0,0 | 0,00 | | | | | | |
| 83 | | | -3,7 | -3,70 | | -3,7 | 196,30 | | | | | | |

BILD 9-27 Wertetabellen für die Querschnittsskizzen (X und Y beziehen sich auf den Diagramm-Manager)

Das Ankoppeln eines Profils an ein anderes wird über Referenzpunkte organisiert. Dies wird wiederum gezeigt am Beispiel IPE+2L. Der Referenzpunkt des IPE liegt in dessen Schwerpunkt, während für die Winkel der äußere Eckpunkt als Nulllage des Referenzpunktes gewählt wurde, Bild 9-28.

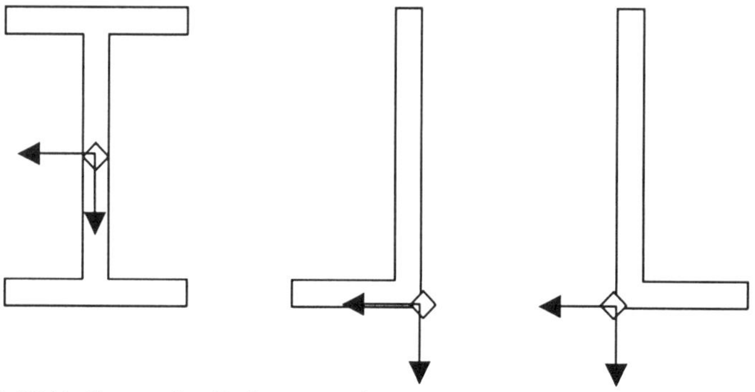

BILD 9-28 Nulllagen der Referenzpunkte

Die Referenzpunkte lassen sich, bezogen auf das angegebene Achsensystem, beliebig verschieben.

Im Folgenden geben wir die Einzelschritte an, wie zwei Querschnitte gekoppelt werden, ohne dass man eine Zwischenrechnung durchführen muss. Zum Beispiel soll ein Querschnitt nach Bild 9-29 aufgebaut werden. Es handelt sich um eine Dachpfette mit Schubwinkel, Dachneigung 10°.

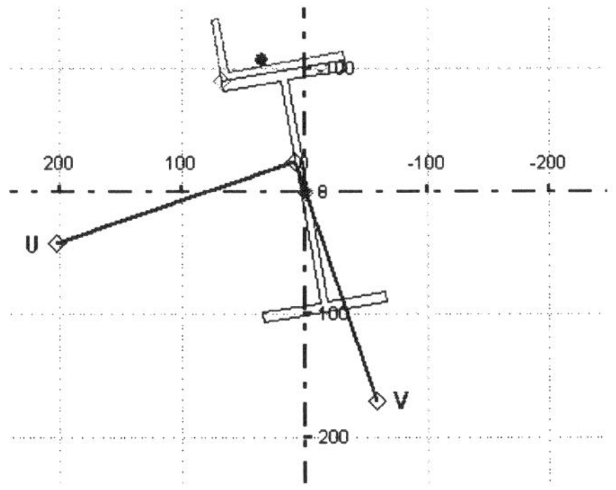


BILD 9-29 Das Ziel der Bearbeitung

Im Bild 9-30 ist die Ausgangssituation dargestellt. Der zweite Winkel wurde durch den Null-Aufruf im zugehörigen Kombinationsfeld ausgeschaltet. Nur aus Gründen der besseren Übersichtlichkeit wurde der Winkel um 100 mm nach rechts verschoben, siehe Eintrag in Zelle F12.

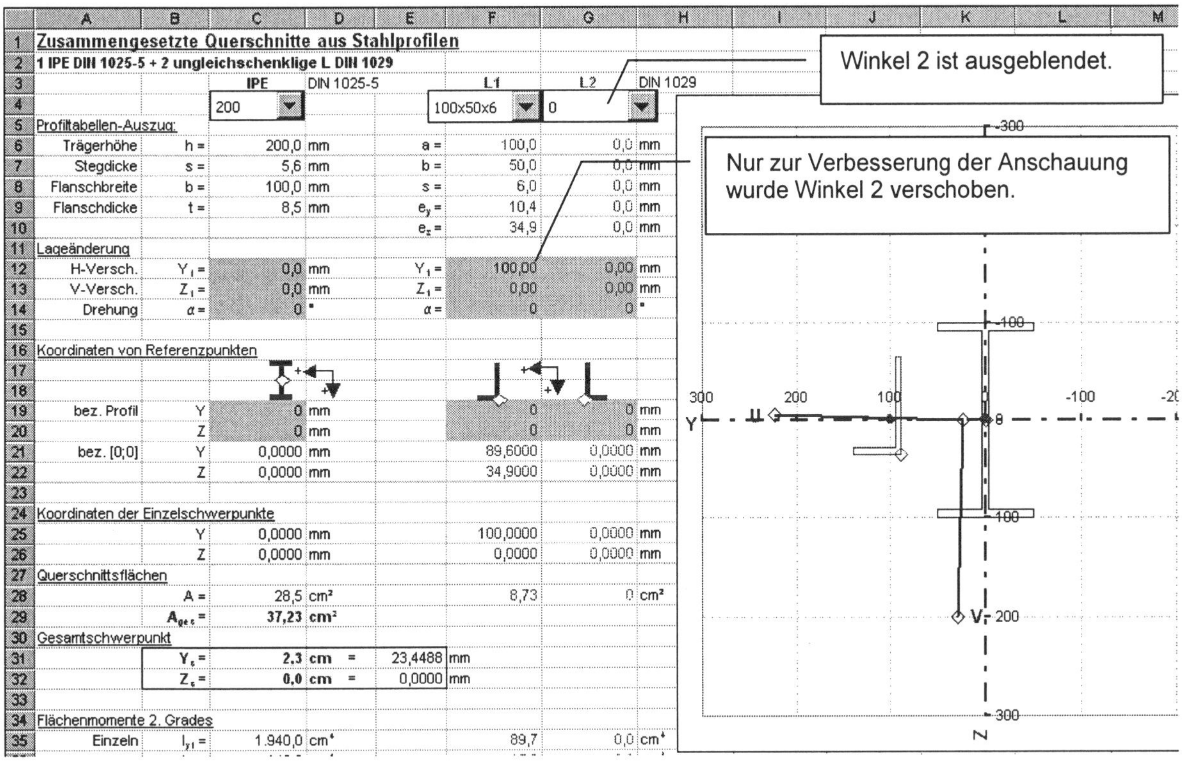


BILD 9-30 Ausgangslagen der beiden Profile

Da eine Dachneigung von 10° vorgegeben sein soll, drehen wir das Profil IPE um 10° (Zelle C14) und das Winkelprofil um –80° (Zelle F14). Die Referenzpunkte sind an die Einzelquerschnitte gekoppelt und bleiben in der Nulllage, Bild 9-31.

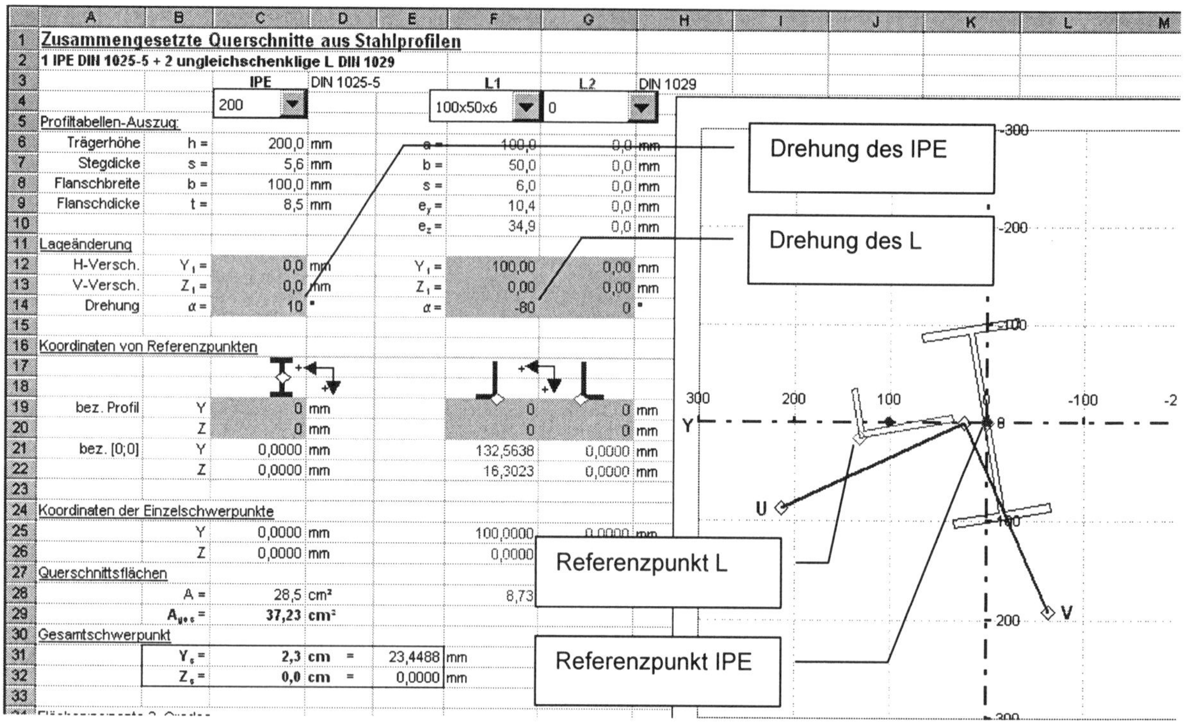


BILD 9-31 Die gedrehten Einzelprofile

Die Lage des Referenzpunktes des Winkels lassen wir unverändert. Den Referenzpunkt des IPE setzen wir in die obere linke Ecke des Oberflansches. Es ist zu beachten, dass sich die Koordinaten des Referenzpunktes auf das lokale, an das Profil gekoppelte Koordinatensystem beziehen.

- Eintrag in Zelle C19: halbe Flanschbreite, positiv; nach Angabe der Zelle C8
  ➔ b/2 = 50 mm.
- Eintrag in Zelle C20: halbe Profilhöhe, negativ; nach Angabe der Zelle C6
  ➔ -h/2 = -100 mm,

siehe Bild 9-32.

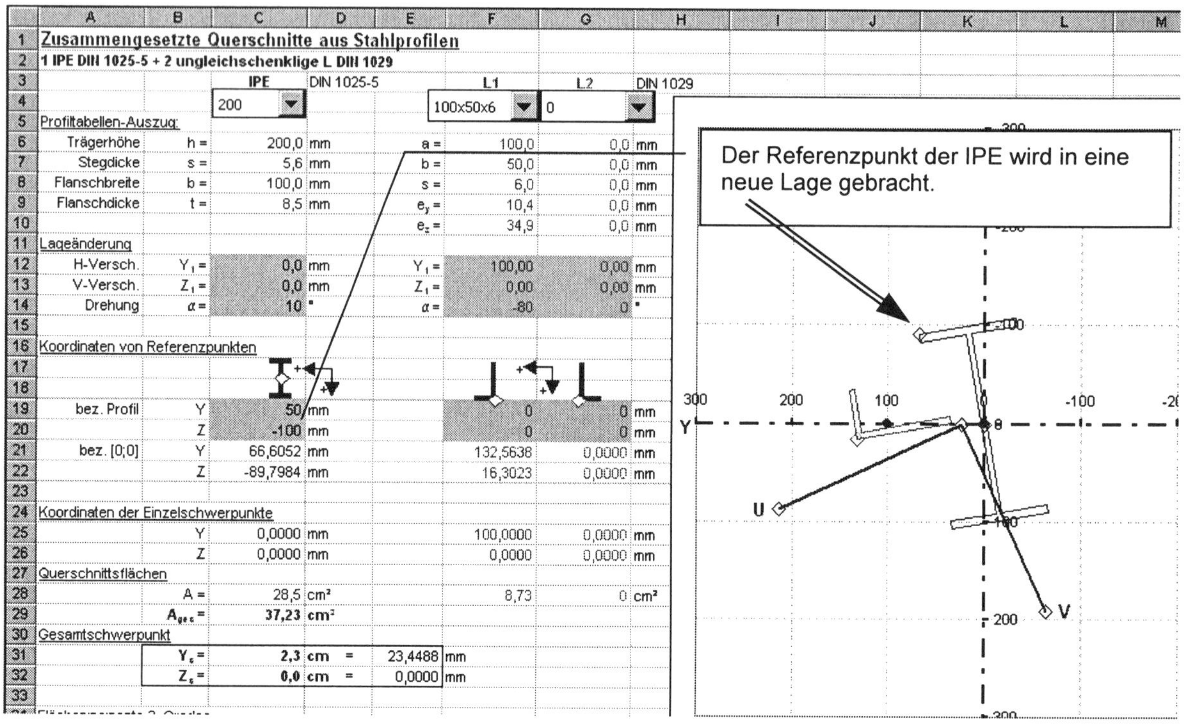


BILD 9-32 Neue Lage der Referenzpunkte

Der Winkel wird in seine endgültige Lage verschoben, indem sein Referenzpunkt mit dem Referenzpunkt des IPE deckungsgleich gemacht wird. Um eine Zwischenrechnung „von Hand" zu vermeiden, rufen wir die Zielwertsuche auf.
Die Horizontalverschiebung des Winkels zeigt Bild 9-33, die Vertikalverschiebung Bild 9-34.

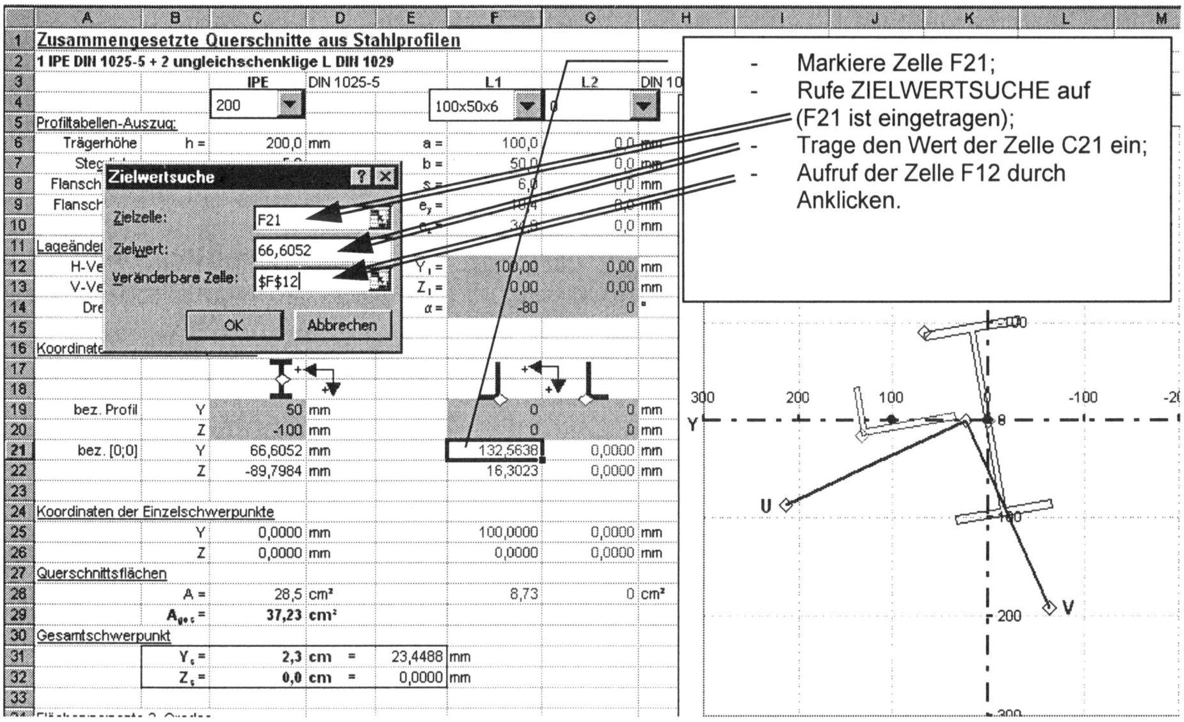


BILD 9-33 Einleitung der Horizontalverschiebung

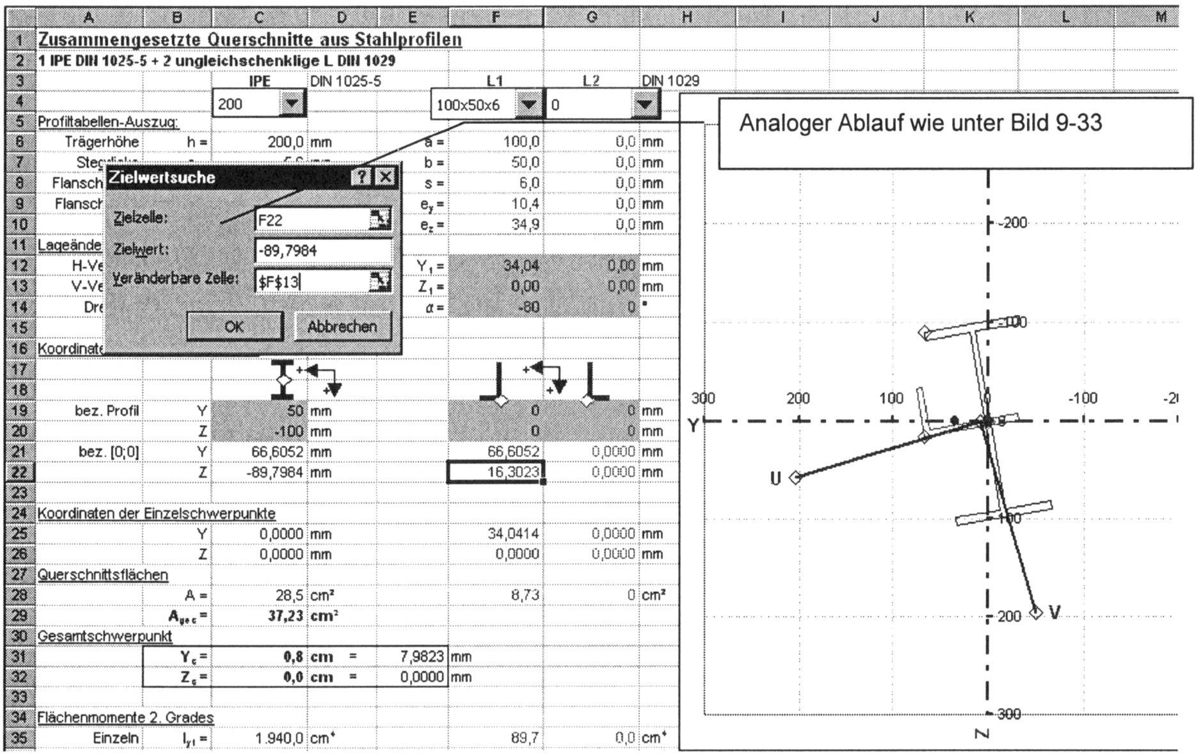


BILD 9-34 Ergebnis der Horizontalverschiebung und Einleitung der Vertikalverschiebung

Es entsteht der angestrebte Gesamtquerschnitt nach Bild 9-35.

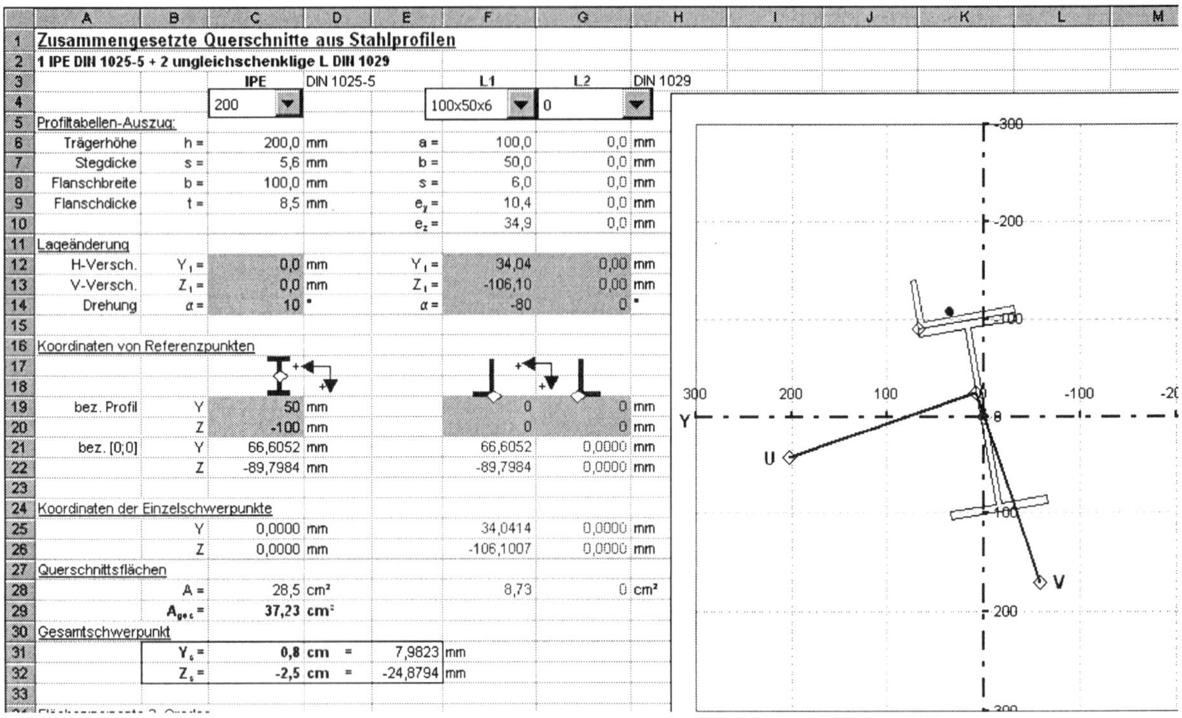

| | A | B | C | D | E | F | G | H |
|---|---|---|---|---|---|---|---|---|
| 1 | **Zusammengesetzte Querschnitte aus Stahlprofilen** | | | | | | | |
| 2 | **1 IPE DIN 1025-5 + 2 ungleichschenklige L DIN 1029** | | | | | | | |
| 3 | | | **IPE** | DIN 1025-5 | | L1 | L2 | DIN 1029 |
| 4 | | | 200 | | | 100x50x6 | 0 | |
| 5 | Profiltabellen-Auszug: | | | | | | | |
| 6 | Trägerhöhe | h = | 200,0 | mm | a = | 100,0 | 0,0 | mm |
| 7 | Stegdicke | s = | 5,6 | mm | b = | 50,0 | 0,0 | mm |
| 8 | Flanschbreite | b = | 100,0 | mm | s = | 6,0 | 0,0 | mm |
| 9 | Flanschdicke | t = | 8,5 | mm | $e_y$ = | 10,4 | 0,0 | mm |
| 10 | | | | | $e_z$ = | 34,9 | 0,0 | mm |
| 11 | Lageänderung | | | | | | | |
| 12 | H-Versch. | $Y_1$ = | 0,0 | mm | $Y_1$ = | 34,04 | 0,00 | mm |
| 13 | V-Versch. | $Z_1$ = | 0,0 | mm | $Z_1$ = | -106,10 | 0,00 | mm |
| 14 | Drehung | $\alpha$ = | 10 | ° | $\alpha$ = | -80 | 0 | ° |
| 15 | | | | | | | | |
| 16 | Koordinaten von Referenzpunkten | | | | | | | |
| 17 | | | | | | | | |
| 18 | | | | | | | | |
| 19 | bez. Profil | Y | 50 | mm | | 0 | 0 | mm |
| 20 | | Z | -100 | mm | | 0 | 0 | mm |
| 21 | bez. [0;0] | Y | 66,6052 | mm | | 66,6052 | 0,0000 | mm |
| 22 | | Z | -89,7984 | mm | | -89,7984 | 0,0000 | mm |
| 23 | | | | | | | | |
| 24 | Koordinaten der Einzelschwerpunkte | | | | | | | |
| 25 | | Y | 0,0000 | mm | | 34,0414 | 0,0000 | mm |
| 26 | | Z | 0,0000 | mm | | -106,1007 | 0,0000 | mm |
| 27 | Querschnittsflächen | | | | | | | |
| 28 | | A = | 28,5 | cm² | | 8,73 | 0 | cm² |
| 29 | | $A_{ges}$ = | **37,23** | **cm²** | | | | |
| 30 | Gesamtschwerpunkt | | | | | | | |
| 31 | | $Y_s$ = | **0,8** | **cm** | = | 7,9823 | mm | |
| 32 | | $Z_s$ = | **-2,5** | **cm** | = | -24,8794 | mm | |
| 33 | | | | | | | | |



BILD 9-35 Das Resultat

Das vollständige Tabellenblatt ist oben, Bild 9-21, angegeben.

# 10 Spannungen

## 10.1 Spannungen aus gerader Biegung

### 10.1.1.Nachweis eines Trägers aus Holz mit Rechteckquerschnitt

Wir erstellen ein EXCEL-Programm für den Tragsicherheitsnachweis eines Kantholzes / Balkens aus Nadelholz als Einfeldträger unter gleichmäßig verteilter Last. Es mögen also Rechteckquerschnitte vorliegen. Die Aufgabe besteht darin, den Tragsicherheitsnachweis nach zulässigen Spannungen und den Nachweis der Einhaltung einer vorgeschriebenen Durchbiegung zu führen.

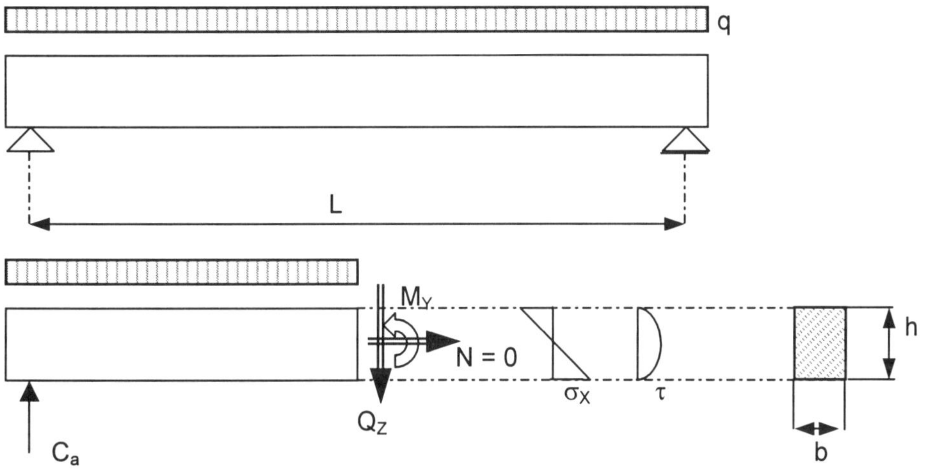


BILD 10-1 Spannungen aus gerader Biegung

In der Tabelle 10-1) sind die zulässigen Spannungen und die Rechenwerte der für den Nachweis der Durchbiegung nötigen Elastizitätsmoduln angegeben (DIN1052-1). Diese Werte werden über Kombinationsfelder aufgerufen, Bild 10-2. Die zugehörigen Wertetabellen befinden sich in Tabelle2 der Arbeitsmappe, Bild 10-3.

| Sortierklasse | Zulässige Spannungen in MN/m² für Vollholz | | Rechenwerte für Elastizitätsmoduln in MN/m² für Vollholz $E_{\parallel}$ bei einer Holzfeuchte von | |
|---|---|---|---|---|
| | zul $\sigma_B$ | zul $\tau_Q$ | > 15% | ≤ 15% |
| S 7 | 7 | 0,9 | 8 000 | 8 000 |
| S 10 | 10 | 0,9 | 10 000 | 11 000 |
| S 13 | 13 | 0,9 | 10 500 | 11 550 |

TABELLE 10-1) Zulässige Kennwerte nach DIN 1052-1

EINGABE:

| ZELLE | | |
|---|---|---|
| C4 | Linienlast q | |
| C5 | Stützweite L | |
| C6 | geschätztes Seitenverhältnis des Querschnittes | Das Programm soll eine Querschnittswahl vorschlagen. |
| C10 | zulässige Durchbiegung | Eingabe des Nennerwertes |
| | | |
| über C7 | Kombinationsfeld zum Aufruf der Sortierklasse | S7; S10; S13 |
| über C9 | Kombinationsfeld zum Aufruf der Holzfeuchte | HF ≤ 15% → $E_{\parallel}$ kann um 10% erhöht werden . |

TABELLE 10-2) Kommentare zu den Eingabewerten, siehe BILD 10-2

ZUORDNUNG VON BERECHNUNGSWERTEN ZU EINGABEWERTEN

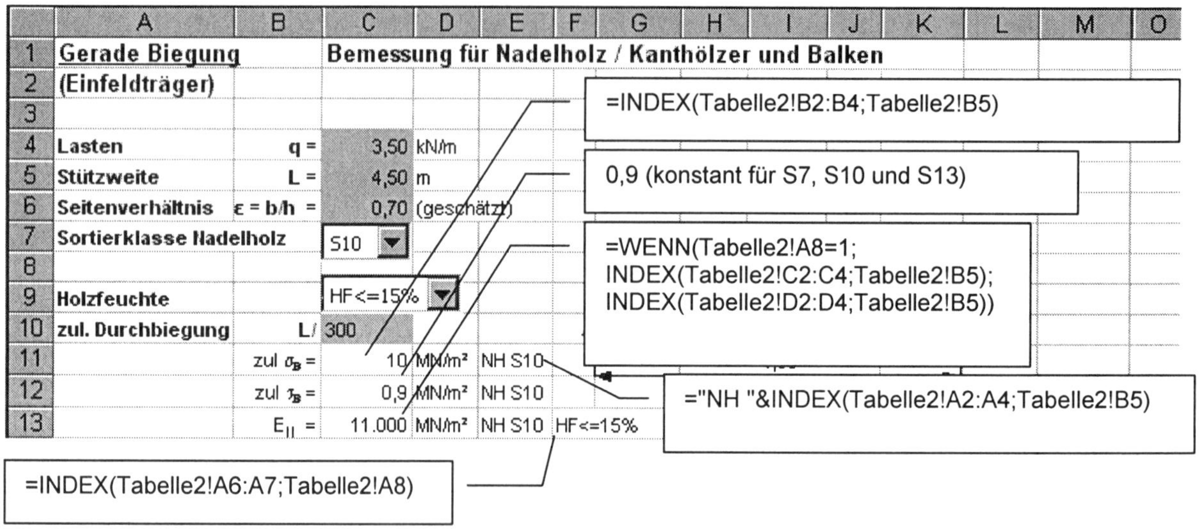

| | A | B | C | D | E | F |
|---|---|---|---|---|---|---|
| 1 | Gerade Biegung | | Bemessung für Nadelholz / Kanthölzer und Balken | | | |
| 2 | (Einfeldträger) | | | | | |
| 3 | | | | | | |
| 4 | Lasten | q = | 3,50 | kN/m | | |
| 5 | Stützweite | L = | 4,50 | m | | |
| 6 | Seitenverhältnis | $\varepsilon = b/h$ = | 0,70 | (geschätzt) | | |
| 7 | Sortierklasse Nadelholz | | S10 | | | |
| 8 | | | | | | |
| 9 | Holzfeuchte | | HF<=15% | | | |
| 10 | zul. Durchbiegung | L/ | 300 | | | |
| 11 | | zul $\sigma_B$ = | 10 | MN/m² | NH S10 | |
| 12 | | zul $\tau_B$ = | 0,9 | MN/m² | NH S10 | |
| 13 | | $E_{\parallel}$ = | 11.000 | MN/m² | NH S10 | HF<=15% |



BILD 10-2 Der Eingabebereich

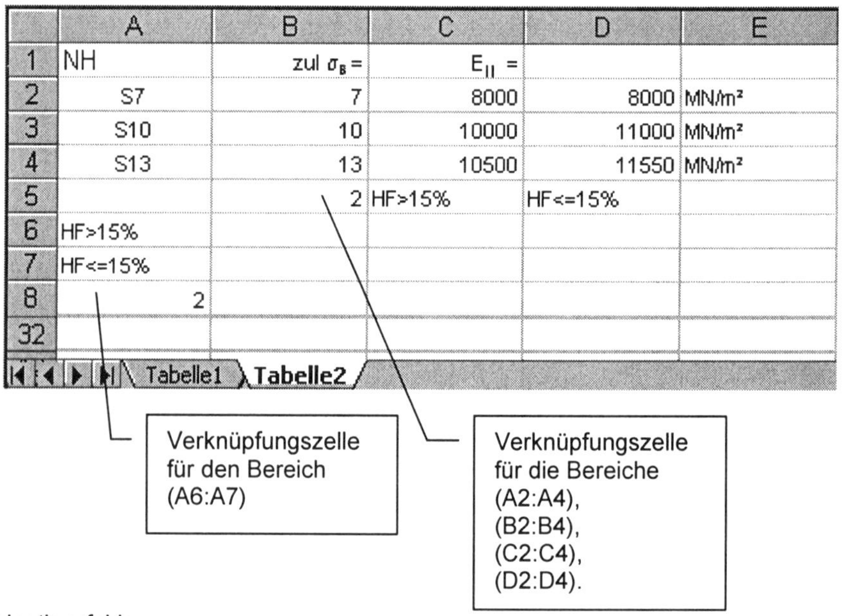

| | A | B | C | D | E |
|---|---|---|---|---|---|
| 1 | NH | zul $\sigma_B$ = | $E_{\parallel}$ = | | |
| 2 | S7 | 7 | 8000 | 8000 | MN/m² |
| 3 | S10 | 10 | 10000 | 11000 | MN/m² |
| 4 | S13 | 13 | 10500 | 11550 | MN/m² |
| 5 | | 2 | HF>15% | HF<=15% | |
| 6 | HF>15% | | | | |
| 7 | HF<=15% | | | | |
| 8 | 2 | | | | |
| 32 | | | | | |



BILD 10-3 Wertetabellen für die Kombinationsfelder

BERECHNUNGSABLAUF

Extremwerte der Schnittkräfte:

maxM in Spannweitenmitte $$\max M_y = \frac{qL^2}{8} \qquad 10\text{-}(1)$$

maxQ am Auflager $$\max Q_z = C_a = \frac{qL}{2} \qquad 10\text{-}(2)$$

Querschnittswerte:

$$A = bh; \qquad W_y = \frac{bh^2}{6}; \qquad I_y = \frac{bh^3}{12} \qquad 10\text{-}(3)$$

Extremwerte der Spannungen:

max $\sigma_x$ in der Randfaser $$\max \sigma_X = \frac{M_y}{W_y} \qquad 10\text{-}(4)$$

max $\tau$ in Höhe der Nulllinie $$\max \tau = \frac{Q\,S_y}{I_y\,b} = \frac{1{,}5\,Q}{A} \qquad 10\text{-}(5)$$

Extremwert der Durchbiegung $$\max f = \frac{5}{384}\frac{q L^4}{E_{||}\,I_y} \qquad 10\text{-}(6)$$

Die EXCEL-Notationen der Tabellen 10-3) und 10-4) beziehen sich auf Bild 10-5.

| **ZELLE** | **FUNKTION** | **EXCEL-NOTATION** | | |
|---|---|---|---|---|
| C15 | $\text{zul}\,f = \frac{L}{n_L}$ | =C5/C10*100 | | |
| C16 | $\max M_Y = \frac{qL^2}{8}$ | =C4*C5*C5/8 | 10-(1) | |
| C17 | $\max Q_Z = \frac{qL}{2}$ | =C4*C5/2 | 10-(2) | |
| | erforderliche Querschnittswerte | | | |
| C18 | $\text{erf}\,W_Y = \frac{\max M_Y}{\text{zul}\,\sigma_B}$ | =C16/C11*1000 | aus 10-(4) | |
| C19 | $\text{erf}\,I_Y = \frac{5}{384}\frac{qL^4}{E_{\vert\vert}\,\text{zul}\,f}$ | =5/384*C4*C5*C5*C5*C5/C13/C15*10000000 | aus 10-(6) | |
| | erforderliche Querschnittsabmessungen nach zulässigen Spannungen | | | |
| D22 | $\text{erf}\,b = \varepsilon h$ | =C6*D23 | | |
| D23 | $\text{erf}\,h = \sqrt[3]{\frac{6\,W_y}{\varepsilon}}$ | =(6*C18/C6)^(1/3) | Beachte: $b = \varepsilon h$ | aus 10-(3) |
| | erforderliche Querschnittsabmessungen nach zulässiger Durchbiegung | | | |
| D24 | $\text{erf}\,b = \varepsilon h$ | =C6*D25 | | |
| D25 | $\text{erf}\,h = \sqrt[4]{\frac{12\,I_y}{\varepsilon}}$ | =WURZEL(WURZEL(12*C19/C6)) | Beachte: $b = \varepsilon h$ | aus 10-(3) |

TABELLE 10-3) Bemessung: Vorschlag für die Querschnittsabmessungen

Die Maximalwerte von erf h und erf b werden über „Bedingte Formatierung" FETT hervorgehoben. Zum Beispiel gilt für die Zelle D22 die Formatierung nach Bild 10-4 der Schriftschnitt „fett".

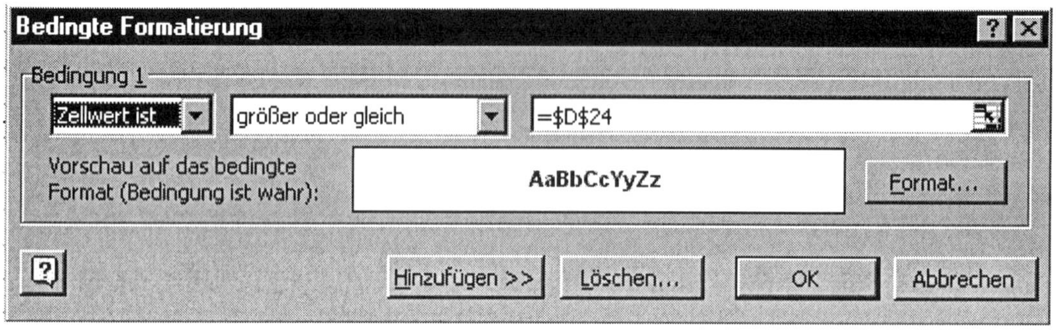


BILD 10-4 Hervorheben der ungünstigsten Werte für die Querschnittsabmessungen, Beispiel

Im Blatt „Tabelle2" sind in der Spalte F (ausgeblendet) die wichtigsten Kantholz- / Balkenquerschnitte nach DIN 4070-2 aufgelistet. Auf diese wird über das Kombiantionsfeld, auf Zelle D27 liegend, zugegriffen. Die Zellverknüpfung liegt verdeckt in der Zelle D27. Eine Orientierung zur Querschnittswahl liefern die b- und h-Werte.
Die für Holzquerschnitte typische Größenangabe b/h muss nun in numerische Werte für b und h umgewandelt werden, damit die vorhandenen Querschnittswerte berechnet werden können; denn wir wollen ohne Nutzung eines Tabellenbuches auskommen.

| **ZELLE** | | **EXCEL-Notation** | | |
|---|---|---|---|---|
| | Querschnittswahl | | | |
| H27 | | =INDEX(Tabelle2!F1:F76;D27) | | |
| | | | | |
| | Aufruf der Einzelwertangabe für b und h aus der Angabe in H27 | | | |
| D30 | vorh b | =WERT(LINKS(H27;FINDEN("/";H27;1)-1)) | | |
| | | | | |
| D31 | vorh h | =WERT(RECHTS(H27;LÄNGE(H27)-FINDEN("/";H27;1))) | | |
| | | | | |
| | Ermitlung der vorhandenen Querschnittswerte | | | |
| D32 | vorh A | =D30*D31 | 10-(3) | |
| | | | | |
| D33 | vorh $W_y$ | =RUNDEN(D30*D31*D31/6;1) | 10-(3) | Die Funktion "RUNDEN" muss deshalb vorhanden sein, weil sonst im Spannungs- / Durchbiegungsnachweis der Operator "=" nicht entsteht. |
| D34 | vorh $I_y$ | =RUNDEN(D30*D31*D31*D31/12;1) | 10-(3) | |
| | | | | |
| | Spannungsnachweis | | | |
| H37 | vorh $\sigma_X$ | =RUNDEN(C16*100/D33;2) | 10-(4) | |
| | | | | |
| J37 | Vergleichsoperator | =WENN(H37<K37;"<";WENN(H37=K37;"=";">")) | | |
| | | | | |
| K37 | zul $\sigma_B$ | =C11/10 | | |
| | | | | |
| | gewählter Querschnitt zu klein | | | |
| C28 | Kommentar | =WENN(ODER(J37=">";J38=">";J39=">");"Querschnitt korrigieren!";"") | | |

TABELLE 10-4)

Bild 10-5 zeigt das gesamte Tabellenblatt.
Die Reaktion bei zu kleiner Querschnittswahl ist in Bild 10-6 dargestellt.

| | A | B | C | D | E | F | G | H | I | J | K | L | M |
|---|---|---|---|---|---|---|---|---|---|---|---|---|---|
| 1 | **Gerade Biegung** | | **Bemessung für Nadelholz / Kanthölzer und Balken** | | | | | | | | | | |
| 2 | **(Einfeldträger)** | | | | | | | | | | | | |
| 3 | | | | | | | | | | | | | |
| 4 | **Lasten** | q = | 3,50 | kN/m | | | | | | | | | |
| 5 | **Stützweite** | L = | 4,50 | m | | | | | | | | | |
| 6 | **Seitenverhältnis** | ε = b/h = | 0,70 | (geschätzt) | | | | | | | | | |
| 7 | **Sortierklasse Nadelholz** | | S10 | | | | | | | | | | |
| 8 | | | | | | | | | | | | | |
| 9 | **Holzfeuchte** | | HF<=15% | | | | | | | | | | |
| 10 | **zul. Durchbiegung** | L/ | 300 | | | | | | | | | | |
| 11 | | zul $\sigma_B$ = | 10 | MN/m² | NH S10 | | | | | | | | |
| 12 | | zul $\tau_B$ = | 0,9 | MN/m² | NH S10 | | | | | | | | |
| 13 | | $E_{II}$ = | 11.000 | MN/m² | NH S10 | HF<=15% | | | | | | | |
| 14 | **erf. Querschnittswerte:** | | | | | | | | | | | | |
| 15 | | zul f = | 1,50 | cm | | | | | | | | | |
| 16 | | max $M_y$ = | **8,9** | kNm | | | | | | | | | |
| 17 | | max $Q_z$ = | **7,9** | kN | | | | | | | | | |
| 18 | | erf $W_y$ = | **885,9** | cm³ | | | | | | | | | |
| 19 | | erf $I_y$ = | **11.325,9** | cm⁴ | | | | | | | | | |
| 20 | | | | | | | | | | | | | |
| 21 | **erf. Querschnittsabmessungen:** | | | | | | | | | | | | |
| 22 | nach zul. Spannung | | erf b = | 13,8 | cm | | | | | | | | |
| 23 | | | erf h = | 19,7 | cm | | | | | | | | |
| 24 | nach zul. Durchbiegung | | erf b = | **14,7** | cm | | | | | | | | |
| 25 | | | erf h = | **21,0** | cm | | | | | | | | |
| 26 | **vorh. Querschnittswerte:** | | | | | | | | | | | | |
| 27 | | | **gewählt:** | 14/22 | | **Querschnitt:** | | **14/22** | **DIN 4070** | | | | |
| 28 | | | | | | | | | | | | | |
| 29 | | | | | | | | | | | | | |
| 30 | | | vorh b = | 14 | cm | | | | | | | | |
| 31 | | | vorh h = | 22 | cm | | | | | | | | |
| 32 | | | vorh A = | 308 | cm² | | | | | | | | |
| 33 | | | vorh $W_y$ = | 1.129 | cm³ | > | 886 | cm³ | = erf $W_y$ | | | | |
| 34 | | | vorh $I_y$ = | 12.423 | cm⁴ | > | 11.326 | cm⁴ | = erf $I_y$ | | | | |
| 35 | | | | | | | | | | | | | |
| 36 | **Nachweise:** | | | | | | | | | | | | |
| 37 | | **Spannungsnachweise:** | | | | | vorh $\sigma_B$ = | **0,78** | kN/cm² | < | **1,00** | kN/cm² | = zul $\sigma_B$ |
| 38 | | | | | | | vorh $\tau$ = | **0,04** | kN/cm² | < | **0,09** | kN/cm² | = zul $\tau$ |
| 39 | | **Durchbiegungsnachweis:** | | | | | vorh f = | **1,37** | cm | < | **1,50** | cm | = zul f |

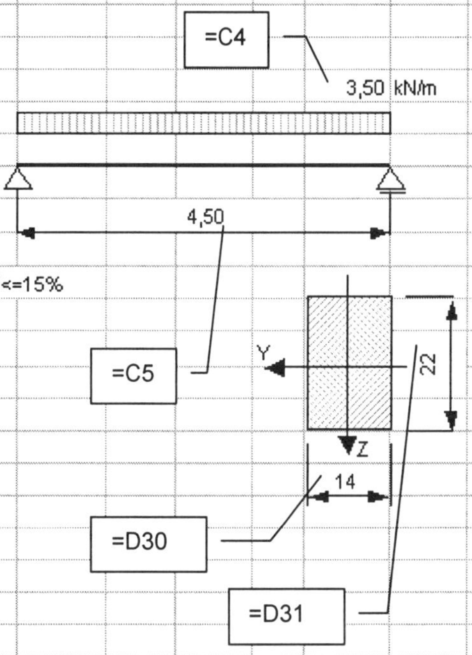


BILD 10-5 Das fertige Tabellenblatt

| | A | B | C | D | E | F | G | H | I |
|---|---|---|---|---|---|---|---|---|---|
| 21 | **erf. Querschnittsabmessungen:** | | | | | | | | |
| 22 | nach zul. Spannung | | erf b = | 13,8 | cm | | | | |
| 23 | | | erf h = | 19,7 | cm | | | | |
| 24 | nach zul. Durchbiegung | | erf b = | **14,7** | cm | | | | |
| 25 | | | erf h = | **21,0** | cm | | | | |
| 26 | **vorh. Querschnittswerte:** | | | | | | | | |
| 27 | | | **gewählt:** | 14/20 | | **Querschnitt:** | | **14/20** | **DIN 4070** |
| 28 | | | **Querschnitt korrigieren!** | | | | | | |
| 29 | | | | | | | | | |

BILD 10-6 Reaktion bei zu kleiner Querschnittswahl

### 10.1.2.Nachweis einer Holzbalkendecke

Der Rechenablauf stimmt im Wesentlichen mit dem im Abschnitt 10.1.1. dargestellten überein. Deshalb wird nur das fertige Tabellenblatt angegeben, Bild 10-7.

| | A | B | C | D | E | F | G | H | I | J | K | L |
|---|---|---|---|---|---|---|---|---|---|---|---|---|
| 1 | HOLZBALKENDECKE: | | **Bemessung für Vollholz, Nadelholz S10** | | | | | | | | | |
| 2 | | | | | | | | | | | | |
| 3 | **Lasten** | | | | | | | | | | | |
| 4 | Eigenlast | | 2,00 | kN/m² | | | | | | | | |
| 5 | Verkehrslast | | 1,50 | kN/m² | Decken ohne ausreichende Querverteilung der Lasten | | | | | | | |
| 6 | Trennwandzuschlag | | 0,75 | kN/m² | | | | | | | | |
| 7 | Summe Lasten | $q_A$ = | | 4,25 | kN/m² | | | | | | 3,19 | kN/m |
| 8 | **Lichte Raumweite** | $L_w$ = | 4,50 | m | | | | | | | | |
| 9 | **Balkenabstand** | e = | 0,75 | m | | | | | | | | |
| 10 | **Seitenverhältnis** | ε = b/h = | 0,70 | (geschätzt) | | | | | | | | |
| 11 | **zul. Durchbiegung** | zul f = L/ | 300 | | | | | | | | | |
| 12 | Stützweite | L = 1.05 * $L_w$ = | 4,73 | m | | | | | | | | |
| 13 | Balken-Linienlast | q = | 3,19 | kN/m | | | | | | | | |
| 14 | | zul f = | 1,58 | cm | | | | | | | | |
| 15 | **E-Modul** | $E_{\|\|}$ = | 10.000 | MN/m² | NH S10; HF ≦ 15% | | | | | | | |
| 16 | **zul. Spannung** | zul $\sigma_B$ = | 10 | MN/m² | NH S10 | | | | | | | |
| 17 | | zul $\tau_Q$ = | 0,9 | MN/m² | NH S10 | | | | | | | |
| 18 | | | | | | | | | | | | |
| 19 | **erf. Querschnitt** | | | | | | | | | | | |
| 20 | | max $Q_z$ = | **7,5** | kN | | | | | | | | |
| 21 | | max $M_y$ = | **8,9** | kNm | | | | | | | | |
| 22 | | erf $W_y$ = | **889,5** | cm³ | | | | | | | | |
| 23 | | erf $I_y$ = | **13.134,6** | cm⁴ | | | | | | | | |
| 24 | | erforderlich | | | | | | | | | | |
| 25 | | nach zul. Biegepannung | erf b = | 13,8 | cm | | | | | | | |
| 26 | | | erf h = | 19,7 | cm | | | | | | | |
| 27 | | nach zul. Durchbiegung | erf b = | **15,2** | cm | | | | | | | |
| 28 | | | erf h = | **21,8** | cm | | | | | | | |
| 29 | | | | | | | | | | | | |
| 30 | **gewähler Querschnitt** | | | | 16/22 | | **Querschnitt:** | | **16/22** | **DIN 4070** | | |
| 31 | | | | | | | | | | | | |
| 32 | | | | | | | | | | | | |
| 33 | | | b = | 16 | cm | | | | | | | |
| 34 | | | h = | 22 | cm | | | | | | | |
| 35 | | | vorh A = | 352 | cm² | | | | | | | |
| 36 | | | vorh $W_y$ = | 1291 | cm³ | > | 890 | cm³ | = erf $W_y$ | | | |
| 37 | | | vorh $I_y$ = | 14197 | cm⁴ | > | 13135 | cm⁴ | = erf $I_y$ | | | |
| 38 | | | | | | | | | | | | |
| 39 | | **Spannungsnachweis:** | vorh $\sigma_x$ = | **0,69** | kN/cm² | < | **1,00** | kN/cm² | = zul $\sigma_B$ | | | |
| 40 | | | vorh $\tau_Q$ = | **0,03** | kN/cm² | < | **0,09** | kN/cm² | = zul $\tau_Q$ | | | |
| 41 | | | | | | | | | | | | |
| 42 | | **Durchbiegungsnachweis:** | vorh f = | **1,46** | cm | < | **1,58** | cm | = zul f | | | |

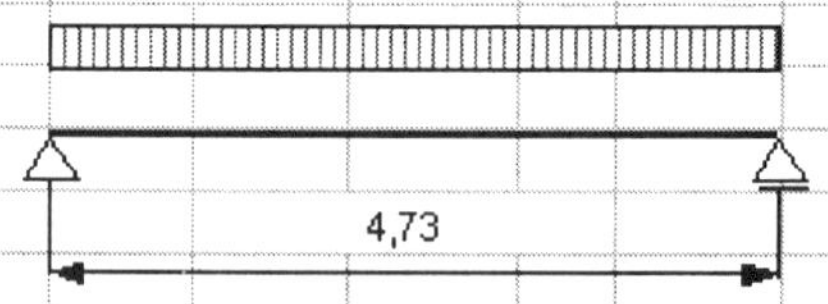


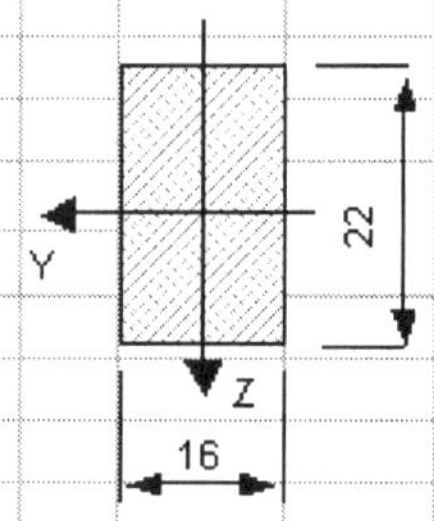


BILD 10-7 Standsicherheitsnachweis für eine Holzbalkendecke

## 10.2 Normalspannungen aus Doppelbiegung

Die Doppelbiegung (schiefe Biegung, zweiachsige Biegung) tritt beispielsweise bei Dachpfetten auf. Für diesen Fall werden die Ermittlung der Eckspannungen und die Lage der Nulllinie gezeigt. Wir beschränken uns auf Rechteckquerschnitte (Kanthölzer) und verzichten auf den Tragsicherheitsnachweis, der in den vorangegangenen Kapiteln dargestellt wurde. Torsion möge durch konstruktive Maßnahmen ausgeschlossen sein.

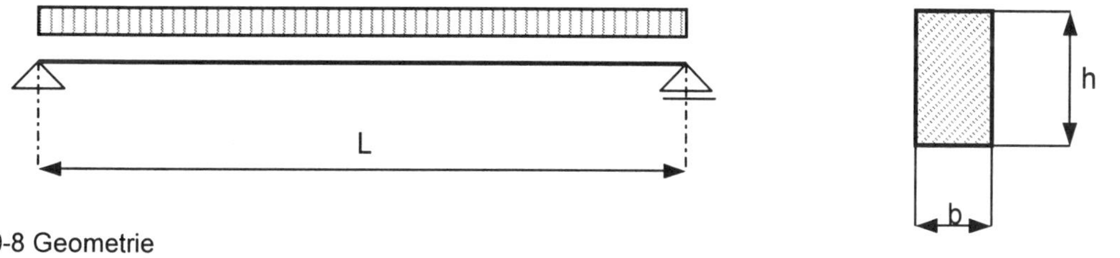


BILD 10-8 Geometrie

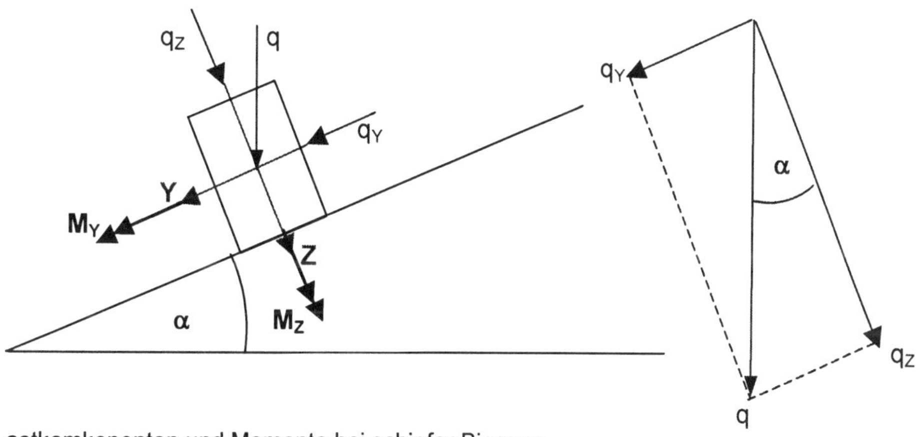


BILD 10-9 Lastkomkonenten und Momente bei schiefer Biegung

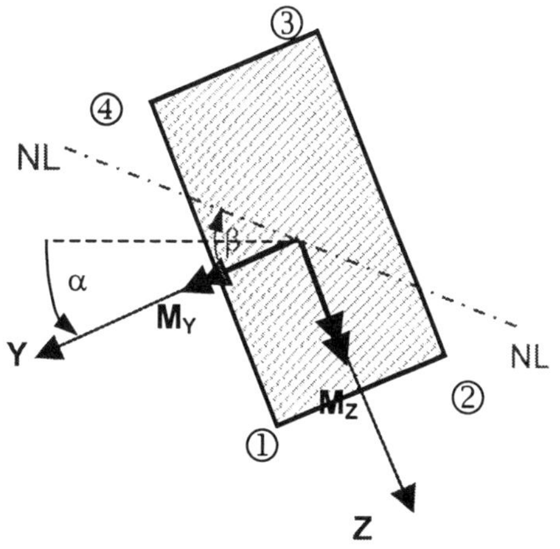


BILD 10-10 Lage der Nulllinie

Der Berechnungsablauf ist in der Tabelle 10-5) zusammengestellt.

| | | | |
|---|---|---|---|
| Lastkomponenten | $q_Y = q \sin\alpha$ <br> $q_Z = q \cos\alpha$ | 10-(7) | Bild 10-9 |
| Komponenten des Momentenvektors | $M_Y = \frac{q_Z L^2}{8}$ <br> $M_Z = -\frac{q_Y L^2}{8}$ | 10-(8) | Bild 10-9 |
| Flächenmomente 2. Grades | $I_Y = \frac{b h^3}{12}$ <br> $I_Z = \frac{h b^3}{12}$ | 10-(9) | Bild 10-10 |
| Normalspannungen in Eckpunkten | $\sigma_{Xi} = \frac{M_Y}{I_Y} z_i - \frac{M_Z}{I_Z} y_i \,;\, (i = 1 \ldots 4)$ | 10-(10) | Bild 10-10 |
| Richtung der Nulllinie <br> bezüglich Y-Achse | $\beta = \arctan\left(-\frac{M_Z I_Y}{M_Y I_Z}\right)$ | 10-(11) | Bild 10-10 |
| bezüglich Horizontalachse des Diagramm-Managers | $\beta' = \alpha - \beta'$ | | |

TABELLE 10-5) Bestimmung der Eckspannungen und der Lage der Nulllinie

Bild 10-11 enthält das Tabellenblatt für diese Berechnung.

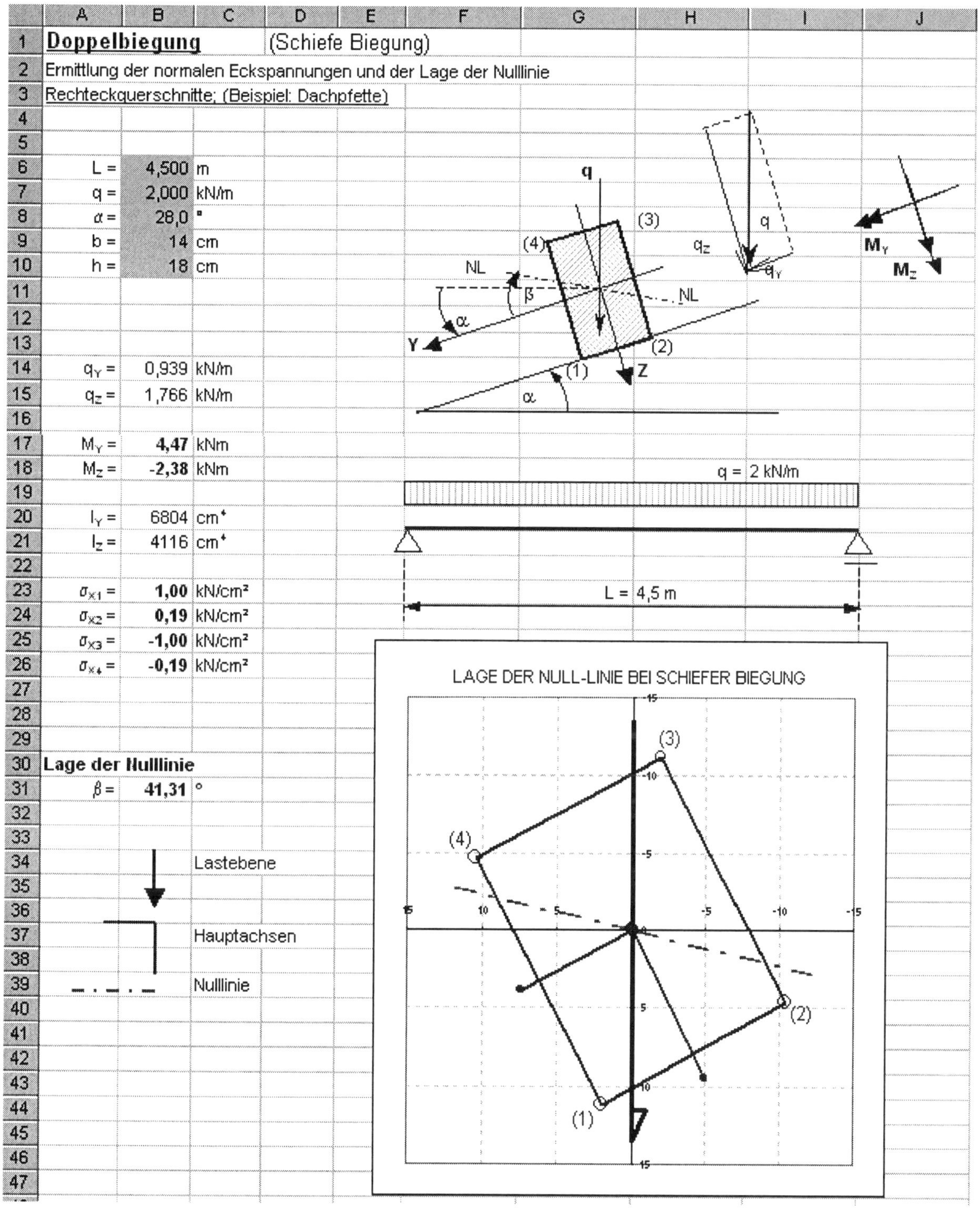

**Doppelbiegung** (Schiefe Biegung)

Ermittlung der normalen Eckspannungen und der Lage der Nulllinie

Rechteckquerschnitte; (Beispiel: Dachpfette)

| | | |
|---|---|---|
| L = | 4,500 | m |
| q = | 2,000 | kN/m |
| $\alpha$ = | 28,0 | ° |
| b = | 14 | cm |
| h = | 18 | cm |
| $q_Y$ = | 0,939 | kN/m |
| $q_Z$ = | 1,766 | kN/m |
| $M_Y$ = | **4,47** | kNm |
| $M_Z$ = | **-2,38** | kNm |
| $I_Y$ = | 6804 | cm⁴ |
| $I_Z$ = | 4116 | cm⁴ |
| $\sigma_{x1}$ = | **1,00** | kN/cm² |
| $\sigma_{x2}$ = | **0,19** | kN/cm² |
| $\sigma_{x3}$ = | **-1,00** | kN/cm² |
| $\sigma_{x4}$ = | **-0,19** | kN/cm² |

**Lage der Nulllinie**

$\beta$ = **41,31** °



BILD 10-11 Spannungen und Lage der Nulllinie bei schiefer Biegung

## 10.3 Spannungen aus außermittiger Längskraft

### 10.3.1. Normalspannungen bei zugfestem Material

Ein polygonal begrenzter Querschnitt möge durch eine exzentrische Längskraft beansprucht sein und das Material Zugspannungen aufnehmen können.

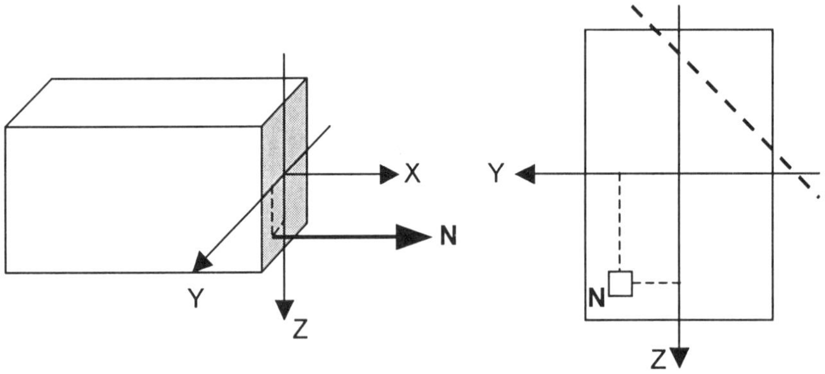


BILD 10-12 Querschnitt unter einer exzentrisch angreifenden Normalkraft

Die Lösung der Aufgabe wird in zwei Varianten vorgestellt, wobei die beiden Tabellenblätter unterschiedlich gestaltet wurden, Bilder 10-18 und 10-19.

Die Ermittlung der Querschnittswerte erfolgt nach den Darlegungen im Kapitel 9.
Als weitere Eingabewerte werden die Beträge und die Standorte der Normalkräfte benötigt.

Normalspannungen in den Eckpunkten

$$\sigma_{ix} = \frac{N}{A}\left(1 + \frac{v_N\, v_i}{i_u^2} + \frac{u_N\, u_i}{i_v^2}\right) \qquad 10\text{-}(12)$$

Normalspannung im Lastangriff

$$\sigma_{Nx} = \frac{N}{A}\left(1 + \frac{v_N^2}{i_u^2} + \frac{u_N^2}{i_v^2}\right) \qquad 10\text{-}(13)$$

Normalspannung im Schwerpunkt

$$\sigma_{Sx} = \frac{N}{A} \qquad 10\text{-}(14)$$

Nulllinie; Schnittpunkte mit den Hauptachsen

$$u_0 = -\frac{i_v^2}{u_N} \qquad 10\text{-}(15)$$

$$v_0 = -\frac{i_u^2}{v_N} \qquad 10\text{-}(16)$$

Die zu diesen Formeln gehörenden EXCEL-Notierungen lauten nach Tabelle 10-6):

| ZELLE | EXCEL-Notation | |
|---|---|---|
| Normalspannungen in den Eckpunkten | | |
| I10 | =WENN(A10<>"----"; $B$28/$C$31*(1+$H$28*H10/$C$38/$C$38+$G$28*G10/$C$39/$C$39);"----") | 10-(12) |
| I10...I19 | Ausfüllen nach unten | |
| Kennzeichnung der Extremwerte mit „Maximalwert" und „Minimalwert" | | |
| K10 | =WENN(I10=MAX($I$10:$I$19);"Maximalwert";WENN(I10=MIN($I$10:$I$19);"Minimalwert";"")) | |
| K10...K19 | Ausfüllen nach unten | |
| Zuordnung der Symbole „max σ"◇ und „min σ"◆ in Bezug auf die Skizze | | |
| L10 | =WENN(ODER(K10="Maximalwert";K10="Minimalwert");"g";"") | |
| L10...L19 | Ausfüllen nach unten | |
| | Schriftart: Webdings; Ausrichtung: vertikal zentriert, 45° | |
| | Farbe über Bedingte Formatierung, Bild 10-13 | |
| | 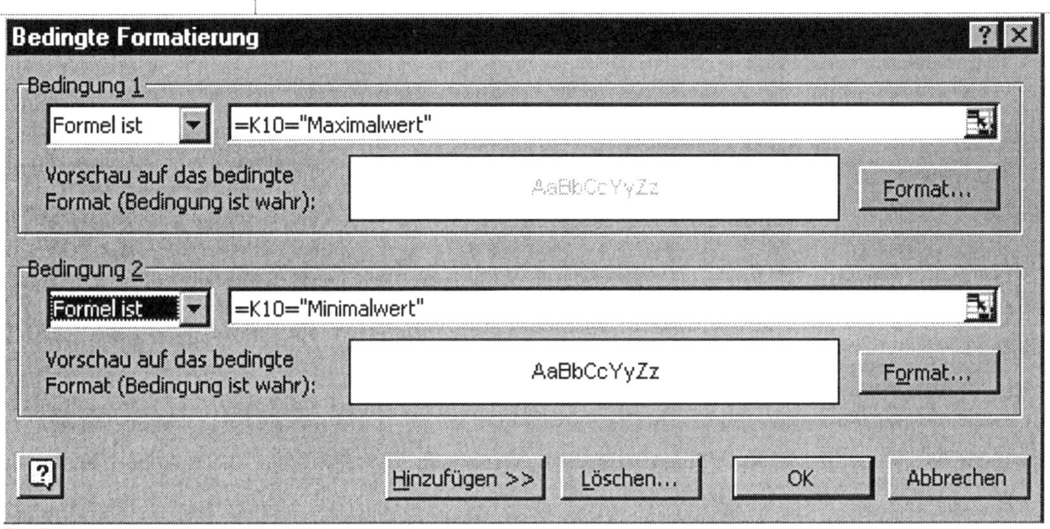<br>BILD 10-13 | |
| Normalspannung im Lastangriff | | |
| J26 | =WENN(B28<>0;B$28/$C$31*(1+H28*H28/$C$38/$C$38+G28*G28/$C$39/$C$39);0) | 10-(13) |
| Normalspannung im Schwerpunkt | | |
| J28 | =B28/C31 | 10-(14) |
| Nulllinie; Schnittpunkte mit den Hauptachsen | | |
| C44 | =WENN(G28<>0;-C39*C39/G28;100000) | 10-(15) |
| C46 | =WENN(H28<>0;-C38*C38/H28;100000) | 10-(16) |

TABELLE 10-6) EXCEL-Notationen zur Spannungsermittlung

Zwischenwerte für die statischen Kenngrößen des Querschnittes und Hilfswerte für die Gestaltung der Skizze befinden sich auf Tabelle2.

HERVORHEBUNG DER EXTREMALEN SPANNUNGSWERTE IN DER SKIZZE

| | A | B | C | D | E | F | G | H |
|---|---|---|---|---|---|---|---|---|
| 19 | | | | | | | | |
| 20 | | Hilfswerte Ausgangsachsen | | | | Ort max σ | | |
| 21 | y | 2,000 | 0,000 | 0,000 | | | y' | z' |
| 22 | z | 0,000 | 0,000 | 3 | | 510,835 | 0,000 | 0,000 |
| 23 | | Hilfswerte Schwerachsen | | | | Ort min σ | | |
| 24 | y | 5,133 | 1,733 | 1,733 | | | y' | z' |
| 25 | z | 2,667 | 2,667 | 7,767 | | 30,587 | 2,000 | 6,000 |
| 26 | | Hilfswerte Hauptachsen | | | | | | |
| 27 | y | 5,588 | 1,733 | 0,664 | | | | |
| 28 | z | 3,736 | 2,667 | 6,521 | | | | |

=MAX(Tabelle1!I10:I19)

=INDEX(Tabelle1!B10:B19;
VERGLEICH(F22;Tabelle1!I10:I19;0))

=INDEX(Tabelle1!C10:C19;
VERGLEICH(F22;Tabelle1!I10:I19;0))

BILD 10-14 Hilfswerte für die Kennzeichnung der Extremwerte der Normalspannung (kopiert nach Tabelle2)

ZEICHNEN DER NULLLINIE

Um die Nulllinie der Querschnittsgröße anzupassen, wird sie in drei Abschnitten gezeichnet:

- Nulllinien-Abschnitt zwischen den Hauptachsen,
- Verlängerung nach einer Richtung mittels eines Faktors $r_1$,
- Verlängerung nach der anderen Richtung mittels eines Faktors $r_2$.

$r_1$ und $r_2$ können positiv oder negativ sein. Man findet den Wert am schnellsten durch Probieren.

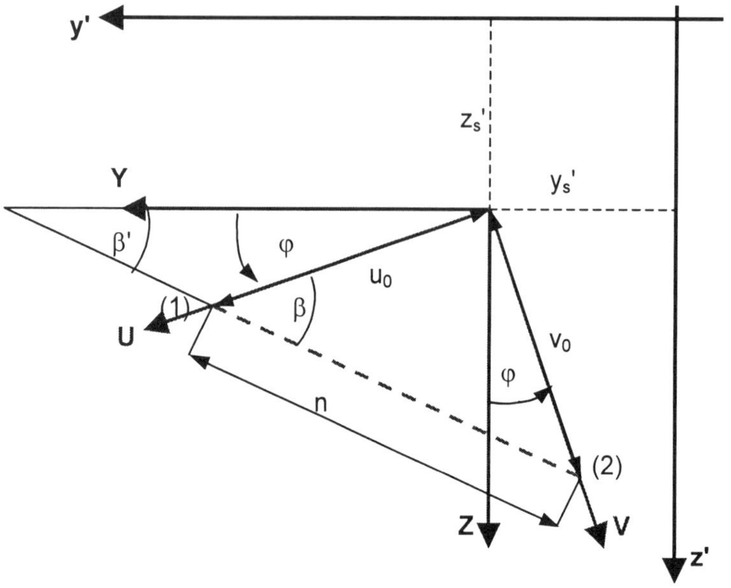


BILD 10-15 Geometrie der Nulllinie

Nach Bild 10-15 ergibt sich

| | | |
|---|---|---|
| $n = \sqrt{u_0^2 + v_0^2}$ | Länge der Nullinie zwischen den Hauptachsen | 10-(17) |
| $\beta = \arctan \frac{v_0}{u_0}$ | Neigung zur Hauptachse $u_0$ | 10-(18) |
| $\beta' = \beta - \varphi$ | Neigung zur Horizontalachse Y | 10-(19) |

Koordinaten der Achsschnittpunkte

Die Nulllinie wird durch Verlängerung über die Achsabschnittspunkte (1) und (2) hinaus der Querschnittsgröße angepasst, so dass die Endpunkte (3) und (4) entstehen.

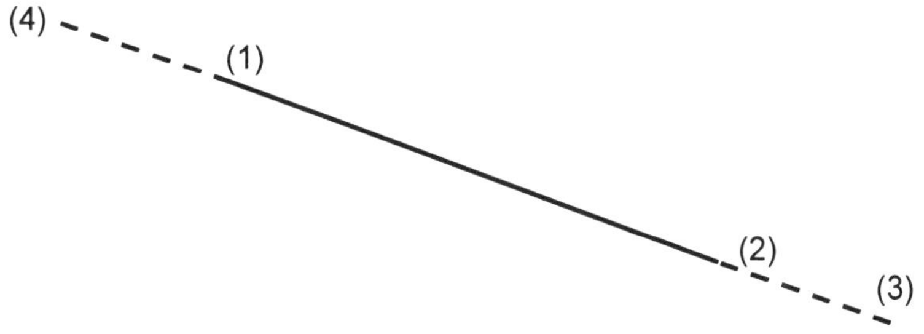


BILD 10-16 Linienverlängerung

Koordinaten der Endpunkte

Punkt (1)
$[y_s' + u_0 \cos\varphi \; ; \; z_s' + u_0 \sin\varphi]$

Punkt (2)
$[y_s' - v_0 \sin\varphi \; ; \; z_s' + v_0 \cos\varphi]$ 10-(20) ; 10-(21)

Punkt (3)
$[y_2' - r_2\, n \cos\beta' \; ; \; z_2' + r_2\, n \sin\beta']$

Punkt (4)
$[y_1' + r_1\, n \cos\beta' \; ; \; z_1' - r_1\, n \sin\beta']$ 10-(22) ; 10-(23)

Die Berechnungsergebnisse enthält Bild 10-17 (Auszug aus Tabelle2 der Arbeitsmappe); die zugehörigen EXCEL-Notationen sind in Tabelle 10-7) aufgeführt.

| | A | B | C |
|---|---|---|---|
| 30 | Hilfswerte für Null-Linie: | | |
| 31 | n = | 6,687 | m |
| 32 | β = | 57,964 | ° |
| 33 | β' = | 42,459 | ° |
| 34 | | | |
| 35 | | y' | z' |
| 36 | (1) | 5,152 | 3,615 |
| 37 | (2) | 0,218 | 8,129 |
| 38 | | | |
| 39 | (2) | 0,218 | 8,129 |
| 40 | (3) | -0,275 | 8,581 |
| 41 | | | |
| 42 | (1) | 5,152 | 3,615 |
| 43 | (4) | 6,138 | 2,712 |

BILD 10-17 Koordinaten ausgezeichneter Punkte der Nulllinie nach 10-(20) ... 10-(23)

| ZELLE | | | | |
|---|---|---|---|---|
| B31 | =WURZEL(Tabelle1!C44*Tabelle1!C44+Tabelle1!C46*Tabelle1!C46) | | | 10-17 |
| B32 | =ARCTAN(Tabelle1!C46/Tabelle1!C44)*180/PI() | | | 10-18 |
| B33 | =B32-Tabelle1!C35 | | | 10-19 |
| | | | | |
| B36 | =Tabelle1!C32+Tabelle1!C44*COS(Tabelle1!C35*PI()/180) | Punkt 1 | y'-Koordinate | 10-20 |
| C36 | =Tabelle1!C33+Tabelle1!C44*SIN(Tabelle1!C35*PI()/180) | | z'-Koordinate | 10-20 |
| B37 | =Tabelle1!C32-Tabelle1!C46*SIN(Tabelle1!C35*PI()/180) | Punkt 2 | y'-Koordinate | 10-21 |
| C37 | =Tabelle1!C33+Tabelle1!C46*COS(Tabelle1!C35*PI()/180) | | z'-Koordinate | 10-21 |
| | | | | |
| B39 | =B37 | Punkt 2 | y'-Koordinate | |
| C39 | =C37 | | z'-Koordinate | |
| B40 | =B39+Tabelle1!D55*B31*COS(B33*PI()/180) | Punkt 3 | y'-Koordinate | |
| C40 | =C39-Tabelle1!D55*B31*SIN(B33*PI()/180) | | z'-Koordinate | 10-22 |
| | | | | |
| B42 | =B36 | Punkt 1 | y'-Koordinate | |
| C42 | =C36 | | z'-Koordinate | |
| B43 | =B42-Tabelle1!D56*B31*COS(B33*PI()/180) | Punkt 4 | y'-Koordinate | 10-23 |
| C43 | =C42+Tabelle1!D56*B31*SIN(B33*PI()/180) | | z'-Koordinate | |

TABELLE 10-7) EXCEL-Notationen zu Bild 10-17

Das funktionsfähige Tabellenblatt ist als Bild 10-18 dargestellt.
Beachten Sie insbesondere die Kennzeichnung der Extremwerte der Spannungen im Bereich der Auflistung der Eckspannungen und in der sich automatisch aufbauenden Skizze.

Bild 10-19 zeigt eine Variante unter der Voraussetzung, dass zwei Normalkräfte wirken, wie dies beispielsweise beim Widerlager einer Brücke als Auflagerkräfte eintritt. Das Tabellenblatt wurde in Einzelheiten etwas anders gestaltet.

Um Falscheingaben zu den Koordinaten der Eckpunkte des Querschnittes zu verhindern, sind die analoge Warnungen eingearbeitet, wie dies unter 9. Querschnittswerte aufgeführt worden ist.

**Spannungen aus exzentrischer Normalkraft**
**(bei aufnehmbaren Zugspannungen)**

Die belastete Fläche hat n = 5 Eckpunkte. 3 ≦ n ≦ 10

Maßeinheit: m

**Koordinaten der Eckpunkte** / **Normalspannung $\sigma_x$**

| i | y' | z' | | y | z | u | v | $\sigma_x$ | | |
|---|---|---|---|---|---|---|---|---|---|---|
| | | | | bezügl. Schwerachsen | | bezügl. Hauptachsen | | in den Eckpunkten | | |
| i | y' | z' | | y | z | u | v | | | |
| | m | m | | m | m | m | m | kN/m² | | |
| 1 | 0,000 | 0,000 | | -1,733 | -2,667 | -2,383 | -2,106 | **510,83** | **Maximalwert** | ◆ |
| 2 | 4,000 | 0,000 | | 2,267 | -2,667 | 1,471 | -3,176 | **286,35** | | |
| 3 | 4,000 | 2,000 | | 2,267 | -0,667 | 2,006 | -1,248 | **163,68** | | |
| 4 | 2,000 | 6,000 | | 0,267 | 3,333 | 1,148 | 3,141 | **30,59** | **Minimalwert** | ◆ |
| 5 | 0,000 | 6,000 | | -1,733 | 3,333 | -0,779 | 3,675 | **142,83** | | |
| 1 | 0,000 | 0,000 | | -1,733 | -2,667 | -2,383 | -2,106 | **s.o.** | | |
| ---- | 0,000 | 0,000 | | 0,000 | 0,000 | 0,000 | 0,000 | ---- | | |
| ---- | 0,000 | 0,000 | | 0,000 | 0,000 | 0,000 | 0,000 | ---- | | |
| ---- | 0,000 | 0,000 | | 0,000 | 0,000 | 0,000 | 0,000 | ---- | | |
| ---- | 0,000 | 0,000 | | 0,000 | 0,000 | 0,000 | 0,000 | ---- | | |
| ---- | 0,000 | 0,000 | | 0,000 | 0,000 | 0,000 | 0,000 | | | |

**Belastung**

| Größe | Ausgangsachsen | | Schwerachsen | | Hauptachsen | | | |
|---|---|---|---|---|---|---|---|---|
| | Standort bezüglich | | | | | | LASTSTANDORT | ☒ |
| Größe | Ausgangsachsen | | Schwerachsen | | Hauptachsen | | $\sigma_x$ **im Lastangriffspunkt** | |
| N | $y'_N$ | $z'_N$ | $y_N$ | $z_N$ | $u_N$ | $v_N$ | $\sigma_N$ = **292,2** | kN/m² |
| kN | m | m | m | m | m | m | $\sigma_x$ **im Schwerpunkt** | |
| 5000,0 | 1,600 | 2,100 | -0,133 | -0,567 | -0,280 | -0,510 | $\sigma_S$ = **250,0** | kN/m² |

**Querschnittswerte**

| | | |
|---|---|---|
| A = | **20,000** | m² |
| $y'_S$ = | **1,733** | m |
| $z'_S$ = | **2,667** | m |
| 2 φ = | **31,010** | ° |
| φ = | **15,505** | ° |
| $I_u$ = | **57,824** | m4 |
| $I_v$ = | **19,865** | m4 |
| $i_u$ = | **1,700** | m |
| $i_v$ = | **0,997** | m |

**Lage der Nulllinie**

NULLLINIE ————

Achsabschnitt auf der u -Achse

$u_0$ = **3,547** m

Achsabschnitt auf der v -Achse

$v_0$ = **5,669** m

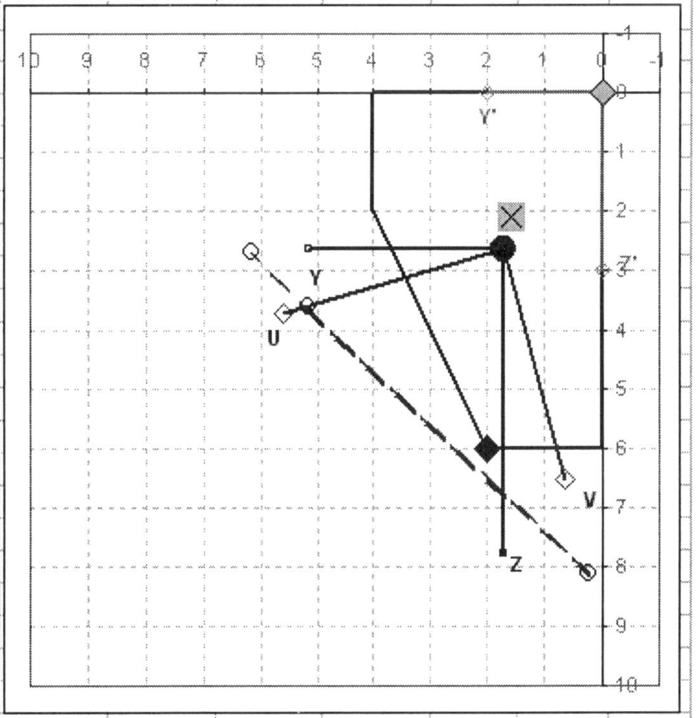


Folgende Linien können über einen Faktor der Flächengröße angepasst werden:

Maßstabsfaktorfaktor für

| | |
|---|---|
| Schwerachsen [y ; z] | 1,7 |
| Hauptachsen [u ; v] | 2 |
| NL - Verlängerung (links; rechts) | |
| $r_1$ = | 1,2 |
| $r_2$ = | 1,0 |

BILD 10-18 Bestimmung der Eckspannungen und der Lage der Nulllinie eines polygonal begrenzten Querschnittes unter Angriff einer exzentrischen Normalkraft

## Spannungen aus exzentrischer Normalkraft (bei 2 Normalkräften)

Die belastete Fläche hat n = 8 Eckpunkte $3 \leqq n \leqq 10$

Maßeinheit: m

**Spannungen in den Eckpunkten**

Koordinaten der Eckpunkte

| | | | bezügl. Schwerachse | | bezügl. Hauptachsen | | | Spannungen aus $N_1$ | Spannungen aus $N_2$ | result. Spannung |
|---|---|---|---|---|---|---|---|---|---|---|
| i | $y_i$ | $z_i$ | $Y_i$ | $Z_i$ | $U_i$ | $V_i$ | | $\sigma_x$ | $\sigma_x$ | $\sigma_x$ |
| | m | m | m | m | m | m | i | kN/m² | kN/m² | kN/m² |
| 1 | 0,000 | 0,000 | -4,065 | -5,183 | -2,227 | -6,199 | 1 | -117,43 | -15,86 | **-133,288** |
| 2 | 7,200 | 0,000 | 3,135 | -5,183 | 4,607 | -3,933 | 2 | -23,59 | 71,39 | **47,802** |
| 3 | 7,200 | 2,400 | 3,135 | -2,783 | 3,851 | -1,655 | 3 | -6,92 | 42,75 | **35,827** |
| 4 | 4,100 | 2,400 | 0,035 | -2,783 | 0,909 | -2,631 | 4 | -47,33 | 5,18 | **-42,142** |
| 5 | 5,400 | 8,000 | 1,335 | 2,817 | 0,380 | 3,094 | 5 | 8,51 | -45,90 | **-37,388** |
| 6 | 9,100 | 8,000 | 5,035 | 2,817 | 3,892 | 4,258 | 6 | 56,73 | -1,06 | **55,672** |
| 7 | 9,100 | 10,400 | 5,035 | 5,217 | 3,137 | 6,536 | 7 | 73,40 | -29,70 | **43,697** |
| 8 | 2,500 | 10,400 | -1,565 | 5,217 | -3,128 | 4,459 | 8 | -12,62 | -109,68 | **-122,302** |
| 1 | 0,000 | 0,000 | -4,065 | -5,183 | -2,227 | -6,199 | ---- | -117,43 | -15,86 | ------ |
| ---- | 0,000 | 0,000 | 0,000 | 0,000 | 0,000 | 0,000 | ---- | -28,45 | -28,45 | ------ |
| ---- | 0,000 | 0,000 | 0,000 | 0,000 | 0,000 | 0,000 | | | | |

Belastung

| | Größe | Standort | | bez. Schwerachsen | | bez. Hauptachsen | |
|---|---|---|---|---|---|---|---|
| | $N_j$ | $y_j'$ | $z_j'$ | $Y_j$ | $Z_j$ | $U_j$ | $V_j$ |
| j | kN | m | m | m | m | m | m |
| 1 | -1500 | 1,500 | 1,200 | -2,565 | -3,983 | -1,181 | -4,588 |
| 2 | -1500 | 3,400 | 8,800 | -0,665 | 3,617 | -1,770 | 3,224 |

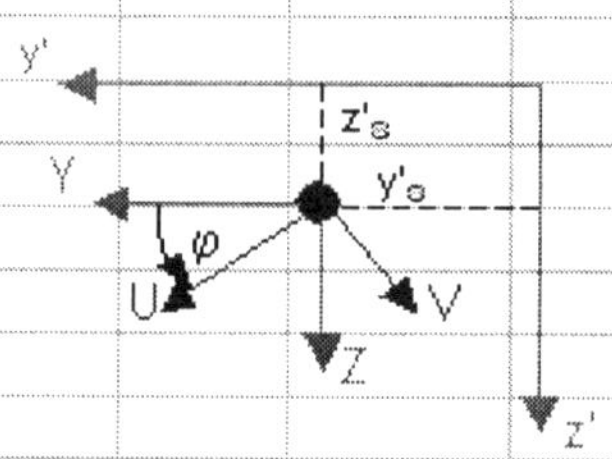


**Schwerpunktkoordinaten:**

$y'_S$ = **4,065** m

$z'_S$ = **5,183** m

**Querschnittsfläche:**

A = **52,720** m²

**Richtung Hauptachsen:**

φ = **-18,344** °

**Hauptflächenmomente 2. Grades**

$I_v$ = **643,5** m4

$I_u$ = **174,0** m4

**Trägheitsradien**

$i_u$ = **3,494** m

$i_v$ = **1,817** m

**Lage der Nullinie**

NULLLINIE – – – – –

Achsabschnitt auf der u-Achse

$u_0$ = **2,236** m

Achsabschnitt auf der v-Achse

$v_0$ = **17,897** m

Verlängerung der Nulllinie

$r_1$ = -0,7

$r_2$ = -1,3

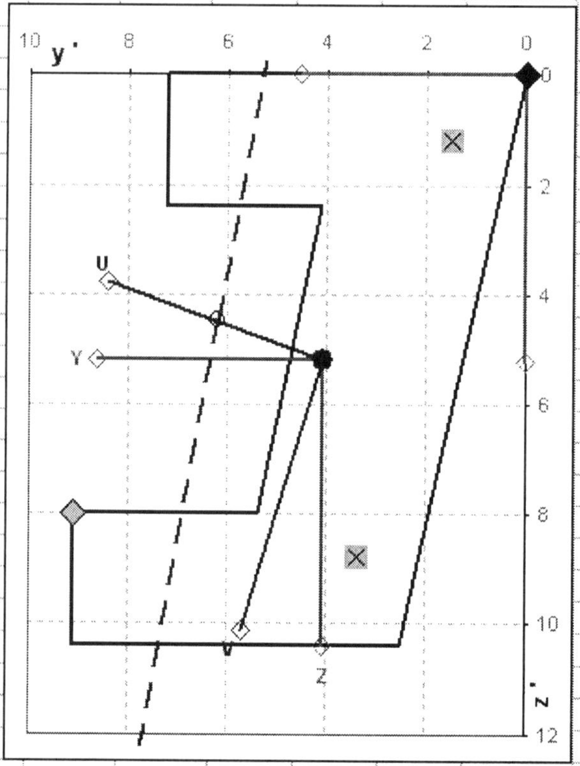


| Spannungen an den Lastangriffspunkten | | | | | | Punkt: | y' | z' |
|---|---|---|---|---|---|---|---|---|
| j = 1 | -89,547 | -12,001 | $\sigma_{x1}$ = | **-101,548** | kN/m² | | 1,500 | 1,200 |
| j = 2 | -12,001 | -79,681 | $\sigma_{x2}$ = | **-91,682** | kN/m² | | 3,400 | 8,800 |
| **Spannung im Schwerpunkt** | | | $\sigma_{xS}$ = | **-56,904** | kN/m² | | 4,065 | 5,183 |
| **Extremale Eckspannungen** | | | | | | | | |
| | | ◇ | max $\sigma_x$ = | **55,672** | kN/m² | | 9,100 | 8,000 |
| | | ◆ | min $\sigma_x$ = | **-133,288** | kN/m² | | 0,000 | 0,000 |

Laststandorte ☒
Schwerpunkt ●
Hauptachsen

BILD 10-19 Variante zu Bild 10-18: Es wirken zwei Normalkräfte.

### 10.3.2. Normalspannungen bei versagender Zugzone

## Einachsige Exzentrizität beim Rechteckquerschnitt

Auf den Querschnitt wirkt eine Druckkraft außerhalb des Kernes. Kann der Baustoff keine Zugspannungen aufnehmen, ist mit versagender Zugzone zu rechnen. Es tritt eine „Klaffende Fuge" auf. Somit steht nur eine abgeminderte Querschnittsfläche zur Spannungsübertragung zur Verfügung. Beachte zum Beispiel die Aussagen der DIN 1054 und DIN 1053. Danach darf ein Querschnitt höchstens bis zum Schwerpunkt aufreißen.
Die Gleichgewichtsbedingungen verlangen, dass der Angriffspunkt der Normalkraft identisch mit dem Schwerpunkt der Spannungsfigur und die Resultierende der Normalspannungen gleich dem Betrag der Normalkraft sind. Wir unterstellen nach den Regeln der klassischen Mechanik eine lineare Spannungsverteilung.
Der Vollständigkeit halber arbeiten wir den Fall, dass die Normalkraft im Kern steht, mit in den Lösungsprozess ein.

Voraussetzung: Rechteckquerschnitt

Kernweite: $k = \frac{b}{6}$ 10-(24)

Exzentrizität nach links
Variante: Normalkraft im Kern

$e \leq k$ $\sigma_{1,2} = \frac{N}{a\,b}\left(1 \mp \frac{b}{6\,e}\right)$ 10-(25)

Variante: Normalkraft außerhalb des Kernes

$k < e \leq \frac{b}{3}$ $\sigma_2 = \frac{2N}{3\,c_2\,b}$ 10-(26)

mit

$c_2 = \frac{b}{2} - e$ 10-(27)

Länge der klaffenden Fuge $l_F = b - 3\,c_2$ 10-(28)

$e > \frac{b}{3}$ unzulässig, da $l_F > \frac{b}{2}$ 10-(29)

Analog, wenn Exzentrizität nach rechts.

Die Umsetzung in die EXCEL-Notation möge der Leser nachvollziehen.

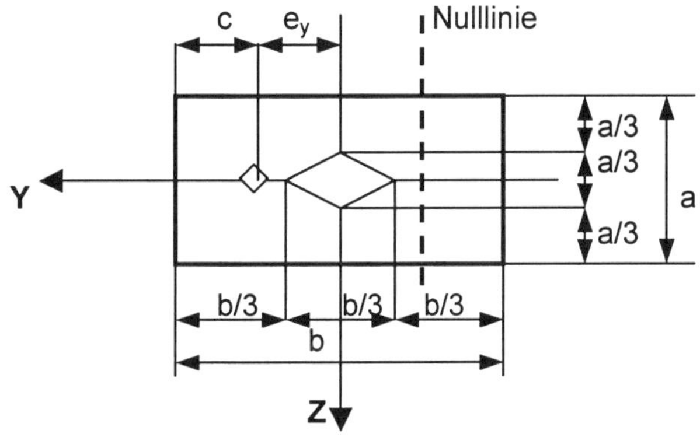


BILD 10-20 Normalkraft N mit einachsiger Exzentrizität $e_y$

Die Bilder 10-21 ... 10-23 geben Beispielrechnungen an.

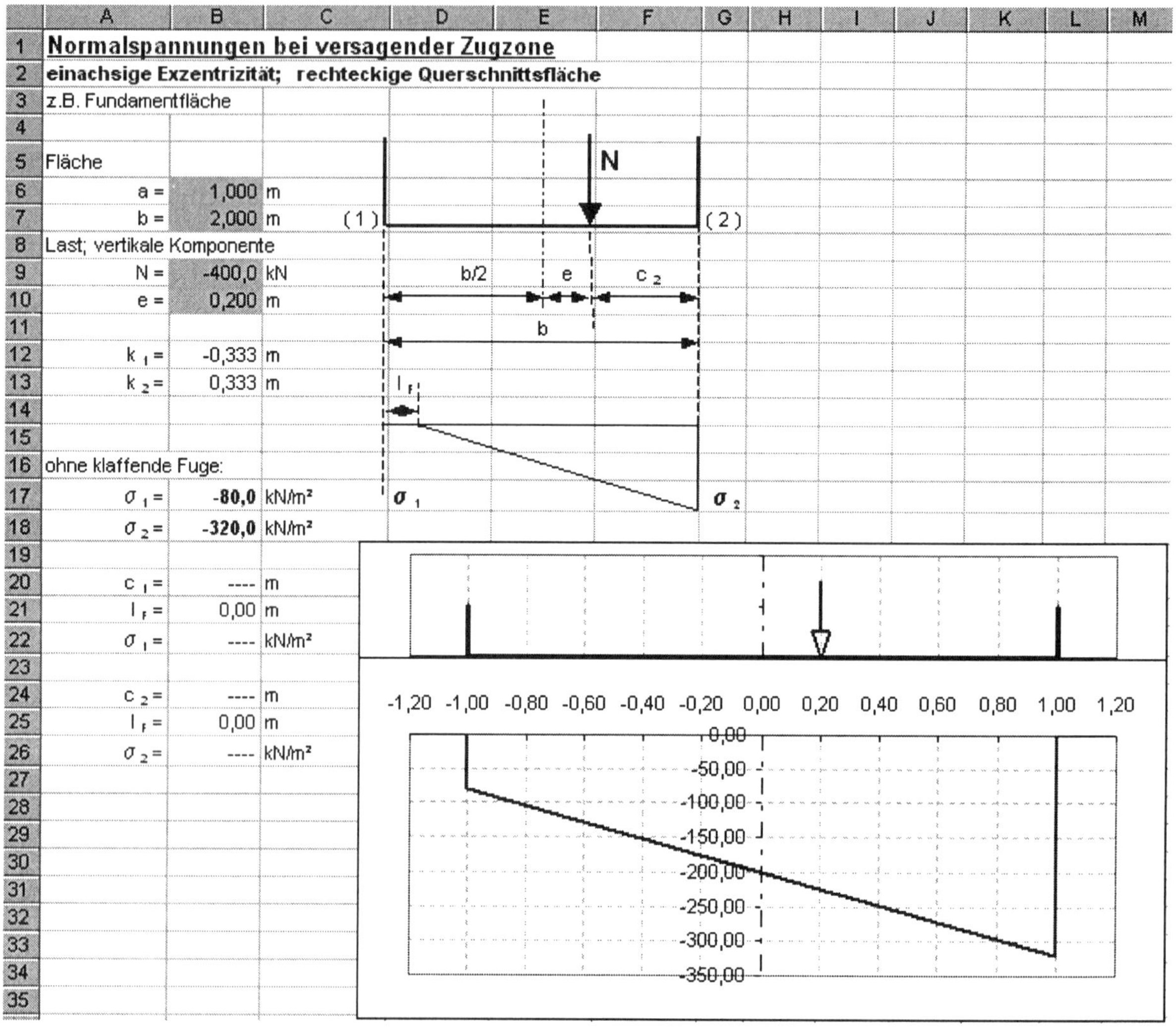


BILD 10-21 Variante: Standort der Normalkraft im Kern des Querschnittes

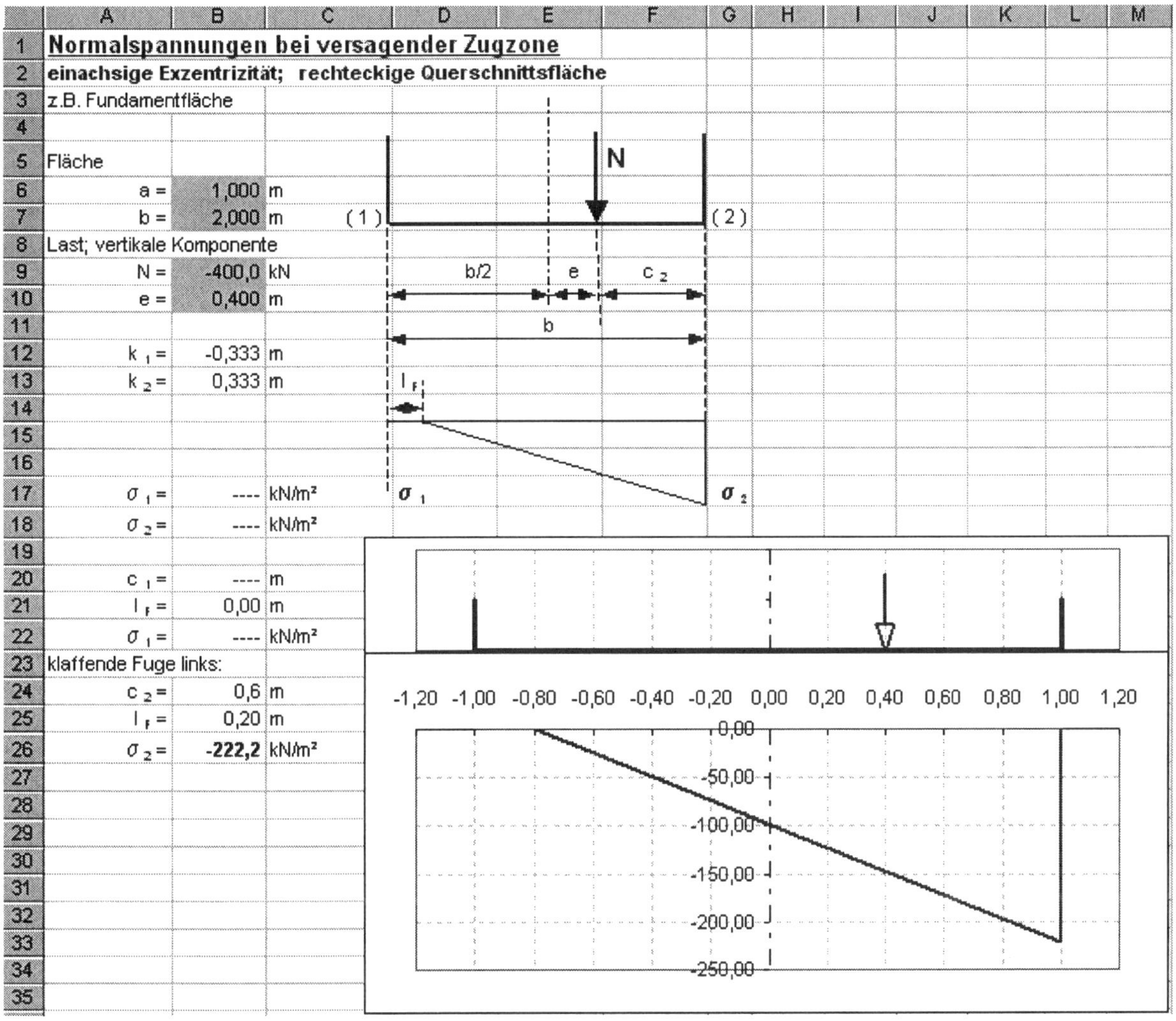


BILD 10-22 Variante: Standort der Normalkraft außerhalb des Kernes des Querschnittes

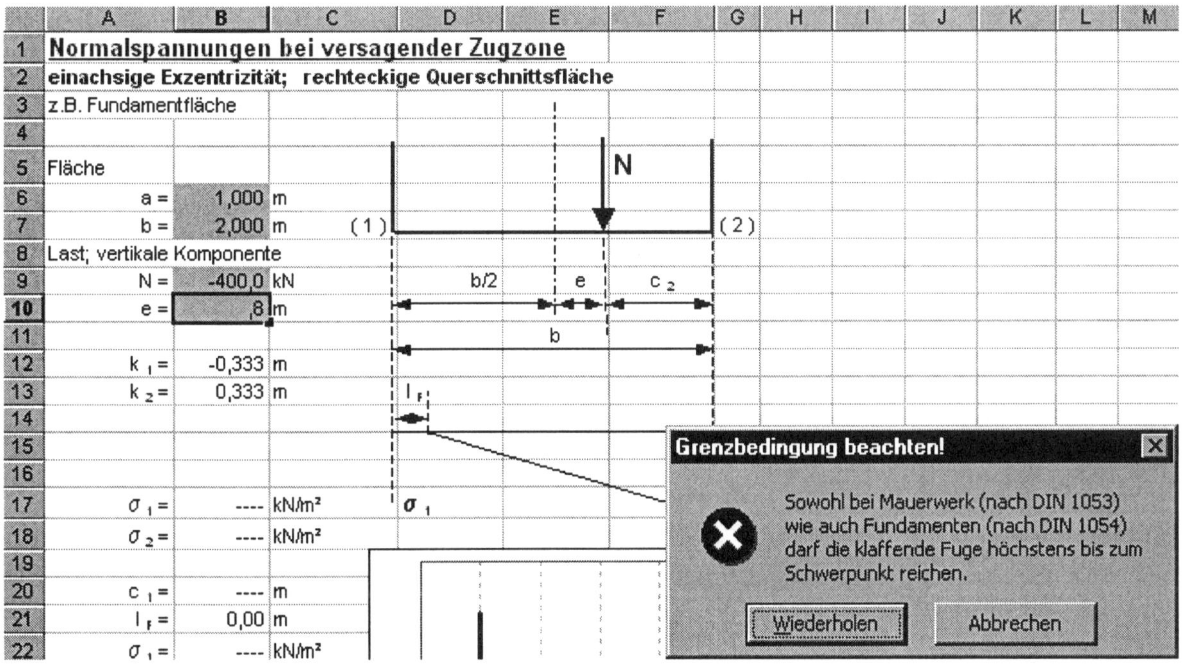


BILD 10-23 Variante: Länge der klaffenden Fuge $l_F \geq b/2$

## Einachsige Exzentrizität beim symmetrischen T-Querschnitt

Der zugempfindliche T-förmige Querschnitt tritt zum Beispiel als Mauerwerkskonstruktion auf. Wir untersuchen den Fall der einachsigen Exzentrizität, also den symmetrischen Querschnitt, Bild 10-24.

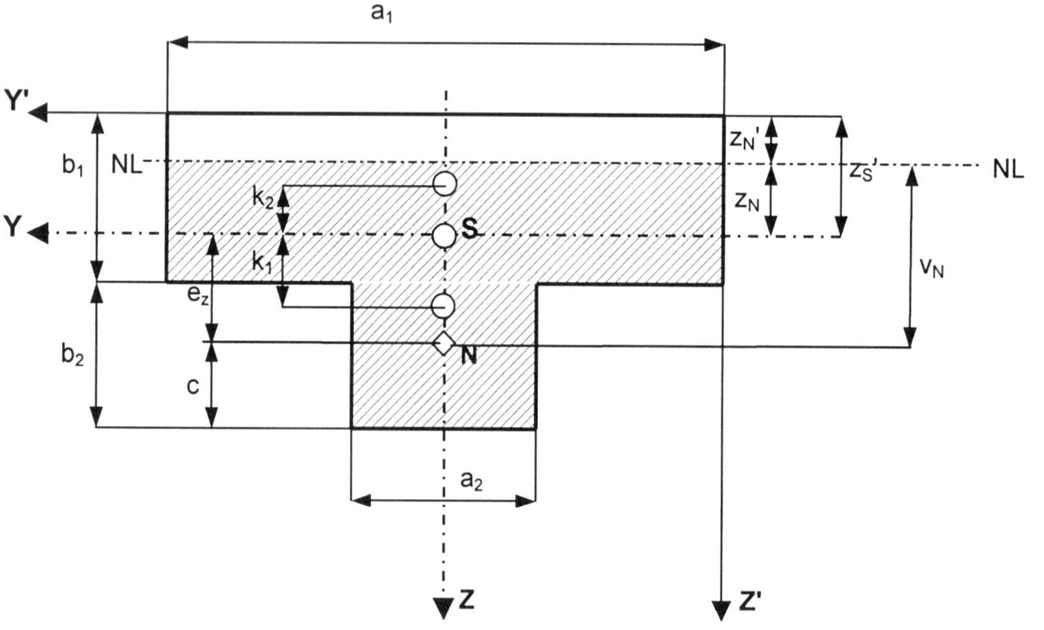


| | | | |
|---|---|---|---|
| S | Schwerpunkt des Querschnittes | | |
| N | Angriffspunkt der Normalkraft | | |
| NL | Nulllinie | $v_N$ | Abstand Normalkraft - Nulllinie |
| $e_z$ | Exzentrizität | $z_N$ | Abstand Nulllinie - Schwerpunkt |
| c | Randabstand der Normalkraft | $z_N'$ | Randabstand der Nulllinie |
| $k_1$; $k_2$ | Kernweiten | $z_S'$ | Randabstand des Schwerpunktes |

BILD 10-24 T-Querschnitt mit versagender Zugzone; Situation für $e_z > k_1$ ; Exzentrizität positiv

Gegeben sind die Querschnittsabmessungen $a_1$, $a_2$, $b_1$, $b_2$, der Betrag der Normalkraft N (Druck positiv) sowie die Exzentrizität der Normalkraft $e_z$.

Zunächst bestimmen wir die Lage der auf der Z-Achse liegenden Kernpunkte. Dazu werden statische Kennwerte des Vollquerschnittes benötigt, Formeln 10-(30) ... 10-(34).
Die Lage der Nulllinie folgt nach dem in den Formeln 10-(37) bis 10-(45) dargestellten Algorithmus.

Schließlich werden die Spannungen für die Fälle

- Angriffspunkt der Normalkraft N außerhalb des Kernes
    - Exzentrizität positiv, Formeln 10-(46), 10-(48), 10-(50), 10-(52),
    - Exzentrizität negativ, Formeln 10-(47), 10-(49), 10-(51), 10-(53),
- Angriffspunkt der Normalkraft N im Kern, Formel 10-(54).

bestimmt.

## Querschnittswerte

| | | | |
|---|---|---|---|
| Querschnittsfläche | $A = a_1 b_1 + a_2 b_2$ | | 10-(30) |
| Schwerpunktlage | $z_S' = \frac{1}{A}\left[\frac{1}{2} a_1 b_1^2 + a_1 b_1 \left(b_1 + \frac{b_2}{2}\right)\right]$ | | 10-(31) |
| Flächenmoment 2. Grades | $I_y = \frac{1}{12} a_1 b_1^3 + \frac{1}{12} a_2 b_2^3 + a_1 b_1 \left(z_S' - \frac{b_1}{2}\right)^2 + a_2 b_2 \left(b_1 + \frac{b_2}{2} - z_S'\right)^2$ | | 10-(32) |
| Trägheitsradius | $i_y^2 = \frac{I_y}{A}$ | | 10-(33) |
| Kernweiten | $k_1 = \frac{i_y^2}{z_S'}; \quad k_2 = -\frac{i_y^2}{b_1 + b_2 - z_S'}$ | | 10-(34) |
| Randabstand der Normalkraft N | $c = b_1 + b_2 - z_S' - e_z$ | für $e_z > 0$ | 10-(35) |
| | $c = z_S' + e_z$ | für $e_z < 0$ | 10-(36) |

## Lage der Nulllinie

Die Querschnittswerte Flächenmoment 2. Grades $I_{NL}$ und Flächenmoment 1. Grades $S_{NL}$ beziehen sich auf die Nulllinie.

| **positive Exzentrizität** | | **negative Exzentrizität** | |
|---|---|---|---|
| Flächenmomente 2. Grades | | | |
| $I_{NL} = \frac{1}{3} a_2 (v_N + c)^3 + \frac{1}{3}(a_1 - a_2)(v_N + c - b_2)^3$ | 10-(37) | $I_{NL} = \frac{1}{3} a_1 (v_N + c)^3 - \frac{1}{3}(a_1 - a_2)(v_N + c - b_1)^3$ | 10-(38) |
| Flächenmomente 1. Grades | | | |
| $S_{NL} = \frac{1}{2} a_2 (v_N + c)^2 + \frac{1}{2}(a_1 - a_2)(v_N + c - b_2)^2$ | 10-(39) | $S_{NL} = \frac{1}{2} a_1 (v_N + c)^2 - \frac{1}{3}(a_1 - a_2)(v_N + c - b_1)^2$ | 10-(40) |
| Abstand der Nulllinie vom Angriffspunkt N | | | |
| für $(v_N + c) > d_2$ | 10-(41) | für $(v_N + c) > d_1$ | |
| $v_N = \frac{I_{NL}}{S_{NL}}$ | | | 10-(42) |
| für $(v_N + c) \le d_2$ | 10-(43) | für $(v_N + c) \le d_1$ | |
| $v_N = 2c$ | | | 10-(44) |
| Abstand der Nulllinie vom Schwerpunkt S | | | |
| $z_N = v_N - e_z$ | 10-(45) | $z_N = v_N + e_z$ | |
| Beachte: Ist $z_N < 0$, dann liegt der Schwerpunkt außerhalb der gedrückten Fläche, was nach einschlägigen Vorschriften unzulässig ist. | | | |

TABELLE 10-8) Zusammenstellung der Funktionen zur Bestimmung der Lage der Nulllinie

Als Unbekannte tritt der Abstand der Nulllinie vom Angriffspunkt der Normalkraft $v_N$ auf. Er wird über Iteration ermittelt. Dabei unterscheidet man zweckmäßigerweise die beiden Fälle

$e_z > k_1$ ($e_z$ positiv) und
$e_z < k_1$ ($e_z$ negativ).

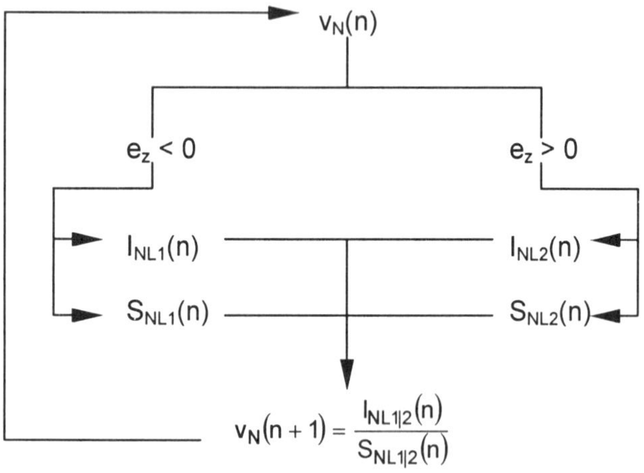


BILD 10-25 Schema der Iteration

## Normalspannungen

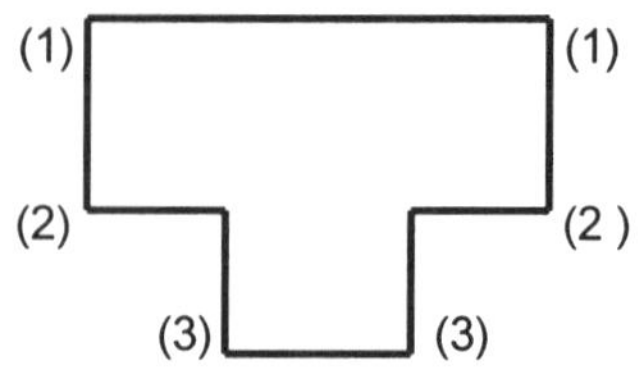


BILD 10-26 Bezeichnung der Eckpunkte

Angriffspunkt von N außerhalb des Kernes

| **positive Exzentrizität** | | | **negative Exzentrizität** | | |
|---|---|---|---|---|---|
| $\sigma_1 = 0$ | | 10-(46) | $\sigma_1 = \frac{N(v_N + c)}{S_n}$ | | 10-(47) |
| $\sigma_2 = \frac{N(v_N + c - b_2)}{S_n}$ | für $(v_N + c) > b_2$ | 10-(48) | $\sigma_2 = \frac{N(v_N + c - b_1)}{S_n}$ | für $(v_N + c) > b_1$ | 10-(49) |
| $\sigma_2 = 0$ | für $(v_N + c) \le b_2$ | 10-(50) | $\sigma_2 = 0$ | für $(v_N + c) \le b_1$ | 10-(51) |
| $\sigma_3 = \frac{N(v_N + c)}{S_n}$ | | 10-(52) | $\sigma_3 = 0$ | | 10-(53) |

TABELLE 10-9) Die Bestimmung der Normalspannungen in den Eckpunkten des Querschnittes

Angriffspunkt von N im Kern

$$\sigma_i = \frac{N}{A} + \frac{N e_z}{I_y} z_i \qquad \text{10-(54)}$$

Die Bilder 10-27 ... 10-30 zeigen einige repräsentative Beispielrechnungen.

Als Ergebnis der Berechnung werden die Normalspannungen in den Eckpunkten der Querschnittsfläche aufgelistet, getrennt nach der Situation

- Angriffspunkt der Normalkraft außerhalb des Kernes, Zellbereich F34:F36;
- Angriffspunkt der Normalkraft im Kern, Zellbereich F38:F40.

Die Werte des nicht maßgebenden Falles sind durchgestrichen, was durch „bedingte Formatierung" der Zellen erreicht wird.
In der Resultatskizze wird außer der Darstellung des Querschnittes mit den für die Berechnung wichtigen Punkten die Nulllinie und das Spannungsdiagramm erzeugt.

Bei bestimmten Aufgabenstellungen, wie zum Beispiel Trägerauflagern, ist als Eingabewert nicht die Exzentrizität $e_z$, sondern der Randabstand c der Normalkraft N vorgegeben. In solchen Fällen kann die Aufgabe ohne Zwischenrechnung „von Hand" über die Zielwertsuche gelöst werden. Im Beispiel des Bildes 10-27 wurde die Zielwertsuche auf die Zelle C26 (c = 15 cm) mit der veränderbaren Zelle C5 angewendet.

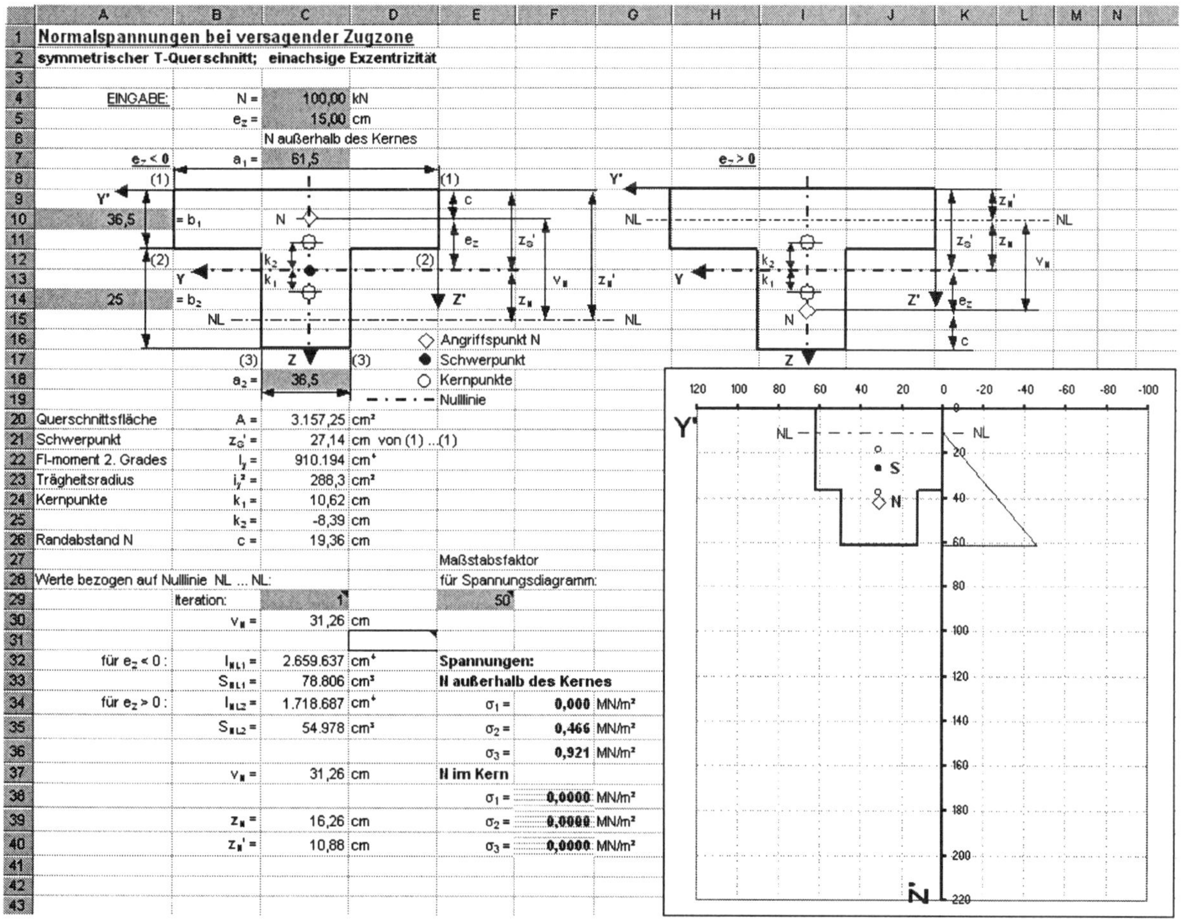


BILD 10-27 $e_z > k_1$ ; Schwerpunkt innerhalb der gedrückten Fläche

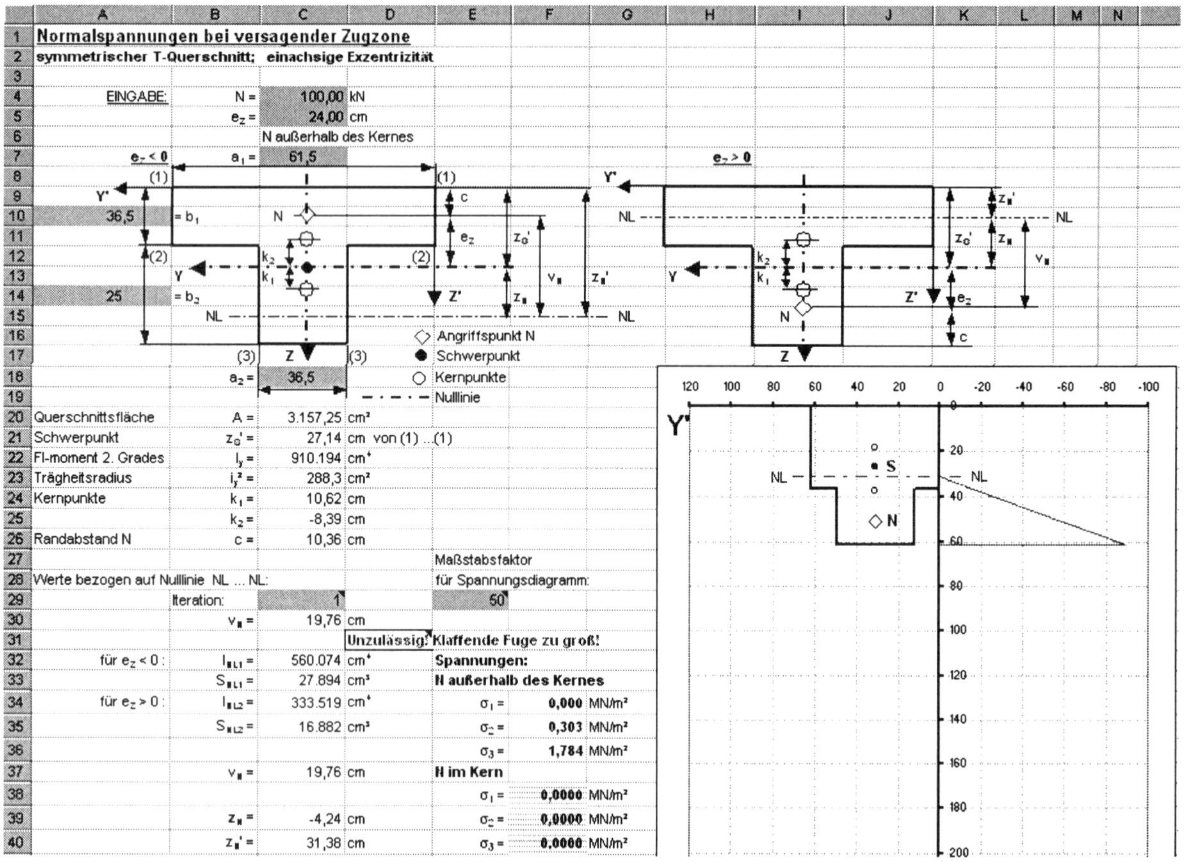


BILD 10-28 $e_z > k_1$ ; Schwerpunkt außerhalb der gedrückten Fläche; unzulässig

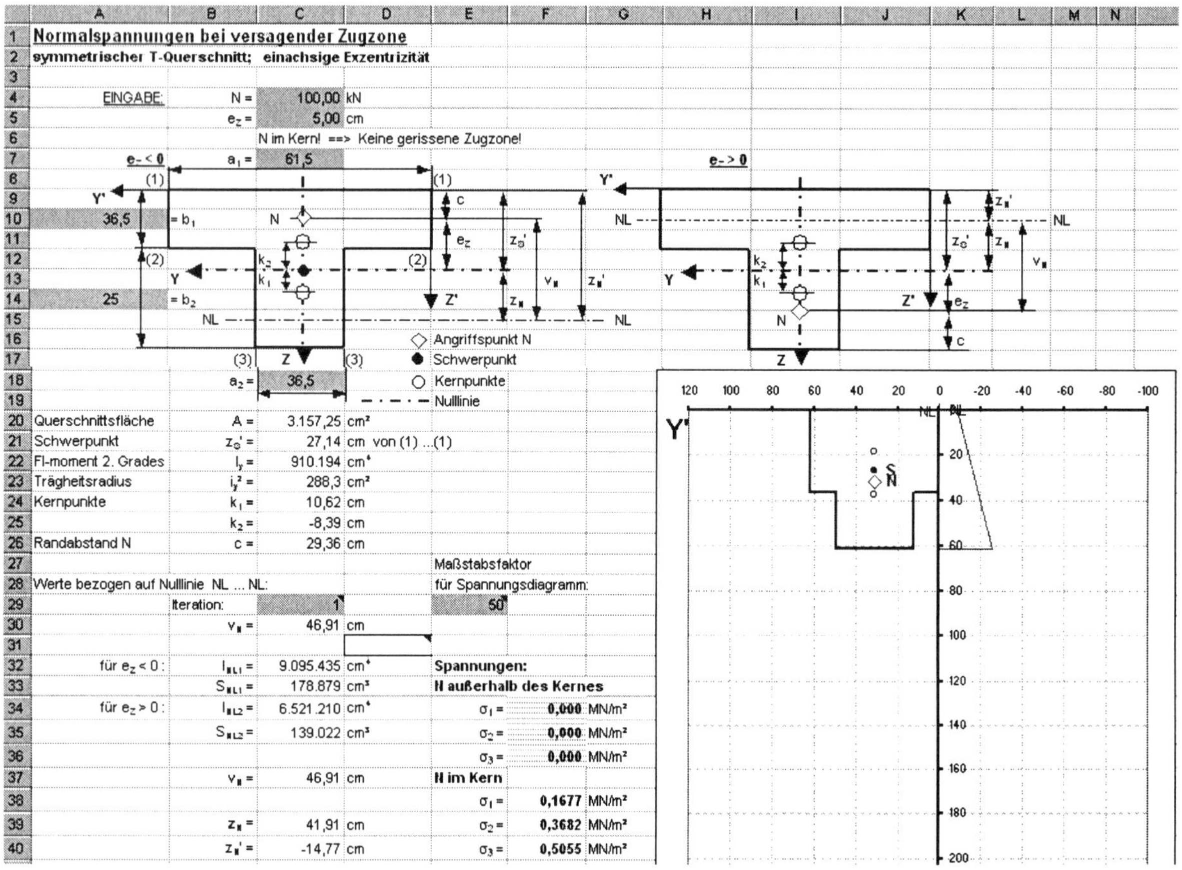


BILD 10-29 $0 < e_z < k_1$ ; Schwerpunkt innerhalb der gedrückten Fläche

## Zweiachsige Exzentrizität beim Rechteckquerschnitt

Zur Vereinfachung des Lösungsansatzes legen wir fest, dass der Angriffspunkt der Normalkraft über dem ersten Quadranten der rechteckigen Querschnittsfläche liegt.

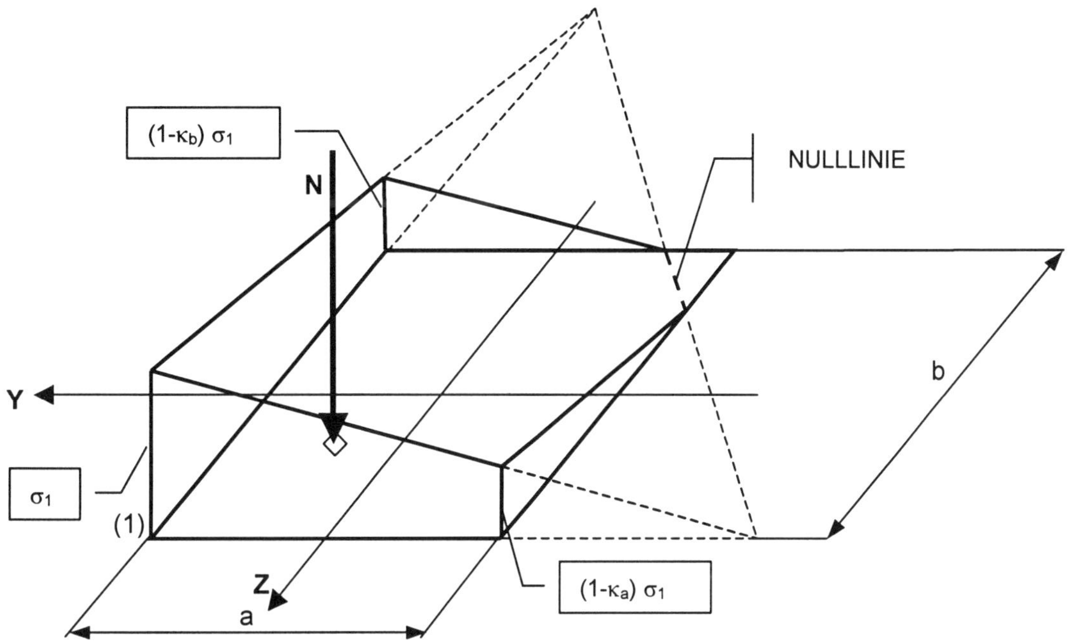


(Zugkraft positiv)

$$e_y = +\frac{M_y}{N}$$

$$e_z = -\frac{M_z}{N}$$

$$c_a = \frac{a}{2} - e_y$$

$$c_c = \frac{b}{2} - e_z$$

$$\kappa_a = \frac{a}{s}$$

$$\kappa_b = \frac{b}{t}$$

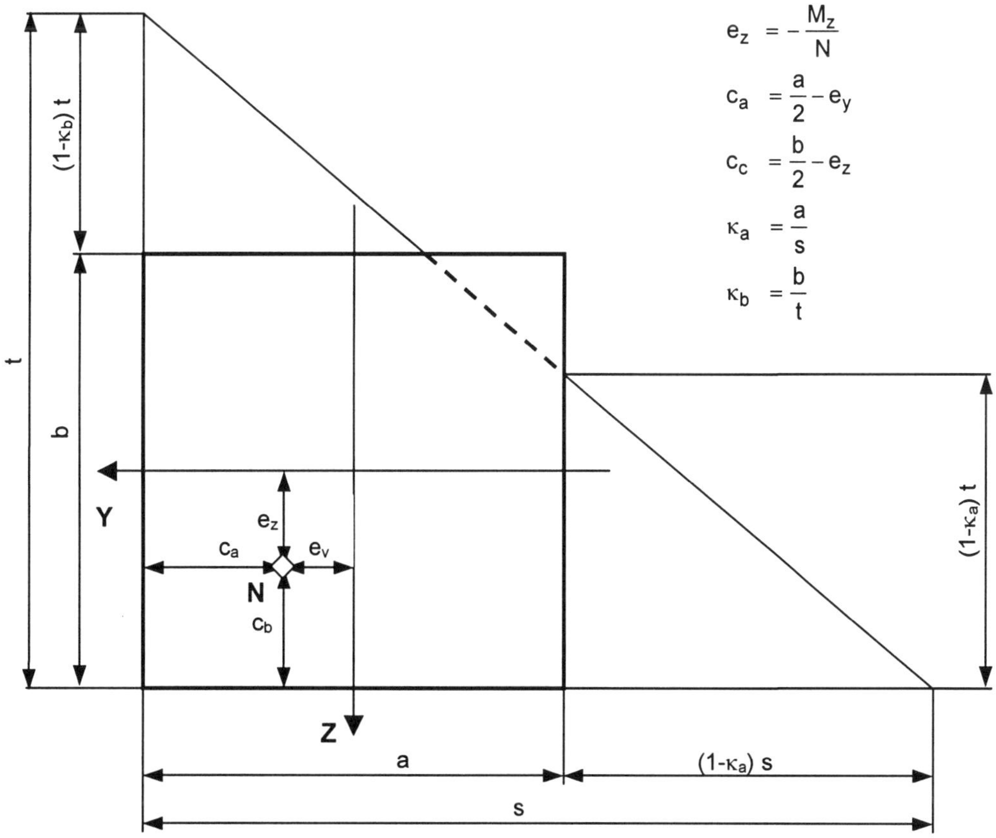


BILD 10-30 Bezeichnungen

Es ist zweckmäßig, vier Fälle zu untersuchen.

Fall 1: $s \le a\,;\quad t \le b\,;$ Bild 10-31

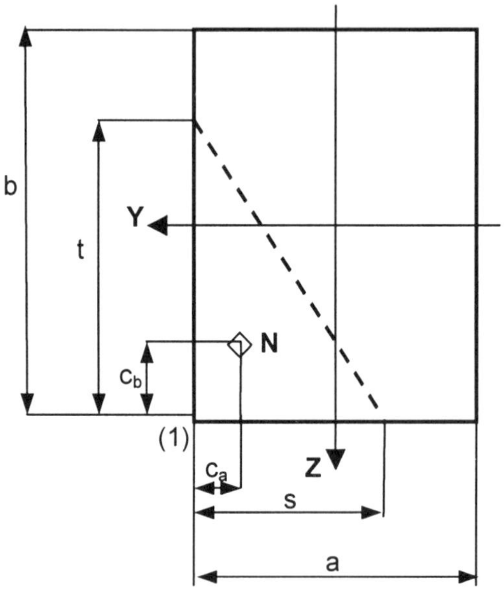


Der Spannungskörper ist ein Vierflach. Der Schwerpunkt liegt im Viertelpunkt der Höhen.

$$s = 4\,c_a \tag{10-(55)}$$

$$t = 4\,c_b \tag{10-(56)}$$

$$N = \frac{1}{6}\sigma_1\,s\,t \tag{10-(57)}$$

$$\sigma_1 = \frac{3N}{4\,c_a\,c_b} \tag{10-(58)}$$

BILD 10-31 Lagebeziehungen

Fall 2: $s > a\,;\quad t > b$

$s = 4\,c_a\,;\quad t = 4\,c_b$

$\Sigma\, V = 0$:

$$N = \frac{1}{6}\sigma_1\,s\,t - \frac{1}{6}(1-\kappa_a)^3\,\sigma_1\,s\,t - \frac{1}{6}(1-\kappa_b)^3\,\sigma_1\,s\,t \tag{10-(59)}$$

$$N = \frac{1}{6}\sigma_1\frac{a}{\kappa_a}\frac{b}{\kappa_b}\left[1-(1-\kappa_a)^3-(1-\kappa_b)^3\right] \tag{10-(60)}$$

$\Sigma\, M_{(b)} = 0$:

$$M_{(b)} = \frac{1}{6}\sigma_1\,s\,t\frac{t}{4} - \frac{1}{6}(1-\kappa_a)^3\,\sigma_1\,s\,t\frac{(1-\kappa_a)t}{4} - \frac{1}{6}(1-\kappa_b)^3\,\sigma_1\,s\,t\left[b+\frac{(1-\kappa_b)t}{4}\right] \tag{10-(61)}$$

$$M_{(b)} = \frac{1}{24}\sigma_1\,s\,t^2\left[1-(1-\kappa_a)^4-(1-\kappa_b)^4-\frac{4(1-\kappa_b)^3\,b}{t}\right] \tag{10-(62)}$$

Mit $\qquad c_b = \dfrac{M_{(b)}}{N}$

und

$$m = 1-(1-\kappa_a)^4-(1-\kappa_b)^4 \tag{10-(63)}$$

$$n = 1-(1-\kappa_a)^3-(1-\kappa_b)^3 \tag{10-(64)}$$

entsteht $$\kappa_b = \frac{b}{4c_b} \frac{m - 4\kappa_b (1-\kappa_b)^3}{n} \qquad \text{10-(65)}$$

Analog folgt aus

$\Sigma M_{(a)} = 0$:

$$\kappa_a = \frac{a}{4c_a} \frac{m - 4\kappa_a (1-\kappa_a)^3}{n} \qquad \text{10-(66)}$$

Mit 10-(65) und 10(66) stehen zwei Gleichungen mit zwei Unbekannten zur Verfügung, die über Iteration gelöst werden. Der Iterationsablauf ist im Bild 10-32 veranschaulicht.

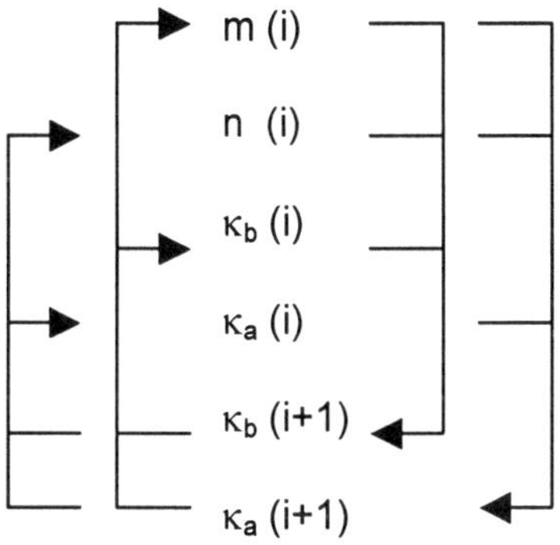


BILD 10-32 Veranschaulichung des Iterations-Ablaufes

Beachte: Unter EXTRAS >> OPTIONEN... >> BERECHNUNG muss "Iteration" eingeschaltet sein.

Nach der Ermittlung von $\kappa_a$ und $\kappa_b$ bestimmen wir

$$\sigma_1 = \frac{6N\kappa_a \kappa_b}{abn} \qquad \text{10-(67)}$$

$$s = \frac{a}{\kappa_a} \qquad \text{10-(68)}$$

$$t = \frac{b}{\kappa_b} \qquad \text{10-(69)}$$

Die Iteration versagt leider für eine zweiachsige Exzentrizität $e_z < \frac{b}{4}$ und $e_y \le \frac{a}{20}$

bzw. $e_y < \frac{a}{4}$ und $e_z \le \frac{b}{20}$ .

Für den Spezialfall der einachsigen Exzentrizität, zum Beispiel $e_y \neq 0$ und $e_z = 0$ setzen Sie einen von Null verschiedenen, sehr kleinen Wert ein, zum Beispiel $e_z = 0{,}00001$.

Fall 3: $s > a$ ; $t \leq b$ ; Bild 10-33

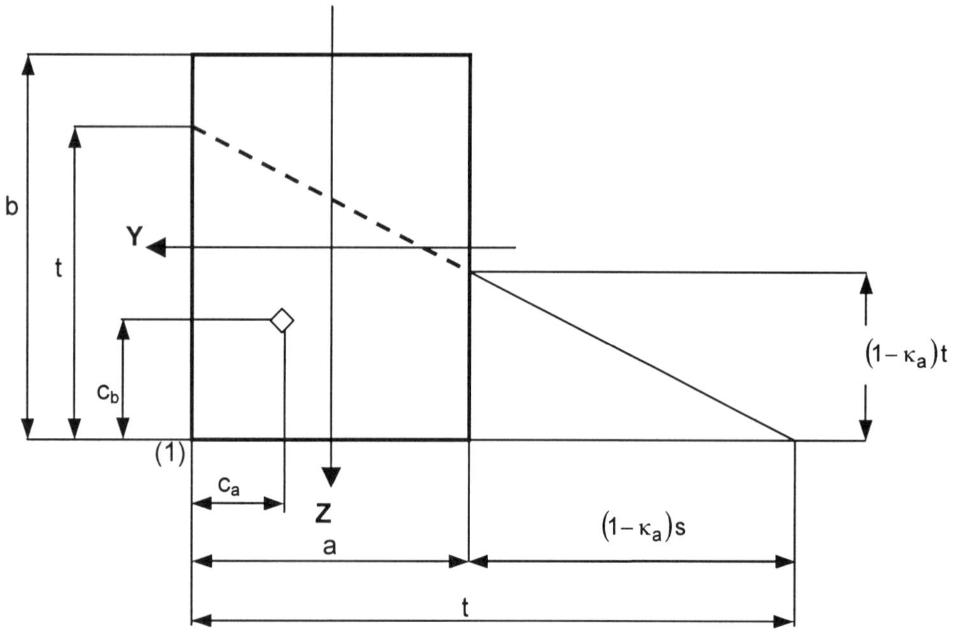


BILD 10-33 Lagebeziehungen

$t \leq 4\, c_b$

$\Sigma\, V = 0$:

$$N = \frac{1}{6}\sigma_1\, s\, t - \frac{1}{6}(1-\kappa_a)^3\, \sigma_1\, s\, t \qquad 10\text{-}(70)$$

$$N = \frac{1}{6}\sigma_1\, a\, t\left(3 - 3\,\kappa_a - \kappa_0^{\,2}\right) \qquad 10\text{-}(71)$$

$\Sigma\, M_{(b)} = 0$:

$$M_{(b)} = \frac{1}{6}\sigma_1\, s\, t\frac{s}{4} - \frac{1}{6}(1-\kappa_a)^3\, \sigma_1\, s\, t\left[a + \frac{(1-\kappa_a)s}{4}\right] \qquad 10\text{-}(72)$$

$$M_{(b)} = \frac{1}{24}\sigma_1\, s^2\, t\left[1 - (1-\kappa_a)^3\,(3\,\kappa_a + 1)\right] \qquad 10\text{-}(73)$$

$$M_{(b)} = \frac{1}{24}\sigma_1\, a^2\, t\left(6 - 8\,\kappa_a + 3\,\kappa_a^{\,2}\right) \qquad 10\text{-}(74)$$

$$c_b = \frac{a}{4}\,\frac{6 - 8\,\kappa_a + \kappa_a^{\,2}}{3 - 3\,\kappa_a + \kappa_a^{\,2}} \qquad 10\text{-}(75)$$

Daraus

$$\kappa_a = \frac{4a - 6c_b}{3a - 4c_b} - \sqrt{\left(\frac{4a - 6c_b}{3a - 4c_b}\right)^2 - \frac{6a - 12c_b}{3a - 4c_b}} \qquad 10\text{-}(76)$$

$$\sigma_1 = \frac{6N}{a\,t\left(3 - 3\kappa_a + \kappa_a^2\right)} \qquad 10\text{-}(77)$$

$$s = \frac{a}{\kappa_a} \qquad 10\text{-}(78)$$

$$t = \frac{3 c_b\, a}{a - \kappa_a\, c_a} \qquad 10\text{-}(79)$$

<u>Fall 4:</u> $s \le a\,;\quad t > b$

Analog zu Fall 3:

$$\kappa_b = \frac{4b - 6c_a}{3b - 4c_a} - \sqrt{\left(\frac{4b - 6c_a}{3b - 4c_a}\right)^2 - \frac{6b - 12c_a}{3b - 4c_a}} \qquad 10\text{-}(80)$$

$$\sigma_1 = \frac{6N}{b\,s\left(3 - 3\kappa_b + \kappa_b^2\right)} \qquad 10\text{-}(81)$$

$$t = \frac{b}{\kappa_b} \qquad 10\text{-}(82)$$

$$s = \frac{3 c_a\, b}{b - \kappa_b\, c_b} \qquad 10\text{-}(83)$$

Die Bilder 10-34 ... 10-38 zeigen Beispielrechnungen.

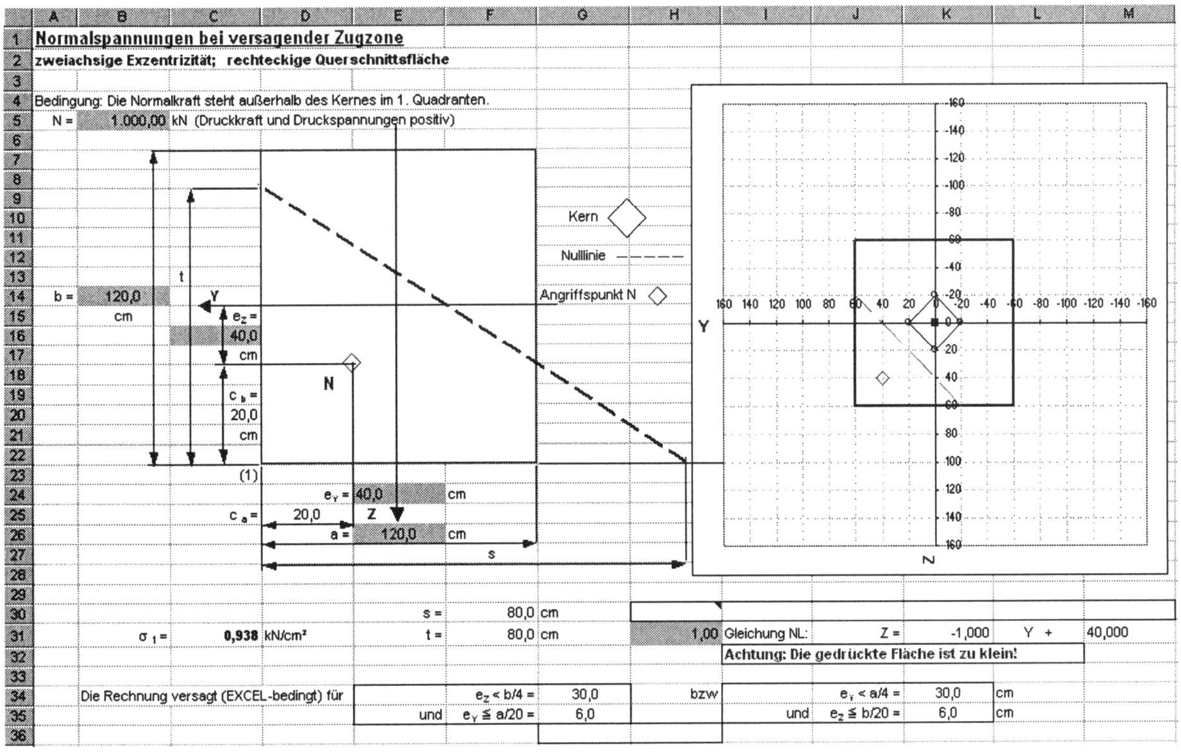


BILD 10-34 Fall 1: $s \le a\,;\ t \le b\,;$ Der Schwerpunkt des Querschnittes liegt außerhalb der gedrückten Fläche.

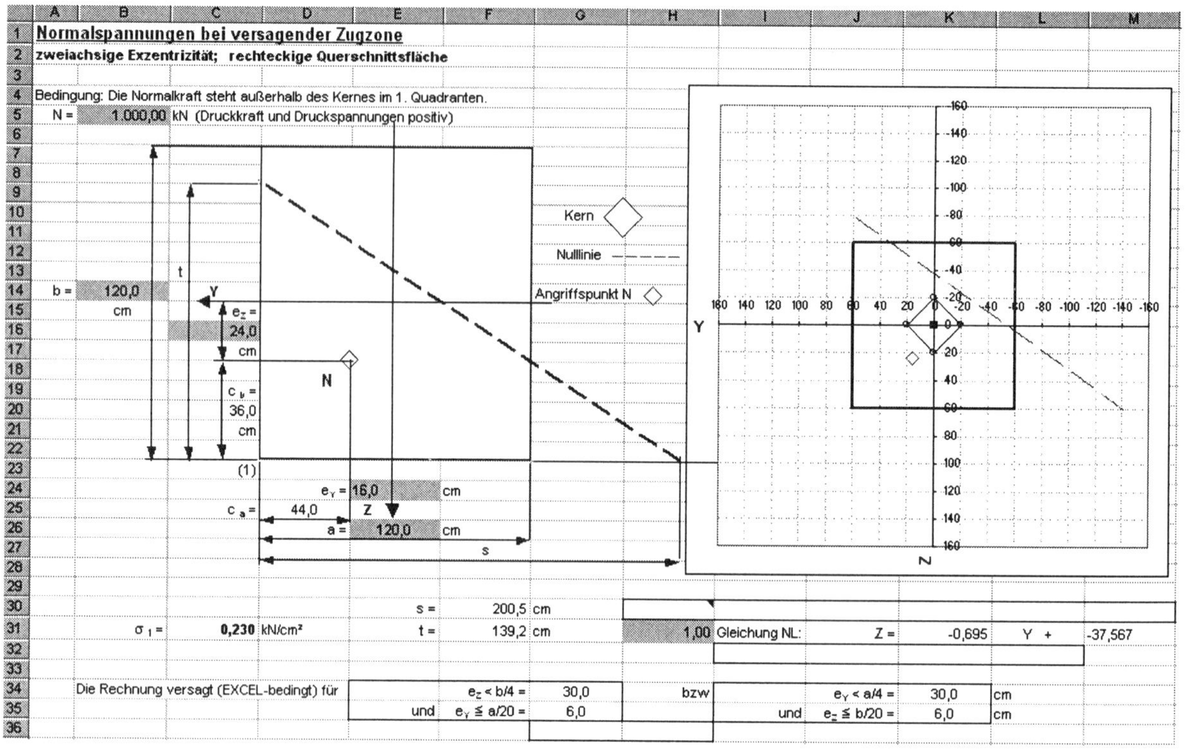


BILD 10-35 Fall 2: s > a ; t > b ; Nach einschlägigen Normen zulässige Variante.

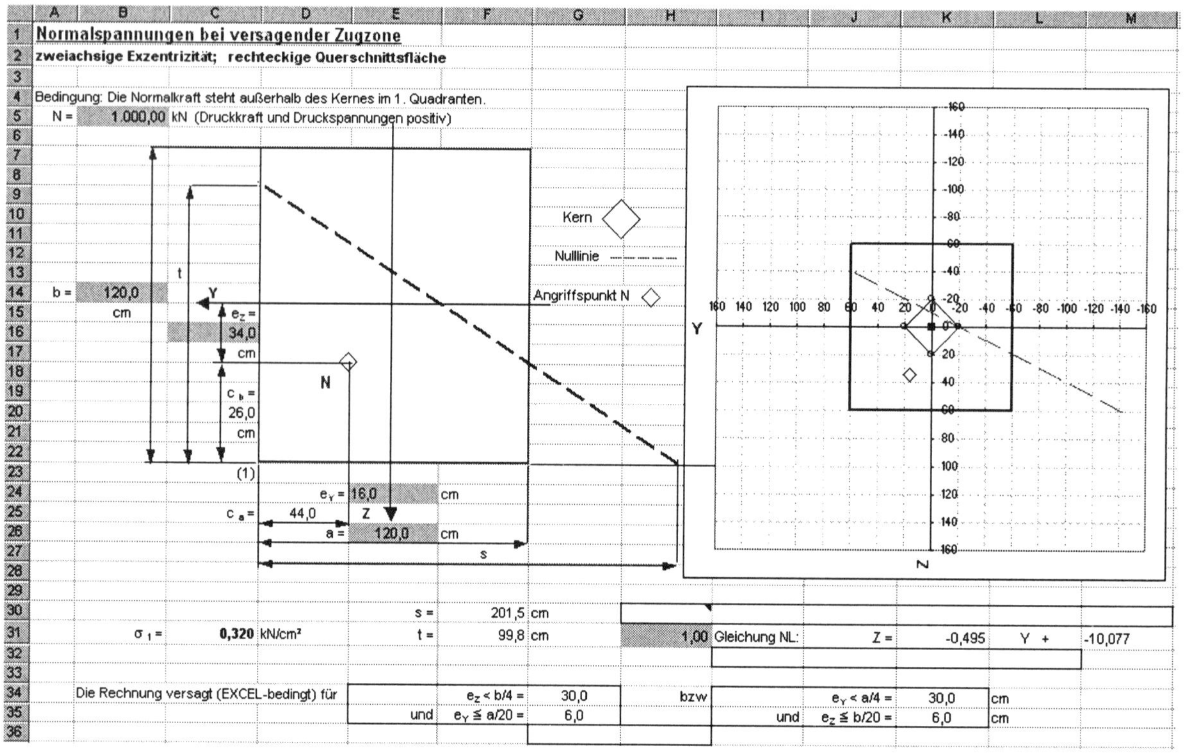


BILD 10-36 Fall 3: s > a ; t ≤ b ; Nach einschlägigen Normen zulässige Variante.

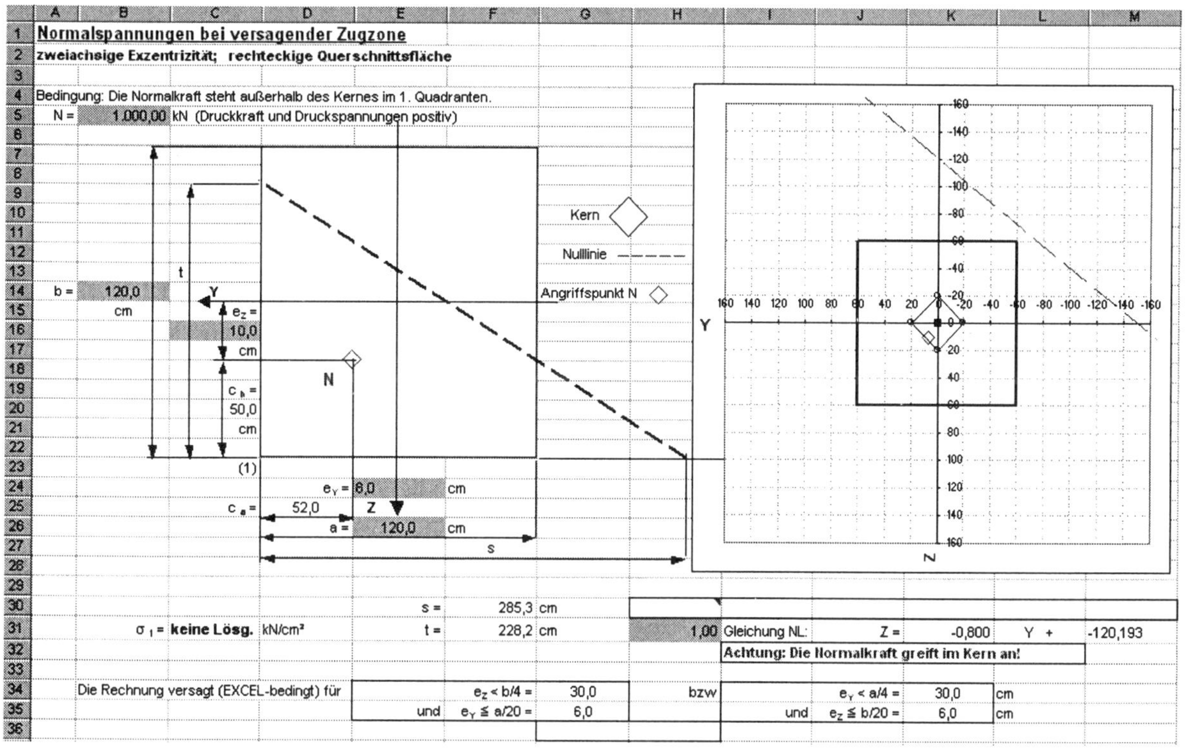


BILD 10-37 Fall 2: s > a ; t > b ; Es entsteht keine klaffende Fuge. Anderen Rechenalgorithmus verwenden!

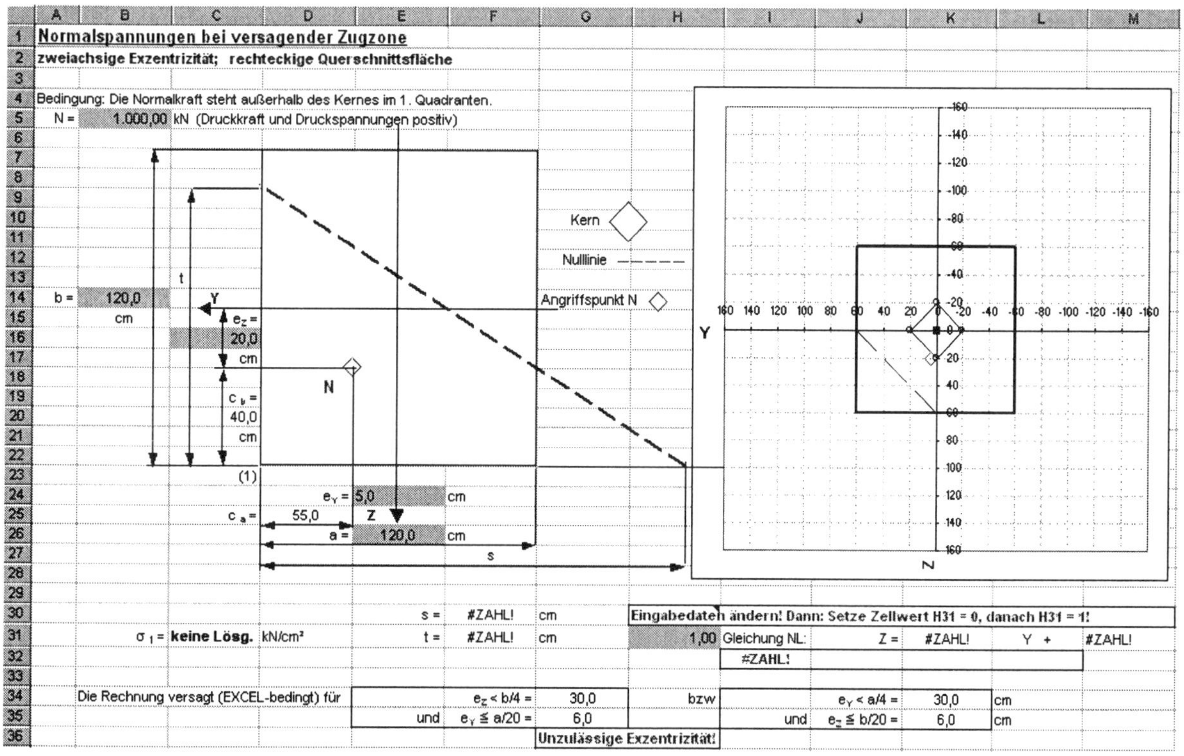


BILD 10-38 Auf Grund eines numerischen Problems versagt für einen sehr kleinen Bereich der Algorithmus.

## Grenzlagen der Nulllinie

1. Bedingung
Voraussetzung für die Gültigkeit der Berechnung ist, dass die Nulllinie den Querschnitt schneidet.

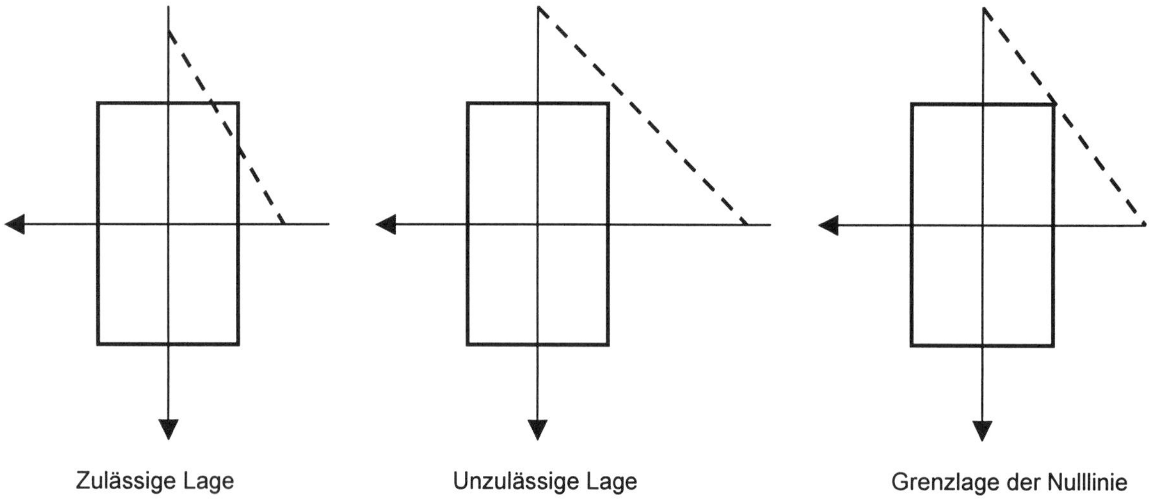


BILD 10-39 Zulässige und unzulässige Lage der Nulllinie

Um eine Warnung anzuzeigen, wenn die Nulllinie den Querschnitt nicht schneidet, stellen wir die Gleichung der Nulllinie auf.

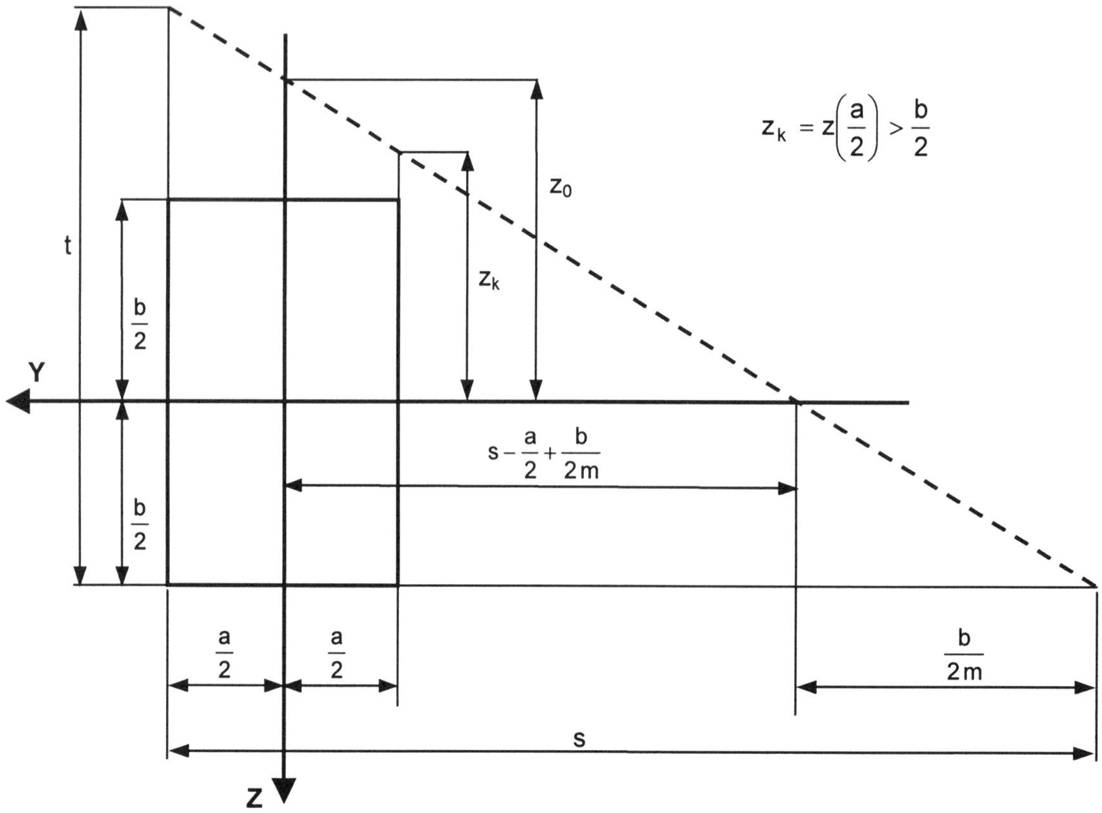


BILD 10-40 Zur Gleichung der Nulllinie

Gleichung der Nulllinie:

$$m = \frac{t}{s} \qquad 10\text{-}(84)$$

$$z = my + z_0 \qquad 10\text{-}(85)$$

$$z = my + \left(s - \frac{a}{2} + \frac{b}{2m}\right)m \qquad 10\text{-}(86)$$

Bedingung für das Schneiden des Querschnittes durch die Nulllinie:

$$z\left(\frac{a}{2}\right) = m\frac{a}{2} + \left(s - \frac{a}{2} + \frac{b}{2m}\right)m \le \frac{b}{2} \qquad 10\text{-}(87)$$

Warnung:

Wenn $z\left(\frac{a}{2}\right) > \frac{b}{2}$ ➔ Achtung! Die Normalkraft greift im Kern an!

2. Bedingung
Nach Vorschrift darf der Querschnitt bis höchstens zum Schwerpunkt aufreißen (DIN 1053; DIN 1054).

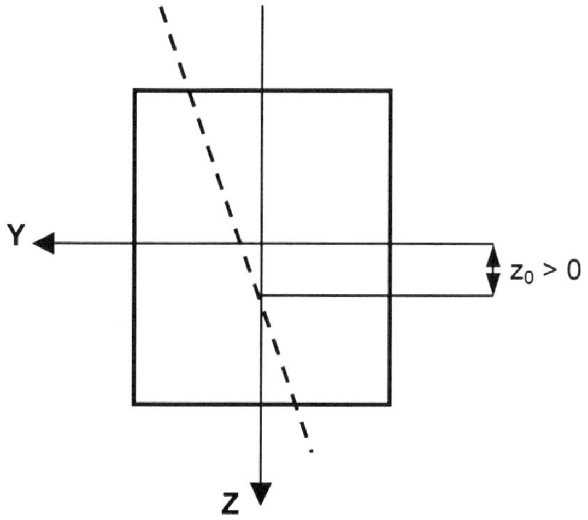


BILD 10-41 Unzulässig: Der Schwerpunkt des Querschnittes liegt außerhalb der gedrückten Fläche

Warnung:

Wenn $z_0 > 0$ ➔ Achtung! Die gedrückte Fläche ist zu klein!

# Literaturverzeichnis


Assmann, B.: Technische Mechanik , Band 1 Statik (16. Auflage 2002). München: Oldenbourg Verlag

Bochmann / Kirsch, W.: Statik im Bauwesen, Band 1 Statisch bestimmte Systeme (21. Auflage 2003). Berlin: HUSS-MEDIEN, Verlag Bauwesen

Bochmann / Kirsch, W.: Statik im Bauwesen, Band 2 Festigkeitslehre (18. Auflage 2003). Berlin: HUSS-MEDIEN, Verlag Bauwesen

Bochmann / Kirsch, W.: Statik im Bauwesen, Band 3 Statisch unbestimmte Systeme (13. Auflage 2003). Berlin: HUSS-MEDIEN, Verlag Bauwesen

Hirschfeld, K.: Baustatik, Theorie und Beispiele (1998) . Berlin: Springer Verlag

Schneider, K.-J.: Bautabellen für Ingenieure (13. Auflage 1998). Düsseldorf: Werner Verlag

Szabo, I.: Einführung in die Technische Mechanik (2002).Berlin: Springer-Verlag

Wetzell, O. W.: Wendehorst, Bautechnische Zahlentafeln (30. Auflage 2002). Stuttgart. B. G. Teubner Verlag

Ziegler, F.: Technische Mechanik der festen und flüssigen Körper (3. Auflage 1998). Wien: Springer Verlag

# Sachwörterverzeichnis

# CD zum Buch

Statik im Bauwesen • Band 4
Tabellenkalkulation zur Lösung ingenieurtechnischer Aufgaben
EXCEL-WORKSHOP FÜR ARCHITEKTEN UND BAUINGENIEURE

Die beiliegende CD-ROM enthält EXCEL-Arbeitsblätter der Kapitel 2 bis 10.
Damit Sie die Excel-Dateien nutzen können, müssen Sie die CD-ROM für Ihren Computer freischalten. Zum Freischalten benötigen Sie einen Computer mit Zugang zum Internet.

Detaillierte Hinweise zum Installieren des EXCEL-WORKSHOPS und die Freischaltung finden Sie auf der CD-ROM in der Datei `Installationshinweise.txt`.

Die Zellen sind durch ein Kennwort geschützt.
Eingabezellen sind grau hinterlegt. Diese Zellen sind entsperrt. Ein zufälliges Überschreiben von Zellen, die durch Funktionen oder Werte belegt sind, ist deshalb nicht möglich. Durch die Verwendung des Kennwortes (am2002) ist der Zugriff auf die Zellen möglich. Die EXCEL-Notationen können somit vollständig studiert und die Arbeitsblätter nach eigenem Ermessen weiterentwickelt werden.

Die Startdatei enthält die Übersicht der EXCEL-Arbeitsblätter. Sie werden durch Schalter-Klick aufgerufen:

**Michael: Statik im Bauwesen - Tabellenkalkulation zur Lösung ingenieurtechnischer Aufgaben**

EXCEL-Arbeitsblätter der Kapitel 2 ... 10

| LINEARE GLEICHUNGSSYSTEME | Kapitel |
|---|---|
| unsymmetrisch; 3 Unbekannte | |
| Lösung mittels Determinanten | 2.1.1. |
| symmetrisch; bis 5 Unbekannte | |
| Lösung mittels Determinanten | 2.1.1. |
| unsymmetrisch; bis 5 Unbekannte | |
| Lösung über Matrizen-Multiplikation | 2.1.2. |
| symmetrisch; bis 10 Unbekannte | |
| CHOLESKY-Verfahren | 2.1.3. |

| OPERATIONEN MIT KRÄFTEN | Kapitel |
|---|---|
| **Reduktion von Kräfteschsaren** | |
| im ebenen zentralen Kräftesystem | 3.1 |
| im ebenen allgemeinen Kräftesystem | 3.2 |
| im räumlichen zentralen Kräftesystem | 3.3 |
| im räumlichen allgemeinen Kräftesystem | 3.4 |
| **Disduktion einer Kraft** | |
| im ebenen zentralen Kräftesystem | 4.1 |
| im ebenen allgemeinen Kräftesystem | 4.2 |
| im räumlichen zentralen Kräftesystem | |
| einfacher Dreibock | 4.3 |
| doppelter Dreibock | 4.3 |
| im räumlichen allgemeinen Kräftesystem | |
| Abstand windschiefer Geraden | 4.4.1. |
| Moment bezüglich einer Achse | 4.4.2. |
| Stützung | 4.4.3. |
| Disduktion (Zusammenfassung) | 4.4.3. |

| SCHNITTKRÄFTE | Kapitel |
|---|---|
| **Einfeldträger ohne Kragarm** | |
| Einzellasten | 5.2 |
| Streckenlast | 5.3 |
| Eigenlast + Einzellasten | 5.3 |
| Eigenlast + verteilte Verkehrslast | 5.3 |
| Variation der Auflager; q + F | 5.5.1. |
| Variation der Auflager; g + p | 5.5.2 |
| **Einfeldträger mit Kragarmen** | |
| Einzellösung | 5.4.1. |
| feldweise Belastung; Zusammenstellung | 5.4.2. |
| **Gerberträger über 4 Stützen** | |
| q; feldweise belastet | 5.6 |
| **Durchlaufträger** | |
| Durchlaufträger über 2 Felder | |
| Q- und M-Linie | 5.7.1. |
| M-Linien aus Lastkombinationen | 5.7.1. |
| Durchlaufträger über 2 ... 5 Felder | 5.7.2. |

| FACHWERKE | Kapitel |
|---|---|
| **Tragwerksschnittverfahren** | |
| Statisch bestimmt; Stabkräfte | 6.1 |
| **Knotenschnittverfahren** | |
| Statisch bestimmt; Stabkräfte | 6.2 |
| **Verschiebeverfahren** | |
| Stat. bestimmt; Stabkräfte | 6.3.1. |
| Stat. unbest.; Stabkräfte und Verformungen | 6.3.2. |

| VERSTEIFTE PUNKTKETTEN | Kapitel |
|---|---|
| Unterpannter Träger; statisch bestimmt | 7.2 |

| SEILE | |
|---|---|
| **Dehnstarre, biegeschlaffe Seile** | Kapitel |
| Aufhängepunkte in gleicher Höhe | |
| Geg.: q; L; l | 8.2.2. |
| Geg.: q; l; f | 8.2.3. |
| Geg.: q; f; L | 8.2.4. |
| Aufhängepunkte in ungleicher Höhe | |
| Geg.: q; c; L; l | 8.3.1. |
| Geg.: q; c; l; f | 8.3.2. |
| Geg.: q; c; f; L | 8.3.3. |
| Geg.: q; SB; alphaB; l | 8.3.4. |
| Geg.: q; c; SB; L | 8.3.5. |
| Strebepfeiler Gotik 1 | |
| Strebepfeiler Gotik 2 | |
| **Dehnbare, biegeschlaffe Seile** | Kapitel |
| Aufhängepunkte in gleicher Höhe | |
| Geg.: q; L; l | 8.4 |

| QUERSCHNITTSWERTE | Kapitel |
|---|---|
| Querschnitte polygonal begrenzt | 9.1 |
| rechteckige, achsparallele Teilquerschnitten | 9.2 |
| rechteckige, schräge Teilquerschnitten | 9.3 |
| verbundene Walzprofile (IPE+2U) | 9.4 |
| verbundene Walzprofile (IPE+2L) | 9.4 |

| SPANNUNGEN | Kapitel |
|---|---|
| **Einachsige Biegung** | |
| Bemessung Kantholz | 10.1.1. |
| Nachweis Holzbalkendecke | 10.1.2. |
| **Doppelbiegung** | |
| Recheckquerschnitte | 10.2 |
| **Außermittige Längskraft** | |
| bei aufnehmbaren Zugspannungen mit 1 N | 10.3 |
| bei aufnehmbaren Zugspannungen mit 2 N | 10.3 |
| versagende Zugzone | |
| Rechteckquerschn.; einachs. Exzentr. | 10.3.2. |
| T-Querschnitt; einachs. Exzentrizität | 10.3.2. |
| Rechteckquerschn.; zweiachs. Exzentr. | 10.3.2. |